Siegfried P. Neumann

WAHRHEIT und ZEIT

Auf der Suche nach dem verlorenen SELBST

PETER LANG
Frankfurt am Main · Berlin · Bern · Bruxelles · New York · Oxford · Wien

Die Deutsche Bibliothek - CIP-Einheitsaufnahme

Neumann, Siegfried P.:

Wahrheit und Zeit : auf der Suche nach dem verlorenen Selbst / Siegfried P. Neumann. - Frankfurt am Main ; Berlin ; Bern ; Bruxelles ; New York ; Oxford ; Wien : Lang, 2002
ISBN 3-631-39353-9

Abbildung nach S. 14:
René Magritte, La Grande Guerre.

ISBN 3-631-39353-9

www.peterlang.de

Annelies Marie Frank – Federico García Lorca
Opfer der ‚Masken'
gewidmet

‚Die Maßgabe für alles Seiende
i s t der Mensch ....' (Protagoras)

‚Der Mensch ist die Wahrheit'
(Maxim Gorki, Nachasyl)

‚Nicht mitzuhassen, mitzulieben
bin ich da' (Sophokles, Antigone)

‚Eens zullen wir toch weer mensen en
niet alleen joden zijn' (Anne M. Frank)

‚Was hinter Dir und was vor Dir liegt,
ist nichts im Vergleich zu dem,
was in Dir selbst ist' (Spruchweisheit)

Inhaltsverzeichnis

Zur Einführung: Der Weg ist das Ziel

"Wenn ich aus einer Sache einen Satz gemacht habe, was hat die Sache dann noch mit dem Satz zu tun?" Thomas Mann stellt sich diese Frage bei der Arbeit an den Buddenbrooks; die Antwort könnte lauten: Die ‚Sache' wird in einem Kunstwerk, so auch in diesem Roman, auf eine höhere Ebene gehoben! Der junge, auf Karriere und die Unterscheidung von Künstler und Bürger bedachte Literat verwahrt sich ‚gegen den Vorwurf seines Onkels Friedrich Mann – alias Christian Buddenbrook – in den Lübecker Nachrichten vom 28. Oktober 1913, dass der Neffe mit seinen Sätzen zum "Verfall einer Familie" in karikierender Weise seine allernächsten Verwandten in den Schmutz ziehe, deren Lebensschicksale eklatant preisgäbe und also ein Nestbeschmutzer sei'. ‚Jedes Werk der Kunst stehe nun einmal für sich; dieser Roman will entsprechend verstanden und vor allem unterhaltend sein', kontert der gescholtene Autor. Was die angesehene Kaufmannsfamilie Mann und mit ihr viele Lübecker damals in mancherlei Hinsicht für einen leichtfertigen Umgang mit der Wahrheit hielten, bekümmerte den Verfasser wenig, gegenwärtig keinen Leser mehr, da einhundert Jahre seit der Veröffentlichung des Opus vergangen sind. "Bis heute hat sich das Buch weit mehr als vier Millionen Mal verkauft, es wurde in dreißig Sprachen übersetzt." (nach Edo Reents: "Aber alles war nur ein Gleichnis" in: FAZ – Bilder und Zeiten vom 20.10.2001)

Diese Anekdote ist nicht so amüsant wie sie sich anhört. Die durchaus nicht rhetorisch gemeinte Frage von Thomas Mann charakterisiert ein Denken, das von der Sprache und nicht vom Menschen ausgeht. Vor 2500 Jahren wird von Plato ‚über' den Menschen philosophiert wie man über eine Sache redet. Die ‚Sache Mensch' wird zu Sätzen gemacht, die nicht angeben, w e r er ist, sondern w a s man über dieses ‚Wesen' sagen kann oder soll. Bei Aristoteles heißt es, ‚daß der Anfang mehr als die Hälfte sei'. Für die Tradition der abendländischen Welt ist Platos Anfang beinahe das Ganze: er bietet den Sprachstoff, aus dem Ideologien sind. Die Definition der ‚Sache Mensch' erzeugt zusammen mit dem Transport der zugehörigen Ideologie gewissermaßen einen ‚zweiten Menschen'! Metaphorisch gesprochen ist er die ‚Maske' des ‚ersten Menschen'. Die im Sprachedenken geprägte Maske benötigt ein Medium, durch das Mitteilungen nach außen erfolgen; es ist das grammatische Pronomen ‚Ich'. Der Begriff sagt es uns eigentlich schon: das Pro – Nomen steht vor dem Nomen wie eine Maske vor dem Gesicht. Zum Namen des Menschen gehört ein Unmittelbares, das vor der Sprache ist: es ist das ‚Selbst' als die vom LEBEN gegebene genetische Instanz des Individuums. Das hat Plato mit seinen Sätzen verstellt. Nach 2500 Jahren kümmert das keinen Leser mehr. Die Übertragung der ‚Sache Mensch' in ‚Sätze' und mittlerweile auch in ‚Bilder' ist die ‚Normalität', Sie ist in Wirklichkeit die ‚Perversion': Nicht der Mensch bringt Sprache und Bilder hervor, diese erzeugen den Menschen! Er hat seine Autonomie verloren.

Die Frage von Thomas Mann ist demnach nicht so harmlos wie sie sich anhört. Wenn eine Sache erst einmal zu einem Satz gemacht ist, kann dieser sich derart an die Sache heften, dass sie nach und nach im Satz verschwindet. Für die ‚Sache Mensch' bedeutet das: der Mensch verschwindet hinter der ideologischen Maske im ideologischen Sprachspiel, das egoistische ‚Ich' verstellt das soziale ‚Selbst'. Die Sprache überzieht uns wie eine zweite Haut: wir sind von unserer Innenwelt abgeschnitten. Im Außenbereich ist sprachliche Kommunikation möglich, ohne dass dabei Verständigung garantiert ist. Wirklich Verstehen können wir einander nur, wenn unsere Gefühle beteiligt sind. Sie bewegen uns tiefer als Worte. In unseren Gefühlen achten wir weniger darauf, was jemand sagt, sondern w e r da spricht. Man erzieht uns in unserer Welt dazu, Gefühle zu unterdrücken! Die entscheidende Frage lautet daher: W e r ist der Mensch in seiner genetischen Ganzheit wirklich? Um das zu beantworten, müssen wir zwar auch die Sprache benutzen, doch wir versuchen das Denken vom SEIN her sprechen zu lassen.

Ein Beispiel soll das anschaulich machen: wir leben mit zwei Weisen von Zeit, einer inneren und einer äußeren Zeit. Die eine gehört uns persönlich, die andere ist das konstruierte Zeitsystem mit Minuten, Stunden usw., nach dem wir uns zu orientieren haben: wir sollen funktionieren! Eine entspannte Reise im Zug bringt unvermittelt asynchron zur äußeren die innere Zeit hervor: während wir ohne eigene Anstrengung fortbewegt werden und die Landschaft mit ihren wechselnden Bildern an unseren Augen vorbei ziehen lassen, bewegt uns in der Tiefe die ZEIT! Es heißt: wir träumen mit offenen Augen und sind unvermittelt bei unserem ‚Selbst' und noch tiefer mit seinem maßgebenden Grund, dem SEIN des SELBST, in Verbindung. Das ‚Ich' schreckt auf, wenn sich die Alltagswelt wieder meldet. Im Bahnhof bin ‚Ich' nach dem Aussteigen noch wie betäubt; ‚Ich' muß langsam zu sich kommen. Ebenso können uns gewohnte Wahrheiten unvermittelt erschrecken, wenn wir mit der WAHRHEIT in Berührung kommen. Die Gesellschaft will nicht dieses träumende, in sich ruhende Selbst; das vernünftige und zivilisierte Ich ist gefordert. Pünktlichkeit sei die Höflichkeit der Könige und Ordnung sei das halbe Leben! Das hat Menschen seit langem diszipliniert – und zugleich das Selbst dem SELBST entfremdet. Adorno fordert, Chaos in die bürgerliche Ordnung zu bringen! –

Die *Entfremdung* stamme aus dem *Überbau*, erklären einschlägige Sätze. Die Begriffe verbergen wirkliche Geschehnisse: durch die gelernte Sprache werden Menschen zu Masken gemacht, zu guten und bösen, zu Masken der Stärke und solchen der Schwäche! Masken mit Namen wie Cortéz oder Pizarro als Konquistadoren oder Francis Drake als Sklavenhändler, die ‚Masken der Inquisition', der ‚Endlösung' haben Geschichte mit dem Blut ihrer Opfer geschrieben. Es sind aber nicht nur die großen Masken für die Geschichte verantwortlich. Die 15 Jahre junge Annelies Marie Frank schreibt im Brief vom 3. Mai 1944 an ihre imaginäre Freundin Kitty im ‚Hinterhaus in Amsterdam', in dem sie sich vor deutschen Masken versteckt: "Ich glaube nicht, dass allein die führenden Männer, die Regierenden und die Kapitalisten, am Kriege schuld sind. Nein, der kleine Mann anscheinend auch, sonst würden die Völker als solche nicht mitmachen!" Unsere Philosophen und Soziologen nehmen derartige ‚Sätze' kaum zur Kenntnis. Der Streit intellektueller Masken um die Wahrheit ihrer Sätze ist für die Opfer kaum unterhaltsam! Die Frage von Thomas Mann ist im Grunde zynisch; wer sich an die eigene Maske erst einmal gewöhnt hat, vermag sie kaum noch zu ‚durchschauen', er schaut vielmehr durch sie das Leben und die Wirklichkeit an. Marlene Dietrich hat die Masken in ihrem Vaterland früh durchschaut und als Mensch Widerstand geleistet. Anne Frank ist Opfer der Masken geworden.

Menschen wie Anne Frank und Marlene Dietrich fordern unser Interesse! Der ‚erste Mensch' unter der ‚Maske als zweiter Mensch' darf sich nicht nach vorliegenden Wahrheiten, diese müssen sich nach ihm richten. Der Grund für kritische Unterscheidung liegt im Menschen, wo denn sonst? Er ist der Autor aller Wahrheiten auf Zeit, die in Sätzen erscheinen und in der Geschichte virulent werden. Doch was ist ihre Maßgabe? Sie ist in uns genetisch angelegt! Das wollen wir klären. Die Philosophie hat bisher über Wahrheiten verhandelt, die dem Menschen vom LEBEN als Mitgift gegebenen Gaben verschwiegen. Für Protagoras ist der Mensch die Maßgabe alles dessen, was ist und was nicht ist. Plato unterdrückt beides, den Sophisten und seine Lehre; sie kommt nur fragmentarisch auf uns. Der erste Ideologe unserer Welt zerreißt den Menschen in zwei Teile, konstruiert zwei Welten, die des Seins und die des Scheins, er entzweit Sinne und Vernunft. Plato trennt den Menschen von WAHRHEIT und ZEIT. Die Suche nach der Wahrheit, die Frage der Möglichkeit der Erkenntnis überhaupt, die Erkenntnis des Seienden und seiner Wahrheit werden zum Problem in der Zeit, das ist: in der Geschichte. Seit Plato sind passende Lokale, zum Beispiel Schule und Universität, für die Produktion der Sprachspiele eingerichtet; in den Archiven werden sie entsprechend aufbereitet: die Sprachkonserven sind mittlerweile auch im Internet rund um die Uhr auf Abruf bereit. Gibt es aus dem ‚Falschen Anfang' ein Entkommen?

Wir sagen: Der Anfang der Philosophie liegt *im* Menschen, in seinem genetischen An – Fang. Argumente für diese Auffassung finden wir weniger in Sätzen, eher in maßgebenden Menschen. An Konfuzius, Buddha, Sokrates und Jesus von Nazareth sollen Hinweise auf eine universelle Weltanschauung aufgezeigt werden. Die großen Vier haben einander ähnlich und zugleich individuell verschieden die Maßgabe des Menschen aus dem SEIN gelebt und verkündet. Die Spuren, die sie in der Geschichte hinterlassen haben, bieten Weisungen für unseren Weg. Mit ihrem Leben bekannt gewordene Menschen geben uns auf ihre Weise Abdrücke, die uns den Weg zum SEIN des SELBST zeigen. Wir erörtern Wilhelm von Humboldt, Giacomo Casanova, Marlene Dietrich und Anne M. Frank. WAHRHEIT und ZEIT sind wie KUNST und SPRACHE relativ zum Menschen, der sie zu leben versucht, Wahrheiten sind wie die Zeit relativ zur Geschichte. Damit ist das SEIN in diesem Gefüge nicht subjektiv beliebig; wenn es so wäre, wäre jedes Individuum eine Welt für sich. Das SEIN ist im SELBST des Menschen ‚ähnlich', im individuellen Selbst ‚verschieden'. Was jeder Mensch im Spannungsgefüge dieser ontischen Differenz aus seinem Leben macht, ist die Aufgabe seiner B i l d u n g! Auf sie kommt es für jeden Menschen entscheidend an. Für diese Bildung des Menschen ist eine neue Weltordnung und, im Weiterdenken des Ansatzes von Jean-Jaques Rousseau, ein neuer ‚Contrat Social' erforderlich: es wird ein globaler ‚Vertrag der Bildung' sein! Nur dann bekäme die Globalisierung einen Sinn und ein Ziel: der Weg zu einer einzigen Welt freier Menschen zu sein, zu einer Weltgesellschaft.

Gleichsam in Kontrast zu unseren Argumenten vom Menschen her gehen wir auf bekannte Produzenten von Sätzen ein, so auf Hegel, Heidegger und Freud. Es soll deutlich werden, dass der falsche Anfang immer wieder eine unaufgeklärte Fortsetzung erfährt. Die jeweils beanspruchte Neuheit im Denken betrifft nur die andere Maske, die sie im Sprachedenken verkündet. An Freud zeigen wir beispielsweise auf, dass er im ‚Fall der Anna O., alias Bertha Papenheim' eine zusammen mit dem Kollegen Breuer ‚konstruierte Maske' behandelt, die Patientin selbst nicht heilt; diese Frau heilt sich selbst aus den Kräften des LEBENS, die wir alle in uns haben. Die Freudianer werden das nicht gerne hören; sie sind an die große Maske so gewöhnt, dass sie ihr nach dem Mund reden. Dieses Nachreden macht unsere geistige Tradition aus. Nietzsches Spruch, dass ‚alle einhundert Jahre eine neuer Gedanke auftaucht', ist eher übertrieben. Die Dichter hingegen schöpfen aus einer Quelle, die allen Sätzen zugrunde liegt: aus dem SEIN der SPRACHE. An poetischen Grundsätzen werden wir überraschende Argumente zum Menschen finden, weil die Dichter ihn von der Maske zu unterscheiden wissen. Sie sind für sich selbst jeder Maske aus dem Weg gegangen.

Mit dem Falschen Anfang der Philosophie hat der ‚Große Krieg' begonnen. Es ist der Krieg zwischen Mensch und Maske, der das Individuum in seiner Innenwelt verstört, weil es nicht mehr erkennen kann, welchen Ansprüchen es folgen soll, den inneren oder den äußeren? Und es ist ein Krieg zwischen feindlichen Masken, die ihre Wahrheit gegen die Wahrheit der anderen durchsetzen wollen, um sie als Lüge zu entlarven. Der Große Krieg ist im Anfang der abendländischen Welt auf den Irrweg gebracht; wir haben die Orientierung verloren, wissen den Orient nicht mehr, in dem die wärmende Sonne des Lebens aufgeht. Unsere Kultur entspricht der Kälte des Abends. Der belgische Künstler René Magritte (1898 – 1967) hat in dem Bild ‚La Grande Guerre' (1964) die Beschaffenheit des Menschen sichtbar gemacht: seitdem der Mensch vom Baum der Erkenntnis gegessen hat, ist er anfällig für eine Maske. Das Bild weist auf einen anfänglichen Mythos unserer Geschichte; der Apfel ist die Frucht am Baum ‚Erkenntnis' im Garten Eden, die wir nicht essen durften. Die Story ist allgemein bekannt. Gehört sie zur Geschichte oder ist die Natur des Menschen so beschaffen, dass ihm eine erworbene Maske die Erkenntnis versperrt, w e r er ursprünglich ist? Müssen wir noch einmal vom Baum der Erkenntnis essen? Der Poet Heinrich von Kleist spricht in seinem ‚Marionetten – Theater' diese Vermutung aus.

Der aus dem Anfang des abendländischen Denkens provozierte Streit zwischen Mensch und Maske verlangt Aufklärung. Wer unseren Denkweg mitgehen will, sollte Geduld, Ausdauer und Mut mitbringen. Es ist nicht einfach, gewohnte Bahnen zu verlassen und Gewohnheiten abwerfen, an die man sich gewöhnt hat. Man hat sein Ich lieb gewonnen und hält es für seine Mitte. Nun wird gesagt, es sei eine Maske? Der Spruch aus dem Tempel von Delphi ist bekannt: "Erkenne dich selbst!" Es wird nicht weiter darüber nachgedacht, was der Imperativ wirklich sagt; man folgt dem, was man verstehen kann und will: Das Ich sucht sich als das ‚Ich' zu erkennen, für das es sich hält, ohne wahrzunehmen, das es ein Fremdes ist. Es ist wahr: in bestimmten Situationen kommen Zweifel zum Ego auf. In Träumen ist man ein anderer; ‚der ich bin, grüßt trauernd den, der ich sollte sein', sagt August Schlegel einmal. Doch wer bin ich als dieser Mensch, wenn ich nicht mehr ‚Ich', nicht meinen Namen sage? Im Alltag werden Zweifel beiseite geschoben, in Lebenskrisen tauchen sie wieder und dann verstärkt auf.

Es ist schwer, sich von dem ‚Ich' zu lösen, das einem so nahe ist; doch vielleicht ist es dir und mir, uns allen nicht nahe genug? Das Ich trennt mich oft von anderen! Was ist zu tun? Müssen wir das ‚Ich' als Pronomen aufgeben? Das wird nicht nötig sein; doch wir müssen es ‚durchschauen', es als ‚Maske des Selbst' entlarven und es dem SEIN näher bringen. Das Ich dem Selbst anzunähern, es anzustiften, zu ihm überzutreten, um im schöpferischen Exzess des Denkens das Zentrum meiner Person zu finden, das wäre doch eine Aufgabe für die eigene Bildung? Wir können dabei nur gewinnen, verloren haben wir in der

Regel bereits genug. Viele Menschen haben nichts mehr zu verlieren; ihnen ist alles genommen – sie vegetieren nur noch und die Welt schaut weg. Wir gehen den Weg der Suche nach dem verlorenen SELBST, in der Absicht es zu finden. Es soll schließlich nicht wieder nur bei ‚Sätzen' bleiben. Was dürfen wir von unserem Weg hoffen? Der Spruch aus Delphi sagt: Erkenne dein Selbst! Diese Erkenntnis bringt uns zum SELBST.

SPN – im Frühjahr 2002

‚Die Maßgabe für alles Seiende ist der Mensch ...' (Protagoras)

I. Die Suche nach dem Weg zum SELBST

1. Zum Anfang unserer Philosophie: die Erfindung des ‚Ich'

Der Anfang der abendländischen Philosophie ist von Plato bestimmt. Elemente seiner ‚Lehre von der Wahrheit' sind im Sprachedenken verankert und im kollektiven Gedächtnis enthalten. Überzeugt davon, selbst zu denken und zu sprechen, wird das Fremde nicht erkannt, von dem man besetzt ist. Adressat des Fremden ist das sogenannte Ich. Es entsteht im Spracherwerb aus dem ideologischen Überbau. Metaphorisch ausgedrückt ist das Ich die Maske des Selbst. Das Wort ‚Selbst' wird beliebig. Wir werden das genauer ausweisen. Die Produktion und Zuweisung der Masken ist in den Gesellschaften nach ihren Bedürfnissen und Zielen organisiert. Eine immer wieder auftauchende Ahnung, dass der Mensch seiner Natur entfremdet sein müsse, ist trotz Rousseau oder Kant in unserer Tradition ungeklärt geblieben. Adorno und Horkheimer haben schließlich die ‚Vergeblichkeit bisheriger Aufklärung' notiert. Jedem Menschen kann dennoch offenbar sein: Unsere Geschichte hat lebensfeindliche Züge angenommen! ‚Feindschaft gegen das Leben' ist ein wesentliches Element der anfänglichen Philosophie. Sie bewirkt Störungen im inneren Menschen; nach außen gewendet, richtet sie Verwüstungen an. Friedrich Nietzsche weist darauf hin: ‚Die Wüste wächst! Weh dem, der Wüsten birgt!' (Also sprach Zarathustra)

Die Forderung nach einem Paradigmenwechsel wird immer öfter vorgebracht! Dabei ist das Sprache–Denken in Frage zu stellen. Da ist das bereits angesprochene ‚Ich'! Was ist das eigentlich, von dem wir im Brustton der Überzeugung reden, wenn wir ‚Ich' sagen? In der Sprache ist es ein Pronomen oder Fürwort; es steht für ein anderes Wort, für das Nomen! Jeder Menschen hat einen Namen, mit dem er sich nennt und benannt werden kann. Ein Kleinkind sagt zunächst: "Hansi Hunger"!, Später heißt es: "Ich habe Hunger!" Der mit ‚Ich' oder einem ‚Namen' benannte oder sich nennende Mensch hat aber jenseits von Sprache ein Sein, das dem Nomen wie dem Pronomen zugrunde liegt: es ist das ‚Selbst'! Dieses ist zunächst auch ein Wort der Sprache, es verweist aber anders als das Wort ‚Ich' unmittelbar auf uns als ein Seiendes; es weist auf unser SEIN. Vom falschen Anfang her hat Philosophie Sprache und Wirklichkeit entzweit. Die konkrete Bedeutung des ‚Selbst' wurde verstellt oder ganz vergessen. Das

‚Ich' der Sprache verdeckt das genetische ‚Selbst' als Instanz des Individuum. Jedes ‚Selbst' gründet wiederum in einer in allen Menschen ähnlichen, nicht gleichen Instanz: das ‚SEIN des SELBST'. Es ist das Band, das den Menschen mit der Menschheit verbindet.

Aus dieser Sicht bringen wir folgende These vor: Das ideologische ‚Ich' hat das ‚Selbst' verdrängt und überlagert. Dieses kann durch äußere Einreden die Verbindung zum SEIN verlieren. Es ist vom Verlust des SELBST zu sprechen, wenn ein Ich nicht mehr der Maßgabe aus dem SEIN folgt, sondern einer Ideologie, die durch die Maske spricht. Das hat in der Geschichte zu Problemen und Konflikten geführt. Sie sind immer größer und irrationaler geworden. Kehren wir zunächst wieder zu Plato zurück: Zum Menschen hat er ein gespaltenes Verhältnis; den sterblichen Leib verachtet er, die Seele denkt er sich ‚ewig'; sie gehöre zum Reich der Ideen. Dort gilt die ‚Zeit' nicht, die den stofflichen Teil des Menschen an die Erde fesselt. Das ‚zeitlose Sein der Ideen' im Reich des Wahren, Schönen und Guten ist das Ziel der Seelen; von dort kommen sie und dorthin wollen sie zurück. Das auf der Erde in der Zeit vergehende Seiende ist das Unwahre. Mit seinem Leib gehört der Mensch zur Welt des Scheins, zu der des Seins mit der Seele. Das Unwahre korrespondiert mit dem Vergehen der Zeit, das Wahre mit der zeitlosen Idee. Es geht von Anfang an um die Frage: W a s ist der Mensch in seinem Wesen und nicht darum, w e r er in seiner Natur ist? Der Mensch hat fast alles erforscht, sich selbst ist er ein unbekanntes Wesen geblieben. Dabei wähnt er sich aufgeklärt.

Durch den falschen Anfang hat Philosophie große Probleme mit ‚Wahrheit und Zeit'. Die Konstrukte Platos gehören zur Grundausstattung des Archivs der Geschichte. In seinem ‚Apparat' nehmen die Archive wesentliche Elemente des Anfangs auf; die Tradition der Alten Welt ist zum eigenen Gebrauch und für den Export in die Neue Welt bestimmt. Inzwischen sind alle Welten auf der Erde infiltriert. Die Reproduktion und Verbreitung der aus dem Anfang produzierten Ideologien hat sich parallel zum Fortschritt entwickelt, der inzwischen zum Weltprinzip geworden ist. Ein ausführliches und bedeutendes Archiv ist das ‚Historische Wörterbuch der Philosophie'. Als Ersatz für das ‚Wörterbuch philosophischer Begriffe' von Rudolf Eisler (1899; 4. Aufl. 1930) wird es seit 1971 veröffentlicht. Der erste Begriff des ersten Bandes ist eine Metapher für den Anfang: ‚Abbildtheorie'! Der im November 2001 dreißig Jahre später erschienene elfte Band beginnt mit ‚Übel' und endet mit ‚Vulkanismus', es ist wie ein übler Tanz auf dem Vulkan der Begriffe, an dem sich eine ganze Generation ‚Gelehrter' abgearbeitet hat! Wenn beim Buchstaben ‚Z' das letzte Schlagwort (etwa 2004 ?) erreicht sein wird, müsste die Revision des ‚Archivs' wohl wieder neu beginnen, um aktuell zu bleiben und Ergänzungen einzufügen, damit auch der nächsten Generation ‚von der spekulativen Weltweisheit kein Begriff verloren gehe‘! Dieser Satz von Kant wird dem Gesamtwerk als Motto vorangestellt.

Ob der Mensch fähig ist, die Wahrheit eines Seienden in tote Begriffe zu begraben – ein anderes Wort von Kant – ist die Frage, die Archivare offenbar am Leben hält. Der ‚Mensch ist das, als w a s er sich in der Geschichte selbst begreift‘! (5.Bd. 1060) Das ist so selbstverständlich, dass seine ontogenetische Natur von Philosophie nicht näher erforscht wird. "Der Mensch fühlt sich ... deutlich als nicht festgestelltes Wesen, als eines, das zusammen mit seiner Umwelt eine Aufgabe ist und ein riesiger Behälter voll Zukunft." (E. Bloch, Prinzip Hoffnung, 1, 135) Das Archiv des Weltgeistes ist der Container der Vergangenheit, aus dem im Gefäß Gegenwart in Schlagworten das verzettelt wird, was die Archivare dem noch leeren, aber riesigen Behälter Zukunft aufbürden wollen. Die Last wird im Leben von denen getragen, die sich von den professionellen Betreibern der Archive durch gesellschaftliche Instanzen, insbesondere in Schule und Hochschule sagen lassen müssen, als w a s sie sich in ihrer geschichtlichen Zeit zu begreifen haben. Im dadurch bedingten Prozess des Lebenslangen Lernens verschwindet immer mehr die Frage nach dem Menschen im Dunst der Tradition. Nimmt es da Wunder, dass Aufklärung bisher noch nicht möglich geworden ist?

Plato hat die Frage nach dem Menschen von Anfang an nicht gestellt; seine Philosophie ist unvermittelt ideologisch und vermittelt sich in unterschiedliche Ideologien. Das wird erst aus Faszination, man spricht vom Zauber Platos, und schließlich aus Gewohnheit wenig beachtet. Die Archivare reflektieren wenig, registrieren viel. Der Platonismus ist mit dem Dualismus von Leib und Seele (Geist) und der Theorie zweier Welten zur unaufgeklärten Folie des Denkens und Handelns geworden: ‚Der Tod sei die Befreiung der Seele aus ihrem Gefängnis auf Lebenszeit; sie kehre dann aus der Schattenwelt des Scheins in ihre Heimat zurück, um in der wahren Welt des Seins wieder die Ideen und deren Wahrheit zu schauen. Im Leib sei die Seele in die falsche Welt ausgesetzt, sie existiert! Ein Seiendes wird erkannt, wenn die Seele am Abbild das Urbild erinnert, das sie bei ihrem Aufenthalt in der wahren Welt geschaut hat.‘ In der abendländischen Geschichte, mit Elementen des Glaubens vermischt, wächst der Einfluss der platonischen Spekulation kontinuierlich. Goethe hat zusammen mit Schiller ironisch ‚Platon als Mitgenossen einer christlichen Offenbarung‘ bezeichnet. (12,244 f) Dichter wittern Unheil, Philosophen spekulieren weiter am wirklichen Leben vorbei. Thales von Milet (um 625 – um 547) stürzt dabei in einen Brunnen; ein junges Mädchen hat laut gelacht, den Betrachter des Himmels mit spitzen Sätzen verspottet und mit einer Winde den triefnassen Denker auf die Erde zurück geholt, damit er wieder Boden für sein Denken bekommt.

Platos ‚Sterben wollen' ist als Ausdruck der Sehnsucht nach Tod und Jenseits, als Rückkehr in die wahre Welt, in vielen Variationen in der Geschichte als gewaltsames ‚Sterben müssen' inszeniert. Alle Aufführungen weisen auf den Anfang zurück, auch die ‚Maske des Terrors', die am elften September des Jahres 2001 erneut ein Verbrechen gegen die Menschheit in Manhattan verübt hat: In unserer Geschichte wurden immer wieder neue und immer wieder größere Verbrechen gegen Menschen begangen, die zuvor nicht vorstellbar waren! Zu erinnern wären unter anderem: ‚Kolonialismus, Sklaverei und gewinnbringender Sklavenhandel von Afrika Richtung Neue Welt, die Taten der Konquistadoren, Kreuzzüge und die Inquisition, Guernica und Coventry, der Holocaust und Hiroshima' ....! Haben wir das etwa alles vergessen?

Die UNO – Konferenz zu ‚Rassismus und Sklaverei' in Durban, die am 8. September 2001 (!) mit einer Abschlusserklärung beendet und als ‚Meilenstein in der Geschichte der Menschenrechte' vom Präsidenten der Konferenz, dem Südafrikaner Nkosazana Dlamini – Zuma, gewürdigt wurde, hatte für die Europäer – die Vertreter der USA waren rechtzeitig abgereist – nur ein Ziel: Entschuldigung ja – Entschädigung nein! An der ‚Sprache' des ‚Erklärung' wurde solange gefeilt, bis das ‚gesichert' war! Das ist Sprachedenken aus dem Anfang: Keine neue Weltwirtschaftsordnung im Interesse der ausgebeuteten und verarmten Völker, kein Weg oder Ziel zur Weltgesellschaft. Nur der Bischof von Rom mahnt ‚Freiheit und Gerechtigkeit für die gesamte Menschheit' an! Wir müssen wissen: Kein Verbrechen gegen die Menschheit, wie weit in der Zeit es auch zurückliegen mag, verjährt oder vergeht jemals! Die Zeit geht vorüber, das SEIN der ZEIT bleibt, die geschichtlichen Wahrheiten ändern sich, nicht die WAHRHEIT. Damit haben wir etwas ausgesprochen, was jenseits und vor jeder Sprache wirklich ist: der Mensch ist WAHRHEIT und ZEIT. Die genetische Mitgift des LEBENS eignet jedem Menschen! Was das für unser Thema bedeutet, müssen wir auf dem Weg klären.

2. Auswirkungen des ideologischen Anfangs

Die Auswirkungen der anfänglichen Philosophie reichen an die Gegenwart heran. Nach dem 11. September 2001 ist nicht alles anders geworden: die Ausbeutung des Menschen und Zerstörung der Erde wird fortgesetzt. Der in Jahrhunderten aufgestaute Hass der Nachkommen der Opfer gegen die reich gewordenen Nachkommen der Täter von einst wird stärker: er enthält unerhörtes Konfliktpotential! Die geschichtlich mit Gewaltmitteln errichtete Kluft zwischen reich gewordenen Zivilisationen und verarmten Völkern wird ständig größer! Wer nimmt das überhaupt zur Kenntnis? Willy Brandt ist mit dem Nord – Süd –

Rapport seiner Projektgruppe, Olaf Palme darunter, immer noch aktuell. Doch Papier ist geduldig, denken die Masken – und tun nicht das Notwendige. Das geschichtlich Gewordene, das am 11. September 2001 explodierte, wird in der Regel nicht mit dem Anfang der abendländischen Welt in Verbindung gebracht. Wir wollen den Zusammenhang aufzeigen. Hier sei einiges vorweg angeführt: wenn der Mensch der anfänglichen Lehre zufolge in der falschen Welt lebt, muss der zeitweilige Aufenthalt auf der Erde dazu genutzt werden, ihn ‚schön' zu gestalten. Nach dem erlittenen Missgeschick der Verbindung mit einem Leib sollte es die einst im Reich der Ideen mit dem ‚Wahren, Schönen und Guten' verwöhnte Seele zwischen Geburt und Tod so angenehm wie möglich haben. Der daraus entstehende Fortschritt kopiert die Ideen: der Schein wird zum ‚schönen Schein' der Kunst, das ‚Wahre' treibt die Wissenschaft und das ‚Gute' den Markt. Alles ist darauf gerichtet, Paradiese auf Erden zu schaffen; Verwüstungen bleiben dabei nicht aus. Völker und Menschen werden Konkurrenten. Der Erfolg rechtfertigt die Mittel. Was denkbar ist, wird auch gemacht. Die Entwicklung der Atombombe ist das Muster, der Einsatz in Japan die Erprobung, später ein bedauerlicher Betriebsunfall! Das noch Undenkbare wird einmal gedacht und auch gemacht; es ist nur eine Frage der Zeit! Wir leben immer noch im falschen Anfang; er verhindert bisher die Veränderung.

Die Ideen des Fortschritts zeigen die Werbeclips im Fernsehen. In den Warenhäusern sind die ‚Abbilder' käuflich. Im ‚Höhlen – Mythos' schildert Plato seine Vision des In–die–Ferne–Sehens: die ‚Ideen' warten fern im Reich der Wahrheit auf die vom Leib befreiten Seelen als ihre ‚Kunden'. Mit diesem Bild entwirft der Philosoph im Prinzip unsere Fern–Seh–Welt: in den Wohn – Höhlen warten die Konsumenten des Sehens auf die ‚Zeit ihres Programms'. Die Bilder der Werbung zwischendurch vermitteln sie als Kunden an den Markt. Wie beim Ausstieg aus der platonischen Höhle wird man vom Schein des angeblich Schönen geblendet. Wir kennen die Stars von Glimmer und Glamour in entfernter Welt, nebenan den kranken Nachbarn nicht. Der Fortschritt bringt nicht das ‚Gute', sondern ‚Güter' im Überfluss hervor. Produkte sind dingliche Werte, an die man sich halten kann. Ethische Werte geraten ins Vergessen. Der Mensch ist nur noch eine Adresse, an die der ‚Markt' seine Waren mit Gewinn abliefern will. Wehe, wenn die Kunden nicht genug kaufen! Die Betreiber des Wachstums starren auf die Zahlen zum Bruttosozialprodukt. Was ist daran eigentlich sozial? Was hat Philosophie bisher versäumt? Den An – Fang *im* Menschen!

3. Der gespaltene Mensch: Suche nach der verlorenen Zeit

Seit Plato ist der Mensch ein gespaltenes Wesen; er ist aus sich heraus geworfen, von außen als ein Wesen bestimmt, das er in seiner Natur nicht ist. Der Mensch ist außer sich! Wir leben exzentrisch, hausen an Rändern unserer Existenz, ohne das Zentrum zu kennen, in dem wir wohnen und verweilen können. Goethe hat das an Faust veranschaulicht. Dieser Held der Moderne ist die staubige Luft im Archiv leid; Philosophie, Juristerei und Medizin, besonders auch Theologie ekeln ihn an. Die Frühlingsluft tut ein übriges; die Hormone regen sich. Nähere Kenntnis dazu hat er nicht. Die Arbeit an den Zettelkästen in seinem kleinen Archiv hat ihn vor allem dem anderen Geschlecht entfremdet. So nimmt er die Hilfe des Geistes an, der in allem Bescheid weiß. Er geht die Wette mit dem Teufel ein, der keine Zeit hat:

> "Werd' ich zum Augenblicke sagen:
> Verweile doch! du bist so schön!
> Dann magst du mich in Fesseln schlagen,
> Dann will ich gern zugrunde gehn!
> Dann mag die Totenglocke schallen,
> Dann bist du deines Dienstes frei,
> Die Uhr mag stehn, der Zeiger fallen,
> Es sei die Zeit für mich vorbei!"

In der Wette geht es mit der Zeit, in der zu leben und zu sterben ist, auch um die Wahrheit des Lebens, die von der Zeit bedroht ist. Wer die Wahrheit nicht kennt, verfällt der Zeit; das Leben ist in der Zeit nicht zu halten. Faust will sich aber am Leben festhalten, doch er weiß nicht wie. Er weiß nicht, w e r er i s t, wie soll er da Wahrheit finden? So wettet er gegen die vorübergehende Zeit; er will sie im schönen Augenblick erhaschen. Da er nicht weiß, dass dieser ‚Augenblick' nirgends wie ein Ding vorrätig ist, stürzt er sich ins Getriebe, nach der Parole: Versuch und Irrtum!, um zusammen mit Mephisto das Leben von Zeit zu Zeit auf die Probe zu stellen. Das kann nicht gut gehen. Diese Wette ist für Faust nicht einlösbar. Der Held ist in seiner Jagd nach Glück auf der Suche nach der Zeit, die ihm entrinnt! Die ‚Erlösung', die Goethe für Margarete und Heinrich dichtet, ist immer noch dem Anfang verpflichtet. Es gibt diesen Ausweg nicht; der ‚Augenblick' stellt sich nicht von außen, als gnädiges Geschick, als unerhörtes Glück – und dann sterben – ein. Das ist der Sinn der Wette. Margarete geht an Momenten des ‚Glücks' zugrunde, das Heinrich auf Dauer und daher vergeblich sucht. Der Pakt mit dem Teufel mündet im Grauen: ‚Heinrich, mir graut vor Dir!' Was ist aus dem Abenteuer ‚Liebe' geworden? Eine Treibjagd nach Zeit, die man jede Sekunde verliert; nur die Liebe bleibt als WAHRHEIT und ZEIT. Faust erkennt das zu spät und wird vom Leben bestraft.

Zwischen Margarete und ihrem Heinrich hat sich nicht der Augenblick ereignet (er–äugnet). Dieses Wort ist als Bild zu denken: Im ‚Blick der Augen' sehen Menschen sich an. Geht der Blick ins Herz, wird Erkenntnis möglich. Wird sie wirklich, geht in diesem Augenblick die äußere Wahrheit in die innere WAHRHEIT, die vorübergehende Zeit in die ZEIT über: was sich ereignet ist Liebe! Sie ist zeitlos in ihrem Sinn und hat mit ihm Bestand. Warum hat Faust nicht auf sein ‚Lieben' gewettet? Im Archiv seines Studierzimmers hat er dazu keine Hinweise gefunden. Wenn er am Ende ‚gerettet' wird, dann durch die Liebe einer Frau. Das "Verweile doch, du bist so schön!" ist nicht der Zeit abzujagen, sondern einem Menschen mitzuteilen, den man liebt! Das hat die Frau getan, der Mann nicht. Liebe ist ‚Zeitaufwand', der im Lieben ‚bleibt'! Im Lieben dichten Menschen einander ZEIT! Die vergehende Zeit erleiden wir. Kurz vor seinem Ableben sind Goethe im Gespräch mit Eckermann die ‚Mütter' in den Sinn gekommen! Es muss die Erkenntnis der Liebe gewesen sein, die ihm im Leben nie völlig gegenwärtig war. Er erinnert die eigne Mutter und Christiane, die Mutter seines Sohnes. Die Archivare, Totengräber der Begriffe, könnten allein an der ‚Mutter' den eigenen An – Fang ‚erinnern' und ihr Tun kritisch reflektieren. Da unsere Philosophie wenig zu den ‚Müttern' sagt, kommt der Begriff im ‚Historischen Wörterbuch' nicht vor. Nur ‚Mutterrecht' und ‚Muttersprache' sind aufgenommen, mehr nicht.(Bd. 6, 261-263)

4. Erste Hinweise auf den An – Fang der Philosophie *im* Menschen

Goethe verweist uns in seiner Dichtung auf die Bedeutung der Zeit: das Leben und seine Wahrheit sei in bestimmten Momenten der Zeit enthalten; das ist die Hoffnung von Faust. Er sucht das Bleibende im Vorübergang; doch er sucht es außen, nicht in sich selbst. Weil wir nicht wissen, w e r wir s i n d, vermögen wir nicht zu erkennen, dass der Mensch, soweit und bekannt ist, das einzige Organ von ‚Wahrheit und Zeit' ist. Das ist unsere These! Um sie anschaulich zu machen, schreiben wir große Buchstaben: der MENSCH i s t WAHRHEIT und ZEIT! Dieses Gefüge, zu dem noch KUNST und SPRACHE gehört, ist unser SEIN. Es eignet nur dem Menschen; warum das so ist, wissen wir nicht. Aus diesem SEIN bringt der Mensch Kunstwerke und Sprachen, geschichtliche Wahrheiten und Systeme zur Messung von Zeit hervor. Der Anfang von allem, was in einer ‚Welt' ist, liegt somit *i m* Menschen, somit auch der Anfang der Philosophie. Um verlorene Erkenntnis und bisher versäumte Fragen im Netz des Denkens zu *fangen*, sprechen wir vom An – Fang.

Der An – Fang ist mehr als nur ein Bild: das weibliche Ei fängt ein männliches Sperma ein. Die erste Zellteilung nach der Befruchtung ist der An – Fang des Menschen. Er nimmt von Beginn an alle ‚Mitteilungen' auf, die das LEBEN in der Phylogenese der Wesen für die jeweilige Ontogenese und so auch für die des Menschen ausgebildet hat und für die Bewältigung des Lebens mitgibt. ‚LEBEN' ist hierbei nicht als ein handelndes Subjekt zu verstehen, sondern als eine Kraft, unbegreiflich in ihrer Wirksamkeit, von der die Entwicklungen gespeist werden. ‚Der Anfang sei mehr als die Hälfte', heißt es bei Aristoteles. Der Spruch ist abstrakt und bezieht sich auf Texte. Der konkrete An – Fang, von dem hier die Rede, ist beinahe das Ganze! Der ‚ganze Mensch' ist im SEIN, das nur dem Menschen zu eigen ist, für seinen Weg als Seiendes angelegt. Der menschliche Embryo ist das sich entwickelnde Organ KUNST und SPRACHE, wie auch WAHRHEIT und ZEIT! Unsere These lautet: Die vorgeburtliche Entwicklung ist die Urkunde unserer Existenz. Mit der Geburt ist der Mensch ein ‚Ausgesetzter', das ist: er ‚existiert'! In der Gefährdung, die mit der Aussetzung möglich wird, hilft die genetische Mitgift der ‚Insistenz'. Mit dem Eintritt in ein Lebewesen ist er für seinen Weg mit allem Notwendigen ausgestattet: von innen geschützt, nach außen solange des Schutzes bedürftig, bis er sich selbst behaupten kann.

Eine angemessene Antwort auf die Frage nach dem An – Fang der Philosophie *im* Menschen ist lebenswichtig. Die philosophischen Sprachspiele der Tradition unserer zivilisierten Welt haben sie bisher verhindert. Erkenntnis wird durch Wissen ersetzt. Archiviertes Wissen kann gelehrt und gelernt werden. In unseren Gesellschaften ist ‚Lebenslanges Lernen' verordnet; es wird mit ‚Bildung' verwechselt. Die ‚Wende nach innen' wird erschwert, viele werden in dieser Behinderung ‚krank'. Der Mensch sei bei der Geburt ein ‚leeres Blatt', behauptet Aristoteles! Das ‚leere Blatt' wird von der ‚Geschichte' beschrieben, ist verbreitete Meinung! Wer nimmt die Botschaft auf? Es ist das ‚Ich', dem eine ‚Maske' verschrieben wurde. Im griechischen Theater ist dem Helden ein Mundtrichter aufgesetzt; er verstärkt seine Stimme, die im weiten Rund von allen gehört werden soll. Das griechische Wort dafür wird lateinisch mit ‚Person' wiedergegeben! Der Mensch spricht als Person wie durch eine Maske: Das ‚Ich' tönt durch (personat). Doch dieses ‚Ich' ist jetzt nicht mehr der tragische Held, sondern das ‚Ich' im Wohnzimmer. Es spielt sein eigenes Theater in der Rolle einer ‚Maske', die es gelernt hat. Die Bühne ist nicht besonders groß, kaum Zuschauer: das ‚Ich' schaut in die ‚Röhre'.

5. Das Gewissen: Erkennende Stimme aus dem An – Fang
– Sein oder Bewusstsein? Das ist hier die Frage –

Das Gewissen ist im Menschen genetisch angelegt. Im Sprachgebrauch wird es mit der Metapher ‚Stimme' verknüpft. Sie ist wie ein ‚Geläut der Stille', um ein Bild von Georg Trakl zu verwenden. Das Geläut ertönt, wenn der Mensch Bewusstsein erlangt. Das Gewissen wird verstört, wenn der Lärm des Ego die Stille überlagert und durch die Maske Einwände vorbringt. Der Mensch kann an der Verstörung krank werden, das ‚Selbst' ist ‚gekränkt'. Das Gewissen will dem ‚Selbst' aus dem SEIN die Verantwortung für Mensch, Erde und Welt auferlegen. Das ist Auszeichnung und Last zugleich. Es ist oft bequemer, sich der Stimme zu enthalten; das Leben wird dadurch kaum leichter; die Stimme schweigt ja nicht. Um sie im Lärm der Einreden zu hören, ist Stille erforderlich. Der Mensch kommt mit dem Gewissen auf die Erde in eine geschichtliche Welt. Diese kann Wahrheiten vorhalten, die zu lernen sind, obwohl sie dem inneren Zuruf nicht entsprechen. Da das Bewusstsein sich im individuellen Selbst später meldet als das SELBST, das von Beginn des Lebens ‚da', aber noch nicht ‚gewusst' ist, beginnt im Moment der Wahrnehmung eines Gefühls oder eines Gegenstandes der zunächst unauffällige Streit zwischen ‚SEIN' und ‚Bewusstsein'.

Das ‚Bewusstsein von etwas' drängt sich vom dinglich Seienden her auf und besetzt das Denken und Tun des Aufwachsenden. Was sich da ‚aufdrängt' ist aber nicht das SEIN, sondern ein konzeptionelles Sein des vorliegenden Seienden, das wahrgenommen wird und das Bewusstsein besetzt. Aus der Diskrepanz von innen und außen entsteht (spät) die philosophische Streitfrage, ‚ob das Sein das Bewusstsein bestimmt oder umgekehrt'? Der Streit ist bisher nicht entschieden, weil nicht geklärt ist, was das SEIN im Unterschied zum Bewusstsein ist. Es ist daher auch nicht geklärt, welche Prägung das Gewissen aus dem SEIN und welche es aus dem Überbau hat, dem ideologischen ‚Sein' als geschichtliches Erzeugnis? Wenn sich ideologisches Sein im Bewusstsein früher meldet als das SEIN selbst, ist dieses dem Gewissen nicht ‚unbewusst', sondern ‚noch nicht gewusst'. So wissen wir auch früher um die Sprache, in der wir uns verständigen und um die Zeit, mit der wir den Vorübergang messen. Das an sich Frühere ist aber das SEIN von SPRACHE und ZEIT als Grund dessen, was uns in der Welt als eine geschichtliche Sprache oder überliefertes Konstrukt von Zeit begegnet. Das gilt auch für das SEIN von WAHRHEIT und KUNST.

Es geht uns um das SEIN des Menschen, um seine natürliche Konstitution, in der er sich von allen anderen Lebewesen darin unterscheidet, dass er nicht wie diese nur ein Seiendes ist, sondern eines *mit* SEIN. Es enthält die innerlich gegründete ‚Maßgabe' für unser Bewusstsein und sein Denken, Erkennen und Wissen von allem, was ist. Das Gewissen ist das Bewusstsein des SEINS! Es muss erweckt werden, wenn wir seine Stimme hören wollen. "Das Gewissen ist die Menge angeborenen Wissens, die wir in uns tragen", läßt Victor Hugo den ‚elenden G.', einst Mitglied des Konvents in Paris, dem Bischof von Digne, Bienvenu Myriel, im Jahre 1815 sagen. (in: Les Miserables, 50) Seine Gnaden erkennt im Gespräch plötzlich den Menschen, wo er vor dem immer wieder hinausgezögerten Besuch bei einem verlorenen Schaf seiner Herde den gottlosen Fanatiker der Revolution vermutete; dieser hatte bei der Abstimmung über den Tod von Ludwig XVI mit Nein gestimmt; deswegen durfte er in Frankreich bleiben; soviel wußte der Bischof von diesem Herrn G., den sein Besuch in der Zeit des Sterbens erreicht. Als er ankommt, sind schon, ähnlich wie bei Sokrates im Gefängnis, die Beine ohne Gefühl; er gibt sich noch drei Stunden; genug Zeit für ein Gespräch.

Was der Bischof nicht wußte und nun zu hören bekommt: ‚Herr G. hat im Konvent nicht für den Tod des Königs, doch für das Ende des Tyrannen gestimmt: für das Ende der Prostitution des Weibes, der Sklaverei des Mannes, für das Ende der Nacht des Kindes'! Die ‚Nacht' ist eine Metapher für ‚Unwissenheit'; sie ist der ‚Tyrann'! Die öffentlich verhinderte Bildung des Menschen zum Menschen, die Verdummung und Ausbeutung des Volkes; das ist die wirkliche Gewalt! Das ist Tyrannei! Sie verdient den Tod! ‚Seine Gnaden', der Bischof, ist sprachlos. Der Citoyen G. sagt wörtlich: "Ich habe für die Brüderlichkeit gestimmt, die Eintracht, die Morgenröte. Ich habe geholfen, Vorurteile und Irrtümer umzustürzen. Ihr Einsturz verbreitet Licht. Wir haben die alte Welt niedergelegt, und die alte Welt, das Gefäß des Elends, ist, indem sie auf die Menschheit sich ausschüttete, eine Urne der Freude geworden." (l. c.) Zuletzt bittet der Bischof (!) den Revolutionär (!) um seinen Segen; er wird ihm noch im Sterben gewährt. Das X. Kapitel des ersten Buches: ‚Der Bischof sieht ein unbekanntes Licht', ist ein Lehrstück für WAHRHEIT und ZEIT. Die Poesie des Menschlichseins erscheint im Licht der Aufklärung. Der Roman von Hugo erzählt vom wirklichen Leben; er ist zur Lektüre empfohlen.

Die Maxime, das Sein bestimmt das Bewusstsein, bekommt in einer Welt, in der das Sein im Überbau gesucht und als Ideologie gefunden wird, einen inhumanen Sinn. Wenn sich Menschen von außen sagen lassen, als was sie sich zu begreifen haben, denken und handeln sie nicht der inneren Maßgabe gemäß, sondern in der Maske des ‚Ich' nach den Vorgaben aus ihrer Welt. Den Parolen der Revolution folgend, haben viele Anhänger den Menschen in sich unterdrückt und unmenschlich gehandelt. Die französische Revolution ist nicht an ihren Zielen und Forderungen der ‚Gleichheit, Freiheit und Brüderlichkeit' gescheitert, sondern an ihren Taten. Dass viele Bürger dem Lerndruck erliegen und tradierte Denkmuster für wahr halten und schließlich durch die Dauer ihrer Geltung als Wahrheiten verinnerlichen, beweist mitnichten ihre WAHRHEIT. Diese hat als

‚menschliches Organ' ihre prägende Kraft und Erscheinung in der Geschichte noch nicht gefunden. Von einigen ‚maßgeblichen Menschen' werden wir zu sprechen haben, im Blick auf unser Thema ‚sprechen müssen'!

Die Frage, w e r der Mensch in seiner Natur ist, wird durch Antworten übertönt, die sagen, als *was* sich der Mensch in seiner Welt zu begreifen hat. Wird dieses ‚w a s' verinnerlicht, ist der Mensch seiner Natur entfremdet; er verfällt an Welt! Betrifft dieser Verfall viele Menschen, wird er schnell zur Regel. Die Mechanismen der Erziehung sorgen dafür. Das bürgerliche Bewusstsein ist von Ideologie bestimmt! Wer das Sein im Überbau sucht und das Bewusstsein aus ihm bestimmen lässt, muss in jeder Epoche die Frage des Pilatus neu stellen: w a s ist Wahrheit? Aus der Antwort bestimmt sich die immer neu zu stellende Frage: w a s ist der Mensch in seiner Zeit? Die Archivare bekommen viel Arbeit, um in der Gegenwart die Vergangenheit für die Zukunft zu bewältigen! Dann und wann schaut im Vorübergehen Franz Kafka durchs Fenster, um die Archivare bei ihrer ruhelosen Arbeit kopfschüttelnd zu betrachten. Diese verstehen das als Zustimmung; sie arbeiten emsig weiter am Überbau und sind, selbst ideologisch verstrickt, leicht zu täuschen. Der Dichter hingegen verwundert sich über die Ameisen in Menschengestalt. Ihm fällt sein Held ‚Georg' ein, den er, von dieser Erfahrung angeregt, in einer Kurzgeschichte als ‚Käfer' denkt und dichtet. Der Mensch wird sich in seiner eingerichteten Welt immer unerkennbarer. Ob wir Kafka einmal begreifen werden und schließlich auch uns selbst?

6. Wo dein Schatz ist, da ist auch dein Herz

Es gibt allgemein bekannte Sätze, deren Wahrheit in eine Tiefe reichen, die auszuloten sich lohnt. Unser Interesse verdient der folgende Satz: "Wo dein Schatz ist, da ist auch dein Herz!" Der Volksmund spricht hier etwas an, das wie ein Rätsel klingt. Das Herz wird vornehmlich von Dichtern besungen. Die Philosophen hingegen besorgen das Geschäft der Vernunft. Eine Logik des Herzens und der Gefühle dem rationalen Kalkül entgegen zu halten, Pascal gegen Descartes, ist eher die Ausnahme. Jenseits wissenschaftlicher Betrachtung wird das Herz allgemein als das Zentrum der Lebewesen aufgefaßt. Der Mensch bringt es mit Liebe in Verbindung. ‚Ich liebe dich von ganzem Herzen', heißt es, oder auch: ‚Ich schenke Dir mein Herz'. Von Herzen wünschen wir jemandem Gutes. Kein anderes Organ wird häufiger genannt. "Das Herz wird in der Heiligen Schrift gleich 300 Mal erwähnt. Die Leber kommt nur ein einziges Mal vor." (Barnard, 1999,9)

In einer Monographie zum ‚Mythos Herz' hat Frank Nager (Basel 1993) seine Bedeutung als Symbol in unterschiedlichen Kulturen dargelegt. "Das Herz, so dachte man, sei das Zentrum der Lebenskraft, der Sitz des Verstandes, des Willens, des Mutes, der Gefühle und der Leidenschaft. Es sollte die Quelle von Religiosität und Weisheit, der Nährboden der Seele sein. ‚Die Sprache der Symbole ist die einzige Sprache, die jeder lernen sollte', sagt Erich Fried." (Barnard, 9 f) Laß dein Herz sprechen, wenn du nicht mehr weiter weißt! Das ist ein guter Rat und oft genug hilfreich. Gefühle werden für wahrer gehalten als Überlegungen des Verstandes; es wird einem warm ums Herz. Hingegen wird geraten, einen kühlen Kopf zu bewahren; vermutet wird dort die Vernunft. Ob sie nur im Gehirn ist, wie es gewöhnlich angenommen wird, oder im ganzen Mensch, ist noch fraglich. Antike Statuen stehen überall kopflos herum; welcher Kopf hat hier und wofür vorgesorgt? Bei der Suche nach dem verlorenen SELBST ist die Sprache des Herzens und ihr Wortschatz zu finden. Dieser Schatz gehört zum angeborenen Wissen; wo dein Schatz ist, da ist auch dein Herz! Diesen Kompass werden wir auf dem Weg nötig haben.

7. Einiges zur Philosophie aus dem Kopf und der ‚List des Leibes'

Der von Plato stilisierte Sokrates hat mit seinem "Ich weiß, dass ich nichts weiß" auf die Grenzen der Vernunft hingewiesen. Er redet nicht aus dem Herzen, das Denken kommt aus dem Kopf. Gefühle werden in den Dialogen nicht erwähnt. Im ‚Phaidon', der die letzten Stunden des Meisters schildert, erscheint Sokrates betont gefühlsarm. Phaidon berichtet in einer Rahmenerzählung dem Echekrates das Geschehen im Gefängnis aus seiner Erinnerung: "Als wir nun eintraten, fanden wir Sokrates eben entfesselt, und Xanthippe, du kennst sie doch, sein Söhnchen auf dem Arm haltend, saß neben ihm. Als uns Xanthippe nun sah, wehklagte sie und redete allerlei dergleichen, wie die Frauen pflegen, wie: O Sokrates, nun reden diese deine Freunde zum letzten mal mit dir und du mit ihnen. Da wendete sich Sokrates zum Kriton und sprach: O Kriton, laß doch jemand diese nach Hause führen. Da führten einige von Kritons Leuten sie ab, heulend und klagend." (59 e f)

Ob der Sophist Sokrates sich in der schwersten Stunde seines Lebens gegenüber Frau und Kind wirklich so cool verhalten hat, wissen wir nicht; es ist kaum zu glauben. Wir werden diesen Menschen anders denken und erfinden müssen. Plato beschreibt eher sich selbst. Schon als Kind hatte er den frühen Tod seines Vaters zu verarbeiten, nun muss er das Sterben seines Lehrers erleben! Die Lehre von der unsterblichen Seele hat hier vielleicht eine biographische Wurzel. Der Tod soll nur den Leib treffen! Philosophieren sei sterben wollen, um die Seele von ihm zu befreien. Darum geht es im letzten Gespräch mit Sokrates; es legitimiert unübertrefflich das Thema: die Unsterblichkeit der Seele; Frauen haben da nichts zu suchen; sie haben vielleicht viel Herz im Leib, aber wenig Vernunft im Kopf. Das stört Männer wie Plato; in seiner Welt sind Frauen nicht zu finden, nicht einmal seine Mutter: die Idee ersetzt sie.

Kehren wir in das griechische Gefängnis zurück, in der die Philosophie des Abendlandes verhandelt wird; die Argumente des Lehrers bekommen angesichts des Todes für die Wahrheitslehre des Plato mehr Gewicht: Sokrates bemühe sich um das Nichtwissen in der Welt des Scheins, weil er den Überstieg der Seele in die Welt des Seins denkt und lebt. Das wirkliche Wissen sei erst dann möglich, wenn die Seele sich vom Leibe befreit hat. Sie reißt sich geradezu von ihm los; wer lügt schon in einer derartigen Situation? Die Wahrheit sei nur im Reich der Ideen zu finden! Das angebliche letzte Argument des Sokrates hat durch diese ‚List der Vernunft', die Plato lange vor Hegel anwendet, globale Wirkung erreicht. Die Philosophen stellen die Wahrheit auf den Kopf, auch Marx. Als er Hegel vom Kopf auf die Füße stellen wollte, hat er versehentlich eine Umdrehung zu viel gemacht. Plato hat seine Anwesenheit im Gefängnis vermieden, um so die Rede des Sokrates als Beweis für seine Theorie glaubwürdiger zu machen; im Phaidon heißt es: ‚Plato, glaube ich, war krank'! Das ist eine zweite List der Vernunft. Vielleicht konnte der Philosoph jedoch die Wirklichkeit des Todes einfach nicht ertragen? Die Lehre vom Leben nach dem Tode wäre dann nur ein Ausdruck seiner Angst. Als einen ‚maßgebenden Menschen' werden wir Sokrates erst noch zu entdecken haben.

Der Aufenthalt des Menschen auf der Erde sei durch einen Unfall verursacht, sagt Plato. Im Dialog Phaidros beschreibt er in einem Mythos das Leben der Seelen im Reich der Ideen. Die Schau der Ideen des Wahren, Schönen und Guten ist die Nahrung, die alle Seelen vor jeder anderen Idee begehren. Eine Unaufmerksamkeit bringe jede an die Grenze zur Scheinwelt. Im erzwungenen Einstieg in den ihr vorbestimmten Leib nimmt die Seele alles Geschaute als ‚Erinnerung' mit. Daraus ergeben sich unterschiedliche Begabungen und Fähigkeiten für die Rangordnung der Lebensläufe auf der Erde. Wer in der Schau der Idee hoch hinauf gekommen, ist kundiger und dadurch begabter gegenüber denen, die aus niederen Zonen abgestürzt sind. Denn alles Erkennen ist Erinnern des Geschauten. Diese Theorie gefällt der Elite, sie will ohnehin immer nach oben! Die Philosophen, die sich in ihrem Jargon als die ‚Elite schlechthin' verstehen, tragen dazu bei, dass sie immer noch wirksam ist. Die angeblich Unbegabten sind die Leidtragenden. Es sind die Arbeitslosen und Sozialhilfeempfänger; die Fremden und die Armen in der Dritten Welt kommen hinzu; sie hätten sich in ihrem Vorleben in der wahren Welt einfach besser benehmen müssen. Wer es in diesem Leben nicht weit bringt, ist selber daran schuld. Unsere Welt ist herzlos von Anfang an.

Die Philosophie unserer Welt hat wenig Herz für den Menschen, viel Kopf für ihre Theorien aufgebracht: das beste für den Menschen sei, nicht geboren zu werden; und wenn es nun einmal geschieht, möglichst früh zu sterben. Das schlägt auf die Alten voll durch. Warum leben die denn immer noch? Zwar ist Platos Philosophie heute bei Otto Normalverbraucher unbekannt, ihr Gehalt ist gleichwohl in Sprache und Gesellschaft virulent und aus dem Überbau verinnerlicht. Das ‚ich weiß, dass ich nichts weiß', in der Alltagssprache viel zitiert, ist das Eingeständnis, nicht zu wissen, w e r der Mensch ist. Das Muster für Ideologien geht auf das ‚Nichtwissen' zurück. Um die ‚Nacktheit' zu verbergen, ist Herrschaft notwendig; nur Kinder lassen sich bisweilen nicht täuschen; sie erkennen des Kaisers neue Kleider als ‚Nacktheit'. Die Bürger werden in Verhältnisse verstrickt und zollen dienstbeflissen dem nackten Herrscher Beifall; die Obrigkeit ist vor den Untertanen sicher. Der Philosoph Hegel hat mit dem Minister Altenstein besondere Untertanen erfunden: den Beamten! In der Mehrzahl bilden sie eine besondere ‚staatsbürgerliche Vereinigung'; sie hält den herrschenden Betrieb auch in Notfällen aufrecht. Wie der Vordenker sagte: der Staat ist alles, der Einzelne wenig. Darauf konnte sich auch das ‚Tausendjährige Reich' verlassen. Ihm dienten, treu ergeben, die Beamten! Wann wird man sie abschaffen?

Als erster Beamter seines Staates sucht Hegel eine allgemeingültige, nicht mehr zu bestreitende Maßgabe der Wahrheit und des wahren Wissens, er findet sie im ‚absoluten Geist'. Dieser vermittelt sich, so der philosophierende Theologe, im ‚endlichen Geist'. Natur und Geschichte des Menschen werden miteinander versöhnt, weil das wirkliche Sein im Werden des absoluten Geistes in seinem Gang durch die Geschichte aufgehoben sei. Der wissenschaftliche Fortschritt wird von Hegel in die Geist – Dialektik eingebunden. Die alte Rangordnung ist für diesen Philosophen wieder hergestellt. Die Logik des Geistes ist für alles maßgebend. Damit ist auch die Logik des Fortschritts legitimiert. Die Wissenschaftler können beruhigt sein. Viele sind es denn auch und forschen im Fortschritt forsch mit. Die Produkte werden vom endlichen Geist vermarktet und unendlich konsumiert. ‚Die Wüste wächst .....!', sagt Nietzsche; insgeheim hat er an Müllhalden und Ozonlöcher gedacht. Der endliche Geist mit Namen Hegel hat für Ludwig, sein erstes Kind, das er mit Christina Charlotte Burkhardt, geborene Fischer, der Frau seines Hauswirts, in Jena ohne erkennbare Mitwirkung des ‚absoluten Geistes' während der Arbeit an der ‚Phänomenologie des Geistes' zeugt, wenig Herz gezeigt. Faust ist im Ganzen für die Frau leidenschaftlich, Hegel nur im Kopf für seine Philosophie; der Geschlechts – Verkehr mit der Frau des Hauses war eher ein Akt der Zerstreuung. Doch ohne es selbst zu bemerken, wird er dabei von der ‚List des Leibes' eingeholt; wir kommen darauf zurück. Ob er mit seinem ‚Faust' an ‚Hegel' gedacht hat? Goethe soll den Kopf geschüttelt haben.

8. Die Rache der Vernunft: Wo ist der Schatz geblieben?

Es rächt sich heute, dass seit Plato die Wer – Frage nicht mehr gestellt wurde. Die Bedeutung der vorgeburtlichen Entwicklung als Schatz für das Leben nach der Geburt blieb dadurch verborgen. In unserem Spruch ‚wo dein Schatz ist, da ist auch dein Herz', deutet letzteres auf uns selbst; doch was will die Metapher vom Schatz sagen? Bisweilen, und das wäre nicht das schlechteste, wird ein Mensch einem anderen ein Schatz. Das kann sich bis zum Herzens-Schatz steigern. Die in solchen Beziehungen gelebten Gefühle werden als Glück empfunden. Das Glück zerbricht, wenn dieser Schatz entschwindet. Der Spruch muss daher, will er ein Wahres sagen, einen anderen Sinn haben. Wenn Herz und Schatz einander nahe sein sollen, müssen sie dem pulsierenden Leben angehören. Wo ein Herz schlägt, wiegt sich der Schatz. Die fließende Zeit ist in jedem Schlag aufgehoben. Der Rhythmus bestimmt unser Leben in seiner Wahrheit. ‚Das Glück will Ewigkeit', dichtet Nietzsche. Es ist der im Leben beständig rhythmische Schlag des Herzens die Maßgabe der unbeständigen, vorübergehenden Zeit im Geläut innerer ZEIT. Die WAHRHEIT ist innere Maßgabe für alle geschichtlichen Wahrheiten. Diese Thesen sind auf unserem Denkweg zu klären und aufzuweisen.

Sokrates spricht immer wieder vom Auftrag der Götter und von ‚seinem Dämon'. Dieser warnt ihn, etwas nicht zu tun, wohingegen die Götter ihn beauftragen, Menschen zu befragen, um zu erforschen, ob sie die Kunde haben, nach der alle verlangen. Um den göttlichen Auftrag habe er sich redlich bemüht; doch auf den Zuspruch seines Dämons habe er stets mit besonderer Sorgfalt gehört. Jahrhunderte später singt Federico García Lorca in seinen Dichtungen immer wieder vom ‚Dämon'! Er gehöre zum Menschen und vermag in bestimmten Situationen, zum Beispiel im Flamenco, sichtbar zu werden. Nennen der Denker und der Dichter den Schatz? Wird mit ‚Dämon' das dem Menschen bei der Geburt mitgegebene ‚Genie' genannt, von dem u.a. Goethe, Humboldt oder Kant reden? Nennen Sigmund Freud mit dem psychischen Apparat von ‚Es–Ich–Überich' oder C.G. Jung mit seinen ‚Archetypen' den Schatz? Ist er im kollektiven oder eher im individuellen Unbewussten verborgen? Was sagen Kant mit der ‚reinen Vernunft' oder Hegel mit dem ‚absoluten Geist'? Gibt es das überhaupt als konkretes Sein, was die Wörter nennen? Kann ein ‚Unbewusstes' jemals gewusst sein? Wird der ‚Übermensch' den verlorenen Schatz bergen und allen zeigen? Der Dichter des Zarathustra nennt den Menschen den ‚Schätzenden'! Woraus schätzt der Mensch? Aus seinem Schatz? Besitzt ihn jeder Mensch, kann er ihn verlieren? Alles Fragen, die Antworten verlangen. Philosophische Sprachspiele müssen geprüft werden, ob sie nur Worte der Sprache oder auch Begriffe geben, die in der Sprache auf das SEIN des Menschen weisen. Die tradierte ,Vernunft' weiß nicht mehr aus noch ein! Es sieht bisweilen so aus, als ob sie sich an sich selbst rächen will. Sie ahnt, dass ihr etwas fehlt, doch sie weiß nicht was? Sie bemerkt nicht die Abwesenheit des Menschen: sie ist außer sich! Wo ist der Schatz? Dort, wo unser Herz ist! Was will das sagen? Sind ,Kopf und ,Herz' miteinander zu versöhnen?

9. Erster Hinweis auf ,maßgebende Menschen'

Der Philosoph Karl Jaspers (1883 – 1969) erörtert in seinem Werk "Die großen Philosophen" (1957) Menschen, die für die Geschichte bedeutsam geworden sind. Der Text ist als Sonderdruck mit dem Titel: ,Die maßgebenden Menschen' erschienen. Dort heißt es in der Vorbemerkung: "Die erste Hauptgruppe umfaßt Menschen, die durch ihr Dasein und Wesen das Menschsein wie keine anderen Menschen geschichtlich bestimmt haben. Sie sind bezeugt durch eine durch Jahrtausende bis heute fortlaufende Wirkung: Sokrates, Buddha, Konfuzius, Jesus. Man würde kaum einen fünften von gleicher historischer Mächtigkeit nennen können, keinen, der in gleicher Höhe noch heute zu uns spräche. Man kann zögern, sie überhaupt Philosophen zu nennen. Aber sie haben auch für alle Philosophen eine außerordentliche Bedeutung gehabt. Sie haben nichts geschrieben (außer Konfuzius). Aber sie sind Grundlage gewaltiger philosophischer Denkbewegungen geworden. Wir nennen sie die vier *maßgebenden Menschen.* Sie stehen vor und außerhalb aller übrigen, die Philosophen zu nennen der allgemeinen Meinung entspricht. Andere Menschen hohen Ranges mögen für kleinere Kreise von gleich starker Bedeutung gewesen sein. Aber der Abstand an nachhaltiger und umfassender Wirkung in Jahrtausenden ist so gewaltig, dass das Herausheben jener vier zur Klarheit welthistorischen Bewusstseins gehört." (S. 7)

Diese Aussage klingt in ihrem Bezug auf diese großen Vier so wahr, dass jede Einwendung Anstoß erregen muss. Sei es drum! Die folgende Frage erscheint uns notwendig und in der Philosophie überfällig: woher haben diese maßgebenden Menschen, deren Wirkung in der Geschichte der Menschheit nicht zu bestreiten ist und auch nicht bestritten wird, nun ihrerseits die Maßgabe, aus der heraus sie maßgebend sind? Wie weit soll man in die Geschichte zurückgehen, um den maßgebenden Menschen für jeden dieser Vier zu ermitteln? Man käme wohl kaum an ein Ende. Letztlich bleibt es immer der Mensch selbst: Die Maßgabe trägt der Mensch als die vom LEBEN gegebene Ur – Kunde in sich selbst; er soll sie in seinem Leben als eigenen Beitrag des Menschlichseins austragen. Warum viele Menschen dabei auf Vorbilder zurückgreifen, hat wohl wieder etwas mit der ‚Maske' zu tun, die wir im Lernprozess erwerben (müssen). Die genannten Vier leben jedenfalls ihr ‚maßgebendes Leben' aus sich selbst. Was wir von ihnen wissen, deutet nichts anderes an. Sie fordern uns im Grunde dazu auf, ein ähnliches zu tun.

Wenn das so ist, dann ragen die Vier durch ihr geschichtliches Wirken heraus, nicht aber durch ihr SEIN: es eignet jedem Menschen ohne Unterschied von Herkunft, Geschlecht und Alter. In diesem SEIN ist die Maßgabe unseres Denkens, Erkennens und Handelns als allgemein ähnliche Mitgift des LEBEN gegeben und in der vorgeburtlichen Entwicklung für jeden Einzelnen in individueller Prägung aus dem Zufallstanz der Gene angelegt. Wer aus dem SEIN als Genie seines SELBST im eigenen Selbst schöpft und schafft, sich keine ‚Maske' aufnötigen lässt oder das bereits ‚erzogene Ich als Maske seines Selbst' analytisch aufgearbeitet hat, vermag sein Leben authentischer als andere zu leben, die immer noch verinnerlichter ‚Autorität' folgen müssen. Letztere leiden unter dem Lerndruck ihrer großen und kleinen Geschichte an der Gesellschaft. Sie haben den ‚Schatz' verloren und verschwinden in der Masse. Auffällig werden sie allenfalls in ‚Krankheiten'; viele entstehen aus dem Konflikt zwischen innen und außen, zwischen dem Selbst und seiner Maske, dem Ich. Dass die von Jaspers genannten maßgebenden Menschen in unterschiedlicher Weise zu heroischer Größe auf- und auch wieder abgestiegen sind, hat Gründe in der jeweiligen Geschichte. Wer jedoch mit einem von ihnen in ein wirkliches Gespräch kommen will, muss den eigenen Schatz erkennen. Eine alte Maxime, die vor Plato bekannt war, lautet: ‚das Ähnliche wird durch das Ähnliche erkannt und getan'! Wir sind auf dem Weg zu einer homöopathischen Philosophie.

10. Zur Entzweiung von Natur und Geschichte

In unserer Welt lebt der Mensch in der Regel in einem nicht aufgeklärten Verhältnis zu seinem ‚Selbst'. Ihm wird von außen gesagt, *was* er ist und *was* er zu tun hat. Die Individuen erleiden in den geschichtlichen Lernverhältnissen die sprachlichen und sozialen Zuweisungen, die sie als wahr verinnerlichen. Im Konflikt von Anpassung oder Widerstand entscheiden viele für das leichtere. Unter osmanischer Herrschaft auf Kreta (1669 – 1898) wurde den Bauern befohlen, auf dem Maultier seitlich zu sitzen, um schnell zur devoten Geste abspringen zu können, wenn sich ein Herr nähert. Nach der Vertreibung der Türken reiten die Kreter immer noch so; sie haben Herrschaft und Gebot verinnerlicht. Auf ähnliche Weise wird immer wieder in der Geschichte das freie ‚Selbst' in ein gefügiges ‚Ich' verändert. Das schlägt tiefe Wunden im Menschen. Wer sein ‚Selbst' nicht kennt, muss das Denken und Verhalten des ‚Ich' für das ‚Wahre' halten. Dem Menschen wird das ‚Ich' *selbstverständlich*, obwohl er sein ‚Selbst' nicht kennt. Er weiß und erkennt nicht, dass sein ‚Ich' nur eine Maske für sein ‚Selbst' ist. Viele Bürger werden in ihrer individuellen und sozialen Geschichte genötigt, Wahrheiten zu lernen, die lediglich die Welt legitimieren, für die sie aufgestellt sind und in der sie Geltung erlangt haben. Die Dauer der Anpassung vermindert den Widerstand des ‚Ich'. Unserer Kultur fehlt der Widerstand! Die sogenannte '68-ziger' Revolte der Jugend war eine kurzzeitige Ausnahme; die Konservativen aller Couleur haben sie schnell unterdrückt. Der 'Radikalenerlass' wirkt immer noch verstörend in ‚Jugend' nach!

Durch die Entzweiung von Natur und Geschichte entstehen unterschiedliche Wahrheiten. Menschen werden einander fremd, was zufolge hat, dass sie sich selbst fremd werden. Der Fremdenhaß ist in Wirklichkeit der Selbsthaß eines ‚Ich', das seine Spaltung ahnt. Um sich nicht zu zerstören, richtet es den Haß nach außen auf ‚Fremde'; der Extremist ist Produkt unserer Kultur der Kälte. Das ist zunächst nur eine knappe Beschreibung. Die Genese des Hasses im Menschen ist unerforscht wie der Mensch selbst. Ganze Völker und Kulturen werden aus geschichtlich erzeugtem Haß einander fremd, bis hin zu tödlicher Feindschaft. Die Schauplätze blutiger Auseinandersetzung der Gewalt und Gegengewalt sind bekannt; Politik ist mit ihren bisherigen Mitteln gegen die ‚Maske des Terrors' hilflos. Durch das Versagen der Philosophie zum ‚SEIN des Menschen' und seiner ‚Maßgabe' fehlt die Einordnung in die Geschichte und es fehlen die angemessenen Worte. Jede ‚Wahrheit', auch die des Terrors, ist relativ zur Stärke der sie vertretenden Ideologie. Der Einzelne hat eine Weltanschauung, weil diese ihn hat.

Der Verlust der eigenen Maßgabe und die daraus folgende Verweisung an fremde Autorität macht Menschen zu Adressaten geschichtlicher Mächte, die aus Gewalt herrschen, ohne sich vor einer autorisierten Instanz ausweisen zu müssen. Es gibt ja auch maßgebende Menschen der Barbarei wie Hitler oder Stalin, erst im Original und danach als Dutzendware. Wieso fanden und finden sie in der Geschichte Gefolgschaft? Jedes ‚Ich' findet seine ‚Maske', die er tragen will oder soll. Das wirkliche und unvergleichlich schöne Menschenantlitz ist entstellt und in erzeugter Unübersichtlichkeit nahezu unkenntlich geworden. Ob Francis Drake, Hitler oder Bin Laden: sie sind in ihrer Maske Produkte aus der Ideologie des falschen Anfangs unserer Welt.

11. Heideggers fragt plötzlich: "W e r ist der Mensch als ein Selbst?"

In der Freiburger Vorlesung des Sommersemesters 1934 (!) hat Martin Heidegger den Menschen überraschend als ein ,Selbst' erörtert. Der Philosoph ist gerade als Rektor der Universität zurückgetreten. Seine Rede zum Antritt dieses Amtes ein Jahr zuvor hat nichts von dem angedeutet, was nun zur Sprache kommt. ,Im Vorlesungsverzeichnis für das Sommersemester 1934 ist die Vorlesung unter dem Titel ,Der Staat und die Wissenschaft' - Di. Do. 17–18 Uhr - angekündigt. Nach Berichten einiger Hörer wurde zur Verärgerung anwesender Partei – Funktionäre zu Beginn der ersten Vorlesungsstunde kategorisch und demonstrativ das Thema mit den Worten geändert: ,Ich lese *Logik*'! (38,172) Heidegger wendet sich unter diesem Titel dem Menschen zu. Er fragt aber nicht wie Johann Gottlieb Fichte "*Was* bin ich selbst und *was* ist meine Bestimmung?" (in: Die Bestimmung des Menschen, Berlin 1800), vielmehr will er ausdrücklich das ,*wer*' klären! "Wer bin ich selbst? Wer sind wir selbst? Die Werfrage zielt in den Bereich von solchem Seienden, das jeweils ein Selbst ist. Wir können jetzt die Antwort auf die Vorfrage (nach dem ,wer' /SPN) so fassen: Der Mensch ist ein *Selbst.* Wenn wir jetzt nur wüßten, was ein Selbst ist. Hier fehlt uns völlig der Begriff." (38,35; § 11: ,Der Mensch als ein Selbst')

Kaum hat der Denker die entscheidende Frage gestellt, ist er auch schon mit ihr am Ende. Nach dem Abbruch von ,Sein und Zeit' will Heidegger das Verhältnis von ,Sein und Sprache' klären. Die Vorlesung hat das Thema: ,Logik als die Frage nach dem Wesen der Sprache'. Da Heidegger die ,Logik' bemüht, bleibt er in die anfängliche Philosophie eingebunden. Den Menschen ein ,Selbst' zu nennen, wird zum bloßen Sprachspiel. Der Grund liegt darin, dass der Denker ständig die Richtung ändert, vom *wer* zum *was*, vom Sein zum Wesen. So kann er seiner plötzlich dringlich gewordenen Frage "wer ist der Mensch als ein Selbst?" auf die Schnelle keine Antwort erfinden, dem ,Sein der Sprache' keinen fundierten Begriff geben. Es heißt bei ihm: "Wir ahnen zwar ganz unklar einen bestimmten Sinn. Wir verstehen, was *Wir selbst, Du selbst, Ich selbst* heißt. Aber die Wesensbestimmung verlangt immer den Begriff. So bindet die Antwort nur vorläufig das Befremdliche. ... Das Befremdliche liegt aber nicht darin, dass wir vom Selbst keine Definition haben, sondern dass wir bei unserem Fragen schon zweimal von der Richtung abgekommen sind. Die Richtung hielten wir zwar insofern fest, als wir nicht mehr ,was', sondern ,wer' fragten. Die Antwort ,er selbst' ist richtig, insofern wir aussagen, was sich uns in der Fragerichtung ergeben hat. Sie ist aber doch *unwahr*, denn sie verhüllt uns, was in ihr eigentlich beschlossen liegt. In der Wissenschaft überhaupt wissen wir viel *Richtiges* zu sagen, aber sehr wenig *Wahres*." (l. c.)

Heidegger ahnt, dass die Antwort auf seine Frage nach dem W e r des Menschen im ‚Sein' begründet sein muss. Er hat bisher immer ‚was ist das Sein' und was ist ‚Zeit' gefragt! Soll er nun ‚Wer ist Sein und Zeit' und vielleicht auch noch ‚wer ist Wahrheit' fragen? Er sollte, doch er kann es nicht; er fällt immer vom ‚wer' in das ‚was' zurück. Mit der ‚Wer – Frage' war er der Wende zum Menschen ganz nahe gekommen. Im Rückfall an das ‚Was' verlegt er sich den Zugang zum SEIN des Menschen! Der Sophist Parmenides hat es ausgesprochen: im Menschen ist Denken und Sein dasselbe! Wir kommen darauf zurück. Heidegger sagt viel zu diesem griechischen Denker, kommt ihm aber nicht nahe, weil er sich selbst fern bleibt. Doch hat er eine Ahnung: "Wenn der Frager fragt, wer der Mensch sei als ein Selbst, wird er selbst zum Angefragten. Also nicht "Was ist der Mensch?" und nicht "Wer ist der Mensch?", sondern "Wer sind wir selbst?" lautet die Frage. Damit ist endgültig abgeschnitten, dass wir nach Typen, Zeitaltern, Kulturen fragen. Wir fragen nach dem in der Frage Gefragten. Die richtige Antwort nehmen wir erst dann als *wahre* Antwort, wenn wir die in dieser Antwort beschlossene Frage nicht vergessen, wenn wir die Antwort nicht missverstehen als *Was*bestimmung, als Eigenschaft, sondern als Anweisung an das Selbst, nämlich an uns selbst. ... Kein Wunder, dass die Frage nach dem Menschen *als Frage* bisher so wenig entwickelt ist, kein Wunder, dass die Antworten so verworren, zufällig und ziellos sind. Denn auf dem Wege lauert ein Irrgang nach dem anderen. Nicht nur, dass wir über die Richtigkeit der Antwort sogleich die Wahrheit der Antwort vergessen – wir verkennen immer wieder *die wahre innere Ordnung und Abfolge der Frage.*" (38,36; Hvb. SPN))

Die vielen Fragen von Heidegger zeigen im Grunde an, dass ihm Antworten fehlen; sie stellen sich nicht ein, weil er nicht nach dem inneren Gefüge des Menschen fragt; die Wer – Frage macht das notwendig. So bleibt ihm der Hinweis auf ‚viele Irrgänge' des Sprache – Denkens in der Tradition. Dass er überhaupt diese Frage nach dem ‚Wer des Menschen' stellt, zeichnet ihn vor anderen Philosophen aus. Er wird sogar im Oberseminar des SS 1939 mit dem Thema "Vom Wesen der Sprache" (!) in Freiburg kurz vor dem Anfang eines neuen Weltkrieges in fünfzehn Zeilen den ‚anderen Anfang' umreißen. (siehe 85,56f) Dem selbstverschuldeten Sprachgefängnis vom vergessenen Sein vermag er dennoch nicht zu entkommen: Er philosophiert wie Plato, als ob der Mensch ein mutterloses Wesen sei: auch ihm bleibt die vorgeburtliche Entwicklung als Ur – Kunde der Existenz verborgen. Den An – Fang des ‚SEINS *im* Menschen' und das in ihm gegründete ‚Denken des Menschen' kann er als ‚genetischen Genitiv' nicht entbergen. Heidegger sucht das Sein und die Zeit in der Ferne, um die verborgene Wahrheit zu entbergen und bemerkt nicht die Nähe des SEINS: es ist ihm – und jedem Menschen – so nahe, dass ein einziger Schritt im Denken genügt, um zu ihm überzutreten. Im gleichen Augenblick ist der Mensch ein Selbst in Beziehung zum SEIN des SELBST.

12. Zur Entzweiung von MENSCH und SPRACHE

Da eine geschichtliche Sprache in jeder Gesellschaft das zentrale Mittel der Verständigung ist, liegen alle Probleme von Mensch und Menschheit, von Natur und Geschichte im Auseinanderfallen von MENSCH und SPRACHE begründet. Diese ‚Entzweiung' ist bisher unaufgeklärt geblieben; Poesie glückt manchmal die Vereinigung, WAHRHEIT erscheint bisweilen in einem Gedicht; es bindet die vorübergehende Zeit an die bleibende ZEIT. ‚Was bleibet aber stiften die Dichter', heißt es bei Hölderlin. Ein anderes Wort von ihm lautet: ‚Lang ist die Zeit, es ereignet sich aber das Wahre'. Was behindert Menschen in ihrem Verhältnis zum SEIN? Eine von Ideologie besetzte Sprache. Die Entzweiung von MENSCH und SPRACHE hat mit der anfänglichen Philosophie begonnen. Plato hat im Prinzip den Anblick der Wirklichkeit und die Vergänglichkeit des Menschen nicht ertragen. So richtet er seinen Blick auf den verklärten Himmel der Ideen und trennt die unvergängliche Seele vom sterblichen Leib und der Erde.

Dieser Raub, der vor allem die Mütter trifft, eröffnet lebensferne Sprachspiele. Die Vernunft arbeitet sich an Worten ab, ohne sie auf Begriffe zu bringen, die dem Menschen in der Weise entsprechen, dass er seine Natur mit seiner Geschichte in Übereinstimmung zu bringen vermag. Von der anfänglichen Philosophie her ist der Mensch nicht Autor seiner Geschichte, sondern Adressat eines Geschicks, das er bei seinem Aufenthalt im Reich der Ideen selbst verschuldet hat. ‚Im Geschick, vielfältig zugewiesen, verliert der Mensch die Orientierung', heißt es bei Nietzsche. Der kritische Philosoph Kant hat sie auch verloren, da er vom Geschick der ‚selbstverschuldeten Unmündigkeit' spricht! Eine im Lerndruck der Gesellschaft aufgenötigte Ideologie, die ein ‚Ich' als ‚Maske seines Selbst' produziert, ist jedoch nicht ‚selbstverschuldet'! Durch erzwungene Anpassung an die herrschende Welt wird jedem neu in die Gesellschaft eintretenden Menschen von Geburt an die Urheberschaft seiner SPRACHE aberkannt! Er ist als Organ von SPRACHE mündig geboren, wird aber durch die herrschende Sprache unmündig gemacht! Die Maßgabe der vorgeburtlichen Mitgift macht es überhaupt noch möglich, dass einige Menschen durch eigene Bildung die Entzweiung überwinden und das wirklich Wahre dichten, dass wir uns trotz Sprache verständigen, einander mit – teilen und bisweilen sogar zu lieben vermögen!

Jede Sprache ist einmal von Menschen hervorgebracht. Die Sprachen der Ideologien, die sich in Menschen einnisten, haben das vergessen lassen. Die Entzweiung hat schwere Folgen für den Menschen. Mit Rechtschreibung, Grammatik und Wortschatz beschäftigt, hat er wenig Zeit für sich und andere Menschen. Er verliert die Beziehung zu seinem Zentrum, wird an die Oberfläche verwiesen, an der alles aufdringlich erscheint. Das ‚Ich' ist als kosmetische Maske des ‚Selbst' ein schwacher und oft störender Ersatz für den Verlust des inneren Grundes, der Ur – Kunde des ‚SELBST'. Die tradierte Philosophie sucht diesen Grund in der Sprache, ersatzweise in Gott. Doch wo sind die Götter geblieben? Sie sind auch nur noch in den Sprachen vorhanden, an ihre Wirklichkeit glaubt kaum noch jemand. In der erzeugten Unübersichtlichkeit sind uns mit dem SELBST zugleich die Götter abhanden gekommen. Das Wort von Nietzsche, ‚Gott ist tot', benennt seinen Tod in der ‚Sprache'.

Wir müssen uns wieder die Einsicht verschaffen: das im SEIN des SELBST gegründete und in diesem Grund zusammengehörende Verhältnis von MENSCH und SPRACHE ist eine wesentliche Auszeichnung dieses Wesens aus dem Mutterschoß! Die Mitgift des LEBENS bestimmt ihn als Menschen, der SPRACHE ist und Sprachen hervorbringt. Der Mensch ist SPRACHE noch vor dem ersten Wort. Der Sprachbehinderte drückt sich gestisch aus. Ohne die Sprache eines Fremden zu kennen, können wir ihn verstehen. Für unsere Arbeit zum An – Fang der Philosophie *im* Menschen lauten daher die Fragen: wer ist der in seiner Natur mit Vernunft, Sprache und aufrechtem Gang begabte Mensch in seinem SEIN als Seiendes? Welche Bedeutung hat die vorgeburtliche Entwicklung für den Menschen allgemein und für den Einzelnen? Wodurch entstehen im Verhältnis von innen und außen, von Natur und Geschichte Störungen?

13. Spuren des SEINS im Menschen: Der Heilige Tempel von Delphi

Die Störungen werden vom ‚Ich' verursacht. Als Maske unseres ‚Selbst' schneidet sie uns von der Innenwelt ab. Das ‚Ich' vermittelt zwischen innen und außen. Im Prozess der Vermittlung kann es von außen eine derartige Verformung erleiden, dass es sich in seine Maske verliebt; die innere Ur – Kunde vermag nicht mehr viel zu bewirken. Das ist ein schwerer Verlust für den Betroffenen wie für die Gesellschaft. Welche Maske ein ‚Ich' in seiner Sozialisation auch immer erworben hat, es muss dennoch Spuren des SEINS in sich bergen. Im Tempel von Delphi waren sie dem Besucher wahrnehmbar. Der Mensch wußte von jeher um seine Gefährdung und suchte immer wieder besondere Orte auf, die Gottheiten geweiht waren, wo er sich aber in Wirklichkeit auf sich selbst besinnen konnte. Im Heiligen Tempel von Delphi war die ‚Inhaberin der Kultstätte ursprünglich eine weibliche Gottheit, Ge, (Gaia – Mutter Erde/SPN) die auch später noch Kult in Delphi hat. Apollon, der nach der Legende hier den Drachen Python erschlug ..., wurde nach den Funden (männliche Terrakotten) seit dem 9./.8. Jahrhundert verehrt.' (Pauly, I. 1451) Die Ablösung der Göttin durch den Gott leitet in unserer Welt die Herrschaft des Mannes ein; das hat zum Verlust des SELBST beigetragen.

"In der Legende von den Sieben Weisen erscheint der delphische Gott als moralische Instanz und Quelle von Weisheitslehren: Das Orakel sollte bestimmen, wer von den Sieben der Weiseste sei, doch es entschied, dass der Preis keinem Menschen, sondern nur dem Gott gebühre." (M Maass, 3) Mit diesem Hinweis auf Gott ist der Mensch auf sich Selbst verwiesen. Denn wie teilen sich die Gottheiten mit, wenn nicht durch den Menschen? Der Tempel nimmt dann auch die Worte der Sieben Weisen auf; deren Weisungen werden beherzigt. "Die Merksprüche der Weisen hat Pausanias (10,24,1) im Innern des Tempels gesehen." (l. c.) Er hat die Eindrücke seiner Reisen durch Griechenland (160 –180 n. d. Z.) überliefert; darunter einen ausführlichen Bericht über Delphi. Die Griechen kannten die Inschriften; auch Sokrates kennt sie und das Orakel; das ihn für den ‚weisesten Menschen' hält. Er sagt in seiner Verteidigungsrede den Richtern, dass er für die Pythia wohl der weiseste Mensch sein müsse, da ‚er wisse, dass er nichts wisse'. Im Gefängnis wartet man auf die Rückkehr des Schiffes, das mit Opfergaben für den Tempel nach Delos unterwegs ist, einem anderen Heiligtum der Göttin; in der Zwischenzeit darf kein Todesurteil vollstreckt werden.

Ein Gebot von Delphi lautet: ‚Werde, der du bist'! Es wird aus dem berühmten und zugleich dunklen delphischen ‚E' (auch als Doppellaut ‚ει' – als Verb in der Bedeutung: ‚du bist' oder ‚sei'!) abgeleitet. Das dem Menschen aus der Mutterhöhle mitgegebene Sein will ins Werden gelangen, und zwar so, wie es der genetischen Gabe gemäß ist, die jeder im genetischen An – Fang empfangen hat. Die Mitgift seiner vorgeburtlichen Entwicklung, aus dem Zufallstanz der Gene ereignet, im Werden zu gestalten, ist für jedes Individuum die wesentliche Bildungsaufgabe seines Lebens. Jeder Mensch zeigt sein Genie in seinen Lebensäußerungen. Das Innere will nach außen und was schon außen ist, darf nur ins Innere hinein, wenn es der Maßgabe standhält. So soll es für den Menschen sein! Das ‚Werde, der du b i s t' ist Maxime für das ganze Leben, aber wesentliches Ereignis der Kindheit. Die erste Geburt, der Beginn der Existenz, bringt uns auf die Erde; durch Bildung ist eine zweite, dritte Geburt in und für die Kultur möglich. Das ‚Werde, der du bist' bestimmt den Menschen zum Künstler.

Kunst stammt etymologisch von ‚Kunde'; das Können ist lernbar, das zur Fertigung eines Werkes nötig ist. Die Kunst ist in uns wirklich, ehe sie im Werke gegenständlich zu werden vermag. Diese Gabe hat kein anderes Lebewesen auf der Erde. Mit dieser Maxime zu leben, vom SEIN des SELBST ins Werden eines individuellen Selbst zu gelangen, ist uns als Aufgabe bestimmt, die jeder so zu erfüllen hat, wie sie ihm seine Maßgabe zuspricht. Die WAHRHEIT ist relativ zum Menschen; jeder lebt seine ZEIT. Beide äußern sich im Leben des Einzelnen. "Du wirst ein großes Reich zerstören!", sagt Pythia, Orakel in Delphi, dem habgierigen Krösus vor dessen geplanten Krieg. Er zerstört es: sein eigenes! Die Pythia hat seine WAHRHEIT erkannt! Krösus ist wie andere auch, sagen wir Adolf Hitler als Beispiel, in seinem Werden geworden, was er vom genetischen An – Fang an ist: ‚der ungeordnete Geist, der sich selbst – und anderen – die größte Strafe ist'; so hat es der große Augustinus einmal in einem Gebet ausgesprochen.

Ein weiteres Gebot aus dem Tempel ist deswegen bekannt, weil es in bestimmter Absicht angeboten wird. Das dem Philosophen Thales von Milet (um 625 – 547) zugeschriebene ‚γνωθι σεαυτον' wird bei uns in der Regel übersetzt: ‚Erkenne dich selbst'. Es wird als wichtiges Anliegen eines Menschen gedeutet, der sein ‚Ich' erkennen soll! Das ‚Selbst' ist in der anfänglichen Philosophie ein undeutliches Wort, das angeblich zum Menschen nichts sagt. Daher wird der Spruch so verstanden: ‚Erkenne dein Ich'! Diese Maxime wird in diesem Verständnis in unserer ‚Schule' gelehrt und als Leitkultur des egozentrischen Menschen vermittelt. Der Spruch aus Delphi sagt etwas radikal anderes: ‚Erkenne dein Selbst'! Der Philosoph Kant sagt ihn ähnlich in seinem ‚Kategorischen Imperativ': ‚Handle so, dass die Maxime deines Handelns jederzeit ein allgemeines Gesetz werden kann!' Das besagt im Grunde: ‚Erkenne das Selbst im anderen Menschen, dann erkennst Du dein eigenes Selbst'. Durch diese ‚Erkenntnis' ist die Nähe zum anderen Menschen gefordert, die im SEIN begründet ist. Erkenntnis wird Anerkenntnis! Der Mensch ist sich und anderen ein Nachbar. "Die erste Pflicht der Heiligkeit ist die Sorge um den Nächsten", weiß noch Victor Hugo. (Les Miserables,256) Alles auf dem Weg der Bildung zum Menschen steht im Geheiß des Gebotes von Delphi: ‚Erkenne dein Selbst'!

Die Maximen der Lebenskunst werden durch zwei weitere Gebote aus Delphi ausgesprochen, die von der Tradition beiseite geschoben und daher nahezu unbekannt geblieben sind: ‚Nichts zu viel'! und ‚Sei'! Die Maxime des ‚nichts zuviel'! (auch in der Fassung ‚Nichts zu sehr' überliefert), wird dem weisen Staatsmann Solon (640 – 560) zugeschrieben. Dieses Gebot gehört vor allem zur Jugend. Deswegen revoltiert sie am stärksten gegen den obszönen Überfluss der rücksichtslos auf Produktion und Verbrauch eingestellten Industrie in der Maxime des immer größeren Wachstums des ‚Zu viel und immer noch mehr'! Das ‚Nichts zuviel'! heißt dem Menschen, das ‚Maß finden'! Die Kultur menschlicher ‚Kälte' hat kein Maß und wird durch den ‚Überfluss' nur noch kälter und maßloser. ‚Nieder mit dem Packeis, befreit Grönland!', ist die Parole der 68. Jugend. Sie folgt der Maxime von Delphi; was ist daraus geworden? Jugend ist auf das ästhetische Outfit verwiesen und wird ‚vermarktet'! An die Stelle des ‚Nichts zuviel' ist ‚Nichts zuwenig' getreten! Wenn die Maßgabe ausfällt, ist ästhetische

Unterscheidung in der kosmetischen Maske des ‚jugendlichen Ich' zuwenig. Sie wird überdies gern von Alten aufgesetzt.

Der französische Dichter Jules Romains (1885–1972) hat in seiner satirischen Komödie: "Dr. Knock oder Der Triumph der Medizin" (1923) die Folgen der Missachtung des ‚nichts zuviel!' vorausgesagt. In der ihm zugewiesenen Praxis in einem Dorf stellt dieser Dr. Knock zu seinem Entsetzen fest, dass alle Einwohner kerngesund sind. Wovon soll er leben? Da entscheidet er kühn, dass es keine gesunden Menschen gibt, sondern nur solche, die noch nicht genügend untersucht sind! Der Erfolg seiner Praxis ist überwältigend. Die Menschen werden krank geredet. Die pharmazeutische Industrie und die Schulmedizin haben daraus gelernt. Der Wunsch nach Gesundheit steht an oberster Stelle aller Werte, weil der Mensch die Kunde von sich Selbst verloren hat; er weiß nicht, ob er noch gesund oder schon krank ist; die Dialektik von gesund und krank, stark und schwach, kennt er nicht (mehr); so hat er sich an ‚Therapeuten' ausgeliefert. Die Logik des Profits beginnt. Das ‚Nichts zuviel' wird durch ‚Immer mehr' abgelöst. Nicht nur die Gesundheit, der Mensch als Ganzes und die ganze Erde sind von dieser Maxime des Fortschritts bedroht. Wir müssen das ‚Nichts zuviel' aus Delphi erinnern!

Auf dem Weg durch die Lebensalter charakterisiert das ‚Sei!' die Wegstrekke des ‚Erwachsenen'. Sind Kindheit und Jugend für die Bildung gelungen, soll sich nun der einzelne in seinem Sein nicht nur finden, sondern als Mensch behaupten, der er vom An–Fang her i s t. Er soll und will sich selbst ähnliche Menschen erfinden, sie suchen und finden, um mit ihnen gemeinsam die Kunst des Lebens und Liebens zu gestalten. Die Maxime des ‚Sei'! ist der Imperativ der Liebe, der Nähe und der Nachbarschaft. Was der Mensch in der ästhetischen Dimension außen im Feststellen der Wahrheit von Seiendem wahrnimmt, will und soll er mit der ethischen und politischen Dimension verbinden: ethisch handeln heißt, sich selbst und andere ‚Schonen' und darin das ‚Schöne' von innen hervorbringen. (‚Schön' kommt von ‚Schonen') Die Poesie (Hervorbringung) des Schönen bezieht sich zunächst und vor allem auf den Menschen, aber auch auf die anderen Wesen, Pflanzen, Tiere und die ganze Erde. Politisch handeln heißt, das Gute tun. Die Poesie des Guten ist einzig auf den Menschen angewiesen: ‚Es gibt nichts Gutes, es sei man tut es!' (Erich Kästner)

Das alles sagt der Imperativ aus Delphi: S e i! – Er spricht WAHRHEIT und ZEIT an. Wir sind mit dem genetischen SEIN der Imperative auf die Erde gekommen; das ist eine unerhörte Gabe des LEBENS an uns, eine Auszeichnung besonderer Art. Das SEIN will ins WERDEN gelangen: Das ästhetisch Wahre ist als zu Wahrendes mit dem ethisch Schönen als zu Schonendes und beide mit dem politisch Guten zu einem Netzwerk der Kunst im Handeln zu verknüpfen! Der Vorübergang der physischen Zeit und der unseres Lebens ist als ein ‚Werden‘, das wir erleiden, tapfer auszuhalten. Diesem Werden ist der poetische Sinn des Schönen und Guten entgegen zu stellen: ‚S e i !‘ Was auf der Zeitschiene ein Nacheinander, ist aus den Gestaltkräften der KUNST für den ‚Augen-Blick‘ festzuhalten. Die Faustwette ist immer wieder neu einzulösen und im Lieben zu gewinnen. Die Liebe haßt der Teufel, er hat keine Zeit. Um ihn kümmern sich Künstler wenig; sie schicken ihn zum Teufel; er gehört zu seinesgleichen, zu solchen, die wenig Zeit haben. Die Aufgabe des Menschen als Künstler ist es, sich für die Lebenskunst zu bilden und sein Leben als Werk der Kunst zu gestalten. Die KUNST ist im Menschen wirklich, bevor sie ein Künstler in einem Werk gegenständlich werden lässt: in diesem Werk geht etwas von der WAHRHEIT ein, die Wahrheiten zu überdauern vermag.

"Eine Resonanz der delphischen Weisheitslehren findet sich noch im fernen mittelasischen Ai Khanoum am Oxus. Klearchos von Soloi hatte dort für das Heroon des Kineas im Gymnasium die folgenden, in Delphi abgeschriebenen Sprüche in Stein hauen lassen: >Als Kind sei wohlerzogen, als Jüngling beherrscht, in der Lebensmitte gerecht, als Greis guter Ratgeber, im Tod ohne Leid.<" (Maas, S.3) Aufgrund der Auswirkungen der anfänglichen Philosophie sind unserer Zivilisation die Imperative von Delphi verloren. Wir nehmen in der Regel die Geschichte so wahr, wie sie geworden ist. Die Herrschaft des Faktischen überwältigt uns. Was nicht zum Zuge kam, was unterdrückt wurde, das dringlich Fehlende bemerken wir selten. Und doch müssen wir uns sagen, dass keine Geschichte so ablaufen muss, wie sie geschieht. Sie geschieht faktisch nur so, weil Menschen nicht ihre Verantwortung für sie wahrnehmen! Sie können sie nicht wahrnehmen, wenn sie sich selbst entfremdet sind. Sie haben in sich das Organ WAHRHEIT und ZEIT unterdrücken lassen. Müssen wir das als Geschick hinnehmen? Etwas in uns bäumt sich dagegen auf, wir träumen immer wieder von einer anderen Welt. Können Träume wahr werden? Werfen wir den Blick weit voraus und schauen auf die jetzige Zeit zurück: sie verändert sich, wenn der Mensch sich im Horizont von WAHRHEIT und ZEIT ändert. (Die Gebote von Delphi haben wir in: HUNGER und LIEBE, 369 ff ausführlicher erörtert)

14. Das SELBST als gebendes SEIN und das Selbst als nehmendes Bewusstsein

Der Mensch lebt mit dem angeborenen Wissen im ‚Interesse‘ zwischen den beiden Polen von SELBST und Selbst in einem unvergleichlichen Kraftfeld, wie es keinem anderen Wesen auf der Erde eignet. Der eine Pol ist der Spiegel des anderen. Das SELBST ist das gebende SEIN, ein Fokus, der sich im Sein eines Selbst als Bewusstsein spiegelt; das individuelle Bewusstsein des Selbst vermag sich wiederum als Empfänger des SEINS im SELBST zu erkennen und sich dadurch seines Selbst bewusst zu werden. Die Dialektik des ‚Zwischen' von SEIN und Bewusstsein ist für das existenzielle Interesse die ‚Reflexion'! Wir stellen sie staunend fest, wenn wir den Menschen im Unterschied zu anderen Wesen denken, das ist: philosophieren. Warum wir unter allen Wesen diese Gabe haben, wissen wir nicht. Das Rätsel unserer Existenz treibt unser Denken und Handeln. Wir erfinden Geschichten von Göttern, Engeln und Teufeln, vom Sinn des Lebens allgemein und den Sinn für das eigene Dasein. Wir fragen nach Weg und Ziel, ohne an ein Ende zu kommen. Kein anderes Wesen vollbringt ähnliches. Im Spiegel der Reflexion denkt der Mensch, wer er selbst ist, aber auch, wer er sein könnte oder sein will.

Die Reflexion ist Grund der Freiheit. Der Mensch ist als einziges Wesen in der Bindung an seine Natur zugleich frei, weil er in der Distanz vom SELBST zum Selbst entscheiden kann, wem er folgen will oder soll: dem Imperativ des SELBST oder den gelernten Bedürfnissen des Selbst, das in einer Maske als ‚Ich' fungiert, dieser Schaltstelle der Dialektik von innen und außen, von Natur und Geschichte? Unter gesellschaftlichem Lerndruck gerät das ‚Ich' in Störfelder; die Strahlung wird unterbrochen, die Orientierung am SEIN des SELBST geht verloren. Die mit der Dialektik gegebene Freiheit ist zugleich Auszeichnung und Gefährdung des Menschen. Die Monolektik der anderen Wesen schränkt sie in ihrer genetischen Bestimmung ein, verschafft ihnen gleichwohl eine gewisse Sicherheit. Die Dialektik macht den Menschen zu einem Wesen von Natur *und* Geschichte. Er ist Poet der Auseinandersetzung seines individuellen Anspruchs, den er aus den Lebensverhältnissen für sich im Bewusstsein aneignet (lernt), mit dem allgemeinen und darin sozialen Gesetz des SELBST, aus dem er sich für das eigene Interesse des Lebens bildet. Ohne diese dialektische Bildung wäre der Mensch dem Menschen ein Wolf, mit und in ihr ist er ein Nachbar und Freund.

15. Der entfremdete Mensch: In Geschichte und Geschichten verstrickt

Der Philosoph Hobbes (1588 – 1679) vertritt die These vom ‚Wolf'. Das Unbehagen an der englischen Politik des wölfischen Raub – Ego und der Kultur der Kälte, die mit dieser Politik aufkommt, trägt einiges zur These bei. Da Hobbes den Anfang der abendländischen Philosophie und der daraus entstehenden Geschichte weder reflektiert noch kritisiert, vielmehr in der tradierten Sprache verbleibt, vermag er die Entfremdung nicht zu erkennen, in der er sich in der geschichtlichen Welt Englands selbst vorfindet. Die Situation betrifft ja nicht ihn allein. An den Nebel in London ist man gewöhnt, zumal er sich immer wieder aufklärt; Über die Gewohnheiten des Sprache – Denkens hat sich bisher niemand in der Tradition aufgeklärt. Da ist es schwer, Fehlendes oder gar den Verlust des SELBST zu bemerken. Das Ego der Sprache und das Raub – Ego im politischen Handeln denken und handeln synchron: ‚Der Mensch ist des Menschen Wolf!' Was sonst! – Ist da etwas? Das Fehlende müsste ja bekannt sein, wenn man es bemerken soll, sagen wir das ‚Menschliche' und nicht das Wölfische im Menschen!? Der Nebel Londons korrespondiert mit dem des Denkens: Ein im Nebel vorübergehendes ‚Ich' zeigt im grauen Umriss maskenhafte Züge, die einem Wolf ähneln. Auch das kann zur These von Hobbes beigetragen haben.

Die Sichtweise wird zudem durch die abendländische Geschichte in englischer Gewandung bestärkt: die räuberische Eroberung von Kolonien, der gewinnträchtige Sklavenhandel und die Sucht, von anderen die Geste der Unterwerfung zu verlangen, entspricht dem Wolfscharakter. Francis Drake (1539 – 1596) ist für seine Verdienste im Tauschgeschäft: ‚Menschen gegen Waren' von der Königin geadelt worden. (1580). Die menschenverachtende Maske hat die königliche Schatztruhe gefüllt. Sir Drake trägt wölfische Züge. Andere europäische Völker standen dem englischen Beispiel in der Geschichte kaum nach. Die ‚Wahrheit' ist dabei immer auf Seiten der Täter. Der Mensch ist in der Maske an Geschichte verfallen und vom SEIN abgefallen. Wir werden nicht, wie wir von Natur sind; wir sind, wie es die geschichtliche Zeit von den Masken will. Rousseau hat mit seinem ‚Zurück zur Natur!' geahnt, dass der Mensch zu sehr in die Geschichte und in seine kleinen egoistischen Geschichten verstrickt ist. In seinem ‚Diskurs über die Ungleichheit' (1755) ist er dem Verhältnis von Mensch und Maske sehr nahe gekommen: der ‚depravierte Mensch (die Maske) ist von seiner ursprünglichen Natur, dem ‚état primitif' entfernt worden'! Der Mensch ist in und durch die Geschichte von seiner Natur abgefallen. Wir kommen auf Rousseau und seinen Diskurs über die Ungleichheit zurück.

Um den Diktator von Irak für seinen Krieg gegen Kuwait zu bestrafen, wird ein ganzes Volk mit harten Sanktionen belegt. Kinder und Frauen, wehrlose Menschen, wehrlos auch gegen den eigenen Tyrannen, müssen im Irak leiden; viele sterben an Hunger und Krankheit; die Zahl wird für die Zeit von 1990 bis heute mit etwa 1,6 Millionen Menschen angegeben, darunter 670 000 Kinder. Der amerikanische Kojote hat sich mit dem englischen Wolf gegen den Menschen verbündet. Der Künstler Joseph Beuys hat in einer Aktion vom 23.- 25. Mai 1974 in der Galerie René Block in New York: "I like America and America likes me" die gesamte Zeit gemeinsam mit einem Kojoten in einem Raum vor staunenden Zuschauern verbracht. "Der Kojote steht symbolhaft für das Spannungsfeld Individualität – Gesellschaft. Wie Elch und Hirsch den europäisch–asiatischen Steppenmenschen versinnbildlichen, steht der Kojote für den amerikanischen >Westmenschen<." (Adriani ..., 330) In der ‚friedlichen Aktion' mit dem Kojoten will Beuys Amerika mit sich selbst ‚versöhnen'. Es ist beim Versuch geblieben! Jedes Volk kann froh sein, wenn es die USA nicht zum Feind hat! Der falsche Anfang der abendländischen Welt ist dort kumuliert! Die Aktion von Beuys ist nach dem 11. September 2001 noch aktueller geworden. Die KUNST ist immer der Zeit voraus, weil sie aus dem SEIN der ZEIT ist. Die Alte Welt des Abendlandes muss die Neue Welt der USA als eigenes Produkt begreifen und Verantwortung für die gesamte Menschheit übernehmen.

"Wir müssen wissen, dass unsere geistige Geschichte 2000 Jahre zurück gebunden ist. Diese Geschichte ist in ihrer gestaltenden Kraft heute noch Gegenwart, auch wenn die meisten nichts davon ahnen." Diese Aussage stammt von Martin Heidegger aus der Vorlesung des Sommersemesters 1934 (!) zum Thema: "Logik als die Frage nach dem Wesen der Sprache". (38,9) Der Philosoph scheint für einen kurzen Moment die geschichtliche Gegenwart unserer Welt als eine Folge des falschen Anfangs zu verstehen. Das angeführte Zitat steht im § 4 unter der Thematik: ‚Die notwendige Aufgabe einer Erschütterung der Logik'. (38,8) Nichts wäre notwendiger! Die Griechen haben im Gewand der Logik damit begonnen, Mensch und Sprache zu trennen, das abstrakte Sprache – Denken in Umlauf zu bringen! Will Heidegger plötzlich zusammen bringen, was zusammen gehört – MENSCH und SPRACHE?! Will er die Herrschaft der abendländischen Logik über den menschlichen Geist beenden (38,9) und durch umwälzendes Fragen eine Umkehrung schaffen? Soll der Mensch im Zentrum des Denkens stehen und gestellt werden? Eine Revolution der Denkungsart ist dringend erforderlich. –

16. Vorschau auf den Weg: Zum An – Fang

Aus seinem An – Fang ist der Mensch ein erkennendes Lebewesen. Das ist schlicht als Faktum festzustellen. Im Grunde ist die Frage überflüssig, ob und wie Erkenntnis möglich sei. Es ist vielmehr so, dass der Mensch das Organ Erkenntnis ist. Schon der biblische Text spricht das aus: Adam gibt allen Wesen, die Gott ihm vor Augen bringt, den Namen. Im Nennen des Namens erkennt er sie; er nimmt ihre Wahrheit wahr. Es ist für diese Geschichte nicht entscheidend, dass ein Gott anwesend ist. Jede Rede, in der eine Antwort auf das Rätsel des Menschen versucht wird, stammt vom Menschen selbst; das gilt auch für jede Rede von Gott oder Göttern. Die überlieferten Ursprungstexte aller Kulturen geben in ihrem unterschiedlichen Inhalt ähnliches wieder: der Mensch allein ist es, der redet, denkt und erkennt, benennt und urteilt. Warum wir dieses vom LEBEN ausgezeichnete Lebewesen sind, ist nicht zu erklären. Wir kennen die Geschichte der Ontogenesen nicht, die in der Phylogenese zum Menschen geführt hat. Die Kenntnis der Evolution ist für die Frage, w e r wir s i n d, nicht notwendig. Wir fragen nicht nach der Evolution, wir fragen nach dem Menschen. Seine Ontogenese ist bekannt, sein Gen–Bestand erforscht. Es fehlen philosophische Antworten hierzu.

Wer gegenwärtig immer noch die Antworten aus einer Ideologie gibt, ist von gestern. Antworten aus dem Glauben, in denen eine Göttin, ein Gott oder Götter angeführt werden, müssen als Akte des Glaubens, nicht als philosophische Versuche verstanden werden. Der Glaube gehört in die Dimension der Freiheit, die Ideologie nicht; sie ist ihr Missbrauch. In diesem Sinne missbraucht Hegel mit seiner Rede vom ‚absoluten Geist' das philosophische Denken. Doch selbst dieses Denken kann sich nicht vom Menschen derart ablösen, dass er als Urheber der Rede völlig verschwindet, in der etwas über den Menschen ausgesagt wird. Wer da redet, ist immer ein Mensch. Das müssen wir uns stets vergegenwärtigen, um der Gefahr zu entgehen, uns von Ideologie verdummen zu lassen. Das Sprachedenken konnte die Maßgabe im Menschen nicht völlig verstellen. Unser SEIN muss sich auf irgendeine Weise ‚äußern'. In seinem ‚Höhlenmythos' redet Plato im Grunde von der ‚Mutterhöhle', aus der wir alle kommen! Der Aufenthalt dort, das Hören der Klänge und das Sehen der Schatten, umschreibt die vorgeburtliche Entwicklung. Der Ausstieg aus der Höhle, von dem der Denker ideologisch redet, entspricht der Geburt; der Aufstieg zu den Ideen benennt den Bildungsweg des Menschen durch die Lebensalter, wie er uns aus dem konkreten SEIN für unsere Bildung zum Menschen aufgegeben ist.

Orphische Mythen bieten Plato Inhalte für seine Lehre, die er eigenmächtig auf exzentrische Weise in falsche Bahnen lenkt. Dennoch enthält sie indirekte Mitteilungen zum ganzen, ungeteilten Menschen als Organ der Erkenntnis; das macht die Faszination Platos aus. Seine These, Erkennen sei ein Erinnern, entspricht dem Wortlaut nach der WAHRHEIT; der Denker vertut sich nur in der ZEIT. Er versetzt sie in eine Ewigkeit, die es nicht gibt. Er denkt das Vorleben (Präexistenz) der Seele in der ‚Wahren Welt' und ihre Schau der dort sichtbaren Ideen , an die sie sich nach Sturz in einen Leib erinnert, ähnlich dem vorgeburtlichen Aufenthalt in der Mutterhöhle. In ihr nehmen wir in der Wachstums – Entwicklung der Organe urkundlich ‚wahr', was wir für das Leben nach der Geburt zur Orientierung notwendig haben. Tatsächlich e r i n n e r n wir uns nach der Geburt an die vorgeburtlichen Ideen in der Mutterhöhle: sie sind angeborenes Wissen und Gewissen. Unsere Er-Kenntnis gründet in der Ur-Kenntnis; Plato hat aus dem genetischen SEIN ein abstraktes, ideologisches Programm entwickelt. Wir sollten es mit einem Programm des wirklichen Menschen ablösen.

In seinen ersten philosophischen Überlegungen vertritt der große Augustinus noch die Präexistenz der Seele. Nach seiner Bekehrung lässt er von dieser Lehre ab; Gott schafft bei der Geburt eines Menschen seine unsterbliche Seele. Sie wird für die Erkenntnis von Gott ‚erleuchtet‘. Die sogenannte ‚Lehre der Illumination‘ spricht im Grunde von der Ur – Kenntnis des Menschen. Wenn man ihm den Glauben an den Schöpfergott ließe – und warum sollte dieser Akt der Freiheit verwehrt sein – würde dieser Hirte fröhlicher Menschen (in Afrika sind Menschen auch heute entschieden fröhlicher als in der Alten Welt) in unserer Zeit keine Schwierigkeit mit der im Menschen angelegten Ur-Kunde haben. Das ‚transzendentale Apriori‘ würde Kant heute in Kenntnis der Forschungen zum Embryo als ‚natürliches Apriori‘ verstehen. Der kritische Philosoph hat in seiner Zeit großen Mut bewiesen; er ging in der Scheidung von Glauben und Wissen in einer Weise auf den Menschen ein, wie es ihm keine Tradition vorgab. Er siedelte die Möglichkeit von Erkenntnis im ‚transzendentalen Grund‘ an, wie er die ‚Mitgift’ des LEBENS für den Lebensweg des Menschen genannt hat. Er kam dem SEIN damit schon sehr nahe.

Selbst Hegel kennt im Grunde die Maßgabe des Erkennens; er kleidet sie in ein ideologisches Gewand. Darunter lebt der erste Mensch, der die Maske tragen muß. Gleich am Beginn der ‚Phänomenologie des Geistes‘ erörtert der Philosoph einige Ideen seines Denkens. "Die Methode ist nichts andres als der Bau des Ganzen, in seiner reinen Wesenheit aufgestellt." (3,47 Vorrede) Im Prinzip heißt das: ‚der Weg ist das Ziel‘. Bekannter ist der oft zitierte Text: "Das Wahre ist das Ganze. Das Ganze aber ist nur das durch seine Entwicklung sich vollendende Wesen. Es ist von dem Absoluten zu sagen, dass es wesentlich *Resultat,* dass es erst am *Ende* das ist, was es in Wahrheit ist; und hierin eben besteht seine Natur, Wirkliches, Subjekt oder Sichselbstwerden zu sein." (3,24) Die Maßgabe hierfür liegt im ‚Sein‘; dieses Sein ist ‚Gott‘ (3,59) oder der ‚absolute Geist‘. (3,28) Warum es dort und nicht im Menschen liegt, sagt Hegel nicht. Doch der Mensch wird von ihm einbezogen, denn "Sein ist Denken." (3,53) Das Sein (Gott oder absoluter Geist) vermittelt sich im ‚Sichselbstwerden‘ im ‚endlichen Geist‘ (im Menschen), wofür unser Denker auch ‚unvollständiger oder selbstbewusster Geist‘, ‚besonderes’ oder ‚allgemeines Individuum’ sagt. (3,31 f) Wenn wir das ideologische Kleid entfernen und den lieben Gott dem Glauben überlassen, sind wir beim ‚Menschen’. Übrigens hat Martin Heidegger die besondere Bedeutung dieser Texte erkannt und in seinen ‚Holzwegen‘ unter dem Titel: "Hegels Begriff der Erfahrung" erörtert. (5,115 ff)

Hegel gibt der ‚Wende zum konkreten Menschen’ einen Ausdruck: "Es ist eine natürliche Vorstellung, dass, ehe in der Philosophie an die Sache selbst, nämlich an das wirkliche Erkennen dessen, was in Wahrheit ist, gegangen wird, es notwendig sei, vorher über das Erkennen sich zu verständigen, das als das Werkzeug, wodurch man des Absoluten sich bemächtige, oder als das Mittel, durch welches hindurch man es erblicke, betrachtet wird." (3,68) Mit dem ‚wirklichen Erkennen dessen, was *in Wahrheit ist*‘ wird der zentrale Gedanke seiner Philosophie angesprochen. Es geht nicht um die Wahrheit in einem Urteilssatz, sondern um ihr *Sein.* Wo ist es wahrnehmbar? Am Menschen. Hegel müsste daher seine Aussage erweitern; ‚es ist notwendig, sich vorher nicht nur zum Erkennen, sondern zunächst zum *Sein des Menschen* zu verständigen'. Diese Rede bleibt aus, weil dem Denker wie der Tradition der Mensch ‚selbstverständlich' ist. Der wirkliche Mensch, der unter dem ‚Selbstverständlichen' einer Ideologie im ‚SEIN des SELBST' mit seiner Ur – Kunde ‚lebt', wird sich in Hegels Rede auch gegen dessen Willen immer wieder melden.

Nach Hegel ist für den Geist das Erkennen wesentlich. Da der ‚absolute Geist' vorausgesetzt wird und es feststeht, dass er ‚in Wahrheit ist', geht es für den ‚endlichen Geist' folgerichtig (logisch) nicht mehr um die Frage, w e r der Mensch und was Wahrheit i s t, sondern einzig darum, wie sein Erkennen zum ‚wirklichen Erkennen dessen, was in Wahrheit ist' gelangen kann? Es geht für den endlichen Geist um das Erkennen des absoluten Geistes, um die Erkenntnis Gottes oder um die des Seins! Der Denkweg des endlichen Geistes zum absoluten Geist ist, von diesem vermittelt, der Weg der Erkenntnis dessen, was in Wahrheit i s t, d.h. Erkenntnis der Wahrheit des ‚Seins' und der werdenden ‚Sichselbstgleichheit' des Menschen in seinem Erkennen der Wahrheit. Der absolute Geist, Gott oder das Sein, braucht das menschliche Erkennen, um von der anfänglichen Leere seiner Vollkommenheit am Ende zu ihrer Fülle zu gelangen: denn ‚das Ganze ist das Wahre'! Das gilt für die Wirklichkeit des Geistes wie für ein auf diese Wirklichkeit gerichtetes philosophisches System im Range von Wissenschaft. Es geht Hegel um das Sein an sich und seine Logik, die im Bewusstsein, im Wissen und in Wissenschaft erscheint.

Lassen wir den ideologischen Aspekt inhaltlich außer Betracht und achten auf die Form des Hegelschen Denkens. Wenn wir dabei an die Stelle des ‚absoluten Geistes' das ‚SELBST' und an die des ‚endlichen Geistes' das ‚Selbst' setzen, sind wir beim ‚Menschen' im Sinne unserer Theorie! Hegel reklamiert für seine Idee vom ‚Sein' den Begriff ‚Boden' (3,29). Das ist ein konkreter Begriff! Haben Gott oder der absolute Geist einen ‚Boden'? Das wissen wir nicht. Der Mensch hat jedoch, das kennen wir, die Fähigkeit der ‚Reflexion'! Worauf reflektiert er? Auf den ‚Boden' oder, ein anderes Wort, den Grund'; dieser Boden oder Grund ist das SEIN. In der Reflexion auf den Grund, erkennt der Mensch das SEIN und das SEIN erkennt ihn! Da haben wir die berühmte Hegelsche ‚Vermittlung' ohne absoluten Geist oder Gott. Der Mensch ‚vermittelt sich aus seinem SEIN'. Die ‚Sichselbstgleichheit' wäre damit konkret aus dem SEIN des Menschen gegeben. Im kreisenden Leben gleicht das Selbst sich dem SELBST an. Das SEIN als Boden oder Grund gibt diese Möglichkeit der Erkenntnis–Gleichheit, weil in ihm die Ur–Kunde als Ur–Kenntnis angelegt ist. Parmenides hat es so ausgesprochen: ‚Dasselbe ist Erkennen und Sein'. Das Wort Erkenntnis sagt ursprünglich Anerkenntnis dessen, was ,ist'. Jaap Mansfeld übersetzt das berühmte Fragment ,το γαρ αυτο νοειν εστιν τε και ειναι: ,...denn dass man es erkennt, ist dasselbe, wie dass es ist.' (316/317). Die Bewegung des erkennenden Denkens, die Hegel zwischen dem absoluten und den endlichen Geist setzt, nehmen wir für den Hin- und Rückweg des SELBST zum Selbst in der Dialektik von ,Erkenntnis und Interesse' in Anspruch, im SEIN des Menschen gegründet.

Wir wollen das ,SEIN des SELBST' und sein Interesse (Zwischensein) zu seinem ,Selbst' auf den Erkenntnisweg zwischen dem absoluten und endlichen Geist übertragen. Dienlich hierfür sind Texte aus der Einleitung zur "Wissenschaft von der Erfahrung des Bewusstseins", wie Hegel den ersten Teil eines geplanten "System der Philosophie" zunächst genannt hat,(vgl. 3,595 f und L. Siep, 63 f) Ein Text lautet so: "Die lebendige Substanz ist (ferner) das Sein, welches in Wahrheit *Subjekt* oder, was dasselbe heißt, welches in Wahrheit wirklich ist, nur insofern sie die Bewegung des Sichselbstsetzens oder die Vermittlung des Sichanderswerdens mit sich selbst ist." (3,23) Der absolute Geist ist als lebendige Substanz zugleich Subjekt, weil seine Wirklichkeit als Wahrheit beides, Substanz und Subjekt, erforderlich macht. In der Substanz des Geistes als Wahrheit liegt ihr Sein, im Subjekt ihr Werden. Die Bewegung des Sichselbstsetzens des absoluten Geistes verlangt den endlichen Geist, um in ihm die Vermittlung des Sichanderswerdens mit sich selbst zu erreichen. Das einfache Sein des Anfangs muss im Werden zur Fülle gelangen. Das Ganze ist das Wahre! –

Hegel wollte mehr als die ,Unfehlbarkeit' im Denken; er wollte, päpstlicher als der Papst, die ,absolute Wahrheit' und die ,absolute Erkenntnis'! Er denkt daher ohne eine Legitimation vom ,absoluten Geist' aus. Das ,Absolute' (Gott) erwirkt im Sichselbstsetzen und Sichanderswerden im ,Relativen' (Mensch) die absolute Erkenntnis und absolute Wahrheit! Ob Hegel selbst daran geglaubt hat? Seine Ideologie, für die es keine Wahrnehmung und Wahrheit gibt, kann auf den Menschen zurückgebracht werden: die Maßgabe für Erkenntnis und Wahrheit ist im Menschen organisch als SEIN des SELBST angelegt. Die ,Erkenntnis und Wahrheit' eines Selbst ist relativ zu seinem SELBST. Als Grund (bei Hegel ,Boden') ist es das in jedem Menschen ähnliche SEIN mit seinem inneren Gefüge: KUNST und SPRACHE, WAHRHEIT und ZEIT. Das gesamte Gefüge ist unsere Ur – Kunde als Urkenntnis, aus der Erkenntnis möglich ist. Dieser gebende Grund hängt nicht davon ab, ob eine Philosophie ihn feststellt oder nicht; vielmehr ist jede Philosophie, jedes Denken und Sprechen, Erkennen und Handeln neben äußeren Anlässen vom gebenden Grund immer schon auf den Weg gebracht. Die Ur – Kunde des RAUMES ist übrigens im Gefüge des SELBST zusammen mit der ZEIT gegeben. (Vgl. dazu unsere Arbeit: HUNGER und LIEBE, Frankfurt 1995)

Wie schon erwähnt, ist Hegel bei der Arbeit an der ‚Wissenschaft von der Erfahrung des Bewusstseins' mit der Erweckung eines Kindes in einer Frau befasst und begleitet im ‚Verkehr' mit ihr sein ‚Werden im Mutterleib'. Unser Philosoph hätte aus dieser Vermittlung der Geschlechter die vorgeburtliche Entwicklung, das Werden des Menschen aus dem An – Fang, aus eigener Beteiligung wahrnehmen und ihre Bedeutung erforschen können. Er hätte die Insistenz des Menschen als Apriori der Existenz ‚begreifen' können! Er verpasst diese Chance des Lebens; der zugehörende Text verleugnet die Einsicht: "Aber wie beim Kinde nach langer stiller Ernährung (im Mutterleib/SPN) der erste Atemzug jene Allmählichkeit des nur vermehrenden Fortganges abbricht – ein qualitativer Sprung – und jetzt das Kind geboren ist, so reift sich der bildende Geist langsam und stille der neuen Gestalt entgegen, ..." (3,18). Immerhin weiß der Philosoph um Ernährung und Wachstum der Leibesfrucht; sie dient als Metapher für den sich bildenden Geist nach der Geburt; mehr kennt er nicht, obgleich jeder Mensch, auch Hegel, aus der eigenen vorgeburtlichen Entwicklung das ganze Leben lang zehrt. Sein Bild des Menschen vor der Geburt ist so verzerrt, wie es die Tradition vorgibt; das nimmt sich so aus: "Wenn der Embryo wohl *an sich* Mensch ist, so ist er es aber nicht *für sich*; für sich ist er es nur als gebildete Vernunft, die sich zu dem gemacht hat, was sie *an sich* ist. Dies erst ist ihre Wirklichkeit." (3,25.) Diese falsche Sicht auf den konkreten An–Fang des Menschen wirkt bis in die Gegenwart hinein. Der Philosoph hat seiner Meinung nach nur Materie gezeugt, der sich erst später Geist zugesellt. Diese Auffassung kommt uns irgendwie bekannt vor! Wir finden sie bei Gentechnikern und Ungebildeten wieder.

Hegel selbst hat die Verstiegenheit seiner Sprache geahnt; das ‚Denken der Sprache' stimmt nicht mit dem ‚Denken der Wirklichkeit' überein. Die Distanz zwischen dem erdachten ‚absoluten Geist' und dem wirklichen Menschen als ‚endlicher Geist' ist nicht zu überbrücken. Das gilt auch für seine konstruierte Beziehung zwischen ‚Sein und Bewusstsein'. Der Weg von einem zum anderen ist die ‚Wissenschaft'; doch sie zeigt sich erst am Ende! Dem Menschen wird unerhörtes zugemutet: "Daß das natürliche Bewusstsein sich der Wissenschaft unmittelbar anvertraut, ist ein Versuch, den es, es weiß nicht von was angezogen, macht, auch einmal *auf dem Kopf zu gehen*; der Zwang, diese ungewohnte Stelle anzunehmen und sich in ihr zu bewegen, ist eine so unvorbereitete als unnötig scheinende Gewalt, die ihm angemutet wird, sich anzutun." (3,30; Hvb. SPN) Tue es uns bitte nicht an, möchte man Hegel zurufen! Wie der ursprüngliche Titel "Wissenschaft von der Erfahrung des Bewusstsein" anzeigt, wollte er es auch nicht; er wollte vom Menschen her denken und mit den Füßen gehen. Er fand den Weg zum gebenden SELBST nicht, so musste er hoch über sich hinaus denken, wofür ihm die Tradition reichlich Material gab. Das hoch und höher hinaus wird vom Kopf gedacht, der höchsten Stelle am Menschen. Im Kopf ereignet sich die Spaltung vom natürlichen zum ideologischen Bewusstsein; danach beginnt die Suche nach dem verlorenen SELBST.

Diese Suche bringt Hegel in einem weiteren Text zur Sprache: "Das unmittelbare Dasein des Geistes, das *Bewusstsein*, hat die zwei Momente des Wissens und der dem Wissen negativen Gegenständlichkeit. Indem in diesem Elemente sich der Geist entwickelt und seine Momente auslegt, so kommt ihnen dieser Gegensatz zu, und sie treten alle als Gestalten des Bewusstseins auf. Die Wissenschaft dieses Wegs ist Wissenschaft der *Erfahrung*, die das Bewusstsein macht; die Substanz wird betrachtet, wie sie und ihre Bewegung sein Gegenstand ist. Das Bewusstsein weiß und begreift nichts, als was in seiner Erfahrung ist; denn was in dieser ist, ist nur die geistige Substanz, und zwar als *Gegenstand ihres Selbst.*" (3,38) Setzen wir an die Stelle des zuletzt genannten ‚Selbst' nicht den absoluten Geist als Substanz, sondern das SELBST als das gebende SEIN für Erkenntnis und Wissen, so hätten wir Hegel vom ‚Kopf' wieder auf die ‚Füße' gestellt. Diese sind nicht nur zum ‚Gehen' da, wie die gewöhnliche Meinung ist, sondern um die Organe zu ‚massieren'! Das ist wichtig für den ganzen Menschen, auch für sein Gehirn und für das Denken. Descartes ist das ‚hinter dem Ofen Hocken' nicht bekömmlich gewesen. Hegel war, wie berichtet wird, wohlbeleibt und nicht gut zu Fuß. Das hat vor der Zeit seine Gesundheit ruiniert. Die Peripatetiker in Athen, die im Gehen philosophierten, folgten dem Rat von Ärzten wie Hippokrates. Wir folgen ihm auch und begeben uns auf den Weg zum SELBST.

‚Nicht mitzuhassen, mitzulieben
bin ich da.' (Sophokles, Antigone)

II. Auf dem Weg: Suche nach dem verlorenen SELBST

1. Nichts ist uns näher als das ‚Ich' – Was ist das ‚Selbst'?

Nichts ist uns näher als das Ich! So sollte man meinen. Ich bin es, der spricht oder schreibt; und der dies liest, ist ein Ich. Wir sprechen ständig von unserem Ich, zum Beispiel in dem Satz: ‚das mache ich lieber selbst'. Diese Redensart ist so selbst – verständlich, dass sie nicht weiter in Frage gestellt wird. Das Selbst ist wie das Ich in unserer Sprache vorhanden, um verwendet zu werden. Sucht man das ‚Selbst' im Duden, findet sich zunächst ‚selb' mit Verweis auf ‚selb – ander' (zu zweit) und selb – dritt (zu dritt)'. Da dies als veraltet gilt, verdient es keine weitere Beachtung. Danach kommt ‚selber' in der Bedeutung ‚selbst'. Ich selber bin demnach ich selbst. Hier könnte gefragt werden, warum ein Ich das Selbst als Ergänzung nötig hat? Ich mache das, ergibt auch ohne ‚selbst' einen Sinn. Könnte es auch heißen: Selbst macht das? Das ist ungebräuchlich. Ein Ich, das redet, ist unmittelbar wahrnehmbar; doch wer ist ein Selbst in Satz oder Rede? An diesen Fragen wird deutlich, dass uns das Selbst fremder ist als das Ich, das man selbst ist. Schon wieder reden wir vom Selbst, ohne dass wir angeben können, wie es sich vom Ich unterscheidet oder warum wir es ständig mit einem Ich, Du oder Wir in Rede und Satz verknüpfen. Ich und Du - Wir stellen fest, dass sich uns das Selbst in Rede und Schreibe ständig aufdrängt; und doch wissen wir nicht, was es ist und wie es sich vom Ich unterscheidet.

Die Sprache und der Sprachgebrauch geben den Sinn einiger Wörter nicht unmittelbar frei. Jeder kennt ‚Ich' als Wort und bezieht es gegebenenfalls auf sich ‚selbst'! Schon wieder denke ich das ‚Selbst'; ist es ein heimliches ‚Ich'? Was sagt es dann als Wort? Ich lese im Duden und finde dort nach dem Substantiv: ‚Selbst', zu dem nichts weiter ausgeführt wird, viele Zusammensetzungen, von Selbstachtung, -bedienung, -bewußtsein, -erkenntnis über Selbstlosigkeit, -sucht, -vertrauen und Selbstverständnis bis zum Selbstzweck; insgesamt über sechzig Nennungen mit jeweils zugeordnetem grammatischen Geschlecht. Man kann es selbst feststellen: das Selbst gehört als Wort zur Sprache. Nimmt man die Fügung vom Selbstverständnis der Sprache wörtlich, könnte neben: ‚ich mache es selbst' auch ‚Sprache macht es selbst' gesagt werden? Das würde uns wohl eher verwirren. Wer stiftet aber die Verwirrung, der Mensch oder die Sprache? Mit dem ‚Selbst – Verständnis des Menschen ist es offenbar nicht gut bestellt. Vielleicht hat die Sprache ein besseres? Unser Satz: ‚das mache ich lieber selbst', könnte dann lauten: ‚die Sprache macht es'! Wir stellen vorläufig fest: es ist oft nicht auszumachen, ob der Mensch die Sprache oder diese den Menschen macht, ob der Mensch selbst spricht oder eher einer Sprache entspricht.

Wir nehmen einen neuen Anlauf: hat in der Selbstverwaltung die Institution ein Selbst, ein Selbstfahrer als technisches Gerät? Es gibt Boote mit einem Selbstausleger; wir sprechen von Selbstregler und -schreiber, von Selbstverbraucher und Selbstzünder? Dies sei nicht so eng zu nehmen, wird eingewendet; vieles ist nur sinnbildlich gemeint; man versteht doch, was gesagt ist, und darauf komme es einzig an! Was verstehen wir aber, wenn wir Selbstverleugnung oder Selbsterkenntnis sagen? Hier wird nicht von einer Sache, sondern vom Menschen gesprochen. Da ist die Frage angebracht, warum hier nicht von Ich-Erkenntnis oder Ich-Verleugnung die Rede ist? Diese Fügungen kommen im Sprachgebrauch kaum vor. Woran könnte das liegen? Ist die Erkenntnis dem Ich weniger zugänglich als dem Selbst? Wer i c h bin, weiß ich. Wer oder was ein Selbst ist, kann ich im Augenblick nicht sagen. Bin ich ein Selbst? Und Du, bist Du auch ein Selbst? Sind alle Menschen ein Selbst? Wenn das so wäre, wie verhält sich dann das Selbst zum Ich?

Es stellt sich die Frage, ob sich in unserer Rede von Ich und Selbst allgemein ein etwas oberflächlicher Gebrauch eingeschlichen hat? Es scheint daher notwendig, der ‚Sprache' genauer auf den Grund zu gehen. Befragen wir den Satz: ‚ich mache es selbst' noch einmal. Warum sage ich nicht: ‚Ich mache es als ein Ich'? Das wäre doch nur eine Verdopplung, könnte eingewendet werden. Und was ist dann im ersten Satz das ‚Ich' und das ‚Selbst'? Ist das Selbst eine Verdoppelung des Ich? Sind sie beliebig austauschbar oder sagen sie etwas Verschiedenes? Unsere These lautet: sie sind im SEIN ein Verschiedenes: das ‚Selbst' gehört zur Natur des Menschen, das ‚Ich' zu seiner Geschichte. Das‚Selbst' ist autonom', das ‚Ich' ist heteronom. Es ist das Fremde eines Nomos, der nicht zum Menschen gehört. Ein heteronomes ‚Ich' redet in der Sprache, die es gelernt hat. Das autonome ‚Selbst' hingegen will Poet der SPRACHE sein, die im SEIN des SELBST gegründet ist. Unser Satz: ‚das mache ich lieber selbst', ist ohne Klärung seiner Herkunft semantisch zwiespältig; es ist nicht klar, wer hier wirklich spricht und wer etwas macht; das Selbst oder das Ich, der individuelle Mensch oder seine Maske, die das Selbst nicht mehr kennt und die Beziehung zu seinem SELBST verloren hat?

Was sich hier als Haarspalterei ausnimmt, ist in Wirklichkeit ein ernstes Problem. Es erscheint bei Goethe im Ausruf seines Faust: "Zwei Seelen wohnen ach in meiner Brust" und bei Schlegel: ‚Der ich bin, grüßt trauernd den, der ich sollte sein'. Das Problem ist das von innen und außen. Der Konflikt zwischen dem

Selbst und dem Ich kann jederzeit virulent werden und Menschen verstören. Und er wird verstörend virulent, früher oder später im Leben. Die Spannungen zwischen dem Gewissen und den verinnerlichten Forderungen aus Welt (Überbau) erlebt jeder Mensch. Werden sie zu groß, spricht man von Bewusstseins – Spaltung; in Wirklichkeit liegt eine Spaltung von SEIN und Bewusstsein vor. Das SEIN hat im Menschen, der in Geschichten verstrickt ist, an Kraft verloren, auf das Selbst zu wirken. Eine Einwirkung kommt allenfalls noch vom Gewissen. Es ist vom An – Fang im SEIN da, doch noch nicht im Bewusstsein. Vom ‚Unbewussten' zu reden, ist irreführend, ein Wort, das nicht weiß, was es sagt, weil das, was es sagt, nicht ‚bewusst' sein soll! Was ist es dann und wie soll ich es wissen? Was uns aktuell in der Wahrnehmung bewusst wird, scheint uns in der Reflexion darauf das Frühere im Vergleich zu dem nicht wahrnehmbaren Sein zu sein. Es ist aber in Wirklichkeit das Spätere; das SEIN des SELBST ist der gebende Grund des Bewusstseins eines Selbst. Es meldet sich im Bewusstsein in einer Wahrnehmung an, ist für sich selbst dabei nicht bewusst, dennoch kein Unbewusstes, sondern ein noch nicht ins Bewusstsein Gelangtes. Vorläufig gesagt: das SEIN ist ZEIT, das Bewusstsein ist seine Erscheinung in Zeit. Da wir eine Erscheinung wahrnehmen, ihren Grund aber denken müssen, ist es in unserer Tradition dazu gekommen, dass wir zwar Seiendes in der Zeit erkennen, über SEIN und ZEIT wie Heidegger endlos spekulieren können.

2. Zum SEIN als ZEIT und dem Bewusstsein von Zeit

Die Rangordnung zwischen dem ‚SEIN als ZEIT' und dem ‚Bewusstsein von Zeit' ist in der Tradition nicht geklärt, weil die Frage nach dem Menschen nicht gestellt wurde! Mit der fehlenden Antwort blieb die Beziehung der ZEIT zum Menschen und dessen Verhältnis zur geschichtlichen Zeit unklar. Ob das SEIN das Bewusstsein bestimmt oder umgekehrt, wird ideologisch beantwortet. Das SEIN des Menschen als ZEIT ist im Dasein früher als das Bewusstsein von Zeit. Für den Menschen ist jedoch das Bewusstsein früher, da es vom SEIN noch nichts weiß, wenn es sich zum ersten mal seines Selbst bewusst ist. Das Bewusstsein ist erreicht, wenn ein Kind wahr – nimmt, dass es ‚etwas' wahrnimmt und dieses ‚etwas' dadurch ‚weiß'. Bis dahin hat es viel wahrgenommen, dies aber selbst nicht bemerkt. Viele Menschen können sich an dieses Moment erinnern, weil sie mit der erstmals bewussten Wahrnehmung zugleich sich als den erkennen, der da etwas wahrnimmt. Dass dieses Geschehen im SEIN gegründet ist, wird erst dann erkannt, wenn man zwischen innen und außen zu unterscheiden vermag. Wer das natürliche Verhältnis von ‚Sein und ZEIT' mit dem geschichtlichen von ‚Bewusstsein und Zeit' verwechselt, kann zwar wie Heidegger zu ‚Sein und Zeit' viel reden, zum ‚SEIN der ZEIT' im Menschen dennoch nichts sagen. Er sagt dann auch nichts zur WAHRHEIT als die im SEIN gegründete Maßgabe von ‚Wahrheiten auf Zeit'.

Dem Menschen liegt das SEIN als ZEIT dem Bewusstsein von Zeit zugrunde, die er als Seiendes erlebt. Weil der Mensch ein Organ der ZEIT ist, kann er Systeme zur Messung von Zeit erfinden und Geschichte hervorbringen, die in Zeit geschieht. Das Geschehen bedingt Geschichte. Es gibt Worte, die sind so konkret mit dem Seienden verbunden, dass ihre Verweisung an Sprache und ein unbedachter Sprachgebrauch verhängnisvolle Folgen haben kann. Wir werden solche Folgen aufzeigen. Der Gemeinplatz, dass wir uns in unserer Sprache jeden Tag aufs neue verständigen, ist keine Garantie dafür, dass wir uns auch wirklich verstehen. Wir müssen für das, was jenseits von Wort und Sprache den Menschen betrifft, einen Ausdruck finden, der kenntlich macht, was gemeint ist. Das Gefüge, der Mensch ist das ‚Organ als ZEIT', sagt dasselbe wie der Mensch ist in seinem Grunde ‚SEIN'. Das ‚SEIN' ist mithin kein Wort, mit dem beliebig umzugehen ist; wir sprechen mit diesem Begriff vielmehr den konkreten Grund des Menschen als ein Seiendes an, das als einziges Wesen vom ‚SEIN' bestimmt wird. Das Bewusstsein ist seine Erscheinung in der Zeit in der ‚Wahrnehmung von etwas' und später in der bewussten Reflexion auf das ‚SEIN als ZEIT'. Diese Reflexion erschließt dem individuellen ‚Selbst', das ist dem Menschen, der philosophiert, das ‚SELBST'. Im gleichen Augenblick *ist* er *im* An – Fang der Philosophie, selbst wenn er im Lebensalter schon fortgeschritten ist. Er ist im gewissen Sinne immer mit dem An – Fang seines Lebens verbunden. Der Mensch empfängt im Philosophieren die Mitgift seiner Entwicklung in der Mutterhöhle; er erkennt sie im Denken, ist wieder das ‚reiche Kind', das im SEIN für das Spiel des Lebens gegründet ist!

3. Das SEIN des SELBST, sein Selbst und dessen Maske: Das Ich

Jedem individuellen Selbst liegt von Natur das allgemeine, in jedem ähnliche SEIN des SELBST zu Grunde. Es ist das gemeinsame Band der Menschheit, die von innen bestimmende *Maßgabe* für alles, was Menschen tun sollen. Mit den großen Buchstaben verweisen wir darauf, dass die Gabe unserer Ontogenese vor jeder Sprache und darin unabhängig von ihr in uns *ist,* ob wir von ihr sprechen oder nicht. Sie äußert sich sogar in unserem Leben, auch wenn wir als ein Ich, durch Ideologie im Lernprozess geprägt, die Beziehung zum SEIN verloren haben. Ein anderer Name für dieses SEIN lautet: es ist das SELBST! Mit seinem inneren Gefüge ist es der fruchtbare Grund, auf dem der Mensch zu Hause ist; er kann auf diesem Grund ‚wohnen', wenn er es will. Die Sprache sagt von Menschen, die sich lieben: ‚sie wohnen einander bei' oder ‚sie erkennen einander'. Als ein gefügtes Organ des SEINS, kann sich das SELBST durch sein zu ihm gehörendes ‚Selbst' mitteilen; es ‚äußert' sich. Jeder Mensch verkündet in seiner, ihm gemäßen Weise ‚sein Leben'. Jedes Selbst ist in seinem konkreten Sein eine Erscheinung des SEINS und darin des SELBST; es entwickelt sich aus seinem Mutterschoß mit der genetischen Mitgift seiner Eltern und seiner Ahnenreihe, die in der Zeit weit zurückreicht.

Das ‚Selbst' ist als Vermittler zwischen Innen und Außen, zwischen Natur und Geschichte, Platzhalter seines gelernten ‚Ich'. Das ‚Ich' ist eine Maske des ‚Selbst'. Während dieses sich in seiner konstitutionellen Beziehung zum SELBST als ‚es selbst' im Sinne der delphischen Imperative: ‚Werde, der du bist!' und ‚Sei!' zu behaupten vermag, können die Masken wechseln: das Ich geht mit der Zeit! In der vermittelnden Veräußerung an sein Ich agiert das Selbst gewissermaßen ‚selbstlos'. Das Ich dankt es ihm nicht; es wird selbstsüchtig. Die Selbstsucht erscheint als Egoismus; der Kontakt zum SELBST ist dadurch verloren. Das an die Stelle des Selbst getretene Ich ist nur diesem Ich, dieses der Welt (Geschichte) hörig. Der Mensch ist in seinem Ich eine Maske, die sein Inneres verdeckt, ihn nach außen kenntlich macht. Er ist angepasst, ohne die Fremdbestimmung zu erkennen. Es erkennt sich selbst, aber nicht als Selbst, sondern als Ich. Das Gebot von Delphi ist wirkungslos. Die Skinheads tragen äußerlich ähnliche Masken, um sich auf den ersten Blick erkennen zu können. Die uniformierte Gesellschaft ist auch in den unauffälligen, biederen und anständigen Bürgern innerlich anwesend. Diesen Masken ist unter Umständen weniger zu trauen als den auffälligen; letztere zeigen zumindest Mut.

Als Folge der Fremdbestimmung denkt, erkennt und handelt das Ego nicht mehr aus der gemeinsamen Ur – Kunde des Menschen, sondern aus dem, was es ‚gelernt' hat. Die ursprüngliche Person, die ihre eigene Botschaft von innen nach außen ‚kund gibt', ist gewissermaßen ‚umgedreht'; der Mensch ist zwar immer noch ‚Person', jetzt aber als Sprachrohr der Ideologie und Propaganda der gesellschaftlichen Verhältnisse, die verinnerlicht sind. Je länger der Lernprozess der ‚Umdrehung' dauert, um so stationärer (starrer) wird das ‚Ich'. Die Kräfte des SELBST nehmen ab; dadurch kann die Fremdbestimmung stärker werden. Sigmund Freud betreibt sie geradezu mit seiner These: ‚wo ‚Es' ist, soll ‚Ich' werden'. Doch was ist das ‚Es'? Freud kennt das Wort und verwendet es für eine interessante Formel. So einfach geht es aber nicht. In Wirklichkeit muß es so sein: wo ‚Ich' ist, soll ‚Es' werden! Warum diese Umkehrung? Ist das auch nur Spiel mit der Sprache? Sicher nicht: das ‚Es' ist eine alte Sprachform von ‚Se' mit der Bedeutung ‚Selbst'. Davon hat Freud keine Ahnung. Ohne Kenntnis von Etymologien spricht er naiv drauf los. Das ‚Es' will als Selbst nicht die Maske des ‚Ich', die es vom ‚Sein des SELBST' entfernt; es will vielmehr die Distanz zu ihm überwinden, ihm so nahe wie möglich kommen. Das ‚Es' steht auch für das SELBST. Dieses ‚Es' ruft das ‚Ich', sich von der Maske zu befreien und wieder ein ‚Selbst' zu werden! ‚Wo ‚Ich' ist, soll ‚Selbst' in Beziehung zum Es oder SELBST werden'!, muss Freud entgegnet werden. Dann kann die ‚Selbst – Erkenntnis gemäß dem Gebot von Delphi gelingen. Erkenne dein Selbst und seinen Bezug zum SELBST! Wir kommen auf den Irrweg von Freud ausführlich zu sprechen.

Aus seiner Ontogenese ist der Mensch ein SELBST und dieses der genetische Grund der Selbstbestimmung, die diesen Namen verdient. Sie autonom als individuelles Selbst zu leben und zu gestalten, befreit von der heteronomen Maske des Ich, ist der Grund menschlicher Freiheit. Die Autonomie zu ergreifen und nicht wieder zu loszulassen, ist die wesentliche Aufgabe der kritischen, sich als ein Selbst wissenden ‚Reflexion'; ihre Erscheinung ist ‚Bildung'. Während das in jedem Menschen ähnliche SELBST die Maßgabe der Menschlichkeit ist, hat das individuelle Selbst hier und jetzt die Aufgabe zu bewältigen, zwischen dem SEIN des SELBST und dem geschichtlichen Überbau zu vermitteln. Der Mensch kommt ohne ‚Welt' nicht aus; er bringt sie als Poet des SELBST in der Zeit ‚selbst' hervor. In der Poesie von Welt ist eine Gruppe von Menschen unmittelbar für ihre Geschichte verantwortlich! Eine kritische Prüfung kann jederzeit zu Veränderungen führen. Die Menschen haben ihr Geschick selbst in der Hand, wenn sie sich als Poeten ihres Lebens und ihrer Geschichte begreifen; sie können die Welt verändern!

Anders liegt es in geschichtlichen Verhältnissen, die sich so verfestigt haben, dass sie Menschen von ihrer Geburt an zur Anpassung an das Bestehende zwingen. Das ‚Selbst' bekommt gar keine ‚Zeit', das SELBST zu erkennen. Das seiner Maske hörig gewordene Ich schaut sich im Spiegel an, der von Masken erfunden ist; das Selbst benötigt keinen, es spiegelt sich im SELBST. Die massenhafte Verbreitung des Spiegels ist für die Ausbreitung von Ideologie notwendig gewesen. Zur Verteilung der uniformen oder kosmetischen Masken, männlich die einen, eher weiblich die anderen, sind ‚Spiegel' erforderlich: Wer sich in seiner Maske wohlwollend wiedererkennt, ist zeitweilig beruhigt, wenn nicht, sucht das Ich eine andere Maske. Der Markt der Eitelkeit floriert; die Fratze der zugehörigen Ideologie ist im Gedränge nicht auszumachen. In seiner jeweiligen Maske braucht ein ‚Ich' sein ‚Selbst' nicht zu suchen; es vermisst es zumeist nicht. Der Markt für den Tausch von Masken ist profitabel.

Das poetische ‚Selbst' sieht nach innen; es reflektiert sein SELBST! Auf diese Weise sieht es die Welt mit dem Herzen, um es metaphorisch auszudrücken; es sieht nicht ‚Sich' an, sondern sich im ‚Anderen'! Eine Kommilitonin sagte mir während meines Studiums in Paris, als ich in der Seitentasche ihrer Börse einen Spiegel bemerkte, den sie oft ‚zu Rate zog': "Wenn ich einmal einen Menschen liebe, kommt dessen Bild an die Stelle des Spiegels"! Das Mädchen sprach einen wichtigen Gedanken aus: ‚Nicht in der Maske kosmetischer Schönheit lieb, sondern im Lieben schön sein!' Jedes ‚Selbst' hat die Aufgabe, die Beziehung zum SELBST zu bewahren, mit dem Herzen zu denken, zu erkennen und zu lieben! Von dieser Maßgabe her hat das Selbst sein Ich gewissenhaft zu prüfen, ob es mit seiner ‚Maske' zurechtkommt. Als soziales Wesen können wir ‚Welt und Geschichte' nicht wie den Fernseher ausschalten, obgleich letzteres hilfreich wäre, um zu sich selbst zu kommen. Ein ganzes Volk hat sich durch den ‚Volksempfänger' den Weg verstellen lassen; die inneren Kräfte des Widerstandes, vom LEBEN gegeben, hat es sich rauben lassen. Spät kam ein Echo: "Wir sind das Volk!" (1989) Das Beispiel zeigt es: Wir können unsere Geschichte jederzeit auf ‚Herz und Nieren' prüfen, um es bildhaft zu sagen. Wir haben die Aufgabe, zum Bestehenden eine Gegenwelt, für unsere kleine, persönliche Geschichte eine andere zu denken und jetzt, in diesem Augenblick, zu beginnen. Die Suche nach dem eigenen SELBST ist kein Selbstzweck; wer etwas sucht, will es auch finden. Wir werden auf dem Weg Menschen begegnen, denen es geglückt ist. Sie sind wichtig für unsere Suche nach dem SELBST. Wir müssen uns die Mühe machen, das zu erkennen.

4. Denkversuche zum Menschen

a) Protagoras, Hobbes, Rousseau

Der Mensch ist dem Menschen ein Nachbar und überall ist er ein Feind. Das erste ist uns kaum noch bekannt, die Feindschaft zwischen Menschen und Völkern offenkundig. "Der Mensch ist frei geboren und überall liegt er in Ketten." Dieser Satz von Rousseau aus seinem ‚Gesellschaftsvertrag' ist weltberühmt, in der Geschichte hat er bisher wenig bewirkt. Wie jedes andere Lebewesen auf der Erde gehört der Mensch zur Natur, wie kein anderes hat er Geschichte. Er bringt sie selbst hervor und richtet dadurch auf der Erde eine Welt auf. Für eine vergangene Welt heißt es, dass ‚der Mensch das Maß aller Dinge ist'! (Protagoras); für eine andere immer noch gegenwärtige Welt: ‚der Mensch ist dem Menschen ein Wolf'! (Hobbes) Dieser Spruch trifft offenbar eher unsere geschichtliche Wirklichkeit als der von Protagoras oder der von Rousseau. Doch was ist die ‚Wahrheit', mit der Menschen leben können? Bestimmt sie sich aus Geschichte? Dann spricht vieles für Hobbes und die englische Philosophie.

Das geklonte Schaf Dolly ist ein englisches Produkt. Wölfe standen nicht zur Verfügung; so nahm man den Wolf im Schafspelz. Das ist ein auf der Insel bekannter Sinn für Ironie; man bleibt in der philosophischen Tradition der eigenen

Geschichte und treibt zugleich den Fortschritt voran. Das macht die Elite auf dem Festland unruhig. Sie will den Anschluss nicht verlieren. Jede Ironie wendet sich jedoch am Ende gegen sich selbst; man sollte das Klonen lassen. Die lebenden Produkte sehen alle gleich aus. Geklonte Menschen tragen dann sogar äußerlich alle die gleiche Maske. Ein Spiegel ist nicht notwendig, jeder sieht sich im anderen, wahrscheinlich auch innen einander vollkommen identisch. Müssen wir das ausprobieren? Derartiges vermag nur zu denken und zu tun, wer die Maßgabe von einer Maske her gewinnt. Wenn dagegen der wirkliche Mensch die Maßgabe i s t, wäre den beiden anderen Denkern zu folgen. Mit Protagoras wäre erneut zu denken, was es heißt: der Mensch ist das Maß, mit dem alles zu messen ist. Ein neuer Sozialvertrag wäre in der Nachfolge von Rousseau zu entwerfen; sein Inhalt wäre die Bildung des Menschen zum Menschen. Die Überzeugung von Rousseau ist, dass sich Natur und Geschichte im Menschen aus ungeklärten Gründen entzweit haben. Wie ist die Entzweiung zu überwinden? Von Protagoras her können wir erkennen, dass Platon das falsche Denken in Umlauf gebracht hat; er hat die Maßgabe an Außerirdische abgetreten. Und nun kommt das Schaf Dolly! Ein Zurück zur Natur kann das wohl nicht sein, auch der geklonte Mensch ist es nicht? Ob die Insulaner Rousseau falsch verstanden haben? Wie verstehen wir Festländer ihn denn? Das ‚Zurück zur Natur' kann ja wohl nichts mit Pfadfinder – Mentalität zu tun haben!

b) Heidegger und Proust: das ‚vergessene Sein' und die ‚verlorene Zeit'

Unser Thema weckt Assoziationen zu Heidegger und Proust zugleich. ‚Sein und Zeit' liegt 1926 vor; das Werk ‚Auf der Suche nach der verlorenen Zeit' wird in den Jahren von 1913 bis 1927 veröffentlicht. Ein Zusammenhang zur ‚Suche nach dem verlorenen SELBST' ist gegeben. Heidegger bricht seine Arbeit ab und wird sie trotz einiger Versuche nicht wieder aufnehmen. (Vgl. Vorbemerkung zur 7.Aufl.1953) Der Dichter beschwört in seinem Werk erinnertes Leben, das im gegenwärtigen nicht gelingen will; es mangelt den Helden im Roman an Mut zur Freiheit im Tun, zum Sprung in ein Denken, das sich verwirklichen will und zwar jetzt! Marcel Proust fasziniert viele Menschen durch seine Kraftlosigkeit. Er lebt sein Leben in einer Weise in der Sprache, die geradezu irreal und als Ablichtung imaginärer Bilder kaum noch zu überbieten ist. Der Dichter zieht vor der Realität die Vorhänge zu wie der Fotograph die Blende schließt, wenn er sein ‚Sujet' im Kasten hat. Diese Metapher betrifft eine Poesie, die unbewegte Bilder mit der Sprache als Camera obscura fixiert und ein Leben betrifft, das sich wenig bewegen will. Proust hat vieles der aufkommenden Fotographie abgeschaut. (vgl. Brassai, Proust und die Liebe zur Photographie, Frankfurt 2001) Er schreibt im Bett im abgedunkelten Raum, allein mit sich und seinen Erinnerungen, als ob er belichtete Platten entwickelt. Dann und wann geht er unter die Menschen, will dennoch keine Zeit für sie aufwenden und verliert gerade darin die Zeit! Ein mobiles Telephon wäre dem Dichter entgegen gekommen; hinter seinen Vorhängen verborgen, hätte er dann und wann wenigstens Stimmen hören können. Er bleibt in der Technik des Stummfilms. Welche Antworten hätten die Anrufenden bekommen können? Marcel Proust zeigt stumm seine Bilder, die er unentwegt in Sätze überträgt. Wenn jemand ,Im Schatten junger Mädchenblüte' lesen will, sollte er, auf einer Bank im Park sitzend, die vorübergehenden Frauen nicht übersehen. Etwas vom erotischen Genie des Casanova hätte diesem Dichter für sein Lebensgefühl und sein Lieben nicht geschadet.

Der Roman von Proust erzählt von der ,verlorenen Zeit'; der Autor sucht im Grunde das verlorene SELBST. Es ist ihm als Antrieb seines eigenen Lebens geschwunden. In seiner geschwundenen Kraft meldet es sich nie zu der Zeit, in der es gebraucht wird. Es ist an Sprache veräußert. In ihr denkt der Dichter Proust dennoch tiefer zum Grunde hin als der Denker Heidegger dichtet; Poesie ist auf geheimnisvolle Weise immer noch irgendwie mit dem SELBST in Berührung; der Volksmund spricht nicht von ungefähr davon, dass die Götter die Dichter lieben. Die poetische Trauer über Verlorenes ist dem Menschen gemäßer als philosophisches Gehabe. Unsere Gefühle rühren uns immer dann an, wenn ein Gedicht oder ein einziges Wort uns in einem günstigen Augenblick erreicht, in dem wir uns in der Tiefe erreichen lassen. Kaltes Vernunft–Gerede rührt uns nicht. ,Das bloß Sprachliche ist unmoralisch!' Das Wort gibt das SEIN nicht frei: Proust geht ins Bett und schreibt weiter.

Der Philosoph Adorno hat in seinen ,Reflexionen aus dem beschädigten Leben' (Minima Moralia) die erste ,für Marcel Proust' geschrieben. Er will den Dilettanten gegen die Denker von Beruf in Schutz nehmen. Ihm ist der Dichter der wirklich Berufene, Künstler und Gelehrter zugleich; er sei unabhängig radikal auf das Leben hin; das erweckt das Misstrauen derer, die "die Beschäftigung mit geistigen Dingen ... zu einem Geschäft mit strenger Arbeitsteilung, mit Branchen und numerus clausus" gemacht haben. (I 15) Adorno irrt sich; Proust ist auf erinnertes, nicht auf wirkliches Leben fixiert. Das macht ihn statisch und immer starrer, lebloser. Er verliert seine WAHRHEIT und ZEIT. Der Philosoph Adorno idealisiert die Dichter – er wäre gerne selbst einer –, sie seien ,Wegweiser'! Hat man jemals einen Wegweiser gesehen, der den Weg selbst geht, den er anzeigt? Der Franzose Marcel Proust ist kein Wegweiser und kein maßgebender Mensch. Er schreibt in gefälliger Sprache viele Sätze, die in ihrer poetischen Trauer zu rühren vermögen. Das ist schon viel, doch nicht genug. Die ,wiedergefundene Zeit' erlebt er nicht einmal in seinen Sätzen, sie erscheinen als ,Nachlass'! Proust holt die Zeit nicht ein, doch sie überholt ihn auch nicht. Das SEIN bleibt, die Zeit vergeht. Wann begreifen wir das SEIN als ZEIT? – Marcel Proust schweigt.

Der Abbruch von ‚Sein und Zeit' wird für Heidegger notwendig, als er bemerkt, dass er ständig spricht, ohne die Sprache zu kennen. Er entdeckt in diesem Moment jedoch nicht, dass ihm eine wichtigere Erkenntnis fehlt: w e r ist der Mensch? Sein Erschrecken über seine Unkenntnis des ‚Seins der Sprache' ist groß; die Fragen stürzen heftig auf ihn ein; es verschlägt ihm die Sprache; er vermag keine Antworten zu geben; er hält noch eine Weile an seiner Planung fest; dann bricht er ‚Sein und Zeit' ab. Von nun wird das ‚Wesen der Sprache' das wichtigste Thema sein. Dieser Moment des Abbruchs ist deswegen bedeutsam, weil der Philosoph der Thematik von WAHRHEIT und ZEIT sehr nahe war. Die Tradition versperrt ihm den Weg, da sie aus ‚Geschichte' denkt und über die ‚Natur des Menschen' hinweg spricht. Darin korrespondiert er mit Marcel Proust; sein Thema variiert ein wenig: Heidegger sucht nicht nach ‚verlorener Zeit', sondern nach ‚vergessenem Sein' und danach, wie Sprache zum Sein steht? Dass es neben der vergehenden Zeit deren Grund, die ZEIT, und neben dem Sein, das er sucht, das SEIN wirklich gibt und auch in ihm ‚anwesend' ist, wird Heidegger nicht ‚entbergen'! Er hat sich um die Natur des Menschen wenig bemüht. So bleiben ihm das SEIN von WAHRHEIT und ZEIT verborgen.

Heidegger entdeckt als Phänomenologe nicht die Insistenz als Ur–Kunde der Existenz. Wenn er von ‚fundamentalen Existenzialien' spricht, denkt und redet er eher zufällig zur Ur–Kunde als natürliches Apriori, die Erkennen möglich macht. Unser Philosoph spricht ohne nähere Begründung oder Ausweisung von der ‚Erschlossenheit des Daseins'. (2,213) Der Mensch ist für ihn das ‚Dasein'; wodurch ist es ‚erschlossen'? Das müsste erkundet, diese Frage beantwortet werden. In den gewohnten Bahnen der Sprache, in denen so vieles zu sagen war, bleibt sie plötzlich stumm. Als Heidegger das entdeckt, muss er in Panik geraten sein; er verliert den Boden unter den Füßen. Er ist im § 34 beim Thema: ‚Da – sein und Rede. Die Sprache': "Dass j e t z t e r s t Sprache Thema wird, soll anzeigen, dass dieses Phänomen in der existenzialen Verfassung der Erschlossenheit des Daseins seine Wurzeln hat."(l.c.) Heidegger spricht ‚von der existenzialen Verfassung', ohne zu bemerken, dass er von der insistenzialen Vorerschlossenheit des Daseins handelt. Ohne es zu nennen, spricht er vom SELBST des Menschen und vom SEIN. Doch er hat keinen Begriff davon. Er ist ideologisch so befangen, dass er es nicht merkt, daß er dem SEIN von WAHRHEIT und ZEIT auf der Spur ist. Immerhin hat er bisweilen neben Sein oder Seyn auch SEIN geschrieben! Was will er uns sagen? Das bleibt unklar. Von ZEIT ist nie bei ihm die Rede oder Schreibe: wovon man nichts zu sagen weiß, davon soll man schweigen; darin hat Wittgenstein einmal recht.

Wie die Wurzel eines Baumes kein Phänomen, sondern Grund ist, so ist es auch die Insistenz für die Existenz. Mit der von Husserl übernommenen phänomenologischen Methode kommt Heidegger nicht an sie heran. Er bleibt bei den Erscheinungen hängen. Wenn sich das angeborene Wissen aus der Insistenz in seiner Rede dennoch meldet, so liegt das daran, dass kein Mensch, nicht einmal ein Philosoph, die Bindung an seine Natur aufheben kann. Heidegger redet in und durch die Maske, die er von der Phänomenologie bezogen hat. Doch unter der Maske wartet das SELBST als Ereignis des SEINS, das jenseits und vor der Sprache gründet und sich immer wieder im Menschen meldet, auch in Heidegger! Warum auch nicht? Auch dieser Schwarzwälder Bote des vergessenen Seins, das er seinen Adressaten nie zustellen kann, ist ein Selbst, das im SEIN des SELBST gründet. So kann der Bote weder auf Holzwegen noch anderen Stiegen völlig aus dem SEIN fallen, wie sehr er sich auch darum bemüht. Das gibt allerdings Stoff für viele Bücher.

Heidegger sucht das Apriori des Daseins; woher kommt seine Motivation? Die Ideologie des Platon gibt dazu nichts her. Das transzendentale Apriori von Kant ist auf die Anschauung von Zeit und Raum begrenzt. Wie ist die Grenze von der Erscheinung zum Grund des Daseins zu übersteigen? Der Philosoph erfährt unvermittelt, dass die Sprache ihn daran hindert, das Denken dorthin zu bringen. Daher muss er die Sprache selbst in Frage stellen. Was ist der Grund der Sprache, aus dem sie als Erscheinung in einer geschichtlichen Sprache hervorkommt? Heidegger hofft bei Dichtern dazu fündig zu werden, er sucht nach wesentlichen Hinweisen! Seine Hoffnung ist insgeheim, dass sein Denken daraus Nutzen ziehen kann, da die phänomenologische Methode versagt. In seiner Suche bringt er die ‚Rede' als das ‚existenzial-ontologische Fundament der Sprache' ins Spiel. (2,213) Es heißt an einer anderen Stelle: "Die Rede ist die bedeutungsmäßige Gliederung der befindlichen Verständlichkeit des In-der-Weltseins. Als konstitutive Momente gehören ihr zu: das Worüber der Rede (das Beredete),das Geredete als solches, die Mitteilung und die Bekundung. Das sind keine Eigenschaften, die sich nur empirisch an der Sprache aufraffen lassen, sondern in der Seinsverfassung des Daseins verwurzelte existenziale Charaktere, die so etwas wie Sprache ontologisch erst ermöglichen." (2,216;Hvb.SPN)

Hier hätte Heidegger an der eigenen Formulierung der ‚Seinsverfassung des Daseins' erkennen können, dass die Ermöglichung der *ontologischen Sprache* im Menschen *ontisch* gegründet sein muss. Da ihm als Phänomenologe der ‚Überstieg' (excessus) vom Phänomen zum Grund methodisch nicht gelingt, bleibt ihm die Differenz zwischen dem ontischen SEIN der SPRACHE und einer ontologischen, geschichtlich erzeugten Sprache verborgen. So heißt es schließlich resignierend: "Am Ende muss sich die philosophische Forschung einmal entschließen zu fragen, welche Seinsart der Sprache überhaupt zukommt." (2,221)

Heidegger wird auf diese Frage auch nach dem Abbruch von ‚Sein und Zeit‘ keine Antwort finden, so sehr er sich darum bemüht. Das Ausmaß der Frage wird ihm jedenfalls deutlich, als er im § 68 von ‚Sein und Zeit' zum Thema ‚Zeitlichkeit der Erschlossenheit überhaupt‘ auf die ‚Zeitlichkeit der Rede‘ zu sprechen kommt. Wenn es so etwas wie ‚Sein‘ nicht nur im Wort gibt, muss in seinem Verhältnis zur ‚Zeit‘, der wir ausgesetzt sind, die Sprache thematisiert werden. So weit war der Philosoph in seinem Denken gekommen. Was unklar bleibt: in welchem Bezug steht Sprache zum ‚Sein‘ und in welchem zur ‚Zeit‘? Die Rede sei das existenzial-ontologische Fundament der Sprache, hat er behauptet, ohne das Verhältnis von Grund und Erscheinung, von SPRACHE und Sprache darzulegen und vom Menschen her zu begründen. Das will er nachholen.

Heidegger bezeichnet, um einer Antwort auf die Frage nach der Sprache näher zu kommen, den ‚Grund‘ einfach als ein ‚Phänomen‘. Das lautet so. "Von diesem Phänomen haben wir in der bisherigen Interpretation der Befindlichkeit, des Verstehens, der Auslegung und der Aussage ständig schon Gebrauch gemacht, es in der thematischen Analyse aber gleichsam unterschlagen."(Bd.2,213) Woher sich die fundamentale Rede selbst inhaltlich nährt, von wo sie ihre Anweisungen für die immer schon gegebene Erschlossenheit des Daseins hat, wird von Heidegger nicht ausgewiesen. Das existenzial-ontologische Fundament ‚gibt‘ sich unserem Denker ohne nähere Begründung, wie dies geschieht! Er muss nur noch seine philosophischen Zeitgenossen überzeugen! Er versucht, die mündliche Rede als Apriori der Sprache auszuweisen: "Die volle, durch Verstehen, Befindlichkeit und Verfallen konstituierte Erschlossenheit des Da erhält durch die Rede die Artikulation. ... Weil aber die Rede je Bereden von Seiendem ist, wenngleich nicht primär und vorwiegend im Sinne des theoretischen Aussagens, kann die Analyse der zeitlichen Konstitution der Rede und die Explikation der zeitlichen Charaktere der Sprachgebilde *erst* in Angriff genommen werden, wenn das Problem des *grundsätzlichen* Zusammenhangs von *Sein* und *Wahrheit* aus der Problematik der Zeitlichkeit aufgerollt ist."(2,461 f; Hvb. SPN) Heidegger weicht einer Antwort aus, das ist ganz offensichtlich. Zum ursprünglichen Problem von ‚Sein und Zeit' tritt bei der Frage nach dem ‚Wesen der Sprache' eine neues Problem hinzu: das von ‚Sein und Wahrheit'! Ein Abgrund tut sich vor dem Denker auf.

Der Philosoph hatte das Dasein in ‚Sein und Zeit' als ‚konstituierte Erschlossenheit‘ angesprochen, die durch die ‚Rede‘ dem Menschen gegeben ist und sich mit ihren existenzialen Charakteren in einer ‚Sprache‘ artikuliert. Die ‚Rede' ist demnach für ihn zweierlei:

1. Ein konstitutives Element in der Natur des Menschen, ein ontisches Apriori im Dasein. Mit den darin gefügten existenzialen Charakteren ist sie ‚Grund‘ jeder erscheinenden Sprache.
2. Das ontische Apriori der ‚Rede‘ ist die Brücke vom inneren Grund im Menschen (Natur) zur äußeren Erscheinung (Geschichte) und zu allem Seienden, das dem Dasein begegnet und von ihm ‚beredet‘ wird. Die Sprache, über die ein Sprecher verfügt und für seine Mitteilungen gebraucht, hat den sie ermöglichenden allgemeinen Grund in der ‚Rede‘ selbst.

Heidegger bemerkt plötzlich, dass er im Begriff ist, die tradierten Sprachspiele zur ‚Möglichkeit von Erkenntnis‘ auf die Frage zu übersteigen, wie das ‚Sein der Wahrheit‘ im Dasein gegründet ist? Es ist im Prinzip unsere Frage, ob die geschichtlichen Wahrheiten eine WAHRHEIT im SEIN des Menschen als gründenden Grund voraus haben, an der sie sich messen lassen müssen? In der den Denker bedrängenden Problematik, das Wesen der Sprache zu ergründen, taucht plötzlich dieses ontische Problem auf: das des "grundsätzlichen Zusammenhangs von Sein und Wahrheit". Der Denker steht unvermittelt vor der Frage nach der Beziehung von ‚Mensch und Wahrheit', die vor jeder Aussage über die ‚Wahrheit von etwas' gebender Grund sein muss. Im Thema ‚Sein und Zeit‘ ist diese Frage nicht enthalten. Nun bahnt sich ein Zusammenhang von ‚Wahrheit und Zeit‘ an: Welche Rolle spielt dann noch das ‚Sein‘? Bleibt es als Wort oder Begriff auf Sprache beschränkt? Ist mit ihm etwas im Menschen Gegebenes angesprochen? Wenn es so wäre, was ist dann das Sein von Wahrheit und das von Zeit? Ist Wahrheit (nur) in der Geschichte vorhanden, dort im Plural aus den Vorgaben jeweiliger Ideologien und ihrer Sprachen, an die Menschen im Lerndruck ihrer Welt verfallen? In dem Augenblick, da der Philosoph dieses Problem anspricht, bricht er ‚Sein und Zeit' in der Ahnung ab, dass der bisherige Denkweg in die Irre führen könnte.

Der Weg Heideggers geht von Anfang an in die Irre, weil er den Menschen nur in seiner Beziehung zur Zeit und darin zur Geschichte denkt. Was dieses Wesen in seinem Sein jeweils ist, bestimmt die Zeit. Der Widerspruch dieses Aussage im Vertauschen von ‚Sein‘ und ‚Sprache‘ wird von unserem Philosophen nicht bemerkt: Das von Sprache geborgte ‚Sein‘, das als wirkliches, wenngleich ‚vergessenes Sein‘ sein Platzhalter ist, bestimmt das Bewusstsein, aus dem die Rede vom ‚Sein‘ artikuliert wird. Der Denker überlistet sich gegen seinen Willen selbst. Sein ‚Ich‘ trägt die Maske der Tradition. Zu ihr gehört die Sprache in Sprachbau und Wortschatz. Beide bestimmen das Denken: man kann nur von dem reden, von dem nicht geschwiegen wurde. Von diesem Ansatz her muss sich der Philosoph im Netz der angeeigneten Sprache verfangen und die Frage nach dem SEIN (Natur) des Menschen übersehen: "Der Satz: das Dasein ist geschichtlich, bewährt sich als existenzial – ontologische Fundamentalaussage. Sie ist weit entfernt von einer bloß ontischen Feststellung der Tatsache, dass das Dasein in einer ‚Weltgeschichte' vorkommt."(2,440) Hier wird wieder die Differenz des ‚Ontischen' mit dem ‚Ontologischen' nicht beachtet. Der Redner hätte bedenken sollen: Wovon man nicht schweigen kann, davon soll man auch nicht reden! Vor den vielen Erscheinungen verlieren Philosophen leicht den Boden unter den Füßen.

Heideggers Rede versagt sich dem SEIN des Daseins. Er vergisst dadurch entscheidende Fragen:

- Hat der Mensch eine Bestimmung an sich selbst?
- Kann er in ‚Selbst – Bestimmung' seine eigene kleine und auch die große Geschichte gestalten und verändern?
- Wo liegt die Maßgabe der ‚Wahrheit', im Menschen als ein Organ WAHRHEIT und ZEIT oder nur in der Zeit als Geschichte mit ihren vorliegenden Wahrheiten?

Wenn die Autonomie als Bestimmung des Selbst nicht aufgeklärt wird, bleibt die Heteronomie als Fremdbestimmung des Menschen das Normale! Der Satz von der ‚Geschichtlichkeit des Daseins' bleibt bei Heidegger zudem unklar. Was ist eine ‚ontische Feststellung'? Welches Sein soll hier vorliegen? Das Ontische eignet ausschließlich einem Seienden, nicht der Sprache. Der Mensch kann als ontisches Lebewesen, das er wie jedes andere i s t – Goethe spricht es am Lido von Venedig auf seine Weise mit den Worten aus ‚wie wahr, wie seiend' (s. u., 75 f) – als einziges ontologische Aussagen machen, das ist: s p r e c h e n. Um die ontische Verfasstheit des Daseins zu ergründen, muss der Mensch erst sich selbst in Frage stellen: w e r bin ich in meinem Da – SEIN als ein Seiendes in Unterscheidung von allen anderen Seienden des LEBENS? Philosophie hat vor dem ersten Satz, den sie spricht, die Aufgabe, die ontische SPRACHE von den ontologischen (geschichtlichen) Sprachen zu scheiden und zu unterscheiden; sie muss alle Erscheinungen auf ihren Grund hin übersteigen: Philosophie muss exzessiv sein.

Das Problem der Beziehung des Menschen zu KUNST – SPRACHE – WAHRHEIT – ZEIT scheint sprachlich gesehen einfach zu sein; das hat auch Heidegger getäuscht. Das Problem ist vielmehr so schwierig, dass es von der Tradition schlichtweg übersehen wurde. Dieser Mangel treibt die Versuche zum Fortschritt in der Philosophie und die poetischen Versuche vieler Dichter. Die ‚Suche nach der verlorenen Zeit' ist für Marcel Proust ein Versuch zur Behebung des Mangels, eine leidenschaftliche Suche nach dem Grunde des Glücks. Da es sich außen nicht einstellt, die Kraft fehlt, die Schranke zum anderen zu überwinden, wird die Nachforschung nach innen gewendet. Der Held will innerlich gefühltes starkes Leben, das sich in äußeren Verhältnissen nicht verwirklichen lässt. In poetisch genauer Darstellung, die verzaubern kann, werden

Schicksale von Menschen in ihrem Leiden an der verrinnenden Zeit anschaulich. Philosophische Hinweise hat er von Henri Bergson (1859-1941). Dieser veröffentlicht seine Abhandlung über "Les données immédiates de la conscience" (deutsch 1911 unter dem Titel ‚Zeit und Freiheit'), im gleichen Jahr (1899), in dem der Oberprimaner Marcel Proust den ‚Prix d'honneur de Philosophie' erhält. Er besucht im Jahr darauf die Vorlesungen von Bergson an der Sorbonne.

Der französische Titel des Werkes spricht unser Thema genauer an: ‚A la recherche du temps perdu'. Man könnte übersetzen: ‚Nachforschungen über die beschädigte Zeit'. Intendiert ist die Erkenntnis des wahren und glücklichen Lebens. Adorno spricht in seinen Reflexionen den Grund der Beschädigung an: ‚Der Blick aufs Leben ist übergegangen in die Ideologie, die darüber betrügt, dass es keines mehr gibt.' (Minima Moralia,7) Unerfülltes Sehnen nach Glück ruft den Tod, dem Leiden ein Ende zu setzen. Für Proust ist das Schreiben wie das Malen bei van Gogh Protest gegen das Leiden an der Gesellschaft. Sie sind Opfer, letzterer, wie Antonin Artaud sagt, ein ‚Selbstmörder durch die Gesellschaft', wie ein erhellender Blitz in einer Todes – Landschaft. Die ‚Geworfenheit zum Tode' ist nicht nur als Begriff eine Form von Dekadenz. Sie wird durch Heidegger für Gesellschaft modisch. Man lebt sich aus, weil niemand weiß, was morgen sein wird. Zu Beginn von Prousts Essay ‚Les Plaisir et les Jours' (1896; deutsch 1926 von Ernst Weiss mit dem Titel ‚Tage der Freuden' übersetzt), klingt eine noch dem Leben zugewendete Todesmelodie voller Trauer an: "Man geht so viele Verpflichtungen gegen das Leben ein, dass eine Stunde kommt, wo man in tiefer Entmutigung, sie jemals alle halten zu können, sich den Gräbern zuwendet und den Tod herbeiruft, den Tod, <<der den Geschicken Hilfe bringt, die mühsam sich vollenden>>. Wenn uns aber der Tod von unseren Verpflichtungen dem Leben gegenüber entbindet, kann er uns doch nicht von jenen befreien, die wir uns selbst gegenüber eingegangen sind, jener ersten vor allem, die darin besteht, dass wir leben, um zu Wert und Würde zu gelangen." (in: C. Mauriac, 97)

Die Maxime, seinem Leben *Wert und Würde* zu schaffen, fällt dem Dichter im eigenen Leben deswegen nicht in gegenwärtiger Zeit (jetzt) ein, weil er sie in vergangener (früher) in einem Text *gelesen* hat! Er zitiert ihn, statt selbst zu handeln! Er findet in sich selbst immer wieder aufgelesene Texte, ohne zu wissen, wie er zu diesem Fund gekommen ist, der ihn beherrscht. Gleichzeitig sagt ihm eine innere Stimme, dass der Fund ihm gehört. Etwas spricht im Innern, das sich äußern will. Warum dieser innere Drang geschieht, weiß kein Künstler zu sagen. Er lebt heimlich in der Nähe des Ungewöhnlichen, misstrauisch gegen sich, erforschen Dichter innere Landschaften ihrer Phantasie. Sie schaffen im Grunde nur für sich selbst, doch ohne es zu wollen für andere, die stärker in ihrem Ich verhaftet sind. In gelernten Behausungen eingerichtet, ohne zu wissen, wie man da hinein gekommen ist, denken und dichten sie die Freiheit, die im Leben nicht gelingen will, nur in der Sprache. Viele Künstler kommen selten mit dem SELBST in Berührung, das in der Abgeschiedenheit, in der sie ihre ungewöhnliche Begabung leben, dennoch der Grund ist, auf dem sie poetische Wohnungen bauen: ‚dichterisch wohnet der Mensch ...', sagt einmal Hölderlin, der von einem bestimmten Moment an unbehaust ein Fremdling unter Menschen ist, die ihr Fremd–Sein nicht bemerken. Der Wahnsinn des Dichters ist normaler als die Normalität vieler Bürger.

c) Der Mensch: ein Poet des ‚Selbst' oder eine Maske des ‚Ich'?
– Das Sein und das Nichts –

Das soeben genannte Wort von Hölderlin will gedeutet sein: es drückt eine nicht abweisbare Sehnsucht aus, als Mensch unter Menschen zu wohnen; es ist wie ein Imperativ: ‚dichterisch wohne der Mensch!'. Die Künstler, die, ohne es zu wissen, aus KUNST schaffen, sind die Platzhalter des SELBST. Die Bürger stehen nicht zuletzt deswegen oft ratlos vor ihren Kunstwerken herum. Sie lassen sich lieber auf Kunstkunst ein, die nichts sagt, aber als ästhetisches Dekor ungemein schmückt. Poetischer Sprache im Gedicht gegenüber sind sie oft völlig hilflos. In der Schule müssen Kinder Gedichte auswendig lernen; Inhaltsangaben zu Antigone machen, Schillers dritten Akt des Wilhelm Tell als Klassenarbeit interpretieren ...! Die Entfremdung von Poesie hängt lange nach. Wer dennoch in einem unerwarteten Moment seines Lebens vom Klang eines Verses berührt, von einem Bild aus KUNST tief betroffen wird, entdeckt plötzlich die ‚Schule' in sich; es kommt einer Entlarvung gleich: die Maske kann abgesetzt werden. Heinrich Böll hat diesen Augenblick in einer Kurzgeschichte verdichtet: ‚Wanderer, kommst du nach SPA . . .' Wir kommen darauf unterwegs zurück.

Es ist ein Geheimnis um Poesie. Ihr Rätsel löst nur, wer nichts anderes erkennen will als sich Selbst. Wer es erreicht, hat nur noch einen einzigen Schritt zum Grunde, auf dem wir dichterisch wohnen und eine Welt bauen können, Hölderlins Worten gemäß. Der Weg vom Selbst zum SELBST und von ihm wieder zurück ist das Interesse des Lebens in allgemeiner und zugleich individueller Absicht, ist an und für sich ‚Poesie'! Ist die ‚beanspruchte Freiheit des eigenen Willens, der mit dem notwendigen Gang des Ganzen zusammenstimmt!' (Goethe, Rede zum Shakespeare – Tag) Diese Welt des Menschen ist die Hoffnung von Hölderlin. Im Gedicht ist Sprache wirklich Muttersprache, im Bild erscheint das Antlitz des Menschen, in der Neunten Symphonie von Beethoven erklingt eine neue Welt! Lehrer, die das vermitteln, schaffen sie im Menschen mit! Aus der Quelle KUNST schöpfen die Künstler, die ihre Werke wie aus dem Nichts schaffen! Schiller dichtet das Nichts als Rätsel der Wahrheit im ‚verschleierten Bild von Sais', Goethe im ‚höchsten Augenblick', der für Faust bleiben soll; in Poesie geht es um das Höchste und Tiefste und sonst Nichts: es geht dem Menschen im Leben im Grunde immer um das, was in ‚Wahrheit' ist, um die ‚Zeit', die *bleiben* soll und doch *vergeht.*

Das *Nichts* ist ein Fuge im SEIN, die für sich nicht erscheint. Jede Erscheinung, in einem Werk der Kunst wie im gewöhnlichen Leben, kommt wie aus einem *Nichts* hervor. ‚Hervorbringung' nennen die Griechen ‚Poesie'. Wenn dieser Begriff in unserer Welt nur noch für Künstler verwendet wird, deutet das auf verlorene Kraft. Das Leben ist beschädigt. Hölderlin spricht es in der zweiten Fassung seines Gedichts *Mnemosyne* (Erinnerung) an:

"Ein Zeichen sind wir, deutungslos,
Schmerzlos sind wir und haben fast
Die Sprache in der Fremde verloren."

Die Heimat wird von Biedermännern besetzt; sie verteidigen sie erbittert gegen alles Fremde. Was sie haben, wissen sie, das SEIN des Nichts kennen sie nicht; es ist ihnen fremd, also hassen sie das Nichts und fühlen sich dabei als die ‚anständigen Leute', die von Politikern gegen ‚unanständige' beschworen werden. Die Anständigen halten ihren eigenen Haß vornehm zurück und lassen andere gewalttätig sein. Daß sie diese anderen in das physische Nichts, in die geraubte Jugend, in die Arbeitslosigkeit, in soziales Elend und den Entzug von Bildung gebracht haben, verleugnen sie sich. Es ist viel Heuchelei bei den anständigen Biedermännern; Ehrenwort! Der poetische Mensch stellt sich mutig dem Nichts. Er urteilt nicht vorschnell; die Gewalt gegen Fremde hat Gründe im inneren Nichts eines Menschen. Wer Gewalt ausübt, richtet sie im Grunde immer auch gegen sich selbst; er ist in seinem Selbst beschädigt und weiß nicht, wie er den Schaden beheben kann! Wer hat die Beschädigung des sozialen Lebens verursacht? Haben die verantwortlichen politischen ‚Macher' darüber nachgedacht? Haben sie Adornos ‚Reflexionen aus dem beschädigten Leben' gelesen? Wohl kaum, und wenn, würden es nur wenige verstehen. Helmut Schmidt (Hamburg) hat neben seinen großen politischen Reflexionen u.a. ein Buch mit dem Titel geschrieben: "Auf der Suche nach einer neuen öffentlichen Moral"! Wer nimmt das überhaupt wahr? Die herrschende Moral ist unmoralisch; das hängt mit dem falschen Anfang zusammen. Doch sie funktioniert offenbar; das genügt Vielen.

Die inneren Bezirke des Seins im Menschen sind durch Fugen gesondert. Jede Fuge ist ein Nichts. Der im SEIN des SELBST gefügte Bezirk WAHRHEIT' ist ein Nichts als Fuge zum Bezirk ‚ZEIT'. Sonst wären sie nicht voneinander geschieden und auch nicht in der Erscheinung zu unterscheiden. Das Gefügte von SEIN und Nichts ist getrennt in der Einheit und vereint in der Trennung.

Neben WAHRHEIT und ZEIT sind die Bezirke KUNST und SPRACHE als Fugen des Nichts im SEIN gefügt. Ohne dieses Nichts gäbe es keine Kraft für die Vermittlung des Gefügten an das Selbst. Das SEIN wäre das SELBST und sonst Nichts. Hegel hat dieses SEIN als Gott gedacht, dem er das Nichts entgegenstellt, um die Vermittlung zwischen Gott (absoluter Geist) und Mensch (endlicher Geist) zu ermöglichen. Er kennt Gott offenbar besser als den Menschen. Auch das ist eine Folge des falschen Anfangs der Philosophie. Wenn der Mensch nicht mehr weiß, wer er im SEIN ist, erfindet er Gott, der es ihm sagt, oder Menschen, die es ihm als eine 'Maske' vorschreiben. Die gleichen Masken stärken einander und verstärken dadurch ihre ‚Wahrheit'; der geheime Faschismus wird nicht bemerkt. In der deutschen Universität nennt man die Angleichung der Masken für die Lehre eine ‚Habilitation', für Wiedereingliederung Auffälliger heißt es ‚Rehabilitation'. Es scheinen Welten dazwischen zu liegen, es scheint nur so! Die Kultur in unserem Land, von Konservativen als *Leitkultur* verstanden, produziert faschistische Masken. Wer hilft den ‚Elenden' (Victor Hugo) aus der Not heraus? Als Kind waren alle noch auf dem gemäßen Weg; es ist noch nicht viel passiert. Nicht von ungefähr singt Hölderlin das Loblied des Kindes, das die Kraft zum Nichts (noch) hat: es will das Loch nach Hause mitnehmen, das es am Strand geschaufelt hat. In der Schule ist es damit vorbei. Gehorsam ist die erste Bürgerpflicht. Der Dichter des Hyperion klagt vor allem die Schule als ‚Anstalt zur Fertigung von Masken' an. Die Schule unterschlägt Dichter und Werk.

Das SEIN des SELBST hält dem Selbst vier Bezirke vor und sonst NICHTS. Wir sagen nicht wie Heidegger: ‚Das Sein ist es selbst und sonst nichts'. Dieser Spruch bleibt bloße Sprache; daran scheitert der Philosoph endlich. Das Nichts weist jedem Bezirk dadurch seinen Gehalt an, dass seine Fugen sie voneinander abgrenzen. In der Evolution haben sich diese Fugen als wesentliches Merkmal des Menschen gebildet. Das Nichts als Fuge ist, metaphorisch gesagt, der ‚espace spirituell', der das Denken ermöglicht. Damit wird das Rätsel umschrieben, das darin liegt, dass der Mensch auf sich selbst *reflektieren* kann. Die durch die Fugen des Nichts geschaffene *Distanz* ermöglicht die unterscheidende Reflexion, die Reflexion auf das SEIN und seine unterschiedlichen Bezirke. Denken ist unterscheiden von etwas, das vom Denkenden *distanziert* ist. Das LEBEN hat im Menschen auf rätselhafte Weise die Reflexion möglich gemacht. Ohne diese Reflexion wäre der Mensch ein höheres Tier, das in die Irre läuft. Wenn Menschen die Beziehung zum SELBST beschädigen (lassen), können sie wie Tiere sein. Eine Beschädigung liegt vor, wenn der Mensch nicht (mehr) weiß und erkennt, wer er im SEIN als Seiendes ist. Er verliert seine Bestimmung. Die philosophische Bestimmung des SELBST mit seinem Gefüge im SEIN und den Fugen des Nichts ist unser Thema.

5. Den Weg gehen: Die erste Strecke erkunden

Am Anfang eines wenig begangenen Weges ist jede Auskunft als Hilfe zur Orientierung willkommen. Wir suchen das in der Tradition verloren gegangene SELBST, in dieser Arbeit mit dem Gefüge von WAHRHEIT und ZEIT. Die Bezirke SPRACHE und KUNST sind in anderen Arbeiten dargestellt. (s. Lit.-Vz.) Die Metapher vom ‚Weg' dient der Verständigung in der Sprache. Den Weg zu seinem SELBST muss jeder Mensch als Aufgabe seiner Bildung selbst gehen. Da diese Aufgabe in unserer Welt durch herrschende Ideologien behindert ist, will unser Versuch für diejenigen hilfreich sein, die sich in der Maske ihres Ich nicht wohl fühlen. Dabei bleibt für die Verständigung zu unserem Thema die Unterscheidung von Sprache und Wirklichkeit zu beachten. Wir beginnen damit, dass wir Goethe auf seinem Weg am Lido von Venedig begleiten.

5.1 ‚Wie wahr – wie seiend': Mit Goethe am Lido von Venedig

Das mit ‚wahr' gemeinte ist vor dem Wort einer Sprache etwas, das konkret zu jedem Lebewesen gehört, insofern es Kraft hat, sein Leben ‚zu wahren'. Das hat für sich genommen mit ‚Wahrheit' nichts zu tun. Diese wird vom Menschen in einem Urteils – Satz ausgesprochen: ‚Das ist ein Baum'. Ebenso gilt ein anderer Satz: ‚Das ist ein Tisch'. Die Aussagen machen deutlich, wovon die Rede ist; bei allgemeiner Zustimmung zum Gesagten, sprechen wir von einer ‚Wahrheit'. Das ‚Wahre' dagegen ist vor jedem Satz etwas am lebendig Seienden, das seine Natur ausmacht. Von einem ‚wahren' Tisch oder Stuhl zu sprechen ist zwar sprachlich möglich, dem Ding jedoch nicht angemessen; ein Tisch ist solide gearbeitet oder nicht, von festem oder weichem Holz etc., aber nicht ‚wahr'. Was im Blick auf das Wahre der Wesen gemeint ist, hat auf anschauliche Weise Johann Wolfgang von Goethe anlässlich einer eher zufälligen Beobachtung am Lido von Venedig am 9. Oktober 1786 und ohne jede philosophische Absicht zur Sprache gebracht; wir begleiten den Dichter auf seinem Weg:

"Ich wende mich mit meiner Erzählung nochmals ans Meer, dort habe ich heute die Wirtschaft der Seeschnecken, Patellen und Taschenkrebse gesehen und mich herzlich darüber gefreut. Was ist doch ein Lebendiges für ein köstliches, herrliches Ding! Wie abgemessen zu seinem Zustande, wie w a h r wie s e i e n d!" (Italienische Reise,XI,93)

Der Dichter gerät bei seiner aufmerksamen Wahrnehmung der genannten Tiere im Abenteuer ihrer Nahrungssuche in ein nachdenkliches Staunen, das dem berühmten Satz zugrunde liegt. Die Flut gibt allen einige Sicherheit, das ablaufende Wasser erhöht für manche Wesen die Gefährdung:

"Anfangs weiß das Gewimmel nicht, woran es ist, und hofft immer, die salzige Flut soll wiederkehren; allein sie bleibt aus, die Sonne sticht und trocknet schnell, und nun geht dieser Rückzug an. Bei dieser Gelegenheit suchen die Taschenkrebse ihren Raub. Wunderlicher und komischer kann man nichts sehen als die Gebärden dieser aus einem runden Körper und zwei langen Scheren bestehenden Geschöpfe; denn die übrigen Spinnenfüße sind nicht bemerklich. Wie auf stelzenartigen Armen schreiten sie einher, und sobald eine Patelle sich unter ihrem Schild vom Flecke bewegt, fahren sie zu, um die Schere in den schmalen Raum zwischen der Schale und dem Boden zu stecken, das Dach umzukehren und die Auster zu verschmausen. Die Patelle zieht sachte ihren Weg hin, saugt sich aber gleich fest an den Stein, sobald sie die Nähe des Feindes merkt. Dieser gebärdet sich nun wunderlich um das Dächelchen herum, gar zierlich und affenhaft; aber ihm fehlt die Kraft, den mächtigen Muskel des weichen Tierchens zu überwältigen, er tut auf diese Beute Verzicht, eilt auf eine andere wandernde los, und die erste setzt ihren Zug sachte fort. Ich habe nicht gesehen, dass irgendein Taschenkrebs zu seinem Zweck gelangt wäre, ob ich gleich den Rückzug dieses Gewimmels stundenlang ... beobachtet habe." (XI,93 f)

Die letzte Bemerkung des Dichters ist weniger allgemein; sie bleibt auf seine Beobachtung begrenzt. Wenn ein Wesen an Kräften verliert, wird es für andere eine Beute. Es ist gewissermaßen weniger wahr, darin als Lebendiges gefährdet. Als ein Wahres vermag sich ein Lebewesen in seiner ihm eigenen Zeit zu behaupten, die ihm vom LEBEN zugemessen ist, von Unfällen abgesehen. Goethe hat mit seiner Aussage ‚wie wahr, wie seiend' den ursprünglichen Sinn von ‚wahr' ausgesprochen, der sich in diesem oder jenem Wesen, ob Schnecke oder Krebs, ob Blume oder Baum, ob Tier oder Mensch für das Leben *bewährt.* Neben der zum Adjektiv ‚wahr' gehörenden Verbform ‚währen' gehören neben ‚bewähren' auch noch ‚bekräftigen' und ‚beweisen'. (Kluge, 893). Ein Wesen bekräftigt und beweist sich vor allem darin, dass es sich für sich und gegen andere Wesen *behauptet*! Dies kann es nicht immer; es ‚verwahrlost' auf seinem Lebensweg aus inneren und äußeren Ursachen und ist dann weniger ‚wahr'. Die Schnecke kann sich am Lido in Venedig oder einem andern Strand gegen einen Krebs nur in der Zeit ‚bewähren', in der es ein Wahres, das heißt ‚stark' ist. Einem Stärkeren fällt dann schließlich auch der Krebs zum Opfer. Das Wahre eines Seienden ist relativ zur Stärke oder Schwäche seines Lebens, darin relativ zu seiner eigenen Zeit. Dieses Gesetz des LEBENS gilt allgemein für alle seine Wesen.

5.2 Das Wahre und die Zeit: ‚Das ist ein Baum'

Der Weg mit Goethe am Strand von Venedig gibt im Vergleich zu dem, was auf ausgetretenen Alleen der Philosophie feil geboten wird, für die Thematik von Wahrheit und Zeit entschieden mehr Aufschluss. Altgewohnte Vorstellungen und Begriffe werden eingeholt; Der Urteilssatz: ‚Das ist ein Baum' ist abstrakt richtig, er sagt jedoch zum Baum als ein lebendig Seiendes konkret nichts aus. Wir erfahren nicht, ob er jung oder alt, groß oder klein, gesund und kräftig oder bereits verwahrlost ist. Ein Tischler denkt an Bretter, wenn er einen Baum sieht. Sein Urteil über den Baum ist der Preis, den er für die Ware zahlen will; er rechnet ihn in Möbel um, die er fertigen wird. Wenn er Bretter dringend braucht, bekümmert er sich weder um die Zeit des Baumes noch um sein Wahres. Beides ist vergangen, wenn aus einem Baum Bretter gemacht sind. Im Prinzip braucht ein Tischler oder Schreiner einen Baum in der Natur nie gesehen zu haben. Das Holz genügt als Material, das sie brauchen und im Werk verbrauchen. Einige Endverbraucher prüfen die Qualität des Holzes und die handwerkliche Fertigkeit der Meister. Möbel aus Massenproduktion sind billiger, am Ende teurer: der Schein täuscht. Das reicht bis an den falschen Anfang des Denkens zurück.

Die dem Anfang verpflichteten Philosophen interessieren sich kaum für das ‚Wahre' noch die ‚Zeit' eines Wesens, wie Goethe es angesprochen hat. Es kommt einzig darauf an, ob die Urteilssätze ‚das ist ein Baum' und ‚das ist ein Tisch' für den Gegenstand richtig sind, von dem sie sprechen. Das ‚Wahre' ist vom Seienden in die ‚Sprache' übergegangen, die von ihm spricht. Der konkrete Anspruch des Wahren, der zum Baum gehört, erscheint im Wort als Wahrheit einer abstrakten Erkenntnis; diese ist der ganze Stolz der Philosophie. Sie meint damit das Problem der Erkenntnis gelöst zu haben. Eine bekannte Definition der Wahrheit lautet entsprechend: ‚veritas est adaequatio intellectus et rei' – ‚Wahrheit ist die Angleichung der Vernunft und der Sache'. Ein Urteilssatz ist jedoch nur eine Aussage *über* eine Vorstellung, die jemand von etwas hat; die Vernunft urteilt nicht über ein Seiendes, sondern über die Vorstellung von ihm, die im Wort ‚Baum' erscheint. Der wirkliche Baum ist auf diese Weise nicht erkannt, sein ‚Wahres' als Zustand seiner Kraft, die sich bewährt oder nicht mehr bewährt, nicht anerkannt. Kant erhebt diese Schranke zwischen Wirklichkeit und Sprache zum Postulat: ‚Das Ding an sich ist unerkennbar'! Dieser Philosoph trennt zumindest zwischen dem Seienden in seiner konkreten Natur und der Vorstellung von ihm. Das könnte ein Fortschritt sein; doch Goethe war in seinem Interesse für das Lebendige am Strand von Venedig weiter: ‚wie wahr, wie seiend'. Das ‚Ding an sich' geistert immer noch in philosophischer Sprache herum.

Für unseren Tischler ist das alles zu spitzfindig. Er ist in seinem Handwerk, der Verfertigung eines Tisches, dem Wahren eines Baum entschieden näher.

Während er mit den Brettern eines Baumes einen Tisch arbeitet und dadurch sein Wahres in ein gediegenes Werk als ein Gebrauchsding umwandelt, sitzen die Erkenntnis – Theoretiker an einem solchen und sagen: das ist ein Tisch! Sie bleiben vornehm abstrakt, selbst wenn sie den Tisch konkret berühren; an einen wirklichen Baum denken sie ganz und gar nicht. Ihr Urteil stellt den Gegenstand, von dem es spricht, gleichsam als unveränderlich und darin echt platonisch als ‚wahr' vor, obgleich der Tisch im Verhältnis zum Baum, aus dessen Brettern er gemacht ist, nur in einem eingeschränkten Sinne, eher metaphorisch gesprochen, ‚wahr' ist; er ist allenfalls von gediegener Qualität und gefälliger Form. Ein Baum ist hingegen als Seiendes in der Kraft seines Lebens ‚wahr'; der Tisch nimmt davon etwas mit, ist aber ein Totes, das von ursprünglicher Lebenskraft zehrt, bis sie verbraucht ist; er landet auf dem Sperrmüll oder wird verbrannt. Am Ofen sitzend konnte sich Descartes wenigsten an seinem Feuer erwärmen, sein Denken blieb dennoch unterkühlt.

Die Theoretiker der Erkenntnis wissen aus der Geschichte der Philosophie vieles von Plato, Descartes oder Kant, wenig oder beinahe nichts von unterschiedlichen Bäumen und ihren Kräften, harten und weichen Hölzern, gediegen für lange Zeit die einen, bald abgenutzt die anderen. Im Urteil: ‚Das ist ein Baum', ist ihnen jeder gleich. Ihr Urteil ist gewissermaßen echt platonisch ‚ewig', der konkrete Baum nicht. Der Gegenstand des abstrakten Urteils entbehrt Zeit. Diese ‚steht' jedoch nicht still, sie ‚vergeht', wie jedes Wesen in seiner ihm zugemessenen Zeit vergeht. Das Urteil sagt und erkennt nicht, ob sich ein Baum, von dem es spricht, bewährt hat oder bereits verwahrlost ist und irgendwo herumliegt. Man wird eines Tages vielleicht nur noch das Bild eines Baumes vorzeigen können; die Theoretiker werden ihr Urteil im Baumbild bestätigt finden, selbst wenn es in Wirklichkeit keine Bäume mehr gibt. Dass sie selbst am Verschwinden beteiligt sein könnten, weisen sie entschieden zurück. Derartiges fällt ihnen nicht einmal im Traum ein. Bei Baum oder Holz hat Freud immer an den *Phallus* gedacht. Hat er die Träume von Philosophen gedeutet? Wie dem auch sei, weder abstraktes Denken noch analytisches Deuten fördern das Lebendige; und dem sterbenden Wald nützt es gar nichts. Um die Wirklichkeit sorgen sie sich nicht, ob Plato oder Hegel, Freud oder Lacan. Sorgen macht sich eher der Tischler, der lieber Holz als Kunststoff verarbeitet. Oder sollten wir uns alle Sorgen machen? Erst stirbt der Wald und dann der Mensch! Jedes Lebewesen hat seine Zeit, sein Wahres und seine Verwahrlosung. Mit dieser Erkenntnis begleitet Sorge unseren Weg. Wir müssen dabei sehr sorgfältig auf die Sprache achten, weniger abstrakt denken, wenn wir einen Baum sehen: wir müssen ihn schützen, wie Beuys in Kassel Bäume pflanzen.

5.3 Vom Wahren zur Wahrheit: Die kopernikanische Wende und die Kehre – Kant und Heidegger –

Der kritische Philosoph Kant sorgte sich über die Theoretiker der Erkenntnis. Er sucht deren Vorstellungen zu überschreiten: ‚wir richten uns bisher nach dem Gegenstand, nun soll sich dieser nach uns richten', ist seine Devise. Das scheint die Abkehr von abstrakten Begriffen und die Hinwendung zum Menschen zu sein. Die von Kant vorgebrachte ‚kopernikanische Wende' setzt voraus, dass der Mensch befähigt ist, sich und anderes von sich her zu erkennen. Die Erkenntnis von etwas, das mir begegnet, muss im Erkennenden selbst einen Grund haben. Damit denkt Kant über bisherige Möglichkeiten der Vernunft als Instrument der Erkenntnis hinaus in tiefere Schichten des Menschen; er entdeckt das transzendentale Apriori von Raum und Zeit. Doch er entdeckt es nicht als natürliches Apriori und auch nicht, dass Erkennen den ganzen Menschen betrifft, nicht nur die Vernunft. Die Kategorien von Raum und Zeit gehören zur Ur – Kunde. Sie sind unser angeborenes Wissen, bevor sie wir sie nach der Geburt zur Sprache bringen. Die Urkunde von Raum und Zeit ist aus der vorgeburtlichen Genese ein natürliches Apriori für jedes Wesen, das räumlich und zeitlich i s t. Beim Menschen liefert diese Ur – Kunde aufgrund seiner Reflexion auf sich selbst die Begriffe Raum und Zeit als Grund der Erkenntnis alles dessen, was dem Sein und Werden überantwortet ist. (Siehe zu ‚Raum und Zeit' ausführlich in: HUNGER und LIEBE, 1995)

Die Urkunde enthält als Urkenntnis mehr als nur das Apriori von Raum und Zeit. Der Mensch erkennt sich in seinem SELBST als dieses Selbst, das lebt und fühlt, denkt und erkennt, spricht und handelt. Bevor er etwas erkennt, hat er schon erkannt. Wir können auch sagen: die Urkunde erkennt sich im Menschen, wie sich dieser in der Urkunde erkennt. Die urkundliche Erkenntnis ist unser SEIN als Seiendes, mit dem uns das LEBEN auf unbegreifliche Weise ausgestattet hat. Nur dem Menschen eignet, soweit uns bekannt ist, die Auszeichnung, sich auf sich selbst beziehen zu können. Er *erinnert* sich! Diese Erinnerung ist anderer Art als das, was gewöhnlich als Leistung des Gedächtnis verstanden wird oder was Platon darunter versteht. Der Mensch ist das Wesen, dem es in der *Erinnerung* um sein Selbst geht. Das Seiende, das wir als ein Selbst sind, *erinnert* dabei das SELBST als SEIN des Seienden als MENSCH. Das Gebot aus Delphi fordert es: ‚Erkenne dein Selbst'! Das ist der Anfang der Philosophie.

Martin Heidegger gebraucht in ‚Sein und Zeit' den Satz: "Das Sein ist es, darum es diesem Seienden (dem Menschen/SPN) je selbst geht."(2,56) Diese Aussage leitet seine Kehre von der Zeit zum Sein, vom Denken aus dem Horizont von Geschichte zum Menschen ein. Die berühmte ‚Kehre' wird hier zum ersten Mal ausgesprochen; das bringt ihm ein Problem mit der Sprache; er ist genötigt, die Arbeit an ,Sein *und* Zeit' abzubrechen. Seine ,Kehre' scheint unserer radikalen Wende zum Menschen ähnlich und ist doch grundsätzlich verschieden. Der Philosoph denkt ein ,allgemeines Sein', das es nicht gibt; er hat es jedenfalls nie ausgewiesen, wo dieses Sein angesiedelt ist oder was es für sich sein könnte. Er müsste uns den Bezirk des Seins nennen, ob er innerhalb oder außerhalb des Menschen liegt. Da es nie geschieht, bleibt seine Kehre bloße Sprache. Man hat oft den Eindruck, dass die Sprache den Denker treibt. Nicht das Sein ist vergessen, wie der Philosoph bis zum Überdruss vorbringt, sondern der Mensch, der das SEIN deswegen zu *erinnern* vermag, weil er als ein Selbst mit ihm zusammen lebt. Sich erinnernd ist der Mensch mit dem SEIN bekannt, bevor er sich und anderes zu erkennen vermag. Die ontische Differenz zwischen dem SEIN des SELBST und dem individuellen Sein eines Selbst und seiner ontologischen Sprache ist die Grenze, die von Heidegger nicht überstiegen wird. Von der ontologischen Differenz redet er nach der Kehre ständig und hält sich dabei wiederum nur in der Sprache auf.

Wie in der gesamten Tradition geht es auch Kant nicht um den Menschen. Wer in seiner Zeit die Frage stellt, wer der Mensch eigentlich sei, gerät ins Zwielicht, um es gelinde auszudrücken, denn das ist geradezu dogmatisch geklärt: ,der Mensch ist ein Ebenbild Gottes'. Harmlose Sprachspiele wie ,er sei ein vernünftiges Wesen' (animal rationale), sind zugelassen, radikale Veränderungen nicht. Daher kann es Kant schon aus reiner Vorsicht nur darum gehen, die Instrumente des Erkennens zu schärfen, um das Urteil und seine Wahrheit näher an die Wirklichkeit zu bringen. Über das Erkenntnisvermögen der Vernunft hinaus bezieht er weder den ganzen Menschen noch seine vorgeburtliche Entwicklung in sein kritisches Denken ein, selbst wenn dieser kritische Geist insgeheim daran gedacht haben sollte; wir wissen es nicht. So wird die Ur – Kunde als Apriori des Erkennens trotz kopernikanischer Wende nicht angesprochen. Nicht von ungefähr hat Kopernikus (1473 – 1543) seine revolutionäre Lehre vom ,Umlauf der Himmelskörper' bis kurz vor seinem Tode zurückgehalten. Das 1543 erschienene Werk ,De revolutionibus orbium coelestium libri VI' wurde 1616 von der römischen Kurie auf den Index verbotener Bücher gesetzt.

Wir müssen radikaler und noch deutlicher reden: Aus dem SEIN des Menschen wird eine Erscheinung, zum Beispiel ein Baum, nicht nur als wahr erkannt, sondern sein ,Wahres in der Zeit' wird als eine ,Wahrheit' anerkannt, die wir zu bewahren, zu schützen haben. Als einziges Wesen dem SEIN zugehörig, ist der Mensch der Hüter und Pfleger von allem, was ist: jede Pflanze und jedes Tier, Erde und Himmel sind dem Menschen anvertraut. Er ist das exzessive Wesen, der die Wahrnehmung eines Wahren als Seiendes auf seine ,Wahrheit' übersteigen kann. Eine ,Wahr – Nehmung' ist Aufforderung, das Wahrgenommene zu schützen, zu bewahren! Die Reflexion auf unser ‚Selbst' übersteigt die Wahrnehmung eines Seienden und die Erkenntnis seiner ‚Wahrheit'. Den Begriff ‚Überstieg' hat Thomas von Aquin für die Erkenntnis Gottes gebraucht. (Vgl. vom Autor: Gegenstand und Methode, Münster 1965) Der Begriff, lateinisch ‚excessus', nennt den Überstieg vom Sichtbaren zum Unsichtbaren, vom erscheinenden Seienden zum nicht erscheinenden Gott. Für uns geht es um den Überstieg vom sichtbar Seienden zum unsichtbaren SEIN als Grund. Diesen Grund vermag der Mensch zu denken und aus ihm zu erkennen, weil er mit ihm zusammen lebt. Der tradierte Begriff lautet: er ist ‚konkret' (zusammen gewachsen). In der Philosophie geht es um den zweifachen Überstieg: von außen nach innen, von der Erscheinung zum Grund als unser SEIN und von innen nach aussen, vom SEIN des SELBST zu diesem Menschen als ein Selbst, der jeder ist. Auf diesem ‚Weg' ist das SEIN mit seinem Gefüge die ‚Maßgabe' des Erkennens und Handelns. Die ontische WAHRHEIT ist das Maß für alle ontologischen Wahrheiten; die ontische ZEIT für alle Zeitsysteme zur Messung der geschichtlichen ‚Zeit'.

Das Wahre vergeht mit dem Seienden; die Wahrheit bleibt im Urteil für die Erkenntnis erhalten. Diese Verschiedenheit von Sein und Zeit zwischen einem Wahren in der Wirklichkeit und seiner Wahrheit in der Sprache hat in der Tradition für Verwirrung gesorgt. Davon ist auch Kant nicht verschont geblieben. Da er den Unterschied zwischen einem konkret Wahren und abstrakter Wahrheit vielleicht aus Vorsicht nicht aussprechen will, bleibt ihm nur die Chiffre vom ‚Ding an sich'. Diese Chiffre weist aus, dass der Philosoph den erkennenden Grund im Menschen ahnt! Nicht der Gott, der Mensch ist es, dem sich die Erkenntnis des Wahren und seine Anerkenntnis im Urteil als Wahrheit verdankt. Außer dem Spruch des Protagoras vom Menschen als dem Maß aller Dinge gibt die philosophische Tradition dem Denker Kant nichts vor. Da eine Kritik am Dualismus von Leib und Seele ernste Konsequenzen für ihn nach sich ziehen könnte, lässt er es dabei. Gleichwohl geht seine Philosophie über die Tradition hinaus, weil er vom Menschen her und auf ihn hin denkt. Er geht im Denken aber nicht weit genug; der Philosoph Kant bleibt in der äußerlichen Beziehung zum Seienden als Gegenstand des Erkennens, auch wenn er ihm etwas näher auf den Leib rückt; *die Seele* ist als *Chiffre* der Tradition wie ein Schleier, der den Blick auf den ganzen Menschen verwehrt.

5.4 Das Wahre als das ‚Ähnliche'

Ein Förster, der durch einen Wald geht, kommt auf allen Holzwegen dem Wahren näher. Er erkennt einen Baum und sondert ihn mit einem Zeichen für den

Holzfäller aus. Dieser haut ihn um, ohne sich weiter um ihn zu bekümmern. Für den gefällten Baum ist die Zeit vorbei; sein Wahres bleibt noch eine Weile und wird zum Gebrauch verarbeitet. Die verbleibenden Bäume werden in ihrer Kraft gestärkt; sie haben mehr Platz zum Wachsen, gedeihen dadurch besser und werden gewissermaßen ‚wahrer'. Ein Tischler sieht im Wald auch Bäume, denkt aber eher das Wahre von Brettern, die er für Tisch, Schrank, Bett oder Sarg nötig hat. Er denkt in den Vorstellungen und Begriffen, die ihm für seinen Beruf bedeutsam sind. Der Lernprozess nötigt uns das auf; wir nehmen die Vorstellung wahr, die wir von etwas haben, weniger das Seiende selbst. Der Bauer auf Ibiza übersteigt bisweilen solche ‚Vorstellungen'; er umarmt, wenn er sich schwach (krank) fühlt, einen starken Baum, eine Sabina. Er will ihr Wahres, von dem er abstrakt nichts weiß, konkret in sich aufnehmen! Überlieferte Geschichten und die eigene Erfahrung haben ihm dieses gelehrt. Eine Geschichte spricht davon, dass die Sabina, stärker als die deutsche Eiche, nur zum Bau des Hauses für die Familie gebraucht werden darf. Wer sie für andere Zwecke fällt, wird bald sterben. Entsprechende Geschichten werden immer wieder erzählt; der Mythos schützt das Leben und seine Wesen, der Logos spricht nur in der Sprache.

Die im Menschen bewahrte mythische Wahrheit ist konkret im Unterschied zur abstrakten, logischen Wahrheit. Der Mythos spricht die Wahrheit als Sorge (cura) des Menschen an: Er habe die heilige Pflicht zur Wahrung aller Wesen, zur Bewahrung der Mutter Erde. Gaia und Demeter sind die ersten, frühen Göttinnen, lange vor jedem Gott. Mit der Herrschaft des Mannes kommt der Logos auf, der den Mythos und die Göttin unterdrückt. Der Spruch vom Menschen als ‚vernünftiges Wesen' ist nicht so harmlos, wie er sich ausnimmt. Er leitet den Verfall der ‚*Sorge*' ein: Alles kann von der Vernunft geklärt und gelöst werden; Gefühle sind zu vernachlässigen; was ist schon dabei, wenn eine Pflanze, ein Tier ausstirbt; andere wachsen nach. Die Vernunft befürwortet die Massenhaltung von Tieren aus Gewinnsucht! Die Natur schlägt zurück: In England drohte im Jahre 2001 der gesamte Bestand an Klauentieren vernichtet zu werden. Wann wird der Mensch sein Gefühl wieder entdecken, das Gefühl der Sorge, der Fürsorge für alle Wesen gegen die Verwahrlosung, die Vernunft verursacht? Müssen wir den rationalen Logos in den einfühlenden Mythos zurückbringen? Bis dahin werden die ‚Wüsten wachsen'. (Nietzsche). Wir sollten uns große Sorgen machen.

Das ‚Ähnliche' des SELBST ist als gebender Grund auch für die Kunst des Heilens von alters her bekannt. Der Grundsatz der homöopathischen Philosophie und Medizin lautet: "Das Ähnliche wird durch das Ähnliche erkannt und geheilt"! (simile simili cognoscitur et curatur).Der Bauer in Ibiza nimmt in der Umarmung eines Baumes dessen Kraft in sich auf; er lässt sich etwas vom seinem Wahren ‚mitteilen', ohne den Baum dadurch zu berauben. Es ist gewissermaßen eine Kommunion des Wahren und zugleich ein Bündnis gegen Verwahrlosung. Das Leben hat für Mensch und Baum mehr Kraft. Tiere haben diesen Naturvertrag in ihrem Instinkt. Menschen können ihn zur Kunst entwickeln und auf einen angemessenen Sozialvertrag hin steigern, den Rousseau angemahnt hat. Die Pflege und der Schutz von Natur ist dabei selbstverständlich, das ist: verständlich aus der Sorge des Menschen. Erkennen und Heilen gehen bei Philosophen und Heilkundigen wie Empedokles, Gorgias, Hippokrates und Parmenides zusammen. Wir müssen auf unserem Weg die Spur wieder finden, die sie für uns gelegt haben.

Die Beobachtung am Lido von Venedig veranlasst Goethe eher unvermittelt zum Ausruf: ‚wie wahr, wie seiend!' Dass er sich selbst angesprochen hat, wird ihm unmittelbar nicht deutlich. Herbert von Einem hat in seinem Kommentar nichts dazu gesagt.(11,605) Der Grund für den Ausruf liegt in Goethe selbst. Er beobachtet etwas ihm Ähnliches: ‚Was ist doch ein Lebendiges für ein köstliches, herrliches Ding! Wie abgemessen in seinem Zustande, wie wahr, wie seiend!' Der Betrachter hat den Überstieg aus sich erwirkt, aus dem das Wahre eines Seienden als seine Wahrheit erkannt werden kann. Erkenntnis ist immer auch ‚An – Erkenntnis'! Etwas ist in uns darauf aus, sich immer und überall wahr – nehmend und zugleich erkennend einzumischen. Es glückt nicht immer; dann nicht, wenn Gelerntes das ‚Ich' in seiner Maske daran hindert, auf das SEIN zu reflektieren und die Erscheinungen nur aus Lehrbüchern sehen ‚heißt'. Dann sieht man vor lauter Wald die Bäume nicht. Goethe geht immer wieder in die Natur, um gelerntes Wissen kritisch zu prüfen; bei seiner Beobachtung am Lido ruft er es aus: "Wieviel nützt mir nicht mein bißchen Studium der Natur, und wie freue ich mich, es fortzusetzen!" (11,93)

Im Jahre 1805, fast zwei Jahrzehnte später, schreibt Goethe folgenden Vierzeiler in sein Notizbuch, das er, wie ein Maler sein Skizzenbuch, immer zur Hand hat:

> Wär' nicht das Auge sonnenhaft,
> Wie könnten wir das Licht erblicken?
> Lebt' nicht in uns des Gottes eigene Kraft,
> Wie könnt' uns Göttliches entzücken? (I, 730)

Im ersten Druck seiner Farbenlehre (1810) wird dieser Text veröffentlicht, wobei der Dichter folgende Bemerkung voranstellt: "Hierbei erinnern wir uns der alten ionischen Schule, welche mit so großer Bedeutsamkeit immer wiederholte: nur von Gleichem werde Gleiches erkannt, wie auch der Worte eines alten Mystikers, die wir in deutschen Reimen folgendermaßen ausdrücken möchten." Es folgen die oben angeführten Zeilen, die im Kommentar von Erich Trunz (I,

730) angeführt sind. Der Dichter spricht das homöopathische Prinzip an, das er bei Plotin, dem ‚alten Mystiker', gefunden hat. Goethe sagt zwar ‚gleich' statt ‚ähnlich', meint aber das ‚simile' (griech. ομοιος). In der Ausgabe letzter Hand (1827) steht der bekannte Text:

Wär' nicht das Auge sonnenhaft,
Die Sonne könnt' es nie erblicken;
Läg' nicht in uns des Gottes eigne Kraft,
Wie könnt' uns Göttliches entzücken? (I, 367)

Den deutschen Homöopathen Samuel Hahnemann (1755-1843) hat Goethe nicht zur Kenntnis genommen. Das ‚Ähnliche' ist als erkennende Urkunde des ‚Ähnlichen' im Menschen genetisch angelegt, ob wir darum wissen oder nicht. Kein Seiendes kann aus seiner Natur fallen! In dem Vierzeiler äußert der Dichter eine Kunde, die zum Menschen gehört: Das Ähnliche erkennt ein Ähnliches. Es ist der Gedanke der Vernetzung von allem mit allem durch die Kräfte der Natur, die in den Lebewesen wirken. Hahnemann hat 1796 in seinem "Versuch über ein neues Prinzip zur Auffindung der Heilkräfte der Arzneisubstanzen" im Grunde die erkennende Wechselwirkung zwischen Mensch und Baum, wie wir sie im Beispiel dargestellt haben, erklärt. Im Jahre 1810 bringt er dann sein berühmtes ‚Organon der Heilkunde' heraus. Uralte Weisheit wird neu formuliert. Krankheit ist ein Schwächezustand des ganzen Menschen wie Gesundheit sein Stärkezustand ist. Stark und schwach wechseln sich rhythmisch ab wie gesund und krank. Wir sind niemals nur das eine und dann das andere. Erst wenn die Schwingung nach der einen Seite zu groß wird, dass sie nicht wieder zur anderen auf die frühere Höhe zu schwingen vermag, kann von Krankheit gesprochen werden. Sie hat ihren dynamischen Ursprung (im Werden) darin, dass die Lebensenergie (das SEIN der Kraft) geschwächt ist. Das Wahre des Seienden ist durch bestimmte Einflüsse von innen oder außen ‚verwahrlost'.

In der Homöopathie geht es um weitaus mehr als nur die ‚Umarmung eines Baumes', von der wir gesprochen haben. Hier wird aus Erfahrung eine Kraft aufgenommen, die der Baum ausströmt. Die Homöopathie übersteigt die Erfahrung, sie ist KUNST. Die Heilkunst sucht zur Wiederherstellung der aus der Balance geratenen Dialektik von ‚gesund' und ‚krank' die ‚Konstitution' des Patienten zu bestimmen. Diese Konstitution ist jedem Menschen aus dem Zufallstanz der Gene als ‚seine Natur' gegeben. Durch die Fragekunst des homöopathischen Arztes wird die Konstitution festgestellt, dann nach dem Prinzip des Ähnlichen das entsprechende homöopathische Mittel gegeben, das ‚simile'. Es wird in potenzierter Form eingenommen; die Kräfte gelangen wieder ins Gleichgewicht, sie waren aus irgendeinem Grunde ‚entgleist'. Das konstitutionelle

Mittel, sagen wir Arsen oder Sulfur, Lachesis oder Pulsatilla, ‚erkennt' im Menschen das ihm Ähnliche und hilft der Lebenskraft die ‚Kränkung' zu überwinden; der Mensch wird ‚gesund! Er kehrt in den Rhythmus zurück, von dem abgewichen wurde. Alles Leben ist Schwingung von gesund und krank, von stark und schwach, von wahr und weniger wahr im Sein der rhythmisch fließenden Zeit. Im Begreifen dieser Vernetzung erkennt sich der Mensch nicht nur als ein ‚Wahres', er erkennt sich als Organ von ‚WAHRHEIT'. (Vgl. zur Homöopathie als erkennende Kunde der Ur – Kunde: HUNGER und LIEBE, 157 ff)

5.5 Das Wort ‚wahr'

Es geht uns vor allem um das Wahre des Menschen. Es scheint nicht unmittelbar auf, muss vielmehr vom Grund her erschlossen werden. In der Sprache begegnet uns das Wort ‚wahr'. Wir glauben es zu verstehen, wenn wir es hören oder sprechen. Doch so einfach ist es mit derartigen Worten nicht. Dieses Wort zum Beispiel hat eine sehr lange Geschichte in den indogermanischen Sprachen. Da wir uns in einer Sprache ausdrücken, müssen wir uns darüber verständigen, was dieses Wort aus seiner Etymologie für unseren Sprachraum an Bedeutungen mitbringt. ‚Das Westgermanische **wara-** ‚wahr' ist ein von Süden her vordringendes Wort, das im Altsächsischen das ältere soth ‚wahr' ... ‚was einem zukommt' ..., gotisch sunjis ‚wahrhaftig', ursprünglich ‚seiend' zur indogermanischen Wurzel *es- gehörend, zurückgedrängt hat.' (Kluge,893) Das Wort ‚wahr' ist ursprünglich ein anderes Wort für ‚sein'; beides spricht vom Seienden. In Kenntnis dieser Wortgeschichte hätte Goethe auch sagen können: ‚wie seiend und seiend' oder ‚wie wahr und wahr'. Ein Wesen i s t im Wahren seiend und w a h r t (bewährt) sich im Sein als dieses Wesen. Der Dichter spricht jedoch, ohne an Sprache zu denken, aus einem Gefühl. Er hat in seiner beobachtenden Beschreibung am Strand von Venedig Sprache auf Wirklichkeit hin überstiegen. Vor dem völligen Verfall der Worte an bloße Sprache, wie ihn die Theoretiker der Erkenntnis betreiben, bewahrt er den Wesen ihr Wahres; er rettet es in einem Bild: ‚Was ist ein Lebendiges doch für ein köstliches, herrliches Ding ...'. Sprache und Wirklichkeit sind im Bild miteinander verbunden. Ein chinesisches Sprichwort lautet: Ein Bild sagt mehr als tausend Worte. Goethe zeigt uns das Wahre als ein kostbares Gut der Wesen.

Im Lebewesen bewährt sein Wahres sich als ‚Sein auf Zeit'. Es will von innen und außen bewahrt sein. Dieses Sein des Wahren ist kein stationärer Zustand; das Wahre ist dem Werden unterworfen. Das wussten die Menschen von alters her. Also sagt es auch die Sprache: die Göttin der Treueschwüre, die etwas ‚bewahren' will, wird **Var** genannt; lat. verus, anord. varar, ags. waer tragen die

Bedeutungen: wahr, treu, Schutz, Vertrag, Bündnis, Treue bis hin zu Huld, Friede, Glaube und Wahrheit. Es ist immer vom Seienden die Rede. Das schwache Zeitwort ‚wahren' bedeutet ‚aufmerken, (be)achten, bewahren'. (Kluge,833 f) Das Wort spricht das aufmerksam bewahrende Tun und Handeln des Menschen für alle Wesen und überhaupt für Seiendes an. In diesem Bewahren eines Wahren geschieht ‚Wahrheit' als poetisches Ereignis des Ähnlichen, wie wir es in der Wechselwirkung ähnlicher Mittel in der Heilkunst der Homöopathie erfahren können. Das Wort spricht die Wirklichkeit eines Lebendigen an, es will ihm ganz nahe sein, sich mit ihm vermählen, um in seiner Kraft zu bleiben. Vielleicht wird deutlich, dass ein Wort mehr ist, als nur Material für Oberlehrer, die nur auf Rechtschreibung achten.

Nehmen für zur Anschauung ein anderes Beispiel. In seinem Gedicht ‚Gefunden' spricht Goethe geläufige Wörter in leicht verständlichen Sätzen aus, die jedoch eine tiefere Bedeutung haben, als auf den ersten Blick erscheint. Das Gedicht verbindet Wort und Wirklichkeit; es redet von Blume und meint einen Menschen, spricht von einem botanischen Vorgang und meint Liebe. Goethe schickt das Gedicht am 26.August 1813 aus Stadt – Ilm an Christiane von Goethe, geb. Vulpius. Hier folgt der handschriftliche Text, der spätere Druck weicht davon ein wenig ab:

Gefunden

Ich ging im Walde
So für mich hin,
Und nichts zu suchen,
Das war mein Sinn.

Im Schatten sah ich
Ein Blümchen stehn,
Wie Sterne blinkend,
Wie Äuglein schön.

Ich wollt es brechen,
Da sagt' es fein:
Soll ich zum Welken
Gebrochen sein?

Mit allen Wurzeln
Hob ich es aus

Und trug's zum Garten
Am hübschen Haus.

Und pflanzt' es wieder
Am kühlen Ort;
Nun zweigt und blüht es
Mir immer fort.

(Für diese Version vgl. 1,651 f; für den Druck von 1815 vgl.1,254 f)

Vor 25 Jahren hatte der Dichter das junge Mädchen, das mit einer Bittschrift für ihren Bruder den Hofbeamten des Fürsten aufsuchte und sogleich dessen Begehren weckte, ins Haus und ins Bett geholt. Ohne weiter groß darauf zu achten, pflückte er die gerade frisch erblühte *Blume*, wie er sie am Wege zufällig antraf. Was dann daraus nach und nach entstand, sagt erinnernd das liedhafte Gedicht. Wollte er zunächst in der Umarmung ihr Wahres in der Zeit aus Lust für sich allein, bringt ihre Kraft ihn zur Liebe, zu einer Erkenntnis der WAHRHEIT dieser Frau. Das Gedicht spricht von höherer ,Wahrheit'. Sie ist metaphysisch im Vergleich zu einem Satz, der ein Urteil über ein physisch Seiendes ausspricht. Es ist die WAHRHEIT aus dem SEIN des Menschen; wer sie in dieser Tiefe zum Grunde ausspricht, will sich dem SEIN des anderen Menschen vermählen, dem das Lied gilt. Es ist ein ,Ereignis der WAHRHEIT'! Sie ist relativ zum Menschen. In der beiderseitigen *Mitteilung* erreicht diese WAHRHEIT ihre höchste Zeit. Die Erkenntnis des/der anderen ist Anerkenntnis, die als SEIN bleibt. Die WAHRHEIT ist im Lieben zeitlos; sie grenzt im SEIN durch die Fuge des Nichts an ZEIT. In der Liebe wird die Grenze überstiegen, das Nichts vergeht, es gibt im Grunde nichts Trennendes zwischen Liebenden. Es ereignet sich in jedem *Augenblick* eine poetische *Hochzeit* von WAHRHEIT und ZEIT.

Im Gedicht ,Gefunden' wird das Wahre und die Zeit einer Frau mit ihrem SEIN zusammen gebracht. Die Worte der Sprache nähern sich in größtmöglicher Weise dem Menschen an, von dem sie reden. Im Text kommen nicht ein einziges Mal die Worte Wahrheit oder Zeit vor; das als Sinn Gesagte jedoch ist das Bewahren: ,Ich wollt es brechen, / Da sagt es fein: / Sollt ich zum Welken / Gebrochen sein?' Der Dichter spricht für die Frau; er läßt sich innerlich anrühren, weil er von ihr berührt ist! Das geschieht in ihm Selbst, wie es auch im anderen Selbst geschieht. Einen Baum kann man anfassen, die Liebe nicht; Liebe ist *Poesie* aus dem Gefüge von WAHRHEIT und ZEIT des SELBST, die jeder Mensch für sich und andere hervorbringen kann. Sie ist poetisches Ereignis, das sich jedem Urteil anderer entzieht. Die Heirat der Beiden im Jahre 1806 ist eine Formsache. Die Mutter des Sohnes August stirbt ihm zu früh, die 16 Jahre jüngere wird nur 51

Jahre alt (1765-1816). Die Liebe bleibt im Gedicht als ein *wahr Gesagtes* und sagt insgeheim vom Menschen, wer er wirklich ist. Ob Platon jemals geliebt hat? Die Philosophen und die Liebe, das ist ein Kapitel für sich!

6. Wer ist der Mensch? Erkundung bei Dichtern Rilke – Goethe und Kafka

W e r der Mensch ist, das denken und sagen eher die Dichter. Wir wenden uns ausführlich einem ‚Gedicht ohne Titel' von Rainer Maria Rilke (1875-1926) zu, das es wert ist, allgemein bekannt zu werden. Der Autor hat es als Widmung ‚Für Hellmuth Freiherrn Lucius von Stoedten' am 4. Juni 1924 in Muzot in eine hübsche, in Leder gebundene Ausgabe des ‚Malte Laurids Brigge' geschrieben. Der Empfänger bedankt sich umgehend. Seiner Frau Clara teilt Rilke diese Episode im Brief vom 15.August 1924 mit und notiert den Wortlaut:

Wie die Natur die Wesen überläßt
dem Wagnis ihrer dumpfen Lust und keins
besonders schützt in Scholle und Geäst:
so sind auch wir dem Urgrund unseres Seins
nicht weiter lieb; *er wagt uns.* Nur daß wir,
mehr noch als Pflanze oder Tier,
mit diesem Wagnis gehen; es wollen; manchmal auch
wagender sind (und nicht aus Eigennutz)
als selbst das Leben ist -, um einen Hauch
wagender .... Dies schafft uns, außerhalb von Schutz,
ein Sichersein, dort wo die Schwerkraft wirkt
der reinen Kräfte; was uns schließlich birgt
ist unser Schutzlossein und daß wir's so
in's Offne wandten, da wir's drohen sahen,
um es, im weitsten Umkreis, irgendwo,
wo das Gesetz uns anrührt, zu bejahen.
(Werke, 2,211)

Der Text und seine einstrophige Gestalt sind die genaue (diplomatische) Wiedergabe der Vorlage des Dichters. Martin Heidegger hat sich nicht daran gehalten. In seinen ‚Holzwegen' (1950) veröffentlicht er mit dem Titel ‚Wozu Dichter?' einen Vortrag, den er vier Jahre zuvor "zum Andenken an R. M. Rilkes zwanzigsten Todestag (gest. a. 29.Dezember 1926) im engsten Kreis gesprochen" hat. (vgl. 4.Aufl.,248 ff und 345) Wir kommen auf seine eigenmächtig veränderte Textfassung und die daraus folgende Auslegung zurück. Eines ist vorab dennoch zu sagen: Die Bedeutung dieses Gedichts wäre ohne Heidegger eher unbemerkt geblieben. Es geht dem Dichter um den Menschen. Was ist inmitten der Lebewesen das Besondere an ihm? Worin ist er ihnen ähnlich und was unterscheidet ihn? Das Gedicht versucht eine Antwort.

Die ersten drei Zeilen werden mit dem einzigen Doppelpunkt im Text von den nachfolgenden Versen abgehoben; sie sprechen von ‚allen Wesen'. Die vierte Zeile wendet sich zum ‚Menschen'. Der doppelte Punkt ist ein Hinweis, eine Zäsur im Text: wir sollen aufmerken, nicht achtlos weiterlesen, weil eine wesentliche Aussage folgt, die im unvollständigen ‚Wie – Satz' bereits angekündigt ist! Wir beachten den Wink des Dichters und deuten die einleitenden Verse für sich:

Wie die Natur die Wesen überläßt
dem Wagnis ihrer dumpfen Lust und keins
besonders schützt in Scholle und Geäst:

Die Wesen sind, einmal vom Leben ausgesetzt, sich überlassen. Die Metapher von dumpfer Lust entspricht dem ‚wie wahr, wie seiend' bei Goethe, erweitert um das Gefühl der ‚dumpfen Lust'. Alles Lebendige fühlt das Leben als Lust; sie bleibt nach Ansicht des Dichters in einem allgemeinen Sinn ‚dumpf'. Das Fühlen wird nur dumpf gespürt, nicht in reflexiver Helle ‚gewusst'. Die Wesen leben konkret so, wie die Natur sie dem Leben überlassen hat: in ihrem Wahren und ihrer Zeit. Beides ist genetische Mitgift der Evolution; die Entwicklung dauert an. Viele Arten sind ausgestorben. Ihre Zahl ist viel größer als die derzeit auf der Erde lebenden. Das weiß Rilke nicht und braucht es nicht zu wissen. Der Dichter spricht aus seinem Gefühl heraus, das wir schon bei Goethes Beobachtung am Lido von Venedig angesprochen haben, von einem allgemeinen Wagnis; kein Wesen ist besonders geschützt. Bei der Beobachtung eines Panthers im Jardin des Plantes (Paris um die Jahreswende 1902/03) beschreibt Rilke die dumpfe Lust eines Tieres, das vom Menschen gefangen gehalten wird; ihm ist das Wagnis geraubt, in der offenen Natur zu leben. Das Gedicht will uns eher mahnen als unterhalten:

Der Panther

Sein Blick ist vom Vorübergehn der Stäbe
so müd geworden, daß er nichts mehr hält.
Ihm ist, als ob es tausend Stäbe gäbe
und hinter tausend Stäben keine Welt.

Der weiche Gang geschmeidig starker Schritte,
der sich im allerkleinsten Kreise dreht,
ist wie ein Tanz von Kraft um eine Mitte,
in der betäubt ein großer Wille steht.

Nur manchmal schiebt der Vorhang der Pupille
sich lautlos auf -. Dann geht ein Bild hinein,
geht durch der Glieder angespannte Stille -
und hört im Herzen auf zu sein.

In diesem frühesten Stück seiner Neuen Gedichte trauert Rilke mit einem Tier um das ihm entwendete Wagnis, was dessen Lust zu leben noch dumpfer macht. Der Dichter vermag das zu empfinden, weil er bei sich Ähnliches weiß. Er lebt das Geschick des gefangenen Wesens gefühlsmäßig nach. Seine Einfühlung ist tiefer zum Grunde als die von Goethe. Dieser beschreibt das Wagnis einzig in der Beobachtung der Tiere, die er am Lido zufällig beobachtet. Rilke hingegen wendet seine Aussage unmittelbar ins Allgemeine: die Wesen leben von Natur aus im Wagnis ihrer dumpfen Lust. Dies mit Instinkt zu bezeichnen, wäre nicht ganz falsch, doch zu wenig. Es geht um den Ursprung der Wesen und ihre jeweilige Bestimmung. Keines wird als Seiendes von der Natur besonders geschützt! Das setzt einen gewissen Schutz für alle voraus. Er ist ohne Bevorzugung für alle Wesen ähnlich, doch keines ist dadurch sicher, auch der Mensch nicht.

Die vierte Zeile eröffnet die Rede zum Besonderen des Menschen:

so sind auch wir dem Urgrund unseres Seins
nicht weiter lieb; *er wagt uns.*

Der Dichter bezieht sich in die Deutung ein: ‚so sind auch *wir* ...‘! Will er allgemein sagen, wer wir *sind* und was es mit uns auf sich hat? Das ist zu erkunden. Unsere Herkunft wird genannt, ohne dass wir genaues erfahren; der Dichter spricht vom ‚Urgrund unseres Seins‘. Urgrund und Sein sind sprachlich voneinander geschieden: der Urgrund bringt uns als Seiendes hervor und verleiht ihm zugleich ‚Sein’. Wie in den ersten drei Zeilen für alle Wesen ausgesagt, ‚so sind auch wir dem Urgrund nicht weiter lieb‘. Das ‚nicht weiter lieb‘ hat jedoch eine andere Qualität als die Rede vom ‚Schutz‘. Kein Wesen ist von der Natur besonders geschützt; der Mensch aber ist dem Urgrund nicht weiter lieb. Das lässt vermuten, dass wir ihm irgendwie lieb sein müssen. Die Einschränkung ‚nicht weiter‘ gibt zugleich einen Hinweis auf unsere besondere Gefährdung: der Urgrund *wagt uns*! Der Dichter setzt diese Aussage *kursiv*. Ein Besonderes des

Menschen ist ausgesagt: in seinem Sein ist der Mensch vom Urgrund *gewagt*. Was bedeutet das? Wir können die Frage hier noch nicht beantworten. Deutlich ist aber schon folgendes: Wir sind von den anderen Lebewesen, ob Pflanze oder Tier, durch eine besonderes *Wagnis* verschieden, in allgemeiner Sicht jedoch wiederum auch ähnlich.

Denken wir uns weiter in den Dichter ein; wir fügen dem bisherigen Text den nächsten Gedanken (von uns unterstrichen) hinzu. Die Konturen des Menschen werden noch deutlicher umrissen:

> Wie die Natur die Wesen überläßt
> dem Wagnis ihrer dumpfen Lust und keins
> besonders schützt in Scholle und Geäst:
> so sind auch wir dem Urgrund unseres Seins
> nicht weiter lieb; *er wagt uns.* Nur daß wir,
> mehr noch als Pflanze oder Tier,
> *mit* diesem Wagnis gehen; es wollen; manchmal auch
> wagender sind (und nicht aus Eigennutz)
> als selbst das Leben ist -, um einen Hauch
> wagender ....

Wir erfahren vom Dichter, dass der Urgrund auf irgend eine Weise *gründend* für unser Sein ist. Der Urgrund *wagt uns* in diesem Sein. Während alle Wesen ausnahmslos in dem von der Natur verhängten Wagnis leben, ist für den Menschen ein besonderes Wagnis bestimmt. Wir sind von ihm herausgefordert. Und der Mensch, so Rilke, hat das anzunehmen, ‚daß wir .... *mit* diesem Wagnis gehen‘. Die Sonderstellung des Menschen ist seine Auszeichnung und zugleich seine Gefährdung! Er will sie sogar. Wieso kann er Wagnis und Gefährdung wollen? Der Mensch geht noch darüber hinaus: ‚er ist manchmal auch wagender als selbst das Leben‘. Der Dichter schränkt sofort ein: ‚um einen Hauch wagender ....‘, wobei er im Text mit den Punkten darauf verweisen will, dass uns zum Rätsel unser Existenz nur Andeutungen bleiben. Und dann ist da noch die Klammer in der achten Zeile: ‚(und nicht aus Eigennutz) wagender als selbst das Leben ist‘! Was will das sagen? Wir deuten das folgendermaßen:

Das SEIN ist die Mitgift des LEBENS, über die wir nicht verfügen können. Wir können die Phylogenese, die zum Menschen geführt hat, nicht mehr umlenken oder steuern; wir kennen sie nicht einmal wirklich. Die eigene Ontogenese kann kein Mensch verändern. Die Techniker des Klonens werden das vielleicht einmal durch Eingriffe in die Gene und die vorgeburtliche Entwicklung tun. Die Folgen sind nicht abzusehen. Der Dichter spricht aus dem Gefüge des LEBENS. Solange wir uns dem natürlichen Urgrund verdanken, unterscheiden wir uns von den anderen Wesen und als Individuum untereinander. Jeder Mensch ist in seinem Leben von An – Fang an vom SEIN in Anspruch genommen! Wir müssen nach Rilke den Anspruch ausdrücklich wollen, wie er sich individuell mitteilt. Das im SEIN gefügte SELBST ist jedem Individuum aus der Insistenz eine allgemein ähnliche Mitgift, die in der Existenz als dieses Sein eines Selbst aus dem Zufallstanz der Gene seine nur ihm zukommende Begabung, sein *Genie* ist. Dieses hat er zu bilden, auszubilden und zu gestalten. Niemand kann zum SEIN als Urkunde, oder Urgrund nach Rilke, einen Eigennutz einfordern, weil es in jedem ähnlich ist und damit gewissermaßen allgemein zum Menschen gehört. Das ist der insistente Grund des Menschen.

Für die Existenz eines Individuums wird der allgemein ähnliche Urgrund, das SEIN des SELBST, die Maßgabe, die sich mit dem genuinen Sein des Selbst dieses bestimmten Menschen verknüpft und darin für die Dialektik des Lebens virulent zu werden vermag. Wir sind von inneren Kräften erfüllt. Sie wollen gefördert, nicht behindert sein. Aus dieser Dialektik erwächst jedem Menschen im Inter – Esse seines SELBST zu diesem Selbst, das er ist, die Aufgabe, ja die Pflicht, wagender als das LEBEN zu sein! Dieses Wagnis ist unsere Freiheit, die Chance unseres Lebens. Es gibt keine abrufbaren Vorlagen im Internet oder sonst wo für unser Handeln, keine Rückversicherung eines individuellen Selbst zum SEIN des SELBST. Wenn es so wäre, hätte der Mensch keine Freiheit. Das Wagnis wird *reflexiv* wahr – genommen und muss dann überstiegen werden: der Sprung ist das Wagnis *Freiheit*! Die Reflexion auf den allgemeinen und individuellen Grund gibt uns die Maßgabe an, wie wir sind, der Sprung ins Tun lässt erscheinen, wie wir sein können. Wir müssen das Können auch wollen! Die Distanz für den Sprung liegt zwischen dem SELBST und dem jeweiligen Selbst als Inter – Esse. Die Erkenntnis des Interesses vermag uns zu dem werden lassen, der wir aus unserem An – Fang sind: ‚Werde, der du bist‘! (Delphi) Sich um das Werden seines Selbst zu bemühen, ist *Bildung*! Dazu wird noch vieles zu sagen sein.

Die Frage, die der Dichter im Grunde aufwirft, ist die: wie gehen wir mit dem besonderen Wagnis um? Ohne dieses Besondere sind wir ein Wesen wie jedes andere; mit ihm sind wir mehr; was ist dieses *mehr*, das kein anderes Wesen hat? Es ist *Geschichte.* Sie ist das besondere Wagnis, in das wir vom Urgrund (vom SEIN) gestellt sind. Die anderen Wesen sind bloße Natur; der Mensch ist Natur *und* Geschichte. Der Urgrund ist unser SEIN mit der Gabe von Reflexion und Freiheit von An – Fang an! Dabei hat kein Mensch zu seiner individuellen Natur eine Wahl. Er bleibt an sie als sein Wahres auf Zeit gebunden. Mit dem größeren Wagnis und seiner Nötigung eröffnet sich ihm durch bemühte Reflexion der Wille, die Nötigung durch den Sprung in die Freiheit zu überwinden. Wir können immer wieder neu anfangen; wir wagen einen Sinn, um das physische Leben metaphysisch zu erhöhen. Jedes Selbst findet bei seiner Geburt ein geschichtliches Feld vor, das von ihm Anerkennung verlangt, dem er aber auch widersprechen kann. Auch hier liegt das Wagnis: die Menschen sind einer vorliegenden Welt ausgesetzt. Dem Selbst wird ein Ich als seine Maske zugeteilt. Anspruch auf Erkennung und Gestaltung richtet aber auch die Maßgabe des Urgrundes mit der Urkunde als angeborenes Wissen an uns. Der Urgrund *wagt uns*.

Der Konflikt zwischen Natur und Geschichte, zwischen dem Selbst und dem Überbau einer Welt ist nicht zu vermeiden. Der Streit ist als das besondere Wagnis gewollt. Was wird ein Selbst in seiner Maske als Ich tun? Wird die Person oder die Maske sich durchsetzen? Soll das Selbst seinem Ich Widerstand leisten oder sich anpassen? Haben wir für die Entscheidung dieses Streites eine Hilfe? Wo ist sie, in unserer Natur oder in der Geschichte? Wenn der Mensch nicht Spielball fremder Kräfte sein will, muss er eine eigene Kraft in sich haben, die uns zwar vor dem Wagnis nicht besonders schützt, es uns aber bestehen lässt, wenn wir das Wagnis aus uns selbst wollen! Wir müssen ‚mit dem Wagnis gehen, wagender als das Leben sein, aber nicht aus Eigennutz. Um einen Hauch wagender ..... Der Dichter fährt mit folgendem Satz fort:

.... Dies schafft uns, außerhalb von Schutz,
ein Sichersein, dort wo die Schwerkraft wirkt
der reinen Kräfte; ....

Mit dem größeren Wagnis übersteigt der Mensch die Grenze des Schutzes, der allen Wesen von Natur gewährt ist. Wer höher steigt, ist tiefer zum Grunde. Der Aufstieg ist sehr gewagt, der mögliche Absturz bedrohlich. Was das größere Wagnis jeweils ist, bleibt unbestimmt. Jeder muss für sich selbst sein Wagnis suchen und das Leben herausfordern. Im Überstieg der Grenze hat jede/r den unbestimmten Schutz verlassen, den die Natur ihren Wesen gewährt, er wahrt uns bis zur Grenze. Im Überschreiten sind wir außerhalb von Schutz, doch wir sind frei! Der Überstieg der Grenze ist das besondere Wagnis und zugleich der Sprung in die Freiheit. Das exzessive, ungewöhnliche Leben kann beginnen. Warum nehmen wir das nur bei besonderen Menschen wahr? Dieses Wagnis ist der Sprung vom *Sein des Wahren* in den *Sinn von Zeit*, den wir aus dem existenziellen Interesse für das eigene Leben hervorbringen. Wir erkennen unser Dasein im physischen Sinn als zeitlich begrenzt und überspringen im Augenblick der Erkenntnis die Grenze dieser Zeit. Wir bringen die organische ZEIT als Sinn von Zeit hervor. Die ZEIT vergeht nicht; sie bleibt als poetischer SINN; in der Poesie sind wir frei! Das erkennen wir aber erst im Sprung. Die Zeit hingegen vergeht; wir müssen ihr einen Sinn immer wieder neu dichten, bis ans Ende des Lebens. Der Mensch ist das poetische Wesen!

Im wagenden Sprung öffnen wir uns den Weg dorthin, ‚wo die Schwerkraft der reinen Kräfte wirkt'. Rilke gibt im Nennen keinen Hinweis, was ‚Schwerkraft' und ‚reine Kräfte' sind. Wir erfahren dieses: nur der Sprung verschafft dem Menschen, wenn das Wagnis gelingt, die Ankunft dort! Er kommt an, wo die reinen Kräfte wirken. Das verschafft ihm ‚ein Sichersein'! Marcel Proust beschreibt in der Suche nach der verlorenen Zeit das nicht eigens bestellte Erschrecken seiner Helden vor dem Wagnis des Lebens; es wird nur gedanklich und erst dann gewagt, wenn die Situation längst vorbei ist, die eine Entscheidung gefordert hat. Der Roman erzählt das Scheitern an der Freiheit. Menschen haben die angeborene Maßgabe verloren; die Dialektik von Natur und Geschichte ist zu einem Labyrinth von Bedürfnissen und Ansprüchen geworden; dem angepassten Ich fehlen Interessen für sein Leben. Die Helden im Roman finden mit ihrer Maske den Weg aus ihrer Geschichte zum verlorenen SEIN nicht mehr. Sie suchen die Zeit und verlieren ihr Selbst. Ihnen fehlen die Kräfte, denn die Suche nach der verlorenen (vergangenen) Zeit ist vergeblich! Das Leben ist jetzt! Der Sprung in die Freiheit ereignet sich in der gegenwärtigen Zeit, nicht in der vergangenen! Proust hätte das bei Bergson hören können: ‚Die freie Handlung vollzieht sich in der ablaufenden Zeit, nicht in der abgelaufenen. Die Freiheit ist somit eine Tatsache, und es gibt unter Tatsachen, die man konstatiert, keine, die klarer wäre.' (in: Zeit und Freiheit)

Der Mensch soll das natürliche Wagnis nicht wie die anderen Wesen duldend erleiden; er soll die Herausforderung seines besonderen Wagnisses in Kultur und Geschichte aktiv und schöpferisch gestalten, *mit* diesem Wagnis gehen. Das setzt voraus, daß der Mensch das Wagnis erkennt. In dieser Erkenntnis vermag sich der Mensch als *Poet* zu begreifen! Er begreift die Möglichkeit, sein Leben aus sich selbst zu gestalten. Die Gestaltung bestimmt sich nicht darin, dass der Mensch tun und lassen kann, was er will. Das wäre ein Missverständnis. Der Urgrund gibt unserem SEIN notwendig die Maßgabe vor. Sie liegt stumm in uns bereit; wir müssen ihr einen Mund geben, sie verkünden, sie hervorbringen, das ist: dichten! Dazu sind ‚Kräfte' erforderlich. Sie liegen im SELBST als seine ‚Schwerkraft' bereit. Eine Kraft ist KUNST, eine andere SPRACHE. Sie werden nicht auf dem Lebensweg erworben wie ‚Künste' und ‚Sprachen'. Die Kräfte sind in der Schwerkraft zentriert und werden als Erscheinung geäußert; sie werden im erscheinenden Werk, im Bild, Wort oder Klang erprobt und dadurch noch verstärkt. Niemand erfährt die Kräfte seines Genies als Stubenhocker hinterm Ofen. Sie kommen dann zur Erscheinung, wenn sie ins Werk gelangen. Jedes Menschen Leben ist ein zu gestaltendes Werk. ‚Es gibt nichts Gutes, es sei, man tut es'. (Erich Kästner) Jeder Mensch muss sein Kräfte erkennen und sie äußern; er muss sie erproben und sein Äußerstes wagen; das ist das besondere Wagnis, von dem der Dichter kündet.

Der Mensch verschafft sich aus der Schwerkraft der reinen Kräfte die Möglichkeit zur ‚Entscheidung'. Das ist seine ‚Freiheit'! Sie liegt darin, dass er im größeren Wagnis die Notwendigkeit, die ihm mit allen Wesen bleibt, anerkennt und zugleich durch die Poesie von Sinn in Freiheit verwandelt. Die Poesie gibt der Notwendigkeit eine andere Qualität; der Mensch erleidet sie nicht, sondern er geht *m i t* ihr als seinem Wagnis. Und schon der kleinste Hauch eines Wagnisses eröffnet bereits einem Kind im Überstieg der Grenze das Reich der Freiheit. Sie ist für den Menschen der einzige *Mehrwert*, den er selbst zu schaffen vermag, wenn er den Mut dazu hat. Kinder sind oft mutiger als die Erwachsenen. Rilke erinnert sich immer wieder an seine Kindheit; er könne sogar den Ur – Sprung seiner Erzeuger erinnern, der ihn ins Leben brachte. Er scheint in allem, was er uns in diesem Gedicht sagt, sagen will, sehr allgemein zu bleiben. Doch das trügt; er verdichtet *Sinn*, er philosophiert nicht. Und doch spricht er das SEIN des Menschen in einer Weise an, wie es in Philosophie nicht begegnet. Er spricht ‚aus dem Gesetz', das ihn anrührt; der Dichter dichtet das Wesentlichste für den Menschen:

...; was uns schließlich birgt
ist unser Schutzlossein und daß wir's so
in's Offne wandten, da wir's drohen sahen,
um es, im weitsten Umkreis, irgendwo,
wo das Gesetz uns anrührt, zu bejahen.

Hier scheint alles völlig unbestimmt und widersprüchlich zu sein und ist doch ein zum SEIN des Menschen Gesagtes. Wir leben in den Grenzen unserer Natur, die wir ohne ihren Schutz übersteigen, um in das Reich der Freiheit zu gelangen. Der Überstieg ereignet sich in der Poesie von Sinn als Sprung in das Wagnis der Freiheit. Weil wir keinen Schutz haben, sind wir frei für die Freiheit, die wir schaffen und die uns bergen soll. Und wie kommen wir zum Gesetz, um uns anrühren zu lassen und dadurch das Leben bejahen zu können? Die Frage löst sich für das poetische Wesen auf, wenn es im schaffenden Wagnis in die Nähe der Schwerkraft gelangt, um in sich die reinen Kräfte wirken zu lassen und aus ihnen die Sicherheit zu empfangen, für die es nirgends eine Police gibt. Wir schaffen sie selbst durch den wagenden Sprung. Im Zwischen – Sein (Inter – Esse) von Absprung und Ankunft, im Sprung vom SELBST zum Selbst zur Überwindung der Distanz (zu uns und zu anderen) sind wir schutzlos, angekommen sind wir geborgen! Die Entscheidung zum Sprung ist alles, was das eigene Genie von jedem fordert. Denkwürdig ist es schon, dass die Frau eher ‚springt' als der Mann; Kierkegaard spricht vom ‚Mägdesprung'. (in: Tagebuch des Verführers)

Doch wo kommen wir nach dem Sprung an? Wenn wir das im voraus wüssten, wäre es kein besonderes Wagnis. Freiheit und Sicherheit gehen nicht zusammen. ,Ungewissheit und Wagnis' (Peter Wust) sind der Boden der Freiheit. Die gewünschte Sicherheit ist nicht im Sprung da, nicht vorab zu bestellen, sondern nach der Landung zu schaffen. Etwas ist allerdings erforderlich, das uns mit der Gefahr des Sprunges bekannt macht, zugleich aber auch Mut und Zutrauen verleiht, damit wir das Wagnis wagen können. Es ist im Wort von Rilke der ,Urgrund unseres Seins'. Der Boden, von dem wir abspringen, ist das in allen Menschen ähnliche SEIN des SELBST als Maßgabe jedes einzelnen Selbst. Wir werden als Mensch mit diesem SEIN geboren. Die Gefahr des Wagnisses liegt vor allem im Überschreiten der geschichtlichen Zeit. Der Sprung in die Freiheit will eine Zukunft, die wir noch nicht kennen. Das Ungewisse der Ankunft, die wir im Sprung erreichen wollen, macht das Wagnis aus. Dort ist alles möglich: Verderben wie Gelingen! Picasso hat es für sein Werk so ausgedrückt: "Malerei ist Freiheit! Wenn man springt, kann man auch einmal auf der falschen Seite der Schnur herunterkommen. Aber wenn man es nicht riskiert, auf die Schnauze zu fallen, was dann? Dann springt man gar nicht." (I. F. Walther, 56)

Der Dichter wendet das Ungewisse des Wagnisses dadurch ins Allgemeine, dass er im Imperfekt spricht: ,da wir die Gefahr drohen sahen!' In der Gegenwart sind wir mit dem, was wir tun oder was geschieht, unmittelbar verknüpft. Es läutet an der Tür, während ich am Tisch sitze und arbeite; es läutet ein zweites mal, ein drittes mal .... Die geschilderte Situation ist deutlich; eine Gefahr ist nicht erkennbar. Das ,Ich' kann entscheiden, ob es die Tür öffnet oder nicht. Für ein Ereignis in der Vergangenheit ist es ähnlich. Ich habe am Tisch gesessen, als es geläutet hat; es hat ein zweites, ein drittes mal geläutet... Ein vergangenes Geschehnis ist abgeschlossen. Für Beteiligte ist eine Gefährdung nicht erkennbar und auch nicht gegeben. Anders ist es für die unabgeschlossene Vergangenheit: Ich saß am Tisch, als es läutete! Die Aussage: es läutete ein zweites, drittes mal ... ist sinnlos, weil das Geschehen nicht abgeschlossen ist; ,es läutete' bedeutet: Es läutet ununterbrochen, das ist: ständig! Das ,Läuten' erscheint als gewesene Vergangenheit wie als gegenwärtige Zukunft! Es hört nicht auf zu läuten. In das Vertraute bricht das Ungewohnte und Unheimliche herein: Ein Landarzt, so Franz Kafka in der gleichnamigen Erzählung, wird aus seinem gewohnten Leben geworfen, da die Nachtglocke ,läutete', die ihn zu einem Kranken ruft. Der letzte Satz der Erzählung lautet: "Einmal dem Fehlläuten der Nachtglocke gefolgt – es ist niemals gutzumachen." (Werke, I,116) In der Erzählung: ,Das Urteil' heißt es in der letzten Szene, in der Georg sich mit dem Ruf: "Liebe Eltern, ich habe euch doch immer geliebt" in den Fluss fallen lässt: "In diesem Augenblick ging über die Brücke ein geradezu unendlicher Verkehr." (I,53) Das Imperfekt (es ging) wird durch das ,unendlich' noch verstärkt. Gefahr und Gefährdung sind dem

Menschen jeder Zeit gegeben, hören einzig für dieses Lebewesen n i e auf. Andere Wesen kommen in gefährliche Situationen, zum Beispiel am Lido von Venedig, die Goethe schildert, der Mensch ist in seinem SEIN in ständiger ‚Gefahr'.

Diese existenzielle Gegebenheit des Menschen will uns Rilke in der Zeile des Gedichts sagen, die als einzige im Imperfekt steht. Er benennt zugleich, da er vom Menschen spricht, den wesentlichen Unterschied zu allen anderen Wesen: diese leben *i n* der Gefährdung in ihrem ständigen Kampf zur Erhaltung des Lebens. Der Mensch hingegen lebt *m i t* der Gefahr bei der schöpferischen Gestaltung seines individuellen und sozialen Lebens. Er vermag sie zu erkennen und abzuwenden, wenn er sie drohen sieht. Die Gefahr droht ständig, die Gefährdung bleibt als Drohung unabgeschlossen! Wir sind ihr auf Lebenszeit ausgesetzt; der Mensch ist, in die Existenz gebracht, ein Aus – Gesetzter! Im Urgrund unseres Seins sind wir im Vergleich zu anderen Wesen physisch schutzloser und zugleich poetisch sicherer. Der schutzlose Mensch ist in der Erfindung von Sinn der Künstler seiner poetischen Sicherheit: er vermag, da er Gefahr und Gefährdung drohen sieht, das Wagnis seines Lebens ins Offene zu wenden. Er gibt darin ein Beispiel für andere; das Potential an Sinn wächst zwischen Menschen blühend auf: unter dem Pflaster liegt der Strand. Das Leben in kreativer Unsicherheit ist der Boden der Freiheit, auf dem die Künste gedeihen. Als Künstler ist jeder Mensch für sich und die Menschheit der potentielle Erfinder von SINN, der das Menschlichsein zu erhöhen vermag. Der Boden der Freiheit liegt im Sein des SELBST für ein Selbst gegründet. Das Offene der Freiheit liegt im ‚weitsten Umkreis, irgendwo, wo das Gesetz uns anrührt und wir es bejahen'!

Goethe hat vor Rilke ähnliches gesagt. Er fügt es in die strenge Form des Sonetts. Er verdichtet seine Aussage zum Menschen auf die Dialektik von Natur und Geschichte, die hier als Kunst erscheint. Der Dichter versteht Kunst noch nicht als zum SEIN des Menschen gehörend; sie eignet in seinem Verständnis nur dem Genie. Dass *jeder Mensch* aus dem Urgrund seines Selbst *genuin* ein Genie ist, war in dieser Zeit noch nicht denkbar; umso bemerkenswerter ist das Gedicht:

Natur und Kunst

Natur und Kunst, sie scheinen sich zu fliehen
Und haben sich, eh' man es denkt, gefunden;
Der Widerwille ist auch mir verschwunden,
Und beide scheinen gleich mich anzuziehen.

Es gilt wohl nur ein redliches Bemühen!
Und wenn wir erst in abgemeßnen Stunden
Mit Geist und Fleiß uns an die Kunst gebunden,
Mag frei Natur im Herzen wieder glühen.

So ist's mit aller Bildung auch beschaffen:
Vergebens werden ungebundne Geister
Nach der Vollendung reiner Höhe streben.

Wer Großes will, muß sich zusammenraffen;
In der Beschränkung zeigt sich erst der Meister,
Und das Gesetz nur kann uns Freiheit geben. (I,245)

Der Dichter scheint für sich selbst zu sprechen und spricht doch für alle Menschen. Kein einziger ist ‚ungebundener Geist'; die Bindung an ‚Natur und Kunst' ist jedem aus der Ontogenese gegeben. Von der vorgeburtlichen Entwicklung hatte Goethe keinen Begriff. Der wirkliche Mensch, so die allgemeine Auffassung seiner Zeit, fängt erst mit der Geburt oder noch später an. Alles ist an den Lebensweg verwiesen, der nach sozialen Umständen diesen begünstigt, jenen benachteiligt. Das ist aber nicht von Natur so. Sie gibt jedem sein Genie mit. Es ist das *Gesetz*, von dem Goethe in der letzten Zeile spricht, das allen *Freiheit* gibt. Sie ereignet sich bisweilen in Hütten eher als in Palästen, in Grönland eher als in Florida, im Kind leichter als im Erwachsenen; und Jugendliche verbünden sich mit den Alten, die unter dem Druck der geschichtlichen Verhältnisse den notwendigen Widerstand versäumt haben und nun darauf achten, dass die Enkel die Fehler nicht wiederholen.

Die Kunde vom eigenen Genie haben viele im Erwerb der Maske verloren. Das schwächt uns im Leben; wir fühlen uns minderwertig. In existentiell schwierigen Situationen empfinden Menschen daher oft ihr Schutzlossein! Eine gewisse äußere Sicherheit hatte gerade die bürgerliche Existenz gegeben; man hat sich an sie gewöhnt. Nun brechen plötzlich alle Dämme. Unerwartetes tritt ein: Der Vater verliert seine Arbeit; eine Frau wird vom Mann verlassen, ein Kind ist gestorben .... . Was so sicher schien, ist es nicht mehr. Was ist zu tun? Man weiß es nicht. Dazu wurde nichts gelernt. Selbst etwas zu unternehmen, das eigene Leben zu gestalten, war nicht gefordert. Das Unerwartete ist nicht zu versichern. Die existenzielle Situation ist mit einem Male gefährdet; die inneren Sicherungssysteme brennen durch.... Doch gerade die kritische Situation, die uns an die Grenze unserer Existenz bringt, kann fruchtbar sein, wenn wir darauf vorbereitet sind. ....

Das sind wir in der Regel nicht. Je kritischer die Situation im allgemeinen und für den einzelnen wird, umso mehr werden wir herausgefordert. Der Mensch wird vor sich Selbst gestellt. Er vermag plötzlich zu erkennen: bisher habe ich mich von anderen lenken lassen, habe mich ohne eigene Absicht, aber auch ohne großen Widerstand an die Umwelt ‚angepasst'; ich habe mich ‚erziehen' lassen und dabei im Bewusstsein gelebt, ein eigenständiger, freier Mensch zu sein, habe mich für ein selbstbestimmtes ‚Ich' gehalten! Und nun? Ich bin es nicht! Ich werde mehr gelebt, als dass ich selbst lebe, wie ich es in meinen geheimen Träumen will! – In solchen Situationen vermag sich das SEIN zu melden, kann es ein ‚Ich' berühren, mit ihm in unmittelbare Verbindung kommen. Manchmal gelingt es im ‚Rausch'; dazu verführt die Droge, doch sie hilft im Grunde nicht weiter. Goethe und Rilke sagen uns in ihren Gedichten, dass wir den Weg aus der Enge ins Offene, den Sprung aus der Notwendigkeit in die Freiheit, aus unserer Natur in die Kunst schaffen können, wenn wir uns vom *Gesetz* anrühren lassen. Die Welt tendiert im gleichen Augenblick im Menschen dahin, ein Gesamtkunstwerk zu werden, weil viele da sind, die es ins Werk bringen können: wir müssen es nur w o l l e n! – Nietzsche spricht dieses im ‚Willen zur Macht' aus.

Ist das nicht ein Widerspruch: Gesetz und Freiheit! Wie passen sie zusammen? Was meinen die Dichter mit dem *Gesetz*? Hier ist sicher nicht an einen vorliegenden Bestand von Gesetzen zu denken; es ist kein Grundgesetz eines Staates gemeint, in geschichtlicher Zeit als Text formuliert. Die ‚Menschenrechte' sind ebenfalls nicht anzuführen, die sich als Text in jeder Sprache ungemein putzen, in Wirklichkeit, wie sich an vielen Orten zeigt, noch wenig Kraft haben. Das GESETZ, von dem poetisch die Rede ist, muss unmittelbar etwas mit dem Menschen selbst zu tun haben. Es ist der entscheidende Begriff, der Schlüssel zu dem Wesen, das wir sind. Bei Goethe haben wir es im Sonett, bei Rilke in dem von uns gedeuteten Gedicht angetroffen. Franz Kafka erzählt uns vom *Gesetz*, vor dem der Mensch auf seinem Weg des Lebens wie vor einem Tor steht, das er geschlossen wähnt. Doch es ist offen! Der *Türhüter* sagt dem sterbenden Mann vom Lande, der sein ganzes Leben auf Zugang zum Gesetz gewartet hat, auf dessen letzte Frage, warum hier niemand außer ihm Einlass verlangt hat: "Hier konnte niemand sonst Einlaß erhalten, denn dieser Zugang war nur für dich bestimmt. Ich gehe jetzt und schließe ihn." (Kafka: Vor dem Gesetz, I,121)

Dieses GESETZ ist die ‚Schwerkraft der reinen Kräfte', das Gewissen als angeborenes Wissen, die Maßgabe der Urkunde, mit der wir messen, das SEIN als Möglichkeit von Freiheit. Das Gesetz ist für alle gültig, doch der Zugang ist dem Wagnis überantwortet, das jeder Mensch für sich selbst wagen muss. Während Kafka die Metapher der Tür für das Wagnis wählt, gibt Rilke einen unbestimmten Ort an, von wo es gewagt sein will: Die Schwerkraft der reinen Kräfte. Bei dieser Fügung erinnern wir das *Marionettentheater* von Kleist. Ich empfehle dringend die Lektüre. Die Dichter sprechen im Grunde alle das Ähnliche an; sie vermögen es, weil sie aus dem Ähnlichen denken und dichten. Wir sind bisweilen von einem Klang, einem Gedicht oder einem Bild innerlich tief berührt, ohne dass wir einen Grund angeben können; wir sind beschwingt, fühlen uns ein wenig geborgener als zuvor; für eine Weile sind wir wie verzaubert; ein erfülltes Schweigen hüllt uns zärtlich ein; Georg Trakl spricht vom *Geläut der Stille*; wir sind bei uns selbst; .... bis uns etwas Unerwartetes wieder in den Alltag bringt; alles wird gewöhnlich wie gewohnt. War die Verzauberung nur ein Traum? Deuten unsere Träume ein Verlorenes an?

Die Dichter künden vom wahren Leben und Rilke sagt es uns genau: der Ausstieg aus der Schutzzone, in der wir uns sicher wähnen und mit *Schöner Wohnen* behaglich einrichten, eröffnet das Unsichere, das nicht zu versichern ist. Es gibt für das Leben nie völlige Sicherheit. Unser *Schutzlossein* bringt uns bergende Geborgenheit, wenn wir den Sprung in die Freiheit wagen und es schaffen, den *Sinn* hervorzubringen, der uns Hoffnung und Vertrauen bringt. Wir schweben schutzlos geschützt, unsicher und zugleich geborgen in Raum und Zeit einer anderen Welt, wie *hunderttausend Luftballons*, ein Lied, das viele Menschen berührt hat und eine Metapher für unsere Phantasie sein kann. Wir schweben wie auf einer Wolke der Poesie im Auftrieb der reinen Kräfte, von der Schwerkraft erzeugt. Wir spüren diesen Auftrieb bisweilen; er kommt grundlos; so meinen wir, da alles in unserer Welt, so sind wir es gewöhnt, einen Grund, eine Ursache haben muss. Warum wir jetzt traurig, dann wieder glücklich sind, wissen wir oft nicht. Wenn wir uns über ein schönes Ding freuen, ist die Ursache klar! Es ist das *schöne Ding*, das wir gekauft haben. Doch Trauer und Freude, Glück und Leid sind keine Dinge, die man kaufen kann. Das Gesetz, von dem der Dichter spricht, ist kein Ding; der Urgrund und unser Sein sind keine Dinge, und auch *das Schöne* ist es nicht. Das Gedicht spricht schön, indem es schont; es verzaubert mich, ohne dass ich es weiß, warum es geschieht. Es berührt mein SEIN; von dort kommt ein Klang zurück: der Zauber geschieht – jetzt.

Wir spüren es im eingerichteten Alltag, wenn uns unvermutet die *reinen Kräfte* berühren. Wir waren nach innen abgeschottet. Wir erkannten nicht, dass wir etwas verloren hatten, weil wir in gewohnter Sicherheit einen ‚Verlust' nicht bemerken. Im Augenblick, in dem das Unerwartete geschieht, das uns aus dem Gleichgewicht wirft, wenn wir nicht mehr funktionieren, wie man es von uns erwartet, kommen Ahnungen von einem anderen Leben. Eine unbestimmte Sehnsucht, das Gewohnte zu verlassen und die Zwänge, es nicht zu können, lässt die Enge merkbar werden, in der wir bisher gelebt und anderes erhofft haben. Es kommen Fragen auf: wer bin ich, und wer könnte ich sein? Nicht erklärbare Träume steigen in uns auf; sie deuten eine noch unbestimmte Weite, einen offenen Horizont an. Wem es gelingt, das Tor zum Gesetz zu öffnen, wahrzunehmen, dass es immer schon offen ist, das Unsichere zu wagen und schließlich auch zu tun, wovon man träumt, der gerät wie von selbst in den weitesten Umkreis, in dem man vom Gesetz berührt wird. Der Mensch erkennt sich im gleichen Augenblick, *plötzlich*, sagt Kierkegaard. Poesie erfüllt uns; wie befreit vom bisherigen Leben fühlen wir wie der *arme Poet*, den Spitzweg ins Bild gesetzt hat; in seiner Mansarde mit undichtem Dach ist er innerlich um Welten reicher als die Yuppies in ihren protzigen Villen.

Ich bin als Student in Paris bei Spaziergängen an der Seine armen Poeten begegnet. Sie hatten das Leben als Clochard nicht aus Not, sondern aus freier Entscheidung gewählt. Sie wollten die Unsicherheit wagen. Im Gespräch kam ihre Philosophie hervor; sie wollten eine andere Wahrnehmung, das Gewohnte übersteigen; einige gingen verändert in ihr Leben zurück, das sie verlassen hatten. Es gibt andere, nicht so extreme Beispiele für kreative Unsicherheit. Sie kann unseren Alltag bestimmen, weil wir dadurch jeden Augenblick, den wir uns selbst schaffen, immer wieder neu und anders erleben. Wir lassen das Gewohnte und Gewöhnliche hinter uns, verlassen den Lärm, suchen offene Klangräume, lauschen auf die innere Stille und warten auf Klänge, die wir ersehnen. Das Gesetz, von dem die Dichter singen, ist in uns selbst. Wir leben mit ihm; warum machen wir es uns so schwer, mit ihm eng zusammenzuleben, es zu berühren? Warum wagen wir nicht den Sprung? Das Leben wird zum Abenteuer; es ist nie langweilig. Mit der Unsicherheit zu leben, ist wohl eine ungewöhnliche Aufforderung, sie verlangt ungewöhnliches Denken und Handeln! Denn was bringt uns die Sicherheit? Nichts! Sie ist trügerischer Schein.

Die Künstler im Wort, Bild oder Klang geben uns bedeutende Hinweise auf den *Menschen*. Es sind Hinweise auf unser SEIN, mit dem uns der Urgrund *w a g t*. Es ist das allgemeine Gesetz als Maßgabe unseres Lebens. Wir sprechen vom SEIN des SELBST und seinem inneren Gefüge. Die Begriffe sind nicht so wichtig wie die Wirklichkeit, von der sie sprechen. Worte sind verschieden, ihr Sinn ist ähnlich. Hier ist nichts zu lernen, alles aus dem Inneren zu bilden. Wir müssen auf die SPRACHE lauschen, die in uns ist. Goethe spricht aus ihr seine *Orphischen Urworte*; er dichtet den *Menschen*, und er nennt wieder das *Gesetz*:

URWORTE. ORPHISCH
ΔAIMON, DÄMON

Wie an dem Tag, der dich der Welt verliehen
Die Sonne stand zum Gruße der Planeten,
Bist alsobald und fort und fort gediehen
Nach dem Gesetz, wonach du angetreten.

So mußt du sein, dir kannst du nicht entfliehen,
So sagten schon Sibyllen, so Propheten;
Und keine Zeit und keine Macht zerstückelt
Geprägte Form, die lebend sich entwickelt. (I,359)

Der Dichter hat auf Wunsch von Freunden die Urworte erläutert. Er hält sie selbst für so bedeutsam, dass sie es "verdienen einem größeren Publikum bekannt zu werden." (I,403) Zu diesem ersten Urwort, wie er das heilige Wort der Mythen nennt, aus denen er schöpft, sagt er:

"Der Bezug der Überschrift auf die Strophe selbst bedarf einer Erläuterung. Der Dämon bedeutet hier die notwendige bei der Geburt unmittelbar ausgesprochene, begrenzte Individualität der Person, das Charakteristische, wodurch sich der einzelne von jedem andern bei noch so großer Ähnlichkeit unterscheidet. Diese Bestimmung schrieb man dem einwirkenden Gestirn zu, und es ließen sich die unendlich mannigfaltigen Bewegungen und Beziehungen der Himmelskörper, unter sich selbst und zu der Erde, gar schicklich mit den mannigfaltigen Abwechselungen der Geburten in Bezug stellen. Hiervon sollte nun auch das künftige Schicksal des Menschen ausgehen, und man möchte, jenes erste zugebend, gar wohl gestehen, daß angeborne Kraft und Eigenheit mehr als alles übrige des Menschen Schicksal bestimme.

Deshalb spricht diese Strophe die Unveränderlichkeit des Individuums mit wiederholter Beteuerung aus. Das noch so entschieden Einzelne kann, als ein Endliches, gar wohl zerstört, aber, solange sein Kern zusammenhält, nicht zersplittert noch zerstückelt werden, sogar durch Generationen hindurch.

Dieses feste, zähe, dieses nur aus sich selbst zu entwickelnde Wesen kommt freilich in mancherlei Beziehungen, wodurch sein erster und ursprünglicher Charakter in seinen Wirkungen gehemmt, in seinen Neigungen gehindert wird, und was hier nun eintritt, nennt unsere Philosophie: Tyche, das Zufällige." (I,403 f)

"Das Zufällige" (Tyche) ist der Titel des zweiten Urwortes. Die übrigen drei lauten: ‚Liebe', ‚Nötigung' und ‚Hoffnung'. Am 7.Oktober 1817 notiert er im Tagebuch: "Orphische Begriffe", und am 8.Oktober: "Fünf Stanzen ins Reine geschrieben". (I,721, Kommentar von Erich Trunz). Goethe beschäftigt sich in dieser Zeit mit altgriechischen und orphischen Mythen. Er findet in ihnen Elemente, die seinem Denken und Dichten nahe sind. Weil der Mythos den ganzen Menschen verkündet, entdecken Dichter bei sich selbst eher das *Ähnliche* als im Logos bloßer Vernunft das *Verschiedene*. Was wir im Gedicht von Rilke für unser SEIN erkennen können, erscheint ähnlich bei Goethe im angeführten Sonett und hier im ersten Urwort: das Gesetz, das Wagnis und die Kraft, es zu wagen. Alle fünf Urworte verdienen unsere Aufmerksamkeit. (I,359 f)

In seiner ‚Erläuterung für Freunde' spricht Goethe von der ‚begrenzten Individualität der Person': jeder Mensch ist ein Individuum. Das steht so offensichtlich fest, dass in der Regel das Beiwort *begrenzt* übersehen wird, von dem Goethe spricht. Die Begrenzung des Individuums wird vom Gesetz erwirkt und gefordert. Der Mensch kann Grenzen auch im Hassen überschreiten. Die allgemeine Geltung des inneren Gesetzes hat jede/r für sich selbst hier und jetzt, in der Situation anzuerkennen, in der sich der/die Einzelne konkret vorfindet: Was soll ich tun? Wie weit darf ich gehen? Wo ist meine Grenze? Die Antwort muss jeder selbst finden und durch seine Entscheidung verantworten! Der Überstieg der Grenze ist das Wagnis als Sprung in die Freiheit in der Achtung des allgemeinen Gesetzes, an das ich mich binde. Ich höre auf den Klang, der mir im Innern tönt: der Mensch ist dem Menschen nahe, ein Nachbar. Glaube, Hoffnung, Liebe gehören dazu, sowie Notwendigkeit und Freiheit!

Als Wesen der Natur sind uns Leben und Sterben aufgenötigt. Jeder zieht sein Los, niemand ist besonders geschützt. Doch da ist noch ein anderes Wagnis, das von der *Schwerkraft der reinen Kräfte* getragen und begünstigt wird, wenn wir sie in uns zulassen; es ist das Wagnis unserer eigenen Geschichte. Die Gunst der inneren Kräfte ist zu ergreifen; sie liegt in der *Poesie von Sinn*! Jeder Mensch vermag sie wie aus dem Nichts zu dichten, um im hervorgebrachten Sinn sein Leben zu bejahen. Goethe erfindet die Metapher von der *geprägten Form, die keine Zeit und keine Macht zerstückelt*. Das ist ähnlich wie sein *wie wahr, wie seiend*, am Lido von Venedig zu einem Wesen gesprochen, das auf seine Natur begrenzt bleibt. Es lebt seine Zeit. Der Mensch hingegen ist ein Organ von WAHRHEIT und ZEIT. Sein GESETZ reicht unendlich weiter, bis an die Grenzen des Alls und darüber hinaus; es reicht so weit, wie wir denken können. Sind wir uns dieses Reichtums wirklich bewusst? Die Maßgabe als Gesetz, das uns anrührt, wie es Rilke sagt, und uns Freiheit gibt, wie es Goethe dichtet, ist der Schatz, bei dem unser Herz sein sollte. Das Gesetz ist der Urgrund; ist das LEBEN, das den Menschen wagt. Eine erste Antwort auf unsere Frage: w e r ist der Mensch? lautet noch sehr allgemein: ein Wagnis des LEBENS. Dies haben wir bei Dichtern gefunden.

Das LEBEN gönnte Rilke nicht das Lebensalter, das Goethe erreichte. In seiner Poesie ist er wie dieser ‚unsterblich'. Marlene Dietrich, von der wir noch reden werden, hat beide Dichter und ihre Gedichte ‚geliebt'! Sie ist schon als Kind mit Poesie in Berührung gekommen; die Mutter hat sie gestiftet. Das hat ihren Widerstand gegen die ‚Masken in Deutschland geweckt und gefördert. Dem Menschen ist die Möglichkeit gegeben, nicht nur physisch, sondern poetisch zu leben. Der Mensch ist Künstler; er verkündet sich selbst. Er spricht mit sich und anderen. ‚Gehe durchs Leben und sprich mit jedem!' ist seine Losung. Und er sucht Wahrheit und begreift die Zeit darin, dass sie sein kostbarstes Gut ist, das er für sich und andere aufzuwenden hat. In dieser Erkenntnis verliert der poetische Mensch keine Zeit. Er lebt im Augenblick als ZEIT, die er selbst im SINN als WAHRHEIT dichtet, so intensiv, wie wir es in unserer Welt (nur) noch beim Kind wahrnehmen können. Friedrich Hölderlin hat in seinem ‚Hyperion‘ das Kind hymnisch besungen. "Da ich noch ein stilles Kind war, und von dem allen, was uns umgibt, nichts wußte, war ich da nicht *mehr*, als jetzt, nach all den Mühen des Herzens und all dem Sinnen und Ringen? Ja! ein göttlich Wesen ist das Kind, solang es nicht in die Chamäleonsfarbe der Menschen getaucht ist. Es ist ganz, was es ist, und darum ist es so schön. Der Zwang des Gesetzes und des Schicksals betastet es nicht; im Kind ist Freiheit allein."

7. Vorläufige Antwort auf die Frage: Wer ist der Mensch als ein Selbst?

Unser Weg zu den Dichtern hat uns einigen Aufschluss gebracht. Wir können in einem ersten Anlauf die Frage nach dem Menschen beantworten. Wir gehen dabei methodisch und inhaltlich vom Prinzip der Ähnlichkeit aus; das Prinzip lautet: ‚das Ähnliche wird durch das Ähnliche erkannt‘. Das *Ähnliche* ist das SEIN mit dem inneren Gefüge des SELBST. Das SEIN ist unsere Ur – Kunde. Weil wir vom SEIN gegründet und im Grund erkannt sind, können wir erkennen. Jede Erkenntnis kann erworben und anderen mitgeteilt werden, weil Menschen aus dem ähnlichen SEIN denken, erkennen und sprechen. Aus ihm ist Verstehen und Verständigung möglich. Vor jedem Wort und jeder Sprache sind wir im SEIN vernetzt. Bevor wir sprechen, verstehen wir schon. In der vorgeburtlichen Entwicklung wird organisch SPRACHE für unser Sprechen generiert. Wir sind aus dem An – Fang unseres Lebens ein Gespräch, bevor wir überhaupt ein Wort sprechen können. Wir können nicht sprechen, weil wir mit dem Mund einen Apparat besitzen, wie wir auch nicht hören können, weil wir Ohren haben: der ganze Mensch spricht und hört, weil der ganze Mensch von seinem An – Fang her SPRACHE und GEHÖR ist. Die Blinden finden sich im Nebel Londons besser zurecht als die Sehenden. Der Mangel an Sehkraft fordert alle Sinne heraus; der wahrsagende *Seher* ist bei den Griechen ein Blinder; er ‚erkennt' mit seinem ganzen SEIN die WAHRHEIT eines Menschen und sieht seine Zukunft voraus: es ist das, was ihm zukommt. Hellen Keller (1880–1968) hat sich selbst für ihr Leben die notwendige Ganzheit verschafft. Taub und blind seit dem 2.Lebensjahr hat sie Sprachen und Literatur studiert; sie hat aufgezeigt, dass der ganze Mensch ein Organ von SPRACHE und KUNST, von WAHRHEIT und ZEIT ist. Diese Frau hat das besondere Wagnis des LEBENS angenommen und ist in die Freiheit gesprungen; ihre Lebensgeschichte ist ein Signal der Hoffnung für viele Menschen!

Wer den Weg der Erkundung bei den Dichtern mitgegangen ist und den Sinn der angesprochenen Dichtung für sich selbst deutet und dabei ähnliche Gefühle und Gedanken empfindet, die in dieser Poesie erklingen, ist dem Urgrund nahe, der uns vernetzt. Sein Zauber kann wirksam werden. Wer die Neunte Symphonie von Beethoven im Konzertsaal hört und spätestens beim Chor über Schillers Ode ‚An die Freude' tief berührt ist und nach innen in eine ganz andere Welt eintaucht, kann unvermittelt erkennen, dass sein Fühlen und Denken dem aller Anwesenden ähnlich ist. Die Klänge berühren uns in einer Tiefe, dass wir für den Augenblick meinen können, bereits in der neuen Welt zu leben, die Beethoven und Schiller zu Gehör bringen. Im gleichen Augenblick wissen wir, Du und Ich, wer wir sind; wir erkennen uns selbst, ohne diese Erkenntnis in Worten mitteilen zu können. Sie ist noch verborgen; doch wir sind unserem Selbst auf der Spur. Es kommt eine Ahnung vom poetischen Leben in uns auf, wir erahnen die kreative Unsicherheit, von der Rilke spricht; wir sind innerlich schon zum Wagnis bereit.

Wie jedes Wesen ist der Mensch ein Wahres, das in der ihm genetisch bestimmten Zeit lebt. Als einziges Lebewesen erkennt er jedoch, was WAHRHEIT und ZEIT sind. Er erkennt beides, weil er sich auf sich als ein Selbst und zugleich auf das SEIN beziehen kann. Wir sagen vom Menschen, dass er die Fähigkeit zur Reflexion auf sich selbst hat. Was das bedeutet, ist nicht so schnell zu sagen und zu verstehen. So viel haben wir bisher ermittelt: Weil der Mensch durch die Reflexion die erkennende Maßgabe für ein Wahres und seine Wahrheit, für das Werden und die Messung von Zeit ist und es, soweit wir wissen, kein anderes Wesen dieser Art gibt, muss in uns genetisch etwas angelegt sein, woraus beides möglich wird. Das von Goethe angesprochene Prinzip des Ähnlichen setzt für die Möglichkeit von Erkenntnis ein Ähnliches im Menschen voraus. Was ist nun das Ähnliche im Menschen, dass ihn alles erkennen und verstehen lässt? Die Reflexion, von der wir sprechen, bezieht sich ja nicht auf nichts, sondern auf etwas, das Maßgabe und Messung möglich macht. Jede Wahrheit, die wir feststellen und aussprechen, hat ihren Grund; es muss ein Grund für alle und jeden sein, ein Urgrund. Davon hat uns die tradierte Philosophie nichts gesagt.

Dieser Grund ist das in jedem Menschen, der war, ist und sein wird, ähnliche SEIN, das einem Selbst die Maßgabe für die Bewältigung des Lebens mitgibt. Es ist mit dem SELBST das Zentrum unseres Lebens. Es ist uns vom LEBEN gegeben, dem Urgrund unseres Seins, wie es Rilke dichtet. Aus ihm tauchen Träume auf, die wir mit unserem Alltag nicht in Verbindung bringen können und die uns doch etwas sagen, was wir vom Leben insgeheim erhoffen. Alle Fragen nach Sinn und Ziel des Lebens, die Menschen zu allen Zeiten immer wieder neu stellen! Woher kommen sie? Und woher nehmen wir die Antworten, die in den

Mythen und Märchen auf der ganzen Erde einander ähnlich sind? Was bewegt uns, an ein höheres Wesen zu glauben? Was ist der Grund für unsere Hoffnungen? Wodurch wird der Wunsch geweckt, zu lieben und geliebt zu werden? Ist es immer *‚der Urgrund unseres Sein, mit dem uns das Leben wagt'*, wie der Dichter es sagt?

Wenn es so ist, muss aus ihm auch die Frage nach uns selbst stammen: wer bin Ich und wer bist Du? Alle wesentlichen Fragen und Antworten müssen zuletzt aus uns selbst kommen. Die ähnlichen Antworten auf die Frage, wer ist der Mensch, setzen voraus, dass in jedem Ich und zu allen Zeiten, in denen ein Wesen *Ich* zu sagen vermag, ein gemeinsamer Grund ist, der das Ähnliche ermöglicht. Der Mensch ist das Wesen, *durch* den der Grund *tönt*; er ist Person. Dieser tönende Grund ist weder das Selbst noch das Ich; es ist das SELBST als SEIN, das sich dem Selbst mitteilen will. Das Ich ist die Maske eines Selbst, durch die eine andere Sprache sich gegen die inneren Mitteilungen durchzusetzen versucht. Weil das Ich als Wort uns begegnet, bevor wir unser Selbst als Instanz des SEINS begreifen können, lassen wir uns von ihm täuschen. Es wird mit dem Selbst verwechselt: das mache ich lieber selbst! Man sucht im Ich, was nur das Selbst aus dem Urgrund zu geben vermag: die Maßgabe für poetisch kreisendes Leben und Lieben. Augustinus sagt es einmal so: ‚Liebe und dann tue, was du willst'! Mit dem Wagnis des Lebens kann beginnen, wer sein eigenes Selbst und seine ihm verliehene Urkunde als seine Begabung gefunden hat.

Das lebendige Kreisen vom allgemeinen Grund zum individuellen Selbst und wieder zurück zum Urgrund ist der ‚Umlauf unserer Reflexion'. Goethe vergleicht ihn im ersten Urwort metaphorisch mit dem Umlauf der Gestirne. Ein anderes Wort für diesen Umlauf ist *Revolution.* Nicolaus Kopernikus hat in seinem Hauptwerk den Begriff geprägt: Der Umlauf eines Sternes von einer fixierten Stelle am Himmel bis zur Rückkehr ist eine ‚Revolution'. Die Frage nach der Möglichkeit von Erkenntnis überhaupt, die in den Sprachspielen der Philosophie unterschiedliche Antworten aufführt, ist aus dem Bild der Revolution zu beantworten: eine Erkenntnis vollzieht, vom Gegenstand ausgehend, einen ‚Umlauf' zum An – Fang im Menschen zurück, um nach dem Durchgang durch die Ur – Kunde in der Vollendung des Kreises wieder zum Gegenstand zurück zu gelangen; in diesem Moment erst ist er ‚erkannt'. Bevor wir aktuell etwas erkennen, ist das SEIN als ein feinstoffliches Netzwerk in den Organen, in allen Zellen und Nerven des Menschen, schon ein Erkannt – Sein! Unsere Erkenntnis ist revolutionär; sie kreist von der Ur – Kenntnis des SEINS zur Erkenntnis des Seienden, das dem ‚Selbst' immer schon ‚bekannt' ist. Jede Erkenntnis nach der Geburt ist Anerkenntnis.

Eine aktuelle Erkenntnis setzt die Urkenntnis voraus. Sie ist die Mitgift unserer Ontogenese. Das französische Wort ‚connaissance' trägt in seinem Sprachleib, was Erkenntnis vom Grund her ist: sie ist ‚mit der Geburt gegeben'. Dem Dichter Paul Claudel (1868 – 1955) ist dieses Wort seiner Muttersprache erst spät in seinem Leben begegnet. Es machte ihn sprachlos, da er plötzlich seinen Sinn erkennt. Dann begreift er seine eigene Poesie; auch sie ist ihm wie alles andere aus dem An –Fang gegeben. Der Mensch ist das poetische Wesen aus dem Mutterschoß. Die besondere poetische Begabung eines Dichters wie Claudel, eines Malers wie Picasso oder eines Komponisten wie Beethoven ist die Mitgift aus dem Zufallstanz der Gene, dem sich dieses oder jenes Genie verdankt, aus dem Mutterschoss gegeben. Vom Grunde her ist in seiner Begabung jeder Mensch ein Genie, das es so nur ein einziges Mal gibt. Wer das erkennt und schließlich begreift, vermag nach der gesellschaftlich aufgenötigten Abtreibung von seiner urkundlichen Maßgabe eine zweite Geburt zu erwirken: die Geburt zu seinem Selbst; die künstliche Nabelschnur des Ich, an der man im Prozess der Zivilisation gebunden ist, wird durchgeschnitten. Danach sind viele poetische Geburten möglich.

Wir können in der Existenz etwas erkennen, weil wir in der Insistenz als ein Organ der Erkenntnis entwickelt sind. Die komplexe Vernetzung in der vorgeburtlichen Entwicklung und ihre Bedeutung für die Existenz hat die traditionelle Philosophie nicht beachtet. Sie hat Begriffe und Ideen erforscht, weniger den Menschen und nicht das LEBEN als Urgrund unseres SEINS. Es ist denkwürdig, dass ein Physiker, Erwin Schrödinger, die Frage stellt: What is life? (Cambridge 1944; Was ist Leben, Bern 1950) Seine Forschung zur Quantenphysik, die ihm zusammen mit Paul Dirac den Nobelpreis einbringt, treibt Fragen hervor, die Biologie, Physik und Philosophie nicht beantwortet haben. Er kommt dem Kreislauf in den Lebewesen auf die Spur, der von Kräften bewegt wird, die mit den alten Methoden nicht erforscht werden konnten. Die im Organismus wirkenden Kräfte, die ein komplexes Energie – System darstellen, sind das Triebwerk des kreisenden Lebens. Ein Netzwerk feinster stofflicher Wechselwirkungen verknüpft alle Zellen und Nervenbahnen für ihre Funktion im Organismus der Lebewesen. (dazu ausführlicher in: HUNGER und LIEBE, 78 ff)

Schrödinger fragt allgemein nach dem Leben. Die Frage nach dem SEIN des Menschen liegt in seiner Wissenschaft nicht an. Die Dichter kennen keine Grenze; ihre Fragen und Antworten sind poetisch. Die Unterscheidung zum Tier bereitet bei Rilke die Antwort zum Menschen vor. Im Panther ist gespanntes Leben, doch keine Reflexion, kein Anwachsen des Bewusstseins, keine Möglichkeit von Freiheit. Ein linearer Austausch zwischen außen und innen findet statt, Reaktion aus Instinkt, keine Erkenntnis. Der genetische Code ist zugleich das Gesetz, das zur dumpfen Lust nötigt. Das Tier lebt *im* zugewiesenen natürlichen Wagnis des Lebens; es ist seine Grenze, die es nicht übersteigen kann.

Nur manchmal schiebt der Vorhang der Pupille
Sich lautlos auf - . Dann geht ein Bild hinein,
geht durch der Glieder angespannte Stille –
und hört im Herzen auf zu sein.

Das Schema von Trieb und Reiz kennt auch der Mensch. Aus seiner genetischen Mitgift des LEBENS wird er jedoch dadurch nicht gefesselt. Das Vermögen der Reflexion öffnet ihm Freiheit. Es kann jetzt deutlich sein, was damit gemeint ist: die hier angesprochene *Reflexion* ist nicht mit der unserer alltäglichen Erfahrung zu verwechseln, in der wir uns auf ein Ereignis beziehen; ich erinnere etwas, wenn ich jetzt darauf reflektiere. Diese Reflexion ist von unserem Willen abhängig. Die genetisch gegebene Reflexion kann niemand wollen oder nicht wollen, sie gehört konkret zu unserem SEIN. Sie ist die Spur im Organismus, die neben der linearen Ausrichtung nach außen die Erkenntnis erwirkt, die sich nach innen selbst erkennt. Bevor wir in unserer Existenz aus den Lernverhältnissen ein Bewusstsein vom Ich haben und es mit dem Namen tauschen können, der uns bei der Geburt verliehen, ist in der vorgeburtlichen Entwicklung des Menschen die Reflexion auf das SEIN als kreisende Vernetzung *von allem mit allem* genetisch angelegt. Der Kreis ist so auszusprechen: weil der Mensch ein Organ der Erkenntnis ist, hat er Reflexion; durch die genetische Anlage der Reflexion ist er ein Organ der Erkenntnis nach Innen und außen. Weil wir uns reflexiv bekannt sind, können wir innen die Erkenntnis als Ur – Kunde und außen alles erkennen, was uns begegnet; auf diesem Prinzip hat Humboldt seine Idee der Bildung des Menschen gefasst; wir werden unterwegs darauf zu sprechen kommen.

Die Reflexion wird durch das Ich als Maske des Selbst früh gestört. Aus dem Spracherwerb und den mit ihm erworbenen Lernverhältnissen kann das Ich derart verinnerlicht werden, dass es das Selbst verdrängt. Die Entfremdung ist kaum noch zu erkennen, wenn die innere Beziehung zum SELBST verloren geht. Natur und Geschichte sind dadurch im Menschen entzweit, Geschichte drängt sich mit ihren Denk- und Verhaltensmustern vor. Die sogenannte Bewältigung von Vergangenheit verfestigt diese eher im Menschen. Weder die eigene kleine noch die große Geschichte kann bewältigt werden; wie soll das gehen? Die Gegenwart ist zu gestalten, Geschichte in ihr neu und anders zu entwerfen! Unsere Zivilisationen beachten zu sehr die vergangene Geschichte und verachten dadurch den gegenwärtigen Menschen. Leben ereignet sich immer gegenwärtig. Unsere bisherige Geschichte ist aus der Verachtung des Menschen, die mit Plato anfängt, zu erklären, nicht zu verstehen. Vom maßgeblichen GESETZ her bleibt sie unbegreiflich. Frauen, Kinder und alte Menschen sind die Leid – Tragenden. Vor dem Leid der an der Rampe selektierten Menschen müssen wir vor Entsetzen und Grauen verstummen.

Pablo Picasso hat den stummen Schrei der MUTTER in seinem Weltbild GUERNICA (1937) als gegenwärtiges Mahnmal für irrende Geschichte zur Erscheinung gebracht. Wir müssen die Botschaft erkennen! Sie gilt auch noch für die Zukunft, auch für den Tag des 11. September 2001 in Amerika und was ihm an entsetzlicher Gewalt gefolgt ist und noch folgen wird, wenn wir nicht ‚umdenken'. Im Westen des Bildes steht der Stier, der nach Osten, zum Anfang unserer Geschichte zurück will, um sie neu zu beginnen, eine neue ‚Revolution', einen anderen ‚Umlauf' zu erwirken. Er wird mit Gewalt in die andere Richtung gezwungen: Go West! Sein Schwanz brennt lichterloh, eine einzige Fackel, ein Symbol für alle Brände aus Gewalt, auch für den Brand des World Trade Centers. Wer nimmt das Bild und die Botschaft des Künstlers wahr? Platos ‚Lehre von der Wahrheit' ist mit den durch sie verursachten Ideologien der ‚chinesischen Mauer' vergleichbar; ihr Mörtel ist Sprache, die Steine sind Begriffe; viele Generationen philosophische Maurer sind am Werk. Die Mauer scheint unüberwindlich! Wir müssen sie abreißen, auch die unsichtbaren Mauern des Hasses, die Menschen erbarmungslos trennen! Was muss eigentlich noch geschehen?

8. Das Wort *Selbst*: Sprache behindert den Zugang

Am Beginn unserer Arbeit haben wir den vielfältigen Gebrauch des Wortes ‚Selbst' aufgewiesen. Das erschwert den Zugang zu seiner wirklichen Bedeutung. Es geht dabei um den Sinn des *Selbst* in Beziehung zum SEIN. Zwar wirkt dieses in jedem Menschen aus dem SELBST, doch ist das zutreffende Wort in seiner ontischen Bedeutung wichtig, um das herrschende Menschenbild zu überwinden. In anderen Sprachen gibt es für das SEIN Worte, die mit unserem in ihrem Sprachleib nicht das geringste gemein haben und doch dasselbe meinen. Wenn wir als erste Quelle dabei das ‚Historische Wörterbuch der Philosophie‘ befragen, dann deswegen, weil dort einige Begriffe zum ‚Selbst‘ notiert sind, und zwar im 9. Band in den Spalten 292–313. Mit diesem Wort zusammengesetzte Begriffe sind von ‚Selbstachtung‘ bis ‚Selbstzweck‘ in den Spalten 313 – 564 weitaus umfänglicher verzeichnet. Als Wort und Begriff ist das ‚Selbst‘ im Register des Archivs nicht verloren; doch sagen wir es gleich im voraus: was das Selbst für das SEIN des Menschen bedeutet, ist kein Thema. Es ist schon Mühe genug, die Bedeutung zu begreifen, die ein Begriff am Ort seiner Schichtung für Geschichte aufbewahrt. Wenn ein Stein mit der Aufschrift ‚Selbst‘ oder einem vergleichbaren Begriff einer Sprache in der Mauer der Tradition aufgespürt ist, wird sein Drum und Dran für das Schauhaus der Archäologie freigelegter Fossilien konserviert und alles in bemühter Akribie aufgelistet. Sprache spricht über Sprache, nicht zur Wirklichkeit. Das ist ganz im Sinne Platos und ein geradezu vorzüglicher Nachweis dafür, dass in seiner Nachfolge die ideologischen Konstrukte verhandelt werden, die Philosophie zum eigenen Gebrauch produziert und an Geschichte abgeliefert hat. Von dort wirkt sie auf Menschen zurück. Hier bringen wir nun eine Textprobe aus dem Wörterbuch zur Anschauung:

"**Selbst** (dän. selv; engl. self; frz. le soi)

I. *Antike bis frühe Neuzeit.* – (S) gilt als ein Konzept, das erst innerhalb der Subjektivierungstendenzen des neuzeitlichen Denkens philosophische Bedeutung gewinnen konnte und deshalb keine Vorgeschichte hat." (Bd..9, Spalte 292)

Der angegebene Zeitraum wird nach dieser ‚Einführung in den Begriff' in einer einzigen Spalte abgehandelt! Wo keine Vorgeschichte ist, ist auch keine Geschichte, in der die Forschung fündig werden könnte. Warum die Redaktion, die hier abweichend von der Regel als Verfasser notiert, überhaupt etwas sagt, ist ihr Geheimnis. Die Wörter αυτος (Platon) und ipse (Augustin) haben sprachlich mit selv und self nichts gemein; diese geben das germanische Pronomen *selba- wieder, das in allen germanischen Mundarten in ihrer jeweiligen Lautform erscheint. Statt nur zwei von ihnen zu nennen, sollte die Redaktion den Benutzer auf Quellen zur Etymologie des Wortes verweisen. (z.B. Kluge unter selb/er, 701). Das kommt ihr nicht in den Sinn, weil es einzig um die Geschichte des Begriffs in der Philosophie, nicht um die des Wortes in der Sprache geht. Und es geht ganz und gar nicht um den Menschen in seinem SEIN, das im ‚Selbst' zur Sprache kommt.

Der Abschnitt II springt gleich in den für den Begriff ergiebigeren Zeitraum des 17.- 20. Jahrhunderts: zwölf Spalten. Der neuzeitlichen Psychologie werden im Abschnitt III in allen ihren historischen Schattierungen, von den Klassikern des Selbst – Begriffes (!) zu Freud und Jung, von dort zum "phänomenalen Feld des Begriffs" bis hin zu "gegenwärtigen Auffassungen" acht Spalten gewidmet. Das Wort kommt dabei in vielen Variationen als "Subjekt, Ich, Person, Identität ..." vor; es ist beliebig austauschbar; ein Begriff geht ohne Rest in andere Begriffe über und auf. Danach folgen Artikel von ‚Selbstachtung' bis ‚Selbstzweck', insgesamt 250 Spalten für zusammengesetzte Begriffe. Sie sind als Text für neue Texte zweckdienlich, sozusagen ihr Selbstzweck, mehr nicht. Zum ‚Selbst' als Instanz des Menschen ist nichts gesagt; das liegt nicht am ‚Wörterbuch': wenn die Tradition dazu nichts sagt, können die Archivare nichts registrieren! Etwas ‚Fehlendes' zu bemerken, gar einen ‚Verlust' festzustellen, übersteigt die Vorstellungskraft der Arbeiter an der Geschichte.

Als zweite Quelle befragen wir das Deutsche Wörterbuch der Brüder Jacob und Wilhelm Grimm im 16. Band, Spalte 411 ff. Hier müssen Herkunft und

Formen, wie es am Anfang des Stichwortes heißt, aus der Sprache aufgewiesen sein. Das kommt nun auf den Prüfstand. Unser Wort ist unter ‚Selb' zu finden:

Selb, Pronomen; Herkunft und Formen

1) "Selb ist ein allen germanischen Sprachen gemeinsames Wort, das sich über das Germanische hinaus nicht verfolgen läßt. Wenigstens ist eine einigermaßen einleuchtende Etymologie noch nicht gefunden. J. Grimm ... nimmt vermutungsweise Zusammensetzung aus *si – liba ‚das in sich Verharrende' an, aber niemand wird für das Urgermanische vollständigen Ausfall des Wurzelvokals im 2.Teile zugeben." (16. 411)

Mit dem letzten Satz ist gemeint, dass das i in *liba in nachfolgender Silbe aufgrund der germanischen Lautgeschichte nicht wegfallen kann. Das entstehende Wort könnte silib oder selib, nicht selb lauten. In Frage steht dennoch, ob sich Sprache in ihrer Entwicklung immer an die Daten ihrer Erforschung halten muss? Interessant ist die angeführte Bedeutung: *das in sich Verharrende*, das Anfang und Ziel des kreisenden Erkennens sein könnte. Wir forschen bei Grimm weiter:

2) Die Formen der einzelnen germanischen Sprachen vereinigen sich ohne Schwierigkeit in der urgermanischen Stammform selba- , ... gotisch silba...

3) Für die weitere Geschichte der Formen im Deutschen ist die Verwendung in Betracht zu ziehen. Hier sind zwei Hauptgruppen zu unterscheiden.

- mit dem Artikel als Ausdruck der Identität, derselbe, idem, griechisch αυτος
- ohne Artikel, als Verstärkung neben einem Nomen oder Pronomen, wie lateinisch ipse, griechisch αυτος ..." (16, 412)

Selbs, selbes ist der Genetiv des Pronomen selb (16,439). Aus selbes ist durch Anfügung eines unorganischen - t später selbest und daraus Selbst entstanden. (16,445 f) Die Verwendungen des Wortes werden reichlich zitiert.

Als dritte Quelle dient uns das Etymologische Wörterbuch der Deutschen Sprache von Kluge, Götze, Mitzka. Dort werden unter ‚selb(er), selbst, Pronomen' die Lautformen germanischer Mundarten aufgeführt, von gotisch silba bis englisch self. Es gibt auch Verdoppelungen, so althochdeutsch selb, selbo, dem in einer außergermanischen Sprache (venetisch) asselboisselboi ‚sibi ipsi' gleicht. Dann heißt es weiter: "In der Stammsilbe vermutet man das indogermanische Reflexivpronomen *se -. An den adverbial erstarrten Genetiv, mittelhochdeutsch selb(e)s ("ich dachte bey mir selbs" noch 1669 bei Grimmelshausen) tritt –t an, ... s e l b s t erscheint seit 1541 in der Lutherbibel für älteres selb(s). ... Die Substantivierung zu S e l b s t, neutrum nach dem Vorbild von englisch self, neutrum erscheint zuerst ... 1702." (Kluge, 701)

Das ‚Selbst' ist, das wird hier deutlich, ein spätes Wort, für das als Stammsilbe des früheren ‚selb' das indogermanische Reflexivpronomen *se- vermutet wird. Diese Vermutung weist darauf hin, dass unser Wort älter als die Sprachgeschichte ist, für die es greifbar wird. Es ist so alt oder so jung wie der Mensch, bezieht sich so unmittelbar auf dieses Wesen, dass es als Wort später als das ‚Ich' auftaucht, das sich in der Sprache allseits verstehbar und verständlich ausbreitet. Ein Sprecher, der ‚Ich' sagt, ist unmittelbar wahrnehmbar, der *Grund* bleibt verborgen. Für diesen Grund wird ein Für – Wort zur Vermittlung notwendig, um auf ihn zu verweisen. Alle Wörter, die etwas bezeichnen, was wir direkt wahrnehmen oder in die Wahrnehmung bringen können, sind leicht verstehbar. Diese Leichtigkeit im Sprachgebrauch ist eine Gefahr; die gelernten Sprachmuster verführen dazu, Wörter und Begriffe bedenkenlos zu konsumieren und anzuwenden, wie man es gewohnt ist. Auf diesem Hintergrund sagt Nietzsche, dass vielleicht alle einhundert Jahre ein neuer Gedanke erscheint, der unser Verhältnis zur Wirklichkeit von Mensch und Welt verändern könnte. Das Wort ‚Selbst' ist gegenwärtig offenbar ein neuer Gedanke, obgleich die ontische Instanz, für die es steht, so alt oder so jung wie der Mensch ist. Seine Bedeutung wird deswegen nicht erkannt, weil Platos Dualismus von Leib und Seele einen einzigen Begriff für ein einigendes Zentrum des Menschen nicht zulassen kann, ohne sich selbst aufzuheben. Die Aufhebung eines Irrtums ist für das abendländische Denken bisher offenbar zu schwer. Die Sprachen haben ihre eigenes Trägheitsgesetz. Zwar ist die *Seele* auch keine wahrnehmbare Erscheinung, aber ihr Postulat wird von Ideologie gestützt, die sich in Sprache fest eingenistet hat. Das Wort geht viel zu leicht von den Lippen. Da es nun mal vorhanden ist, findet es auch seine reichliche Verwendung. Die Herrschaft des Faktischen besetzt Sprache. Begriffe wie Person, Subjekt, Ich, Identität u.a.m. haben das Selbst verdrängt! Einmal mehrdeutig geworden, ist sein ursprünglicher Sinn verloren.

Das ‚Ich' hat es in unserem Sprachraum sehr viel leichter. (Kluge, 323) Schon in den ersten Schuljahren lernt der Zögling: ‚ich, meiner, mir, mich – du, deiner, dir, dich und schließlich er – sie – es, seiner, sich, sich'. Im Ich und Du ist der einzelne, im Er, Sie, Es sind alle Menschen gemeint: der Mann (Er), die Frau (Sie) und das Kind (Es). Was dieses Allgemeine bedeutet, wird in der Schule kaum bekannt. Die Wortform ‚sich' ist wieder reflexiv. Sie knüpft an das indogermanische *se- an, für das es lateinisch eine Verdoppelung gibt: *sese. Es ist wie eine Beschwörung: der Mensch soll ‚sich' unbedingt auf ‚sich' beziehen, um sich selbst wahrzunehmen. Der Genetiv von *sese ist semet in der Bedeutung ‚seiner'; der Dativ lautet sibi und ist als sogenannter ethischer Dativ unübersetzbar! (Stowasser,444) Nehmen wir noch ein anderes lateinisches Wort: das ipse, ipsa, ipsum bedeutet er, sie es selbst - in eigener Person. (Stowasser,281) ‚Von Natur' heißt ‚ipsa natura': die eigene Natur selbst! Das ‚sibi ipsi' sagt dann aus:

sich auf sich selbst beziehen. Dieser Bezug ist nicht weiter hintergehbar; es ist das Selbst mit dem SEIN des SELBST, in dem das LEBEN, der Urgrund unseres Seins, uns w a g t! (Rilke; vgl. unsere Deutung dazu)

Der *ethische Dativ* bedarf näherer Erläuterung. Grammatisch drückt der Dativ einen Besitz aus. Dieses Buch gehört mir, jenes dir. Das ist im Streitfall allenfalls juristisch relevant. Der Satz, mein Bauch gehört mir, scheint so offenkundig wahr zu sein, dass er von sogenannten ‚emanzipierten Frauen' im Brustton der Überzeugung vorgebracht wird. Er ist falsch! Nur der Form nach ist er ein Satz; ein Besitz des eigenen Bauches wie beim eigenen Buch ist dennoch nicht gegeben. Der Mensch ist sich selbst weder als Ganzes noch in Teilen ein ‚Besitz'. Der ethische Dativ drückt das SEIN des Menschen aus, das zu ihm gehört, wie der Mensch zum SEIN. Dieser Dativ intendiert nicht Sprache, sondern unsere Wirklichkeit. Mit dem ethischen Dativ wird darauf verwiesen, dass kein Mensch sich als ein Selbst geschweige als ein Ich gehört, vielmehr jeder auf die Mitgift (Dativ) zu hören hat, die ihm für sein Leben zu eigen (nicht als Besitz) gegeben ist. Mit dem Tode hört dieser Anspruch auf; die Organe sind als Spende für andere bestimmt, wenn es so verfügt ist. Wer schon zu Lebzeiten ein Organ spenden will, bekräftigt den ethischen Dativ noch stärker: Im Versuch, ein anderes Leben zu retten, ohne das eigene zu verlieren, bejaht er es. Er liebt das andere Leben wie sein eigenes.

Der ethische Dativ steht für den Inhalt des SELBST. Es ist das Ethos als *Wert*, der in unvergleichlicher Weise zum Menschen gehört. Im Lieben verschwendet er – sie sich selbst. Gewissermaßen ‚selbst – los' geworden lebt der Mensch in der höchsten Zeit. Wir sprechen von *Hochzeit* und begrenzen sie oft nur auf eine einzige Situation im Leben. Das ist zu wenig. Wir leben ständig mit dem Wert des SELBST. Er ist in uns der ständige Grund zur Liebe; es ist der wirkliche Grund, um im Lieben die Grenzen zu übersteigen. Das Leben wird exzessiv. Es werden keine bürgerlichen Eigentums- und Besitzverhältnisse tangiert; sie sind in der Liebe aufgehoben. Sie existieren nicht! Wir nehmen das Selbst, das uns, wie Goethe im ersten Urwort dichtet, als *geprägte Form* verliehen ist, nicht in der Weise an, dass wir darüber als Besitz verfügen könnten. Es ist ein unschätzbarer Wert ohne Kaufkraft. Im Liebestausch erhöht er sich. Der Mensch ist nach einem höheren Gesetz als nur dem des Marktes ins Leben gekommen. Embryonen als Wirtschaftsfaktor zu nehmen: ‚Was wirtschaftlich ist auch moralisch' – so Gerhard Schröder – ist äußerstes Zeichen von Unbildung! Wenn eigenes oder fremdes Leben getötet wird, auch das im angeblich eigenen Bauch, bezeugt das einzig den Verlust der Schwerkraft der reinen Kräfte, nicht das Gesetz, mit dem das LEBEN uns wagt! Das größte Wagnis ist Liebe und Freiheit. In der Liebe bin ich frei. Wer nicht ins Lieben gelangt, versäumt sein

Leben. Er sucht unablässig die verlorene Zeit; eine Sisyphus-Arbeit. Viele sind ständig beschäftigt, ohne etwas zu schaffen.

Mit dem Ethischen Dativ *sibi ipsi* ist von alters her das Gewissen gemeint. Die Vorsilbe ‚Ge–, (Wissen), ist die indogermanische Form für ‚zusammen mit', das lateinische ‚cum', das wir auch in Con-naissance finden. Das Ge–Wissen lautet lateinisch con–scientia, auch hier ein Wissen, das uns *mit der Geburt* gegeben ist. Es wird nicht gelernt, ist als Gabe immer schon da. Wir brauchen es nur abzurufen. Der Urgrund, von dem Rilke spricht, ist das LEBEN, das den Menschen und alle Lebewesen hervorbringt. Aus dem allgemeinen Grund ist jeder Mensch ein individuelles Selbst. Er hat für sein Leben die Aufgabe, sich an die allgemeine Maßgabe, die das SELBST ist, zu binden, sich anrühren zu lassen, um sie in den individuellen Möglichkeiten seines Selbst und seiner genetischen Begabung auf den Weg zu bringen und darin sich selbst zu verkünden. Der Mensch ist Künstler als Verkünder seines Lebens, das er für sich selbst und jedes andere Selbst in der Poesie von *Gemeinsinn* zu leben und zu gestalten hat.

Goethe und Rilke ergänzen sich in dem, was sie dichten: der eine spricht mehr für das individuelle Selbst, der andere für das allgemeine SELBST. Es ist Aufgabe des Menschen, auf seinem Lebensweg das Allgemeine des SELBST mit der besonderen Begabung seines Selbst zu vereinen und darin dem Leben seine eigene unverwechselbare Gestalt als *geprägte Form* zu verleihen. Alle Wesen gehören zur *Natur*; die des Menschen wird von Rilke mit Urgrund bezeichnet, der unser SEIN wagt. Es ist das LEBEN, diese rätselhafte Kraft, die von einem unerklärbaren An - Fang seine Wesen erwirkt und dabei in der Entwicklung ein Besonderes erzeugt: den Menschen! Er allein hat *Geschichte*; er bringt sie hervor, verändert sie, wenn es notwendig ist. Der Mensch besitzt ein Selbst; das muss er vor dem LEBEN und dem SELBST verantworten. Diese Nötigung verwandelt der poetische Mensch in Freiheit: ‚Nur das Gesetz kann uns Freiheit geben'. Ob das ‚wirtschaftlich' ist? Es ist schlicht und ergreifend nur ‚menschlich'! Wir sollten uns ein wenig Zeit nehmen, darüber in aller Stille müßig nachzudenken; eine kleine Erholung auf dem Weg ist angebracht; wir meditieren über das TAO.

9. Uralte Kunde: Das SELBST im TAO

Natur und Leben sind der gemeinsame Urgrund des SEINS. Kein Mensch erkennt nur sich, er erkennt immer schon anderes. Wir sind ein einzigartiges Organ des Erkennens. Wenn es sich so und von jeher mit uns verhält, muss die Kunde davon weit zurückreichen. Was unsere Dichter zum SEIN sagen, gehört vor langer Zeit zum TAO. Als Begründer des Taoismus gilt Laotse. Das TAO ist das

Absolute, der Anfang, der alles hervorbringt. Das TE ist das, was die Wesen erhalten, um zu entstehen. Es stellt den Weg des TAO im Hervorbringen dar; für alle Lebewesen ist es das LEBEN. Das TE empfängt vom TAO die *Schwerkraft der reinen Kräfte*, um sie an die Wesen zu verschenken. Dazu dichtet Laotse im Tao te king:

Spruch 51

Der SINN erzeugt.
Das LEBEN nährt.
Die Umgebung gestaltet.
Die Einflüsse vollenden.
Darum ehren alle Wesen den SINN
und schätzen das LEBEN.
Der SINN wird geehrt,
das LEBEN wird geschätzt
ohne äußere Ernennung, ganz von s e l b s t.

Also: der SINN erzeugt, das LEBEN nährt,
lässt wachsen, pflegt,
vollendet, hält,
bedeckt und schirmt.
(Richard Wilhelm,94)

Das TAO wird von Wilhelm mit SINN figuriert, wie wir in unserer Arbeit die großen Buchstaben verwenden, um auf eine Wirklichkeit hinzuweisen, die in einem Wort einer beliebigen Sprache nicht aufgeht. Viele Übersetzer sagen daher TAO, nichts anderes. Andere sagen Gott, Weg, Vernunft, Wort oder λογος. (Wilhelm,24) sie folgen einer Ideologie, sie übersetzen nicht wirklich. Zum TAO kommt das TE, das mit LEBEN figuriert wird. Das TAO ist das Umfassende, die Wurzel dessen, was ist; das Zentrum des Alls, das Absolute; damit ist alles und nichts gesagt. Wir müssen im Grunde das Rätsel so lassen wie es ist: dass überhaupt etwas und nicht nichts ist! Das große TAO schenkt sich als Tao dem Menschen: aus dem SINN vermögen wir den Sinn zu dichten, um unser Leben zu gestalten. Das große TE ist als das LEBEN der Urgrund unseres SEINS als Menschenwesen. Die Botschaft des LEBENS, uns mit der Geburt gegeben, teilt sich als Te unserem Leben mit. Auch hier wird der Kreislauf ausgedrückt, den wir angesprochen haben. Wir können aus der Verbindung mit dem TAO und dem TE erkennen und die Erkenntnis mitteilen. Als Name dieser Vernetzung dient der Begriff des Ch'i. Die östliche Weisheit denkt noch näher am Menschen; der

Kreislauf, von dem wir für das Erkennen reden, ist auch der Blutkreislauf und sein Netzwerk im Menschen als ein Mikrokosmos.

Das Ch'i "spielte eine wichtige Rolle in fast jeder Schule der chinesischen Naturphilosophie und war im Neo – Konfuzianismus besonders wichtig, der eine Synthese aus Konfuzianismus, Buddhismus und Taoismus anstrebte. Das Wort >Ch'i< bedeutet wörtlich >Gas< oder >Äther< und bezeichnet im alten China den Lebensatem oder die Energie, die den Kosmos belebt. Im menschlichen Körper sind die >Pfade des Ch'i< die Grundlage der traditionellen chinesischen Medizin. Das Ziel der Akupunktur ist die Anregung des Flusses des Ch'i durch diese Kanäle. Das Fließen des Ch'i ist auch die Basis der fließenden Bewegungen des T'ai Chi Ch'uan, des taoistischen Tanzes der Krieger." (Capra, 211) Was wir für die vorgeburtliche Vernetzung aller Zellen und Organe zur Sprache gebracht haben, führen östliche Lehren mit dem Ch'i an. Es ist gewissermaßen das organische Echo des kosmischen Anfangs, der sich auf dem Weg der Evolution, wie es bei uns heißt, im Ch'i dem An –Fang des Menschen mitteilt. Ob dieser An – Fang und sein Weg im Wort TAO und TE oder in dem von NATUR und LEBEN zur Sprache kommen, ist für das SEIN unerheblich, das in unterschiedlichen Begriffen, ob östlich oder westlich, bezeichnet sein will. Die Pfade des Ch'i sind aus der chinesischen Heilkunde als Meridiane bekannt. Sie sind wie das Ch'i und das Selbst nicht sichtbar und gehören doch zum SEIN des Menschen.

In seiner Verbindung mit dem TAO und TE ist das Ch'i das Gesetz, das uns anzurühren vermag, wenn wir das Leben wagen und in der Poesie von Sinn bejahen. Es ist das Gewissen, der ethische Dativ, unser Selbst, das in der Vernetzung aller Menschen dem gemeinsamen Grund verbunden ist: dem SEIN des SELBST. Mit dieser Mitgift können wir das Leben wagen; es bleibt ein Wagnis und schwer genug, weil wir zwar Kräfte für den Weg haben, diesen aber selbst erkunden und begehbar machen müssen. Überall drohen Gefahr und Gefährdung; wo wir Ordnung vermuten, kann plötzlich Chaos sein, wo Chaos ist, müssen wir selbst Ordnung schaffen. Alles ist im TAO und TE enthalten; davon sagt der Spruch 21:

Des großen LEBENS Inhalt
folgt ganz dem SINN.
Der SINN bewirkt die Dinge
so chaotisch und dunkel.
Chaotisch, dunkel
sind ihm die Bilder.
Dunkel, chaotisch
sind ihm die Dinge.

Unergründlich finster
ist in ihm der Same.
Dieser Same ist ganz wahr.
In ihm ist Zuverlässigkeit.
Von alters bis heute
sind die Namen nicht zu entbehren,
um zu überschauen alle Dinge.

Woher weiß ich aller Dinge Art?
Eben durch sie.
(Wilhelm, 61)

Frage und Antwort am Schluss der Spruchweisheit deuten wieder auf die kreisende Reflexion als Grund von Erkenntnis. Die unbegreiflichen Kräfte des Alls, TAO und TE, erwirken, was ist und was lebendig ist. Sie sind auch der Grund der Erkenntnis ‚aller Dinge Art'. Woher weiß ich das? Durch die Dinge, die sich im Tao und Te spiegeln, wobei der Mensch in diesem Spiegel sich selbst und die Dinge erkennt. Parmenides spricht vom ‚Parallelismus von Erkennen und Sein. "... denn dass man es erkennt, ist dasselbe, wie dass es ist." ... το γαρ αυτο νοειν εστιν τε και ειναι. (J. Mansfeld, 316 f) Das Denken und Dichten ist im Menschen auf Erkenntnis hin vernetzt, weil jedes Selbst durch das SEIN des SELBST als ein Erkenntnis – Organ organisiert ist. Dies erkennen heißt, dass wir im SEIN angekommen sind. Wir sind das, was Parmenides im Spruch sagt. Einmal im Selbst in Verbindung zum SELBST können wir unterscheiden was außen ist, was uns als Seiendes entgegensteht, und was innen unser SEIN ist. Dieses kann nie vergegenständlicht werden. Bei jedem derartigen Versuch, verlieren wir es. In keiner Sprache liegt es für sich vor. Wir können auch das eigene Selbst nicht von außen betrachten, wie wir es sonst von Dingen gewohnt sind. Das macht es so schwer, sich vom SELBST als dem GESETZ anrühren zu lassen, so leicht, den Einreden des Ich zu folgen. Dieses ist von der Sprache behindert; sie ist aus dem falschen Anfang durch den von ihm fixierten *Vorrang des Sehens* auf Beschreibung der außen vorliegenden Dinge ausgerichtet; für das innere SEIN sind weder Wörter noch Begriffe gebildet, die es verstehbar machen. Deswegen redet Heidegger so unendlich viel vom *vergessenen Sein.* Wer jedoch das eigene Selbst nicht gefunden hat, kann auch das SEIN und das SELBST nicht denken.

Der junge Goethe des Sturm und Drang hat in seiner Rede zum Shakespeare – Tag (12.10.1781) den englischen Dichter gefeiert, weil in seinen Dramen das TAO und TE, der SINN und das LEBEN, das SEIN als Maßgabe für die Dialektik von Natur und Geschichte im Schicksal der Helden dargestellt ist; ihr *Ge-*

schick ist die Verknüpfung eines An – Fangs mit dem vorbestimmten Ende, als tragische Erscheinung des SEINS. In diesen Kreislauf ist das Denken, Erkennen und Handeln der Helden gefügt. In seinem Kommentar sagt Heinrich von Einem dazu: Die Rede " ... ist nicht ein Dokument literarischer Kritik, sondern ein feierndes Bekenntnis ... zu Natur und Geschichte, ein pathetischer Dank an den Genius Shakespeare, durch den sich der gerade von Straßburg nach Frankfurt zurückgekehrte Dichter zu sich selbst erweckt und befreit fühlte." (12,691) Beim Dichter lautet das feiernde Bekenntnis: "Shakespeares Theater ist ein schöner Raritätenkasten, in dem die Geschichte der Welt vor unseren Augen an dem unsichtbaren Faden der Zeit vorbeiwallt. Seine Plane sind, nach dem gemeinen Stil zu reden, keine Plane, aber seine Stücke drehen sich alle um den geheimen Punkt (den noch kein Philosoph gesehen und bestimmt hat), in dem das Eigentümliche unsres Ichs, die prätendierte Freiheit unsres Wollens, mit dem notwendigen Gang des Ganzen zusammenstößt. Unser verdorbener Geschmack aber umnebelt dergestalt unsere Augen, daß wir fast eine neue Schöpfung nötig haben, uns aus dieser Finsternis zu entwickeln." (12,226)

"Aber sagt mir doch, meine Brüder,
wenn der Menschheit das Ziel
noch fehlt, fehlt da nicht auch –
sie selber noch? –" (Nietzsche)

III. Auf dem Weg zum SELBST: Auf Irrwege achten

Auf unserem bisherigen Weg haben wir erste Erkenntnisse gewonnen: Jeder Mensch ist ein im Zufallstanz der Gene erzeugtes einmaliges Selbst, das in seiner individuellen Verschiedenheit dennoch die Menschheit in sich enthält: das SEIN des SELBST. Dieses SEIN ist das genetisch Ähnliche des Grundes, auf dem wir wohnen, die Mitgift des LEBENS, die alle Menschen vom Grund her verbindet. Einen genetisch ähnlichen Grund haben auch die anderen Wesen; sie sind in ihrer individuellen Besonderheit an ihn gebunden. Der Mensch jedoch ist frei. Die Freiheit liegt in der Reflexion begründet, dieser rätselhaften Gabe, die uns von allen anderen Wesen scheidet und unterscheidet. Wir können das Selbst egoistisch ohne Rücksicht auf die Menschheit ausleben; das tun die Masken. Wir können aber auch auf die Stimme hören, die aus dem SEIN tönt, auf das Gewissen. Wir sind als dieser Mensch mit der Menschheit verbunden. Das SEIN des SELBST ist das Ähnliche, der genetische Grund des Selbst, der jedes Individuum mit der Menschheit und mit sich zu versöhnen vermag. In diesem SEIN ist der Mensch das Organ WAHRHEIT und ZEIT. Das ist auf dem weiteren Weg genauer zu erkunden.

Wir müssen uns dabei darüber klar sein: Wir reden nicht *über* Wahrheiten, die wir in Urteilssätzen aussprechen. Sie gelten bis zu ihrer Widerlegung *auf Zeit.* Auch die Art und Weise, wie wir Konventionen festlegen, um Zeit zu messen und in Daten festzulegen, ist nicht unser Thema. Wir versuchen die Wirklichkeit des Menschen zu erforschen, die aus dem falschen Anfang der Philosophie verstellt worden ist. Was ‚Wahrheit' und was ‚Zeit' ist, wird in Sätzen verhandelt, die zu immer neuen Sprachspielen führen; davon haben wir mehr als genug. Es geht mit dem SEIN von WAHRHEIT und ZEIT um die Maßgabe, mit ihr um den Grund, auf dem wir so etwas wie ‚Wahrheiten' aufstellen und Systeme zur Messung von Zeit entwerfen und vereinbaren können. Uns geht es um den An – Fang der Philosophie *im* Menschen; im genetischen An – Fang unseres Lebens muss alles gegründet sein, was den Menschen zum Menschen macht und mit der Maßgabe das Gesetz für den Weg seines Lebens gibt, als Mensch unter Menschen zu leben, zu denken und zu handeln.

Platos ‚Lehre von der Wahrheit' ist der falsche Anfang, den wir zu überwinden haben. Für unseren Denkweg ist es daher notwendig, sich von überkommenen Vorstellungen zu lösen. Wir müssen einigen Ballast der Tradition abwerfen, bisher mitgeschlepptes Gepäck ablegen. Das klingt nach Marscherleichterung, will es auch sein, doch nicht so, wie es gemeinhin verstanden wird. Es soll eine Befreiung sein, eine Lösung vom Überbau, von dem wir die Maske haben. Sie behindert die Erkenntnis, wer wir sind. Die Erfahrung lehrt, dass die Trennung von vertrauten Gewohnheiten eher schwer fällt. Mut zum Wagnis ist gefragt. Das kennen wir bereits von Rilke: ‚Der Urgrund unseres Seins wagt uns'; wir müssen dem Wagnis entsprechen. Wir stellen daher am Beginn des neuen Weges, den wir jetzt als Wagnis gehen, ein Warnschild auf mit dem Hinweis ‚Vorsicht – Irrweg!'. Der Weg, sagt das Schild, ist gefährlich. Er fordert uns heraus, wir können uns verirren. Wir suchen die Gefahr im Interesse unserer Frage zum Menschen. Wie bereits angekündigt, begehen wir zunächst den ‚Holzweg von Heidegger'.

1. Irrweg: Heidegger auf dem Holzweg zu Rilke

a) Leichtfertiger Umgang mit dem Gedicht: ‚Wie die Natur die Wesen überläßt ...'

Seine Deutung des Gedichts von Rilke hat Heidegger in einer Rede vorgetragen und zusammen mit drei weiteren Reden und zwei Abhandlungen in den ‚Holzwegen' (1950) unter dem Titel ‚Wozu Dichter?' veröffentlicht. Die sechzehn aneinandergereihten Zeilen des Dichters teilt er eigenmächtig in vier Strophen auf. In der Gesamtausgabe, Band 5 (1977), sind es drei (Z. 1 – 4; 5 – 9; 10 – 16), die Abweichungen vom Text des Dichter sind in beiden Ausgaben gleich. Der Herausgeber des 5. Bandes, F.–W. von Hermann, hat sie nicht bemerkt. (5, 277) Eine Textstelle hat Heidegger derart verändert, dass seine Deutung geradezu notwendig in die Irre gehen muss. Es betrifft eine zentrale und daher vom Dichter kursiv hervorgehobene Stelle; sie lautet bei Rilke in Bezug auf den Urgrund: *er wagt uns*, bei Heidegger dagegen: **e s** wagt uns. Der grammatisch falsche Anschluss an ‚Urgrund' mit ‚es' statt mit ‚er', wie im Original, wäre selbst dann nicht zu begründen, wenn der Philosoph eine fehlerhafte Vorlage benutzt haben sollte. Heidegger sieht das ‚es' schlicht in den Text hinein, weil er es auf ‚Sein' beziehen will: Dieser Denker denkt und spricht immer nur in der Maske des Seins; er ist von ihm so besessen, dass er nicht anders kann! Daher beschließt er ‚messerscharf, dass nicht sein kann, was nicht sein darf!' (Ringelnatz)

Hier nun das Gedicht von Rilke in der Textversion von Heidegger in den Holzwegen von 1950; die originale Fassung haben wir für unsere Interpretation abgedruckt. (s. o.)

Wie die Natur die Wesen überläßt
dem Wagnis ihrer dumpfen Lust und keins
besonders schützt in Scholle und Geäst,
so sind auch wir dem Urgrund unsres Seins

nicht weiter lieb; es wagt uns. Nur daß wir,
mehr noch als Pflanze oder Tier
mit diesem Wagnis gehen, es wollen, manchmal auch
wagender sind (und nicht aus Eigennutz),
als selbst das Leben ist, um einen Hauch

wagender .... Dies schafft uns, außerhalb von Schutz,
ein Sichersein, dort, wo die Schwerkraft wirkt
der reinen Kräfte; was uns schließlich birgt,
ist unser Schutzlossein und daß wirs so
ins Offne wandten, da wirs drohen sahen,

um es, im weitsten Umkreis irgendwo,
wo das Gesetz uns anrührt, zu bejahen.
(Holzwege, 255, diplomatische Wiedergabe)

Ein Vergleich mit dem Original zeigt die Fehler auf: der Doppelpunkt in der dritten Zeile wird durch ein Komma ersetzt, die Aufmerksamkeit auf die zwei nachfolgenden Zeilen mit dem zentralen Gedanken zum Menschen dadurch gemindert. In der siebten Zeile wird das Semikolon hinter ‚es wollen' durch ein Komma abgeschwächt. In der neunten Zeile wird der Gedankenstrich hinter ‚als selbst das Leben ist –' weggelassen; in der elften Zeile wird ein Komma hinzugefügt: ‚dort, wo die ...', ebenso in der zwölften Zeile; ‚was uns schließlich birgt, ist ...'. In der vorletzten Zeile wird ein Komma getilgt; dadurch wird der Einschub ‚im weitsten Umkreis, nicht mehr so hervorgehoben, wie der Dichter es verlangt.

Im Studium der Germanistik erfahren schon die Erstsemester: Auf Punkt und Komma genau sind Dichter zu zitieren! Benno von Wiese hat es immer wieder gesagt. Auch für Heidegger ist die Missachtung des Textes nicht zu tolerieren. Der Herausgeber des 5. Bandes der Gesamtausgabe sollte das korrigieren. Die Folge wäre allerdings, dass die Deutung Makulatur wird. Das kann nur förderlich sein, denn wichtiger ist es, dass der Philosoph in der ‚Maske des Seins' entlarvt wird. Die Aufklärung zur Philosophie Heideggers liegt im öffentlichen Interesse. In der kritischen Abgrenzung zum ‚Sein' bei Heidegger wird unsere Position zum SEIN noch deutlicher. Insofern ist aus dem Vergleich zweier unterschiedlicher Deutungen des Gedichts erkennbar, wer mit dem Dichter auf dem Weg zum Menschen und wer im Sprachedenken auf dem Holzweg im Geheiß seiner ‚Maske', die sich selbst gefällt, in die Irre geht.

b) Heidegger verändert für ‚seine Deutung' den Text von Rilke

Wir lassen Heidegger sofort an der Stelle zu Worte kommen, in der er in Bezug auf die Natur den Urgrund nicht als LEBEN, sondern als tieferen Grund deutet, um diesen auf sein Steckenpferd zu beziehen: das Sein – es wagt uns!

"Rilke nennt die Natur, insofern sie der Grund desjenigen Seienden ist, das wir selbst sind, den Urgrund. Dies deutet darauf hin, daß der Mensch weiter in den Grund des Seienden reicht als das andere Seiende. Den Grund des Seienden nennt man von altersher das Sein." (Holzwege,257)

So einfach ist es für Heidegger: man verändere den Begriff Urgrund erst in ‚Grund' und *nenne* diesen danach *das Sein*, dann hat man den Text so, wie er sein soll! Der grammatische Fehler ist keiner mehr; Rilke hat wohl nur versäumt, in einer Fußnote zu erwähnen, dass Urgrund, Grund und Sein dasselbe sind! Es klingt auch nicht gut, wenn es hieße: ‚so sind auch wir dem Sein unseres Seins nicht weiter lieb; es wagt uns. Der Mangel beim Dichter wird durch den Denker behoben. Er korrigiert ihn so, wie es sein muss; Rilke hat leider einen falschen Text verfasst, sich ungenau ausgedrückt. Der Philosoph kann mit seiner Rede zur Feier des Dichters beginnen; als erstes verstümmelt er dessen Gedicht; das ist besonders feierlich!

Für Heidegger ist die ‚Sprache das Haus des Seins'! Was soll dagegen die ‚Sprache der Dichter' sein? Seinen Vortrag beginnt er so: " ... und wozu Dichter in dürftiger Zeit?" Mit dieser Frage von Hölderlin aus der Ode ‚Brod und Wein' will er die dürftige Zeit, in der wir ‚am Abend der Weltzeit im Übergang zur Weltnacht und ihrer Finsternis' leben (248), auf reiche Worte der Dichter befragen, die ‚das Wesen der Dichtung eigens dichten' (251) und dadurch denkender sind als dürftige Denker. Hölderlin ist ein solcher Dichter; das steht für Heidegger fest. Ist es auch ‚Rainer Maria Rilke? Wie verhält sich sein Dichten zum Dürftigen der Zeit? Wie weit reicht es in den Abgrund? Wohin kommt der Dichter, gesetzt dass er dahin geht, wohin er es kann?' (252) Diese Fragen im Vorfeld seiner Auslegung machen deutlich, dass es Heidegger nicht um das Gedicht, sondern um seine Vernutzung für seine Frage nach dem ‚Sein' geht. Dem hat sich alles unterzuordnen, auch der Text eines Dichters. Was sollen wir von dieser Methode halten? Sollten wir fragen: ‘wozu Denker in dürftiger Zeit‘? Vielleicht um, wie Heidegger, die Dichter zu entstellen?

In jedem Fall ist die Argumentation von Heidegger dürftig! Was ist das für ein Beweis, wenn der Grund angeblich von *altersher* das Sein genannt wird? Doch Heidegger kennt sich eben in der Sprache aus, die verschiedene Begriffe für ein und dasselbe durch die Geschichte austrägt bis hin zum Postboten des ‚Sein’! Daher fährt dieser Bote unmittelbar nach der dürftigen Zeitangabe fort: ”Das Verhältnis des gründenden Seins zum gegründeten Seienden ist hier beim Menschen und dort bei Pflanze und Tier das gleiche. Es besteht darin, daß das Sein jeweils das Seiende >dem Wagnis überläßt<. Das Sein läßt das Seiende in das Wagnis los. Dieses loswerfende Loslassen ist das eigentliche Wagen. Das Sein des Seienden ist dieses Verhältnis des Loswurfes zum Seienden. Das jeweilig Seiende ist das Gewagte. Das Sein ist das Wagnis schlechthin. Es wagt uns, die Menschen. Es wagt die Lebewesen. Das Seiende ist, insofern es das je und je Gewagte bleibt. Gewagt aber bleibt das Seiende ins Sein, d.h. in ein Wagen. Das Seiende ist darum selbst wagend, dem Wagnis überlassen. Das Seiende ist, indem es mit dem Wagnis, worein es losgelassen, mitgeht. Das Sein des Seienden ist das Wagnis.” (257)

Der Dichter hat am Ende der dritten Zeile einen Doppelpunkt gesetzt, der Denker hat das nicht beachtet. Der Dichter spricht vor dieser Zäsur vom Ähnlichen aller Wesen, nach ihr vom Verschiedenen des Menschen, das zum Ähnlichen hinzu kommt. Jedes Lebewesen, Pflanze, Tier und Mensch, hat vom LEBEN für seine Natur ein spezifisches Sein, das konkret das Ähnliche seiner Art und Gattung begründet, im jeweiligen Seienden als Einzelwesen verschieden ist. Kein Baum gleicht dem anderen; jeder ist dem anderen ähnlich. Das gilt für jedes Tier; nur der Wildpfleger kann sie in der Natur, der Wärter im Zoo unterscheiden. Das trifft auch auf den Menschen zu; keiner gleicht einem anderen, alle sind sich im SEIN ähnlich. Ein geklonter Mensch wäre ein elementarer Eingriff in die Natur, weil das Ähnliche und das Gleiche zusammenfallen. Für Heideggers Denken ist bereits das Verhältnis des Seins zum Seienden, ob Mensch, Tier oder Pflanze ‚das gleiche‘! Der Philosoph nimmt im Grunde die Ideologie des Klonens vorweg: Noch kennt niemand diesen Begriff im Jahr 1946.

Es steht hier in Frage, ob Heidegger die konkrete Unterscheidung der Lebewesen beachtet, die der Dichter benennt; alle sind Natur, der Mensch hat dazu noch Geschichte. Was sagt Heidegger dazu? ”Was Rilke die Natur nennt, ist nicht gegen die Geschichte abgesetzt. Vor allem ist sie nicht als Gegenstandsgebiet der Naturwissenschaft gemeint. Natur ist auch nicht der Kunst entgegengesetzt. Sie ist der Grund für Geschichte und Kunst im engeren Sinne. In dem hier gebrauchten Wort Natur schwingt noch der Anklang an das frühere Wort Φυσις, das auch der ζωη gleichgesetzt wird, was wir mit Leben übersetzen. Das früh gedachte Wesen des Lebens ist aber nicht biologisch vorgestellt, sondern als die Φυσις, das Aufgehende. Im Gedicht wird «die Natur» Vers 9 auch «das Leben» genannt. Die Natur, das Leben nennen hier das Sein im Sinne des Seienden im Ganzen.' (257)

Alles läuft bei Heidegger auf ‚das Sein' hinaus, da mag Rilke dichten, was er will. Natur und Leben, Urgrund und Grund: alle Worte nennen immer nur das ‚Sein'. Nicht der Mensch bringt seine Geschichte hervor, weil er als einziges Wesen in ‚seinem konkreten Sein' Natur *und* Geschichte ist; die Natur als ‚Sein' im Sinne des ‚Seienden im Ganzen' ist der Grund für Geschichte und Kunst. Heidegger geht nicht auf den Menschen ein, der er selbst ‚ist'; er sucht nicht dort, in der unmittelbaren Nähe seiner selbst, eine Antwort auf die Frage: ‚wer ist der Mensch?' wie es die Dichter tun und wie es auch in der Philosophie notwendig wäre! Für sein Denken und Sprechen sucht er in der alten und neueren Geschichte, in allen Zeiträumen nach fügsamen Worten und dienstbaren Begriffen. Zuletzt ist es immer ‚das Sein', dem alles zu danken ist. Zur Unterstützung dieser Auffassung greift er auf große Denker zurück, deren bloße Nennung schon ungemein schmückt; im Kontext eine Kostprobe: ‚Natur müssen wir hier in dem weiten und wesentlichen Sinne denken, in dem Leibniz das groß geschriebene Wort Natura gebraucht. Es bedeutet das Sein des Seienden. Das Sein west als die vis primitiva activa. Dies ist das an – fangende, jegliches zu sich versammelnde Mögen, das dergestalt jedes Seiende zu ihm selbst entläßt. Das Sein des Seienden ist der Wille. Der Wille ist die sich zusammennehmende Versammlung eines jeden ‚ens' (Seiendes) zu ihm selber. Jedes Seiende ist als Seiendes im Willen. Es *ist* als Gewilltes' (256f)

Im Gedicht kommt einmal das Wort ‚wollen' vor (7.Zeile); da muss weitläufig im voraus die beabsichtigte Deutung vorbereitet werden. Die Natur überläßt die Wesen dem Wagnis ihrer dumpfen Lust! Da steckt eine Kraft dahinter; die ‚Schwerkraft der reinen Kräfte' wartet ja geradezu darauf, im Sinne des Philosophen gedeutet zu werden, auch das ‚Offene' noch und vor allem das ‚Gesetz', das wir als SEIN deuten. Im Rückgriff auf Leibniz wird seine NATURA von Heidegger für die vom Dichter genannte ‚Natur' (1.Zeile) genommen und diese als das ‚Sein des Seienden' gedeutet. In allen Wesen ‚west' das Sein als ursprüngliche aktive Kraft (vis primitiva activa) und diese Kraft als Sein ist, anders benannt, ‚Wille'. ‚Jedes Seiende ist als Seiendes im Willen', sprich: im Sein!

Jetzt können wir verstehen, das heißt: wir müssen es!, warum Heidegger den Urgrund zum Sein macht, damit *es* uns wagt. Der Mensch ist ein vom Sein als ‚Kraft und Wille' freudig Gewilltes und darin Gewagtes, weniger der selbst Wagende. Das Geschichte und Kunst begründende Sein ist letztlich verantwortlich für alles Geschehnis, nicht der Mensch. Die ‚Zeit ist dürftig', weil sich das ‚Sein nicht zur reichen Zeit lichtet'. Das ‚Reich des Führers und die Kraft der Bewegung‘ ließen den sehnsüchtig wartenden Heidegger im Jahre 1933 für einige Augenblicke hoffen, das Neue Reich sei angebrochen. Der Rektor der Freiburger Universität verkündet in seiner verruchten Antrittsrede den Anspruch auf ‚geistige Führung‘, um von Anfang an dabei zu sein! Der Sucher des Seins wird ein Mitläufer des Führers. Jetzt, im Jahre 1946, da die ‚Bewegung‘ unter einem ungeheuren Leichentuch erstarrt ist, will das ‚Sein‘ erneut befragt werden, ob es sich lichtet. Die Erkundung beim Dichter, sein Gedächtnis zu feiern, ist da sehr dienlich; es dient der Ablenkung seiner Verirrung; die großen Gesten im Wort sind wieder möglich; was kümmert Heidegger, wie seiner Zeit Hegel, die Wirklichkeit!? das hört sich so an:

"Das Sein des Seienden ist das Wagnis. Dieses beruht im Willen, der sich seit Leibniz deutlicher als das in der Metaphysik enthüllte Sein des Seienden ankündigt. Der hier zu denkende Wille ist nicht die abstrakte Verallgemeinerung des psychologisch gemeinten Wollens. Vielmehr bleibt das metaphysisch erfahrene Wollen des Menschen nur das gewillte Gegenspiel zum Willen als dem Sein des Seienden. Insofern Rilke die Natur als das Wagnis vorstellt, denkt er sie metaphysisch aus dem Wesen des Willens. Dieses Wesen verbirgt sich noch, sowohl im Willen zur Macht (hier ist Nietzsche gemeint; SPN), wie auch im Willen als Wagnis. Der Wille west als der Wille zum Willen.‘ (257 f)

Der Dichter kann keinen Einspruch mehr gegen die Vergewaltigung seines Gedichts erheben; wir jedoch können es. Das Gedicht von Rilke bedenkt, w e r der Mensch ist; Heideggers Auslegung sucht nur die eigene Ideologie zu bestätigen. In der 12. Zeile heißt es beim Dichter: ‚was uns schließlich birgt ist unser Schutzlossein ...‘. Für den Philosophen kann nur das Sein uns bergen, das uns aus seinem Wesen als Willen wagt. Doch leider, so Heidegger, ‚dieses Wesen verbirgt sich noch, sowohl im ‚Willen zur Macht’, wie auch im ‚Willen als Wagnis’.‘ (258) Mit diesem Spruch hat unser Philosoph zwei Fliegen mit einer Klappe geschlagen: Nietzsche und diesen Dichter, den der Denker gerade feiert. Ihn stört eigentlich nur eines: Warum sagt der Dichter in seinem Gedicht nichts, um das Sein zu entbergen?

Ach ja, das geht gar nicht! Das Sein selbst ist es, das sich verbirgt oder entbirgt! Das Sein ist groß und Heidegger ist sein Prophet! Seine Philosophie ist, frei nach Beckett, ‚Warten auf das Sein’! Im Wartesaal trifft er, eher zufällig, auf das Gedicht von Rilke. Wie Sokrates einst im Gespräch mit Jünglingen ist die *Hebamme Heidegger* an Erkenntnissen von Dichtern interessiert; das bewahrt ihn zugleich vor der eigenen Verantwortung für die 1945 gescheiterte Geschichte! Und so stellt er geradezu erleichtert fest: "Über den Grund des Seienden, nämlich über das Sein als das Wagnis schlechthin, sagt das Gedicht unmittelbar nichts. Wenn aber das Sein als das Wagnis das Verhältnis des Loswerfens ist und so selbst das Gewagte in den Loswurf einbehält (z.B. den Menschen Heidegger? SPN), dann sagt uns das Gedicht mittelbar einiges über das Wagnis, indem es vom Gewagten sagt." (258)

Wenn Heidegger an dieser Stelle ,um einen Hauch wagender' gewesen wäre, sei es nur, um für die nächsten Sätze Atem zu holen, hätte er in der kurzen Pause seiner Rede erkennen können, dass er nicht das Gedicht von Rilke, sondern seine Philosophie deutet: Über das Sein, wie unser Denker es sucht, sagt das Gedicht nichts! Wie wahr! Der Dichter sagt etwas Wesentliches zum ,SEIN des Menschen'! Doch Heidegger ist auch ein Mensch! Warum erkennt er das nicht? Ist er mit seinem *Latein vom Sein* am Ende? Der Dichter spricht nach den ersten drei Zeilen, die alle Wesen betreffen, nur noch vom Menschen! Um keinen Irrtum aufkommen zu lassen, sagt er viermal ,wir' und viermal ,uns'! Niemand wird ausgeschlossen, es geht einzig und allein um die Frage: *Wer ist der Mensch*? Das ist im Gedicht so klar und deutlich gesagt, dass es eigentlich nicht zu übersehen ist! Heidegger kann es! Macht das seine Größe aus? Ist der Schatten, den er wirft, schon so groß geworden, dass wir in seiner Dunkelheit die Unterschiede nicht mehr wahrnehmen können? Wir müssen uns aufklären, den Schatten *Heidegger* verschwinden lassen! Dieses ,Wagnis' müssen wir wagen; der Dichter fordert es von uns ein!

Für Heidegger ist *der Mensch Gewagter des Seins*. Was das Sein eigentlich ist, wird der Philosoph zu Lebzeiten nicht erkunden und nicht sagen. Das weiß er in seinem Vortrag im Jahre 1946 noch nicht; als ein selbst vom Sein Gewagter muss er suchen und reden, ob er will oder nicht: er ist ein vom ,Sein Gewillter'! Das auferlegte ,Wagnis' bezieht ihn einfach ein: ,Ich denke das Sein – Ich kann nicht anders!' Das verlautet dann so: "Das Sein, das alles Seiende in der Wage hält, zieht so das Seiende stets an sich und auf sich zu, auf sich als die Mitte. Das Sein hält als das Wagnis alles Seiende als das Gewagte in diesen Bezug. Aber diese Mitte des anziehenden Bezugs zieht sich zugleich aus allem Seienden zurück. Dergestalt überläßt die Mitte das Seiende dem Wagen, als welches es gewagt ist. In diesem versammelnden Loslassen verbirgt sich das metaphysische, aus dem Sein gedachte Wesen des Willens. Die ziehende, alles vermittelnde Mitte des Seienden, das Wagnis, ist das Vermögen, das dem Gewagten ein Gewicht, d.h. Schwere verleiht. Das Wagnis ist die Schwerkraft. .... Die .... Schwerkraft ist im Unterschied zur physischen Gravitation ... die Mitte des Seienden im Ganzen. Rilke nennt sie deshalb die >unerhörte Mitte< ... Sie ist der Grund als das >Mit<, das mittelnd das eine zum anderen hält und alles im Spiel des Wagnisses versammelt.. Die unerhörte Mitte ist >die ewige Mitspielerin< im Weltspiel des Seins. Das selbe Gedicht, worin das Sein als das Wagnis gedichtet ist, nennt (Vers 11 und 12) den mittelnden Bezug als >die Schwerkraft der reinen Kräfte<. Die reine Schwerkraft, die unerhörte Mitte alles Wagens, die ewige Mitspielerin im Spiel des Seins ist das Wagnis." (259 f)

Was soll man dazu noch sagen? Alles hat in Heideggers Auslegung damit angefangen, dass er die Natur zum Urgrund, diesen zum Grund und dann zum Sein ernannt hat: ‚Den Grund des Seienden nennt man von altersher das Sein.' (257) Das ‚Sein' ist das Wagnis, dass uns wagt; wir sind Gewagte des Seins: es wagt uns! Der falsche grammatische Anschluss hat Methode. Nun ist das ‚Sein' als ‚Wagnis' auch noch die ‚Schwerkraft', die ‚reine Schwerkraft' und, das sowieso, die ‚Schwerkraft der reinen Kräfte'! Es geht auch nicht um das ‚Zentrum im Menschen', sondern um die ‚Mitte des Seienden im Ganzen!' Was hat das mit dem Gedicht zu tun? Nichts! Mit Heideggers Ideologie vom Sein? Alles! Der Denker bereitet sich darauf vor, seine Rede auf die besonderen Menschen zu bringen, die wagender und darin weniger dürftig sind als die Vielen. Wer es noch nicht bemerkt haben sollte: Heidegger spricht immer von und für sich und ganz besonders dann, wenn er von sich weg auf anderes hin zu denken scheint wie hier auf das Gedicht von Rilke. Er begreift natürlich ganz genau, was der Dichter zum Menschen sagen will. Da er ihn für sich vereinnahmt, kann er alles sagen, was für das Weltspiel notwendig ist, ohne sich, wie in der Rektoratsrede des Jahres 1934, den Mund zu verbrennen. Die ‚Welt' hört nicht auf ihn; der ‚Führer und seine Bewegung' waren auch nicht das, was als ‚Lichtung des Seins' zu bezeichnen wäre; deswegen eröffnet Heidegger seine Rede im Jahre 1946 (im engsten, vertrauten Kreise seiner Gefolgsleute) mit dem Verweis auf den ‚Abend unseres Weltalters im drohenden Übergang des Weltzeit in die Nacht!' (248) Da muss einfach einer sein, der es zu sagen weiß, der die Drohung abwenden und die Zeit wenden kann! Da ist das Gedicht von Rilke gerade recht! Wie will man sonst mitten in der Deutung des Gedichts, das vor allem vom ‚Menschen' spricht, folgendes einordnen?:

"Das Wesen der Technik kommt nur langsam an den Tag. Dieser Tag ist die zum bloß technischen Tag umgefertigte Weltnacht. Dieser Tag ist der kürzeste Tag. Mit ihm droht ein einziger endloser Winter. Jetzt versagt sich dem Menschen nicht nur der Schutz, sondern das Unversehrte des ganzen Seienden bleibt im Finstern. Das Heile entzieht sich. Die Welt wird heil – los. Dadurch bleibt nicht nur das Heilige als die Spur zur Gottheit verborgen, sondern sogar die Spur zum Heiligen, das Heile, scheint ausgelöscht zu sein. Es sei denn, daß noch einige Sterbliche vermögen, das Heillose *als* das Heillose drohen zu sehen. Sie müßten ersehen, welche Gefahr den Menschen anfällt. Die Gefahr besteht in der Bedrohung, die das Wesen des Menschen in seinem Verhältnis zum Sein selbst angeht, nicht aber in zufälligen Fährnissen. Diese Gefahr ist *die* Gefahr. Sie verbirgt sich im Abgrund zu allem Seienden. Um die Gefahr zu sehen und zu zeigen, müssen solche Sterbliche sein, die eher in den Abgrund reichen.

>Wo aber Gefahr ist, wächst
Das Rettende auch.< (Hölderlin IV, 190)

Vielleicht ist jede andere Rettung, die nicht von dort kommt, *wo die* Gefahr ist, noch im Unheil. Jede Rettung durch einen noch so gut gemeinten Behelf, bleibt für den im Wesen gefährdeten Menschen auf die Dauer seines Geschickes ein bestandloser Schein. Die Rettung muß von dort kommen, wo es sich mit den Sterblichen in ihrem Wesen wendet." (272 f)

Jetzt ist die Katze aus dem Sack; die Welt ist in Gefahr; wo wächst das Rettende? Hölderlin reicht an den Abgrund, er ist ein Dichter in dürftiger Zeit, der das Wesentliche denkt; ist es auch Rilke? Wenn nicht oder nicht ganz, bleibt sein Gedicht eine gute Gelegenheit, das Fehlende zu sagen und sich dadurch selbst als ‚Retter' zu zeigen. Heidegger mag nicht mehr in die Geschichte von 1933 - 1945 zurückdenken, sich nicht der eigenen Verantwortung stellen, die er als ‚Mitdenker und Mitläufer' der Bewegung hatte und hat! So denkt er seine Bewältigung der Vergangenheit auf die Zukunft, auf die ‚Wende der Zeit und der Geschichte'; er denkt sie für uns alle auf das notwendig Kommende voraus, das irgendwann einmal, das ist sein fester Glaube, kommen muß! Und das Gedicht ist eine so schöne Gelegenheit, nach den schöpferischen Menschen zu fragen, die das Kommende vorbereiten: "Sind Sterbliche, die eher an den Abgrund des Dürftigen und seiner Dürftigkeit reichen?" (273) Ja, sie sind! jauchzt Heidegger! Und meint sich selbst. Endlich kann er es sagen, was gesagt sein muss. Es ist schließlich das Sein selbst, das dem Denker des Seins zu sagen befiehlt:

"Diese Sterblichsten der Sterblichen wären die Gewagtesten. Sie wären noch wagender als das sich durchsetzende Menschenwesen (in der ‚Technik'/SPN), das schon wagender ist als Pflanze oder Tier. ..... Der Mensch ist nicht nur im Wesen wagender als Pflanze und Tier. Der Mensch ist zu Zeiten sogar wagender, >als selbst das Leben ist<. Das Leben bedeutet hier: das Seiende in seinem Sein, die Natur. Der Mensch ist zu Zeiten wagender als das Wagnis; seiender als das Sein des Seienden. Aber das Sein ist der Grund des Seienden. Wer wagender ist als der Grund, wagt sich dorthin, wo es an allem Grund gebricht, in den Abgrund. Wenn aber der Mensch der Gewagte ist, der mit dem Wagnis geht, indem er es will, dann müssen die Menschen, die manchmal noch wagender sind, auch noch wollender sein. Allein, gibt es eine Steigerung dieses Wollens über das Unbedingte des vorsätzlichen Sichdurchsetzens hinaus? Nein. Dann können diejenigen, die manchmal wagender sind, nur insofern wollender sein, als ihr Wollen in seinem Wesen anders ist. Dann wäre Wollen und Wollen nicht das Selbe. Sie, die aus dem Wesen des Wollens wollender sind, bleiben dem Willen als dem Sein des Seienden gemäßer. Sie entsprechen dem Sein, das sich als Wille zeigt, eher. Sie sind wollender, insofern sie williger sind. Wer sind die Willigeren, die wagender sind? Auf diese Frage antwortet das Gedicht, wie es scheint, nicht ausdrücklich." (273 f)

Es scheint nicht nur so; das Gedicht kann nicht antworten, weil es das nicht enthält, was Heidegger ihm abgewinnen will. Er sagt sich, frei nach Hegel, ‚umso schlimmer für das Gedicht'! Es muss sich seiner Interpretation unterwerfen! Es geht schließlich um das Weltspiel des Seins! Da muss ein Wollen sein, dem kein anderes Wollen vergleichbar ist; dafür ist ein Willen notwendig, dem kein anderer williger ist; da ist ein ‚Wagendes Wagnis' erforderlich, für das kein anderer Mensch wagender ist: Mit der Endlösung der Frage nach dem Sein steht das zukünftige Geschick der Menschheit auf dem Spiel! – Da sind die Fragen und Antworten des Denkers unendlich bedeutsamer als unser Hinweis, das Gedicht von Rilke sage etwas anderes! Heidegger allein weiß, was gesagt sein will! Er weiß darum auch eine Antwort auf die Frage, die das Gedicht, wie er selbst bemerkt hat, nicht ausdrücklich stellt (s.o.), weil seine Antwort, einfach zu wichtig ist; was sein muss, das muss das *Sein* und nichts anderes sein! Und wenn der Dichter es eben nicht so deutlich sagen kann, wie der Denker es wünscht, muss dem ein wenig oder auch viel nachgeholfen werden; darum sagt der Denker der Endlösung weiter:

"Allerdings sagen die Verse 8 – 11 von den Wagenderen etwas in der Verneinung und im Ungefähren. Die Wagenderen wagen sich nicht aus Eigennutz um der eigenen Person willen. Sie versuchen weder einen Vorteil zu erlangen, noch ihrer Eigensucht zu frönen. Auch können sie, obzwar sie wagender sind, nicht auf eine hervorstechende Leistung pochen. Denn sie sind nur um ein geringes wagender: ‚....um einen Hauch wagender ...' Ihr ‚mehr' ist so gering wie ein Hauch, der flüchtig bleibt und unmerklich. Aus solcher Andeutung läßt sich nicht entnehmen, wer die Wagenderen sind." (274)

Der Denker gibt zu, dass er im Grunde nicht weiß, was der Dichter sagt oder sagen will. Das Gedicht sagt uns einfach nicht, so der verzweifelte Heidegger, wer die Wagenderen sind! Es müssen besondere Menschen sein, die sich ‚dem Sein zuwenden' und sich nicht im ‚Herstellen technischer Produkte' verlieren. Warum sagt der Dichter nicht endlich etwas zu diesen vom ‚Sein Gewagten'? Der Philosoph hatte doch schon den Text umgestellt: Nicht der Urgrund, das Sein .... es wagt uns! Wann erscheint im Gedicht endlich das Wagnis der ‚Wagenderen und Wollenderen', dass man Näheres über sie erfahren kann? Und wirklich! Es steht für Heidegger in den Versen 10 – 12 des Gedichts:

"Dies schafft uns, außerhalb von Schutz,
in Sichersein, dort, wo die Schwerkraft wirkt
der reinen Kräfte; ..."

Heidegger sieht schon das rettende Ufer: "Das wagendere Wagen stellt keinen Schutz her. Aber es schafft uns ein Sichersein. ... Sicher sind wir erst dort, wo wir weder mit dem Schutzlosen, noch auf einen im Wollen errichteten Schutz rechnen. Ein Sichersein besteht nur außerhalb der vergegenständlichenden Abkehr vom Offenen, >außerhalb von Schutz<, außerhalb des Abschiedes gegen den reinen Bezug. Dieser ist die unerhörte Mitte alles Anziehens, das jegliches in das Schrankenlose einzieht und für die Mitte bezieht. Diese Mitte ist das >dort<, wo die Schwerkraft wirkt der reinen Kräfte. Das Sichersein ist das geborgene Beruhen im Gezüge des ganzen Bezuges." (275)

Haben wir in diesen Sätzen irgendeine Auskunft erhalten über die ‚unerhörte Mitte', etwa im Hinweis, dass sie ‚dort' ist?, von ‚Abkehr' und ‚Abschied'?, vom ‚Schrankenlosen'? und vom ‚Gezüge des ganzen Bezuges'? Und wie ist es mit der >Schwerkraft<, mit den >reinen Kräften<, die >dort< sind, wo die >Mitte<? Sagt Heidegger etwas, was wir zu dem, was wir bisher immer noch nicht wissen, nunmehr wissen könnten? Ob er selbst versteht, was er vom ‚Sichersein als das geborgene Beruhen im Gezüge des ganzen Bezuges' sagt? Alles ist so eigentlich nichtssagend, dass die nicht weiter auszulotende Tiefe der ungeheuer komplexen Aussage einfach eine Bedeutung haben muss, selbst wenn sie keine hat! Heidegger spricht es bedeutsam aus: "Das wagendere Wagen, wollender als jedes Sichdurchsetzen, weil es willig ist, >schafft< uns ein Sichersein im Offenen. Schaffen bedeutet: schöpfen. Aus der Quelle schöpfen heißt: das Hervorspringende aufnehmen und das Empfangene bringen. ... Nur ein Wagen, das wagender wird, insofern es willig ist, kann empfangend vollbringen." (275) Plötzlich taucht ein neues Wort auf: Quelle! Das muss wieder ein andrer Name sein für das Sein! Die aus dem Sein als der Quelle schöpfen und sich dem herstellenden Sichdurchsetzen entziehen, die dem Sein Willigen oder Hörigen schaffen in der Empfängnis des Seins auch sein Vollbringen; sie gebären es aufs Neue, weil sie dem Sein willig oder hörig sind. Durch Empfängnis und vollbringende Austragung des Seins schaffen diese und nur diese von der Gnade des Seins getroffenen Menschen ein <Sichersein<! Heidegger geht aus Anlass des Gedichts von Rilke erneut und auf besondere Weise mit dem Sein schwanger und steht kurz davor, es zu gebären.

Der schwangere Philosoph wähnt sich auf dem rechten Weg. Die letzten Verse dürften nun kein Problem mehr sein. Er irrt sich; was macht Heidegger zum Beispiel mit dem *Imperfekt* in Vers 14? und wie deutet er das *Gesetz* im letzten Vers, das wir als Schlüssel des ganzen Gedichts bezeichnet haben? Er schlägt als Waldhüter, der er nun einmal auf dem Holzweg ist, eine Schneise, ihn begehbar zu machen, wo er zugewachsen ist. Wald, Holz und Weg sind ihm Metaphern für die *Sprache als Haus des Seins*; dem Hüter muss erlaubt sein, sich in diesem Hause frei zu bewegen. Das nimmt sich so aus: das Imperfekt wird kurzerhand zum Perfekt gemacht und schon ist der Weg wieder offen: "Das Schutzlossein birgt nur, insofern wir es schon *gewendet haben.* (Perfekt/SPN) Rilke sagt: ‚daß wirs so ins Offne *wandten*‘. (Imperfekt/SPN) Im Gewendet haben liegt eine ausgezeichnete Weise des Wendens. Im Gewendet haben ist das Schutzlossein im vorhinein als Ganzes in seinem Wesen gewendet. Das Auszeichnende des Wendens besteht darin, daß wir das Schutzlossein als das Drohende gesehen haben (wieder Perfekt/SPN). Erst solches Gesehenhaben sieht die Gefahr. Es sieht, daß das Schutzlossein als solches unser Wesen mit dem Verlust der Zugehörigkeit in das Offene bedroht. In diesem Gesehen haben muss das Gewendet haben beruhen. Gewendet ist das >Schutzlossein< dann >ins Offene<. Mit dem Gesehen haben der Gefahr als der Wesensgefahr müssen wir die Umkehrung der Abkehr gegen das Offene vollzogen haben. Darin liegt: das Offene selbst muß sich in einer Weise uns zugekehrt haben, daß wir ihm das Schutzlossein zuwenden können,

>um es, im weitsten Umkreis irgendwo,
wo das Gesetz uns anrührt, zu bejahen.<"
(276 f; Text in der Version von Heidegger; Hvb. / SPN)

Warum kann Heidegger das *Imperfekt* im Gedicht nicht tolerieren? Unsere Antwort: Er müsste dann endlich das deuten, was der Dichter sagt. Für Rilke ist nicht ein ‚konzeptionelles Sein’, sondern der Mensch, der im Handeln und Schaffen ständig gefährdet ist, da die Gefahr andauert (Imperfekt) und immer wieder neu zu bestehen ist. Diesen Menschen kann Heidegger nicht anerkennen! Wo bliebe dann das Sein und er selbst? Wo bliebe diese Rede von 1946 und die vielen Reden, die noch folgen? Das wäre nicht auszudenken! Der Philosoph redet daher tapfer weiter; das gibt vor allem für die Archivare eine unübersehbare Arbeit an der chinesischen Mauer der Begriffe. Wird an ihr so lange weiter gebaut, bis das ‚Sein als das Offene’ sich endlich in einer Weise uns zugekehrt hat (Perfekt!), dass wir ihm unser ‚Schutzlossein’ zuwenden können? Müssen wir uns im *Warten auf das Sein* hinter dieser Mauer schützen, um bis zur Ankunft des Seins geborgen zu sein? Heidegger bemerkt offensichtlich nicht, dass er für die Ankunft des Seins im Perfekt den Sankt Nimmerleinstag bestimmt: wir müssen die Gefahr ja erst gesehen und die Umkehr vollzogen haben! Das wiederum ist aber erst möglich, wenn ‚sich das Offene als das Sein sich in der Weise uns zugekehrt hat, dass wir endlich uns ihm zuwenden können‘! Das wird erst in der Zukunft vollendet sein. Ein solches Tempus, ein Perfekt im Futur kennt keine Sprache und keine Wirklichkeit. Es bahnt sich auch in dieser Gedächtnisrede an, dass Heidegger an ‚Sein und Zeit‘ erneut scheitern wird. Das Gedicht hat mit dem ‚weitsten Umkreis irgendwo ...’ noch zwei Verse; bieten sie noch eine

Chance? Hat der Philosoph noch ein heißes Eisen im Feuer des Seins? Heidegger vermeint das und versucht es zu schmieden:

"Was ist der weiteste Umkreis? Vermutlich denkt Rilke an das Offene und zwar nach einer bestimmten Hinsicht. Der weiteste Umkreis umrundet alles, was ist. Das Umkreisen um – eint alles Seiende, so zwar, daß es im einenden Einen das Sein des Seienden ist. Doch was heißt >seiend<? Der Dichter nennt zwar das Seiende im Ganzen in den Namen >die Natur<, >das Leben<, >das Offene<, >der ganze Bezug<. Er nennt dieses runde Ganze des Seienden nach der Gewohnheit der Sprache der Metaphysik sogar >das Sein<. Doch welchen Wesens das Sein ist, erfahren wir nicht. Aber ist davon nicht doch gesagt, wenn Rilke das Sein das alles wagende Wagnis nennt? Gewiß. Demgemäß versuchten wir auch, dieses Genannte in das neuzeitliche Wesen des Seins des Seienden, in den Willen zum Willen zurückzudenken. Allein jetzt sagt uns die Rede vom weitesten Umkreis doch nichts Deutliches, wenn wir das so Genannte als das ganze Seiende und das Umkreisen als das Sein des Seienden zu denken versuchen." (277)

c) Heidegger spielt ,das Lied vom Tod'

Die Chance konnte wieder nicht genützt werden! Rilke denkt nur ,vermutlich' an das Offene, er ,nennt zwar' das Seiende im Ganzen mit vielen Namen, doch leider sagt der Dichter wieder nicht, ,welchen Wesens das Sein ist'. Und so sagt dann auch die Rede vom ,weitesten Umkreis doch nichts Deutliches', was sich der Philosoph sehnlichst erhofft hatte. Zum Glück ist die Fügung vom ,weitesten Umkreis' noch nicht beendet; da wird vom ,Gesetz' gesprochen, das wir bejahen können, wenn es uns anrührt! Was ist ,es' und was ist das ,Gesetz' für Heidegger? Seine Antwort ist für das Gedicht überraschend und in jeder Hinsicht ungewöhnlich; für die Ideologie von Heidegger nicht; sie wird beispielhaft und unmissverständlich deutlich: sein *Lied vom Sein* ist, wie könnte es nach der von Plato angeschlagenen Grundmelodie anders erklingen, das *Lied vom Tod.*

"Wenn wir das Schutzlossein als solches ins Offene wenden, dann kehren wir es in seinem Wesen, d.h. als den Abschied gegen den ganzen Bezug, um in die Zukehr zum weitesten Umkreis. Da bleibt uns nur, das dergestalt Umgekehrte zu bejahen. Doch dieses Bejahen heißt nicht, das Nein in ein Ja umkehren, sondern das Positive als das schon Vorliegende und Anwesende anerkennen. Das geschieht so, daß wir das umgewendete Schutzlossein innerhalb des weitesten Umkreises dorthin gehören lassen, >wo das Gesetz uns anrührt<. Rilke sagt nicht: ein Gesetz. Er meint auch nicht eine Regel. Er denkt an solches, was >uns anrührt<. Wer sind wir? Wir sind die Wollenden, die in der Weise des vorsätzlichen Sichdurchsetzens die Welt als Gegenstand aufstellen. Wenn wir aus dem weitesten Umkreis angerührt werden, dann geht dieses Anrühren unser Wesen an. Anrühren besagt: in Bewegung bringen. Unser Wesen wird in Bewegung gebracht. Im Rühren wird das Wollen erschüttert, so daß erst das Wesen des Wollens zum Vorschein und in die Bewegung kommt. Dann wird das Wollen erst ein williges.

Doch was ist es, das uns aus dem weitesten Umkreis her unmittelbar anrührt? Was ist es, was im gewöhnlichen Wollen der Vergegenständlichung der Welt durch uns selbst uns versperrt und entzogen bleibt? Es ist der andere Bezug: der T o d. Er ist es, der die Sterblichen in ihrem Wesen erreicht und sie auf den Weg zur anderen Seite des Lebens und so in das Ganze des reinen Bezuges setzt. Der Tod versammelt so in das Ganze des schon Gesetzten, in das Positum des ganzen Bezuges. Als diese Versammlung des Setzens ist er das Ge–setz, so wie das Gebirg die Versammlung der Berge in das Ganze ihres Gezüges ist." (280)

Wer hätte das gedacht und erwartet? Der Tod, diese Grenze des Lebens, soll das GESETZ sein? Was selbst nicht zum Leben der Wesen gehört, soll sie als Gesetz bestimmen? Hat das LEBEN kein eigenes GESETZ, keine eigene ‚Schwerkraft der reinen Kräfte'? ‚Wie wahr, wie seiend' hat Goethe am Lido von Venedig ausgerufen, da er sah, wie sich das LEBEN in den Wesen bewährte! Auch Rilke spricht in seinem Gedicht vom LEBEN und seinem Gesetz im Menschen! Und was macht Heidegger daraus? Was deutet er in das Gedicht hinein, im Versuch, den Dichter als Zeugen für seine Ideologie zu gewinnen? Der TOD sei für alle Wesen das GESETZ! Mit seinem *Todestrieb* grüßt Sigmund Freud diesen *Denker des Todes,* der sich 1946 nach seinen Verstrickungen im tausendjährigen Reich auf sein philosophisches Comeback frei sprechen will, obwohl er selbst vor der Geschichte, und was wichtiger, vor seinem Selbst noch nicht frei gesprochen ist. Doch das ‚Selbst' kennt er nur als Wort, nicht als eine ontische Instanz; das SEIN des SELBST wird er nie bei sich erkennen; auch nicht, dass er ihm im Gedicht von Rilke begegnen konnte.

Wir befinden uns in seiner Deutung des Gedichts von Rilke im Zentrum der Ideologie Heideggers. Da er den Menschen nur ‚geschichtlich' denkt und in der gegenwärtigen Geschichte mit dem ‚Tode Gottes' die Maßgabe abhanden gekommen ist, ist eine andere richtende Instanz für die guten wie für die bösen Menschen zu finden: die ‚Bösen' sind die, ‚die alles zum Gegenstand machen, die Welt als Gegenstand aufstellen' (280). Sie ‚zerstören und tragen darin Schuld am Vergessen des Seins'! Und wer sind die Guten? Dreimal darf man raten! Für Hegel ist die Weltgeschichte zugleich das ‚Weltgericht'; das maßgebende ‚Gesetz' ist der ‚absolute Geist'. Nach dem ‚Tode Gottes' taugt Hegels Philosophie nicht mehr! Nietzsche denkt den ‚Tod Gottes' und damit immer noch in den Bahnen der alten Metaphysik. Heidegger erkennt deutlich wie keiner vor ihm, dass die Weltzeit sich der Nacht zuneigt und das Weltspiel an sein Ende zu gelangen droht! In seinem entschiedenen ‚Willen' zur ‚Rettung' will der Philosoph, um Hegel und Nietzsche zu übertreffen, endlich die *endgültige Endlösung* verkünden. Und tatsächlich ist der Tod, unsere Geschichte hat es aufgezeigt, für bedenkenlose Menschen das Mittel für eine ,Endlösung'! Heidegger kommt ihr in seinem Denken gefährlich nahe. Seine Deutung des Gedichts von Rilke behauptet jedenfalls: Die Instanz, auf die man sicher vertrauen kann, ist der TOD! Er ist – das GESETZ.

d) Heidegger entdeckt plötzlich die ,Logik des Herzens'

Heidegger hat an dieser Stelle seiner Rede eine leise Ahnung, dass er seine Deutung des Rilkeschen Gedichts so nicht beenden darf; er macht darum eine Zugabe. Ohne Bezug zum Gedicht hat er ständig von zwei Menschen – Typen gesprochen: der eine sucht sich ,vorsätzlich durchsetzen, die Welt im Herstellen zu vergegenständlichen' (281); der andere will die umkehrende Abkehr, um sich ,zum wesenhaft Inneren und Unsichtbaren zu wenden'. (282) Für den ersten Typ mit der ,rechnenden Vernunft' reklamiert er Descartes (1596-1650), für den zweiten Pascal (1623-1662) mit seiner ,Logik des Herzens'. Der Denker führt mit der Metapher des *Herzraumes* ohne jeden Zusammenhang einen Begriff ein, den er in einem riskanten *Salto vitale* dem Gesetz des Todes entgegen zu stellen sucht:

"Fast gleichzeitig mit Descartes entdeckt Pascal gegen dessen ,Logik der rechnenden Vernunft' die ,Logik des Herzens'. Das Innen und das Unsichtbare des Herzraumes ist nicht nur innerlicher als das Innen des rechnenden Vorstellens und darum unsichtbarer, sondern es reicht zugleich weiter als der Bereich der nur herstellbaren Gegenstände. Im unsichtbaren Innersten des Herzens ist der Mensch erst dem zugeneigt, was das zu Liebende ist: die Ahnen, die Toten, die Kindheit, die Kommenden. Dies gehört zu dem weitesten Umkreis, der sich jetzt als die Sphäre der Präsenz des ganzen heilen Bezuges erweist. ... Der weiteste Umkreis des Seienden wird im Innenraum des Herzens präsent. Das Ganze der Welt gelangt hier nach allen Bezügen in die gleiche wesentliche Präsenz. Rilke sagt dafür in der Sprache der Metaphysik >Dasein<. Die ganze Präsenz der Welt ist das im weitesten Begriff >weltische Dasein<. Das ist ein anderer Name für das Offene, anders aus dem anderen Nennen, das jetzt das Offene denkt, insofern die vorstellend – herstellende Abkehr gegen das Offene sich umgekehrt hat aus der Immanenz des rechnenden Bewußtseins in den Innenraum des Herzens. Der herzhafte Innenraum für das weltische Dasein heißt daher auch der >Weltinnenraum<. >Weltisch< bedeutet das Ganze des Seienden." (282 f)

Was für Pascal in seiner Zeit noch verstehbar war, das *Herz* als Metapher für das von Philosophie vernachlässigte *Gefühl* zu reklamieren, das kann für Heidegger nicht mehr gelten. Das Gedicht von Rilke enthält dazu auch nichts. Den

Deuter bekümmert das wenig. Er holt einfach Pascal zu Hilfe. Er bringt zusammen, was nicht zusammen gehört. Wir dürfen uns dadurch nicht blenden lassen. Heidegger zählt auf, was nach Pascal ‚das zu Liebende ist', Das soll uns in die Nähe des LEBENS führen: ,,die Ahnen, die Toten, die Kindheit, die Kommenden". In dieser Reihenfolge fällt ein Begriff völlig aus dem Rahmen: die Ahnen und Toten sind vollendete Vergangenheit; die Kommenden sind Zukunft; von Menschen ist jedenfalls die Rede, von gewesenen und von zukünftigen, von gegenwärtigen nicht. Die ‚Kindheit' passt nicht in diese abstrakte Reihe der Begriffe für Archivare. Um wessen ‚Kindheit' handelt es sich, wenn es nicht die Kindheit der gewesenen oder der kommenden Menschen sein kann? Das Gedicht gibt dazu auch nichts her. Spricht der Philosoph unvermutet von der eigenen Kindheit oder eher abstrakt von der Kindheit als solcher? Letzteres ist wohl der Fall, wenn ‚die Präsenz des ganzen heilen Bezuges' (282) einbezogen wird. Dann sollte dennoch vom Kind geredet werden, das den heilen Bezug noch kennt. Schließlich hat Hölderlin, sein ‚Dichter in dürftiger Zeit', diesen Bezug gedichtet! Dessen ‚Hyperion' kennt er doch wohl auswendig! – auch inwendig?

Das ‚K i n d' fällt Heidegger jedoch nicht ein! Er ist vertieft im ‚Weltinnenraum', im ‚weltischen Dasein', im ‚Ganzen des Seienden'! (283) Wozu dann ‚Kinder oder Dichter in dürftiger Zeit'? Diesem Denker aus Eigennutz sprechen alle Begriffe nur vom Sein. Es ist das Unsichtbare am sichtbaren Seienden. Zur Erinnerung: die Konstruktion der zwei Welten stammt von Plato: die sichtbare Welt des Seienden und die unsichtbare Welt des Seins. Der Verkünder der letzteren in neuer Version ist Heidegger, der sich für seine eigene Ideologie vom Vorläufer abzusetzen versucht. Immer noch mit Rilke befasst, kann er in dieser schwierigen Situation auf dem *Holzweg seiner Interpretation* einen Brief von Rilke aus Muzot vom 13.11.1925 wie gerufen aus dem Hut zaubern und zitieren, was ihn zwar weiter vom Gedicht weg, aber zurück auf ‚seinen eigenen Holzweg' bringt, den der Waldhüter des Seins gerade geht; die Briefstelle bei Rilke lautet folgendermaßen:

" .... unsere Aufgabe ist es, diese vorläufige, hinfällige Erde uns so tief, so leidend und leidenschaftlich einzuprägen, daß ihr Wesen in uns >unsichtbar< wieder aufersteht. *Wir sind die Bienen des Unsichtbaren.*" (Zitat bei H. 284)

Es bleibe hier offen, was Rilke sagen will; mit unserem Gedicht hat es nichts zu tun. Für Heidegger bedeutet es viel; er zitiert deshalb den französischen Satz im besagten Brief, den er übersetzt: "Wir heimsen unablässig den Honig des Sichtbaren ein, um ihn aufzuheben in dem großen goldenen Bienenstock des Unsichtbaren." (285) Das ist nun ganz nach seinem Geschmack: die Verwandlung des Sichtbaren in das Unsichtbare. Aus dem angelegten Vorrat kann dann zu gegebener ‚Zeit' die Rede vom ‚Sein' ans Licht (in die Lichtung) gebracht werden. Platon hat seine Lehre von den zwei Welten vom *Sehen* her konstruiert. Heidegger folgt als Phänomenologe in abgewandelter Form dem Vorrang dieses Sinnes: *am sichtbaren Seienden müssen wir das unsichtbare Sein erinnern.* Für seine Ideologie vom Sein, Ersatz für die platonische Idee, sind die Metaphern vom ‚Honig des Sichtbaren' und dem ‚goldenen Bienenstock des Unsichtbaren' eine wertvolle Nahrung. Sie wird in Sprache umgewandelt:

"Die Er – innerung wendet unser nur durchsetzend wollendes Wesen und seine Gegenstände in das innerste Unsichtbare des Herzraumes um. Hier ist dann alles inwendig: es bleibt nicht nur diesem eigentlichen Innen des Bewußtseins zugewendet, sondern innerhalb dieses Innen wendet sich uns eines schrankenlos in das andere. Das Inwendige des Weltinnenraumes entschränkt uns das Offene. Nur was wir dergestalt inwendig (par coeur) behalten, wissen wir eigentlich auswendig. In diesem Inwendigen sind wir frei, außerhalb der Beziehung auf die nur dem Anschein nach schützenden Gegenstände, die um uns gestellt sind. Im Inwendigen des Weltinnenraumes ist ein Sichersein außerhalb von Schutz." (285)

Heidegger fehlen noch die Deutungen der ‚Schwerkraft der reinen Kräfte', des ‚wagenderen Wagnis' und das, was der Dichter mit dem ‚Schutzlossein' des Menschen anspricht. Dass es Rilke nicht um einen geschichtlich bedingten Menschentyp geht, der sich ‚vorsätzlich durchsetzen will und gegenständlich denkt', sondern um den Menschen in seiner *ersten Natur*, will er nicht bemerken. Das Thema ‚Bewusstsein' ist ihm aus der Tradition vertraut. Der Philosoph erweitert es mit dem Begriff des ‚eigentlichen Innen des Bewusstseins'. Andere Begriffe dafür sind ‚das innerste Unsichtbare des Herzraumes' und das ‚Inwendige des Weltinnenraumes'. Heidegger kommt wieder zu zwei Welten, der äußeren sichtbaren und der inneren unsichtbaren Welt. Die eine ist *‚beschränkt'*, *‚schrankenlos entschränkt'* die andere. Doch nun entsteht das Problem: wie kommt man von der einen, der leicht zugänglichen Welt von Jedermann, in die andere? Rilke hat dieses Problem nicht, weil er für alle Menschen und nur von ihrer Natur spricht. Er setzt einen Menschen voraus, den er aus sich selbst kennt. Auf Texte über Texte fixiert, hat Philosophie die Selbsterkenntnis aus dem Blick verloren. Davon ist auch der Denker des Seins betroffen; er hat die Frage zu beantworten, wie der Überstieg (der excessus bei Thomas von Aquin) vom Sichtbaren zum Unsichtbaren möglich ist? Er versucht es in folgenden Sätzen:

"Doch, so fragen wir schon immer, wie kann diese Er–innerung des schon immanenten Gegenständigen des Bewußtseins in das Innerste des Herzens geschehen? Sie betrifft Inneres und Unsichtbares. Denn sowohl das, was er–innert wird, als auch das, wohin es er–innert wird, ist solchen Wesens. Die Er–innerung ist die Umkehrung des Abschiedes zur Einkehr in den weitesten Umkreis des Offenen. Wer von den Sterblichen vermag dieses umkehrende Erinnern?

Zwar sagt das Gedicht, ein Sichersein unseres Wesens werde uns dadurch gebracht, daß Menschen "manchmal auch wagender sind ..., als selbst das Leben ist, um einen Hauch wagender ...".

Was ist es, was diese Wagenderen wagen. Das Gedicht verschweigt, wie es scheint, die Antwort." (285)

Heidegger merkt es selbst: er kommt in der Deutung des Gedichts nicht weiter. Er hat unbemerkt den Text falsch gelesen, den Sinn dadurch entscheidend verändert. Das rächt sich nun. Den ‚Urgrund, der uns wagt' hat er in ‚das Sein: es wagt uns' verändert. Dadurch ist er von der *Natur* zur *Geschichte* des Menschen übergegangen. Zur letzteren sagt Rilke aber nichts. Er spricht allenfalls von den Möglichkeiten, die der Mensch aus seiner Natur für die Geschichte hat, die er hervorbringen will: "daß wir's so ins Offene wandten, da wir's drohen sahen,..." Der philosophischen Tradition ist die Natur des Menschen angeblich immer schon bekannt! Was in ihr steckt, offenbart die Geschichte als Geschichte des Seins in jeweiliger Zeit. Es kommt vor allem darauf an, nicht in ‚dürftiger', sondern in ‚reicher Zeit' zu leben oder zumindest das Kommende zu sagen, um die *Ankunft des Seins* vorzubereiten. Heidegger war 1933 geneigt, die ‚Bewegung des Führers' als ein Kommendes zu sehen. Das ‚Sein' hat es (noch) nicht gewollt. Das ‚erkennt' er 1946 (!), da er sich den ‚Dichtern in dürftiger Zeit' notgedrungen wieder zuwendet. Nicht er hat sich in der ‚Zeit' getäuscht, das ‚Sein' ist noch nicht so weit. Deswegen braucht sich unser Denker für nichts zu entschuldigen, für kein Verbrechen in dieser Geschichte, die er doch bemerkt und mit seinen Reden gefördert hat. Nicht der Mensch ist verantwortlich, das ‚Sein' schickt das geschichtliche Geschick! Das ist halt so; da kann man nichts machen! Seine Hinwendung zur ‚dürftigen Zeit' und ihren Dichtern soll ihn als ‚Mitläufer der Bewegung' nicht nur entlasten, sondern er will jetzt *uns* belasten, die wir seinen Ruf nach dem *Sein* immer noch nicht verstehen und seine *Sprache* nicht begreifen wollen. Heidegger nimmt auf seinem Holzweg zu Rilke einen ungeheuren Anlauf, um es uns in nicht zu überbietender Deutlichkeit gründlich zu sagen:

"Wir fragen: was könnte noch gewagt werden, was wagender wäre als selbst das Leben, d.h. das Wagnis selber, d.h. wagender als das Sein des Seienden? ... Wodurch kann, wenn das Sein das Einzigartige des Seienden ist, das Sein noch übertroffen werden? Nur durch sich selbst, nur durch sein Eigenes und zwar in der Weise, daß es in sein Eigenes eigens einkehrt. Dann wäre das Sein das einzigartige, das schlechthin sich übertrifft (das transcendens schlechthin). Aber dieses Übersteigen geht nicht hinüber und zu einem anderen hinauf, sondern herüber zu ihm selbst und in das Wesen der Wahrheit zurück. Das Sein durchmißt selbst diesen Herübergang und ist selbst dessen Dimension.

Dies denkend, erfahren wir im Sein selbst, daß in ihm ein zu ihm gehöriges ‚mehr' liegt und so die Möglichkeit, daß auch dort, wo das Sein als das Wagnis gedacht wird, Wagenderes walten kann, als selbst das Sein ist, insofern wir dies gewöhnlich vom Seienden her vorstellen. Das Sein durchmißt als es selbst seinen Bezirk, der dadurch bezirkt wird (τεμνειν, tempus), daß es im Wort west. Die Sprache ist der Bezirk (templum), d.h. das Haus des Seins. .... Weil die Sprache das Haus des Seins ist, deshalb gelangen wir so zu Seiendem, daß wir ständig durch dieses Haus gehen. .... Vom Tempel des Seins her denkend, können wir vermuten, was diejenigen, die manchmal wagender sind als das Sein des Seienden, wagen. Sie wagen den Bezirk des Seins. Sie wagen die Sprache. Jegliches Seiende, die Gegenstände des Bewußtseins und die Dinge des Herzens, die sich durchsetzenden und die wagenderen Menschen, alle Wesen sind je nach ihrer Weise als Seiende im Bezirk der Sprache. Darum ist, wenn irgendwo, *allein in diesem Bezirk* die Umkehr aus dem Bereich der Gegenstände und ihres Vorstellens in das Innerste des Herzraumes vollziehbar." (285 f)

Jetzt endlich hat Heidegger beinahe die Deutung, die er benötigt. Alle Menschen sind gleich, aber einige sind gleicher. Alles Geschick liegt am *Sein*, das sich dem einen mehr, dem anderen weniger zueignet. Aus dem *Wesen seiner Wahrheit* schickt das Sein jedem seine geschichtliche Wahrheit: die einen lässt es sich im Herstellen abarbeiten, die anderen wohnen im Weltinnenraum des Herzens; die einen sind die Malocher und Macher, die sich durchsetzen wollen, die anderen die wagenderen Menschen, die auf das Sein warten. Was kümmert es den Denker, dass Rilke diese Unterscheidungen nicht macht, vielmehr allgemein und zugleich ganz konkret von der Natur des Menschen spricht, die uns gemeinsam ist? N i c h t s! Nur der Philosoph Heidegger kennt die Unterschiede und weiß, wo und wie sie festzustellen sind: an und in der Sprache, zum Beispiel an und in der Sprache dieses Gedichtes von Rilke, selbst wenn sein Wortlaut korrigiert werden muss und hineingelegt wird, was gar nicht drin ist, zum Beispiel die beiden Menschen–Typen!

An ihren Reden und ihrem Tun sollen wir, so Heidegger, die beiden Typen, die kalten Rechner und die Herzenswärmer, erkennen. Wer sich in der Sprache als Haus des Seins im ‚ständigen Gehen durch dieses Haus' (286) nur im ohnehin kalten Kellergeschoss aufhält, wo man sich weniger durch Reden als durch harte Arbeit warm halten muss, wird weniger sehen und sagen können als der von unten nach oben Aufsteigende, der bis zur obersten Aussicht, dem ‚Bellevue auf das Sein' zu gelangen vermag! Was wird der nicht alles vom Sein, das durch ihn geht, weil er zuvor durch die Sprache als Haus des Seins gegangen ist, sagen können? Es muss doch wohl etwas in der Art sein, wie Heidegger es hier zu sagen weiß!? Wem hier die Ideen–Pyramide des Plato und dessen elitäre Lehre von der Wahrheit einfällt, liegt nicht falsch! Nur sollte dieser in der Tradition bewanderte auch noch den Einfall haben, dass mit Platon und Heidegger die gesamte Tradition falsch liegt! Es ist geradezu ein Treppenwitz für das Sein als ‚Haus der Sprache', dass das ‚ranghöchste Gebäude' des ranghöchsten Repräsentanten unseres Staates den Namen ‚Bellevue' trägt!

Heidegger bemerkt gerade noch rechtzeitig die Brisanz seiner feiernden Rede zum Gedächtnis eines Dichters: wie ist, wenn man dem Redner folgt, die Sprache Hitlers und dessen Beziehung zum Sein zu deuten? Hat dieser Verbrecher im tiefsten *Keller des Seins* bei den Ratten hausen müssen, zusammen mit Göring, Goebbels, Himmler und allen anderen Tätern? Konnten sie nicht anders reden und handeln als sie es taten? Und wo wohnten die vielen Mitläufer und Sympathisanten, wo beinahe ein ganzes Volk? Wo wohnte in der Zeit Heidegger selbst? Vielleicht auch im Keller des ‚Hauses des Seins'? Ist er jetzt in die erste Etage aufgestiegen? Er hat doch die Reden von Hitler und Goebbels gehört!? Er hat vom Bombenangriff auf Guernica am 26. April 1937 erfahren!? Er konnte von der ‚Endlösung der Judenfrage' wissen!? Warum zählt er jetzt, verharmlosend die Geschichte und verleugnend die menschliche Natur, die unterschiedlichen Typen auf? Ach ja, es gibt für ihn zwei Logiken, die ihn in dieser heiklen Situation retten können: die kalte Logik der rechnenden Vernunft und die erwärmende Logik des Herzens! Das Sein schickt sie uns durch unsichtbare Boten zu! Was kann der Empfänger dafür, welche Postsache er vom Sein bekommt, 1934 die Logik der Vernunft und nun, 1946, die Logik des Herzens? Es ist unser Geschick! Und dann ist ja auch noch der Hinweis, den Heidegger im Gedicht findet, obwohl es ihn nicht enthält: dass es für das eigene Geschick des zugeschickten Seins auf das mehr oder weniger das Wagnisses ankommt, das zu wagen ist. Es hat all denen, die weniger wagen, an Mut gefehlt, sich aus dem Kellerloch ihrer Existenz weiter nach oben zu wagen! Da wäre Heidegger doch zu befragen: woher kommt uns der Mut? Vielleicht auch vom Sein? Was bleibt dann noch dem Menschen? Kann er jemals dem Sein entsprechen? Die Antwort Heideggers bringt der folgende Text; er birgt eine weitere Überraschung.

e) Heidegger und sein ‚rettender Engel'

"Die Wagenderen wagen das Sagen. Doch wenn der Bezirk dieses Wagens, die Sprache, in der einzigartigen Weise zum Sein gehört, über dem und außer dem nichts anderes seiner Art sein kann, wohin soll dann das, was die Sagenden sagen müssen, gesagt werden? Ihr Sagen geht die er–innernde Umkehrung des Bewußtseins an, die unser Schutzlossein in das Unsichtbare des Weltinnenraumes wendet. Ihr Sagen spricht, weil die Umkehrung angeht, nicht nur aus beiden Bereichen, sondern aus der Einheit beider, insofern sie als die rettende Einigung schon geschehen ist. Darum muß, wo das Ganze des Seienden als das Offene des reinen Bezuges gedacht ist, die er–innernde Umkehrung ein Sagen sein, das sein zu Sagendes einem Wesen sagt, das im Ganzen des Seienden schon sicher ist, weil es die Verwandlung des vorgestellten Sichtbaren in das herzhafte Unsichtbare schon vollzogen hat. Dieses Wesen ist in den reinen Bezug von der einen und von der anderen >Seite der Kugel des Seins einbezogen. Dieses Wesen, für das kaum noch Grenzen und Unterschiede zwischen den Bezügen bestehen, ist das Wesen, das die unerhörte Mitte des weitesten Umkreises verwaltet und erscheinen läßt. Dieses Wesen ist ... der Engel." (287 f)

Seine überraschende Wende zum *Engel*, da der *Mensch* noch nicht die zwei Welten des Sichtbaren und des Unsichtbaren zu vereinigen weiß, nimmt Heidegger aus dem schon erwähnten Brief vom 13.11.1925 aus Muzot: "Der Engel der *Elegien* ist dasjenige Geschöpf, in dem die Verwandlung des Sichtbaren in Unsichtbares, die wir leisten, schon vollzogen erscheint. - Der Engel der Elegien ist dasjenige Wesen, das dafür einsteht, im Unsichtbaren einen höheren Rang der Realität zu erkennen." (nach H. 288) Rilke folgt, was Heidegger nicht wahrhaben will, in den Elegien einer ganz anderen Spur als in unserem Gedicht; Die improvisierten Verse vom 4.Juni 1924 sprechen einzig vom Menschen, die Elegien verarbeiten vieles seiner eigenen Lebens – Geschichte. In seinem Verständnis der Sprache ist bei Heidegger für solche Unterscheidung kein Raum: "Weil die Sprache das Haus des Seins ist, deshalb gelangen wir so zu Seiendem, daß wir ständig durch dieses Haus gehen. Wenn wir zum Brunnen, wenn wir durch den Wald gehen, gehen wir schon immer durch das Wort >Brunnen<, durch das Wort >Wald< hindurch, auch wenn wir diese Worte nicht aussprechen und nicht an Sprachliches denken. Vom Tempel des Seins her denkend, können wir vermuten, was diejenigen, die manchmal wagender sind als das Sein des Seienden, wagen. Sie wagen den Bezirk des Seins. Sie wagen die Sprache." (286)

Auf diesem Boden seiner Ideologie folgert Heidegger, Hegels Prinzip ändernd: ‚Was in Sprache erscheint, ist wirklich und was wirklich ist, erscheint in Sprache‘! Daraus könnte er sogar einen neuen Gottesbeweis ableiten. Der *Engel* ist jedenfalls kein Problem; er erscheint als Wort in der Sprache, also ist er wirklich. Zwar redet Rilke am 4. Juni 1924 nicht von ihm, da er jedoch an anderer Stelle von ihm spricht, gehört er für den Philosophen neben Pflanze, Tier und Mensch auch zu den existierenden Wesen. "Pflanze und Tier sind im ‚Wagnis ihrer dumpfen Lust‘ sorglos in das Offene gehalten. Ihre Leiblichkeit verwirrt sie nicht. Die Lebewesen sind durch ihre Triebe in das Offene eingewiegt. Zwar bleiben auch sie gefährdet, aber nicht in ihrem Wesen. Pflanze und Tier liegen so auf der Wage des Geschicks, dass diese sich stets in der Ruhe eines Sicherseins einspielt. Die Wage, in die Pflanze und Tier gewagt sind, reicht noch nicht in den Bereich des wesenhaft und darum ständig Ungestillten. Auch die Wage, auf die der Engel gewagt ist, bleibt außerhalb des Ungestillten; aber nicht, weil sie noch nicht, sondern weil sie nicht mehr in den Bereich des Ungestillten gehört. Gemäß seinem leiblosen Wesen hat sich die mögliche Verwirrung durch das sichtbar Sinnliche in das Unsichtbare verwandelt. Der Engel west aus der gestillten Ruhe der ausgeglichenen Einheit beider Bereiche innerhalb des Weltinnenraumes." (288 f;)

Wie mögen die Hörer der Rede auf diese Sätze reagiert haben? Haben sie den Redner gefragt, woher er Engel kennt, ob es sie überhaupt gibt und wo sie sich aufhalten? Und die Pflanzen und Tiere seien ‚sorglos ins Offene gehalten? Ihre Leiblichkeit verwirrt sie nicht?‘ Gab es da auch keine Fragen? Etwa ob Tiere Schmerzen empfinden und im Schrei äußern? War keiner der Zuhörer im Krieg, wo die Schreie der verwundeten Tiere zu hören waren? Kein Tier kann so schrecklich schreien wie ein Pferd! Pablo Picasso hat diesen Schrei im Bild ‚GUERNICA‘ sichtbar gemacht. Kennt Heidegger das Bild und die Welt, von der es kündet? Er kennt die Sprache; sie ist *das Haus des Seins*! Da es von ihm immer wieder gesagt ist, muss es einfach so sein! Wer soll also noch Fragen stellen? Wer von den Zuhörern fragt nach seinem *Bild vom Menschen*? Zwischen Pflanze und Tier auf der einen und dem Engel auf der anderen Seite gestellt, nicht mehr Tier und noch nicht Engel, existiert der Mensch! Ist er nichts für sich SELBST? Wie stellt Heidegger den Menschen dar?

"Der Mensch ist dagegen als der vorsätzlich Sichdurchsetzende in das Schutzlossein gewagt. Die Wage der Gefahr ist in der Hand des so gewagten Menschen wesenhaft ungestillt. Der sich – wollende Mensch rechnet überall mit den Dingen und den Menschen als dem Gegenständigen. Das Verrechnete wird zur Ware. Alles wird ständig anders in neue Ordnungen umgewechselt. Der Abschied gegen den reinen Bezug richtet sich in der Unstille der ständig wägenden Wage ein. Der Abschied betreibt in der Vergegenständlichung der Welt gegen seine Absicht das Unständige. Dergestalt in das Schutzlose gewagt, bewegt sich der Mensch im Medium der Geschäfte und der >Wechsel<. Der sichdurchsetzende Mensch lebt von den Einsätzen seines Wollens. Er lebt wesenhaft im Risiko seines Wesens innerhalb der Vibration des Geldes und des Geltens der Werte. Der Mensch ist als dieser ständige Wechsler und Vermittler >der Kaufmann<. Er wiegt und erwägt ständig und kennt doch nicht das Eigengewicht der Dinge. Er weiß auch nie, was in ihm selbst eigentlich Gewicht hat und überwiegt. Rilke sagt es in einem der ‚Späten Gedichte‘:

>Ach wer kennt, was in ihm überwiegt.
Mildheit? Schrecken? Blicke, Stimmen, Bücher?<

Zugleich kann aber der Mensch außerhalb von Schutz >ein Sichersein< schöpfen, indem er das Schutzlossein als solches ins Offene wendet und es dem

Herzraum des unsichtbaren einverwandelt. Geschieht dieses, dann geht das Ungestillte des Schutzlossein dorthin über, wo in der ausgeglichenen Einheit des Weltinnenraumes das Wesen erscheint, das die Weise, in der jene Einheit eint, zum Scheinen bringt und dergestalt das Sein repräsentiert. Die Wage der Gefahr geht dann aus dem Bereich des rechnenden Wollens an den Engel über." (289 f)

Heideggers Umgang mit der Etymologie von ‚wagen und wägen, Wagnis und Wagen, Waage und Wiege' ist mehr als fahrlässig.(s. dazu Kluge zu den Worten) Den von ihm intendierten Sinn wollen wir uns an einem Beispiel deutlich machen: ein Mensch selektiert an der Rampe Juden für die Gaskammer! Der ‚Kapo' gehört zum Typ Mensch, der ‚sich vorsätzlich durchsetzen will'! Als gewagter Mensch hält er die ‚Waage der Gefahr' für die Selektion in der Hand! Er rechnet ja mit Dingen wie mit Menschen als dem bloß ‚Gegenständigen'! Die ‚Juden' sind ihm hier das zu ‚Verrechnende' wie eine ‚Ware', die auf der Waage gewogen wird! Der Kapo ist dabei auch für sich ‚in das Schutzlose gewagt'! In sein Geschäft geworfen, lebt er notgedrungen ‚von den Einsätzen seines Wollens'! Er lebt ‚wesenhaft im Risiko seines Wesens ...', er wiegt und erwägt ständig, wen er selektieren soll, denn er kennt nicht das Eigengewicht der Dinge! Er weiß im Anblick der Opfer auch nicht, was in ihm im Augenblick Gewicht hat und überwiegt: ist er heute bei der Selektion schrecklich oder mild? Der Tod ist vielleicht das geringste Übel? Sieht er die flehenden Blicke einer Anne Frank, hört er die bittenden Stimmen der Kinder und ihrer Mütter? Kennt er dergleichen aus Büchern, was er gerade tut, zu tun genötigt ist, weil er vom Sein ‚gewagt' und gegenwärtig gerade in sein ‚Schutzlossein' ausgesetzt ist? Was kann dieser ‚Kapo' dafür, dass er aus seinem Verhältnis zum Sein so ist, wir er jetzt in dieser Zeit gerade ‚ist'? Heidegger macht im Grunde das ‚Sein' für alles verantwortlich! Seine ‚Waage des Seins' ist nicht geeicht! Er nennt die Waage eine ‚Wage' (es gibt in der Sprache Wagedrang, Wagen, keine ‚Wage'), auf der etwas zu wagen und zu wiegen ist" Der Denker redet *wagend* einfach drauf los und meint die ‚Waage'!

Die Sprache wird von Heidegger auf eine Rede gebracht, in der die Wirklichkeit des Menschen so ist, wie er sie sehen will. Die große Gefahr dieses Denkens und die daraus folgende Gefährdung des Menschen liegt darin, dass diese Sicht das ‚falsche Leben' verstärkt und zugleich als ‚richtig' ausgibt. Das reicht an den falschen Anfang bei Plato zurück. Ist dort die *Seele* die Vermittlerin zwischen dem Sichtbaren und dem Unsichtbaren, dem Sein der Idee und dem Schein des materiell Seienden, ist es hier der *Engel!* Der *Engel* kommt in der Sprache Rilkes vor, ob in diesem Gedicht vom 4. Juni 1924 oder anderswo, ist nicht wichtig; Heidegger denkt sich gewissermaßen einen Gesamt – Rilke, den es nie gegeben hat. Es geht ihm ja auch nicht um das ‚Sein des Menschen', sondern um das ‚Sein als solches', was das auch immer sein mag! Der Denker stellt aus Anlass seiner zweckdienlichen Deutung des Gedichts vom 4. Juni 1924 fest, dass bei Rilke ,Tier – Mensch – Engel' vorkommen. Demnach deutet er in das Gedicht hinein, was dort nicht gesagt ist, aber von ihm an anderer Stelle gefunden wird: Der Mensch ist, zwischen Tier und Engel gestellt und von seiner Leiblichkeit verwirrt, ein Risiko – Wesen, eine Gefahr für sich und andere, ein Wechsler zwischen den Fronten der Geschichte, aber immer auf der Suche nach dem *Sein*!

Der Mensch, so dieser Heidegger, muss das Wagnis seines Geschicks wagen, seine ihm vom Sein geschickte Postsache ,Vernunft' oder ,Herz' auf die Waage bringen und wägen und wiegen, ob sein Wagnis zu schwer oder zu leicht befunden! Er muss vor allem das ,Sein' suchen, um sich Klarheit zum Wagnis zu verschaffen; er muss es suchen und finden, um in den ,Herzraum des Unsichtbaren' einzugehen und die ,Wage der Gefahr aus dem verlassenen Bereich des rechnenden Wollens endlich an den *Engel* übergeben zu können!' Ist diese Übergabe die *Endlösung* von Martin Heidegger? *Sucht er den Engel auch in Auschwitz*? Diese Wirklichkeit ist bei ihm doch wohl ausgeblendet! Da die Sprache das Haus des Seins ist, müsste er doch wohl alles ansprechen!? Dieser Sprache – Denker geht weite Wege, ohne je dort anzukommen, wo er eigentlich das ,sehen' müsste, was er nicht ,sehen' will: Was man nicht sieht, davon kann man auch nicht sprechen! Mit den zwei Welten des Sichtbaren und des Unsichtbaren sind für Heidegger zwei unterschiedliche Weisen des Lebens gegeben: in der einen sind wir schuldlos weil ungeschützt in ,Geschichte' verstrickt; in der anderen sind einige schon auf dem Weg zur ,ausgeglichenen Einheit des Weltinnenraumes des Seins'. (290) Zur Wirklichkeit des Menschen sagt der Denker damit nichts, zur Ideologie des unwirklichen Seins alles! Doch was sagt uns das für unser Leben und Zusammenleben auf der gemeinsamen Erde? Nichts! Da ist es ein Trost, zumindest ein Hauch davon, dass ihm ein Spruch von Plato einfällt: auf die Frage nach dem Schönen läßt Plato seinen Sokrates nach vielen vergeblichen Antworten zuletzt sagen: *Das Schöne ist schwer*! Das moduliert der Sänger des Seins für seinen Gesang so: "Doch das sagendere Sagen ist, weil nur Wagendere es vermögen, auch nur manchmal. Denn es bleibt schwer. Das Schwere liegt darin, Dasein zu vollbringen. Das Schwere besteht nicht nur in der Schwierigkeit, das Sprachwerk zu bilden, sondern vom sagenden Werk des noch begehrenden Sehens der Dinge, vom Werk des Gesichtes überzugehen zum >Herzwerk<. Schwer ist der Gesang, insofern das Singen nicht mehr Werben sein darf, sondern Dasein sein muß. Für den Gott Orpheus, der un-endlich im Offenen verweilt, ist Gesang ein Leichtes, doch nicht für den Menschen." (292)

f) Heidegger als Sänger des Seins: keiner singt reiner, nicht einmal Rainer

Unser Philosoph, selbst kein guter Sänger, erkennt dennoch sogleich den *göttlichen Sänger*, den Rilke in seinen *Sonetten an Orpheus* zu Gehör bringt. Im dritten Sonett findet sich die Fügung: *Gesang ist Dasein*: wer singt reiner vom Dasein als Heidegger? Keiner singt reiner, nicht einmal Rainer! Jetzt bekommen wir auch gesagt, warum der Denker den Text des Dichters verändern darf, ja muss! Rilke ist ein Sänger der ‚schönen Worte', kein Seher der ‚wahren Dinge' wie Heidegger! Der Urgrund, von dem der Dichter singt, ist ‚begehrendes Sehen der Dinge'. Die Verwandlung des ‚Gesichtswerkes' in ein ‚Herzwerk' verlangt das Sein, das uns wagt; es verlangt den Gesang des Seins als Dasein. Um diesen Gesang singen zu können, muss jedes Lied (das Gedicht von Rilke) im Gesang des reinen Sängers Heidegger erklingen, selbst wenn er ein unreines Lied singt. Der reine Sänger reinigt das unreine Lied des Dichters Rilke, der auch ein Sänger ist. Das Lied tönt so, wie Heidegger es singen will: "Das Sagen des Sängers sagt das heile Ganze des weltischen Daseins, das unsichtbar im Weltinnenraum des Herzens sich einräumt. Der Gesang geht dem zu Sagenden nicht einmal erst nach. Der Gesang ist das Gehören in das Ganze des reinen Bezuges. Singen ist gezogen vom Zug des Windes der unerhörten Mitte der vollen Natur. Der Gesang ist selbst: >Ein Wind<." (293)

Das *Sein* ist alles, der *Mensch* als Seiendes nichts. Hört Heidegger den ‚Gesang vom Sein' im Schwarzwald, wenn der Wind mit den Blättern der Bäume spielt oder eher am Meer im Rauschen der Wellen, von Winden bewegt? Ein Blatt, vom Wind (Sein) verweht, das so gewiegt oder gewagt lautlos zum Sein fällt, wird es wohl sein. Die ungewöhnlichen Sänger wie Martin Heidegger singen den Gesang ihres Daseins vom Blatt ab, das ihnen als Sein zufällt. Sie singen den Gesang des Seins für uns, die gewöhnlichen Menschen, die sich vergeblich abmühen. Nicht im sichtbaren Tagewerk, "im Unsichtbaren des Weltinnenraumes, als dessen weltische Einheit der Engel erscheint, wird das Heile des weltisch Seienden sichtbar. Erst im weitesten Umkreis des Heilens vermag Heiliges zu erscheinen. Dichter von der Art jener Wagenderen sind, weil sie das Heillose als ein solches erfahren, unterwegs auf der Spur des Heiligen. Ihr Lied überm Land heiligt. Ihr Gesang feiert das Unversehrte der Kugel des Seins.

Unheil als Unheil spurt uns das Heile. Heiles erwinkt rufend das Heilige. Heiliges bindet das Göttliche. Göttliches nähert den Gott.

Die Wagenderen erfahren im Heil-losen das Schutzlossein. Sie bringen den Sterblichen die Spur der entflohenen Götter in das Finstere der Weltnacht. Die Wagenderen sind als die Sänger des Heilens >Dichter in dürftiger Zeit<." (294)

Der Denker hat das Gedicht des Dichters zurecht gerückt, es ‚gerichtet', damit die ‚richtige Zeit' im Geschick der Geschichte eher kommt; dass die Weltnacht weicht, die Morgenröte uns das Reich des Seins verkünden kann, wir im Silberstreifen am Horizont der Zeit das Kommen der Götter sehen können und dass Heidegger endlich das sein kann, was er werdend immer schon ist: der *Dichter in reicher Zeit* als der *reine Sänger des Seins*. Deswegen hat er den Text verändert, um das Gedicht nach seiner Melodie zum Klingen zu bringen; er hat ihm alle Töne entlockt, die zum Gesang des Seins gehören; er hat sich im Wagnis des Sagens der weltischen Einheit des *Engels* im weitesten Umkreis des Heilen derart angenähert, dass mit dem Rückenwind nur eines einzigen Hauches ein winziger Sprung genügen könnte, um in das Sein zu gelangen. Einer wäre dadurch zumindest gerettet: Heidegger! Die anderen, wir alle sind gemeint, leben vorerst weiter in der ,Weltnacht, die ihre Finsternis ausbreitet, seit die einigen drei, Herakles, Dionysos und Christus die Welt verlassen haben und das Weltalter durch das Wegbleiben des Gottes, durch sein Fehlen bestimmt ist'. (248)

g) Heidegger entschuldigt sich nicht: Er steht einzig in der Schuld des Seins

Wir müssen uns die Situation des Philosophen im Jahre 1946 vergegenwärtigen. Heidegger erhält eine bittere Lektion; seine Beteiligung am Nationalsozialismus wird geprüft; er hat keine studentischen Hörer, da er vorläufig vom Dienst suspendiert ist; ein Denker soll sich verantworten; doch vor wem? Letzten Endes steht jeder vor sich Selbst! Das ist eine Chance für die ,Wende zum Menschen'! Doch Heidegger will sich vor keiner Instanz verantworten oder gar entschuldigen; nicht vor seinem Gewissen, vor dem deutschen Volke nicht und auch nicht vor den im Krieg gefallenen Soldaten, seine Studenten unter ihnen, nicht vor der Welt! Dieser Philosoph wird einen Irrtum nie zugeben. Er ist ein Gesandter des Seins! Seine Deutung des Gedichts von Rilke macht 1946 seine Position klar: es geht um das Sein, nicht um den Menschen. Heidegger stellt sich der Tradition, die mit Plato begonnen und bei Hegel einen Gipfel erreicht. Es ist der Traum von der Größe, der ihn treibt; ein deutscher Traum. Die *List der Vernunft* läßt Heidegger vom ,Sein' reden, das ihn in besonderer Weise in ,Anspruch nimmt'. (295) Das Sein heißt ihn zu sagen, dass der Mensch ein verwirrtes Wesen, nicht mehr Tier und noch nicht Engel ist. Warum also soll sich ein Mensch entschuldigen?

Heidegger hätte dennoch ,sich selbst' gegenüber bedenklich werden können. Warum das Sein in unbestimmter Ferne suchen, wenn er mit ihm lebt? Im SEIN des eigenen SELBST im Interesse seines Selbst *das Gesetz* zu finden, das uns als ,*Schwerkraft der reinen Kräfte*' (Rilke) berührt, hätte diesen Denker als Mensch gewandelt, seine Philosophie radikal verändern können. Davor hat er sich gehütet. Die *Rede vom Sein* hält ihm alle Optionen für einen Platz in der Geschichte frei; so hofft er. In den ,Aufzeichnungen und Protokollen aus dem Oberseminar des Sommersemesters 1939', die sechzig Jahre später veröffentlicht werden – kein Wort soll der Nachwelt verloren gehen – steht dieses: ,Der Mensch hat die Sprache – Das Wort hat den Menschen.' (85,3) Das Wort, das Heidegger hat, lautet *Sein.* Was das Wort als Wirklichkeit anspricht, sucht er vergeblich; er denkt es zu weit vom Menschen, von sich weg. Wenig besorgt um den Menschen, doch sehr besorgt um die Ideen (Plato), den absoluten Geist (Hegel) oder das Sein (Heidegger) ist philosophisches Denken von Anfang an gefesselt, wird der Mensch in die Irre geführt.

In seinem Gedicht hat Rilke uns auf den richtigen Weg gewiesen: das LEBEN ist der Urgrund aller seiner Wesen und in unterschiedlicher Weise ihr Gesetz. Für den Menschen ist das SEIN des SELBST das Gesetz als allgemein maßgebender Grund eines Selbst in seiner einzigartigen Individualität. Die im gesellschaftlichen Lernprozess aufgenötigte *Maske des Ich* kann das *Selbst* derart besetzen, dass dieser Mensch die Maßgabe verliert. Das Gewissen, normierende Kraft von WAHRHEIT und ZEIT, wird dem Ich beliebig. Wem die Verbindung zum SELBST verstört wird, ist sich selbst entfremdet. Das gilt auch für Heidegger; sein Ego trägt Masken aus dem Leihhaus des Seins; es ist von geliehener Sprache voll bis zum Dach. Seine Interpretation nimmt immer etwas von der Maske des Autors an; das stiftet Verwirrung. Bei Rilke bringt er in der Deutung unseres Gedichts *Menschen, Tiere* und *Engel* durcheinander. Er ist vom *Sein* zu allem autorisiert, denkt er! Er denkt auf ,ankommende Weltalter' hin (295); in ,dürftiger Zeit' dichten Denker wie Heidegger von der Ankunft der ,reichen Zeit'. Dann wird ein einziger Gesang sein! Hegel ist nach eigenem Bekunden am *Karfreitag* in die Weltgeschichte eingetreten; vom Jubel des *Ostersonntages* singt Heidegger; er hört offenbar schon den Gesang der *Engel*, wahrend die Sterblichen auf der Erde, wenn sie Glück haben, bisweilen – wie lange noch – das Lied einer *Lerche* vernehmen können; es ist um viele Welten schöner als Heideggers Lied vom Sein, das immer auch das Lied vom Tod ist!

2. Irrweg: Hegels Ferien von der WAHRHEIT: Der Fall Ludwig Hegel – Die List des Leibes –

a) Hegel übernimmt von Plato die ,List der Vernunft' und wird im ,Leibe überlistet'

Plato hat den in Leib und Seele gespaltenen Menschen inszeniert, auch für sich selbst. Seine Geistes – Werke sind überliefert, von seinem Leben im Leibe wissen wir wenig. Für seine Geburt wird 428 oder 427 angegeben, sein Todesjahr ist für 347 bezeugt. Ob er je eine Frau geliebt und Kinder gezeugt, zeitweilig mit ihnen gelebt hat, ist nicht bekannt, eher unwahrscheinlich. Die These vom ‚sterblichen Leib als Kerker der unsterblichen Seele‘ zeigt einen Menschen, der seine Angst vor dem Tod überlisten will. Er konstruiert zwei Zeiten, die vergängliche im Leib und die ewige von Seele oder Geist. Mit dem Konstrukt von wahrer und falscher Welt verdoppelt er die Wahrheit. Warum Plato auch Sexualität, Zeugung und Geburt des Menschen unterschlägt, ist ein Rätsel! Er muss das Leben tief gehasst haben. Noch rätselhafter ist seine Wirkung auf die philosophische Tradition. Um sie zu sichern, setzt er hinter dem Schutzschild ‚Sokrates‘ die *List der Vernunft* ein. Hegel hat daraus gelernt und sie auf seine Manier übernommen. Dass er von der ‚List des Leibes’ eingeholt wird, ist weniger bekannt; wir wollen sie erörtern.

Plato verknüpft listig den Transport seiner Ideen mit dem Geschick des Sokrates und bereitet dadurch ihre Verbreitung vor. Hegel setzt da noch einen drauf: er bringt mit dem *absoluten Geist* die absolute Autorität ins Sprachspiel ein. Die *Phänomenologie des Geistes* macht sich auf den Weg durch die Geschichte, die *Natur des Menschen* bleibt zurück. Während bei Plato die Schau der Ideen in der wahren Welt den Seelen Spuren der Erinnerung für ihren Aufenthalt im Leibe in der falschen Welt vorhält, vermittelt sich bei Hegel der *absolute* im *endlichen Geist*, der Gott besonders in Philosophen wie Hegel. Die Spaltung oder, mit seinem Begriff, die ‚Entzweiung‘ ist überwunden, Platos ‚Verdopplung’ durch Hegels ‚Vermittlung‘ aufgehoben. Es gibt nur noch eine Wahrheit und eine Zeit, Hegel ist ihr Prophet im *Geheiß des absoluten Geistes*. Das gibt der deutschen Philosophie Schwung, und nicht nur ihr; nennen wir für die deutsche Politik zu bestimmter Zeit den *Befehl des Führers* im *Namen der göttlichen Vorsehung*! Wir sind in der gleichen *Denk – Bewegung, die auch Heidegger bewegt*: Eine politische Bewegung stützt sich auf Philosophen und ihren Bewegungen im Denken. Die konservative Tradition geht auf Plato zurück, Hegel verstärkt sie. Er verstärkt die ‚List der Vernunft’. Sir Karl Popper hat auf die gefährlichen Folgen dieses Denkens für die ‚Offene Gesellschaft’ hingewiesen.

In Deutschland leistet Nietzsche gegen Plato und Hegel Widerstand, gegen letzteren Schopenhauer: "Die Fälschung alles Tatsächlichen durch Moral steht da in vollständiger Pracht; erbärmliche Psychologie, der Philosoph auf den >Landpfarrer< reduziert. – Und an allem ist Plato schuld! Er bleibt das größte Malheur Europas! – (Nietzsche, Brief an Overbeck, Nizza, 9.1.1887) Mit der Figur des ‚Landpfarrers‘ ist der ‚letzte Mensch’ in der Maske der doppelten Moral bezeichnet. "Wir wollen uns nicht auf die Hegelsche Manier betrügen lassen" ,heißt es bei ihm, "wir glauben nicht mehr ... an die Moral und haben folglich auch keine Philosophien zu gründen, damit die Moral Recht behalte." Schopenhauer spricht über Hegel noch radikaler: "Will dich Verzagtheit anwandeln, so denke nur immer daran, daß wir in Deutschland sind, wo man gekonnt hat, was nirgends anderswo möglich gewesen wäre, nämlich einen geistlosen, unwissenden, Unsinn schmierenden, die Köpfe durch beispiellos hohlen Wortkram von Grund aus und auf immer desorganisierenden Philosophaster, ich meine unseren teuren Hegel, als einen großen Geist und tiefen Denker ausschreien: und nicht nur ungestraft und unverhöhnt hat man das gekonnt; sondern wahrhaftig, sie (die Deutschen/SPN) glauben es, glauben es seit 30 Jahren, bis auf den heutigen Tag!" (Über die vierfache Wurzel des Satzes vom zureichenden Grunde,2.Aufl.1847)

b) Hegel und die ,List des Leibes'

Kann uns Hegel noch lieb sein? Kommt er uns nicht schon viel zu teuer? Wer ist dieser Prediger des Geistes in seinem eigenem Leib, wie geht er mit ihm um? Da wissen wir doch einiges mehr als zu Plato. Es gibt trotz Vernunft und Geist auch noch die *List des Leibes*! Die doppelte Moral wird immer wieder entlarvt; die hehren Verfechter der Sittlichkeit, die gegen Huren und Zuhälter Sturm laufen, trippeln heimlich und leise, der endliche Geist gewissermaßen auf Socken, zur ,Vermittlung' der Leiber unterwegs in die Betten der Schönen. Casanova ist da moralischer als Hegel und seine Zunftgenossen; er lebt seine erotische Sehnsucht nach der Frau offen aus, ohne ihre Würde zu verletzen. Wir kommen auf Giacomos Leben zurück; er hat seine *Liebe zur Frau* in seinen ,Erinnerungen' der Öffentlichkeit mitgeteilt. Der moralische Philosoph Hegel wollte um alles in der Welt die Liebschaft mit seiner Zimmerwirtin verbergen: ,was nicht vernünftig, ist auch nicht wirklich!' Die List des Leibes sorgt auch hier für eine ,Veröffentlichung' eines ,Werkes von Hegel' der ganz besonderen Art: ein Sohn wird ihm geboren! **Ludwig Hegel.**

Wir haben das Kind namentlich bereits einmal erwähnt. Nun wollen wir uns etwas näher mit seinem Leben befassen. Dem Philosophen des Geistes kann eigentlich zum ,natürlichen Sohn' (Goethe) gratuliert werden. Er ist *an sich* in leiblicher Vereinigung mit einer Frau im Jahre 1806 gezeugt, kommt am 5. Februar 1807 *für sich* in Jena auf die Erde und gehört *an und für sich* zur Welt seines Vaters. Dieser ist zur gleichen Zeit *für sich* mit der Zeugung, Entwicklung und Geburt seines Geistes befasst, einer andersartigen ,Erfahrung' , ihm gemäßer, wie er meint, als die sexuelle Erfahrung mit einer Geliebten seines Leibes! Das Werk, mit dem er schwanger geht, ist die "Wissenschaft von der Erfahrung des Bewusstseins!" Es kommt unter dem etwas gehobeneren Titel "Phänomenologie des Geistes" im April 1807 in Bamberg bei Joseph Anton Gebhardt zur ,Welt'! Hegel hat in letzter Sekunde diese ,Namensgebung' gewählt, da er aus den Erfahrungen seines Bewusstseins die ,Lüste des Leibes' neben seinen ,Orgasmen des Geistes' nicht einfach unterschlagen konnte. Zu seinen ,Erfahrungen' gehörte eben auch die Geliebte im Bett, die werdende Mutter und schließlich und endlich das Kind! Der neue Titel kann diese ‚Erfahrungen' nicht völlig ausblenden und verwischen; sie sind im Werk zu finden. *Für uns* stellt sich die Frage nach dem Verhältnis der beiden Geburten zueinander; es ist die Frage nach dem gestörten Verhältnis von Leib und Geist (Vernunft) im Menschen Hegel? Es ist eine philosophische, nicht moralische Frage, jedenfalls nicht im Sinne der Doppelmoral. Das gestörte Verhältnis zum Leiblichsein des Menschen ist allerdings eine ‚Maske des Ichs', die auch gegenwärtig noch getragen wird.

c) Hegel: In Geschichten verstrickt oder die List der Lust bei Nacht

Wir bringen zunächst das reine Faktum: "Hegel ließ sich in Jena mit der Frau seines Hauswirts, einer Christina Charlotte Burkhardt, geb. Fischer, in ein Verhältnis ein. Am 5. Februar 1807 wurde ihr drittes uneheliches Kind, eben jener Ludwig geboren. Als Pate standen, nach dem Jenaer Taufbuch, der Buchhändler Friedrich Frommann und Hegels Bruder, der Leutnant Georg Ludwig Hegel. Als der Ehemann der Frau kurz darauf starb, soll Hegel der Witwe die Ehe versprochen, nach seinem Wegzug aus Jena dies aber vergessen haben. Nach der Heirat mit Marie von Tucher (1811) erschien die Mutter Ludwigs und bestand ... auf einer Abfindung. Hegels Gattin, von allem unterrichtet, traute ihrer Liebe viel zu und nahm Ludwig ins Haus. Als der Knabe größer wurde, litt er unter dem Übelstand seiner Anwesenheit, wurde verschlossen, scheu und durchtrieben. Endlich beschloß Hegel, ihn zu einem Kaufmann nach Stuttgart in die Lehre zu geben. Dort veruntreute der Junge einen Betrag von nur 8 Groschen, aber dies gab Anlaß, die Sache auf die Spitze zu treiben und ihn für ‚unwürdig' zu erklären. Er mußte fortan den Namen Fischer tragen, was er als tödliche Schmach empfand. Hegel kaufte ihm ein Offizierspatent im holländischen Kolonialdienst. Nach den Eintragungen im niederländisch–ostindischen Militärquartier starb Ludwig Fischer am 28. August 1831 in Djakarta an den Folgen einer ‚febris inflammatoria'." (Wiedmann, 45 f)

Bei seinen Kollegen in Jena ist Hegel nicht beliebt; konkrete und berechtigte Gründe für die ablehnende Haltung sind in Biographien aufgeführt. Nun droht ihm ein Skandal; seine heimliche Liebschaft und Lust mit einer Femme fatal wird durch die Geburt des Kindes öffentlich, sein Ruf könnte vollends beschädigt werden; das kann nicht vernünftig sein! Wie ist es zu arrangieren, dass es auch nicht wirklich ist? Wirklich ist das Ganze nur in Jena; also fordert die Vernunft: Hegel muss schnell in eine andere Stadt; sein geistiges Kind soll in Bamberg erscheinen; ach wäre er doch nur in Bamberg! Und das Wunder des Geistes geschieht: am 16. Februar 1807, 11 Tage nach der Geburt von Ludwig, trifft in

Jena ein Brief von Friedrich Immanuel Niethammer ein mit dem Angebot, am 1. März Redakteur der *Bamberger Zeitung* zu werden. Hegel täuscht bei Mutter, Kind und Kollegen eine kurze Reise vor, von der er bald zurückkehren werde. (vgl. Althaus, 179) Das hat er jedoch nicht vor; er läuft einfach davon.

"Diese Vorsichtsmaßnahme (der Abreise aus Jena/SPN) war nicht unbegründet. Es war nämlich gerade ein zusätzliches Ereignis hinzugekommen, so daß ihm ein schnelles Verlassen der Stadt gerade jetzt besonders gelegen sein mußte. Hegel war Vater eines Sohnes geworden. Die Mutter war seine Zimmerwirtin und Haushälterin Christiane Charlotte Burkhardt. Es hatte offenbar dabei von Hegels Seite keines stürmischen Werbens um ihre Gunst bedurft. Das Jenaer Taufbuch stellt nicht ohne Perfidie fest, daß der Mutter damit ‚zum dritten Mal ein unehelicher Sohn' geboren worden sei, nachdem ihr bereits ‚in Unehren eine Tochter' und zum ‚2. Male in Unehren ein Sohn' unterlaufen sei. Das alles und dazu in einem solchen Milieu ließ sich in einer kleinen Stadt wie Jena nicht verheimlichen. Allein damit wäre für Hegel, der ohnehin in der Universität im Kreise um Gabler auf Gegner gestoßen war, die seine Ernennung zum Professor zu hintertreiben versucht hatten, an ein behagliches Leben schwerlich zu denken gewesen." (Althaus 180)

Der philosophischen Vernunft ist alles klar: die heimliche *Lust* bei Wein (Hegel hat viel konsumiert), Weib und Gesang wird bejaht, die öffentliche *Last* muss verneint werden, da sie die ersehnte und umtriebig beförderte Karriere für das gewünschte behagliche Leben ungemein stört! "Varnhagen bringt am 4. Juli 1844 zu Papier, was er von Hegels Schüler Leo gehört hatte und Lasson später erstmalig veröffentlicht: ‚Hegel hatte in Jena bei Schneiderleuten gewohnt und mit der Frau eine Liebschaft angeknüpft; als ihm ein Sohn geboren war, starb der Schneider bald, und Hegel gab nun der Witwe ein Eheversprechen ... Als er Jena verlassen hatte, dachte er wenig mehr an die ganze Sache. (!) Doch bei der Heirat mit Marie von Tucher erschien plötzlich die Schneiderwitwe mit dem Eheversprechen ... und mußte beschwichtigt und abgefunden werden.' Die Tatsache des illegitimen Sohnes jedenfalls wird dem Anwalt der Legitimität noch schwer zu schaffen machen. Mit der Geburt des Ludwig Fischer, wie er sich später nach dem Familiennamen seiner Mutter nennen muß, beginnt ein bedauernswertes Schicksal, das von seinem Vater schließlich nicht mehr zur Kenntnis genommen wird." (Althaus, 180 f)

d) Hegels Abwertung des Menschen

Wir müssen das alles zur Kenntnis nehmen und zugleich fragen: Was ist eine Philosophie mit ihren konstruierten Wahrheiten noch wert, wenn ihr Schöpfer im eigenen Sohn den Menschen und seine WAHRHEIT verleugnet? Die Dialektik im Dreischritt von Sein – Nichts – Werden fällt als hohles Gebäude in sich zusammen! Hegel verleugnet konkret den Menschen in sich, im eigenen Sohn und in der Mutter des gemeinsamen Kindes. Dieser Fall muss ins Allgemeine gewendet werden, da das System, das Hegel in die Welt gesetzt hat, unsere Geschichte immer noch bestimmt. In diesem System wir der Mensch ‚verachtet', als maßgebendes Organ von WAHRHEIT und ZEIT nicht beachtet. Es ist kein Kavaliersdelikt, wenn Hegel sein Philosophieren mit der Verachtung von Menschen beginnt. Er versagt exemplarisch im Lieben! Die Mutter von Ludwig hat er nur für seine Lust benutzt; den Sohn hat dieser Verrat an der Liebe umgebracht, erst geistig, dann auch leiblich. Wer will, kann die Geschichte in Biographien nachlesen. Horst Althaus schildert sie unter dem Titel: ‚Im Schatten: Das Ende von Ludwig Fischers trauriger Geschichte'. Der folgende Auszug will in Trauer gelesen sein.

e) Die traurige Geschichte des Ludwig Hegel alias Fischer

"In Jena teilten sich seine Erziehung die Mutter, der man sie dann zeitweilig aus nicht näher bekannten Gründen wieder aus der Hand nahm, Hegels Freund, der Verleger und Buchhändler Karl Friedrich Frommann als Pate, dessen Schwester Sophie Bohn unter Mitwirkung der ganzen Familie und schließlich ein ‚Fraueninstitut', wohin der Zögling in Pension gegeben worden war. Die ‚Madame Bohn', die selbst noch eigene Söhne hatte, hat sich dem ihr anvertrauten Jungen wohl am meisten und mit allergrößter mütterlicher Hingabe gewidmet. Der ihm am nächsten stehende Mensch war indessen, zumal nach dem Tode der Mutter, die sechs Jahre ältere Halbschwester Therese.

Es mag frühe Aufsässigkeit bei dem Jungen, der nicht wußte, wo er hingehörte, gegeben haben. Andere Zeugnisse wischen diese Vorwürfe wieder weg. Als Heinrich Voß, dessen Kollege Hegel gerade in Heidelberg geworden war, den zehnjährigen Ludwig von Jena mit auf die Reise nimmt, um ihn der väterlichen Erziehung zuzuführen, ist er ganz entzückt über den ‚niedlichen Knaben', wie er am 21. April 1817 an Fouqué schreibt. Auf Goethe hat der Junge einen solchen Eindruck gemacht, daß er ‚Hegels (natürlichem) Sohn' kurz vor dessen Weggang nach Heidelberg ein vierzeiliges Gedicht in sein Stammbuch schreibt:

> "Als kleiner Knabe hab ich dich gesehn
> Mit höchstem Selbstvertrauen der Welt entgegen gehen;
> Und wie sie dir im Künftigen begegnet,
> So sei getrost, von Freundes Blick gesegnet." (Althaus, 512 f)

Halten wir einen Augenblick den Atem an: ein Kind ist nach zehn schwierigen Lebensjahren, die geliebte Mutter gestorben, von den Geschwistern getrennt und zwischen verschiedenen Bezugspersonen hin und her gestoßen, *auf dem Weg zu seinem Vater*! Was muss in diesem Kind innerlich vorgehen, in seinem Herzen an Gefühlen aufgekommen sein? Seine tiefen, geheimen Hoffnungen bringt Goethe, der Kenner des Menschen, freundschaftlich seinem Vater verbunden, als zuständiger Minister sein Förderer in Jena, nun für eine kurze Begegnung väterlicher Freund von Ludwig, in segnender Beschwörung in vier poetischen Zeilen auf den Begriff. Das Kind saugt jedes Wort auf, zeigt sie sogleich dem Vater, dem er in die Arme fliegt; er hat endlich Vertrauen, glaubt an die Zukunft, an Liebe, Geborgenheit und vielleicht auch an Glück!

Der Vater nimmt den Sohn zunächst mit einer gewissen Erleichterung auf; in Heidelberg, seit einem Jahr (1816) ist er an der Universität tätig, ist seine Geschichte von Jena kaum bekannt. Er kann sich von der großen Begabung des Kindes überzeugen; die Leistungen im Gymnasium weisen es aus. Ludwig erwartet und erhofft mehr; doch die Liebe des Vaters spürt er nicht, Geborgenheit in der Familie findet er nicht; er fühlt die Zurückhaltung und Skepsis gegen den Eindringling; er bringt zehn entfremdete Jahre mit. Die verlorene Zeit will aufgeholt sein; er braucht mehr Zuwendungen als seine beiden Halbbrüder; er bekommt weniger. Ludwig wird nach und nach von seinem Glauben an das Leben und seinen Hoffnungen auf die Zukunft abgetrieben. "Spannungen ergaben sich, als die beiden jüngeren ehelichen Söhne in den Genuß einer im Bürgerlichen Recht begründeten Bevorzugung gegenüber dem älteren ‚illegitimen' Kinde gelangten. ... Galt Ludwig bereits in Jena als schwieriges Kind, so kommt es, sobald er sich zurückgesetzt fühlt, zu neuer Verstocktheit. Hier beginnt der Kreislauf: Die erfahrenen Anzeichen von Benachteiligung treiben ihn in eine Renitenz hinein, die von der Elternseite wiederum geahndet wird. Das zieht sich wie ein roter Faden durch die kurze Lebensgeschichte Ludwigs, bis zum Verlassen des elterlichen Hauses. Auch Hegel kommt zu der Auffassung, daß bei ihm besondere Vorsicht geboten sei. Er kann in Berlin zwar stolz von dessen erfolgreichen Besuch des französischen Gymnasium sprechen, aber den Wunsch, Medizin zu studieren, schlägt er ihm rundweg ab. Er ist nicht einmal bereit, ihm eine Lehrstelle zu bewilligen, die mit Kosten für ihn als Vater verbunden ist. Es fehle ihm, wie er gegenüber Frommann bemerkt hat, das Geld dafür." (Althaus, 513)

Halten wir zum zweiten Male den Atem an: der Sohn will nichts mehr und nichts weniger als nur Liebe und Verständnis für sich, sein junges Leben, seinen Weg, seine Hoffnungen und seine Ziele. Träume hat jeder Mensch, auch dieses Kind des Philosophen Hegel, der, mittlerweile (1818) als Nachfolger von Fichte nach Berlin berufen, öffentlich Ruhm, Ehre und auch Reichtum errungen hat. Wie kann der Sohn da nicht träumen, seine Träume nicht verwirklichen wollen?

Die beiden jüngeren Söhne können es, das ist für Ludwig immer wieder zu spüren; jedes Kind ist ein Seismograph der Gefühle; dieses Kind aber darf sie nicht leben; es fehle an Geld!? Es fehlt anderes: "Als Stiefkind ... ward ich von der Stiefmutter, die selbst 2 Kinder hatte, nachgesetzt, und auf diese Art lebte ich immer in der Furcht, nie aber in der Liebe zu meinen Eltern", schrieb er am 11. Juli 1825 aus Holland an S.H. Ebert im Naumburgischen, als er sich bereits auf der Flucht nach Übersee befand. Wir erfahren noch mehr: "In Berlin hinderte mich nur der Mangel an Hilfsmitteln, mein Haus bei Nacht und Nebel zu verlassen." (Althaus, 514)

Der Vater hilft nach: als Ludwig angeblich 8 Groschen entwendet haben soll, wann, wo und wem ist nie erwiesen, weist er ihn aus dem Hause. "Ein Dieb im Hause des preußischen Staatsphilosophen: das war unerträglich und konnte nicht geduldet werden." (l.c.) Er wird nach Stuttgart abgeschoben. Dort hat er sich "elendig als ‚Kaufdiener' herumgeschlagen, aber immer noch in der Hoffnung, das Wohlwollen des Vaters zurückzugewinnen. Es gab hier Querelen mit dem Prinzipal. Ludwig fühlte sich aus der Bahn geworfen und war es wohl auch. Zu dem ihm aufgezwungenen Beruf spürt er nicht die geringste Neigung. Einen Streit hat er dann zum Anlaß genommen, seine Entlassung zu fordern. Das scheint den endgültigen Bruch mit dem Vater herbeigeführt zu haben, der ihm über den Prinzipal den ‚Abschied' verkündet. Er darf ihn nicht mehr Vater nennen und auch nicht mehr den Familiennamen führen." (514 f)

Hier kann einem das Blut gefrieren: Eine derartige Lieblosigkeit übersteigt jede Vernunft, nicht die von Hegel. Ludwig Hegel hat den Entzug des Namen, der amtlich betrieben wird, als Angriff auf den innersten Kern seiner Person, "als grausam harten Schlag empfunden. ... Damit soll jede Erinnerung an den übriggebliebenen Zeugen der unliebsamen Jenaer Geschichte ein für allemal ausgelöscht werden, nach der angewandten Hegelschen Logik, daß das, was nicht vernünftig ist, nicht wirklich sein kann. Der in Ludwig Fischer umbenannte Sohn Hegels hat, wie sich zeigen soll, sehr schnell verstanden, was von ihm erwartet wurde. Die Aufforderung, von der bürgerlichen Szene abzutreten, war ihm unmißverständlich nahegelegt worden. ... Für den einmal Fallenden ist jetzt keine Hand mehr bereit, um ihn zu halten. Die ihm von Goethe herbeigewünschten Segnungen durch des ‚Freundes Blick' waren ausgeblieben." (l.c.)

Die holländische Armee benötigt für ihre Kolonien immer neue Söldner; Dienst für sechs Jahre: Handgeld, Verpflegung, Unterkunft und etwas Lohn; das ist für Ludwig in dieser unerträglichen Schwere des Seins wie eine Befreiung, er kommt weit vom väterlichen Hause weg; die räumliche Distanz soll innere ermöglichen; doch sein tiefer Schmerz, sein Leiden an versagter Liebe, an der Kälte des Vaters gehen mit ihm. Was für die Vernunft vernünftig, jetzt zu fliehen, ist für Herz und Gefühl schwer zu ertragen. Meine Bitte geht an die Leserinnen und Leser, sich in diesen jungen Menschen einzufühlen. "Mit tiefer Verbitterung gegen den Vater hat er sich auf den Weg nach Amsterdam gemacht, von wo er nach Batavia ausgehoben werden sollte: ‚Ich schrieb ihm noch einen herzlichen Abschiedsbrief von Mainz aus, den letzten, den er von mir bekommen wird, und somit haben wir gebrochen; denn um Verzeihung bitten, Besserung versprechen etc. kann ich nicht, da ich mir keines Fehlers bewußt bin ...‘. Solches erfährt der Freund Ebert kurz vor der Einschiffung des Flüchtigen. Es hatte Mühe gekostet, nach Holland zu gelangen. Das Geld war ihm unterwegs ausgegangen, und er hatte seine Uhr verkaufen müssen. Bitter beklagt er sich über den Vater: ‚Hr. Hegel hat mir nicht einmal Wäsche und gar keine Bücher gelassen.‘... Die Behauptung, Hegel habe seinem Sohn bei der niederländischen Armee ein Offizierspatent gekauft, ist eine beschönigende Legende. ...

Die Vorahnungen des achtzehnjährigen Legionärs vor der langen Seereise sind nicht die besten. Die Überfahrt gilt als gefährlich. Ludwig Fischer gibt in seinen Briefen letzte Anweisungen. Seine Sorge gilt der Gitarre als einzigem zurückgelassenen Besitz, der für die Schwester bestimmt ist, sowie sechzig Gulden, im Falle seines Todes an sie auszuzahlen durch ‚Herrn D. Lohnerdt Ww. Sohn in Amsterdam‘!

Als die ‚Diana‘ sich auf hohe See begab und ihre Besatzung in eine ungesicherte Zukunft segelte, waren für Ludwig Fischer ... einige Fragen noch ungeklärt geblieben, mit denen er sich lange und vergeblich herumgequält hatte: "Wenn Sie mir einige nähere Auskunft über die Verhältnisse meiner lieben Mutter, über die letzten Umstände bei ihrem Tod und ihr Verhältnis zu Hrn. Hegel geben könnten, so würden Sie mich verbinden. Ich schwebe hierüber so in Ungewißheit; doch sind dies Sachen, die mir sehr nahe liegen.‘ So hatte er ... seinen Brief an Ebert geschlossen. Am 29. August 1825 war es von Ostende abgegangen und in Batavia am 26. Januar 1826 tatsächlich angelangt, was für die Schwester, die es aus Amsterdam erfährt, eine gute Nachricht ist. Von Batavia ist seine Truppe ins Innere der Insel Java verlegt worden, und der junge Hegel ist nach Auskunft der Akten von der Artillerie zur Infanterie übergewechselt." (516 f)

Und was geht in diesem Vater vor, wenn er an seinen Sohn Ludwig denkt? An dessen Mutter hat er kaum jemals gedacht, dem Kind nie etwas von ihr erzählt! "Diesen hochintelligenten, von ihm und der Familie zum Nichtsnutz erklärten Sohn von im bürgerlichen Sinne anfechtbarer Herkunft nicht mehr in Europa zu wissen, hat er, wenn auch zerknirschten Herzens (!) als Lösung angesehen, und zwar als die beste. (!) Seine Sorge, die er gehabt haben mag (?), ging nicht so weit, dem Lebensweg des Sohnes in Niederländisch–Indien weiter nachzugehen, ihm Erleichterung zu verschaffen oder ihn mit Hilfe diplomatischer Vermittlung zurückzuholen. Drei Jahre nach Ludwigs Eintritt in die Kolonialarmee, am 23. Mai 1828, mahnt *van Ghert* bei Hegel die längst erbetenen Auskünfte über dessen Verbleib an. ‚Sie haben vergessen (!), mir das Nötigste über Ihren Sohn, der in holländischen Diensten und in Batavia ist, zu sagen. Es wäre mir sehr lieb, ihm nützlich sein zu können, und ich habe dazu die beste Gelegenheit. (!) Sind Sie also so gütig (!), mich zu benachrichtigen, in welchem Corps er ist und was ich für ihn tun kann, ich werde mehr tun, als Sie vielleicht denken‘." (Althaus, 517 f; zugefügte Klammern von SPN)

f) Hegels ‚Entzweiung ohne Vermittlung'

Hegel ist nicht ‚so gütig‘, nie liebevoll herzlich zu Ludwig gewesen! Die List des Leibes, an die er weder im Lustgewinn bei seiner Zimmerwirtin noch im Denken in weltgeschichtlicher Absicht und ganz und gar nicht bei der Vermittlung zwischen dem absoluten und dem endlichen Geist gedacht, hat ihm dieses Kind vor 24 Jahren als eine Last zugestellt. Er hat sich dieser Bürde nun mit der List der Vernunft entledigt; er ist von der Jenaer Geschichte befreit, denkt er sich! Doch so einfach ist es nicht; auch Ludwig ist gemäß der Philosophie des Herrn Hegel ein *endlicher Geist*! "Wie ein Keil muß hier das Prinzip der ‚Entzweiung‘ in die Natur Hegels eingeschlagen haben, der von der Notwendigkeit des Abschieds vom Sohn überzeugt war und sich vom Vorwurf, an seinem Los mitschuldig zu sein, nie hat freisprechen können. So berichtet es Leo." (518) Hegel hat zumindest von seinem verlorenen Sohn gesprochen, getan hat er für ihn nichts. Er war und blieb mit seinem *Selbst* entzweit. Das ist auch eine List der Vernunft, von der des Leibes gestiftet. Dieser Philosoph ist ein gespaltener Mensch, Kopf und Herz sind nicht versöhnt. Von der philosophischen Tradition wird er gefeiert; die Doppelmoral gehört zur ‚Maske' der Zivilisation.

Man soll eine Philosophie an dem Menschen messen, der sie hervorbringt. Das haben wir in gebotener Kürze für Hegel getan. Beide, die Philosophie und der Mensch, kommen nicht gut weg. Werden wir uns zur Menschen–Verachtung aufklären, die mit Plato anfängt und von Hegel in Theorie und Praxis auf die Spitze getrieben wird? Die Entzweiung von Leib und Geist hat für seinen ältesten Sohn und dessen Mutter verhängnisvolle Folgen: "Man bekommt den Eindruck, daß diesen Ludwig Fischer der Blitzstrahl des ‚Absoluten‘ getroffen haben muß. Die Gitarre wird er nicht mehr zu Hand nehmen können, und auch die hinterlegten sechzig Gulden werden an die Schwester zur Auszahlung gelangen. Ob er an eine Rückkehr nach Europa keine Hoffnung mehr knüpfte oder welche Gründe ihn dazu bestimmten, unter der erbarmungslosen Sonne von Java weiter auszuharren, bleibt ungewiß. Als er am 28. August 1831 in Djakarta an Malaria stirbt, war die ursprünglich vereinbarte Dienstzeit bereits zwei Monate abgelaufen." (518)

g) Zum Ende von Hegel und seiner WAHRHEIT

Der Staatsphilosoph Georg Wilhelm Friedrich Hegel, am 27. August 1770 in Stuttgart geboren, überlebt den armen Ludwig Hegel nur um 78 Tage! Er stirbt am 14. November 1831 in Berlin und wird, wie es sich gehört, neben Fichte auf dem Dorotheenstädter Friedhof begraben. Das Grab von Ludwig ist unbekannt. Die Nachricht von dessen Tod wird den Vater noch erreicht haben; war er betroffen? Hat ihn ein Blitzstrahl der Erkenntnis getroffen, dass sein Denken in die Irre geht? Daß er ‚Mensch' und WAHRHEIT' getrennt, sich und den Sohn in der konkreten Trennung verstört hat? Hat er sich in seinen letzten Stunden dem ‚Menschen' angenähert? Sich mit diesem Sohn und mit seinem Selbst versöhnt? Wir wissen es nicht. Der Philosoph hat seine letzten Erkenntnisse ins Grab mitgenommen. Wir jedoch können den Menschen und seine Philosophie aus der Distanz überblicken und kritisch prüfen. Als Philosoph hat er hohe Ansprüche gestellt, als Mensch hat er sie nicht erfüllt. Wie ist es dann um seine Philosophie bestellt? Nietzsche und Schopenhauer haben viel dazu gesagt, vielleicht noch nicht radikal genug.

Wenn ein Mensch an einen Gott glaubt, so ist das ein Akt seiner Freiheit. Dem ist in jeder Hinsicht Achtung zu erweisen und Anerkennung dazu, wenn der Lebensweg dieses Menschen am Glauben orientiert ist. Die ‚Theologie', der Hegel folgte, ist nicht identisch mit der von Jesus verkündeten Botschaft; ihr wesentlicher Gehalt ist ‚Liebe'! Jesus sagt das nicht nur im Wort, er lebt sie. Jeder Mensch kann lieben und Liebe leben; diese Fähigkeit ist eine Mitgift des LEBENS an uns. Sie gehört zu unserem SEIN des SELBST. Wer in seinem individuellen Selbst auf das SEIN hört, vernimmt die Stimme als Gewissen: Du kannst – sollst l i e b e n! Der Mensch ist dem Menschen nahe, wohnt auf dem ähnlichen Grund als ‚Nachbar', das ist ‚in der Nähe geboren'! An Hegel ist das irgendwie vorbeigegangen. Er glaubt an einen fernen Gott und weiß ihn sogleich. Er nennt ihn das *Sein* oder den *absoluten Geist*. Dieser vermittelt sich im *endlichen Geist*, zum Beispiel in Hegel! Der kann von dieser absolut sicheren Basis aus in einer Weise philosophieren, die das Allgemeine über das Singuläre, den Staat über den Menschen stellt! Das bleibt alles sehr ‚abstrakt'; Hegel und seine ‚Archivare' halten es für ‚konkret'!

Die Wirkung dieses ‚großen Denkens' bleibt nicht aus: Hegel wird, was Heidegger gerne geworden wäre, Staatsphilosoph! Es ist seine bekannteste Maske! Dabei wäre es für ihn doch sehr einfach gewesen, seine abstrakte Denkfigur auf den Menschen zu übertragen. An die Stelle des absoluten Geistes wäre das SEIN des SELBST, an die des endlichen Geistes das jeweilige Selbst zu setzen; die Vermittlung zwischen dem SEIN des SELBST und seinem individuellen Selbst wäre ein innerer Akt des Menschen: Vom SEIN der WAHRHEIT zu den Wahrheiten; vom SEIN der ZEIT zur geschichtlichen Zeit und in ihr auch zur Lebenszeit jedes Einzelnen. Die Distanz zwischen dem SELBST und seinem Selbst zu überbrücken, ist Aufgabe der Bildung. Sie ‚vermittelt' den Menschen nach innen zum eigenen, nach außen zum anderen ‚Selbst'. Eine Herzensbildung hätte auch zwischen Vater und Sohn, zwischen Georg und Ludwig Hegel vermitteln können. Beim Vater war sie offenbar nicht gegeben. Die Entzweiung ist durch Bildung nicht nur ‚aufzuheben', sie liegt in der genetischen Mitgift von WAHRHEIT und ZEIT für den Menschen in seiner Natur nicht vor. Die ‚Maske' entzweit! Sie erwirkt die Entfremdung eines Menschen von seinem SEIN des SELBST durch sein erworbenes *Ich* und seine *Maske*, an die er sein ‚Selbst' verliert! Die Entfremdung des einen fördert die des anderen. Der Konflikt zwischen Hegel und seinem Sohn Ludwig ist durch die Entfremdung des Vaters verursacht und betrieben. Die Erkenntnis des ‚Selbst' in seinem *an sich* ist für die Dialektik von *Erkenntnis und Interesse* das Erfordernis, um die eigene Entfremdung durch das ‚Ich' *an und für sich* aufzuheben und durch poetisch erwirkte Nähe zum anderen *für uns* zu ‚vermitteln'. Die Vermittlung ereignet sich im Lieben. Das war für Hegel in der Beziehung zu seinem Sohn Ludwig offenbar nicht ‚konkret' genug.

h) Hegels Abgesang: Ferien vom SEIN des Menschen

Hegel schaut in weltgeschichtlicher Absicht in die Ferne und übersieht dabei die Nähe! Er nimmt Ferien vom SEIN des Menschen im Gefüge organischer WAHRHEIT und ZEIT. Er beurlaubt sich in seinem abstrakten Denken von dem Lebewesen, das er selbst konkret ist. Die Botschaft des Jesus von Nazareth nimmt er in entscheidenden Augenblicken seines Lebens nicht wahr. Er vertieft sich immer wieder in Plato; in seinen Vorlesungen über die Geschichte der Philosophie heißt es: "Mit Plato fängt die philosophische Wissenschaft als Wissenschaft an"! Der Satz bedarf der Ergänzung: Mit Hegel ist Philosophie, seiner eigenen, bescheidenen Meinung nach, als Wissenschaft vollendet. Doch Philosophie ist Kunde vom Leben, keine Wissenschaft. Platon und Hegel haben sie für ihre eigentliche Aufgabe demontiert. Was sie geschichtlich geworden ist und einmal für den Menschen sein wollte, benennt Theodor Wiesengrund Adorno so: "Die traurige Wissenschaft, aus der ich meinem Freunde einiges darbiete, bezieht sich auf einem Bereich, der für undenkliche Zeiten als der eigentliche der Philosophie galt, seit deren Verwandlung in Methode aber der intellektuellen Nichtachtung, der sententiösen Willkür und am Ende der Vergessenheit verfiel: *die Lehre vom richtigen Leben.*" (Minima Moralia – Reflexionen aus dem beschädigten Leben, S. 7 ‚Zueignung für den Freund Max Horkheimer'; Hvb. SPN)

Dem großen Philosophen Hegel ist die Vermittlung von Theorie und Praxis des richtigen Lebens nicht gelungen. Eine Aufklärung zu den Gründen des Nichtgelingens hat auch die Frankfurter Schule nicht gebracht; sie verharrt, methodisch immer noch an Hegel gebunden, in der ‚Negativen Dialektik'. Kritik an der Geschichte ist einfacher als der Entwurf einer anderen, in der die Mängel des ‚Falschen Anfangs' zu überwinden wären. Die These von der ‚Vergeblichkeit der Aufklärung' (Adorno und Horkheimer) ersetzt die ‚positive Dialektik', die nicht gedacht wird. Die Hoffnung auf die helfende Kraft der ‚Normativen Vernunft' ist für Jürgen Habermas der Trumpf im Ärmel, die Geschichte zu überlisten. Die sich reproduzierenden Sprachspiele versperren den Weg zum Menschen. Philosophisches Denken erschöpft sich an Theorien von Philosophen, über die eine Aufklärung nicht geschehen kann, weil alle am Sprachspiel Beteiligten auf dem gleichen ‚Maskenball' tanzen. Es gibt kein ‚High Noon' der Entscheidung, keinen Termin, die ‚Masken' abzulegen und die Tradition zu ‚entlarven'! Die ‚Maske Vernunft' ist vor allem nicht vernünftig genug, um zu erkennen, daß der Mensch auch mit dem Herzen gut oder sogar besser denken kann! Dem Kompass des Herzens folgen eher Dichter und Kinder. Antoine de Saint-Exupéry verschafft ihnen poetische Weltgeltung; in der Realität sind ‚Kleine Prinzen' noch zu selten. Ludwig Hegel, ein Kind des großen Philosophen Hegel, ist kein ‚Prinz' geworden; er ist an der ‚Maske Vernunft' verzweifelt. Wir sollten den Irrweg mit Namen ‚Hegel' erkennen und rasch verlassen; Für immer!

3. Irrweg: Freuds Ferien von der ZEIT: der Fall der Anna O. – Versuch zum Mythos Psychoanalyse –

a) Freud und sein selbstloses ‚Ich': Unbehagen in der Kultur

Sigmund Freud geht in seinem Denken und Handeln vom ‚Ich' aus. Es ist für ihn eine natürliche Instanz, kein kultureller Erwerb; für letzteren prägt er den Begriff ‚Überich'. Sein eigenes Ich ist von Ehrgeiz getrieben; Karriere und der Ruhm sind schon früh wichtige Ziele für diesen Menschen. In der Dialektik von genetischer Anlage und sozialem Umfeld hat jeder Mensch und so auch Freud die Aufgabe, sein Leben durch Sinngebung zu gestalten. Die natürliche Mitgift will durch Bildung in die Kultur eingebracht werden. Der Mensch soll die Kultur bereichern, aber in seiner Natur dadurch nicht ärmer werden. Wenn eine Kultur falsche Wege und Ziele vorgibt, kann das zu Problemen führen. Wir wollen sehen, wie Freud für sich selbst und für andere damit umgeht. Zu fragen ist, welche Folgen seine Fixierung auf das eigene und fremde ‚Ich' für sein ‚Selbst' und dessen Beziehung zum SEIN des SELBST und darin für sein Denken hat. Wenn er den ‚ersten Menschen' verfehlt, wird das nicht ohne Auswirkungen auf die Theorie und Praxis der Psychoanalyse bleiben.

Allgemein gesprochen ist es so, dass ein Selbst dem Einfluss seiner Kultur umso eher erliegt, je weniger es weiß, w e r der Mensch in seiner Natur ist. Es genügt ihm, wenn es sein ‚Ich' kennt. Ein Mensch weiß in der Regel nicht, dass er es in gesellschaftlichen Lernverhältnissen angeeignet hat, ob er dieses ‚Ich' lieber so oder anders wollte. Wir sagen: das im Leiden an der Kultur erworbene *Ich* ist die *Maske* seines *Selbst.* Da die Beziehung zum SEIN des SELBST nie völlig unterbrochen werden kann, sind die im Leiden an der Gesellschaft erworbenen Störungen davon abhängig, wie ein Mensch die Auseinandersetzung zwischen ‚innen' und ‚außen' aufgrund seiner spezifischen ‚Konstitution' und seiner eigenen ‚Bildung' bewältigt. Strukturell kann jedoch in unserer Gesellschaft vom entfremdeten Menschen gesprochen werden. Er lässt sich von ideologischen Normen bestimmen, die nicht die eigenen sind. Das gespaltene Bewusstsein wird die Normalität. Theodor Adorno bringt Entfremdung auf den (negativen) Begriff: ‚im falschen Leben ist das wahre nicht möglich'. (Minima Moralia) Wir sprechen vom verlorenen SELBST. In dieser kulturellen Situation nimmt Freud sein Leben und seine Aufgabe wahr. Auf sein ‚Ich' fixiert, denkt er den Menschen als ein ‚Ich'. Er orientiert sich an ‚Masken', ohne darum zu wissen und ohne seine eigene ‚Maske' zu ‚durchschauen'.

Das ‚Unbehagen in der Kultur' (1930) hat sich bei Freud früh gemeldet. Er ahnt, dass es mit dem Menschen in der Geschichte nicht so gelaufen ist, wie es sein sollte, doch er weiß nicht was? Die Differenz von Natur und Geschichte, von erster und zweiter Natur erkennt er nicht. Die zweite Natur, die ‚Maske als Ich', ist die einzige, die er kennt. Das eigene ‚Ich' ist diagnostische Instanz, die über ein anders ‚Ich', etwas verbindlich feststellen will und in der analytischen Praxis tatsächlich ‚feststellt'! Die dabei geforderte *Wahrheit* wird in der Beziehung von Therapeut und Patient erreicht. Sie ist im Grunde nicht zu überprüfen. Ein nur psychologisch orientierter Therapeut wie Freud neigt dazu, sie als eine Tatsache zu nehmen. Eine Bestärkung dieser Sicht wird durch Zustimmung anderer erreicht, seien es Kollegen oder Patienten. Die Psychoanalyse ist im Prinzip auf private *Wahrheiten* gegründet, die auch nur privat zirkulieren sollten! Es bleibt nicht dabei; wenn etwas in die Sprache gelangt, entwickelt es seine eigene Dynamik! Wie durch Hegel ist auch durch Freud die Gefährdung des Menschen größer geworden: er therapiert ‚Masken' als ‚Patienten', von denen er unter der ‚Maske' nicht erkennen kann, was ihnen wirklich fehlt. Das hat dazu geführt, dass viele Menschen trotz Therapie gesund geworden, oder besser, gesund geblieben sind. Von einer besonderen Patientin, an der sich der Mythos ‚Psychoanalyse' festmacht, werden wir näher sprechen. Zunächst wollen wir einige methodische Grundlagen erörtern, die auf Freud eingewirkt haben.

b) Freud als ,ein ungewisses Selbst' und der sich als ,Selbst gewisse' Descartes

Freud hat sich auf das ,Ich' fixiert; das ,*Ich* denke, *Ich* bin' des Descartes ist sein Fixstern, an dem er sich orientiert. Seine Theorie ist in Absicht auf eine von ihm entworfene Praxis Ausdruck eines autoritären Charakters! Das ist wertfrei gemeint; der autoritäre Charakter gehört bei vielen Menschen konstitutionell zur ersten Natur. Sie wollen oft anderen helfen und heilen, sich selbst nehmen sie dabei aus. Diese genetische Mitgift kann wie jede andere so oder so zum Tragen kommen. Durch Bildung kann sie zur verantwortlichen Autorität gestaltet werden. In seinem Ehrgeiz wollte Freud schon früh eine Autorität sein. Er wird autoritär! Er behandelt Menschen, die kaum widersprechen. Ohne jede philosophische Ausweisung stellt er in einem gewissen Moment das ,Es – Ich und Überich' fest. Er nennt es den ,psychischen Apparat' und meint, mit diesem technischen Begriff den lebendigen Menschen entschlüsselt zu haben. Mit Ausnahme des ,Es', das er als innere Instanz erahnt, sind die beiden anderen Teile, das ,Ich' und ,Überich', erworbene ,Maske'; das erkennt Freud nicht.

Dieser Therapeut von ,Masken' kann es nicht verhindern, dass sich immer wieder der erste Mensch meldet; er erfindet dafür den Begriff des Unbewussten. Als eine Instanz beweisen könne er es nicht, betont er immer wieder; in unseren Träumen sei es aufzuweisen. Irgendwoher müssen Träume schließlich kommen!? Das Unbewusste gehört als Wort inzwischen zum festen Bestand der von Freud initiierten Sprache. Aus ihr besetzt das ,Unbewusste' das ,Ich'; die weiten Felder für Analyse und Therapie sind damit ausgewiesen. Für J. Lacan ist das Unbewusste strukturiert wie eine Sprache mit einer speziellen Syntax. Die Träume sind ein ,teures' Gut der Analytiker geworden. Elisabeth Lenk hat in Ihrem Buch: ,Die unbewusste Gesellschaft' (1983) kritische Einwände zum konstruierten Zusammenhang von Traum und Unbewusstes vorgebracht. Sogar die Träume, die letzte Bastion des Selbst, sollen dem Menschen genommen werden; in ihnen melden sich nicht völlig unterdrückte Elemente aus dem SEIN des SELBST, dieser einzigartigen, nur dem Menschen eigenen Quelle. Die Künstler schöpfen aus ihr; nehmen wir Vincent van Gogh als Beispiel: er hat seine Träume für sich geträumt und in Bilder umgesetzt, sie keinem Therapeuten erzählt.

Freud legt es darauf an, alles von seinen Patienten zu erfahren. Er will eine eigne Theorie der Träume aufstellen. Von der Tradition übernimmt er den Dualismus von Leib und Seele, wobei er als Naturwissenschaftler mehr zu Descartes und dessen ,res extensa' und ,res cogitans' neigt als zur reinen Lehre des Plato. Beide in Frage zu stellen, fällt ihm nicht im Traum ein. Seine Auffassung von Philosophie ist naiv und die eines Therapeuten: "Nun läßt sich nach Freud die eigentliche Philosophie in *Analogie zur Paranoia* (GW IV,288) verstehen. Philosophie ist jener gut systematisierte Wahn, der mit dem Anspruch auf Wissenschaftlichkeit auftritt. ... Die dennoch lebensnotwendig gewordene Erfahrungswelt wird auf der Grundlage endogener Faktoren und Verhältnisse des Unbewußten, die als Ideen, Werte, Sinngehalte nach außen projiziert werden, rekonstruiert." (nach Karl Wucherer – Huldenfeld, 51) Wenn Philosophie lediglich ein mehr oder weniger willkürlicher Reflex endogener Faktoren und innerer Verhältnisse des *Unbewussten* ist, keine aktive und aktuelle Reflexion des Selbst auf das SEIN des SELBST, dann ist Freud der wahre Philosoph und die Psychoanalyse ist als Theorie und Praxis die einzig richtige Methode zur Behandlung und Heilung von Mensch und Gesellschaft. Ob Freud dergleichen vorschwebte?

Die Selbst – Zensur(!) erlaubt es Freud nicht, das offen auszusprechen. Zum einen haben einige Philosophen für ihn erkennbar paranoide Züge, was ihn in seinem Willen zu ‚Therapie' bestärkt; zum anderen muss er für die eigene Position vorsichtig sein, denn er kann sie nicht beweisen. In der 1. Vorlesung zur Einführung in die Psychoanalyse (1915/16) sagt er seinen Hörern: "Nun werden Sie ein Recht zu der Frage haben: Wenn es keine objektive Beglaubigung der Psychoanalyse gibt und keine Möglichkeit, sie zu demonstrieren, wie kann man überhaupt Psychoanalyse erlernen und sich von der Wahrheit ihrer Behauptungen überzeugen? Dies Erlernen ist wirklich nicht leicht, und es haben auch nicht viele Menschen die Psychoanalyse ordentlich gelernt, aber es gibt doch einen gangbaren Weg. Psychoanalyse erlernt man zunächst am eigenen Leib, durch das Studium der eigenen Persönlichkeit. Es ist das nicht ganz, was man *Selbstbeobachtung* heißt, aber man kann es ihr zur Not subsumieren." (Studienausgabe I, 45; Hvb. SPN)

In diesem Text wird die Methode von Freud im Ansatz deutlich; seine Wende zum Menschen wird auf die Beobachtung des *Selbst* beschränkt, wobei er hier eher zufällig und aus dem Fundus der Sprache das Wort ‚Selbst' benutzt; er meint das ‚Ich', das sich beobachtet wie ein Spion bei Kafka. Die ontogenetische *Instanz des Selbst* wird Freud nicht entdecken. Wie für Descartes ist auch ihm das ‚Ich' die Instanz, die beim Philosophen Zweifel an vorliegenden Wahrheiten, bei Freud den Zweifel an seinen erfundenen Wahrheiten zugunsten der Psychoanalyse beseitigen soll. Was ihm, dem Vordenker Freud gelungen, einige Wahrheiten durch Selbst – Beobachtung seines Ich zu entdecken, mögen doch nun auch die Zuhörer (der Vorlesung) gefälligst selbst tun! Das ist Aufforderung zur *Anerkennung der Wahrheiten der Psychoanalyse durch Nachahmung, wie es Väter von ihren Kindern verlangen.* Freud wird vom *Wiederholungszwang* sprechen, den er selbst propagiert; die Verbreitung seiner Lehren ist auf Zeit gesichert, sofern es genügend Nachsprecher gibt, die das eigne ‚Ich' als Autorität nehmen.

Der Philosoph Descartes ist allerdings im Unterschied zu Freud zum ‚Ich' mit folgender Frage skeptisch geworden: wie soll man von der Anfangs – Aussage: ‚*denkend bin ich*' (cogitans sum) zu weiteren inhaltlich sicheren und damit wahren Sätzen gelangen? Kritiker fragten, ob es auch ‚lachend, weinend, trinkend ... bin ich' heißen könnte? In jedem Fall gab es *Gewissheit nur für das eigene bewusste Wissen*; mit ihm war das ‚Ich' wie auf eine Säule gehoben, von der man ohne Hilfe nicht herunterkam. Der *Säulenheilige der Moderne* wusste keinen Ausweg, um die selbst konstruierte Isolation zu überwinden und von der ersten zur zweiten sicheren Wahrheit zu gelangen! Er hatte alle Wahrheiten angezweifelt, da ihm keine sicher schien! Was aber war die Maßgabe für eine sichere Wahrheit? Liegt sie wirklich im ‚Ich'? Die Frage, nach einer absolut sicheren Begründung des Denkens und Erkennens zu suchen, stand am Anfang. Der anfänglichen Philosophie und ihrer Lehre von der Wahrheit wollte er nicht mehr trauen; seine Zweifel sind jedoch nicht grundsätzlicher, sondern methodischer Art. Die eigne Gewissheit soll eine zweifelsfreie Methode begründen. Im Rückgriff auf sein ‚Ich' hat er sich jedoch, wie er bemerkt, von jedem anderen ‚Ich' isoliert; in das Wissen und Bewusstsein anderer kommt ein ‚Ich' nicht hinein'! Wie kommt das ‚Ich' von dieser Säule des ‚Ich' herunter, ist nun seine Frage?

Der Philosoph wusste schließlich nicht weiter; er war der festen Meinung, mit dem ‚sich Selbst im Denken wissenden Ich' einen absolut sicheren Anfang für den Gang der Philosophie gefunden zu haben; nun kommen wieder Zweifel. Als das Sprachspiel verloren schien, er wie festgenagelt in seinem ‚Ich' eingesperrt bleiben musste, fiel ihm gerade noch zur rechten Zeit der liebe Gott ein! Dieser gute Geist (spiritus benignus) wird doch seinen lieben Descartes nicht ständig in die Irre führen, ihn nicht wirklich in allem und immer wieder täuschen wollen!? Das kann er nicht tun, nach allem, was man von ihm weiß. Und Descartes wußte einiges von Gott; schließlich hatte er bei Jesuiten gelernt. Der Philosoph kam freudig und getröstet mit Hilfe des Gottes als Garant für alle Wahrheiten von der Säule des ‚Ich' herunter. In seinem methodischen Zweifel wird er ‚das Vorbild der Moderne'. Descartes hat das ‚Ich' und den Egoismus gestärkt, darin weder dem Menschen noch der Philosophie einen guten Dienst erwiesen. Sein geschmeicheltes EGO führte ihn nach persönlicher Einladung nach Stockholm zur Königin Christine. Auf der winterlichen Kutschfahrt zu Ihr, die von ihm belehrt sein wollte, erkältet er sich und erfährt dadurch seine letzte Wahrheit: *sterbend bin ich*! Den Menschen als das Organ WAHRHEIT zu begreifen, hat er keine Zeit mehr. Wir haben eigentlich keine Zeit mehr für die ‚Ich – Ansichten' des Descartes; die Sprachspiele und die Archivare konservieren sie leider. Freud ist von der ‚Ich – Sucht' dieses Philosophen angesteckt worden. Einiges sieht er anders; das wird nun erörtert.

c) *Freuds Position: Lieber ein kollegiales ‚Ich' als den lieben Gott zu Rate ziehen*

Auf einen *guten Geist* oder den *lieben Gott* mag Freud nicht zurückgreifen; beide sind ihm fremd. Er zieht in Zweifelsfällen lieber Kollegen hinzu, um das eigene ‚Ich' zu verstärken; er sucht ein verallgemeinertes ‚Ich'. Den Rat gibt er auch seinen Zuhörern, sich untereinander auszutauschen. Überdies hat er mehr zu bieten als Descartes; er weiß bereits einige sichere Wahrheiten, auf die der Philosoph nicht gekommen ist! Woher er sie hat? Aus seinem ‚Ich' selbstverständlich. Das könnte die Wende zum Menschen sein, wenn Freud fragen würde, wer Träger des ‚Ich' ist; es schwebt ja nicht im leeren Raum; was ist ‚Ich' und wo ist es? In seinem Versuch ‚Zur Einführung des Narzissmus' (1914) kommt er einer Antwort näher, doch nicht nahe genug: "Es ist eine notwendige Annahme, daß eine dem Ich vergleichbare Einheit *nicht von Anfang an im Individuum vorhanden ist*; *das Ich muß entwickelt werden*." (III, 44; Hvb. SPN) Hier drängt sich förmlich die Frage auf: Was ist dann *die Instanz vor dem Ich*? Freud hätte von seiner Annahme des ‚Ich', das nach und nach entwickelt wird, weiter fragen müssen, von welchem Grund und welcher Instanz her diese Entwicklung erfolgt?

Auf diese Fragen kommt Freud nicht; er bleibt den tradierten Sprachspielen verhaftet und fährt in der 1. Vorlesung zur Einführung in die Psychoanalyse im Anschluss an die zitierte Stelle fort: "Es gibt eine ganze Reihe von sehr häufigen (wie häufig? SPN) und allgemein bekannten seelischen Phänomenen (wie allgemein bekannt? SPN), die man nach einiger Unterweisung in der *Technik* an sich selbst zu *Gegenständen der Analyse* machen kann. Dabei holt man sich die gesuchte Überzeugung von der Realität der Vorgänge, welche die Psychoanalyse beschreibt, und von der Richtigkeit ihrer Auffassungen. Allerdings sind dem Fortschritt auf diesem Wege bestimmte Grenzen gesetzt. Man kommt viel weiter, wenn man sich selbst von einem *kundigen Analytiker analysieren läßt*, die Wirkungen der Analyse am eigenen Ich (!) erlebt und dabei die Gelegenheit benützt, *dem anderen* die *feinere Technik des Verfahrens* abzulauschen. Dieser *ausgezeichnete Weg* ist natürlich immer nur für eine Person, niemals für ein ganzes Kolleg gangbar." (l. c.; Hvb., Kursiv und Klammern / SPN)

Hier haben wir den ganzen Freud mit seiner *Methode und Technik der Psychoanalyse*! Er produziert selbst die ‚allgemein bekannten seelischen Phänomene' wie zum Beispiel den Ödipus – Komplex, den Narzissmus, die Kastrationsangst etc, übernimmt dankbar 1885 in Paris von Charcot das *Phänomen der Hysterie* und von Breuer 1892 den *Fall der Anna O.*, der zehn Jahre zurückliegt! Wie von Zauberhand hat er plötzlich viele allgemein bekannte und für ihn aus eigener Autorität verallgemeinerbare *Gegenstände der Psychoanalyse,* die, wenn sie einmal durch die *List des Ego* (Freud) vorhanden, nun auch wirklich sind; als solche können sie dann auch allgemeine Zustimmung verlangen! Hegel lebt in Freud auf niedrigerem Niveau wieder auf. Während jener das SEIN der organischen WAHRHEIT im Menschen ignoriert und auf den absoluten Geist setzt, beachtet Freud in seinem methodischen Ansatz nicht das SEIN der organischen ZEIT; er will gegen die objektiven Daten der Zeit seinen originären Anspruch auf Erfindung einer Therapie zur Heilung von Hysterie gegen Pierre Janet, seinem Nachfolger bei Charcot, geltend machen. Freud will endlich seinen Ehrgeiz befriedigen, Karriere machen und berühmt werden. In seinem Abitur –Aufsatz hat er den Vorsatz geäußert, dass ‚ich in meinem Leben zu unserem menschlichen Wissen einen Beitrag leisten will'. (Mannoni, 15) Der Lehrer nennt seinen Stil im Sinne Herders ‚idiotisch, was zugleich korrekt und charakteristisch bedeutet'. (l. c.) Freud verbreitet dieses ‚Lob' sogleich; in einem Schreiben fordert der Siebzehnjährige (!) einen gleichaltrigen Freund, Emil Fluß, auf, ‚den Brief gut zu bewahren, da er es mit einem deutschen Stilisten zu tun habe, man kann nicht wissen ... !' (l. c.)

Janet hat 1889 seine Arbeit L'Automatisme psychologique veröffentlicht! Freud muss in Panik geraten sein; wird er wieder einmal bei einer bedeutenden Entdeckung nur der zweite sein? Zuvor (1884) war es ihm mit seinen Kokain – Studien so gegangen. In seiner Selbstdarstellung von 1925 heißt es: "Mitten in dieser Arbeit eröffnete sich mir die Aussicht einer Reise, um meine Verlobte wiederzusehen, von der ich zwei Jahre getrennt gewesen war. Ich schloß die Untersuchung über das Kokain rasch ab und nahm in meine Publikation die Vorhersage auf, daß sich bald weitere Verwendungen des Mittels ergeben würden. Meinem Freunde, dem Augenarzt L. Königstein, legte ich aber nahe zu prüfen, inwieweit sich die anästhesierenden Eigenschaften des Kokains am kranken Auge verwerten ließen. Als ich vom Urlaub zurückkam, fand ich, daß nicht er, sondern ein anderer Freund, Carl Koller (jetzt in New York), dem ich auch vom Kokain erzählt hatte, die entscheidenden Versuche am Tierauge angestellt .... hatte." Dieser hat den ganzen Ruhm geerntet! Freud hat sich geschworen, daß ihm so etwas nicht noch einmal passieren dürfe. Im gleichen Atemzug gibt er nachträglich seiner Braut die Schuld, daß er nicht schon in jungen Jahren berühmt geworden ist; er habe ihr das aber nicht nachgetragen! (Vgl. dazu Martin Stingelin: in: Nachwort zu M.-B. Jacobsen, S.131 ff: Die Kokainaffäre)

d) Der Gründungsmythos der Psychoanalyse: Der Fall der ‚Anna O.'

Der Gründungsmythos der Psychoanalyse ist inzwischen in allen Einzelheiten bekannt. Mikkel Borch – Jacobsen hat sie in seiner Monographie: ‚Anna O. zum Gedächtnis – Eine hundertjährige Irreführung' (1997) dargestellt. Wir legen den

‚Fall' dar, um die Schlüsse infrage zustellen, die Breuer und Freud aus ihm ziehen: sie wollen ihren gemeinsamen Anspruch auf Erfindung eines Verfahrens zur *Heilung von Hysterie* mit der Fallgeschichte der Bertha Papenheim alias Anna O. begründen. Der unbedingte Wille zum Erfolg macht die beiden Abenteurer auf dem Meer der Seelen in Konkurrenz zu anderen Forschern und unter Zeitdruck für die Mängel des Verfahren blind, von ihrem plumpen Versuch wissenschaftlicher Täuschung ganz zu schweigen; er darf nicht verschwiegen werden. Hatte die Arbeit von Janet aus dem Jahre 1889 Freud aufgeschreckt, lässt eine neue Studie von ihm: ‚Les Accidents mentaux des hystériques' (1893) seinen Ehrgeiz aus Angst, wieder zu spät zu kommen, explodieren! Im Neurologischen Centralblatt von 1893 wird im Bd. 12 von Breuer und Freud eine ‚Vorläufige Mitteilung" veröffentlicht und auf Dezember 1892 (!) rückdatiert: ‚Über den psychischen Mechanismus hysterischer Phänomene'. (Vgl. Studien über Hysterie, S. 27 ff)

Die Daten zum Fall sind in aller Kürze folgende: Breuer hat die Behandlung von Anna O. im Juni 1882 erfolglos abgebrochen; mit Einverständnis der Familie wird sie am 12. Juli 1882 im Sanatorium Bellevue in Kreuzlingen (Schweiz) aufgenommen. Direktor ist Robert Binswanger, der von Breuer den Krankenbericht erhält. Kurz danach erzählt Breuer, der annimmt, dass Freud durch seine Braut Martha Bernays, einer Freundin von Bertha Pappenheim, bereits unterrichtet sei, diesem vom Misserfolg seiner Behandlung. "Wie man aus unveröffentlichten Briefen von Freud an Martha weiß, die Jones in seiner Biographie zitiert, hatte Breuer ihm zum erstenmal am 18. November 1882 von Bertha erzählt und dabei den unheilvollen Ausgang der Behandlung keineswegs verschwiegen. Am 5. August schrieb Freud seiner Verlobten: ‚Bertha befindet sich einmal mehr im Sanatorium von Groß-Enzersdorf, glaube ich. Breuer spricht unablässig von ihr, sagt, daß er ihr den Tod wünsche, damit die Arme von ihrem Leiden erlöst werde. Er sagt, daß sie sich niemals wieder erholen werde und ganz zerrüttet sei." (Jacobsen, 34 f; s. auch l. c. Anm. 3: Freud gibt den Ort des Sanatoriums falsch wieder; er lautet: Inzersdorf; Jones übernimmt den Fehler)

Freud hatte 1882 dem Bericht des Kollegen Breuer keine Beachtung geschenkt. Die Diagnose einer schweren Hysterie, die zusammen mit anderen Symptomen von den Sanatorien bestätigt wird, in die Bertha in den Jahren 1882 – 87 gesteckt wird, ändert nichts daran. Da auch Charcot in Paris kein Interesse zeigt, als Freud ihm 1885 von diesem Fall erzählt, bleibt er für ihn weiter ohne Bedeutung. Das ändert sich schlagartig durch die Arbeit von Janet von 1889, in der dieser seine Forschungsergebnisse darstellt. Jetzt auf einmal will Freud von Breuer restlos alles (!) über die Behandlung seiner früheren Patientin wissen. Mit der List seines Ego macht er sich den Kollegen nach und nach gefügig, um den gemeinsamen Coup in aller Hast in den ‚Vorläufigen Mitteilungen' 1893 vorzubereiten, da die zweite Arbeit von Janet 1893 erschienen war, und in den ‚Studien über Hysterie‘ zu landen und als originären Sieg der wissenschaftlichen Forschungsgemeinschaft ‚Breuer – Freud‘ zu feiern. Die Story von der (angeblichen) Heilung einer schweren Hysterie wird zum Gründungsmythos der neuen Therapie! "Die Geschichte der Psychoanalyse ist eine >Imitation von Anna O.<, wie man von der >Imitatio Christi< spricht." (B.-Jacobsen, 22)

Wir setzen die Kenntnis der von Breuer in den ‚Studien ...‘ 1895 vorgelegten Krankengeschichte mit angeblicher Heilung und die Aufdeckung der versuchten Irreführung (s. M. Borch–Jacobsen) voraus. Unser Anliegen ist es, die *Psychoanalyse als subjektive Therapie mit nur psychologischen Mitteln* generell in Frage zu stellen. Sie benötigt eine objektive Ergänzung, wie sie Pierre Janet vorschwebte, der mittlerweile international wieder stärker beachtet wird als Freud. Als Ergänzung betrachten wir die Klassische Homöopathie und ihre diagnostischen und therapeutischen Möglichkeiten. Dass weder Josef Breuer noch Sigmund Freud als naturwissenschaftlich orientierte Mediziner um 1880 die Homöopathie zur Kenntnis nehmen, hat als Versäumnis zu gelten. Wir kommen darauf zurück. Was sicher vorzuwerfen ist: Breuer und Freud konnten erkennen, dass diese Patientin mit den angewendeten psychologischen Methoden nicht ‚geheilt‘ wurde! Sie konnten zudem vermuten, dass es für krankhafte Erscheinungen im seelisch – emotionalen Bereich objektive Gründe geben muss. Im Fall der Bertha P. ist es jedenfalls so, dass sie *trotz Psychotherapie* gesund wurde, weil ihre Lebenskraft die aus der Balance geratenen Energien und dadurch bedingte Störungen in dem Augenblick regulieren konnte, in dem sie sich wieder voll meldete; die Selbstheilungskräfte erwirkten schließlich ihre Gesundung.

e) Der Fall ‚Anna O.' aus Sicht der Klassischen Homöopathie

Die Diagnose von Breuer, die Patientin leide an einer ‚schweren Hysterie', ist zu allgemein und im Grunde eine nachträgliche Erfindung auf Wunsch von Freud. Er gibt dem Drängen in dem Moment nach, da öffentlich bekannt wird, dass seine kranke Patientin von 1880 –1882 einige Jahre später (1888) gesund, demnach irgendwie geheilt ist. Die ‚Heilung‘ solle doch nun er selbst, so Freuds Forderung an Breuer, auf seine damalige Therapie der ‚Redekur' (talking cure) und des ‚Kaminfegens' (chimney – sweeping) beziehen, beide Namen sind von der Patientin selbst erfunden! (Breuer, 50) Wir wollen an den überlieferten Symptomen der ‚Krankheit' auf die ‚Konstitution' von Anna O. schließen, um sie aus dem ‚Selbst' des *ersten Menschen* ‚objektiv' zu verstehen und nicht nur ‚psychologisch' zu deuten. Die Deutungen von Breuer und Freud sind an diesem Fall nachweisbares ‚Lesen im Kaffeesatz'. Folgerungen für die Psychoanalyse können nicht ausbleiben. Die kundigen Leser mögen sie selbst ziehen. Unsere eigene Auffassung soll deutlich werden.

Die Maßgabe unserer Kritik an Breuer und Freud zur Fallgeschichte der Anna O. entnehmen wir unserer Sicht auf den Menschen, die der Klassischen Homöopathie gemäß ist. Der von der Homöopathie entwickelte Begriff der ‚Konstitution' bezieht sich auf die ontogenetische Mitgift eines Menschen als seine ‚Natur' (erster Mensch). Die ‚Konstitutionen' müssen sich in der Evolution, in der Phylogenese der Lebewesen, gebildet haben. Sie werden bei der Ausdifferenzierung der Ontogenese der Arten als Erbgut übernommen. So kommt es, dass Menschen Konstitutionen von Mineralien, Pflanzen oder Tiere haben, um es einfach auszudrücken. Eine Konstitution, sagen wir ‚Küchenschelle' (Pulsatilla) ist in den zugehörigen Menschen ‚ähnlich' bei individueller Verschiedenheit. Unter dem Antrieb der in den Wesen vorhanden ‚Lebenskraft', die chinesische Heilkunst spricht vom ‚Chi', kommt es zur Auseinandersetzung zwischen der Konstitution eines Menschen und seiner Umwelt, zwischen dem ersten und zweiten Menschen, zwischen innen und außen! Der Streit erscheint in den energetischen Schwingungen zwischen den Polen *gesund* und *krank*! Wir sind niemals ‚nur gesund' oder ‚nur krank', sondern beides abwechselnd. Wenn eine Periode der Schwingung etwas länger dauert, spricht man, denkwürdiger Weise eher bei der einen, von ‚Krankheit'. Gesund wollen die meisten ständig und um jeden Preis (!) sein und bleiben.

Der deutsche Arzt Samuel Hahnemann (1755–1843) hat die Homöopathie als eine Heilkunst, die bis auf Hippokrates zurückverfolgt werden kann (s. Lit. Vz.), wieder entdeckt und wissenschaftlich neu begründet. Sein ‚Organon der Heilkunst' erscheint zu seinen Lebzeiten in fünf Auflagen; die erste 1810 in Dresden. A. Lutze bringt 1865 in Köthen die sechste Auflage heraus. Weitere Werke wie die ‚Reine Arzneimittellehre' oder ‚Die chronischen Krankheiten, ihre eigentümliche Natur und homöopathische Heilung' sind in vielen Auflagen veröffentlicht und in zahlreiche Sprachen übersetzt. Sein Grabmal auf dem Perè Lachaise ist viel besucht; er liegt nicht weit von Ludwig Börne, dem Lieblingsautor von Freud. Er war am Grab von Börne, als er bei Charcot (1885) arbeitete. In Paris war Hahnemann bei allen Ärzten bekannt und Gesprächsstoff in der ganzen Welt! Wie sollen wir das Schweigen von Freud zu Hahnemann und zur Homöopathie deuten? Warum ignoriert er diese ‚objektive Methode', da er selbst eine zu entdecken wünscht? Als er dann 1938 nach London kommt, kann er die Homöopathie nicht mehr ‚übersehen'. Sie ist in England sehr verbreitet, war es zuvor schon in Paris mit der Ankunft und der Tätigkeit dort von Hahnemann. Wir kommen auf das Versäumnis von Freud noch zurück.

Die ‚Konstitution' von Bertha Papenheim (Anna O.) hat die Klassische Homöopathin Gisela Neumann – Heller ermittelt. Wer auf seine eigene Konstitution neugierig ist und sich als ein ‚Selbst' erkennen und begreifen will, findet Hinweise auf die homöopathische Methode. Um die allgemeine Sicht zu öffnen, ist folgendes zum Verständnis wichtig: Die schwingende Verteilung der Lebensenergie ist miteinander vernetzt; Ausfälle rufen ‚Störungen' hervor. Sie sind in Individuen mit gleicher Konstitution ähnlich und zugleich verschieden. ‚Ähnlich' sind sie von der gemeinsamen Konstitution im SEIN des SELBST, ‚verschieden' durch die individuelle Prägung im Selbst. Jede individuelle Erscheinung deutet auf einen ähnlichen Grund hin, von dem Menschen bestimmt werden: ihre Konstitution! Sie entsteht in der Evolution und vermittelt sich im Zufallstanz der Gene im Individuum aus seiner Ontogenese als sein ‚Charakter' (Prägung) in der ersten Natur. Durch ‚Bildung' soll die genetische Mitgift der ‚Konstitution' – Rousseau spricht im *Diskurs über die Ungleichheit* von der ‚constitution originelle' (42) – kreativ gestaltet werden. Wenn zu einer bestimmten Zeit Symptome ‚auftauchen', die krankhafte Zustände anzeigen, dürfen diese diagnostisch niemals nur auf die momentane Erscheinung begrenzt und nicht allein mit psychologischen Mitteln behandelt werden. Den zugehörigen objektiven Befund ermöglichen die Methoden der Homöopathie; wir charakterisieren sie mit einigen Hinweisen:

1. Der Homöopath versucht im diagnostischen Gespräch die *Konstitution des Patienten* objektiv zu bestimmen, um in der subjektiven Beziehung von Therapeut und Patient die Fixierung auf die ‚Krankheit' (als isolierter Zustand) zu vermeiden, ihre Symptome von einer gesicherten Maßgabe deuten und den ‚ganzen Menschen' heilen zu können.
2. Die Konstitution ermittelt der Homöopath an prägnanten Symptomen des ‚Kranken' (es geht auch beim gesunden Menschen). In Repertorien findet er (fast) jedes Symptom mit abstrakter Zuordnung auf ein oder mehrere Arzneimittel als das Ähnliche (Simile) einer Konstitution aufgeführt. Seit etwa 1800 ist die Systematisierung immer neu entdeckter Symptome und ihre Zuordnung zu einer begrenzten Zahl von Konstitutionen im Gange. Homöopathische Ärzte ermitteln das jeweilige Simile der Symptome in ihrer Praxis an Patienten, durch Prüfung eines Arzneimittels an sich selbst oder im kollegialen Kreis bei Symposien mit der Frage, welche Symptome sich nach Einnahme des Mittels im Wachen und Schlafen (Träume) zeigen? In zweihundert Jahren intensiver forschender Praxis an Millionen Menschen ist eine immer wieder überprüfte und international anerkannte Grundlage für Symptome und der ihnen zuzuordnenden Konstitution entstanden. Das ‚Simile' zwischen einem Arzneimittel und einer Konstitution ergibt sich, wenn prägnante Symptome immer wieder auf ein bestimmtes oder sogar nur auf ein einziges Mittel verweisen: die Konstitution ist festgestellt.

3. Auf dieser objektiven Grundlage vermag der Homöopath, je erfahrener, umso schneller und genauer, den Patienten als Person und in seiner spezifischen (kranken) Situation im ‚Jetzt' so einzuschätzen, dass genau dosierte Gaben des potenzierten Arzneimittels die aktuellen Störungen abmildern, die konstitutionellen Kräfte anregen und stärken; der Prozess der Selbstheilung wird angestoßen. Der Homöopath behandelt nicht eine Krankheit, sondern den Menschen; er stärkt seine Konstitution. Wenn sie ihre volle Kraft wieder erlangt hat, reguliert sie selbst die Verteilung der Lebensenergie in der Schwingung von gesund und krank.

Im Blick auf Anna O. ist die Konstitution unter dem Vorbehalt aufzufinden, dass die in der Fallgeschichte überlieferten Symptome genau sind; für eine gesicherte Erkenntnis müsste die Patientin direkt befragt werden können. Zwei sehr auffällige Symptome ermöglichen jedoch eine ziemlich sichere Feststellung der Konstitution; sie sind von Breuer folgendermaßen beschrieben:

1. "Juli 1880 war der Vater der Kranken auf dem Lande an einem subpleuralen Abszesse schwer erkrankt; Anna teilte sich mit der Mutter in die Pflege. Einmal wachte sie nachts in großer Angst um den hochfiebernden Kranken und in Spannung, weil von Wien ein Chirurg zur Operation erwartet wurde. Die Mutter hatte sich für einige Zeit entfernt, und Anna saß am Krankenbette, den *rechten* Arm über die Stuhllehne gelegt. Sie geriet in einen Zustand von Wachträumen und sah, wie von der Wand eine schwarze Schlange sich dem Kranken näherte, um ihn zu beißen. (Es ist sehr wahrscheinlich, daß auf der Wiese hinter dem Hause wirklich einige Schlangen vorkamen, über die das Mädchen früher schon erschrocken war und die nun das Material der Halluzination abgaben.) Sie wollte das Tier abwehren, war aber wie gelähmt." (Breuer, 58; die Aussage in der Klammer ist eine subjektive Annahme von Breuer / SPN)
2. "Als diese (die Schlangenhalluzination / SPN) geschwunden war, wollte sie in ihrer Angst beten, aber jede Sprache versagte; sie konnte in keiner sprechen, bis sie endlich einen *englischen* Kindervers fand und nun auch in dieser Sprache fortdenken und beten konnte." (Breuer, 59)

Bevor diese Symptome: *‚schwarze Schlange'* und *‚Wechsel in eine andere Sprache'* im Repertorium aufgesucht werden, soll Rajan Sankaran, ein indischer Homöopath mit Weltgeltung, zu Worte kommen, um das Verständnis dieser Methode zu erleichtern. Sein Buch: ‚Das geistige Prinzip der Homöopathie', versucht eine philosophische Sicht auf das Simile zwischen Mensch und Arzneimittel; (deutsche Ausgabe 1995, englische 1991 ‚The spirit of homoeopathy'). Eingangs sagt er folgendes: "Ich sah, daß selbst Kinder ohne spezifische Probleme in der Vergangenheit und auch Erwachsene *krankhafte Zustände* bekommen, die sich *aufgrund vergangener Situationen* in ihrem Leben (aus Geschichte

/ SPN) nicht erklären lassen. Ich kam zu dem Schluß, daß diese krankhaften Zustände *von Generationen vorher ererbt* sein müssen. (von Natur / SPN) ... So entstand die Idee der *Wurzeln von Krankheit.* Wurzeln sind krankhafte Tendenzen, die sich durch entsprechende Reizung als spezifische Zustände manifestieren. Diese spezifischen Tendenzen entstehen durch Prägungen, durch spezifische Situationen in der Vergangenheit (*oder die vorhergehender Generationen*) und führen dazu, *daß ein Mensch so fühlt und reagiert, als ob er sich in jener Situation befände (Täuschung).*" (S., 7 f; Hvb. SPN)

Nach dieser Erläuterung fragen wir nun, ob die Wahnidee (Delusion) ‚Schwarze Schlange' und die Gemütsverwirrung (Delirium) ‚in fremder Sprache reden' als emotionelle Symptome zwar in der aktuellen Situation erscheinen, die Breuer vorfindet und beschreibt, aber unabhängig davon zur Konstitution von Bertha P. alias Anna O. gehören und als Wurzel für energetisch bedingte gesunde oder kranke Erscheinungen ererbt sind? Breuer begrenzt seine Wahrnehmung auf die Situation und deutet Symptome subjektiv, z.B. ‚das Mädchen hätte im Garten Schlangen gesehen; das sei nun das Material für ihre Halluzination'. (Breuer, 58) Wir stellen nun nach den Vorgaben der Klassischen Homöopathin die diagnostische Methode dar. Ein Element ist die *konzentrierte Aufmerksamkeit* auf den Patienten; in jeder Situation zeigt sich die Konstitution als gebender Grund an. Daraus ergibt sich als zweites Element, dass die Analyse das ‚kranke Jetzt' übersteigen muss, um die Konstitution in ihrer allgemeinen Geltung für die Diagnose und Therapie einzubeziehen. Im Grunde ist ‚Krankheit ein Überlebensmechanismus für eine bestimmte Situation'. (Sankaran, l. c., 7) Der Homöopath versucht nun, im diagnostischen Gespräch den Menschen in seiner konstitutionellen Essenz, im SEIN des SELBST, zu erkennen und die zugehörige Essenz aus der Materia Medica für das individuelle Selbst zu ermitteln. Um im ersten ausführlichen Gespräch in die Nähe des Simile zu gelangen, versucht er in Wahrnehmung prägnanter Symptome die Ermittlung der Konstitution vorzubereiten. Um das zu erreichen, macht er sich ein vorläufiges Bild des Patienten *in der Situation.* Für Bertha könnte es so aussehen:

- Der Vater steht für Stabilität, Sicherheit und Ordnung. Als er krank wird, gerät diese innere Verfassung in Gefahr; tiefe Angst kommt in bedrohlichen Situationen auf. Die Wahnidee ‚schwarze Schlange' symbolisiert die gefühlte Bedrohung, die sie und den Vater vernichten kann. Sie will die Bedrohung abwehren; kann es aber nicht; sie fühlt sich zu schwach dafür.
- Dieses Unvermögen in der Situation ruft ein Schuldgefühl wach; sie sucht nach Hilfe; sie will wieder wie als Kind beten, eine Autorität um Hilfe bitten, den Vater, Gott, den Schutzengel ...., von der sie aus der inneren Not befreit wird.

- Doch das Beten gelingt ihr nicht (mehr); sie fühlt sich derart aus der gewohnten Welt geworfen, dass sie nicht einmal mehr ihre gewohnte Sprache zu sprechen vermag.
- In der inneren Not erinnert sie einen auswendig gelernten englischen Vers aus ihrer Kindheit; da sie sich dem Vater gegenüber immer noch als Kind fühlt, nimmt sie den rettenden Strohhalm an; sie sucht in dieser gelernten Sprache nach Auswegen aus der bedrohlichen Situation. Bertha fühlt sich allein in der Fremde; sie ist ins ‚Ausland' geworfen.

Eine erste Analyse der Symptome ergibt: Auf diese Weise reagiert ein Mensch mit der Konstitution: *Stramonium* (Stechapfel). Das bedeutet allgemein: wenn ein Gesunder eine Dosis des Arzneimittel Stramonium erhält, können ähnliche Symptome wie die angegebenen erscheinen; bei einem Kranken mit dieser Konstitution verschwinden diese Symptome durch Behandlung mit gezielten Gaben des ähnlichen Arzneimittels. In seiner strukturellen Form lautet das von Hahnemann aufgestellte Grundgesetz der Homöopathie: "Wähle, um sanft, schnell, gewiß und dauerhaft zu heilen, in jedem Krankheitsfall eine Arznei, welche ein ähnliches Leiden erregen kann als sie heilen soll!" (Organon, 27)

Nach diesem ersten methodischen Schritt werden nun die beiden genannten Symptome mit ihrer Zuordnung zu Arzneimitteln im Repertorium nachgeschlagen (repertorisiert). In unserer Darstellung wird das Verfahren deutlich gemacht. Die Anwesenheit des Patienten ist in der Regel nicht notwendig. Es werden Repertorien von Roger van Zandvoort (1994) und Robin Murphy (1993) benutzt. Für die Essenz des Mittels ziehen wir die bereits genannte Materia Medica von Sankaran (1995) und die ‚Synopse' (1992) und ‚Konkordanz' (1997) von Frans Vermeulen hinzu. Die Konkordanz enthält die ‚Materien' von elf Klassischen Homöopathen. Was für die Leser erkennbar werden soll: es liegt ein so reichhaltiges diagnostisches Material für den Menschen und seine energetischen Schwingungen zwischen gesund und krank vor, dass es nicht begreiflich ist, wie die Schulmedizin daran vorbeigehen kann! Das gilt auch schon für Breuer und Freud.

f) Repertorisierung des Arzneimittels Stramonium

Wir suchen im Repertorium die alphabetisch geordneten Symptome; für Wahnidee steht ‚Delusion'; hinter diesem Oberbegriff steht in der Tabelle eine Zuordnung, z. B. Tiere; das bedeutet: Wahnideen mit Tieren. Wir suchen die Wahnidee: ‚schwarze Schlange':

- **Wahnidee ./. Tiere**: Tiere springen seitlich aus der Wand, aus dem Boden; (Zandvoort, 89: Delusion ./. animals: jumping sideways, out of the ground); Simile: Stramonium;

- **Wahnidee ./. Tiere**: sieht Schlangen unter, über sich, in der Nacht, wenn man plötzlich erwacht; (l. c. 89: Delusion animals ./. sees snakes under and about her, at night on awaking suddenly); Simile: Stramonium;
- **Gemütsverwirrung ./. Ausland**: spricht in fremden Sprachen; (l. c. 80: Delirium ./. foreign: talking foreign language; ebenso l. c. 338: talks foreign language) Simile: Stramonium;
- **Schuldgefühl ./. Angst**: angstvolle Schuldgefühle ohne Aussicht auf Rettung; (l. c. 39: Anxiety ./. about salvation); Simile: Stramonium.

Der methodische Zugriff auf das Repertorium hat die erste Vermutung bestätigt und zu *Stramonium* als (wahrscheinliche) Konstitution der Patientin geführt. Die Prüfung weiterer Symptome kann das abklären. Die starke Bindung an den Vater führt nach seinem Tode dazu, den Therapeuten als Ersatzvater zu nehmen; dieser geht auf die Rolle ein. Er besucht sie zeitweise täglich, was dann bei ihrer Unterbringung auf dem Lande nicht mehr möglich ist. Bertha nimmt das als ‚Liebesentzug' und reagiert mit sehr heftigen Äußerungen ihrer Gefühle. (Breuer, 50 f) Sie spricht erst dann wieder mit Breuer, der einige Tage ferngeblieben war, wenn sie sich ‚durch sorgfältige Betastung seiner Hände von seiner Identität überzeugt hatte.' (Breuer, 51) Bertha braucht die ‚Nähe'; und Breuer ist für sie nun der ‚Vater', von dem sie Unterstützung, Schutz und Rettung sucht und verlangt, an den sie sich festklammert, den sie festhalten will! Sie hat durch den Verlust des eigenen Vaters den Halt verloren, fühlt sich allein gelassen; ihre geordnete Welt, in der sie gelebt hat, ist aus den Fugen geraten! Sie fühlt sich wie in einem fremden Land.

Diese Situation läßt sich folgendermaßen repertorisieren:

- **Gefühlsheftigkeit ./. violence**: äußerst heftig geäußerte Gefühle; (l. c. 361: ‚vehemence violence'; Simile: Stramonium. Nach Roger Morrison, einem bekannten amerikanischen Homöopathen, ist bei der Konstitution ‚Stramonium' eine heftige Angst vorhanden oder ist die Heftigkeit voller Angst: ‚fear of violence or the violence ist fearful' (Morrison in: Synopse Vermeulen, 372)
- **Gemüt ./. allein, Hand halten**: kann es nicht ertragen, allein zu sein; will eine Hand zum Festhalten; (Konkordanz Vermeulen, 1526: can't bear to be alone, wants hand to be held); Simile: Stramonium;
- **Gemüt ./. anklammern**: sich an jemand festklammern wollen; (Zandvoort, 58: Mind ./. Clinging); Simile: Stramonium;
- **Wahnidee ./. allein sein**: allein gelassen in der Fremde zu sein; (l. c.88: Delusion ./. alone in a wilderness); Simile: Stramonium, *als einziges Mittel angeführt*!

Emotionale Symptome wie Wahnideen, Gefühle und Gemütsbewegungen sind für die Ermittlung des Simile von Konstitution und Arzneimittel bedeutsamer als vordergründig sich aufdrängende körperliche Symptome. Alle bisher genannten emotionalen Symptome weisen auf Stramonium, wobei die Wahnidee, allein in der Fremde (alone in a wilderness), es als einziges Mittel hat! Das ist ein Glücksfall; die Konstitution von Bertha Papenheim ist mit ziemlicher Sicherheit festgestellt. Das wird durch weitere Symptome bestätigt; wir zählen mit Verweis auf die Belegstelle kursorisch auf:

- Nachtwandeln – Somnambulismus (Breuer 51 – Murphy, 1366)
- Schielen – Strabismus convergens (Breuer, 44 – Murphy, 397)
- Kleine Dinge größer sehen – Makropsie (Breuer, 55 – Konkordanz Vermeulen, 1528)
- Farben falsch (vieles schwarz / schwarze Schlange) und Dinge doppelt sehen (Breuer, 54 – Vermeulen, l. c.)
- Etwas wie durch Wolken (clouds) verschleiert sehen (Breuer, 48 – Konkordanz Vermeulen, l.c.)
- Hydrophobie, Ekel vor Wasser und Getränke allgemein; sie trinkt nicht, sondern löscht den Durst mit Obst (Breuer, 54 f – Konkordanz Vermeulen, 1529: Durst und große Trockenheit des Mundes werden durch Trinken nicht besser; Abneigung gegen Flüssigkeiten; wütend werden, wenn die Lippen feucht werden)
- Nur Brot zu essen, verweigert sie wegen der Trockenheit im Mund; (Breuer, 47 – Konkordanz Vermeulen, 1529)

Der Zusammenhang von ‚Hund / Glas Wasser / Wegstoßen', ‚weil ein Hund vor ihren Augen aus einem Glas getrunken habe' (Breuer, 54 f) ist so zu repertorisieren:

- **Wahnidee ./. Tiere**: sieht Hunde (Zandvoort, 88: Delusion ./. animal: dogs sees) Simile: Stramonium
- **Wahnidee ./. Tiere**: Hunde greifen sie an (l. c. 88: Delusions ./. animal: dogs attack him) Simile: Stramonium, *als einziges Mittel*!
- **Hydrophobie**: generelle Wasserscheu (l. c. 219) Simile: Stramonium
- **Hydrophobie**: bekommt Krämpfe beim Anblick von Wasser oder von etwas, das glänzt (Konkordanz Vermeulen, 1525: sigth of water or anything glittering) Simile: Stramonium

Die Konstitution von Bertha ist schon mit der Abklärung dieser wenigen Symptome objektiv festgestellt; ihre gesamte Vielfalt und Prägnanz ist geradezu überwältigend und zeigt auf, dass die Patientin eine sehr starke Lebenskraft besitzt. Ein Patient mit schwacher Lebenskraft zeigt nur wenige und nicht so eindeutige und starke Symptome. Bertha Papenheim alias Anna O. hat alle Therapeuten ‚geschafft', aber diese sie nicht! Nur ein Mensch mit einem starken Energiesystem ist dazu in der Lage. Daher vermochte sie, aus sich selbst gesund zu werden. Sie hat später auch den Namen Sigmund Freud gehört; von der Psychoanalyse wollte sie nicht das Geringste wissen. Der Erfinder hat Glück; Anna O. hätte seine Story als erfundenes Gespinst zerreißen können, wenn sie es gewollt hätte. Das Schweigen der Streiterin für die Rechte und Freiheiten der Frauen ist auch so entlarvend genug.

Ergänzend charakterisieren wir die ‚Essenz von Stramonium' nach Dr. Sankaran, den wir bereits zitiert haben. Seine konkreten ‚homöopathischen Essenzen' sind philosophisch bedeutsam; sie vermögen die abstrakten ‚Wesenheiten' der traditionellen Schulphilosophie abzulösen oder zu ergänzen. Sankaran zeichnet viele Symptome von Menschen mit einer zugehörigen Konstitution auf. Anna O. kennt er nicht; umso bedeutsamer ist es, dass seine Essenz von Stramonium uns erneut den Menschen anschaulich machen kann, den weder Breuer noch Freud so gekannt haben, wie er wirklich ist: Die beiden Abenteurer der ‚Psyche' haben sich eine ‚Maske' gedichtet. An der ‚Essenz Stramonium' von Sankaran wird unsere Darstellung sowohl im Ergebnis wie in der Methode der konstitutionellen Bestimmung bestätigt. Wir bringen einen Auszug aus einigen seiner Rubriken (fettgedruckt) des Simile ‚Stramonium':

"**Aufwachen**: ‚aus dem Schlaf kommen': wenn er aufwacht, schaut er sich um, bekommt Panik. In diesem Zustand kann er nicht unterscheiden, wer er ist, kann niemanden ausmachen und klammert sich an den ihm nächsten Gegenstand oder Menschen. ... Wenn solch ein Mensch plötzlich aus dem Schlaf erwacht, schaut er sich um und findet die Situation erschreckend, so erschreckend, daß sein Gehirn jede Tätigkeit ablehnt; ... Er schreit nur und klammert sich an den Nächstbesten. Deshalb ist die Rubrik ‚Delirium mit Schreien nach Hilfe'.

Delirium: ‚wenn der Geist nicht voll bei Sinnen ist, wenn er benommen ist, geistesabwesend, nicht klar denkt'.

Hilfe: bedeutet Unterstützung, wenn Sie etwas nicht alleine machen können ... Wie bitten Sie um Hilfe? Durch Schreien!

Schreien: bedeutet, einen schrillen, lauten Klang ausstoßen. Nicht wie: "Bitte, helfen Sie mir", sondern wie "HILFE!"

Kennt niemanden: führt zum Unterschied zwischen kennen und nicht kennen, wie dem Unterschied zwischen Licht und Dunkelheit. Dunkelheit ist die Situation, wenn Sie nichts erkennen können; Licht ist, wenn Sie wissen, was da ist. Dunkelheit bedeutet auch Hoffnungslosigkeit und Licht Hoffnung. Eine Situation mit einem bloß leichten Mangel an Wissen oder Ungewissheit (was wird mit dem kranken Vater / SPN) ist genug, um bei *Stramonium* zum Verlust des Seelenfriedens zu führen.

Wahnidee: Das Hauptsymptom von *Stramonium* ist die ‚Wahnidee, er ist allein in der Wildnis', und auch ‚Verlassenheitsgefühl'. ... Alles um ihn ist im Chaos. Seine Eltern (der Vater / SPN) haben ihn verlassen ... Er ist zurückgelassen, verlassen, an einem erschreckenden Ort allein gelassen. ... "Herr Doktor, wohin auch immer Sie gehen mögen, bleiben Sie nicht länger als eine Woche weg" .... "Wir beten einfach den Tag herbei, an dem Sie zurückkommen".

Delirium: ‚Delirium, spricht in einer fremden Sprache'. ... Was ist eine **fremde Sprache?** Fremd ist etwas, das in der Heimat nicht üblich ist, etwas, was zu einem anderen Ort gehört.

Wahnidee: ‚Wahnidee, wird verletzt'...: Bei *Stramonium* haben wir die ‚Wahnidee, wird verletzt werden' und nicht (wie bei *Thuja* / SPN) die Wahnidee, daß der Körper zerbrechlich ist.

Wahnidee: *Stramonium* sieht Hunde, die ihn angreifen. ... Was ist die Bedeutung von **Hund**? Wenn Sie auf einer dunklen Straße allein sind, ist es keine Ratte, Katze oder Schlange, die Sie in Panik versetzt. Eine Schlange kann Sie auch tagsüber beißen. Wenn es dunkel ist, ... , können Sie wegen der Dunkelheit nicht rennen, während der Hund sehr gut sehen kann, ... Das ist der Zeitpunkt, an dem Sie die Panik von *Stramonium* erleben können.

Schwarz: *Stramonium* hat Verlangen nach Schwarz. (*Schwarze Schlange*, d. h. sieht die Schlange ‚schwarz', auch wenn sie es nicht ist /SPN) " Sankaran, 204 – 210.

Es gibt in dem genannten Werk von Sankaran noch weitere Symptome für Stramonium, die bei Bertha vorkommen, wie: Verlangen, sich zu verstecken; Furcht vor glitzernden Gegenständen; Traurigkeit im Sonnenlicht, Abneigung gegen Licht; Wahnidee durch helle Gegenstände; Furcht vor Annäherung anderer. ... gewohnte Dinge erscheinen sonderbar; man fühlt sich verlassen; reagiert heftig, wenn man ihm zu nahe kommt etc. (l. c. 316 f)

Wir beenden damit unsere kritische Sicht auf den Gründungsmythos der Psychoanalyse. Wir haben dieser subjektiven ‚Therapie mit nur psychologischen Mitteln' eine objektive Therapie entgegengesetzt: die Klassische Homöopathie mit ihren geprüften und kontrollierbaren Methoden. Wir wollten den Nachweis führen, dass eine Therapie unzureichend ist, wenn sie nicht auf die ‚erste Natur' und das in ihr gegründete SEIN des Menschen Bezug nimmt. Ein Forscher wie Sigmund Freud, dessen Bedeutung in einigen Lebensbereichen anerkannt ist, muss eine Ahnung von den Mängeln der Psychoanalyse gehabt haben. Sie zeigt sich darin, dass er alte Auffassungen immer wieder neu formuliert, immer wieder ‚neue Abrisse zur Psychoanalyse' verfasst. Der Übergang von seiner Triebtheorie ‚Hunger und Liebe' zu der von ‚Eros und Thanatos', die er aufgrund der Erfahrungen des 1. Weltkrieges glaubt vornehmen zu müssen, weist auf ein fehlendes Menschenbild hin. (Vgl. meine Darstellung dazu in ‚HUNGER und LIEBE – Der Mensch: das poetische Wesen) Immerhin hat Freud soviel ‚Größe', dass er sich selbst gegenüber bedenklich wird.

g) Freud wird am Ende sich ‚Selbst' bedenklich

Sigmund Freud ist Anfang Juni des Jahres 1938 in Begleitung seiner Tochter Anna in London angekommen. Die politische Situation in Österreich nach dem Einzug der ‚Deutschen' hatte die Abreise aus dem wenig geliebten Wien erforderlich gemacht. Gesundheitlich geht es ihm nicht gut; eine schwierige Operation ist in London notwendig. Er ahnt, dass seine Zeit knapp bemessen ist. So beginnt er am 22. Juli eine neue Fassung eines ‚Abrisses zur Psychoanalyse'. (Vgl. die editorische Vorbemerkung im Ergänzungsband der Studienausgabe, 409 f.) Er wird die Arbeit nicht beenden; die Operation ist im September. Danach verfaßt er nur noch einen Aufsatz in englischer Sprache. Sein kritischer Rückblick steht im Kapitel VI des ‚Abrisses ....'; er trägt die Überschrift: ‚Die psychoanalytische Technik'. Der Autor hat kurz vor seinem Tode nichts mehr zu verbergen; Freud stirbt am 23. September 1939 in London. In diesem 'Rückblick' heißt es:

"Wir sind nicht enttäuscht, sondern finden es durchaus begreiflich, wenn wir zum Schluß kommen, daß der Endausgang des Kampfes, den wir aufgenommen haben, von quantitativen Relationen abhängt, von dem Energiebeitrag, den wir zu unseren Gunsten beim Patienten mobilisieren können, im Vergleich zur Summe der Energien der Mächte, die gegen uns wirken. Gott ist hier wieder einmal mit den stärkeren Bataillonen – gewiß erreichen wir nicht immer zu siegen, aber wenigstens können wir meistens erkennen, warum wir nicht gesiegt haben. Wer unseren Ausführungen nur aus therapeutischem Interesse gefolgt ist, wird sich vielleicht nach diesem Eingeständnis geringschätzig abwenden. Aber uns beschäftigt die Therapie hier nur insoweit sie mit *psychologischen Mitteln* arbeitet, derzeit haben wir keine anderen. Die Zukunft mag uns lehren, mit *besonderen chemischen Stoffen* die *Energiemengen und deren Verteilungen im seelischen Apparat direkt zu beeinflussen.* Vielleicht ergeben sich *noch ungeahnte andere Möglichkeiten der Therapie;* vorläufig steht uns nichts Besseres zu Gebote als die psychoanalytische Technik, und darum sollte man sie trotz ihrer Beschränkungen nicht verachten." (l. c., 420 f, Hvb. SPN)

Diese Aussagen sind in jeder Hinsicht bemerkenswert; Freud ist aus Wien von Häme begleitet vor den Nazis geflohen, in London mit Jubel empfangen und begeistert gefeiert. Er hat in seinem Leben immer wieder mit Tabus gebrochen. Den Tod vor Augen, der Ausgang der Operation ist ungewiss, wagt er in seinen beinahe letzten literarischen Zeilen diese Aussage! Was bewegt ihn dazu? Er hat sich mit dem *Mann Moses* identifiziert; seinem prophetischen Leben und seinem Tod, sich mit Christoph Columbus verglichen. Im Brief an Wilhelm Fließ vom 1.Februar 1900 charakterisiert er sich geradezu hellsichtig: "Ich bin nämlich gar kein Mann der Wissenschaft, kein Beobachter, kein Experimentator, kein Denker. Ich bin nichts als ein Conquistadorentemperament, ein Abenteurer, wenn Du es übersetzen willst, mit der Neugierde, der Kühnheit und der Zähigkeit eines solchen." (Jones, I, 404) Freud hat hier im Grunde seine genetische Konstitution umschrieben. Als Abenteurer des Denkens wirft er auf seiner letzten Fahrt, die er bald antreten wird, einen Blick zurück und zugleich nach vorn, in ein noch unbekanntes Land: ‚vielleicht ergeben sich mit besonderen chemischen Stoffen als Potentiale der Energie noch ungeahnte andere Möglichkeiten der Therapie.'

Wovon spricht Freud hier eigentlich? Eine herausragende Therapie ist seit langem entdeckt: Die Homöopathie mit ihren ‚*besonderen* chemischen Stoffen'! Es kann kein Zweifel darüber sein, dass Freud mit diesen ‚Stoffen' die potenzierten Arzneimittel meint. In London ist die homöopathische Heilkunst überall zu greifen; viele Ärzte wenden sie an. Und in Wien und Paris des ausgehenden Jahrhunderts war das ähnlich, wenn auch noch nicht so intensiv! Es ist daher unwahrscheinlich, dass der junge Freud keine Kenntnis von der Homöopathie hatte. Unsere Vermutung wird aus seinem Schweigen eher bestätigt. Weder der Begriff ‚Homöopathie' noch der Name ‚Hahnemann' kommen jemals bei ihm vor. Er besucht 1885 in Paris auf dem Friedhof Père–Lachaise das Grab von Ludwig Börne (1786–1837), dem Dichter seiner Jugend. Nur einige Schritte weiter ruhen unter einem größeren Monument Samuel Hahnemann (1755–1843) und seine Frau Mélanie, geborene Marquise d'Hervilly (1800–1878). Dieses ungewöhnliche Paar ist damals wie heute zusammen mit der Homöopathie in gebildeten Kreisen ein ‚Gespräch'! (Vgl. dazu Rima Handley: ‚Eine homöopathische Liebesgeschichte', 4. Aufl. 1998) Das Schweigen des jungen Freud ist vielsagend; er wollte originär sein; in der Homöopathie war das nicht mehr möglich; am Ende seines Lebens, der Ruhm war geerntet, konnte er offen reden. Die Psychotherapeuten und Analytiker sollten das beherzigen.

h) Einige fundamentale Bedenken zu Freud

Freuds Psychoanalyse ist ein Irrweg, wenn sie nur mit psychologischen Mitteln arbeitet. Das wollten wir aufzeigen. Der Mensch ist kein ‚psychischer Apparat', er ist ein sich selbst reflektierendes Lebewesen in der Dialektik von Natur und Geschichte. Die *Natur* wird in der Tradition und so auch bei Freud vernachlässigt. Die Homöopathie ermöglicht eine differenzierte Sicht auf sie in allgemein ähnlicher und individuell unterschiedlicher Prägung. Hahnemann ist seiner Zeit weit voraus; sein Organon von 1810 reicht mit der Beschreibung und Entwicklung von nahezu immateriellen Arzneimitteln und ihren dynamischen Kräften an die Begriffswelt von Einstein heran, die ein knappes Jahrhundert (1905) danach erscheint. Freud hingegen verspätet sich in der Zeit; er bleibt veralteter Philosophie und der Begriffswelt von Newton verhaftet. Die Verspätung im Denken ist wie ein Prinzip der Trägheit in der Wissenschaftsgeschichte. "Auch heute noch leben die meisten von uns in einer Newtonschen, prä–Einsteinschen Begriffswelt, obwohl die moderne Physik deren Einseitigkeit längst bewiesen hat." (R. Handley, 101)

Das sich verspätende Denken von Freud soll an einem Beispiel veranschaulicht werden. In der 35. Vorlesung der ‚Neuen Folge zur Einführung in die Psychoanalyse' (1932/33) zum Thema ‚Weltanschauung' heißt es: "Von den drei Mächten, die der Wissenschaft Grund und Boden bestreiten können, ist die *Religion* allein der ernsthafte Feind. Die *Kunst* ist fast immer harmlos und wohltätig, sie will nichts anderes sein als Illusion. Außer bei wenigen Personen, die, wie man sagt, von der Kunst besessen sind, wagt sie keine Übergriffe ins Reich der Realität. Die *Philosophie* ist der Wissenschaft nicht gegensätzlich, sie gebärdet sich selbst wie eine Wissenschaft, arbeitet zum Teil mit den gleichen Methoden, entfernt sich aber von ihr, indem sie an der *Illusion* festhält, ein lückenloses und zusammenhängendes Weltbild liefern zu können, das doch bei jedem neuen Fortschritt unseres Wissens zusammenbrechen muß. Methodisch geht sie darin in die irre, daß sie den Erkenntniswert unserer logischen Operationen überschätzt und etwa noch andere Wissensquellen wie die Intuition anerkennt. Und oft genug meint man, der Spott des Dichters (H. Heine) sei nicht unberechtigt, wenn er vom Philosophen sagt:

>Mit seinen Nachtmützen und Schlafrockfetzen
Stopft er die Lücken des Weltenbaus.< (Die Heimkehr, LVIII)

Aber die Philosophie hat keinen unmittelbaren Einfluß auf die große Menge von Menschen, sie ist das Interesse einer geringen Anzahl selbst von der dünnen Oberschicht der Intellektuellen, für alle anderen kaum faßbar." (l. c. I 588; Hvb. SPN))

Diese Auffassung setzt bei Freud selbst eine Art von wissenschaftlichem Wahnsinn voraus, der sich als eine höhere Instanz begreift, um so ungehemmt über Religion, Kunst und Philosophie Urteile zu fällen! Kein einziger Satz von ihm ist wahr oder kann als wahr erwiesen werden! Das ist für den Verfasser der Sätze offenbar nicht wichtig. Wir können Thomas Mann mit seiner Frage erinnern. (s. Einleitung) Ein Satz ist auch für Freud *wahr*, wenn er ausgesprochen ist und in der Sprache als Faktum vorliegt. In seinem Sagen bemerkt Freud nicht, dass er aus dem sprachlichen Fundus von Religion, Kunst und Philosophie schöpft, den er verächtlich abtut. Er gehört selbst zur ‚großen Menge', die, obschon kein Interesse für Philosophie, deren Gehalt in Gewändern des Alltags angezogen hat und in einer ‚Maske des Ich' Wahrheiten lebt, von der kaum eine/r weiß, ob sie es wirklich sind. Die Maske ist zur Gewohnheit geworden. Wenn sich ihr Träger dem SEIN verweigert, ist Therapie notwendig; die Therapeuten warten schon auf ihre Patienten. Wir haben das Phänomen, dass Freud über ‚Weltanschauungen' redet, ohne die eigene zu erkennen oder gar zu hinterfragen. Vor allem die anfängliche Philosophie des Platon ist mit ihrem konfektionierten Grundmuster in der Art des Descartes eine Weltanschauung, die in farbigen Gewändern in vielen Größen und Preisklassen angeboten wird. Niemand braucht jemals einen einzigen philosophischen Satz gelesen, geschweige intellektuell verstanden zu haben; man ist unbemerkt schon von einer Ideologie geprägt! Das ist der entscheidende Grund, warum Aufklärung über unsere geschichtliche Welt kaum möglich ist. Freud steht vollständig auf platonischem Grund, von Descartes erneut umgepflügt, und meint ungeniert ernsthaft, dass er sich auf sicherem Boden der Wissenschaft befinde, von dem aus er über alles und jedes zu urteilen vermag.

Das nimmt sich dann so aus: "Sie (die Hörer s. Vorlesung sind angesprochen/SPN) werden das Urteil kaum abweisen, daß unsere Philosophie wesentliche Züge der animistischen Denkweise bewahrt hat, die Überschätzung des Wortzaubers, den Glauben, daß die realen Vorgänge in der Welt die Wege gehen, die unser Denken ihnen anweisen will. Es wäre freilich ein Animismus ohne magische Handlungen." (l. c. 593) Es bleibt hier undeutlich, was ‚unsere Philosophie' ist. Freud macht offensichtlich eine ‚All – Aussage', ohne zu bemerken, dass er gerade selbst den Wortzauber produziert, den er in seiner Rede kritisiert. Er meint, die Sprache zu kennen, die er spricht; da er dabei das SEIN der SPRACHE als Maßgabe der geschichtlichen Sprachen nicht beachtet, redet er locker drauf los. Er ist ein *Freibeuter der Sprache.* Sie ist ihm ein weites Feld, in das jeder und zu jeder Zeit seine Reden, Beobachtungen und Vermutungen einbringen kann: Wenn sie dann vorliegen, sind sie objektiviert; es sind gegenständliche Fakten geworden. Hegel lässt grüßen. Freud kann mit seinen ‚Sätzen' Priorität beanspruchen, selbst wenn sie von anderen schon früher vorgebracht sind, sagen wir zum Beispiel von Pierre Janet. Die Methode der ‚Nachträglichkeit' wie im Fall der Anna O. ist bei Freud keine Ausnahme, sondern die Regel. Er entwirft die Welt an seinem Schreibtisch, seinem Rednerpult (oft fiktiv) immer wieder neu, auch wenn sie in dieser oder jener Gestalt bereits vorliegt. Sein ‚Ich' ist nicht so isoliert wie bei Descartes, es ist eine Instanz, die über ein anderes ‚Ich' dominieren will. Freud ist konstitutionell ‚autoritär'!

Das soll deutlich sein: Freud nimmt aus allen Feldern der Sprache das, was ihn bestätigt; das ist dann auch wahr und gut. Was ihm nicht passt oder von anderen nicht verstanden wird, sondert er aus; er ist ein ‚Kapo der Wörter'. Seine unausgesprochenen Gründe für diesen freizügigen Umgang können so umschrieben werden:

- Er unterscheidet Worte, die in konkreter Situation im Gespräch beim Patienten oder in einer Rede bei Hörern ‚wirken', von solchen, die nicht ‚ankommen'. Wenn aus dem Wort in einem Text Fakten werden, so gilt für die veröffentlichte Wahrheit, die das Wort nun wird, nicht der Zeitpunkt der Veröffentlichung, sondern die konkrete Situation, selbst wenn sie, wie im Fall der Anna O., schon über ein Jahrzehnt zurückliegt.
- Daraus folgt: Die Theorie, die Freud mit Hilfe von Breuer aus der Fallgeschichte ableitet, bezieht sich auf die Zeit der Behandlung der Anna O. durch Breuer 1880 - 1882, selbst wenn der zugehörige Text erst viel später (1895) und nach den Arbeiten von Janet (1889 & 1893) erscheint.
- Freud ist sein Leben lang subjektiv davon überzeugt, dass er der Erfinder der ‚kathartischen Methode' und damit der Gründer der Psychoanalyse ist. Weder er noch Breuer können ein Plagiat an Janet begangen haben, weil das nur ‚abstrakt' möglich gewesen wäre; die Wahrheit aber ist immer ‚konkret'; sie bezieht sich auf die Zeit von 1880 – 1882!
- Der Einwand, dass Freud erst nachträglich im Gespräch mit Breuer um 1890 die ‚Wahrheit' einer vergangenen Situation erfahren hat, wird von ihm verworfen: es ist ja nicht er, sondern Breuer, der den Fall von 1880 – 82 in den ‚Studien über Hysterie' 1895 veröffentlicht hat; seine eigenen ‚Fälle', die er in den ‚Studien' gleichzeitig publiziert, bestätigen die Methode und Praxis der Therapie von Breuer.
- Der Anspruch, originär zu sein, ist damit gesichert: Freud hat im Gespräch mit Breuer schon durch dessen Mitteilung zu Anna O. im Jahre 1882 die ‚Wahrheit' erfahren und danach sofort (!) seine eigenen Forschungen betrieben, die er nun in den Studien (1895) veröffentlicht.
- Ohne den Spruch von Kant zu kennen, reklamiert Freud ihn für sich: ‚Wahrheit lässt sich nicht übertragen!' Jedes ‚Ich' muss seine eigene Wahrheit hervorbringen; ‚Amerika sei auch nicht nach Kolumbus benannt', sagt er einmal auf den wiederholten Vorwurf des Plagiats.

Im Jahre 1890 schreibt er in einem Sammelband zum Thema ‚Gesundheit' (Hrsg. von Roßmann und Weiß) unter dem Titel ‚Psychische Behandlung' folgendes:

"Psyche ist ein griechisches Wort und lautet in deutscher Übersetzung *Seele*. Psychische Behandlung heißt demnach *Seelenbehandlung*. ... Behandlung von der Seele aus, Behandlung – seelischer oder körperlicher Störungen – mit Mitteln, welche zunächst und unmittelbar auf das Seelische des Menschen einwirken.

Ein solches Mittel ist vor allem das W o r t, und Worte sind auch das wesentliche Handwerkszeug der Seelenbehandlung. Der Laie wird es wohl schwer begreiflich finden, daß krankhafte Störungen des Leibes und der Seele durch

>bloße< Worte des Arztes beseitigt werden sollen. Er wird meinen, man mute ihm zu, an Zauberei zu glauben. Er hat damit nicht so unrecht; die Worte unserer täglichen Reden sind nichts anderes als abgeblaßter Zauber. Es wird aber notwendig sein, einen weiteren Umweg einzuschlagen, um verständlich zu machen, wie die Wissenschaft es anstellt, dem Worte wenigstens einen Teil seiner früheren Zauberkraft wiederzugeben." (Ergänzungsband, 17)

Der große Therapeut, der selbstbewusst der Philosophie ,Wortzauber' vorwirft (s.o.), glaubt in eigener Sache an die Zauberkraft seiner Worte. Er hat ein unkritisches Verhältnis zur Sprache. Worte und Begriffe erscheinen ihm wie durch einen Zauber als Wahrheiten, wenn sie einmal in überzeugender Manier und vor allem von ihm selbst ausgesprochen sind. Das hat suggestive Wirkung auf andere! Ähnliches gilt für den Wortzauber des Plato, den man auch für Hegel und Heidegger reklamieren kann. Der WAHRHEIT und dem Verhältnis des Menschen zu Wahrheiten hat das sehr geschadet. In seinem Gespräch mit Theodor Reik: ‚Die Frage der Laienanalyse – Unterredungen mit einem Unparteiischen' (1926, Erg. Band, 271 ff), bietet Freud viele Beispiele für derartigen Zauber; hier soll eine Kostprobe genügen. Im Sinne seiner Auffassung von ,Sprache' nimmt er vorliegende Mythen und Märchen als Fakten und darin als Wahrheiten. So kann er seine These von der ,Kastrationsangst' aus dem Mythos von Kronos und Zeus ableiten und sogar in Analogie zum *Biogenetischen Grundgesetz* von Ernst Haeckel zum Postulat eines *Psychogenetischen Grundgesetzes* erheben:

"Nicht minder groß wird Ihre Überraschung sein zu hören, daß das männliche Kind unter der Angst leidet, vom Vater seines Geschlechtsgliedes beraubt zu werden, so daß diese Kastrationsangst den stärksten Einfluß auf seine Charakterentwicklung und die Entscheidung seiner geschlechtlichen Entwicklung nimmt. Auch hier wird Ihnen die Mythologie Mut machen, der Psychoanalyse zu glauben. Derselbe Kronos, der seine Kinder verschlingt, hatte auch seinen Vater Uranos entmannt und ist dann zur Vergeltung von seinem durch die List der Mutter geretteten Sohn Zeus entmannt worden. Wenn Sie zur Annahme geneigt haben, daß alles, was die Psychoanalyse von der frühzeitigen Sexualität der Kinder erzählt, aus der wüsten Phantasie der Analytiker stammt, so geben Sie doch wenigstens zu, daß dieselbe Phantasie dieselben Produktionen geschaffen hat wie die Phantasietätigkeit der primitiven Menschheit, von der Mythen und Märchen der Niederschlag sind. Die andere, freundlichere und wahrscheinlich auch zutreffendere Auffassung wäre, daß im Seelenleben des Kindes noch heute dieselben archaischen Momente nachweisbar sind, die einst in den Urzeiten der menschlichen Kultur allgemein geherrscht haben. *Das Kind würde in seiner seelischen Entwicklung die Stammesgeschichte in abkürzender Weise wiederholen, wie es die Embryologie längst für die körperliche Entwicklung erkannt hat.*" (l. c. 302 f; Hvb. SPN)

Diesen Irrtum, durch Wiederholung von Konrad Lorenz u.a. verstärkt, dürfen wir nicht länger hinnehmen. Die wissenschaftliche Fälschung des Ernst Haeckel, die das Biogenetische Grundgesetz darstellt, haben wir in der Arbeit ‚HUNGER und LIEBE‘ erörtert. (s. dort) Haeckel hat ein Hundeembryo für den eines Menschen ausgegeben und an ihm den Beweis erbringen wollen, dass die Ontogenese des Menschen seine Phylogenese in verkürzter Weise wiederholt. Auch Darwin ist darauf reingefallen! Und wie viele glauben heute noch daran? Das Denken unterliegt einer unbegreiflichen Trägheit. Wenn sich etwas im ‚Ich‘ eingenistet hat, ist dieses selten dazu bereit, seine Maske abzusetzen und sich der WAHRHEIT zuzuwenden. Es ist eine Kehre von der Sprache zur SPRACHE, von geschichtlichen ‚Wahrheiten auf Zeit' zur WAHRHEIT und ZEIT notwendig, eine Wende zum ‚Menschen'! Hierfür ist mehr erforderlich als nur das Wort'. Auf dieses setzt Freud in einer Weise, über die man sprachlos werden kann: "Ich meine, es wird bald an der Zeit sein, einen Satz, den wir Psychoanalytiker schon vor langem ausgesprochen haben, zu erweitern, zu seinem individuellen, ontogenetisch verstandenen Inhalt die anthropologische, phylogenetisch zu fassende Ergänzung hinzuzufügen. Wir haben gesagt: Im Traume und in der Neurose finden wir das *Kind* wieder mit den Eigentümlichkeiten seiner Denkweisen und seines Affektlebens. Wir werden ergänzen: auch den *wilden*, den *primitiven* Menschen, wie er sich uns im Lichte der Altertumswissenschaft und der Völkerforschung zeigt." (VII, 203; Nachtrag zum Fall ‚Schreber‘)

Wir fragen: Welchen Menschen, wild oder primitiv, gezähmt und modern finden wir in Freud wieder? Dazu könnte wohl nur er selbst antworten. Das Bild, das Freud vom Menschen hat und verkündet, ist nicht der Mensch, der das Interesse des LEBENS als Aufgabe seiner Bildung austrägt. Der Einzelne hat mit seinem Selbst und der Beziehung zum SELBST ein Leben lang zu schaffen. Wir nehmen daher auch Freud als Mitstreiter an. Der gute Wille kann keinem bestritten werden, der sich um das Leben bemüht. Im Grunde tun das alle Menschen. Wenn wir sagen, die Wege von Heidegger, Hegel und Freud sind Irrwege, dann geht es um ihre ideologische Maske. Wir bestreiten sie im Interesse des ‚ersten Menschen‘. Der Streit wird von der Frage angefacht, w e r der Mensch in seinem SEIN wirklich ist? Bisherige Antworten zu seinem ‚W e s e n' müssen verabschiedet werden; wir erforschen mit der Wer – Frage kein Wesen, wie es die Was – Fragen zum Überdruß tun, sondern die Natur des Menschen. Es liegt noch ein schwieriger Weg vor uns; eine Pause sollte da willkommen sein.

IV. Station am Weg: Bellevue

Einige Wege sind wir gegangen, die Irrwege waren besonders schwierig, geradezu abenteuerlich die zu Hegel, Heidegger und Freud. Um alles in Ruhe zu bedenken, ist ein Zwischenstop angezeigt. Da kommt ein gastlich anmutendes Haus gerade recht. Sein Name, *Bellevue*, ist einladend und wie eine passende Metapher für unsere Absicht, eine schöne Aussicht auf den *Menschen* zu haben. Das kann für den weiteren Weg dienlich sein. Beim Verlassen des letzten Weges sind wir auf eine Anhöhe mit weitem Blick nach allen Richtungen gelangt. Es ist ein Platz, den Wanderer freudig begrüßen, weil er schon durch seine Lage zum Verweilen einlädt. Viele Wege führen herauf zu diesem Lokal, viele Menschen kommen her. Zum Panorama der ausgebreiteten Landschaft bietet sich als unerwartete Zugabe die ausgezeichnete Gelegenheit, Menschen schon aus der Ferne, beim Näherkommen und ganz aus der Nähe zu betrachten, wenn sie mit uns verweilen. Ich lade herzlich dazu ein, sich gedanklich an diesen Ort zu begeben und meine Überlegungen zu begleiten. An einem Ort wie diesem sagt sich leicht das Wort des Dichters: ‚Hier bin ich Mensch, hier kann Ich es sein'; vielleicht ist die Stunde günstig.

1. Schöne Aussicht: Menschen wie Du und Ich

In einiger Entfernung wahrgenommen, erscheint ein Mensch klein. Er wird immer größer, je näher er kommt. Wenn er vor uns steht, ist er uns in allem, was wir deutlich sehen können, sehr ähnlich. Da wird die Frage verständlich, ob diese Ähnlichkeit weiter reicht? Ist sie etwas, das den Menschen über das hinaus, was von ihm sichtbar ist, von einem unsichtbaren Grund her bestimmt? Vom Sichtbaren und Unsichtbaren haben wir doch schon bei Plato und Heidegger gehört? Wir denken jedoch den nicht erscheinenden Grund *konkret*. Jeder ist mit ihm vernetzt, ihm nahe, weil der unsichtbare Grund zu jedem Menschen gehört. Ist die Nähe in einem Gasthaus besonders zu spüren, das wie dieses geradezu zum müßigen Verweilen einlädt? Oder ist der Mensch dem Menschen an jedem Ort und zu allen Zeiten in ähnlicher Weise nahe?

Bei diesen Fragen wollen wir etwas bleiben. Ein Gedanke taucht unvermutet auf. Es ist eher ein Gefühl, das die Wahrnehmung der fernen Menschen, die im Näherkommen immer größer werden, begleitet. Man hat dergleichen doch schon erlebt, ohne sich etwas dabei zu denken. Warum also jetzt diese innere Bewegtheit? Sie muss etwas mit der bisherigen Wanderung zu tun haben. In müßiger Zeit und an einem derartigen Ort kommen viele Gedanken auf; das wird jeder Mensch schon erlebt haben: Die unerhörte Abendröte eines Sonnenunterganges im Winter; der goldene Mond, der sich glitzernd im Meer spiegelt, dass die schimmernden Tropfen wie Perlen vom Arm des Schwimmers gleiten! Wer vergisst solche Situationen, in der wir uns mit allen Menschen eins fühlen und die ganze Welt umarmen könnten? Ist das jetzt auch ein besonderes Ereignis? Mir fällt dabei ein, wie der *Erste Mai* als Feiertag der Arbeit von nachdenklichen Menschen aus ähnlicher Stimmung heraus entstanden ist: Von harter Fron bedrückte Arbeiter suchten mit ihrer Familie Erholung in der aufblühenden Natur des Frühlings. Die Gespräche an großen Tischen im Biergarten zeigten Gemeinsames auf. Um sich schließlich nicht zufällig zu treffen, wurde erst die rote Nelke zum Erkennungszeichen, dann der 1. Mai zum fixen Termin. Was ist daraus geworden? Wir denken der inneren Stimmung ein wenig nach.

Der erste Gedanke, der in der Betrachtung der näher kommenden aufblitzt: Bei der Geburt sind wir im Verhältnis zu unserer jetzigen Gestalt sehr klein. Wir wissen in dem Moment nichts von Sonne und Mond, von Erde und Welt. Wir sind da, haben aber später keine Erinnerung daran, jedenfalls nicht in dem Sinne, wie man Erinnerung als Leistung des Gedächtnisses versteht. Von unserer Umgebung erfahren wir in der Regel Zuwendung, Geborgenheit und Beachtung. Auch das wissen wir erst viel später. Im übrigen leben wir eher verborgen, entfernt von der Hektik des Alltags und sehr klein. Was ist schon ein Kind? Es muss sich noch entwickeln und wachsen, vor allem viel lernen, um seinen Platz in der Welt zu erobern und als Erwachsener anerkannt zu werden. Ein Kind ist noch kein voller Mensch! Nach Aristoteles bekommt er erst im siebten Jahr Vernunft, wird spät mündig und nur volljährig hat er die bürgerlichen Rechte und Pflichten. Was für ein falsches Denken! Seit Plato hat Philosophie den An – Fang unseres Lebens und die vorgeburtliche Entwicklung einfach nicht zur Kenntnis genommen! Wir leben seit 2500 Jahren mit einem falschen Menschenbild.

Dieser Faktum ist und bleibt ein Rätsel. Heidegger spricht bei der Deutung des Gedichts von Rilke vom ‚unsichtbaren Herzraum' und vom ‚Weltinnenraum'. Wie kommt er zu solchen Aussagen? Es sind nur Metaphern, die ihm Sprache anbietet. Die für den Gesichtssinn unsichtbare Mutterhöhle, in der ein Kind im rhythmischen Dialog seines Herzens mit dem Herzschlag der Mutter wächst, ist konkret und auch für andere Sinne wahrnehmbar. Plato war ideologisch so fixiert, dass er seine Sinne dazu nicht weiter bemüht hat. Für das Kind im Mutterleib hat er kein *Abbild*, somit gibt es auch kein Urbild, keine Idee vom vorgeburtlichen Aufenthalt. Es gibt daher auch keine Idee der *Mutter*, keine vom ganzen, ungeteilten Menschen. Diese Ideologie hat die philosophische Tradition wesentlich geprägt. Davon sind, wie wir gezeigt haben, große Denker und Forscher betroffen: Hegel vernachlässigt das eigene *Kind*, Freud hat ein getrübtes Verständnis von der *Frau*, und beide haben wie Heidegger keinen angemessenen Begriff vom SEIN des Menschen.

Mit Plato hat das Elend der Philosophie angefangen. Wie konnte er den Menschen in Schein und Sein aufteilen? Dieser Philosoph ist, seiner eigenen Lehre nach, ein vom Himmel der Ideen per Unfall auf die hässliche Erde gefallener Halbwaise, der nur einen Vater hat – eine ‚Mutter' kennt er in seinem Denken nicht, obwohl sie doch irgendwo im Haus ‚lebt'. Die Seele muss alles daran setzen, um wieder in das wahre Reich aufzusteigen, das heißt: möglichst bald zu sterben! Den Vater hat er früh verloren, die Mutter ist auch als ‚Frau' in der homoerotischen Kultur von Athen ohne Bedeutung. Die Wahrheit, wie er sie versteht, ist ihm wichtiger als der Mensch. Warum sein lebensfeindliches Konstrukt als Grundmuster des abendländischen Denkens bis in die Gegenwart als unaufgeklärte Störung von Mensch und Welt bestimmend bleiben konnte, ist dennoch ein Rätsel. Es ist zugleich ein grundlegendes Problem der Tradition, das eine radikale Lösung verlangt. Das Gefühl wird stärker, dass wir mit unserer Suche nach dem verlorenen SELBST auf einem gutem Wege sind.

Unsere ständige Frage lautet: *wer* ist der Mensch? Ein Erwachsener ist ein mehrfaches größer als ein Kind bei der Geburt. Doch dieses hat vom An – Fang seines Lebens bis zu seiner Geburt seine Größe um das fünfhundertfache gesteigert. Die Entwicklung vom der Verschmelzung zweier Keimzellen bis zum gegliederten, komplexen Organismus ist ein Wunder des LEBENS: Das kleine Kind ist im Reichtum seiner Entwicklung ein Riese, der große Mensch im Verhältnis dazu ein Zwerg. Jesus von Nazareth hat das Kind als Maßgabe des Menschlichen verkündet. Im Kind ist die Distanz vom SELBST zum Selbst sehr gering. Das macht seinen Reichtum aus. Heraklit sagt es so: "Das ewige Leben ist ein Kind, spielend wie ein Kind, die Brettsteine setzend; die Herrschaft gehört einem Kind." (Fragment 124) Hölderlin singt es aus sich heraus: "Ja! Ein göttlich Wesen ist das Kind, solang es nicht in die Chamäleonsfarbe der Menschen getaucht ist. *Es ist ganz, was es ist, und darum ist es so schön.*" (Hyperion)

Die so genannte *heile Kindheit* ist tiefer gegründet, als sich bürgerliche Ideologie vorstellen kann. Eine Theorie des Menschen muss sich am Kind orientieren, an seinem Reichtum, den es aus dem Leben im Mutterschoß mitbringt. Wenn wir wieder ‚wie ein Kind' sein wollen, müssen wir uns zu unserem Selbst befreien und es leben. Dazu wäre die Maske zu erkennen, die uns im Lernprozess aufgesetzt wurde. Wir nehmen von unserem Platz in diesem Restaurant die noch Entfernten als klein wahr. Das war der anfängliche Gedanke. Wohin hat er uns gebracht? Wir sind im Denken beim An – Fang unseres Lebens angelangt, beim anfänglichen Weg, den jeder Mensch in seiner Entwicklung geht. Auf diesen An – Fang müssen wir unser Denken richten. Einige Gedanken sind nützlich, die der Orientierung dienen, wenn wir uns wieder auf den Weg der Suche nach dem verlorenen SELBST begeben.

"Schon der einzellige menschliche Keim ist ein individueller Organismus. Dies lässt sich genetisch analysieren und durch Untersuchungen der Zellkerne genau erläutern. Die Individualität erscheint u.a. in der Spezifität des Stoffwechsels, also in nicht unmittelbar sichtbaren molekularen Vorgängen. Heute wissen wir: Dieser Stoffwechsel hat in den Riesenmolekülen der Chromosomen ein zentrales Bezugssystem, das bei jedem Individuum verschieden ist." (Blechschmidt, 1968, 31) Die Befruchtung einer Eizelle ist der Ursprung unseres Werdens. Erinnern wir das Urwort von Goethe: wir entwickeln uns nach dem (genetischen) Gesetz, nach dem wir angetreten. Der Same, der in Begleitung von Millionen Mitbewerbern schwimmend das Ei sucht, das wie eine tanzende, sich um sich selbst drehende Sonne seine Ankunft erwartet, hat bis zum Ziel einen Weg von etwa sechs Kilometern zurückzulegen, wenn man das Bild auf den Menschen überträgt. Viele Hindernisse sind zu überwinden, geradezu tödliche Barrieren erwirken kurz vor der Ankunft, dass nur die Stärksten dorthin gelangen, wo unser Leben beginnt, das Kraft haben soll, das sich in der ‚Schwerkraft der reinen Kräfte', wie Rilke dichtet, machtvoll entwickelt.

‚Die befruchtete Eizelle unterteilt sich und entwickelt das menschliche Wesen. Der junge Keim ist ein menschlicher Keim und nicht ein wirres Etwas, aus dem später zufällig ein Mensch werden kann. Das Menschsein ist kein Akzidens, sondern genetisch vom ersten Moment bestimmt. Dieser Gedanke ist sehr wichtig, denn er enthält die Tatsache, daß die Individualentwicklung eine Umwandlung der genetischen Anlage ist. Was wir Entwicklung nennen, bedeutet eher eine Vollendung eines im Wesen schon Vorhandenen als etwa einen Fortschritt im Sinne einer Höherentwicklung aus vermeintlich unwesentlichen oder gar beliebigen Anfängen. Deshalb wollen wir noch einmal betonen: Nichts ist wesentlicher als der Anfang der Entwicklung.' (nach Blechschmidt, 32)

Der Anfang ist nach Aristoteles *mehr als die Hälfte*! Der hier gemeinte ontogenetische An – Fang ist im Kern ein *Ganzes*, aus dem sich ein ganzer Mensch entwickelt. Alle Gaben zur Bewältigung des Lebens sind von Beginn an da: "Schon die kleinste Erscheinungsform des Menschen, die befruchtete menschliche Eizelle, gibt hierfür eine Bestätigung. Wenn wir die Eizelle mit dem Mikroskop betrachten, lassen sich an dem einzelligen Keim als Hauptbestandteile eine Zellmembran, darunter das Zellplasma (Zytoplasma) und in dessen Innerem der Zellkern (Nucleus) mit seinen typischen Zellkernbestandteilen unterscheiden. Alle diese Teile stehen submikroskopisch in vivo miteinander in Zusammenhang. Sie bedingen die äußere Form.

Zum besseren Verständnis wollen wir einen bildlichen Vergleich gebrauchen und die Zelle wie eine Stadt sehen. Ihr Kern liegt, ähnlich wie eine Stadtverwaltung, als Hauptinformationsstelle üblicherweise zentral. Er ist, entsprechend dem Rathaus, in vivo gleichsam das Hauptverwaltungsgebäude der Zelle. In die Sprache der Physik übertragen heißt dies, der Kern ist durch verhältnismäßig große Stabilität charakterisiert; dagegen chemisch ausgedrückt: er ist durch relativ großmolekulare Substanzen gekennzeichnet. Biologisch – in seiner Bedeutung für das Verhalten der Zelle – gesehen: der Kern ist der Hauptträger der Vererbung; er ist der am meisten traditionsgebundene Teil der Zelle. Wenn wir im Bilde bleiben, dann können wir das um den Zellkern liegende Zellplasma, das in vivo mit ihm in Reaktion steht, mit dem Weichbild einer Stadt (Straßen, Betriebe, Läden) vergleichen.

Im Vergleich zum Zellkern ist das Zytoplasma in seiner Struktur labiler, biologisch anpassungsfähiger. Es erscheint physikalisch mehr dynamisch. Der Kern dagegen mehr statisch. Während der Zellkern Hauptsitz der Vererbung ist, stellt das Zellplasma als der eigentliche Zellleib den Hauptträger der Anpassung dar.

Anpassung und Vererbung sind Voraussetzungen für hohe Zelldifferenzierungen: Ohne Zellplasma gäbe es keine Nahrungsaufnahme und damit kein Wachstum, ohne Zellkern dagegen keine Auswirkung der Vererbung auf die Leistungen der Zelle. Ohne Zellkern wäre kein von innen nach außen gerichteter, rückwirkender Prozeß gegen das von außen angeregte (exogene) Wachstum möglich. In den einzelnen Körperregionen eines beispielsweise 10 mm großen Embryos gibt es viele Reaktionsherde, wie Knorpel, Muskeln, Nerven usw., als Zeichen von komplizierten Vorgängen. Sie werden als äußere Umwandlungen (Modifikationen) an den Zellen regelmäßig besonders am Zell-Leib erkennbar. Die Kerne von Knorpel-, Muskel- oder Nervenzellen sind im Vergleich zum Zellplasma uncharakteristisch. Hieraus ziehen wir den Schluß, daß die Differenzierung – das Verschiedenwerden der Zellen im Verhältnis zueinander – in erster Linie eine Änderung des Erscheinungsbildes, jedoch nicht eine Wesensänderung der Anlage ist.

Der kinetische Unterschied von Zellkern und Zellplasma ist eine Voraussetzung für die kinetischen und dynamischen Differenzierungen der Zellverbände und komplizierten Organsysteme, aus denen der entwickelte Organismus später besteht. Alle diese Veränderungen sind als Bewegungsabläufe gegen Widerstände Äußerungen echter lebendiger Leistungen mit Aufwand von Arbeit. ....

Wer einmal die seltene Gelegenheit hat, eine befruchtete Eizelle vom Menschen zu sehen und sie mit Affeneiern zu vergleichen, merkt klar und deutlich, daß gerade in frühen Stadien keine Gleichheit der Eizellen verschiedener Arten bestehen kann. Die sichtbare Besonderheit zeigt schon die spätere Verschiedenheit des Ausgewachsenen an. Die menschliche Eizelle ist nur 0,4 millionstel Gramm schwer und kaum mehr als 1/10 mm groß. Für sie bedeutet die Befruchtung den eigentlichen ersten Entwicklungsreiz. Durch die Befruchtung erhält das Ei den mächtigen Anstoß zu einer Entwicklung, die in der Folge maximal viele Jahrzehnte währt. Ohne diesen Reiz geht ein unbefruchtetes Ei schon nach wenigen Tagen zugrunde." (Blechschmidt, 26 f)

Unsere Gedankenreise hat mit der Sicht auf die Ankommenden begonnen. Noch entfernt erscheinen sie uns klein, dann immer größer und in der Nähe sind sie wie Du und Ich. Nunmehr sind wir in mikroskopische Dimensionen angelangt. Unser Anfang ist winzig klein und enthält doch den ‚Urgrund unseres Seins', wie es Rilke dichtet. Der Embryologe Erich Blechschmidt hat die Erforschung der Foeten in den verschiedenen Stadien ihrer Entwicklung zu seinem Lebenswerk gemacht. Das Institut für Anatomie der Universität Göttingen zeigt seine Totalrekonstruktionen verschieden alter Embryonen, die den Vergleich der einzelnen Stadien erlauben, um Entwicklungsbewegungen nachzuweisen. (Vgl. Blechschmidt, 1978, 24) Seine Bücher sind mit originalen Fotos und Schnittserienkonstruktionen versehen, die für uns sichtbar machen, was die Forscher mit technischen Hilfsmitteln wie dem Elektronenmikroskop bis zur einzelnen Zelle als Präparat ermitteln. Es ist den Philosophen von Plato über Descartes, Kant, Hegel bis zu Heidegger nicht vorzuwerfen, dass sie dergleichen nicht vorzubringen hatten, die Embryologie stand als Wissenschaft noch nicht bereit. Ihre Theorien, die das vorgeburtliche Leben nicht bedenken, sind dennoch nicht zu entschuldigen. Kant hat einmal das Argument vorgebracht, dass von einer Delle auf einer Bettdecke nicht geschlossen werden kann, ob sie von einer Katze oder etwas anderem verursacht worden sei. Da ist sicher nichts gegen zu sagen. Der gewölbte Leib einer jungen Frau (eine Delle nach außen) lässt jedoch einigermaßen deutlich erkennen, was sich da ankündigt. In einem philosophischen Kolloquium hat der gerade habilitierte Dozent die These vorgetragen, dass eine Frau erst durch Heirat befähigt wird, ein Kind zu empfangen und auszutragen. Die Auswirkungen der platonischen Philosophie auf bürgerliches Denken und Sprechen sind noch nicht einmal im Ansatz geklärt.

Der schwedische Forscher Lennart Nilsson hat mit seinem Team den Film *Wunder des Lebens* hergestellt und eine Bilddokumentation *Ein Kind entsteht* herausgegeben. (München 1982) Der Film macht mit neuester Laserstrahl – Technik den Weg der Spermen vom Samenerguss bis zum Eintritt der Siegerzelle in das wartende Ei sichtbar. Wenn daher heute ein Philosoph immer noch die vorgeburtliche Entwicklung ignoriert, wird er zwar weiter ideologisch viel zu reden, zur Natur und Geschichte des Menschen nichts wirklich zu sagen haben. Wir belassen es dabei und nehmen unsere Gedanken wieder auf. Der Mensch ist nicht – er wird: *in der Zeit*. Der Mensch wird nicht – er ist: *im Raum*. Wir leben in der ontischen Dialektik von Werden und Sein, von Raum und Zeit. *Ontische Dialektik* will sagen, sie ist genetisch in uns angelegt: unsere räumliche Begrenzung als Gestalt ist wie die Lebenszeit, wenn man Unfälle und andere Besonderheiten ausnimmt, aus unserem An – Fang bestimmt.

Unser Weg der Suche nach dem verlorenen SELBST musste uns notwendiger Weise zum An – Fang des Lebens bringen. Philosophie hat die Aufgabe, die ersten oder letzten Gründe und Ursachen für alle Fragen zum Menschen in ihm selbst zu suchen und angemessene Antworten in seinem ontischen SEIN zu finden. Da unser Vermögen zu Denken, Sprechen und Handeln in uns selbst liegt, stellt sich unvermeidlich die Frage nach der vorgeburtlichen Entwicklung und nach der Mitgift des LEBENS aus dem ontischen An – Fang. Die Erkenntnisse der Embryologie geben rückblickend der Spruchdichtung von Laotse, Goethe und Rilke eine noch größere Bedeutung. Die Atom – Physik von Einstein, Heisenberg und Schrödinger hat die Ding – Physik von Newton verändert. Das ‚atomare Feuer' (Chargaff) hat die Kräfte aufgewiesen, die in unsichtbaren molekularen Feldern auch in uns wirksam sind. Das soll für Philosophie keine Auswirkung auf die Frage nach dem Menschen haben?

Wir behaupten: Alle überlieferten Theorien von *Sein, Nichts und Werden* sind überholt! Es gibt aber offenbar im tradierten Denken so etwas wie ein *Trägheitsgesetz* und *Halbwertzeiten* zum Zerfall von Ideologien. Sie sind offenbar noch nicht abgelaufen. Wir müssen daher die *kopernikanische Wende* von Kant noch radikaler vom *Urgrund* her denken, aus dem der Mensch in das SEIN (Natur) gelangt und in seinem WERDEN (Geschichte) bestimmt wird. Dem LEBEN verdanken wir die ‚Schwerkraft der reinen Kräfte' (Rilke), das ‚GESETZ, nach dem wir angetreten' (Goethe), das SEIN des SELBST als maßgebender Grund für jedes individuelle Selbst. Dem LEBEN verdanken wir das *Gewissen. Im* An – Fang ist nicht nur das physische Leben im genetischen Code für jedes Individuum gegründet, sondern auch seine für alle Menschen geltende moralisch – ethische und politische Bestimmung. Der Mensch hat vom LEBEN einen Auftrag, den er auf dem Lebensweg seiner Bildung zu gestalten hat. Der verwirklichte Gehalt an Sinn ist seine Poesie, die er dem Leben zuträgt. Jeder hat sein Möglichstes zu tun. Der An – Fang ist mithin so bedeutsam, dass er erinnert werden muss. Wir geben hier einige kurze Hinweise. (Ausführlich ist die Theorie des poetischen Menschen in ‚HUNGER und LIEBE' dargestellt.)

2. E r i n n e r u n g des Menschen in fünf Stücken

2.1 Erinnerung des anfänglichen An – Fangs

Die gerade befruchtete Eizelle enthält den Menschen; unser Werden beginnt. Wann sind wir im SELBST in Ausdehnung auf das Selbst? Von An – Fang an! Unsere Entwicklung ist in jeder Phase am Ziel. Das ist ein wesentlicher Gedanke für unsere Antwort. Er widerspricht dem Gedanken der Teleologie, wonach jeder Wachstumsschritt nur vorläufig sei. Bei der Geburt sei erst das Ziel erreicht. Das Lebewesen ist dann zwar noch hilfsbedürftig, doch nunmehr erst vollständig als Mensch ausgebildet! Diese immer noch verbreitete Auffassung ist nicht mehr zu halten. Es wird neben der sich *entwickelten Gestalt* die *Gestaltung in der Entwicklung* übersehen. Es wird ein jeweiliges Sein erreicht, das ins Werden der nächsten Phase übergeht und wieder ins Sein gelangt, im permanenten Wechsel von Sein und Werden. Diese Dialektik gilt für die Phylogenese (Stammesgeschichte) und Ontogenese (individuelle Entwicklung). Der Mensch ist nicht das Ziel der Evolution, die Evolution ist vielmehr in jedem Lebewesen und in jeder Phase seines Lebens am Ziel. Das LEBEN ist in seinen Wesen immer *gegenwärtig*. Jedes Moment hat seinen Sinn in sich selbst; es gibt keinen übergeordneten Zweck. (Vgl. HUNGER und LIEBE, 136 ff)

Zur Idee der an einem Ziel orientierten Zweckmäßigkeit heißt es bei Blechschmidt: "Man sagt, daß der menschliche Körper zweckmäßig gebaut sei und weist darauf hin, daß die Ontogenese im Hinblick auf die späteren Leistungen sinnvoll verläuft. Da man weiß, daß z.B. aus einem Hühnerei regelmäßig ein Huhn, aber niemals ein Fisch wird, kann man von einer Richtung der Ontogenese sprechen, mit der sich gleichsam ein Plan verwirklicht. Danach hat die Ontogenese als Prozeß Ähnlichkeit mit zielgerichteten Bewegungen. Zielgerichtete Bewegungen, die einem bestimmten Zweck verfolgen, sind jedoch Willenshandlungen. Der Gedanke an ein Ziel der Entwicklung im Sinne eines Zweckes setzt daher die Annahme einer bewußt handelnden Person voraus. Theologisch ist dieser Gedanke begründet, denn hier ist die Teleonomie der Welt (als Geschichte/SPN) im Blickfeld. Naturwissenschaftlich besteht jedoch legitimerweise die Aufgabe, nur etwas von biologisch faßbaren Vorgängen, d.h. etwas von der Art und Weise der Entwicklung nachzuweisen. Um Kenntnisse vom Ablauf der Ontogenese zu erwerben, ist die Idee der Zweckmäßigkeit irrelevant. ...

Wenn wir in der Umgangssprache sagen. Die Augen sind >zum Sehen< da, dann stellen wir damit eine Forderung auf, etwa in dem Sinne >benutze deine Augen<, wir geben aber keine naturwissenschaftliche Erklärung. Ein Gelenk im Ellenbogen kann für die Ausübung vieler Arbeiten gewiß zweckmäßiger sein als ein steifer Arm. Diese Erfahrung begründet gleichwohl nicht, daß in der Embryonalzeit ein Ellenbogengelenk entsteht. Über die Notwendigkeit vieler Organe unmittelbar für die Erhaltung der Gesundheit besteht kein Zweifel, doch die Erkennung ihrer Bedeutung und großen Wichtigkeit erklärt noch nicht ihre Entstehung, noch weniger das Kräftespiel bei ihrer Differenzierung.

Heute wissen wir, daß die späteren Leistungen, sogar die der Sinnesorgane, durch *Wachstumsfunktionen* – also durch eine frühe Tätigkeit schon zur Zeit ihrer Entstehung – eingeleitet werden. Erst auf dieser Grundlage werden allmählich die spezifischen Organfunktionen ausgebildet. Dementsprechend gilt grundsätzlich: allen höheren Funktionen gehen Wachstumsfunktionen voraus. Die embryonalen Leistungen sind regelmäßig Vorläufer der späteren Leistungen. Sie sind dadurch gleichsam das natürliche Schema der Funktionen des Erwachsenen. Es gibt keine Zelle, kein Gewebe und kein Organ, das während seiner Entstehung nicht schon funktioniert. Die Grundfunktionen sind Wachstumsfunktionen. Sie sind von dem Ausmaß des jeweiligen Wachstums abhängig und daher in jedem Alter verschieden. Daher ändert sich im Verlauf der Differenzierung mit der Gestalt auch jede Leistung. Ontogenese und damit Funktionsentwicklung sind die Voraussetzungen für den Körperbau und die Leistungen der Erwachsenen, nicht aber eine >zweckmäßige< Differenzierung. (Blechschmidt 1978, 10 f)

In unserer Welt ist das fertige Produkt wichtig, nicht die Fertigung. Diese instrumentelle Sicht wird auf den Menschen übertragen. Seine Gestalt ist bedeutsam, die Gestaltung nicht. Die Augen und Ohren sind zum Sehen und Hören erst dann tauglich, wenn sie vollständig entwickelt sind. Die Erforschung der Insistenz weist dagegen aus, dass die Entstehung der Organe und der jeweils erreichte Schritt in der Entwicklung von wesentlicher Bedeutung für die spätere Funktion ist. Der Weg ist das Ziel; die vorgeburtliche Entwicklung ist das Apriori des Lebens nach der Geburt, das WERDEN ist die Ur-Kunde unseres SEINS. Nicht die Augen sehen und die Ohren hören, der ganze Mensch sieht und hört, weil sich die Sinnesorgane im Zusammenspiel aller Zellen, Gewebe und Organe in der Entstehung, metaphorisch gesprochen: *auf dem Weg entwickelt* haben. Dies sollten wir auch für unseren Weg bedenken. Wir sind gerade bei einer Rast, um die Wege zu überdenken, die wir gegangen sind und die wir noch gehen wollen. Wir wollen *unterwegs* etwas finden, an ein Ziel denken wir dabei nicht. Wenn es eins gäbe, brauchten nicht zu suchen, nur zum Ziel zu gehen. So geht es im Leben nicht; wie schon gesagt. *Der Weg ist das Ziel.*

2.2 Erinnerung an die Erscheinung von LEBEN und MENSCH auf der Erde

Das LEBEN ist irgendwann einmal auf der Erde entstanden. Das Rätsel seiner Genese ist bisher nicht gelöst. Einmal da, bringt es aus seinen Kräften die Wesen hervor. Was der Mensch Evolution nennt, ist ein Geschehen, dessen warum und wozu wir nicht kennen. Auch der Mensch bleibt dem LEBEN gegenüber ein Rätsel. Er erscheint in einem nicht genau bestimmbaren Moment, in dem ein Wesen die genetische Substanz trägt, die uns noch gegenwärtig auszeichnet. Wie sich das in der Evolution ereignet hat, ob durch Entwicklung vom Tier zum Mensch, einem genetischen Zufall oder durch eine kosmische Katastrophe, bleibt der Spekulation überantwortet. Wir wissen nur, dass es das LEBEN, seine Wesen und unter ihnen den Menschen gibt. Der Mensch ist ein Zufall, kein Ziel der Evolution. (S.J. Gould, Zufall Mensch, 1991) "Tatsächlich sind die Beziehungen von Evolution und Ontogenese (Entwicklungsgeschichte und Entwicklung) frag - würdig. Um mit Recht von Entwicklung zu sprechen, bedarf es des Nachweises eines Erhaltungsprinzips. Denn nur das wird streng als Entwicklung aufgefaßt, was trotz äußerer Veränderungen in seinem Wesen unverändert bleibt. ... Es wäre deshalb notwendig zu benennen, was sich während der Entwicklungsgeschichte der Erde erhält, wenn – wie seit Darwin hervorgehoben wird – neue Arten von Pflanzen und Tieren entstehen. Wenn Entwicklung ein Erhaltungsprinzip verlangt, ist es schwer, die Phylogenese als eine Entwicklung anzusehen. ... Von einem Erhaltungsprinzip in der Phylogenese ist bisher jedoch nichts sicheres bekannt." (Blechschmidt, 1978, 15)

Für die Ontogenese des Menschen ist ein Rückgriff auf eine wie auch immer geartete Phylogenese nicht notwendig. "Mit paläontologischen Befunden können zwar Daten zur Stammesgeschichte erbracht und damit eine Geschichtlichkeit der Arten deutlich werden. Aber der menschliche Körperbau und dessen spezifische Verhaltensweisen können auf diese Weise weder aufgezeigt noch in einer zwingenden Weise gedeutet werden. Der Unterschied von Evolution und Ontogenese ist vielmehr so groß, daß die Befunde der menschlichen Ontogenese völlig unabhängig von allen paläontologischen Untersuchungen erarbeitet werden mußten.... Niemand bezweifelt, daß ohne die Geschichte unserer Erde unsere Gegenwart nicht denkbar wäre. Aber der menschliche Körper in seiner Gesetzmäßigkeit kann dennoch nicht aus der Evolution, sondern nur als Folge seiner ontogenetischen Entwicklung genauer beschrieben werden. Entwicklungsgeschichte kann zwar als die Summe von Ontogenesen aufgefaßt werden, aber von diesen Ontogenesen sind nur die der heute lebenden Arten bekannt.

Man kann nicht von der Phylogenese auf Vorgänge innerhalb der Ontogenese schließen. Was wir Ontogenese nennen, gleicht nicht etwa einem Städtebau mit Umbauten alter Stadtteile, sondern der jeweiligen Neugründung einer Stadt, die kein einziges vorhandenes Gebäude übernimmt." (Blechschmidt 1978, 16)

Wir sprechen vom Menschen als dem Wesen, das wir genetisch auch gegenwärtig sind. Der Zeitraum in der Evolution, für den das gilt, ist unerheblich. Die Rede vom *noch nicht festgestellten Tier* ist bei Nietzsche als Ausrutscher zu betrachten. Sloterdijk definiert den Menschen als *das Tier, das etwas vor sich hat.* (1990, 706) Der Mensch hat niemals nur vor sich, er hat auch hinter sich und, was wesentlicher ist, er lebt mit der einzigartigen Fähigkeit der Reflexion auf sein Selbst. Aus dem genetischen Programm von Samen- und Eizelle entwickeln wir uns zu einem Menschen, nicht zu einem Tier! Von Ähnlichkeiten in der Erscheinung auf genetische Ähnlichkeit zu schließen war schon immer äußerst fragwürdig. "Heute ist durch die Anwendung geeigneter Methoden nachgewiesen, daß gerade die frühen Stadien des Menschen sich sehr auffällig von der Frühentwicklung anderer Spezies unterscheiden. .... Wir sprechen von menschlicher Entwicklung nicht deshalb, weil aus einem, vielleicht zunächst untypischen Zellhaufen im Verlauf der Entwicklungsschritte allmählich mehr und mehr ein Mensch wird, sondern weil sich der Mensch aus einer menschlichen Zelle entwickelt. In der Ontogenese gibt es keinen Einschnitt, bis zu dem etwa noch nicht von einem Wesen menschlicher Eigenart gesprochen werden dürfte. Heute weiß man aufgrund von anatomischen Untersuchungen, daß keine Entwicklungsphase existiert, die etwa einen Übergang von noch-nicht-menschlichen zu menschlichen Differenzierungen bildet." (Blechschmidt, l.c.,13)

Zur Verwirrung in dieser Frage hat das 1859 von Ernst Haeckel aufgestellte sogenannte *Biogenetische Grundgesetz* beigetragen, das immer noch in Schulen gelehrt und gelernt wird. Es ist als wissenschaftlicher Irrtum, wenn nicht sogar als Fälschung erwiesen! Dieses Gesetz besagt, dass der Mensch während seiner Individualentwicklung in verkürzter Form die Stammesentwicklung wiederholt. "Solange die jungen Entwicklungsstadien des Menschen noch nicht bekannt waren und geeignete Methoden fehlten, um die frühen Gestaltungsvorgänge sichtbar zu machen, wurde versucht, aus tierischen Frühstadien eine Vorstellung davon zu gewinnen, wie sich vielleicht die Frühentwicklung des Menschen vollzöge. Die damals zur Verfügung stehende Technik der Fixierung und Färbung erlaubte es jedoch nicht, Präparate herzustellen, die für morphologische Untersuchungen ausreichend waren und überzeugende Aussagen ermöglichten. Deshalb konnte Ernst Haeckel 1859 sein Biogenetisches Grundgesetz aufstellen, ... Nach der Hypothese Haeckels durchläuft der menschliche Keim zunächst nichtmenschliche Frühstadien, bevor er, nach Ausbildung eines vermeintlich allgemeinen Säugetierplans, charakteristische menschliche Differenzierungen zeigt.

Während kein Historiker ein Ereignis als Wiederholung früherer Geschehnisse erklären würde, soll auf biologischem Gebiet mit Entwicklungsprozessen gerechnet werden können, die eine Wiederholung früherer stammesgeschichtlicher Ereignisse sind. Um diese Behauptung zu beweisen, hatte Haeckel ein unzureichendes Präparat von einem Hundeembryo als menschliches Embryo ausgegeben.

Nachdem man ... die menschliche Ontogenese mikroskopisch gut kennt, hat man das Haeckelsche Grundgesetz ... nachgeprüft und zum Erstaunen feststellen müssen, daß es nicht stimmt. Es läßt sich keine Rekapitulation finden. ... Heute wissen wir, daß es einer der größten Irrtümer der Biologie war. Hier ist es wichtig, Halbheiten in unseren Begriffen zu vermeiden. Das Biogenetische Grundgesetz gilt heute nicht etwa in einer anderen Form als Haeckel meinte, sondern es gilt gar nicht. Es genügt heute, von ihm zu wissen, daß es falsch ist." (Blechschmidt, l. c., 12)

Eine Geschichte der Ontogenesen, aus der die Übergänge von tierischen Ahnen zum Menschen nachzuweisen wären, gibt es nicht. Wir finden Phänomene auf, Skelette, und Knochen, die Ähnlichkeiten zum Menschen aufweisen, damit ist aber eine Geschichte vom Niederen zum Höheren, von Primaten zum Menschen nicht begründbar. Die These vom Psychogenetischen Grundgesetz, die Konrad Lorenz in Analogie zu Ernst Haeckel aufgestellt hat, ist reine Spekulation. Sigmund Freud ist schon zuvor dem gleichen Irrtum aufgesessen. Das Verhalten des Menschen ist nicht als Wiederholung tierischen Verhaltens zu verstehen, das wir angeblich aus der Phylogenese geerbt haben. Der Mensch ist kein höher entwickeltes Tier, er ist das einzigartige Wesen in der Dialektik von Natur und Geschichte. Alle anderen Wesen leben eindimensional. Man kann fragen, "wie es kommt, daß sowohl beim Tier wie beim Menschen ähnliche Organe und ähnliche Funktionen gefunden werden, obwohl jedes Lebewesen eine unwiederholbare Eigenart hat. Hier gilt es, die Gesetze zu erkennen, nach denen die Differenzierungen sowohl beim Menschen als auch beim Tier ablaufen." (Blechschmidt, 14) Diese Gesetze sind aus den Forschungen der Embryologie heute besser bekannt. Die Erkenntnisse der vorgeburtlichen Entwicklung ermöglichen eine Philosophie des Menschen unter Berücksichtigung der Insistenz. Man kann von einer *Philosophie der Insistenz* sprechen, die den Menschen aus dem ontogenetischen An – Fang zu begreifen versucht. Woher wissen wir das? Aus der Insistenz. Sie ist die Urkunde unserer Existenz. Weil das so ist, können Laotse, Goethe und Rilke u. a. ähnliches denken und dichten.

2.3 Erinnerung des Menschen als Organ von ZEIT in Relation zum RAUM

Eine Wirkung der ‚Schwerkraft der reinen Kräfte' (Rilke) ist der Blutkreislauf, der schon in der befruchteten Eizelle zu fließen beginnt. Mit jeder Zellteilung vermehrt sich die Blutmenge. In der vierten Woche wird an einer genetisch bestimmten Stelle, an der sich das Herz entwickelt, der Fluss gestaut. Im ersten Pulsschlag wird der Stau hörbar: am Anfang ist der Klang. Das Herz beginnt zu schlagen. Der Embryo ist jetzt vier bis sechs Millimeter groß. Der Kreislauf ist schon geschlossen. Das Herz schlägt im Erwachsenen etwa sechzig mal in der Minute. Hier werden wir stutzig. Was ist früher, der Herzschlag oder das Maß der Zeit in Sekunden, sechzig pro Minute, daraus abgeleitet die Stunden, Tage und Jahre? Mit welchem Maß messen wir eine Sekunde? Was gibt dem Menschen die Möglichkeit, neben der Wahrnehmung von Veränderungen in der Natur wie Tag und Nacht, der Folge der Jahreszeiten, von Ebbe und Flut, der Bewegung der Gestirne ... ein Zeitmaß aufzustellen? Wie entstehen *Zeit und Zeitmaß*? Durch den Menschen, durch seine Fähigkeit der erinnernden Reflexion der Urkunde, die ihm im pulsierenden Rhythmus ontisch ‚zuwächst'! Der Mensch ist das Organ ZEIT. Die ‚ontische Reflexion' auf den rhythmischen Blutkreislauf gibt uns das Maß, rhythmische Veränderungen außen wahrzunehmen und zu ordnen. Auf die Veränderungen selbst, die Bewegungen am Himmel, die Abläufe auf der Erde, die Bewegung der Erde um die Sonne haben wir keinen Einfluss. Die physisch verrinnende Zeit in den Veränderungen können wir nicht festhalten, wir erleiden sie selbst. Doch wir können sie messen, uns zur Zeit, die vergeht, verständigen und gewählte Momente bestimmen, die für uns bedeutsam sind. Wir bringen das Zeitmaß an die Erscheinungen heran, weil wir selbst die (einzige) Maßgabe als Organ ZEIT sind. Wir sind darin auch ein Organ RAUM. Was in Zeit im Nacheinander verrinnt, ist im Raum im Nebeneinander gegliedert.

Aus der erinnernden Reflexion auf das ontische SEIN des SELBST wird in der Distanz zum WERDEN eines jeweiligen Selbst als dieser Mensch der Rhythmus des pulsierenden Blutkreislaufes zur rhythmisch fließenden – verrinnenden Zeit gedichtet, die ihre Maßeinheit vom Herzschlag erhält. Der Mensch lebt mit jedem Schlag am *Puls der Zeit* und hört im Echo die *Ausdehnung im Raum*. Wir zeitigen räumlich unser Leben, dieses hat seine Zeit und seinen Raum. Unsere Aufgabe ist es, sie als unsere Bildung zu gestalten. Pflanzen und Tiere leben im *Wagnis ihrer dumpfen Lust,* (Rilke) der Mensch im *Wagnis seiner Bildung*, die Lust mit Verantwortung, Bedürfnis mit Interesse verbindet. Der Embryologe stellt die vorgeburtlichen Entwicklungen dar, so auch die des Herzens; er zieht daraus keine philosophischen Folgerungen: "An der Hinterwand der Leibeshöhle entsteht das Herz. Es stellt hier eine von Flüssigkeit durchströmte Zone des Mesoderms zwischen dem oberen Nabelrand und der intensiv wachsenden Gehirnanlage dar. Die Entwicklung des Herzens steht ... im Dienste der Blutversorgung des jungen Gehirns. Es schlägt bereits Anfang der 4. Woche." (Blechschmidt, 1978, 37) Was das für den An – Fang der Philosophie *im* Menschen philosophisch bedeutet, müssen wir aufklären.

Der erste Herzschlag kann als *Beginn der Zeit* an folgendem Bild veranschaulicht werden: Auf einer zweispurigen Autobahn bewegt sich der Verkehr auf eine Verengung zu, durch eine Baustelle bedingt. In der Frühe des Tages ist bei geringem Verkehrsaufkommen die Durchfahrt flüssig. Mit zunehmenden Verkehr entsteht ein Stau, der Verkehr kommt ins Stocken. Im Embryo ist das sich entwickelnde Herz für unseren Vergleich die Baustelle, die von der anfänglich noch geringen Blutmenge in Arterie und Vene, unsere Straße, mühelos passiert werden kann. Mit der im Wachsen immer größer werdenden Blutmenge entsteht der Stau. In der Überwindung des Widerstandes entwickelt sich das Herz von einem einfachen Gebilde zum komplexen Organ der Kraft. Ein Gezeitenkraftwerk bietet für den Begriff von ‚Zeit‘ und in seiner Tätigkeit ein analoges Bild: es funktioniert durch die Engführung der Wasserströmung bei Ebbe und Flut (Gezeiten) und erzeugt auf diese Weise den Kraft – Strom. Ähnlich geschieht es im Herzen, von dem wir *bewegt* werden, da es selbst aus Kraft bewegt ist. Das Herz wird in der Wachstumsbewegung des kreisenden Blutes gestaltet und erhält dadurch in seiner Entwicklung zum *Organ der Kraft* die Fähigkeit zur bewegt bewegenden Gestaltung ein Leben lang.

"Die embryonischen Entwicklungsbewegungen bleiben ‚haften‘. Die ‚Haftschicht‘ ist das Entwicklungsgedächtnis als ein Ding aus Nervensubstanz; ein Schaltmuster, ohne dessen Steuerung jeder weitere Entwicklungsschritt entgleisen müßte oder gar nicht erst angetreten werden könnte." (H. Kükelhaus, Fassen – Fühlen – Bilden. Organerfahrungen im Umgang mit Phänomenen, Köln 1978, 91) In jeder Bewegung, jedem Schritt und jedem Atemzug, in jedem Herzschlag ‚erinnern‘ wir im Sinne einer Rückbindung den ersten Schlag; wir erinnern im pulsierenden Rhythmus die rhythmisch fließende organische ZEIT. Die These von Platon, dass alles Erkennen ein Erinnern sei, ist von ihm falsch begründet worden. Die wahren Gründe liegen in unserer Natur. Die platonische Ideologie vom Himmelreich der Ideen ist auf die Erde zu holen. Es muss uns deutlich sein, dass diese *Erinnerung* organisch ist. Die Besonderheit des Menschen liegt im Vergleich zum Tier darin, dass durch *Erinnerung* die Reflexion ermöglicht wird, die uns zum Denken befähigt. Die Verknüpfung von Reflexion und Denken ist der organische Grund, der Erkenntnis möglich macht. Warum das so ist und wie es feinstofflich geschieht, können wir noch nicht erklären. Vielleicht wird die Erforschung des menschlichen Genoms der Philosophie Möglichkeiten hierzu verschaffen. Die Konstrukte der Tradition hierzu sind jedoch von Anfang an unnatürlich und einfach ideologisch.

2.4 Erinnerung des Menschen als Organ des RAUMES in Relation zur ZEIT

Von der ersten Zellteilung an entwickelt sich jedes Wesen *räumlich*. Die Kräfte des LEBENS gestalten einen Organismus in jeder Phase der Entwicklung in der Räumlichkeit, die genetisch angelegt ist. Im Wachstum wird die jeweils erreichte

Grenze erweitert, mehr Raum beansprucht, das im Genom vorgegebene Maß jedoch nicht überschritten. Das gilt auch für den Menschen. Dieser hat aber wiederum wie bei der Entwicklung der organischen ZEIT eine einzigartige Besonderheit: Den im Wachstum sich ereignenden Raum – Ausgriff. Der Embryo wird größer. Das ermöglicht als organisch haftende *Erinnerung* den Begriff ‚Raum'. Es liegt hier eine ähnliche Entwicklung vor, wie wir sie bei der ZEIT dargestellt haben. Der rhythmische Pulsschlag und das ihn begleitende räumliche Wachstum ergibt zugleich die im An – Fang ontogenetisch gegründete Relation von RAUM und ZEIT. Beide sind für sich und in ihrer Beziehung zueinander das natürliche Apriori des Menschen, unsere Ur– Kunde oder Urkenntnis. Kant ist ihr mit seinem transzendentalen Apriori sehr nahe gekommen. Wir geben auch hier unter Hinweis auf die ausführliche Darstellung in HUNGER und LIEBE einige Hinweise.

Mit den Zellteilungen ergeben sich Entwicklungen, die nicht einfach nur Raum beanspruchen, sondern Raum bilden und ergreifen. Wir sprechen von Entwicklungsgesten, die in ihrem Raum – Ergriff und Raum – Ausgriff den Begriff von Raum begründen. Es sind die embryonalen Wachstum – Gesten der Arme und Beine. "Die erste Gliederung ist eine Dreigliederung in Oberarm, Unterarm und Hand sowie Oberschenkel, Unterschenkel und Fuß. Mit der Gliederung entstehen Knickungen. ... Mit dem ungleichmäßigen Wachstum üben die winzigen Arm- und Beinanlagen schon zu Anfang des 2. Monats Wachstumsfunktionen im Sinn von beginnenden Greif- und Gehbewegungen aus." (Blechschmidt, 1978, 107f) Auch hier werden die *Bewegungen* in der Haftschicht des Entwicklungsgedächtnisses innerviert, darin für die reflektorische Er – Innerung geprägt. Der Mensch ist ‚geprägte Form, die lebend sich entwickelt'. (Goethe) Diese Entwicklung folgt in den Lebewesen den unterschiedlichen genetischen Vorgaben; was äußerlich ähnlich erscheint, ist aus verschiedenen Genomen qualitativ etwas ganz anderes. Dies können wir erst heute mit den entwickelten wissenschaftlichen Methoden erforschen, die bis zu den Genen vordringen. Alle Lebewesen haben den Raum – Ergriff und ein instinktives Verhältnis zu Veränderungen, nur der Mensch entwickelt aus seinem nur ihm eigenen Genom den Begriff von RAUM in Relation zu dem von ZEIT.

Der Philosoph Immanuel Kant hat im Blick auf den Menschen zu dessen Fähigkeit, in den Kategorien von Raum und Zeit zu denken, von einem ‚transzendentalen Apriori' gesprochen. In Kenntnis der menschlichen Ontogenese, die wir heute haben, hätte er keine Probleme, es als ein natürliches Apriori unserer Erkenntnis zu begreifen. Es wird in der vorgeburtlichen Entwicklung ‚gebildet': "Hätte nicht schon der Embryo die Fähigkeit, eine Greifstellung zu entwickeln, fehlten dem Kind die Voraussetzungen, das willkürliche Greifen zu lernen." (l. c.109 f) Das Greifen und Begreifen in der Existenz ist eine Rückbindung an die vorgeburtliche Entwicklung unseres genetischen Codes. Warum das so ist, warum der Mensch diese einzigartige Fähigkeit hat, ist aus dem bloßen Erscheinungsbild des Embryos eines Menschen oder eines Tieres nicht zu erklären. Charles Darwin hat in seiner ‚Abstammung des Menschen' zwei Abbildungen von Embryonen gezeigt, die er selbst nur aus literarischen Quellen hatte, um für den menschlichen Embryo und den eines Hundes aus bloßem Augenschein zu folgern: "Nach den vorstehenden, auf Grund so bedeutender Autoritäten mitgetheilten Angaben würde es meinerseits überflüssig sein, noch eine Anzahl weiterer entlehnter Einzelheiten zu geben, um zu zeigen, daß der Embryo des Menschen streng dem anderer Säugethiere gleicht." (Darwin, 12 f; dort auch die Quellenangaben und nähere Hinweise zu den Embryonen von Mensch und Hund mit den Abbildungen)

Darwin hat nicht genau genug hingesehen. Wer vorurteilsfrei die Abbildungen studiert, kann selbst als Laie wesentliche Unterschiede erkennen, die seiner Behauptung widersprechen. Das menschliche Embryo zeigt eine größere Kopfregion, die auf das größere Gehirn deutet. Zwar kann dadurch auf das natürliche Apriori von RAUM und ZEIT oder das des aufrechten Ganges des Menschen ohne heutige Methoden der genetischen Forschung nicht geschlossen werden, doch voreilige Schlüsse hätten in jedem Falle vermieden werden können. Mit der größeren Kopfregion sind die Ansätze der Arme und Beine, der Vergleich des angeblichen Schwanzes beim Menschen mit dem ausgebildeten Schwanz des Hundes als Unterschiede deutlich wahrzunehmen. Sie werden übersehen, weil die Ontogenese der Wesen und vor allem die des Menschen nicht bekannt ist. Hier lag die dringliche Aufgabe der Forschung. Die Ideologien zur ‚Abstammung des Menschen' haben sie lange verzögert. Zur Phylogenese konnte trefflich spekuliert werden, ohne dass man Gefahr lief, widerlegt zu werden. Weil man sich das Wesen Mensch nicht erklären konnte, zog man es auf die Ebene der Tiere. Das ist gegenwärtig nicht mehr möglich; wenn es dennoch geschieht, so deswegen, weil ideologisches Denken blind zur Wirklichkeit ist.

2.5 Erinnerung des Menschen als Organ des aufrechten Ganges

Wir haben es bereits angesprochen: Auch der aufrechte Gang des Menschen gründet in seinem genetischen Code. Darwin hätte es *denken* können, dass der Phänogenese (Entwicklung der Erscheinung) eine Ontogenese zugrunde liegt. Er spekuliert wie Ernst Haeckel über die Phylogenese, ohne die Ontogenese des Menschen wirklich zu kennen oder überhaupt einen Gedanken zu ihrer Erforschung zu entwickeln. Der ontogenetische Befund zum Menschen ist aus heutiger Forschung folgender: Der Fötus ist im frühen Entwicklungsstadium im Unterschied zum Tier überdimensional auf die Kopfregion proportioniert. ”Die erste Aufrichtung des Menschen ereignet sich schon in der 3. Woche .... . Er hat sich an seinem mit dem Chorion verbundenen Haftstiel aufgerichtet und krümmt sich jetzt mit dem Kopfende über die Herzanlage. Diese Entwicklungsbewegung ist ein Resultat lagebedingter Stoffwechselbewegungen.” (Blechschmidt, 1968, 57) Die Bewegungen folgen in der frühen Entwicklung den vitalen Kräften des Blutkreislaufs. Das Herz hat als Quelle der Kraft vorrangig die Kopfregion und dort vor allem das Gehirn zu versorgen. Die Blutgefäße sind hier stärker und dichter ausgeprägt als in den übrigen Regionen. Das begründet und erfordert besondere Versorgung. Von dem immer stärker einschießenden Blut, das durch das Wachstum an Volumen zunimmt, wird die Nackenmuskulatur so gestärkt, dass sich der Embryo im Mutterleib *aufrichtet.* Zur Veranschaulichung der komplexen Entwicklung diene ein einfaches Bild, das die Wirklichkeit des Lebendigen naturgemäß nicht wiedergeben kann: In einen Gartenschlauch wird Wasser eingeführt; mit stärkerer Zufuhr bewegt sich der Schlauch und richtet sich schließlich an seinem Ende auf, wenn der Druck durch die Strömung entsprechend stark geworden ist. Während der Schlauch wieder schlaff auf der Erde liegt, sobald der Kran zugedreht ist, bleibt die Aufrichtung im Entwicklungsgedächtnis des Embryos für das ganze Leben haften.

”Wer nach typischen Merkmalen des Menschen gefragt würde, antwortete vielleicht: Sprache und aufrechter Gang. Das eine wie das andere kennzeichnet eine Verhaltensweise. Nicht nur die Sprache, sondern auch der aufrechte Gang setzt die ontogenetische Entwicklung voraus. Sie ist, wie wir wissen, eine unabdingbare Einleitung aller späteren Verhaltensweisen. Beide, Sprache und aufrechter Gang, sind typische Zeichen der menschlichen Zerebralisation. Obwohl noch unbekannt ist, wie die physiologisch nachweisbare Tätigkeit des Gehirns mit dem psychischen Verhalten des Menschen zusammenhängt, ist doch eines sicher: die Ontogenese und hier im besonderen die frühembryonale Ontogenese ist eine Einleitung des späteren menschlichen Verhaltens. Beides – Sprache und aufrechter Gang – sind daher Ausdruck der Ontogenese und nicht etwa allein als Abänderung eines Verhaltens unserer Vorfahren zu verstehen.

Beim Menschen bewirkt das wachsende Großhirn (Zerebralisation) eine kräftige Nahrungszufuhr zum Gehirn und bedingt damit die Entstehung eines großen Herzens. Die frühe Größe dieses Organs verlangt eine kräftige Zirkulation des Blutes. Sie ermöglicht ein intensives Wachstum der Leber. Da beim Menschen das expansive Wachstum des Herzens im Verband des ganzen Herz-Leber-Massivs regelmäßig mit einem expansiven Wachstum der Leber korreliert ist, wird das zwischenliegende Zwerchfell zwischen Herz und Leber zu einer Membrane zusammengepreßt und damit dort sehnig. An der Sehnenplatte ist die Leber fixiert. Mit dem starken Descensus der Leber und des Herzens descendiert der gesamte Eingeweidetrakt. Gleichzeitig ascendiert das zentrale Nervensystem. Hierbei vergrößert sich das Gehirn im Bereich der Großhirnhemisphären. Diese wachsen gleichzeitig exzentrisch nach oben und hinten. Die Vergrößerung des Hinterhauptes bedingt eine mächtige Verbreiterung des Kopf-Nacken-Winkels. In ihm entwickelt sich mit dem Ascensus das kräftige Dehnungsfeld der Nackenmuskulatur. Diese bedingt nun ihrerseits, durch Aufrichten des Kopfes, die Entstehung des aufrechten Ganges.

Es ist also die Entstehung des aufrechten Ganges ein Ergebnis der Zerebralisation und damit der Ontogenese. Bei Tieren kommt eine ähnliche Dominanz der Gehirnentwicklung und daher ein aufrechter Gang nicht vor." (Blechschmidt, 1978, 140)

Unsere ,Erinnerung der Ontogenese des Menschen in Sätzen' wie diesen von Blechschmidt i s t in jedem Menschen, ob er es weiß oder nicht, eine organisch haftende ,ontische E r i n n e r u n g' seiner genetischen Entwicklung im Mutterschoss. Aus dieser ,Erinnerung' erkennt der Mensch im Grunde, w e r er als dieses einzigartige Lebewesen wirklich ist. Deswegen sagen wir: Erinnerung *des* Menschen! Es ist wortwörtlich ein *genetischer Genitiv*. Im Wort ,Genitiv', der gewöhnlich, wie vieles der Grammatik, im täglichen Gebrauch wenig bedeutet, ist die Herkunft des Menschen ausgesagt: wir erinnern sie, wenn wir sie in unserem Denken, Sprechen und Handeln er – innern, das i s t: im Innern ,erkennen'. Im gleichen Augenblick sind wir mit dem Urgrund unseres SEINS verbunden. Das Selbst, das wir individuell (einmalig) sind, berührt in diesem Moment, der sich der physisch vergehenden Zeit entzieht, das in allen Menschen ähnliche SEIN des SELBST. Wir sind Nachbarn, Freunde, Künstler als Künder der Menschlichkeit; eine neue, andere Welt steigt vor uns auf. Werden wir sie, Du und Ich, wir alle, sie finden und schließlich einmal gestalten? Kann es denn überhaupt jemand, wenn nicht wir und jetzt e r i n n e r n, w e r wir als Mensch s i n d?

3. Rückschau auf die *Schöne Aussicht* und Vorschau auf den weiteren Weg

Wohin hat uns das Denken geführt, das wir auf unserem Weg begonnen und in der *Schönen Aussicht* vertieft haben? Was wir vom Menschen *sehen*, ob entfernt oder nah, ist nur die äußere Gestalt; die innere Gestaltung aus der genetischen Mitgift des Individuums bleibt dem Blick verborgen. Der Einzelne hat es schwer, sich als Genie des LEBENS zu schätzen und seinen einmaligen Wert zu fühlen, zu leben. Das Bewusstsein der Minderwertigkeit ist im entfremdeten Menschen verinnerlicht. Wir werden von Ideologien und deren Strukturen in der Gesellschaft belastet und eingeengt, die uns das Wunder des LEBENS und das unserer eigenen Existenz nicht oder nur schwer wahrnehmen lassen. Wir müssen unseren An – Fang von der befruchteten Eizelle an in der ontischen Dialektik von SEIN und WERDEN denken und für unser individuelles und soziales Leben als Aufgabe der BILDUNG gestalten. Wer sein Selbst erkennt, kennt den Menschen in seinem SEIN !

Im Peripatos, der Schule des Aristoteles (um 335 v. d. Z. gegründet), wurde im Gehen philosophiert. Ein eigenes Thema wird das *Gehen* jedoch nicht. Der aufrechte Gang wird als ein Merkmal genommen, durch das wir uns vom Tier unterscheiden. Das ist für die Erkenntnis *des* Menschen nicht genug. Ein Bild aus dem Neolithikum, in einer sibirischen Höhle gefunden, zeigt es genauer an: der Mensch steht auf der Erde und ragt mit seinem Haupt in den Kreis der Gestirne. Er ist ein Mikrokosmos im Makrokosmos, ein Netzwerk der Reflexion, das Erde und Himmel, unten und oben, Raum und Zeit miteinander zu verknüpfen vermag. Was wir vom Universum wissen und sagen, was wir erkunden und wagen, kommt alles von diesem Wesen, das wir sind. In seiner im Vergleich zur Erde und zum All nicht mehr messbaren Winzigkeit ist dieses Wesen ein Spiegel des Alls. In jedem Schritt, den er geht, kann er sich das vergegenwärtigen! Warum kamen die Peripatetiker nicht darauf? Die Füße wurden zwar zum Gehen, aber nicht als Organ des Denkens und Erkennens gebraucht. Nur mit dem Kopf zu denken reicht nicht aus. Dabei hat es schon Protagoras gedacht und ausgesprochen. Der Mensch ist das Maß aller Dinge. Er ist von Kopf bis Fuß das Organ WAHRHEIT und ZEIT, KUNST und SPRACHE. Die Erkenntnis davon zeigt das Bild der Höhlenkünstler an; Hugo Kükelhaus hat es mit dem An – Fang des Menschen verbunden. In unserer Theorie des Menschen hat diese Komposition zentrale Bedeutung.

‚Der Anfang sei mehr als die Hälfte', ist ein Lehrsatz im Peripatos. Man philosophiert im Gehen! Warum ging man im Denken nicht an den An – Fang des Menschen zurück? ‚Im 7. Jahr kommt ihm die Vernunft', ist eine weitere These; woher kommt sie so plötzlich her? Im Gehen konnte es doch erkannt werden: Jeder Weg hat einen Anfang; er fängt nicht irgendwo im Niemandsland an. Wo ist der Anfang des Weges, mit dem das Leben des Menschen beginnt? Wurde das Ende, der Tod, nur deshalb bedacht, weil er als Erscheinung sichtbar ist, der An – Fang im Mutterleib aber nicht? Leben ist Bewegung! Gehend bin ich! Das ist konkreter gedacht und erlebt als der abstrakte Gedanke des Descartes: Denkend bin Ich! Wie denn: Sitzend, liegend oder vielleicht auch gehend? Wurde die Ideologie des *Fortschritts* als Ersatz für Verlorenes ausgedacht und auf den Weg gebracht? Aus der ontischen Maßgabe ist jeder Schritt nach *Vorne*, ob im Gehen oder Denken, immer zugleich ein *Rückschritt* (eine Rückbindung) an den An – Fang. Aus ihm kommt uns alle Kunde, die uns etwas erkennen lässt, jeder Gedanke, den wir denken, ist mit ihm vernetzt. Von da her gehören Gehen

Der Mensch ist aus der Mutterhöhle heraus das poetische Wesen. Die vorgeburtliche Entwicklung - die Insistenz - ist die Urkunde seines nachgeburtlichen Lebens - der Existenz

Aus: Hugo Kükelhaus: Zur Entfaltung der Sinne, 112

und Denken organisch zusammen. Das wurde von der Tradition unterschlagen. Welches Tier könnte das dichten: "Der Mond ist aufgegangen, Die goldenen Sternlein prangen/Am Himmel hell und klar; ..."? Der Mensch ist kein in die Irre gelaufenes Tier! Die Ideologien des Fortschritts haben ihn über seine wirkliche Bestimmung getäuscht! Ob einige Vordenker bisweilen auf allen Vieren gekrochen sind?

In der *Schönen Aussicht* haben wir näher kommende Menschen wahrgenommen. Es sind Menschen wie Du und Ich? Doch was wissen wir von unserem Selbst, was vom Selbst der anderen? Bin ich mir selbst nahe genug? Können die anderen mir nahe sein, wenn ich mir selbst fern bin? Die Fragen sind nicht leicht zu beantworten. Die sinnliche Wahrnehmung bringt unsere Einsicht nicht entscheidend voran. Es ist notwendig, eine andere Dimension zu denken, zu erforschen: die unsichtbare Genese des SELBST; sie eignet jedem Menschen. Der An – Fang unseres Lebens, der Beginn des Weges, der in der befruchteten Eizelle die Entwicklung einleitet, ist nicht zu sehen! Wir haben auch keinerlei Bewusstsein von ihm; und doch ist er da. Der Keimling enthält potentiell das Ganze! Vom ersten Moment ist im Menschen das ihn bestimmende SEIN gegeben. Warum haben die Philosophen das bisher nicht bedacht? Warum lassen sie den Menschen erst mit der Geburt, oder noch später, das Wesen sein, das wir für diese oder jene Ideologie sind? Warum verleugnet Platon den Leib? Was bewegt die Philosophen, die seiner Feindschaft zum Leben Gehör geben? Liegt dem ein erworbener Hass des eigenen Selbst zu Grunde, der vielleicht nur eine tiefe und unaufgeklärte Trauer über den Verlust des SELBST ist? Sören Kierkegaard hat dieser Trauer immer wieder Ausdruck gegeben, so mit dem ‚Begriff Angst' und mit der ‚Krankheit zum Tode'.

Viele Fragen sind auf unserem Wege noch offen. In den großen Alleen der Tradition sind sie verloren gegangen. Das Geld regelt die Nachfrage nach Gütern, der Mensch ist nicht gefragt. Im tausendjährigen Reich wurden breite Straßen angelegt; das war kalkuliert. Die Aufmarschpläne für den Krieg kannten nur wenige. Man ließ sich täuschen; im Strom der Menge laufen viele mit; man glaubt zu schieben, und man wird geschoben; sich etwas dabei denken, ist überflüssig. Wer bedenkt beispielsweise heute den Zusammenhang der *Television* mit dem Konstrukt der *Fernen Ideen* des Platon. Der Werbespot zeigt uns das Wahre, Schöne und Gute ästhetisch als Ware aufbereitet im Supermarkt. Der Konsumrausch ist die süße Droge des Fortschritts in einer sonst elenden Welt. Die Angst vor dem Tod wird im Kaufrausch verdrängt. Das LEBEN hat für sich keinen Wert. Der Mensch ist für den Markt selbst eine Ware zum Verbrauch seiner Produkte.

Diese Gedanken machen mich nicht froh. Wo kommen sie auf einmal her? Ich schaue mich in der *Schönen Aussicht* vor dem Ausgang noch einmal um:

Überall sind Hinweise auf Angebote zum *Verzehr*. Die Kellner schleppen emsig die Gedecke heran; der Zuspruch bei dem schönen Wetter draußen lässt einen großen Umsatz und entsprechenden Gewinn erwarten; das ist offenbar der Sinn des Ganzen! Ist es auch der ganze SINN? Die Esser und Trinker wissen nicht einmal, was sie da verzehren? Von Massentierhaltung und genetisch manipulierten Lebensmitteln hat man gehört, auch schon mal etwas in der Tagesschau gesehen. Auf dem Teller und im Glas sieht alles so appetitlich aus. Sind wir dabei, uns zu Tode zu *verzehren*? Sich nach dem Tod zu sehnen, lehrt die anfängliche Philosophie; wirkt sie noch im Menschen? Es ist Zeit, sich wieder auf den Weg zu machen, um auf bessere Gedanken zu kommen.

,Lang ist die Zeit, es ereignet sich endlich
das Wahre' (Hölderlin)

V. Auf dem Weg zum SEIN von WAHRHEIT und ZEIT

1. Abschied von ,Bellevue'

Beim Verlassen dieses Restaurants kommt die Idee in den Sinn, dass derartige Orte für besinnliche Einkehr und zwangloses Verweilen wie geschaffen sind. Gibt es in unserer Kultur wenig Bedarf? Was ist mit dem Menschen geschehen, dass er sich so oft an hektische Betriebsamkeit veräußern lässt? ,Ich habe keine Zeit'!, lautet die eilige Ausrede. Das ,Ich' hat offenbar vergessen, dass der Mensch als Organ ZEIT über die Zeit frei verfügen kann. Wir haben offenbar die innere Maßgabe an äußere Konstrukte von Zeit verloren. Zwar können wir nie aus unserer Natur herausfallen, doch was verändern die Normen und Vorschriften in uns, die das Ich besetzen? Dazu sind wir nicht aufgeklärt. Seit Kant die Frage nach der Aufklärung gestellt und in einem gefälligen Text beantwortet zu haben scheint, ist der Bedarf verebbt. Jeder hat sein Los zu tragen und bei besonderen Schicksalsschlägen zu erleiden. Die gesellschaftlichen Verhältnisse sind so unauffällig wirksam, dass wir innere und äußere Verwerfungen nicht erkennen, weil wir mit ihnen groß geworden sind. Ganze Völker werden von ihrer Geschichte so geprägt, dass für ,normal' gehalten wird, was bereits ,Entfremdung' ist. Doch etwas bleibt uns; auch wenn wir es nicht erkennen: wie fremd wir uns im Denken und Handeln geworden sein mögen, in unseren Gesten sind wir *uralt.* Mit dem aufrechten Gang reichen wir an den Anfang zurück, in dem der Mensch auf der Erde erscheint. Kommt da unser Verhältnis zu ZEIT und WAHRHEIT zum Vorschein?

Der Gedanke richtet innerlich auf: Gehen und Tanzen, Sprechen und Denken gehören zusammen. Der Rhythmus eines Gedichts wird mit Taktfüßen notiert. Das Leben ist Bewegung, gehend leben wir. Jene mühevolle Kopfgeburt des Philosophen, der, hinterm Ofen sitzend, schließlich herausbrachte, dass er ,denkend sei', hätte ihm doch wohl leichter fallen können, wenn er sich erhoben hätte, um die eingeschlafenen Füße zu vertreten; sein Kreislauf wäre angeregt, sein Gehirn besser durchblutet, die Phantasie freigesetzt und er wäre über die Schaufenster – Philosophie mit der Auslagen von res cogitans und res extensa um einiges hinausgekommen. Er wollte wohl nicht höher denken, weil er keinen Begriff vom Aufstieg und Fall der Füße beim Gehen hatte. Descartes hatte sehr gewichtige Einfälle seines Kopfes! Ich stelle mir vor, dass sein Gang immer etwas vornüber geneigt gewesen sein muss, den Brustkorb beengend. Seine Gesundheit war jedenfalls labil; im kalten Winter von Stockholm soll er um fünf Uhr in der Frühe die Königin Christine dreimal in der Woche in Philosophie unterweisen; der Zeitplan Ihrer Majestät lässt einen anderen Termin nicht zu; die Reise in offener Kutsche zum Palais ist weit; schon eine leichte Erkältung führt zur Lungenentzündung; nach neun Tagen, am 11 Februar 1650 um vier Uhr in der Frühe, endet der Lebensweg des Philosophen: nach dreiundfünfzig Jahren, zehn Monaten und elf Tagen in Stockholm. Mit seinen konstruierten Wahrheiten hat er sich auf der Suche nach verlorener Zeit früh verbraucht. Das ‚denkend bin ich', diese bemühte Banalität, hat die Kultur nicht bereichert; der Mensch ist sich immer noch fremd. Wir gehen müßig dagegen an, um uns selbst zu finden und im SELBST auch den Grund von vorliegenden Wahrheiten und vergehender Zeit.

Bei unserer Suche müssen wir auf den kleinsten Weg achten; wir sind vor den breiten Strassen gewarnt, die große Denker angelegt haben. Doch wir vertrauen darauf: Auch die Füße sind Denkorgane; sie sind nicht nur zum Gehen da; sie werden unsere Schritte leiten. Man muss natürlich gut *zu Fuß* sein. Der Gedanke fasziniert mich unmittelbar; mir fällt ein: Im Aramäischen, der Sprache des Jesus, ist das Wort für *Fuß* zugleich das für *Mensch*. Das kann erleben, wer längere Zeit barfüßig am Meeresstrand wandert. Man fühlt sich erfrischt, wie neu geboren. Die von den Wellen geschlagenen Riefungen haben die Fußsohlen massiert. Dort ist der ganze Mensch, sind alle Organe in Reflexzonen abgebildet. Der Fuß ist ein Zentrum für das Geflecht der Sinne. Die Reflexzonenmassage kann kranke Organe aufspüren und heilen. Jesus wäscht den Jüngern die Füße (Joh. 13, 1 –17); sind die Füße rein, ist es der ganze Mensch. Das will keine Metapher sein, kein Gebot zur Sauberkeit. Das ganze Geflecht der Organe und Sinne soll angeregt werden. Maria Magdalena, eine Priesterin der Liebe, reinigt und salbt mit kostbarem Öl die Füße des Jesus, massiert sie mit ihren Händen und reibt sie mit ihren Haaren trocken. Der Menschensohn ist erfrischt und gestärkt für seinen schweren Weg, der vor ihm liegt. Dieser Liebesdienst ist nur noch im kirchlichen Ritual der *Fußwaschung* erhalten. Das ist zu wenig, um die im schwerfälligen Sitzen monogam gezeugten männlichen Kopfgeburten zu verwinden. Vielleicht können wir radikaler denken, wenn wir auf verwurzeltem Grund schmaler und schwieriger Pfade einige Zeit mit nackten Füßen gehen? Wir sehen ein Wegzeichen im dichten Gestrüpp, mit einer schwer lesbaren Inschrift? Wir gehen näher heran und lesen:

Nach S p a r t a sind es 2482 Jahre!

2. Was sagt das Wegzeichen?

Das von uns erfundene ,Zeichen am Weg' sagt etwas zur Geschichte. Vor 2482 Jahren haben Griechen gegen das persische Heer bei den Thermopylen gekämpft. (480 v. d. Z.) Der Dichter Heinrich Böll hat im Jahre 1950 eine Kurzgeschichte veröffentlicht: ,Wanderer kommst du nach S p a . . .'; sie verknüpft ein Geschehen, das zweieinhalbtausend Jahre zurückliegt, mit unserer Geschichte: Der zweite Weltkrieg des 20. Jahrhunderts ist beendet, doch nicht bewältigt; gibt es einen Zusammenhang zwischen Gegenwart und Vergangenheit? Der *Heldentod* von dreihundert Spartanern und siebenhundert Thespiern, die unter dem Befehl ihres Königs Leonidas, aus dem Geschlecht der Agiaden, mehrere Tage den Thermopylenpaß gegen die persischen Angreifer unter Xerxes I. verteidigten, hat in der Geschichte immer wieder und mit immer größerer Gewalt Nachahmung gefunden. Heinrich Böll will aber mehr als nur ,erinnern'; er will unser Denken bedenklich werden lassen: Die vergangene Geschichte ist nicht mehr zu ändern: W i r können (müssen) uns ändern, damit wir der ,Wiederkehr des Schreckens' entrinnen: Vom inneren Weg eines Menschen und seiner Veränderung erzählt die Dichtung; sie erzählt den Weg von Wahrheiten zur WAHRHEIT, von der Zeit zur ZEIT.

Die Griechen haben die Helden am Ort der Schlacht mit einem Denkstein geehrt. Friedrich Schiller übersetzt die Inschrift in seiner von der Überschrift her harmlos scheinenden Elegie: *Der Spaziergang*! Er berichtet den ,Spaziergang' vom Leben in den Tod im blutigen Kampf. Wie der Text zeigt, ist der Titel nicht ironisch gemeint. Der Dichterfürst schleust die Inschrift des griechischen Denkmals, 1795 in den Horen veröffentlicht, in den Kreislauf des falschen Lebens ein, der in unseren Schulen als Lernweg angelegt ist. Das liest sich in den Versen 91 – 100 folgendermaßen:

"Auf den Mauern erschienen, den Säugling im Arm, die Mütter,
Blickten dem Heerzug nach, bis ihn die Ferne verschlang.
Betend stürzten sie dann vor der Götter Altären sich nieder,
Flehten um Ruhm und Sieg, flehten um Rückkehr für euch.
Ehre ward euch und der Sieg, doch der Ruhm nur kehrte zurücke,
Eurer Taten Verdienst meldet der rührende Stein:
**,Wanderer, kommst du nach Sparta, verkündige dorten, du habest
Uns hier liegen gesehn, wie das Gesetz es befahl.'**
Ruhet sanft, ihr Geliebten! Von eurem Blute begossen,
Grünet der Ölbaum, es keimt lustig die köstliche Saat."
(Werke 2, 716 Hvb. Fett / SPN)

Der *Spaziergang* führt zum Heldenfriedhof. Das wird ein Muster in der Geschichte. Generationen junger Menschen haben in der Blüte ihres Lebens den Spaziergang *freudig* gewagt. Sagen sie den Überlebenden, ‚wo die Blumen blühen'? (Marlene Dietrich) Keimt auf den Heldenfriedhöfen ‚lustig die köstliche Saat'? (Schiller) Wer den verhängnisvollen Irrtum mit seinem Leben büßt, kann ihn nicht mehr aufklären, nicht bestreiten, nichts mehr ändern. Heinrich Böll ernennt in seiner Dichtung einen zum *Spaziergang* ausgezogenen Schüler, der nach der Schlacht, in seinem verstümmelten Leib gerade noch am Leben, zu einer wesentlichen *Erkenntnis* gelangt, zum Helden seiner Erzählung. Sie ist es wert, dass wir barfüßig, um jedes Wort zu spüren, und beherzt durch sie gehen, weil Mut erforderlich ist. Die Lektüre ist kein Spaziergang. Wir sollen eine ähnliche Erkenntnis vollbringen! An ‚grünende Ölbäume und köstliche Saaten' ist dabei kaum zu denken.

3. Heinrich Böll: WANDERER, KOMMST DU NACH SPA . . .

a) Der Inhalt

Der Schüler zieht nach Eintreffen des sehnlichst erwarteten ‚Stellungsbefehls' von der Schulbank mit frohem Mut, wie es die Schule gelehrt, in den Krieg, bereit dazu, heldenhafte Taten zu vollbringen wie viele Helden vor ihm, von denen er im ‚Unterricht' so vieles gehört ....

Einige Zeit darauf wird er verwundet aus der Schlacht hinter die Front gebracht und in ein ‚Lazarett' getragen; er nimmt alles wie betäubt wahr: Stimmen, Gerüche, Bilder, Gänge und Räume ... ?

Zwischen Ohnmacht und Bewusstsein, von Schmerzen gepeinigt, nicht wissend, was ihm fehlt, sucht er auszumachen, wo er ist, was es für ein Gebäude sei, in das er getragen wird; es riecht nach ‚Schule'; diesen Geruch verliert man so schnell nicht; er kann es nicht glauben; er will, muss es herausfinden, ob es ‚eine Schule' ist? Und dann diese vielen Stimmen; was sagen sie und zu wem? Alles ist wie ein Traum; wie wird das Erwachen sein? Seine dumpfen Wahrnehmungen und innere Monologe gibt die Erzählung wieder:

"Ob ihr Tote habt ...? "Weiß nicht." "Die Toten hierher, hörst du? Und die anderen die Treppe hinauf in den Zeichensaal, verstehst du?" "Ja, ja!"

Aber ich war noch nicht tot, ich gehörte zu den anderen, und sie trugen mich die Treppe hinauf. Erst ging es in einen langen, schwach beleuchteten Flur .... , und da waren Türen mit Emailleschildchen: VI a und VI b, und zwischen diesen Türen hing, sanftglänzend unter Glas in einem schwarzen Rahmen, die Medea von Feuerbach und blickte in die Ferne, dann kamen Türen mit V a und V b, und dazwischen hing ein Bild der berühmten Skulptur: ‚Der Dornauszieher'; es war eine wunderbare rötlich schimmernde Fotografie in braunem Rahmen. ...

Und dort, in dem schmalen kleinen Gang, wo ich endlich wieder für ein paar Schritte auf meiner Bahre lag, da war das besonders schöne, besonders große, besonders bunte Bild des Alten Fritzen mit der himmelblauen Uniform, den strahlenden Augen und dem großen, goldenen Stern auf der Brust. ...

Und dann kam wieder ein Flur, wieder lag ich für ein paar Schritte gerade auf meiner Bahre, und bevor die Träger in die zweite Treppe hineinschwenkten, sah ich es noch eben: das Kriegerdenkmal mit dem großen, goldenen Eisernen Kreuz obendrauf und dem steinernen Lorbeerkranz.

Das ging alles sehr schnell: .... alles konnte auch Täuschung sein; ich hatte hohes Fieber, hatte überall Schmerzen. Im Kopf, in den Armen und Beinen, und mein Herz schlug wie verrückt; was sieht man nicht alles im Fieber!

Aber als wir an den Rassegesichtern vorbei waren, kam alles andere: die drei Büsten von Cäsar, Cicero, Marc Aurel, brav nebeneinander, wunderbar nachgemacht, ganz gelb und echt, antik und würdig standen sie an der Wand, und auch die Hermessäule kam ... und ganz hinten im Flur ... hing die große Zeusfratze über dem Eingang zum Zeichensaal; doch die Zeusfratze war noch weit. Rechts sah ich durch das Fenster den Feuerschein, der ganze Himmel war rot, und schwarze, dicke Wolken von Qualm zogen feierlich vorüber ... Und wieder musste ich links sehen, und wieder sah ich Schildchen über den Türen O I a und O I b, und zwischen den bräunlichen muffigen Türen sah ich nur Nietzsches Schnurrbart und seine Nasenspitze in einem goldenen Rahmen, denn sie hatten die andere Hälfte des Bildes mit einem Zettel überklebt, auf dem zu lesen war: "Leichte Chirurgie" ...

Wenn jetzt, dachte ich flüchtig ... wenn jetzt ... aber da war es schon: das Bild von Togo bunt und groß ...

Aber nun wurde die Tür zum Zeichensaal aufgerissen, und ich schwebte unter der Zeusbüste hinein und schloss die Augen. Ich wollte nichts mehr sehen. Der Zeichensaal roch nach Jod, Scheiße, Mull und Tabak, und es war laut. ... "

Der aus der Schlacht dicht hinter die Frontlinie ins Not-Lazarett getragene Verwundete will anfänglich nur wissen, ob das Gebäude eine Schule ist. Was er gesehen und gerochen, ließ eigentlich keinen Zweifel zu. Dann stellt sich ihm die Frage, ob es am Ende *seine Schule* ist? Er wehrt sich innerlich gegen die Antwort; er hat eine tiefe Angst vor etwas, das er ‚drohen sieht' (Rilke), ohne sich den Grund der Angst begreiflich machen zu können; er wehrt sich innerlich gegen das, was auf ihn wie ein unabwendbares Ereignis zukommt.

"Alles das, dachte ich, ist kein Beweis. Letzten Endes gibt es in jedem Gymnasium einen Zeichensaal, Gänge, ... grün- und gelbgestrichene Wände ...; letzten Endes ist es kein Beweis, dass ich in *meiner* Schule bin, wenn die Medea zwischen VI a und VI b hängt und Nietzsches Schnurrbart zwischen O I a und O I b. Gewiß gibt es eine Vorschrift, die besagt, dass er da hängen muss. Hausordnung für humanistische Gymnasien in Preußen: Medea zwischen VI a und VI b, Dornauszieher dort, Cäsar, Marc Aurel und Cicero im Flur und Nietzsche oben, wo sie schon Philosophie lernen. Parthenonfries, ein buntes Bild von Togo. Dornauszieher und Parthenonfries sind schließlich gute, alte, generationenlang bewährte Schulrequisiten, ... Und außerdem besteht die Möglichkeit, dass ich Fieber habe, dass ich träume. ...

Es kann ja nicht wahr sein, dachte ich, so viele Kilometer kann das Auto ja gar nicht gefahren sein: fast dreißig. Und außerdem: du spürst nichts; kein Gefühl sagt es dir, nur die Augen; kein Gefühl sagt dir, dass du in deiner Schule bist, in deiner Schule, die du vor drei Monaten erst verlassen hast. Acht Jahre sind keine Kleinigkeit, solltest du nach acht Jahren das alles nur mit den Augen erkennen?"

b) Zum inneren Denkweg

Ein Schüler ist aus seiner Schule in den Krieg gezogen und kehrt schon nach kurzer Zeit schwer verwundet, im Bewusstsein getrübt in eine Schule zurück, die zum Lazarett umfunktioniert wurde, da die Front ins eigene Land vorgedrungen ist. Unterwegs, auf einer Bahre, auf der er getragen, kommen ihm nach und nach einige Gedanken. Sie häufen sich, als er das Lazarett als eine Schule erkennt. Er nimmt in wachsender Erregung immer mehr Hinweise darauf wahr, dass er in *seiner Schule* ist. Acht Jahre hat er gelernt, was gelernt werden musste: die Oden des Horaz waren Pflicht, die schöne Stelle unvergesslich: "Süß und ehrenvoll ist es, für das Vaterland zu sterben" (Dulce et decorum est pro patria mori; III,2,13). Oft hat er den bei Lehrern besonders beliebten Spruch gehört: ‚Nicht für die Schule, für das Leben lernen wir!' Er hat fest daran geglaubt und nie erfahren, dass es im 106. Brief des jüngeren Seneca (4 – 65 n. Chr.) vorwurfsvoll lautet: "Non vitae, sed scholae discimus" – "Leider lernen wir nicht für das Leben, sondern für die Schule!" Diese Einsicht war ihm bisher nicht möglich gewesen; er war immer mit dem zufrieden, was es in all den Jahren zu lernen gab; das war nicht wenig! Auch mit den Sprüchen vom *süßen Tod fürs Vaterland* und dem *Lernen fürs Leben* war er einverstanden!

Den Widerspruch dieser Sprüche, einer zum ‚Tod' der andere zum ‚Leben', hat er nicht bemerkt; er nicht und auch sonst niemand, den er kennt. Er hat nicht und niemanden gefragt, ob in der SCHULE für ein *falsches Leben* gelehrt und gelernt wird und ob der Tod wirklich süß sei? Er hat keinen Menschen fragen können, weil anscheinend alle mit diesem Leben zufrieden waren! Er hat die Masken der anderen nicht gesehen, die ihn anblickten, weil er selbst eine ähnliche Maske trug. Wie wird dieser Mensch es aufnehmen, wenn er zum ersten Mal in seinem Leben zu einer wirklichen Erkenntnis kommt, die ihm das Lernprogramm bisher verweigert hat? Sein unablässiges Denken, die Bedenken, die sich aufdrängen, zu dem, was er bislang in der Schule gelernt und wie er gelebt hat, bereiten etwas vor, was er ahnt, aber noch nicht wirklich begreift. Eingewickelt wie er mit seinen schweren Verwundungen ist, wird sein Denken immer verwikkelter und bedenklicher; ihm wird geradezu mulmig zumute. In seiner Schule, im Zeichensaal angelangt und für die ‚Operation' ausgewickelt, gerät er plötzlich in eine ‚Lage' auf die er in ‚diesem Augenblick' nicht vorbereitet war: Seine Wahrnehmungen, Empfindungen und Gefühle, alles, was in sein Denken so bedenklich eindringt und seine Gedanken verstört, schlägt plötzlich wie ein Blitz in ‚Erkenntnis' um:

"Ich lag auf dem Operationstisch und sah mich selbst ganz deutlich, aber sehr klein, zusammengeschrumpft, oben in dem klaren Glas der Glühbirne, winzig und weiß, ein schmales, mullfarbenes Paketchen wie ein außergewöhnlich subtiler Embryo: das war also ich da oben.

Der Arzt drehte mir den Rücken zu und stand an einem Tisch, wo er in den Instrumenten herumkramte; breit und alt stand der Feuerwehrmann vor der Tafel und lächelte mich an; er lächelte müde und traurig, und sein bärtiges und schmutziges Gesicht war wie das Gesicht eines Schlafenden; an seiner Schulter vorbei auf der schmierigen Rückseite der Tafel sah ich etwas, was mich zum ersten Male, seitdem ich in diesem Totenhaus war, mein Herz spüren machte: irgendwo in einer geheimen Kammer meines Herzens erschrak ich tief und schrecklich, und es fing heftig an zu schlagen: da war meine Handschrift an der Tafel. Oben in der obersten Zeile. Ich kenne meine Handschrift: es ist schlimmer, als wenn man sich im Spiegel sieht, viel deutlicher, und ich hatte keine Möglichkeit, die Identität meiner Handschrift zu bezweifeln. Alles andere war kein Beweis gewesen, weder Medea noch Nietzsche, nicht das dinarische Bergfilmprofil noch die Banane aus Togo, und nicht einmal das Kreuzzeichen über der Tür: das alles war in allen Schulen dasselbe, aber ich glaube nicht, dass sie in anderen Schulen mit meiner Handschrift an die Tafeln schreiben. Da stand er noch, der Spruch, den wir damals hatten schreiben müssen, in diesem verzweifelten Leben, das erst drei Monate zurücklag:

W A N D E R E R K O M M S T D U N A C H S P A …

Oh, ich weiß, die Tafel war zu kurz gewesen, und der Zeichenlehrer hatte geschimpft, daß ich nicht richtig eingeteilt hatte, die Schrift zu groß gewählt, und er selbst hatte es kopfschüttelnd in der gleichen Größe darunter geschrieben:

W A N D E R E R K O M M S T D U N A C H S P A …

Siebenmal stand es da: in meiner Schrift, in Antiqua, Fraktur, Kursiv, Römisch, Italienne und Rundschrift; siebenmal deutlich und unerbittlich:

W A N D E R E R   K O M M S T   D U   N A C H   S P A ...

Der Feuerwehrmann war jetzt auf einen leisen Ruf des Arztes hin beiseite getreten, so sah ich den ganzen Spruch, der nur ein bisschen verstümmelt war, weil ich die Schrift zu groß gewählt hatte, der Punkte zu viele.

Ich zuckte hoch, als ich einen Stich in den linken Oberschenkel spürte, ich wollte mich aufstützen, aber ich konnte es nicht: ich blickte an mir herab, und nun sah ich es: sie hatten mich ausgewickelt, und ich hatte keine Arme mehr, auch kein rechtes Bein mehr; und ich fiel ganz plötzlich nach hinten, weil ich mich nicht aufstützen konnte; ich schrie; der Arzt und der Feuerwehrmann blickten mich entsetzt an, aber der Arzt zuckte nur die Schultern und drückte weiter auf den Kolben seiner Spritze, der langsam und ruhig nach unten sank; ich wollte wieder auf die Tafel blicken, aber der Feuerwehrmann stand nun ganz nah neben mir und verdeckte sie; er hielt mich an den Schultern fest, und ich roch nur noch den brandigen, schmutzigen Geruch seiner verschmierten Uniform, sah nur sein müdes, trauriges Gesicht, und nun erkannte ich ihn: es war Birgeler.

‚*Milch*', sagte ich leise ..." (Ende der Kurzgeschichte)

c) Denk – Weg: Von der ‚Maske des Ich' zur ‚Erkenntnis des Selbst'

Im diesem Augenblick erkennt der junge Mensch die *Maske*, die ihm Schule und Gesellschaft aufgesetzt hat! Sie verbarg bisher sein Gesicht; was von ihm äußerlich zu sehen war, ist er nicht, innerlich nie gewesen! So dumm ist er doch nicht, so dämlich kann niemand sein, fragt er sich? Er war so dämlich gewesen; er hat sich verkaufen lassen; er ist wie alle anderen auf Lügen und Propaganda und vor allem: auf die *Schule* reingefallen! Er ist jetzt ein Krüppel, körperlich jedenfalls; das schmerzt ganz tief. Er fühlt einen Schmerz, den die Betäubungsspritze nicht wegnehmen kann. Der Schmerz ist geistiger Art, wie er ihn noch nie gehabt hat. Zugleich empfindet er etwas wie eine Befreiung. Es ist ihm, als ob eine ungeheure Last von ihm fällt; die Einsicht ist wie ein Blitz: er würde Prothesen tragen müssen, der Gebrauch der Arme und Beine, das Essen und Trinken, das Schreiben und Arbeiten, vor allem das Gehen wird schwierig sein, sein Denken jedoch nicht mehr. Er wird erhobenen Hauptes gehen, seine Phantasie wird die Sterne berühren und das ganze All umfassen; er wird das Leben *lieben* und *frei* sein! Endlich ist er f r e i. –

Bevor die Narkose sein Bewusstsein löscht, lächelt er still; sein Antlitz ist in diesem Augenblick unsagbar schön. Birgeler, der Hausmeister seiner Schule, der in den großen Pausen Milch verkauft hat, ist tief berührt. Jetzt ist er zur Aushilfe ‚Sanitäter'! Er hat in seinem Leben immer ‚ausgeholfen', den ‚Schülern', seinen ‚Jungens', wie er sie liebevoll nennt, geholfen, wo er nur konnte; sie mit Ausreden bei den Lehrern verteidigt, wenn es nötig war, auch mit Lügen; Notlügen! Was war die Wahrheit in der Schule denn wert? Dieser Hausmeister lebte mit seiner WAHRHEIT. Er hatte das ‚Ende' des schrecklichen Krieges vorausgesehen, der verlogenen Propaganda nie getraut; seine innere Haltung war erkennbar, den jungen Menschen zugewendet, um die er sich gesorgt hat. Vom ganzen abstrusen Lernprogramm seiner Schule bleibt dieser Mensch übrig; die Lehrer hatten ihre WAHRHEIT an den Zeitgeist veräußert! – Unseren Schulhelden trifft es wie ein Blitz, da er nach den vielen Jahren zum erstenmal den Menschen Birgeler *erkennt*; ein einziges Wort zeigt das an: ‚Milch', sagt er leise. Wenn er aus der Narkose erwacht, wird er ein anderer Mensch sein. Er wird sich zu denen fügen, die um den menschlichen Menschen wissen und das LEBEN lieben. Die ‚Milch der frommen Denkungsart' wird er nicht mehr nehmen; er wird die Revolution denken; er lächelt inniger, ist schon ein anderer Mensch. Auch Birgeler, der Hausmeister seiner Schule muss in diesem Moment lächeln, so schwer die Situation ist: es verändert sich etwas, das spüren beide. Der operierende Arzt nimmt von alledem nichts wahr! Und wir? Was denken wir von den beiden, was von dieser ‚Kurzgeschichte' und was von unserer Geschichte, die weit zurückreicht, bis zu Platon und seiner durch und durch verlogenen ‚Lehre von der Wahrheit', die unsere Geschichte seit 2500 Jahren bestimmt hat?

4. Der Dichter und die Poesie von WAHRHEIT und ZEIT

Die Kurzgeschichte von Heinrich Böll will eine radikale Kritik an der Geschichte unserer Welt sein und darin auch am ‚*Spaziergang*' von Schiller. Dieser notiert in seiner Elegie ein gesellschaftliches *Gesetz*, das Menschen in den Tod schickt. Jener erinnert das Gesetz des LEBENS, von dem auch Rilke dichtet: ‚wo es uns anrührt, bejahen wir das Leben'! Schiller transportiert eine verlogene Wahrheit, die der Gedenkstein für die gefallenen *Helden* der Schlacht bei den Thermophylen notiert, für unser Bewusstsein. Als Kenner der Geschichte verkennt er die Bausteine der Kriege; in die große Mauer der Begriffe und Bedeutungen eingelassen, lasten sie schwer auf des Menschen Geist. Der Begriff ‚Überbau' (Marx) ist zu leicht, zu harmlos für das, was in der verrinnenden *Zeit* geschieht und sich wie ein Spinnennetz von *Wahrheiten* über Menschen legt, aus dem es kaum ein Entrinnen gibt. Was im Moment des Geschehens, wann und wo auch immer, zunächst nur relativ zur lokalen Geschichte ist, dehnt sich unmerklich aus, vom Ort des Geschehens weg, verlängert sich endlos in der Zeit, wie ein Muster, das wiederholt sein will, erlangt schließlich mit seiner Dauer immer stärkere Geltung und wird endlich als allgemein anerkannte Wahrheit verinnerlicht! Die Geschichte triumphiert über den Menschen; die vom LEBEN verliehene Natur wird unterdrückt. Gewalt erzeugt immer größere Gewalt bis hin zum unbegreiflichen und irrationalen Terror des 11. September 2001 nach unserer Zeitrechnung. Die Ideologie der Gewalt hat seine Wurzeln in der Alten Welt, die vor 2500 Jahren anfängt.

Ein Vehikel, falsche Wahrheiten wie die vom *Heldentod* in Menschen zu transportieren, ist die Schule. Das hat Heinrich Böll begriffen; er ist selbst von den Lernverhältnissen betroffen, vom Überbau geprägt. Er schüttelt ihn jetzt ab, läßt sich von einem deutschen Kanzler als Pinscher beschimpfen – er kümmert sich nicht drum: der Schimpf fällt auf den Politiker zurück. Die Dichtung ist sein Versuch, sich und uns von verruchter Geschichte und dem aus ihr aufgenötigten falschen Leben zu befreien und den Weg zum wahren Leben zu weisen. Diese Kurzgeschichte thematisiert das ausdrücklich und in aller poetischen Deutlichkeit: Wenn *der Mensch* in unübersichtlich gewordener Geschichte nicht mehr begreift, *wer er in seiner Natur ist*, kann er zwar immer noch viel Wissen anhäufen, jedoch keine *Erkenntnis*! Mit dem Verlust von Erkenntnis verliert der Mensch den Bezug zur *Urkenntnis*, zum SEIN des SELBST. Er veräußert sich an Wahrheiten, ohne sich aufzuklären, dass sie nur auf Zeit gelten oder schon längst überholt sind. Der Mensch verliert zuerst die Erkenntnis, dass er das Organ WAHRHEIT und ZEIT ist, dann sein Gewissen als kritische Maßgabe herrschender Wahrheiten. Wenn viele Menschen in diesem Organ verstört sind, kann es geschehen, dass ein ganzes Volk sich von Propaganda–Lügen verführen läßt.

Die *große Geschichte* nimmt sich immer mehr von der verrinnenden *Zeit* als der einzelne Mensch von der Geburt bis zu seinem Tode zur Verfügung hat. Er ist zufrieden, wenn er seine eigene *kleine Geschichte* einigermaßen anständig über die Bühne bringen kann; um die große Geschichte kann er sich zumeist wenig kümmern, dazu hat er keine Zeit. Es ist schon genug, wenn er einiges von seiner Lebenszeit in attraktiv organisierter *Freizeit* verbringen kann, ersehnte Unterbrechung der *Arbeitszeit*. Insgesamt schaut er zu oft in die *Röhre*, bildlich und im übertragenen Sinne gesprochen; das Fernsehen raubt zu viel Zeit. Die schwarz umrandete Anzeige in einer Zeitung spricht danach von *erfülltem Leben*, was zuvor umtriebige Suche nach verlorener Zeit war. Muss man das wirklich erleben, was der Held der Kurzgeschichte erlitten hat, um zur *Erkenntnis* zu gelangen? Wir wissen doch zur Genüge, dass viele ‚Davongekommenen' in der Geschichte *danach* immer so weiter machen, wie sie es *zuvor* gewohnt waren.

Nur wenige kommen wie unser Schülerheld zur Erkenntnis, die ihn für sein weiteres Leben b i l d e t.

Von der Schule als Anstalt zur Fertigung von Masken, von einem Schüler und der nicht vorhersehbaren Befreiung von seiner Maske, erzählt uns der Dichter. Was er uns sagt, ist für das Leben gedacht, für das in der Schule nicht gelernt wird: Wir sollen die Geschichte entlarven, in deren Geheiß die *Jugend* auf den Schlachtfeldern aufgeopfert wird. Heinrich Böll hat einen sinnlosen Krieg gerade überlebt. Die *Erkenntnis* des Helden ist als poetische Fiktion vorgebracht, weil sie sich in der Realität selten ereignet und *jetzt* bei der Lektüre dieser Kurzgeschichte erreichbar ist. Wir werden mit dieser Poesie konfrontiert: müssen *wir* erst die Verstümmlungen dieses Schülers erleiden, um eine ähnliche Chance zu bekommen? Die Erkenntnis *dieses Schülers* will *uns alle* von der starren Bindung an ‚geschichtliche Wahrheiten' lösen, die eigene Maske wahrnehmbar machen, das verstümmelte ‚Ich' dem heilen ‚Selbst' annähern, damit dieses endlich sein verlorenes SELBST wiederfinden kann.

Der Held unserer Kurzgeschichte, der in einem innerlich aufkommenden, so noch nie erlebten schrecklichen Zweifel, gegen den er sich nicht wehren kann, auf den Tisch im Zeichensaal, wie ein Opferlamm auf dem Altar der Gesellschaft, gelegt wird, zuerst *seine Schrift* und dann, da er aus dem Notverband ausgewickelt ist, *sich selbst* sieht und dabei bemerkt, dass ihm drei Glieder, beide Arme und das rechte Bein, fehlen, wird von der *Erkenntnis* wie von einem Blitz getroffen. Die nahezu bewusstlos gelebte, erlittene Zeit von acht langen Schuljahren wird in diesem Blitz auf einen Moment verdichtet: er ist zum ersten Mal in seinem Leben bei sich selbst; er berührt sein SELBST. Die innere *Maßgabe* meldet sich, ohne dass er es will; *Erkenntnis geschieht.* Wie in einem kurzen Film, der, wie es heißt, im Moment höchster Gefahr, im Angesicht des Todes, in rascher Folge mit einigen Bildern das bisherige Leben am geistigen Auge vorbeiziehen lässt, und nur Sekunden dauert, zieht sich ihm die nutzlos verflossene Zeit zur tief empfundenen ZEIT, das falsche zum wahren Leben zusammen: es ist eine zweite Geburt, schmerzlicher als die erste, die unerwartet geschieht und dennoch sogleich vertraut ist: dieser Mensch erkennt blitzartig sich selbst und den erlittenen Verlust seines ‚Selbst'; im gleichen Augenblick berührt er sein SELBST!

Die Metapher für diesen Erkenntnis – Blitz lautet: *Milch.* Hiermit ist vordergründig die Pausenmilch gemeint, die der Hausmeister der Adolf – Hitler – Schule, die zuvor Thomas – Schule hieß, ausgegeben hat. Die Erkenntnis, die sich hier ereignet, richtet sich nicht nach außen, auf ein Ding, eine Sache, einen Gegenstand. Die abendländische Philosophie hat ihre Anstrengungen zur Lösung eines konstruierten Problems, wie Erkenntnis überhaupt möglich sei, auf die Frage ausgerichtet, wie das menschliche Subjekt die Wahrheit über ein Objekt ermitteln könne? Die kalte Formel lautet: durch die *Angleichung von Verstand und Ding*! In gelehrter Sprache heißt es: veritas est adaequatio intellectus et rei! Von Anfang an wird der Mensch unserer Welt auf objektive Wahrheit und wahre Erkenntnis eines Objekts ausgerichtet. Geradezu übermenschliche Kräfte sind für dieses falsche Problem vergeudet worden. Die abendländische Schule hat sich in diesen Prozess folgsam eingefügt. Der Lernstoff wird ständig erweitert, auf die neuen Erfordernisse angepasst; die Didaktik verfeinert sich ebenfalls. Nach außen ausgerichtet, wird der Mensch in ein subtiles Netz versponnen: er weiß viel und erkennt nichts. Das Nichts betrifft ihn selbst; der Mensch weiß nicht, *wer er selbst ist*. Die philosophische Tradition hat ihn schlichtweg *übersehen*!

Die Abrichtung auf die Entfremdung von seinem Selbst haben Generationen von Schülern als stummes *Leiden an der Kultur* unmittelbar erlebt. Ohne es zu wissen oder sich irgendwie dagegen verhalten zu können, wurden und werden sie geistig *verstümmelt*. Der Vorgang bleibt unsichtbar. Alles verläuft seinen gewohnten Gang; die jeweils erreichte Normalität entlarvt sich nie selbst. Der Dichter Heinrich Böll hat sie reflektiert. Er verwandelt sein eigenes Leiden an der Gesellschaft in aktiven Widerstand aus KUNST, wie viele Künstler vor ihm. Er erfindet eine Vorher – Nachher – Geschichte und verbindet in ihr Realität und Fiktion. Dadurch wird der wirkliche Sinn der Metapher *Milch* deutlich. Sie wird in Verbindung mit einem Menschen vorgebracht, der als einziger in der Schule den Aufwachsenden nahe war, auch unserem Helden. Niemand hat es damals bemerkt. Dieser Mensch ist Birgeler, ein einfacher Hausmeister! Er ermöglicht dem erst geistig, dann körperlich verstümmelten Schüler das ‚Heile' am Menschen zu erkennen. Der Hausmeister ist ‚Mensch geblieben'. Er ist dem Schüler plötzlich die vermittelnde Maßgabe für das Vorher und Nachher seines beschädigten Lebens. Diese Vermittlung im Menschlichen ist das Entscheidende für Erkenntnis überhaupt: Die Reflexion auf sich Selbst und darin die Berührung des SELBST, vermittelt durch die Erkenntnis des anderen. In der Erzählung heißt es: "Und nun erkannte ich ihn: es war *Birgeler*. – ‚Milch', sagte ich leise. ... "

Der Dichter schließt die Kurzgeschichte mit drei Punkten; sie deuten das Offene eines neuen An–Fangs an, eine zweite Geburt zum Menschen. Die geistige Verstümmelung ist aufgehoben, die leibliche leider nicht mehr zu ändern. Müssen wir erst leiden, um zu uns selbst zu gelangen? Diese Frage hält das Ende offen, sie stellt sich uns in den Weg. Milch ist das nährende Element, das eine Mutter ihrem Kind gewährt, damit es ins Leben kommen, stark werden und sich bewähren kann. Von den Müttern ist in der Erzählung nicht die Rede; doch sie sind immer da. Jede Nähe zwischen Menschen erinnert die Mütter in ihrer Nähe zu ihren Kindern. In der Leibeshöhle haben wir in nächster Nähe zur Mutter gelebt. Sie ist uns eine Wohnung, die diesen Namen wirklich verdient. Die Mütter kennen ihr Kind, da sie den Mann *beiwohnend* erkannten! Nähe ist Erkenntnis und Liebe, Liebe und Erkenntnis: ‚sie erkannten einander, heißt es in der Sprache des Jesus von Nazareth. Es gilt für alle Menschen und jede Sprache, die auf der Erde gesprochen wird.

Wo sind die Väter in der Geschichte? Gab es keine in der Schule? Sind Lehrer keine Väter? Kennen sie die Maßgabe nicht? Ein in der Schule unbedeutender Mann, der Hausmeister, ist ein *Vater*. Das wird dem Schüler im Blitz seiner Erkenntnis bewusst; er erinnert plötzlich Zeichen des Widerstandes dieses Menschen; kleine unscheinbare Zeichen wie der nicht völlig getilgte Schattenriss des Kreuzes über der Tür, das auf Geheiß der Nazis entfernt werden sollte: er tat es nicht. Birgeler war in seiner stillen, unauffälligen und dennoch widerständigen Art der gute Geist der Schule; seine Fürsorge in kleinen Dingen, die Ausgabe der Milch in den Pausen, die aufmunternden Worte ... ; und jetzt seine Fürsorge, seine Nähe, da er, der Schüler, schwer verwundet, für ein ganzes, langes Leben gezeichnet, auf Prothesen angewiesen sein dürfte: wird er Menschen finden und Liebe? Die Antwort blitzt in dem Augenblick auf, in dem er Birgeler *erkennt*!

Eine wirkliche Erkenntnis hebt jede Frage auf. Das Leben fängt für den Schüler jetzt an, da er die verlorene Zeit von acht langen Jahren auf diesen Augenblick verdichtet. Er begreift in dieser Verdichtung die Lebenslügen, die als Wahrheiten auf dem Markt sind und Menschen gegeneinander aufbringen. Der so genannte *Führer* hat das nicht allein verursacht, was die Kurzgeschichte von Böll als das Grauen einer langen Geschichte aufzeigt. Die Verführten waren verführbar! Wie konnte das geschehen? Die Frage ist bisher nicht wirklich beantwortet, die Geschichte des Schreckens noch nicht vergangen; sie geschieht an vielen Schauplätzen auf der Erde und in unterschiedlichen Welten; gewissermaßen eine Erfolgsgeschichte der abendländischen Tradition. Menschen haben sich in der Geschichte immer wieder von ihrer WAHRHEIT abtreiben lassen und ihre ZEIT an den herrschenden Zeitgeist verkauft. Wie lange werden wir unsere Geschichte noch ertragen?

Der Dichter hat uns eine fiktive Erkenntnis erzählt. Die Story wird von Lehrern, didaktisch zubereitet, als Lernstoff an junge Menschen herangebracht; von außen, versteht sich! Ihr poetischer Sinn wird dadurch nicht erkennbar. Versteht sich das? Begreifen wir die Vernichtung der Poesie in unserer Kultur? Begreifen wir den Verlust des SELBST im Menschen und mit ihm das Verschwinden des inneren Gefüges von WAHRHEIT und ZEIT, wenn wir auf die hektisch fließende Zeit und herrschende Wahrheiten abgerichtet werden? Wo kommt das falsche Leben her? Warum erkennen wir es nicht als das, was es ist? Warum gelingt vielen das Lieben nicht? Warum konnten Adorno und Horkheimer in ihrer Kritischen Theorie zur Gesellschaft und ihrer Geschichte keine positive Dialektik denken und sagen? Solchen Fragen müssen wir nachgehen, Irrwege meiden. Wir müssen Spuren suchen, die von konkreten *Menschen* stammen, die sich um ein *wahres Leben* abgemüht haben. Werden wir solche Spuren finden? Es liegt noch ein schwieriger Weg vor uns.

,Was vor Dir und was hinter Dir liegt,
ist nichts im Vergleich zu dem, was in
Dir selbst i s t.' (Spruchweisheit)

VI. Auf der Suche nach Spuren des SELBST

Zur Orientierung

Wo dein Schatz ist, da ist auch dein Herz! Dazu haben wir bereits einiges gesagt. Der verlorene Schatz, den wir suchen, ist das SELBST. Wenn wir ihn finden wollen, müssen wir mit dem Herzen suchen. Das Herz ist unser Kompass auf dem Weg. Der gewöhnliche Kompass zeigt den Norden an; wir müssen ihn richten, um uns orientieren zu können. Der Kompass des Herzens ist von Natur schon gerichtet: er zeigt mit der Spitze, dem Ort, auf das Herz eines Menschen und mit dem anderen Ende auf das eigene. ‚Man sieht nur mit dem Herzen gut, das Wesentliche ist für die Augen unsichtbar.' (Antoine de St. Exupery) Die Weltbilder, die uns bisher auf der Wanderung begegnet sind, haben blendende Wahrheiten erscheinen lassen, doch nicht die WAHRHEIT, die wir suchen. Sie liegt nicht in der Geschichte und ihren Epochen vor, wie sehr einige Philosophen Anspruch auf sie erheben. Die WAHRHEIT und mit ihr die ZEIT ist immer konkret mit dem Menschen gegeben. Es gibt im Grunde keinen, der sie nicht zu eigen hat; ob sie jemand voll ausschöpft, ist fraglich. Das käme nur einem Gott zu, hat Lessing gesagt. Ob es einen Gott oder Götter, vielleicht auch eher Göttinnen gibt? Auch darüber befindet einzig der MENSCH. Er ist die (einzige) Maßgabe dessen, was und wie etwas ist oder nicht ist. (Protagoras)

Unsere These lautet: die Suche nach WAHRHEIT und ZEIT führt uns zum Menschen und seinem SEIN. Der Philosoph Karl Jaspers hat von ‚maßgebenden Menschen' gesprochen. Er nennt Konfuzius, Buddha, Sokrates und Jesus von Nazareth. Es gibt gute Gründe dafür, dass sie für unseren Weg der Suche nach dem Bild des Menschen eine Maßgabe sind. Darauf deutet ihre Wirkung in der Geschichte, die bis in die Gegenwart reicht und wohl auch noch für die Zukunft Bestand haben wird. Es wären noch andere zu nennen; wir müssen eine Auswahl treffen, da wir nicht die Geschichte, sondern die Natur des Menschen erforschen wollen. So könnte uns die Begegnung mit den Genannten eine Antwort auf die Frage ermöglichen: w e r ist der Mensch in seinem SEIN? Der Anspruch erscheint groß; er ist es allenfalls dadurch, dass unsere Tradition die Frage nach dem Menschen unterlassen hat.

Um nicht vor den großen Spuren der genannten Vier zurückzuschrecken, bringen wir einige kleinere ‚Abdrücke' zur Sprache. Man muss auf sie aufmerksam machen, um sie neu und anders wahrzunehmen. Im Grunde sind es Hinweise auf ‚wahres Leben'; im Grund kommt es auf jeden Einzelnen und ganz besonders auf D i c h persönlich an! Jede Stimme hat im Leben ihren Part; wie unbedeutend sie auch klingen mag: Jeder Mensch lebt seinen Traum, der nur ihm gehört! WAHRHEIT und ZEIT werden mit dem Menschen geboren und sie sterben mit ihm! Welche unmenschliche Wahrheit erscheint da, wenn Embryonen diese Chance nicht bekommen, sondern für die Forschung im Gewand einer verlogenen ‚Ethik des Heilens' verbraucht werden sollen? Dieser banausische Begriff ist eigens erfunden, um ihn gegen das LEBEN und den Menschen auszuspielen. Man stelle sich vor, einer der großen Vier wäre vor der Zeit vom Leben abgetrieben? Die Menschheit wäre ärmer! Das LEBEN ist unveräußerlich; sein Geschick ist dem Menschen überantwortet, weil er nun einmal auf rätselhafte Weise die einzige ‚Maßgabe' ist.

Es ist nun aber nicht so, dass wir ‚große Menschen' als Vorbilder für die ‚Maßgabe' brauchen; denn welche Vorbilder wiederum hatten die Vier? Man kann zwar in der Zeit (Geschichte) sehr weit zurückgehen, in der ZEIT und WAHRHEIT (Natur) aber nicht. Zu diesem Gefüge des Grundes ist jeder Mensch ‚unmittelbar'; es muss im Prinzip nichts vermittelt werden. Wenn es anders wäre, gäbe es keine Sprache, keine Kunst, nicht Ethik und Politik. Der Begriff eines ‚maßgebenden Menschen', den Jaspers gebraucht, bedarf der Erläuterung: keiner der Vier ist für sich eine Maßgabe, nach der sich andere zu richten hätten. Jeder hat seine Maßgabe in großer Geste gelebt und zur Erscheinung gebracht hat! Jeder erfindet sich selber aus seinem SELBST, jeder in ähnlicher und zugleich unterschiedlicher Weise, weil die Maßgabe in jedem Menschen ähnlich ist. Wer einem dieser Vier ‚nachfolgen' will, kann es nur so: Er muss das eigene maßgebende SEIN des SELBST finden, das Genie seines Selbst im Gefüge von WAHRHEIT und ZEIT, von SPRACHE und KUNST entwickeln und es in seinem Leben austragen. Was wir von großen Menschen übernehmen können? Wir müssen uns wie sie erhebliche Mühe geben, vielleicht etwas mehr, als wir es bisher gewohnt waren. Das Abenteuer mit Namen ‚Leben' ist nicht in der Schule zu ‚lernen', es sind größere Anstrengungen erforderlich! Sie unter dem Begriff ‚Bildung' zu fassen, wäre durchaus angemessen. Wir müssen dann wissen, was Bildung wirklich ist.

1. Erste Spur: Der Chinese Konfuzius und die Wende zur Bildung

a) Zur Orientierung

"Der im Westen >Konfuzius< genannte Kongzi (551 – 479 v.u.Z.) unterhielt eine Schule, die neben Bildung einen Weg zur Selbstkultivierung des Einzelnen lehrte. Die Absolventen sollten integere Führungspersönlichkeiten werden und den Fürsten zum Wohl des Staates als Berater, Politiker und Beamte dienen. Konfuzius stand selber für ein solches Amt zur Verfügung, hätte ihn ein in seinem Sinn legitimer Herrscher berufen. Doch blieb zu Lebzeiten der erwünschte Einfluss auf die Gesellschaft aus. Seit der Han – Zeit (206 v.u.Z. – 220 u.Z.) lieferte das Denken des Konfuzius schließlich für mehr als zwei Jahrtausende die Basis der Ideologie des chinesischen Staates und der Regeln des sozialen Verhaltens seiner Bürger. Vietnam, Korea und Japan nahmen die Tradition auf, die so wesentlich zur kulturellen und politischen Prägung Ostasiens beitrug.

Trotz der unterschiedlichen Weiterentwicklung seiner Lehren galt Konfuzius immer als die Verkörperung jener Werte, die sich im öffentlichen und privaten Leben als gut bewährten. Darum erhob ihn 1906 die von Untergang bedrohte Qing – Dynastie de facto zur Gottheit, indem sie kultische Opfer an Konfuzius mit denen für das höchste Objekt der Verehrung, den Himmel, gleichsetzte. Das offizielle neue China bekämpfte ihn in den siebziger Jahren, weil er für all das stand, was es überwinden wollte. Verzweifeltes Beschwören und leidenschaftlicher Widerspruch zeugen von der Macht dessen, was die Gestalt Konfuzius repräsentiert. Berufen sich heute maßgebliche Führer aus Politik und Wirtschaft Asiens auf Konfuzius, zeigt dies seine bleibende Wichtigkeit. Was in Ostasien Bedeutung besitzt, ist in einer Zeit zunehmender ökonomischer und politischer Verflechtung, ungeachtet ob er dessen gewahr wird, auch für den Westen wichtig." (Zotz, 7 f)

Mit diesem Text leitet Volker Zotz seine Bildmonographie zu ‚Konfuzius' ein. (Reinbek, Juli 2000) Wer sich näher mit dieser Gestalt und seiner geschichtlichen Wirkung beschäftigen will, findet bei Zotz die erforderlichen Hinweise für eigene Studien. Das gilt ebenfalls für die Monographie zu Buddha vom gleichen Autor. (Reinbek, Oktober 1991, 5. Aufl. Oktober 1998). Wir verfolgen im Grunde nur eine einzige Spur: w e r ist Konfuzius als Mensch? Diese Frage werden wir auch bei den drei anderen maßgebenden Menschen stellen. Es geht dabei nicht um die historische Wahrheit in der Zeit, sondern um eine Annäherung an ihre WAHRHEIT und ZEIT, aus der sich ihre Wirkung in der Geschichte begreifen lässt. Wir nähern uns diesem Gefüge des SEINS mit dem Kompass des Herzens. Wenn wir Quellen anführen, fragen wir, ob sie dem Menschen angemessen sind, von dem sie künden. Die historische Forschung ist sich nicht einig, was wirklich originär und was schon Legende ist; zwei dieser Großen haben nichts geschrieben, für Buddha und Konfuzius wissen wir nicht sicher, welche Sätze wirklich von ihnen stammen. Wir wollen zum SEIN vordringen; nur darum geht es. W e r ist Konfuzius in seinem SEIN?

b) Konfuzius denkt den ‚Menschen'

Wir beginnen mit einer Anekdote, die in den ‚Schulgesprächen' überliefert ist: "Ein König verlor auf der Reise durch sein Land einen Bogen. Die Begleiter wollten ihn suchen, doch der König sprach: >Lassen wir es auf sich beruhen. Ein Landsmann verlor den Bogen, ein anderer Landsmann wird ihn finden.< Als man dies Konfuzius erzählte, sprach er: >Schade, dass er nicht weiterdachte und sagte: >Ein M e n s c h hat einen Bogen verloren, ein anderer M e n s c h wird ihn finden.< Weshalb denn nur ein L a n d s m a n n?" (nach Zotz, 71; Hvb. SPN) Der Spruch wirft ein Schlaglicht auf Konfuzius; er spricht aus seiner Ur – Kunde, ist aus ihr jedem Menschen nah. Konfuzius denkt universell, sein Denken übersteigt die räumliche Grenzen und jede Distanz von geschichtlicher Zeit: dieser Mensch ist uns nahe, ein Nachbar als Mensch, von einer Frau mit einem Manne gezeugt, von ihr unter dem Herzen ausgetragen und auf die Erde in eine Welt hinein geboren. Es ist die chinesische Welt; das Reich ist groß, die räumlichen Grenzen sind in weiter Ferne; Konfuzius ist im Teilstaat Lu geboren und dort auch gestorben; er hat sich, ein asiatischer Kant, wie dieser von Königsberg, nie weit von seiner Heimatstadt entfernt; ein winziger Mikrokosmos im All und dennoch uns grenzenlos nahe! Warum das so ist? Er ist eben kein Landsmann aus dem fernen chinesischen Lu, der einmal vor langer Zeit gelebt hat; er ist einfach und schlicht ein M e n s c h! Das scheint wenig zu sein. Es ist alles, was wir sein können. Wir werden zwar als ein Mensch geboren, doch die Masken, die wir uns aufnötigen lassen, treiben uns vom Menschlichsein ab. Wie wird man das, was man sein will und sein kann: ein Mensch? Das wollen wir für Konfuzius herausfinden.

Das konkrete ‚Menschlichsein', nicht die abstrakte Menschlichkeit steht bei Konfuzius zentral. Er wird früh genötigt, sich darum zu bemühen, da er schon mit drei Jahren den Vater verliert. Der siebzigjährige Mann wollte zu seinen neun Töchtern und einem behinderten Sohn noch einen gesunden Nachfolger. Die jüngste Tochter einer befreundeten Familie willigt in die Verbindung ein. "Aus Angst, der alte Mann könnte kein Kind zeugen, flehte sie zum Geist des Berges Ni Qiu um einen Sohn. Als sich der Wunsch in Konfuzius erfüllte, nannte sie das Kind Qiu Zhongni, was seine Stellung als Zweitgeborener (zhong) mit dem Namen des Berges verknüpfte." (Zotz, 22) Die junge Mutter konnte den Vater nicht ersetzen, dem Sohn keinen sicheren Rang in der Familie, kein großes

Erbe bieten. Das Kind ist genötigt, seinen Weg selbst zu finden. Der Tod des Vaters weckt frühe Fragen nach dem Sinn des Lebens, seiner eigenen Stellung und seiner zukünftigen Aufgabe in einer schwierigen Welt. Keiner kann ihm Antworten für seine singuläre Situation geben. So wird ihm ‚Bildung' bedeutsamer als die Herkunft von einem bestimmten Rang. Der eigene Weg formt ihn schließlich zum Bildner für andere.

c) Konfuzius in seiner Geschichte

Die geschichtliche Zeit, in der er lebte, tat ein übriges; sie war der gegenwärtigen Situation unserer Welt ähnlich. Das chinesische Reich war in Teilstaaten auseinander gefallen, die jeweils nur ihren eigenen Vorteil sahen; viele Politiker waren ungebildet und käuflich, Korruption war weit verbreitet. Wie heute die sogenannte Globalisierung Völker und Staaten trifft, die Armen ärmer und die Reichen noch reicher macht; wie der technische Fortschritt und das durch ihn bedingte rücksichtslose Wirtschaftswachstum der auf den eigenen Vorteil ausgerichteten Staaten Erde und Mensch in Bedrängnis bringt, war es damals die ‚Auflösung des chinesischen Reiches', die den Verfall der Werte einleitete. Der Verfall nahm seinen Weg von oben nach unten, von den Herrschenden zu den Beherrschten. Er begann in dem Moment, da Herrschaft ‚erblich' wurde. Waren es vorher die ‚Besten', die aus ihrer Mitte für ein Mandat auf Zeit den Besten zum Wohle aller wählten, damit er die Gesellschaft von den unvergänglichen Werten her und gerecht regiere, wurde das anders, als "mit der Hsiadynastie die Erblichkeit zur Geltung kam. Damit sank notwendig der Rang des Herrschers. Es endete schließlich mit einem Tyrannen, der als Nichtherrscher gemäß dem Willen des Himmels abgelöst wurde durch eine Umwälzung, die wieder einen echten Herrscher, Tang, den Begründer der Schangdynastie einsetzte. Da die Erblichkeit blieb, wiederholte sich das gleiche Spiel. Der Letzte der Dynastie, wieder der vollendete Tyrann, wurde im 12.Jahrhundert ersetzt durch die Tschoudynastie. Diese schuf von neuem die Grundlage durch Erneuerung der nun schon uralten chinesischen Welt. Nun, als Konfuzius lebte, ist diese wiederum ohnmächtig geworden im Zerfall zu vielen Staaten. Für die Erneuerung will Konfuzius wirken." (Jaspers, 64)

Der chinesische Philosoph findet sich mit dem Verfall in der Geschichte, der ‚ewigen Wiederkehr des Gleichen', die Nietzsche zum Thema machen wird, nicht ab; es muss sich etwas im Menschen ereignet haben, das in der Gesellschaft zum Verfall von ‚Ordnung und Sitte' führt; doch was ist es? "Die Frage, wie sich die Harmonie wiedergewinnen ließ, die man in der langen Geschichte vor dem Niedergang des Zhou–Reiches (die ‚Tschoudynastie' bei Jaspers/SPN) verwirklicht sah, steht am Ausgangspunkt klassischen chinesischen Denkens. Sie ist vielfach als Suche nach dem verlorenen Dao formuliert. Der Begriff bedeutet Weg." (Zotz, 19) Wir begegnen unvermittelt unserem Thema, der Suche nach dem verlorenen SELBST! Das Thema ist so alt wie der Mensch auf der Erde ist, weil immer wieder egoistische Ideologie zur Maske führt. Konfuzius fragt so: wie konnte das D A O dem Menschen verloren gehen? Auf der Suche nach dem richtigen Weg wendet er sich dem ,Altertum' zu. Wird in unserer Geschichte der (angebliche) Humanismus der Griechen als einzigartiges Ereignis des ,Wahren, Schönen und Guten' beschworen, der erinnert und nachgeahmt werden soll, denkt Konfuzius ganz anders: es geht ihm nicht um angeblich ,bessere Wahrheiten' in der Vergangenheit, die in Zeiten des Verfalls trauernd zu erinnern seien; es geht um die uralte WAHRHEIT, die in früheren Zeiten deutlicher zur Erscheinung kam; es geht nicht um die Geschichte, sondern um die Natur des Menschen; es geht im Grunde immer um den gegenwärtigen ,wahren Menschen' in uns. "Konfuzius entwirft ein Geschichtsbild, das die *einzige Wahrheit* zur Geltung bringen soll. Dabei beachtet er wenig die großen Erfinder von Wagen, Pflug, Schiff ... . Die eigentliche Geschichte beginnt mit den Gründern von Gesellschaft und Regierung, der Sitten und Ordnungen. ... Er preist diese Männer mit den höchsten Worten." (Jaspers, 64; Hvb. SPN)

d) Konfuzius als Forscher nach WAHRHEIT und ZEIT

Konfuzius entdeckt bei der Erforschung des Altertums die WAHRHEIT, die als ZEIT seinem eigenen Leben organisch verbunden ist. Sokrates wird sie auf der Agora in Athen wie ein Besessener in jungen Menschen suchen, die noch nicht von einer ,Maske' geschädigt sind. Da viele Athener von Rang Masken unterschiedlicher Prägung durch eine Ideologie tragen, muss er in seiner Suche nach der WAHRHEIT im Menschen äußerst vorsichtig sein; die ,Masken' werden ihm dennoch den ,Prozess' machen. Konfuzius hat es in seiner Zeit leichter: Der Weg zum Menschen ist nicht leicht zu finden, doch die Suche nach ihm, nach dem D A O, ist jedem frei; es gibt für chinesisches Denken keine (metaphysischen) Gottheiten; man muss sie daher nicht erst ,töten'! Es geht für den Menschen einzig darum, Natur und Geschichte im eigenen Leben zu versöhnen; wir sind selbst die Poeten des DAO! Dieses haben wir, damals wie heute, zu leben und zu gestalten.

Daraus folgert Konfuzius: Wenn Menschen aufgrund der Verfallsgeschichte und durch Masken getäuscht den Weg zum uralten inneren Kosmos verloren haben, ist seine WAHRHEIT und ZEIT an Menschen des Altertums, an ihren Werken und Taten abzulesen, in ihren Büchern und Liedern zu entdecken und für die Gegenwärtigen zur existentiellen Aneignung zu er – innern! Denn alle Zeiten und Wahrheiten vergehen, die uralte WAHRHEIT und ZEIT nicht. Menschen dürfen dieses Gefüge als SEIN nicht vergangen sein lassen, sondern ‚jetzt und hier' im eigenen Leben berühren und dadurch Uraltes wieder lebendig machen. "Es handelt sich um Wiederholung des ewig Wahren, nicht um Nachahmung des Vergangenen. Die ewigen Gedanken waren im Altertum nur offenbarer. Jetzt in der verdunkelten Zeit will er sie von neuem leuchten lassen, indem er sich selbst durch sie erfüllt." (Jaspers, 64 f.) Wer sein Selbst mit dem inneren Grund des SELBST auf dem Weg zum ‚Geflecht' zusammenzuknüpfen sucht, ist auf dem (einzigen) Weg der Bildung zum ‚Menschen' und steht zugleich in der ‚Pflicht', ein Menschenbildner zu werden und zu sein. ‚Geflecht' und ‚Pflicht' gehören nicht nur sprachlich, sondern vor jeder Sprache organisch zusammen.

e) Konfuzius als Menschenbildner

Den eigenen Weg zum ‚Menschlichsein' muss man anderen weisen wollen; Konfuzius wird, was er sich selbst ist: ein Menschenbildner. Zum chinesischen Bildungskanon gehören schon lange als unerlässliche Fertigkeiten die Kunst des Bogenschießens für den ritualisierten Streit, die zeremonielle Kunst des Wagenlenkens als Ausdruck der Würde, Schreiben und Rechnen für das Studium der alten Bücher und Orakel, Fertigkeiten in instrumentaler und gesungener Musik und als das Wesentliche: die Einübung in die ‚L i'. "Die Ordnung wird durch *Sitten* (li, Gebote des Benehmens) erhalten. <ein Volk kann nur durch Sitte, nicht durch Wissen geleitet werden.> Die Sitten schaffen den Geist des Ganzen und werden wiederum von ihm beseelt. Der Einzelne wird nur durch die *Tugenden* der Gemeinschaft zum Menschen. Die li bedeuten die ständige Erziehung aller. Sie sind die Formen, durch die in allen Daseinssphären die gehörige Stimmung entsteht, die ernsthafte Teilnahme an den Sachen, das Vertrauen, die Achtung. Sie lenken den Menschen durch etwas Allgemeines, das durch Erziehung erworben und zur zweiten Natur wird, so dass das Allgemeine als das eigene Wesen, nicht als aus Zwang empfunden und gelebt wird. Dem Einzelnen geben die Formen Festigkeit und Sicherheit und Freiheit." (Jaspers, 67; Hvb. SPN)

An dieser Stelle müssen wir Jaspers widersprechen: wenn das von ihm angesprochene ‚Allgemeine' durch Erziehung zur ‚zweiten Natur' wird, sind wir bei der ideologischen Maske. Der Philosoph deutet an dieser entscheidenden Stelle Konfuzius falsch, weil er in seiner westlichen Denkweise die ‚erste Natur' unterschlägt und dadurch das als SEIN genetisch dem Menschen für seine Existenz mitgegebene ‚Allgemeine' als die wesentliche ‚Maßgabe' nicht berücksichtigt. Die nationalsozialistische Erziehung hat das Volk ebenfalls durch verordnete ‚Tugenden der Gemeinschaft' zu formen versucht und das in kurzer Zeit bei vielen erreicht! Dem einzelnen ‚Volksgenossen' wurde durch ein faschistisches Allgemeines Festigkeit und Sicherheit gegeben; die Unfreiheit hätte nur erkannt werden können, wenn die in der ‚ersten Natur' fundierten Werte des Menschlichseins in ihrer universalen Geltung erkannt und anerkannt gewesen wären! Doch gerade hier hat die deutsche Philosophie, doch nicht nur sie, versagt! Wo war die Erkenntnis der menschlichen Natur, wo die der Grundwerte und Grundrechte für alle, wo die westliche Philosophie, die den Völkern und dem deutschen Volk in der geschichtlichen Situation die Einsicht in die faschistische Lüge vermitteln konnte? Wer nur geschichtlich denkt, wird in die Geschichte verstrickt; sagen wir Nicolai Hartmann oder Heidegger. Die wenigen widerständigen Philosophen wie Max Scheler und Peter Wust, zu denen auch Karl Jaspers gehört, sprechen dennoch nicht genügend ‚Klartext'! Sie berichtigen nicht die ideologisch vereinnahmten Begriffe, wie es Konfuzius macht; er geht den ‚Verfall der Werte' frontal an und nimmt dabei kein Blatt vor dem Mund.; er fegt die Sprache von falschen Begriffen frei.

Es ist nicht irgendein L i als geschichtlich erzeugter und durch jeweilige Herrschaft bedingter Bestand von Sitte und Ordnung; unser Denker sucht in kritischer Distanz zur Zeitgeschichte aus dem ‚Altertum' das grundlegende L i zu ermitteln, das universelle Geltung verlangen kann, weil es elementar zum Menschen gehört und zu allen geschichtlichen Zeiten diesem Lebewesen für sein universelles ‚Menschlichsein' zukommt. Wenn ein Verfall der Werte feststellbar ist, sind Denker nötig, die den verlorenen Weg wieder zu finden versuchen. Die chinesische Welt kennt zu der Zeit zum Glück keine metaphysischen Götter oder Ideen; sie verstellen in unserer Welt den Weg zum Menschen. Der physisch gedachte gestirnte Himmel ist seine höchste äußere Instanz der ‚Ordnung', das moralische Gesetz die höchste innere Instanz der sittlichen Werte. Kant wird das später ähnlich sagen, doch den Zusammenhang metaphysisch denken. Goethe ist mit seinen Urworten (‚Wie an dem Tage, der dich der Welt verliehen, ...' .s.o.) dem Konfuzius näher. Wir können ihm ganz nahe kommen, wenn wir in uns selbst den Weg zum gründenden L i oder, in unserer Terminologie, zum SEIN des SELBST suchen und auf dem gefundenen D A O dem eigenen Leben eine Gestalt geben. Es ist der Bildungsweg des Denkens und Handelns.

‚Bilden – Denken – Handeln': Wir müssen geläufige Begriffe neu fassen oder ‚berichtigen', wie es von Konfuzius vorgenommen wird. Denken heißt: Bis auf den Grund von etwas gehen und erwirken, dass es mir einleuchtet. Bilden heißt: Mir selbst und anderen als Mensch eine Gestalt geben. Handeln heißt: Erkenntnisse und Gestalten/Formen mit Inhalt erfüllen und im Tun hervorbringen. Konfuzius bringt das auf einen Satz, der als Goldene Regel im Grunde allen Menschen immer schon bekannt ist: "Was einem selbst nicht erwünscht, tue man anderen nicht." (Lunyu, XII, 2 & XV, 23 in der Übersetzung von V. Zotz, 71; dort auch der zugehörige Siegeldruck als Bildzeichen). Das natürliche Geflecht im SEIN will uns in die geschichtliche Pflicht zur Nächstenliebe als angemessener Ausdruck jeder Kultur einbinden; mit dem *Rutenbündel* faschistischer Ideologie wird todbringender Hass gezündelt! Wir erleben ihn ständig an vielen Orten auf der Erde; doch wer erklärt den Menschen die wirklichen Gründe und Ursachen? Sie liegen in der Geschichte, nicht in der Natur des Menschen; sind wir von Natur ‚gut' oder ‚böse'? Sind die anderen anders als wir? Schon die Fragen können zum Streit führen! Muss das so sein? Welche Philosophie erklärt den betroffenen Menschen, warum in Palästina seit über zweitausend Jahren die Geschichte nicht bewältigt wird, in verinnerlichten Ideologien des Hasses nicht bewältigt werden kann? Die Frage lässt sich beliebig ausweiten.

f) Konfuzius: Antwort auf die Frage nach dem Menschen

Die Philosophie des Konfuzius bietet eine Antwort auf die Frage nach dem ‚W e r' des Menschen; sie ist der Botschaft von Buddha und der von Jesus ähnlich, auch in der Suche des Sokrates nach dem wahren Wissen oder Wissen des Wahren enthalten. Was der Sophist Protagoras mit dem Satz: ‚der Mensch ist das Maß des Seienden und Nichtseienden' dem abendländischen Denken vermitteln wollte, ist für Konfuzius selbstverständlich: jede Frage und Antwort geht vom Menschen aus und weist auf ihn zurück. Was kann ein westlicher Philosoph wie Karl Jaspers damit anfangen? Er trifft bei Konfuzius auf das Schriftzeichen für MENSCH und sagt: "Die Natur des Menschen heißt Y e n. Yen ist Menschlichkeit und ineins Sittlichkeit. Das Schriftzeichen bedeutet Mensch und zwei, das heißt: Menschsein ist in Kommunikation sein." (l. c. 74; Hvb SPN) Jaspers gebraucht traditionsgemäß abstrakte Begriffe, wo chinesisches Denken konkret ist. Konfuzius denkt und spricht nicht von Menschlichkeit, sondern vom Menschlichsein und ebenso vom Sittlichsein. Was in diesem SEIN für Konfuzius und im Y e n als Maßgabe enthalten ist, müssen wir anders als Jaspers denken und sagen.

Die Zahl *Zwei* im Zeichen für *Mensch* weist uns auf unsere ‚erste Natur' hin. Wenn Jaspers für die ‚Zwei' ein mit anderen Menschen ‚in Kommunikation sein' anführt, ist er bereits bei ‚Seienden' als existierende Menschen; er hat wie die gesamte westliche Philosophie die genetische ‚Zwei' unserer vorgeburtlichen Entwicklung unterschlagen; der Existenz–Philosoph kennt nicht die Insistenz! Sie macht es möglich, dass wir nicht nur ein Seiendes wie die anderen Wesen werden, sondern in der Existenz (nach der Geburt) mit dem konkreten Gefüge des SEINS leben: wir könnten uns nicht miteinander verständigen, uns weder verstehen noch einander mitteilen, wenn wir nicht zuvor in unserem SEIN genetisch so organisiert wären, dass Verstehen und Verständigung, Erkenntnis und Interesse zu unserer Natur gehört. Wir sind in unserem SEIN eine Ganzheit als eine innere ‚Zwei'; wir s i n d, bevor wir auch nur ein einziges Wort sagen können, in unserem SEIN ein G e s p r ä c h! (Vgl. MENSCH und SPRACHE – Seit ein Gespräch wir sind, Frankfurt 1998). Wir sind das Lebewesen, das auf sich zu reflektieren vermag; wir leben als ein Selbst in Referenz zum SELBST. Der Begriff ‚Dialektik' wäre dieser inneren ‚Zwei' angemessen. Der Begriff müsste allerdings, vornehmlich im Blick auf Hegel und Marx, neu gefasst werden. Dass der von Plato in die Welt gesetzte Dualismus von Leib und Seele nicht diese ‚Zwei' sein kann, dürfte inzwischen deutlich sein. (Vgl. HUNGER und LIEBE – Der Mensch: das poetische Wesen, Frankfurt 1995)

Volker Zotz gibt das von Jaspers mit ‚Yen' angeführte Schriftzeichen mit ‚R e n' wieder und übersetzt es angemessen und konkret mit ‚Menschlichsein'. (l.c. 70) Er scheidet damit deutlich westliches und östliches Denken: "Das mit >Menschlichsein< übersetzte >r e n< gab man in europäischen Sprachen als >Sittlichkeit<, >Güte<, >Liebe< oder >Wohlwollen< wieder. Jeder dieser Begriffe berührt den Inhalt, doch kommt ihm >Menschlichsein< am nächsten. Wie >Mensch< heißt es >ren<, setzt sich als Schriftzeichen aber aus jenen für >Mensch und für die Zahl zwei< zusammen, was den Beziehungscharakter des Gemeinten andeutet. Weil Menschlichsein sich nur im konkreten Miteinander verwirklicht, ist der Begriff auch dem abstrakteren der >Menschlichkeit< vorzuziehen." (l. c.) Zotz bringt das Schriftzeichen ‚Ren' oder ‚Yen' dem Seienden nahe, das es nennen will; doch er scheitert philosophisch an der ‚Zwei'. Die Zahl drücke den ‚Beziehungscharakter' von ‚Ren' in der Bedeutung ‚Mensch' und ‚Ren' in der von ‚Menschlichsein' aus. Das ist zunächst in Bezug auf die Zeichen unklar? Wenn das eine vom anderen verschieden ist, müsste es an dieser wichtigen Stelle angeführt werden. Wenn es aber nur ein Zeichen gibt, dann bedeutet ‚Ren' in seinem Gehalt: ‚Menschlichsein u n d zwei'! Beides ist voneinander nicht zu trennen; die Verbindung spricht vom inneren SEIN des Lebewesen, das wir sind. Dieses SEIN trifft auch auf Robinson zu, der einsam auf einer Insel lebt! Er kann mit ‚Freitag' deswegen in ein konkretes Miteinander treten, mit ihm ‚sprechen' und sich ‚verständigen', weil er und der andere im je eigenen SEIN ein gegründetes ‚Miteinander' sind! Die Zwei ist nicht die Zahl 2, wie Zotz meint, sondern die ontische Zwei; wir sagen: das SELBST ist die gründende Eins, das Selbst die Zwei im Gespräch mit der Eins.

Wir sind der WAHRHEIT und ZEIT des Menschen auf der Spur. Bei Konfuzius sind wir auf eine heiße Fährte gestoßen; sie darf nicht verwischt werden. Jeder weitere Schritt auf dem Weg ist genau zu prüfen. Die Deutung von Jaspers und Zotz haben uns bedenklich gestimmt. Was bedeutet das chinesische Schriftzeichen ‚Y e n' oder ‚R e n' für ‚Mensch' im Gehalt von ‚Menschlichsein' und ‚Zwei' für unsere Frage, w e r der Mensch in seiner Natur wirklich i s t? Die Antwort darf nicht nur ‚chinesisch', sie muss ‚universell' sein und gelten; sie muss in einer Weise ‚wahr sein', die sich jeder Anfechtung entzieht; die Antwort muss radikal zum Grunde hin denken, die Wurzel (radix) unserer Existenz erfassen, beinahe in einem sinnlichen Sinne ‚berühren'. Die ‚Wurzel' ist unter der Oberfläche der Erscheinung verborgen und daher leicht zu übersehen. Vielleicht ist es der Funke, von dem die Mystiker sprechen, von ihm geistlich erleuchtet. Konfuzius ist in einem bestimmten Moment seines Lebens ein ergriffener und verwandelter Mensch. Nietzsche dichtet seinen Zarathustra gleich am Beginn als einen Verwandelten. Werden wir dieser Verwandlung eines Menschen bei unserer Spurensuche wieder begegnen? Da sind wir uns sicher.

g) Konfuzius im imaginären Gespräch mit Gabriel García Márquez

Wir müssen in unserer Sprache Worte für die Sprache des Konfuzius finden, die nicht von einer in die andere Sprache über–setzen, sondern das gemeinsame Bett des Flusses, die SPRACHE, d e n k e n! Das linke und rechte Ufer gibt es nur durch das Flussbett. An den Ufern werden linke oder rechte Ideologien konstruiert; zu behaupten, ‚links' sei gut und ‚rechts' sei böse, gehört zum ideologischen Denken der Masken. Das Flussbett verbindet die Ufer. Die Metapher des ‚Bettes' ist ein Bild für das SEIN (Natur), die des ‚Flusses' für das WERDEN (Geschichte). Wir müssen zum unaufhörlichen WERDEN, diesem Schicksalsrad der ZEIT, auf das wir geflochten, das beständige SEIN denken, das uns in die Pflicht nehmen will; mehr noch, wir müssen in der Dialektik von Natur und Geschichte das maßgebende Gefüge für unser eigenes ‚Selbst' erkennen, um das individuelle ‚Interesse' als ‚Aufgabe auf dem Weg wahrzunehmen. Die Selbst–Erkenntnis ist das wesentliche Motiv für die eigene ‚Bildung' in Absicht auf ‚Erkenntnis des anderen Menschen'. Diese ‚Bildung' hat Konfuzius im Sinn; es ist die einzige, die den Namen verdient: Sie will den ‚edlen Menschen'. Wir werden solche ‚Bildung' in Versuchen von Humboldt antreffen. Die Metapher vom ‚Flussbett' ist bei García Márquez zu finden; wir verwickeln ihn und Konfuzius in ein imaginäres Gespräch.

Wir sind von den Übersetzungen der Zeichen ‚Yen' oder ‚Ren' bei Jaspers und Zotz ausgegangen. Sie sind problematisch, wenn man sie von einem Ufer zum anderen, von einer in die andere Sprache über–setzt und dabei nicht aus dem gemeinsamen Bett des Flusses – der SPRACHE – her denkt. Wir denken das ‚Flussbett' als ein Bild für das, was wir das ‚SEIN des SELBST' nennen. Das ‚Bett' trägt den ganzen Fluss von der Quelle bis zur Mündung; es trägt die vielen Tropfen, die zusammen den Strom ausmachen. Jeder Tropfen ist, wieder bildhaft gemeint, ein ‚Selbst'; alle zusammen füllen den Fluss und bewegen ihn zum Fließen. Gabriel García Márquez hat von dieser Metapher aus, vom heimatlichen Fluss des Ortes Aracataca, wo er 1928 geboren, das imaginäre Macondo am imaginären Fluss mit imaginären Menschen in seinem großen Werk ‚Hundert

Jahre Einsamkeit' gedichtet. Er erzählt zur Entstehung in einem Beitrag für die FAZ (Bilder und Zeiten vom 4.August 2001), dass die Idee zu ,diesem maßlosen Roman ihn schon einige Zeit verfolgte; er sollte anders sein als alles, was er bisher selbst geschrieben oder bei anderen gelesen hatte'. Im Grunde hat ihn der ,Mensch' verfolgt, den er in sich noch nicht ,geboren' hatte. Dieser ,Mensch' für eine zweite oder dritte Geburt in uns trägt Namen, sagen wir als Beispiel ,Konfuzius'. Kennt Márquez ihn? Wie könnte er sonst so sprechen?

Márquez sagt wörtlich: "Es war eine Art von unbestimmbaren Terror. Plötzlich aber, das war Anfang 1965, ..., erschütterte mich ein Kataklysmus der Seele, der so heftig und verheerend war, dass ich es kaum schaffte, einer Kuh auszuweichen, die über die Straße lief." Der Dichter beschreibt im Nachhinein seine ,Verwandlung': hat er bisher von den ,Ufern' links oder rechts geschrieben, denkt und schreibt er nun aus dem FLUSS und seinem BETT; er schreibt und denkt aus der dialektischen Mitte des Menschen das ,Menschlichsein und die Zwei' wie Konfuzius. Er schreibt wie besessen und vergisst beinahe das eigene Leben. Er hat im Grunde nur die Alternative: "Schreiben oder Sterben", so überschreibt er seinen Rückblick. Den alten Satz: 'primum vivere, deinde philosophari' wendet er um: ,zuerst dichten und dann leben'. ,Seine Frau Mercedes und die Söhne Rodrigo und Gonzalo tragen alles mit; Freunde kommen wie zufällig vorbei, um ein Buch zu leihen und lassen Körbe mit Lebensmitteln zurück; am Ende fehlt das Geld für das Porto, um das Manuskript dem Verlag zu schicken; er muss es teilen, um die zweite Hälfte später nachzusenden. Als es möglich ist, stellt er fest, dass er die erste Hälfte des Opus behalten hat'. (l. c.)

Der Dichter sagt zu ,CIEN ANOS DE SOLEDAD': "Ich weiß nicht mehr, ob ich damals schon den Titel für den Roman hatte, auch nicht, wann und wie er mir eingefallen ist. Keiner der Freunde kann mir dabei weiterhelfen. Ob es wohl irgendeinen phantasievollen Literaturhistoriker gibt, der sich netterweise etwas dazu ausdenkt?" (l.c., II) Hier ein Vorschlag: ,Der Titel nennt die ZWEI des Menschen: WAHRHEIT und ZEIT. ,Hundert Jahre' ist eine willkürliche Chiffre für ,vergehende Zeit' – es könnten auch tausend Jahre und mehr sein – in Sehnsucht nach der bleibenden ZEIT; die Zahl ist ein Bild für den ständig strömenden Fluss. Der Begriff ,Einsamkeit' nennt die trennenden Ufer, an denen ,Wahrheiten' geschehen und von Menschen, an diesem anders als drüben, erlitten werden, wobei sich alle voller Sehnsucht nach dem Bett der WAHRHEIT geradezu verzehren, um die Trennung zu überwinden. Bis zur ,Vereinigung', die selten gelingt, sind sie ,einsam. Die sexuellen Abenteuer der ,Helden' im Roman, verändern nichts. Die ,Vereinigung mit der Erde' ist das ,letzte Bett', das uns für die ,letzte Ruhe' erwartet. Und merke: Keines Menschen Leben wiederholt sich, keine Sekunde der Zeit ist zurückzuholen.

Als Aureliano Babilonia die von Melchíades verschlüsselte Familiengeschichte für sein eigenes Schicksal entziffert hatte, kommt die Botschaft der ZEIT als WAHRHEIT für ihn (und für viele) zu spät: "Doch bevor er zum letzten Vers kam, hatte er schon begriffen, dass er nie aus diesem Zimmer gelangen würde, da es bereits feststand, dass die Stadt der Spiegel (oder der Spiegelungen) vom Wind vernichtet und aus dem Gedächtnis der Menschen in dem Augenblick getilgt sein würde, in dem Aureliano Babilonia die Pergamente endgültig entziffert hätte, und dass alles in ihnen Geschriebene seit immer und für immer unwiederholbar war, weil die zu hundert Jahren Einsamkeit verurteilten Sippen keine zweite Chance auf Erden bekamen." – García Márquez denkt wie Konfuzius aus dem ‚Bett', in dem der ‚Fluss des LEBENS' sich mit den einzelnen Tropfen verströmt. Der Denker und der Dichter sagen und denken ähnlich aus ähnlichem Grund, obwohl der Fluss der Zeit sie scheidet. Sie denken und sagen aus dem ‚Menschlichsein und Zwei', das in ‚Y e n = Mensch' zur ganzen, konkreten Menschennatur gehört. Wir haben immer schon von dieser **Zwei** gesprochen, wenn wir gesagt haben, dass im Menschen ein für alle ähnliches SEIN des SELBST genetisch angelegt ist. Wir werden von der ZWEI erweckt, den Eltern; wir bekommen von jedem einen Chromosomenstrang, der sich zur ZWEI vereinigt; es sind immer zwei Kräfte notwendig, um etwas hervorzubringen, sagt Gerhard Hauptmann im seiner ‚Geschichte aus dem utopischen Archipelagus'. Sie trägt den bezeichnenden Titel: ‚Die Insel der großen Mutter' oder ‚Das Wunder von Ile des Dames'. (Ullstein TB 30101).

Die zwei Kräfte der Lebewesen sind ‚HUNGER und LIEBE'. (vgl. Frankfurt 1995) Der Mensch ist dadurch eine besondere ZWEI, dass er auf sich ‚reflektieren' kann! ‚Reflexion' setzt Distanz als Interesse (Zwischensein) des SELBST zum Selbst voraus. Der Weg vom SELBST zum Selbst ist ‚E r k e n n t n i s', der vom Selbst zum SELBST ist ‚B i l du n g'. Diesen Weg will Konfuzius uns weisen. Er unterscheidet sich von Laotse (s. o.) darin, dass sein Weg kein Rückzug von der Welt sein will; der gebildete ‚edle Mensch' soll in der Welt wirken. Laotse hat das Vertrauen zum ‚Menschen' verloren, da ihm zu viele ‚Masken' begegnen. Sein ‚Rückzug' erinnert unsere Metapher vom Fluss: ‚Beim Überschreiten des Grenzflusses überlässt Laotse dem Fährmann auf dessen Bitte als Lohn für die ‚Übersetzung zum anderen Ufer' die Sprüche seines Weges zum DAO, das ‚Tao te king'. Er selbst sucht danach sein ‚Bett', in dem er in der Schau des SEINS meditativ leben kann, um schließlich, von dem Strom der Zeit mitgerissen, im Meer des Nichts zu verschwinden, das an der Mündung des Flusses uns alle erwartet und jeden in die unendliche Einsamkeit verschlingt.

h) Konfuzius: Bildung für das Leben

Der Bildungsweg des Konfuzius ist für das Leben bestimmt, bevor es vorbei ist, für das ‚Jetzt'. Laotse kann in seinem Weg zum DAO durch die Weisheit seiner weisenden Sprüche für alle hilfreich sein, die Mühe haben, aus den erlittenen Zuweisungen einer ‚Maske' die Spur zum SELBST aus eigener Bemühung zu finden; für diejenigen, die widerwillig lernen, weil sie im Lernen keinen Sinn finden können und sich insgeheim nach Bildung sehnen. Den in unserer Welt geläufigen Spruch, dass ‚Lernen bildet', hat allein Wilhelm von Humboldt entschieden bestritten. Wir kommen darauf zurück. Konfuzius ist in seiner Zeit zur Bildungsfähigkeit des Menschen skeptisch: Er "unterscheidet vier Stufen der menschlichen Artung. Die *höchste* umfasst die Heiligen, die von Geburt an im Besitz des Wissens sind. Konfuzius hat keinen solchen Heiligen gesehen, aber er zweifelt nicht an ihrer Existenz in der Vorzeit. Die *zweite* Stufe sind die, die durch *Lernen* sich erst in den Besitz des Wissens setzen müssen; sie können >Edle< werden. Den Menschen der *dritten* Stufe fällt es schwer zu *lernen*, doch lassen sie es sich nicht verdrießen. Der *vierten* Stufe fällt es schwer und sie macht auch keine Anstrengung. Die beiden mittleren Stufen sind auf dem Wege, sie schreiten fort und sie können versagen. >Nur die höchststehenden Weisen und tiefststehenden Narren sind unveränderlich.<" (Jaspers, 76; Hvb. SPN)

Jaspers sagt ‚Lernen' auch dort, wo es bei Konfuzius auf dem Weg zum ‚edlen Menschen um ‚Bilden' geht. Das geschieht ähnlich bei Zotz. So bleibt die Deutung personaler Bildung in der Schwebe wie im folgenden Text: "Menschlichsein ist kein Ziel, das, einmal gewonnen, jenseits des konkreten Lebens steht und dieses lenkt. Vielmehr muss es in jeder Alltagssituation und unter neuen Gegebenheiten adäquat verwirklicht werden. Es ist das Leitmotiv des Selbstkultivierens, gleich einer Vision, die dem Edlen inspirierend vor Augen steht. Jeder auf es hin orientierte Schritt aktualisiert Menschlichsein. Darum findet sich in >Lunyu<, dessen zentraler Begriff es ist, keine vom Beispiel getrennte Definition. Menschlichsein existiert nie losgelöst von den Bewegungen des konkreten Daseins. Den um es ringenden Edlen verstand Konfuzius vor diesem Hintergrund als Lernenden, der niemals auslernen kann. (Zotz, 52) Wir bestreiten die Gleichsetzung von Lernen und Bilden bei Jaspers und Zotz. Die Nützlichkeit des Lernens als Erwerb von Wissen wird nicht in Frage gestellt, dennoch: Mit Wissen vollgestopfte Menschen können gänzlich ungebildet sein. Wer viel im Kopf hat, kann wenig Herz haben; der Volksmund sagt: ihm ist etwas zu Kopf gestiegen.

Konfuzius unterscheidet genau zwischen ‚Lernen' und dem ‚sich zum Edlen Bilden; im Buch Lunyu heißt es in VII, 32: "Was *Kenntnisse* betrifft, stehe ich keinem nach, doch habe ich im *T u n* die Stufe des Edlen noch nicht erreicht."

(in der Übersetzung von Zotz, 53; Hvb. SPN) Kenntnisse verschafft man sich durch ‚Lernen', für sittliches Tun im Sinne des Menschlichsein ist Bildung erforderlich. Der viel Wissende Konfuzius beklagt selbst, dass ihm immer noch der Kompass des Herzens fehlt. Er hat ihn wahrscheinlich längst, doch warnt er seine Zöglinge vor dem Irrtum, dass Lernen allein schon bildet. Sokrates denkt und spricht ähnlich; jeder in Athen, der Dümmste selbst, weiß es, das dieser Mensch ungeheuer ‚viel weiß'! Und dennoch sagt er immer wieder diesen merkwürdigen Spruch: "Ich weiß, dass ich nichts weiß!" Wir werden darstellen, dass es Sokrates ebenfalls wie dem Konfuzius um den Kompass des Herzens geht, der den Weg weist. Auf diesem Weg ist die Maßgabe für das Menschlichsein durch Bildung zu erreichen! Wenn die Maßgabe zu lernen wäre, würden die höchsten Instanzen unserer Welt alle verfügbaren Mittel einsetzen, um sie zu lehren, durch Lehre verbreiten zu lassen.

Der Mensch Konfuzius ist uns in seinem SEIN, wie lange es in der Zeit vergangen ist, ganz nahe, seine Botschaft sollte uns zu Herzen gehen. Die Botschaft kommt nicht aus der Ferne oder fernen Zeiten, sie liegt am Grunde in uns vor, sozusagen auf Abruf bereit. Es ist Mühe erforderlich, doch die Anstrengungen lohnen sich: wir werden von der Maske befreit und sind frei. Wir sind der festen Überzeugung, dass jeder Mensch sich zum Menschlichsein bilden kann, weil dieses zu ihm gehört. Tief innen ist ein Klang, der erweckt sein will. Nicht von ungefähr gehört ‚instrumentale und gesungene Musik' zum Weg der Bildung bei Konfuzius. (s. Zotz, 22 ff; Jaspers, 64 ff) Der Deutlichkeit halber ist zu sagen: der ‚Konfuzianismus' war nicht unser Thema; wer dazu etwas erkunden will, kann es selbst tun. Man wird dabei auch ‚Masken' finden; jeder –Ismus ist im Prinzip eine große Maske als Lernmodell für kleine. Es ist anzuraten, direkt bei Konfuzius oder Buddha, Sokrates oder Jesus an der Tür zum Inneren anzuklopfen. Aber auch die eigene Mutter, der Vater, ein anderer Mensch kann ein weisendes Zeichen für den Weg zum SELBST sein; man sollte es am Ende seines Weges nicht als ein unbekanntes Land zurücklassen, sich nicht mit leeren Begriffen zufrieden geben. Wir dürfen die Trennung von Wort und Wirklichkeit nicht auf uns wirken lassen. Ein Weg zum SEIN des SELBST, damit zum Menschen ist auch auf der zweiten Spur zu entdecken.

2. Zweite Spur: der Inder Buddha und die Wende zur ZEIT

a) Zur Orientierung

Auf unserem Weg in das ‚Landesinnere' wenden wir uns einer weiteren Spur zu; sie ist mit dem Namen Gautama Siddhârtha verbunden, der sich von einem bestimmten Augenblick an ‚Buddha' genannt hat, der ‚Erwachte'. Vor und nach diesem Menschen hat es in der indischen Kultur immer wieder ‚Buddhas' gegeben; der ‚Buddhismus' hat manches dieser Menschen verdeckt, alte Lehren und Legenden mit diesem oder jenem ‚Buddha' verknüpft. Es wurden immer wieder Zweifel vorgebracht, ob der Gautama – Buddha wirklich existiert hat. Besonders in Europa dachte man lange Zeit, dass alte Mythen mit einem idealisierten Menschen verknüpft worden seien, den es so nicht gegeben hat. Volker Zotz hat die Probleme um Buddha und den Buddhismus zu Eingang seiner Bildmonographie dargelegt. (5. Aufl. 1998, 7 – 14) Der Autor, Gründer der Arbeitsgemeinschaft >Eurasischer Humanismus<, hat weitere Arbeiten zum Thema vorgelegt, u.a. eine >Geschichte der buddhistischen Philosophie<, Reinbek 1996. Wer sich ausführliche Kenntnisse verschaffen will, findet bei Zotz das erforderliche Material. Uns geht es um den Menschen Gautama im Augenblick der Verwandlung zu einem ‚Buddha'. Dies ist die Spur, die wir suchen. Dieses ‚Ereignis' der Verwandlung hat alles mit unserem Thema zu tun, der ‚Suche nach dem verlorenen SELBST'.

Die Ausführungen von Karl Jaspers zum ‚maßgebenden Menschen Buddha' (vgl. l. c.; 33 – 59) bringen philosophische Aspekte zum Buddhismus, wenig zum Menschen Buddha. Das liegt vornehmlich daran, dass die Botschaft sich früh von ihrem Verkünder löste. Dieser hatte sich lange bedacht und gezögert, ob er anderen mitteilen sollte, ob es überhaupt mitteilbar sei, was er als ‚Erwachter' von einem Augenblick zum anderen in sich vorfand und was ihn als Erkenntnis ‚ergriff'. An dieses innere Ereignis kommt Jaspers nicht heran. Er denkt wie die abendländische Philosophie und Wissenschaft in geschichtlichen Kategorien; dadurch denkt der bemühte Existenzphilosoph an der konkreten Existenz des Buddha vorbei; das nimmt sich so aus:

"Dass der Lebensweg Buddhas möglich war und wirklich wurde, und dass in Asien bis heute noch hier und da ein buddhistisches Leben wirklich ist, das ist eine große Tatsache. Das Wissen darum zeigt die Fragwürdigkeit des Menschseins. Der Mensch ist nicht, was er nun ein mal ist, sondern er ist offen. Er kennt nicht *eine* Lösung, nicht *eine* Verwirklichung als die allein richtige.

Buddha ist die Verwirklichung eines Menschseins, das in der Welt in bezug auf die Welt keine Aufgaben anerkennt, sondern in der Welt die Welt verlässt. Es kämpft nicht, es widersteht nicht. Es will nur als dies durch Nichtwissen gewordene Dasein erlöschen, aber es will so radikal erlöschen, dass es sich nicht einmal nach dem Tode sehnt, weil es über Leben und Tod hinaus eine Stätte der Ewigkeit gefunden hat." (l.c.59)

Wir bestreiten diese Deutung; sie entspricht einer Ideologie, nicht dem Leben des Gautama. Ob Jaspers bedenkt, was er da allgemein zum ‚Menschen als offenes Wesen' und aus diesem Horizont zu Buddha sagt? Er begibt sich in die Nähe von Hegels Spruch: ‚was wirklich ist, ist vernünftig und was vernünftig ist, ist wirklich'; wo das Faktische herrscht, erfüllt auch der nationalsozialistische Herrenmensch eine der vielen Lösungen zum ‚offenen Menschsein'!? Ob unser Existenzphilosoph das meinen kann? Er meint dieses Gefüge vom ‚offenen Menschen' offensichtlich so; er hält die großen Vier für Zufallstreffer der Geschichte, weil er selbst geschichtlich denkt und das SEIN des Menschen ungedacht lässt. So kann er weder die geschichtlich erzeugten ‚Masken' erkennen, noch die Menschen, die das ‚maßgebende Menschsein' in sich finden und leben. Im angeführten Zitat ist jeder von Jaspers zu Buddha gesagte Satz schlicht und ergreifend falsch! Aufgrund der Arbeiten des Indologen Hermann Oldenberg (1854 – 1920) kann man zwar die historische Existenz des Buddha nicht mehr leugnen, die herablassende europäische Ignoranz, ‚dass hier und in Asien noch buddhistisches Leben ab und zu wirklich sein kann', ist zum Kotzen. Die Verwandlung, die Gautama zu einem Buddha werden lässt, ist jedem Menschen an jedem Ort auf der Erde und zu jeder Zeit möglich, weil sie niemals nur ein geschichtliches Geschehnis, sondern in erster Linie ein inneres Ereignis des Menschen ist, ein Ereignis seiner ‚Bildung'! Bei jedem der ‚großen Vier' ging eine Sehnsucht nach einem anderen ‚Menschlichsein' voraus, genährt vom Mangelbewusstsein des eigenen ‚Selbst'. Abendländische Ignoranz kann das nicht begreifen.

b) Gautamas ‚Fall in die Freiheit'

Was Gautama auf den Weg trieb, als er ‚Mängel' bei sich entdeckte und von einer unbegreiflichen Sehnsucht nach etwas ‚anderem' erfüllt wurde, ist im Grunde von allen, besonders von jungen Menschen nachzuvollziehen. Es ist heute nicht anders als damals, da Gautama ein Sramane, ein Hausloser wurde. (Vgl. dazu Zotz, 29 ff). Was ihn dann nach langer Suche ‚verwandelte' und als eine unerhörte und unerwartete Erkenntnis ergriff, durch die er zum ‚Buddha' wurde, ist nicht leicht mitzuteilen. Deswegen hat er selbst lange gezögert, ob er seinen ‚Fall in die Freiheit' anderen verkünden solle. Er fragte sich, ob eine so ungewöhnliche ‚Wahrheit', wie sie sich seiner ‚Erkenntnis' zeigte, anderen überhaupt verständlich zu machen sei. Es war keine Wahrheit von oder über etwas, die man lernen konnte, um sein Wissen zu erweitern. Es war eine ‚Wahrheit', von der Kant später sagen wird, ‚dass sie nicht zu übertragen sei'. Wir sagen, es ist die WAHRHEIT, die als ZEIT zum SEIN des Menschen gehört.

Der Gautama hat sich als Buddha nach langem Zögern zur ‚Verkündigung' entschlossen, wohl wissend um die Schwere dieser Aufgabe, bei der Gelingen und Scheitern nah beieinander sein dürften. Wer die Botschaft äußerlich wie eine Nachricht, vom Postboten zugestellt, oder als Inhalt einer interessanten Lehre aufnimmt, sich aber innerlich nicht ‚verwandelt', kann sich ‚Buddhist' oder

‚Christ' nennen, ohne die ‚Maske' abzulegen, mit der man groß geworden und alt werden will. Die ‚Masken' bleiben an ihrer Ideologie gefesselt und ganze Welten von der Freiheit der ‚Vier' entfernt. In der ‚Alten Welt' mit Namen Europa ist aufgrund der Trennung von ‚Sprache' und ‚Wirklichkeit' die Bestimmung von ‚Freiheit' als Möglichkeit der ‚Inneren Verwandlung eines Menschen' verborgen geblieben. Die Archivare haben die Hände voll mit dem Einordnen der Schlagwörter zum Begriff ‚Freiheit', von ‚Buddhas Weg zur Freiheit' haben sie keine Ahnung; wir können bedeutende Erkenntnisse gewinnen, wenn wir die konkrete Spur verfolgen.

Die Erkenntnis ist allerdings durch den Umstand erschwert, dass ‚Buddha' sehr früh vom ‚Buddhismus' zur ‚Gottheit' erhoben wurde. Das gehört nicht zu dem, was er selbst gewollt haben kann. Es geht um den Weg, den Pfad zum Heil, wie er ihn nennt, den jeder Mensch selbst gehen muss, nicht um einen –Ismus, nicht um das Erlernen von Inhalten, Regeln und Geboten. Diese sind nützlich, können dienlich sein, wenn sie den Geist der Botschaft weitergeben. Man kann aber auch alles auswendig lernen und dennoch nicht dorthin gelangen, wo Buddha angekommen ist, als er ‚erwachte'. Dieser Augenblick ist zumindest seinem inhaltlichen Anlass überliefert und lebensgeschichtlich glaubwürdig: Nach sechs Jahren quälender Askese fragt sich der hauslose Gautama, "ob es vielleicht einen anderen Weg gibt und fand die Antwort in einem Jugenderlebnis. Die Begebenheit, die ihm einfiel, spielte wahrscheinlich eine wichtige Rolle in der Entwicklung, die ihn Sramane werden ließ: *Als mein Vater, der Sâkyer, beschäftigt war, saß ich im kühlen Schatten eines Jambubaumes. Fern von Begierden, fern von unheilsamen Dingen erlangte ich die erste Vertiefung (....) bestehend in Freude und Glück. (...) Infolge dieser Erinnerung wusste ich: Dies ist wirklich der Weg zum Erwachen."* (Zotz, 40; dort Quellenhinweise)

c) Gautama als Buddha: Ein Mensch wie Du und Ich

Hier ist uns der Mensch ganz nahe; Gautama ist jemand wie Du und Ich. War es bei Konfuzius der frühe Tod des Vaters, erwecken der Tod seiner Mutter Mâyâ kurz nach seiner Geburt, als er später davon erfährt, die ersten Fragen nach dem Sinn des Lebens. Es drängen sich immer neue Fragen auf; sie treiben ihn schließlich aus dem Haus, weg vom Vater und der Ziehmutter Mahâprajâpatî Gautami, Schwester seiner Mutter und zweite Frau des Vaters; weg von seiner Frau Yasóddharâ und seinem Sohn: "Möglicherweise machte die Familie des Râja eine Zustimmung zu seinen Plänen von der Existenz eines Erben abhängig, denn erst nach der Geburt seines Sohnes Râhula vollzog Gautama diesen Schritt: *Nach einiger Zeit, ich war noch jung und dunkelhaarig, in der ersten Jugendkraft, ließ ich mir gegen den Willen meiner weinenden Eltern Haar und Bart scheren, zog ein gelbes Gewand an und ging fort in die Hauslosigkeit."* (Zotz, 27) Der junge Gautama folgt langer indischer Tradition; doch er geht einen besonderen Weg, den er nicht, den niemand voraussehen kann, der bis heute von vielen ‚Anhängern' ergriffen wird. Auf seiner langen Wanderung mit vielen Irrwegen findet dieser Mensch an einer ‚Erinnerung' aus seiner Jugend den Weg nach innen zu sich ‚Selbst'. Deswegen ist dieser Weg zur Verwandlung des Gautama in einen Buddha eine weisende Spur.

Das erinnerte Bild ist ganz plastisch wie eine ‚soziale Skulptur' von Josef Beuys; es ist das erinnerte Bild der unmittelbaren Nähe zu einem Menschen, die Nähe zum Vater Suddhodana. Die Nähe zum Vater wird nach dem Verlust der Mutter immer inniger; das ‚erinnerte Bild einer erlebten Nähe' löst die genannten Gefühle aus. Gautama fühlt im Herzen nicht nur die Nähe zum anderen Menschen, er ist sich in diesem Herzensgefühl selbst nah. Dieser Mensch, völlig abgemagert und zerquält von der harten, unbarmherzigen Askese, fühlt und denkt erinnernd in einem winzigen Augenblick, winzig wie ein Wimpernschlag, wie ein Kind; er fühlt und denkt mit dem Herzen und ahnt blitzartig den ‚Weg'; er fühlt den Kompass, der ihn leiten wird. Er sehnt sich mit aller Macht nach diesem ‚Erlebnis'! Doch die Zeit gibt nichts frei; Vergangenes ist nicht zurück zu holen! Die Sehnsucht ist dennoch so groß, dass Gautama nicht verzweifelt. Es ist wie ein stiller Klang in ihm, ein ‚Geläut der Stille'. (Trakl) In dieser Stille kommt eine Frage immer wieder auf: Gibt es vielleicht doch einen Weg, das einst ‚Erlebte' j e t z t zu wiederholen; es gegenwärtig sein zu lassen, es wiederzuholen?

Diese Fragen lassen ihn nicht los; er setzt sich mit gekreuzten Beinen unter einen Baum mit dem festen Willen, nicht aufzustehen, bis ihm die ‚Vergegenwärtigung' des Gefühls und aller begleitenden Empfindungen gelungen ist. Die meditative Haltung des Buddha ist bekannt und eine gute Übung. Die ‚Nabelschau' deutet sowohl auf unseren Ursprung im Leben, der Verbindung zur Mutter, von der wir erst durch die ‚Abnabelung' getrennt werden, wie auf unsere ‚Mitte', äußerlich gesehen. Die Botschaft kündet den Weg zur Mitte des Menschen; Buddha nennt ihn später den ‚mittleren Weg' zwischen den Extremen der Askese, die er hinter sich gelassen, und der Ausschweifung in irgendeiner ‚Maske', die auch er einst getragen. In unserem philosophischen Denken und Sprechen ist es der innere Weg eines individuellen Selbst zum allgemein ähnlichen SELBST und von ihm wiederum zum Selbst: in der MITTE dieser Distanz oder des ‚Interesses' ist im ‚Augenblick' das SEIN gegenwärtig und die Befreiung vom WERDEN in der Befriedung von allen Bedürfnissen erreicht.

Ein Kind erlebt diesen Augenblick immer dann, wenn die ‚Zeit' nicht vergeht, wenn es in seinem versunkenen Spiel völlig im ‚Augenblick' weilt und keine Bedürfnisse irgendwelcher Art hat oder verspürt! Friedrich Hölderlin dichtet diese Momente des Glücks des ‚Kindes' in seinem ‚Hyperion'. Dieser Gautama erinnert einen glückserfüllten kindlichen Augenblick und ist plötzlich, da er ihn sich vergegenwärtigt, ein Buddha: ein ‚Erwachter'! Dieser Augenblick ist das Ereignis von ‚Freiheit'. Gautama ist als Buddha ‚Mensch' geworden und darin von allen quälenden Bedürfnissen befreit und zugleich ‚frei zum ‚Menschlichsein'. Dieser Mensch hat auf einem anderen und doch ähnlichen Weg das erreicht, was Konfuzius und Laotse im fernen China gelang. Alle Ferne ist aufgehoben, die Zeit bedeutet nichts mehr, sie mag vergehen; es gibt eine Zeit hinter und vor allen Zeiten, eine Wahrheit, die allen Wahrheiten zugrunde liegt: Buddha erreicht in der Verwandlung das SEIN als WAHRHEIT und ZEIT. Der Mensch Gautama ist als Buddha ganz bei sich ‚selbst' und wohnt im ‚SEIN des SELBST'.

d) Buddha und das ‚Nirvana': Erlöschen zum Menschlichsein

Das indische Wort für den beschriebenen ‚Augenblick' lautet ‚Nirvana'; es wird mit ‚Erlöschen' übersetzt; doch was sagt ein Begriff darüber aus, was sich im Menschen wirklich ereignet? "Darum wurde Gautama gefragt, ob Erlösung für ihn Sein, Nichtsein, beides oder keines von beidem bedeute. Sowohl die Identität von Sein oder Nichtsein ergeben im europäischen Kontext keinen Sinn, müssen für die Fragenden jedoch denk- und fühlmögliche Gegebenheiten gewesen sein. Dass Gautama alle vier Möglichkeiten verneinte, weist auf eine fünfte. Gibt man den Begriff *Nirvâna,* mit dem er diesen erlösten Zustand bezeichnete, einigermaßen wörtlich mit >Erlöschen< wieder, bringt dies kaum die Bedeutung zum Ausdruck. Aber auch jede erklärende Umschreibung eines Zustands, der nicht Sein, nicht Nichtsein, nicht beides, nicht keines von beidem ist, bleibt vor dem europäischen Hintergrund Stückwerk. Inhalte wären nicht nur von einer Sprache, sondern auch von einer Logik und einer Art des Fühlens in die jeweils andere zu übertragen." (Zotz, 11 f; dort Quellenangaben)

An dieser Stelle müssen wir Zotz widersprechen! Was notwendig ist? Nicht ‚indisch' oder ‚europäisch' denken, nichts aus der Alten in die Neue Welt übersetzen oder übertragen; es gibt ‚im Grunde' nur eine einzige Art zu fühlen und zu denken: als Mensch! Das SEIN des Menschen ist nicht primär indisch oder deutsch, nicht englisch oder spanisch, es ist für den ‚Erwachten' universell ‚menschlich'! Warum fällt es uns so unglaublich schwer, in das aus diesem SEIN auftauchende Fühlen und Denken zu finden, es in uns zu wiederholen und anderen Menschen mitzuteilen? War J. F. Kennedy 1963 an der Mauer ‚ein Berliner', sind wir am 11. September 2001 an den Trümmern in Manhattan alle New Yorker? Vielleicht in der Sprache, die sich leicht sagen lässt! Wie lautet die Antwort des ‚Erwachten'? Wir sind alle Menschen mit der Aufgabe und Pflicht zum Menschlichsein! Das ,Nirvana' verlangt das Erlöschen aller Bedürfnisse nach Rache und Vergeltung; verlangt das universelle Menschlichsein als ,Fall in die Freiheit'; er ereignet sich im ,Lieben'. Liebe ist das wirkliche ,Interesse' des LEBENS in seinem höchsten Wesen: dem Menschen! Im Denken des ,Menschen' ist universell zu bedenken: Wir sind zuerst und vor allem ,Menschen'! Dem haben sich Afghanen und Amerikaner, Iraker und Israelis, alle ,Talibans' und ,Terroristen' auf der Erde .... zu fügen. Vielleicht wird der Mensch, der gegenwärtig Generalsekretär der Uno ist, Kofi Annan, zu einem ,Erwachten'. Wir können und müssen jetzt die alten Paradigmen verändern! Gautama – Buddha ist eine Spur zum Erlöschen von Gewalt und Hass, ein Weg zum Menschlichsein aus Liebe. Wie wir den Weg von der ,Maske' zum ,Menschenantlitz' finden und dann gehen, erfordert unser angestrengtes Denken.

Warum ist es so schwer, den menschlichen Menschen in uns zu finden? Er wohnt in jedem Menschen auf der Erde von der ,Maske' verstellt in seinem Inneren. Warum müssen wir die Botschaft der Liebe erst noch entziffern, uns und anderen erst ,übersetzen'? An der Brust der Mutter erlangt der Säugling mit spielender Leichtigkeit die gestillte ,Stille' seiner Bedürfnisse an verschenkter Liebe. Diese ,Stille' hat Gautama gesucht und als Buddha gefunden. Die Verwandlung des Gautama ist nicht leicht ,mitzuteilen', und doch können wir das Gefühl teilen, in uns erwecken, wenn wir dem Kompass des Herzen folgen und ,wie ein Kind werden'. Das Wort ist uns doch vom Menschensohn Jesus bekannt! Bei ihm werden wir Ähnliches finden wie bei Buddha. Beide werden in ihrer Sehnsucht nach dem ganz Anderen, das sie nicht in dieser Welt finden, wieder zum Kinde. Hölderlin und Nietzsche haben das Kind in sich gesucht; letzterer begreift sich in seinen letzten wachen Phasen als Antichrist, das heißt: er sucht das Kind mit Namen Jesus und seine in unserer Welt verschollene Botschaft. Im ,Erwachen' erlangt Gautama – Buddha das Fühlen und Denken eines Menschenkindes. Mehr ist nicht möglich.

e) Das Ereignis der ,Verwandlung': Buddha als Beispiel

Im Augenblick des Ereignisses, um das sich Gautama bemüht, ist er befreit von allen ,Masken', die ihn einst erschreckten, von Erscheinungen wie ,Alter, Krankheit und Tod', die ihn anekelten: er wird augenblicklich frei für das Welten übergreifende ,Menschlichsein als Mensch'! Dieser Buddha lebt plötzlich in einer anderen, der ,wahren Welt'. Sein Erwachen bringt ihm völlig neue Erkenntnisse, unter anderem auch die, dass es eine Wiedergeburt zwar als Wort, aber nicht als Wirklichkeit gibt; es gibt keine Götter und Gottheiten; alle Lehren darüber sind Irrlehren; sie stärken die Herrschaft der Könige und die Bedeutung der Priester; sie versklaven die Menschen, setzen ihnen Masken auf, in denen sie füreinander unkenntlich werden. Die Folgen sind überall mit Händen zu greifen: Hass verdrängt Liebe, Feindschaft zerstört Freundschaft, das Leben verliert an Wert. Wirtschaftlicher Fortschritt, Reichtum auf Kosten anderer, Heilung von Krankheit, auch wenn vorgeburtliche Lebewesen getötet werden müssen, haben Vorrang! Es ist vor allem eine europäische Krankheit. Kein Mensch hat ein Recht auf die ‚Maske Gesundheit', jeder hat die Pflicht zur Herzensbildung, damit der Mensch dem Menschen nahe sein kann wie Gautama seinem Vater und in ihm allen Menschen unter dem Jambubaum. Und als Buddha erkennt er, was ihm eine Pflicht zur Verkündigung wird: es kommt einzig auf den Menschen an, was einst oder jetzt, dort oder hier geschieht; lassen wir uns das von den Masken nicht ausreden!

Friedrich Nietzsche gehört zu den wenigen westlichen Denkern, die eine Erkenntnis des ‚Buddha' erlangten. In der Morgenröte (1880) sagt er: "So fortgeschritten Europa auch sein mag: in religiösen Dingen hat es noch nicht die freisinnige Art der alten Brahmanen erreicht, zum Zeichen, dass in Indien vor vier Jahrtausenden mehr gedacht wurde und mehr Lust am Denken vererbt zu werden pflegte als jetzt unter uns. Jene Brahmanen nämlich erstens, dass die Priester mächtiger seien als die Götter, und zweitens, dass die Bräuche es seien, worin die Macht der Priester begriffen liege. .... Einen Schritt weiter: und man warf die Götter beiseite, – was Europa auch einmal tun muss! Noch einen Schritt weiter: und man hatte auch die Priester und Vermittler nicht mehr nötig und der Lehrer der Religion der Selbst – Erlösung, Buddha, trat auf: – wie ferne ist Europa noch von dieser Stufe der Kultur."

Ob man den Weg des Buddha zum SEIN des SELBST eine Religion nennen soll? Für viele war und ist es so; sie haben nicht den Mut zu sich als ein Selbst. Was Nietzsche erkennt und was wir vermitteln wollen: Der ‚mittlere Weg' des Buddha vermag ein individuelles ‚Selbst' von seinen Fesseln an die (erworbene) ‚Maske seines Ich' zu befreien, wenn dieses ‚Selbst' willens ist, sich seiner ‚Mitte' zuzuwenden, um in konzentrierter Versenkung seinem SELBST näher zu kommen. Im gleichen Augenblick ist der ‚Erwachte' in einer andern Welt: in der Welt des Menschen! Das provinzielle Denken fällt ab; sich nahe gekommen, ist man allem nahe. Der Egoismus des Ich' ist überwunden; befreit von dieser Fessel ist der Mensch frei für die grenzenlose Freiheit. Der Erwachte lebt von diesem Moment als Nachbar des LEBENS und seiner Wesen, die er wie einen Schatz pflegt. Vor allem ist er jedem Menschen nahe und ein Nachbar nach innen und nach außen. Willy Brand hat es 1969 als eine Utopie ausgesprochen: Wir wollen gute Nachbarn sein nach innen und außen! Das kann nicht nur räumlich, nicht nur politisch, es muss m e n s c h l i c h gedacht und gesprochen sein! Wir können jederzeit damit a n f a n g e n. –

f) Buddha und Buddhismus: Der mittlere Weg

Buddha zeigt den ‚mittleren Weg' als Weg zur ‚eigenen Mitte'. Dieser Weg ist ‚jetzt' möglich. Wer Hinweise aus dem Buddhismus will oder benötigt, muss dort suchen. Einiges mag dennoch hilfreich sein; wir zitieren zu diesem Zweck aus dem Kapitel von Volker Zotz: ‚Der Weg zur Erlösung'.

"Alle Interpretationen des *Nirvâna* stimmen überein, dass es das Ende von *Gier, Hass und Verblendung* ist. Diese drei Begriffe bezeichnen Aspekte der Egozentrik. *Gier* bedeutet Habenwollen im weitesten Sinn: Man will Menschen und Dinge besitzen.... . *Hass* ist die entgegengesetzte Ativität: Menschen, Dinge oder Situationen, die man nicht will, lehnt man ab. .... Im Anziehen von Gewolltem und Abstoßen von Ungewolltem entsteht *Verblendung,* das heißt die Illusion des Getrenntseins von allem anderen. ....

Gautamas Erlösungsweg zielt auf das Übersteigen der Illusion, als gesondertes Wesen der Welt gegenüberzustehen. Die Einsicht in die Bedingtheit der eigenen Persönlichkeit oder die Befreiung von *Gier* durch *Vertiefung* sollen die Grenzen eines Ich sprengen, dessen Wunsch nach Dauer ... ständig mit der vergänglichen Wirklichkeit in Konflikt gerät.... Obwohl Gautama davon ausgeht, dass sich die erlösende Praxis durch sich selbst beweist, gilt das Vertrauen in sein Erwachtsein, das heißt in seine höhere Weisheit, als Kraft, die zum Verwirklichen seiner Lehre anregt.

Der erlösende Weg wird meist als graduelles Fortschreiten beschrieben. ... Gautama legt sechs Stufen dar: Zuerst weist er den Schüler zur Beachtung grundlegender ethischer Regeln an. Als zweites gibt er die Übung, sehr bewusst alle sinnlichen Wahrnehmungen zu erleben: Man soll wissen, was gehört, gesehen, getastet, gerochen, geschmeckt und gedacht wird. ... Auf der dritten Stufe empfiehlt Gautama, beim Essen Maß zu halten. Als viertes folgt eine Kontrolle des Denkens, in dem unheilsame Tendenzen herausgefunden und überwunden werden sollen. Danach lernt der Schüler, jede Tätigkeit bei klarem Bewusstsein zu verrichten: Ob beim Essen, bei der Notdurft oder beim Gehen, immer soll er ganz bei der Sache sein. Darauf baut als sechste Stufe das Üben der *Vertiefungen* auf. (Zotz, 80 f; dort Quellenangaben)

Wie weit diese Regeln, die an den Bildungsweg des Konfuzius erinnern, auf Buddha zurückgehen oder schon zum Buddhismus als Religion gehören, ist dann im Grunde nicht wichtig, wenn ein ‚Ich' sie annimmt, um die Egozentrik zu überwinden. Der egozentrische Mensch vermag in den Masken von ‚Gier, Hass und Verblendung' die Befreiung nicht zu erreichen, es sei denn, er wendet seine ganze Kraft auf, sich von ihnen durch Bildung zu lösen. Der Weg ist dabei das Ziel; es ist beinahe ein Hass auf das ‚Ich' erforderlich, um die Liebe zum ‚Selbst' zu wecken und den Weg zur ‚Mitte' gehen zu können. Im Gehen wachsen die

Kräfte wie von ‚Selbst'. Nietzsche hat in seinem Zarathustra immer wieder von diesem Weg zum ‚Übermenschen' emphatisch gesungen. Im kaum begriffenen Gesang ‚Vom Krieg und Kriegsvolke' erklingen die Lieder:

"Einem guten Kriegsmann klingt ‚du sollst' angenehmer als ‚ich will!'

Eure Liebe zum Leben sei Liebe zu eurer höchsten Hoffnung: und eure höchste Hoffnung sei der höchste Gedanke des Lebens!

Euren höchsten Gedanken sollt ihr euch von mir (Zarathustra/Buddha; SPN) befehlen lassen – und er lautet: der (egozentrische/SPN) Mensch ist etwas, was überwunden werden soll."

Kehren wir zu Zotz zurück: "Fünf Grundregeln stellte Gautama für alle seine Anhänger auf, fünf weitere für jene, die als Bettler (Bikhsu) wie er Besitz und Bindung hinter sich ließen. Die Regeln für jedermann umfassen 1. Abstehen von Töten, 2. *Nicht-Gegebenes nicht nehmen,* 3. kein unrechtes Handeln im sexuellen Bereich, 4.Vermeiden von Lüge und 5. Fernhalten von Rauschmitteln. ...

Für den Bikhsu gilt darüber hinaus, dass er 6. nach dem Mittagsmahl bis zum nächsten Tag nichts mehr isst, 7. keine vergnüglichen Tanz- und Musikveranstaltungen besucht, 8. auf Schmuck, Duftwasser und Kosmetika verzichtet, 9. mit einfachen Nachtlagern zufrieden ist und 10. kein Gold und Silber, das heißt Geld, annimmt. ...

Der *Edle Achtfache Pfad,* die bekannteste Formel für Gautamas Weg zur Erlösung, stellt der Verwirklichung ethischer Regeln *Vollkommene Einsicht und Vollkommene Gesinnung* voraus. ...

Der dritte Aspekt des Pfades besteht in *vollkommener Rede.* ...

Vollkommenes Wirken umfasst die Verwirklichung der ethischen Grundregeln. ....

Vollkommener Lebensunterhalt bezieht sich auf die Art des Broterwerbs. Das eigene Auskommen darf nicht zum Nachteil anderer bestritten werden. Darum *soll der Anhänger fünf Arten von Geschäften aufgeben: Geschäfte mit Waffen, Lebewesen, Fleisch, Rauschgetränken und Gift.* ...

Die drei letzten Glieder des *Achtfachen Pfades* beziehen sich auf die Praxis der Vertiefung.

Vollkommene Anstrengung hat vier Aspekte: Mit *vermeidender Anstrengung* bemüht man sich, dass Wahrnehmungen nicht zu unheilsamen Regungen führen, also Neid, Zorn, Gier oder andere egoistische Tendenzen das Denken bestimmen. *Überwindende Anstrengung* versucht, solche Tendenzen zu besiegen. *Erweckende* und *erhaltende Anstrengung* wollen Heilsames hervorbringen und stabilisieren.

Vollkommenes Vergegenwärtigen .... Es geht darum, sich des momentanen Augenblicks bewusst zu werden. Ein unerwachter, unerlöster Mensch ... nicht wirklich in der Gegenwart. ...

Vollkommene Sammlung, das letzte Glied des *Achtfachen Pfades,* wird als *Einspitzigkeit des Bewusstsein* beschrieben. Es ist die Konzentration aller Achtsamkeit auf ein bestimmtes Objekt, wodurch jener Vorgang der *Vertiefungen* einsetzt, der zu Gautamas Erwachen führte." (Zotz, 85 ff; dort Quellenangaben)

Diese Beispiele zum großen Regelwerk des Buddhismus mögen genügen. Wer Anleitungen braucht, kann sie auch finden. Man sollte jedoch immer wieder Mut zu den eigenen Kräften haben; die genannten ‚Regeln' sind nicht vom Himmel gefallen; Menschen wie Gautama – Buddha haben sie bei sich gefunden und anderen mitgeteilt. Aus der Verkündigung sind Religionen entstanden; sie sind kein Selbstzweck, sondern Hilfen, um den Weg nicht zu verlieren. Sie sind problematisch, wenn sie den eigenen Weg gegen den anderer Religionen setzen und Menschen und Völker entzweien. Sie fördern dann den Gebrauch der ‚Masken' aller Art, Hass und Gewalt gegen ‚Andersgläubige', nennen wir als Beispiel die ‚Taliban'. In der Maske des Hasses gegen Andersdenkende unterdrücken sie nicht nur das eigene Volk; sie zerstören blindwütig Kulturgüter der Menschheit wie die alten Tempel des Buddhismus, Statuen und Bilder des Buddha. Wer so handelt, ist zu allem fähig. Der Terror gegen die Menschheit hat die gleiche blindhassende Signatur. Es gibt für mutige Menschen überall auf der Erde, auch im uralten Kulturvolk der Afghanen mit seinen Stämmen, den direkten Weg zu sich ‚Selbst', wie ihn beispielsweise dieser Gautama auf seinem Weg zu einem ‚Buddha' gegangen ist, einem ‚Erwachten'.

Wer sich des Kompass des Herzens nicht gewiss ist, kann sich an den Wegen maßgeblicher Menschen, darunter Buddha, orientieren. Europa hat es allemal sehr notwendig, Menschen wie Konfuzius und Buddha zu begreifen, um die anfängliche Philosophie und ihre Irrtümer zu überwinden. Wenn auch nur Buddhas erste Regel für jedermann: "Abstehen von Töten"! in der Alten und Neuen Welt ein menschliches Grundrecht geworden ist, wäre alles gewonnen: Gewalt wird nicht mehr mit größerer Gewalt, sondern mit dem Charme der Liebe aus wirklicher ‚Freiheit' beantwortet! Es wird ethische, politische und wissenschaftliche Pflicht, das ‚Töten' in allen Welten zu beenden. Dazu gehört der Tod durch Hunger, das Töten des ungeborenen und des geborenen menschlichen Lebens im so genannten Frieden wie im Krieg. ‚Islam' bedeutet ‚Frieden'; daran sollten sich die fundamentalistischen Taliban und ihre Geistverwandten erinnern und sich ‚wandeln'. Die ‚maßgeblichen Menschen' sollten wir zuerst und endlich bei uns selbst ankommen lassen; unsere kleine und die große, die europäische Geschichte könnte sich verwandeln und die Weltgeschichte mit ihr. Wir müssen den Paradigmen – Wechsel mit friedlichen Mitteln herbeiführen, jeden ideologischen Fundamentalismus überwinden. Die Botschaft des Buddha ist ein Weg und Hinweis zugleich: Es ist an der Z E I T!

3. Dritte Spur: Der Grieche Sokrates und die Wende zur WAHRHEIT

a) Aporie – Denknot als Horizont der Erkenntnis

Es muss diesen Sokrates wie ein Blitz getroffen haben, wie der Schlag eines Zitterrochens, von dem er immer wieder spricht, ein ahnendes Gefühl, noch keine wirkliche Erkenntnis und doch Vorbereitung auf sie, die ihn verwandeln und bis zu seinem ‚angekündigten und verordneten Tod' in Spannung halten wird, da dieser ‚unergründlichste' unter den Athenern, wie er sich selbst mit dem Begriff ‚Atopotatos' im Superlativ nennt, den Anfall der WAHRHEIT tapfer, wie er ist, standhaltend, im Fluss der ZEIT schwimmt und den an beiden Ufern hin und her Laufenden, die vom ihm übergesetzt werden wollen, nicht ohne Ironie, aufgrund ihrer Unwissenheit eher mit voll bewusster Ironie sagen muss und in Gesprächen immer wieder sagt, dass sie den Weg ‚selbst' finden müssen oder sich von ihm weisen lassen und wenn nicht, dann müssten sie eben dort bleiben, in der Aporie! Das ist: Am linken oder rechten Ufer des Flusses, wo sie gerade sind, da sie die ‚Furt des Denkens' als Übergang scheuen und so nicht in das Bett des Flusses gelangen, wo die Denknot ein Ende finden kann: in der Mitte des SEINS.

Wen sollte es da wundern, dass die Athener, einige jedenfalls, derart aufgebracht wurden, dass sie diesen Menschen zum Tode durch Gift verurteilten, was Sokrates auch nahm, eine letzte Lektion den Notleidenden im Denken, die so wirksam war, dass die Athener alsbald das Urteil bereuten, die Ankläger in die Verbannung schickten und den Vorsitzenden des Volksgerichtshofes, Meletos mit Namen, selbst zum Tode verurteilten. Die wirkliche Tragik dieses geopferten Sokrates ist im Abendland noch nicht erkannt. Sein weisender Weg zum Menschen ist vor allem von Platon so verstellt, dass die konkreten Fragen zum Imperativ von Delphi: ‚Erkenne dein Selbst!', die er zum eigenen Schutz anderen Menschen stellte, vergessen sind. Das Denken und Sprechen wurde an die Sprache abgetreten, aus deren grund- und bodenlosen Fluss es kaum ein Entrinnen gibt. In ‚Sein und Zeit' hat zuletzt Martin Heidegger verzweifelt nach einem Ausweg aus der vorübergehenden Zeit gesucht und keinen gefunden; er suchte nach vorne und zurück in der Geschichte so etwas wie das ‚Sein', den einfachen Weg des Sokrates zum SEIN des Menschen fand er nicht. So ist das europäische Denken in der Aporie geblieben; wir wissen hierzulande nicht aus noch ein. Die europäisch geprägte Metapher des ‚Fortschritts' ist in ihren konkreten Erscheinungen der Strohhalm, an dem man sich klammert. Es ist wie das ‚Floß der Medusa'; mitgerissen vom Strom der Zeit gibt es keine Rettung; ein rettendes Ufer ist nirgends in Sicht.

Sehen wir uns die genannten Begriffe an, mit denen sich Sokrates selbst charakterisiert; beide sind aus dem alpha privativum und den Wörtern topos und poros zusammengesetzt. Das erste Wort bezeichnet einen ‚Ort', den man sehen, auf den man hinweisen kann; ein verneinter Ort, sozusagen ein Nicht – Ort, entzieht sich der Wahrnehmung; durch den Superlativ ‚atopotatos' wird das noch gesteigert: Sokrates sagt seinen Mitbürgern, dass er sich in seinem Denken an einem nicht erscheinenden Ort befindet, den tiefsten und unergründlichsten, den es überhaupt gibt; sie müssten sich schon ebenfalls dorthin begeben und er biete ihnen, Sohn einer Hebamme, deren Kunst an, denn dort angekommen sei gleichsam ein ‚neuer Mensch' geboren, ein Verwandelter von Grund (topos) aus und man könne nicht nur über alles denken und sprechen, was an diesem unsichtbaren Grunde, dem ‚atopos', zu entdecken ist, man könne einander, was entscheidend für das Wissen der WAHRHEIT ist, vollständig ‚verstehen', was leider bei den vorliegenden Wahrheiten nicht möglich sei, wie immer wieder leidvoll erfahrbar wird. Und mehr noch: Die Suchenden müssten am Ende selbst atopotatoi werden und sein; dann brauchten sie nicht mehr wie Irre an den Ufern hüben wie drüben hin und herlaufen, in der Meinung, dass die andere, bessere Seite ‚drüben' sei, während die dort Befindlichen meinen, es sei gerade die ‚gegenüberliegende'! Dieser Irrtum macht in unserer Welt die andauernde ‚Aporie' aus, die aus der ständigen Suche nach einem ‚Übergang' von hüben nach drüben den immer sinnloser werdenden Fortschritt vom ‚Guten' zum angeblich ‚Besseren' treibt. Wie wird das ‚Erwachen' aus diesem Irrsinn sein?

Sehen wir uns das griechische Wort ‚poros' genauer an; das zugehörende Verb ‚porein' bedeutet ‚einen Fluss überqueren'. Demnach sagt das Substantiv ‚poros' den ‚Übergang über einen Fluss', das a – poros nennt den ‚Nichtübergang'. Alle in der aporia Lebenden wollen zwar über den Fluss, finden aber keinen Übergang; so müssen sie, wenn sie sich den Weg nicht weisen lassen, dort bleiben, wo sie sind: in der Aporie. Wir sind mit diesem Wort wieder in der Metapher vom Fluss, seinem Bett und seinen Ufern, die uns bei Konfuzius und García Márquez beschäftigt hat. Jeder erfahrene Schwimmer weiß um die Gefahr, Ertrinkende zu retten. Sokrates hat sein Leben eingesetzt und es durch die Aporie der Athener verloren. Sie haben ihre ‚Denknot' nicht begriffen, wollten weiter das Leben, das sie gewohnt waren! Nun kommt einer und verunsichert alle und alles. Wer hat da recht, die Vielen oder der Eine? Die Athener begreifen nicht, dass es um die WAHRHEIT geht, nicht um das Recht. So werden sie an diesem Menschen ‚Sokrates' schuldig! Das könnte die Besinnung und den Wandel einleiten. Unsere Geschichte zeigt es anders an. Wir müssen uns daher erneut auf Sokrates besinnen, seine ‚Wende zur WAHRHEIT' begreifen und, was schwieriger ist, ergreifen! Machen wir uns auf den Denkweg, die Aporie zu überwinden.

b) Sokrates: Hebamme der zweiten Geburt

Der als Verhängnis für unsere europäische Welt unbegriffene Platon hat die weisende Spur des Sokrates, seinen ‚Willen zur WAHRHEIT, verstellt. Sein Übersetzer in die deutsche Sprache, Friedrich Daniel Ernst Schleiermacher, tut ein übriges; bei ihm lautet der fragliche Text im Theaitetos:

"Sokrates: Also du Lächerlicher hast wohl niemals gehört, dass ich der Sohn einer Hebamme bin, einer sehr berühmten und verwegenen, der Phänarete?

Theaitetos: Das habe ich wohl schon gehört.

Sokrates: Etwa auch, dass ich dieselbe Kunst ausübe, hast du gehört?

Theaitetos: Das keineswegs.

Sokrates: Wisse dann, dem ist also. Verrate mich aber nicht damit gegen die anderen, denn es weiß niemand von mir, Freund, dass ich diese Kunst besitze. Da es nun die Leute nicht wissen: so sagen sie mir auch dieses zwar nicht nach, wohl aber, dass ich der wunderlichste (atopotatos) aller Menschen wäre und alle in Verwirrung (aporein) brächte. Gewiss hast du das auch gehört?

Theaitetos: Vielfältig." (Platon, Theaitetos, 149 a)

Gottfried Martin hat in seiner Bildmonographie zu Sokrates (1. Aufl. 1967; für die nähere Erkundung empfohlen) gegen die ‚Übersetzung' von Schleiermacher Einwände erhoben; seine Fassung kommt der Rede näher, weil sie sinnlicher und damit dem Sinn der Wörter gemäßer ist, mit denen sich Sokrates dem am Gespräch beteiligten Jüngling zu charakterisieren sucht:

"*Unergründlich bin ich und ich bringe es dahin, dass die Menschen nicht mehr weiter wissen.* (l. c., 7)

Wir sagen, die Rede umfänglicher paraphrasierend, den wirklich intendierten Sinn: ‚Von den Athenern bin ich gegenwärtig der *unergründlichste* Mensch, den sie nicht fassen können. Solange das so mit ihnen bleibt, werden sie *keinen Zugang* finden, weder zu mir, noch zu sich selbst, was weitaus problematischer ist; sie werden dann nämlich in der *Aporie* bleiben und an den Ufern weiter leben müssen, es sei denn, sie lassen sich von mir den Weg weisen oder richten ihre ganze Anstrengung darauf aus, ihn aus sich ‚selbst' zu finden. Die Frömmigkeit des Denkens könnte dabei hilfreich sein; sie erlangt ein Mensch im Bedenken der Sprüche aus dem heiligen Tempel von Delphi, besonders des einen: ‚Mensch, erkenne dein Selbst!'

Unsere Deutung des Sokrates ist originär und provokativ. Sie muss es sein, weil Plato uns diesen Sokrates mit seiner postnatalen Hebammenkunst zur ‚Entbindung des Menschen in zweiter Geburt' geraubt hat. Der Raub folgt seiner Verleugnung der vorgeburtlichen Genese des Menschen, die seine erste Geburt einleitet. Plato muss den Sokrates geistig töten, nachdem die Athener den Menschen Sokrates zu Tode brachten. Wenn der Tod des Sokrates für eine bisher nicht eingelöste Philosophie des Menschen noch einen Sinn machen soll und wenn wir den hegelschen Unsinn vom ,sowohl als auch' dieses Todes überwinden wollen: ,Der Tod des Sokrates sei gerechtfertigt', weil es das erste Princip eines Staates überhaupt ist, dass es keine höhere Vernunft, Gewissen, Rechtschaffenheit, wie man will, giebt, als das, was der Staat für Recht anerkennt. ... Das Volk von Athen hat das Recht seines Gesetzes, seiner Sitte gegen diesen Angriff, gegen diese Verletzung des Sokrates behauptet. Aber Sokrates ist ebenso sehr der Heros, der das Recht des seiner selbst gewissen Geistes, des in sich entscheidenden Bewusstseins für sich hat' (Geschichte der Philosophie, 18, 510 f), dann ist der von Plato und Hegel versperrte Weg freizulegen, um die Spur des wirklichen Sokrates in seinem Menschsein zu finden, nach der wir suchen.

c) Sokrates als Künstler der ,Sozialen Skulptur'

Man muss zugeben, dass die sokratische Wende zum SEIN des Menschen und darin zur WAHRHEIT aufgrund der geschichtlichen ,Verschüttungen' durch Platon über Hegel bis hin zu Heidegger sehr schwer zu erkennen ist. Hinzu kommt die Schwierigkeit der ,Mitteilbarkeit' dessen, was Konfuzius, Buddha oder Sokrates in der ,Verwandlung' erfahren haben und verkünden wollen. Für die Situation des Sokrates muss man sich die kulturelle Situation vor Augen halten, in der ihn seine ,Erfahrung' trifft: Wie soll er mit den Athenern darüber reden, ohne sich in eine Situation zu bringen, die dem etwa Vierzigjährigen auf der Stelle das Leben gekostet hätte? Er sucht daher das Gespräch nur mit Einzelnen, wie mit Theaitetos oder Charmides.

"Er wendet sich nicht an ein Publikum, nicht an die Volksversammlung. Er sagt in der Apologie ironisch: Niemand sei seines Lebens sicher, der einer Volksmenge offen und ehrlich begegne; daher müsse, wer ein Kämpfer für das Rechte sein und auch nur kurze Zeit am Leben bleiben wolle, sich auf den Verkehr mit Einzelnen beschränken." (Jaspers, l. c.; 11)

Diese Aussage kurz vor seinem Tode, zeigt an, dass er dreißig Jahre lang unentdeckt mit einer todeswürdigen WAHRHEIT gelebt hat, dass er um die Gefahr wusste und er es nur seiner Klugheit, Vorsicht und Ironie zu danken hatte, dass er als Mensch in der ideologisierten Kultur Athens beinahe das Alter des Konfuzius erreichte. Sokrates ist der erste Künstler der ,Sozialen Skulptur'! Sein Werk, das er für uns geschaffen, ist er selbst; der Mensch Sokrates ist eine Soziale Skulptur, die als Bild im Gedächtnis bleiben wird. Wir müssen nur einige falsche Patina ablösen, um es deutlich erkennen zu können.

Wir erinnern vorsorglich, dass auch die Spur zu Sokrates nur mit dem Kompass des Herzens aufzufinden ist, dass es nicht um geschichtliche Wahrheiten geht, ob diese oder jene Deutung den historischen Sokrates ,trifft', sondern einzig um den Menschen selbst. Als Sohn des Bildhauers Sophroniskos und der Hebamme Phainarete ist er von niedriger Herkunft; nur Sklaven arbeiten in Athen für ‚Lohn'; die ‚Freien' sind reich genug und gehen der ‚Muße' nach. Seine eigene Stellung in der Gesellschaft, gelernter Steinmetz, dem Vater an steinernen Skulpturen abgeschaut, ist ebenfalls bedeutungslos. Und dennoch wird dieser Mensch von einem bestimmten Moment seines Lebens in Athen eine ‚öffentliche Person' in weltgeschichtlicher Absicht, die er nach unserer bescheidenen Meinung jedoch erst dann erlangt, wenn seine ‚Erfahrung der Verwandlung' für uns ‚wegweisend' wird. Wir müssen den Künstler in Sokrates erkennen, der die unterschiedlichen Künste von Vater und Mutter zur KUNST an der ‚Sozialen Skulptur Mensch' und der ‚Entbindung des Menschen zum Menschlichsein nach der Geburt' entwickelt, dies lange vor Joseph Beuys.

d) Exkurs: Überlebenskunst des Sokrates in schwieriger Welt

Um die ‚Überlebenskunst' des Sokrates im Interesse seines Lebens und des LEBENS allgemein zu veranschaulichen, ist eine Charakterisierung seiner ‚gefährlichen Lage in Athen' notwendig; das muss kursorisch und auf engstem Raum geschehen, wofür wir Verständnis erbitten:

In Athen wie im ganzen Peleponnes bestimmen die Olympier, an der Spitze Zeus und Apoll, mit einer Heerschar von Göttern und Halbgöttern in ihrem Gefolge die Kultur. Das war nicht immer so: Aus dem Norden waren vor einiger Zeit ‚Barbaren' eingefallen, so genannt ihrer Sprache wegen, von der man nur ‚barbara' heraushörte, und hatten die Herrschaft an sich gerissen. Die Muttergöttinnen Gaia, Demeter und ihr Gefolge wurden ‚abgesetzt', ihre Tempel zerstört oder für den Männerkult umgewidmet, die Priesterinnen verjagt oder getötet. Um das Frauenreich auf Dauer zu unterdrücken, wurden neue, männliche Götter erfunden, mit Sitz auf dem Berg ‚Olymp', nahe bei Athen, wo sie ‚unsichtbar' blieben, was den Glauben an sie und die Furcht vor ihnen wach hielt. Diese Furcht sollte in Wirklichkeit die politischen Herren schützen, die ohne Sorge vor Nachstellungen herrschen wollten. Bei Todesstrafe war es verboten, den Berg zu besteigen. Bei seinem Zug über die Alpen glaubte noch Hannibal mit seinen Soldaten, dass sie mitten durch die Götterwelt marschierten; der olympische Glaube war weit verbreitet.

Im Männerreich ließ man den Heiligen Tempel von Delphi mit den eingehauenen Sprüchen der Sieben Weisen bestehen; ein veränderter Kultus wurde angeordnet. Im Gefängnis muss Sokrates auf die Rückkehr des Schiffes aus Delos warten, das dorthin in gewohnter Weise die Weihegaben bringt; in dieser Zeit darf keine Todesstrafe vollstreckt werden. Von den Priesterinnen des Frauenreiches hieß man im Namen und Auftrag des Apoll, auf dem Dreistuhl sitzend,

Symbol für den ‚Omphalos' (Nabel), Wahrzeichen unserer ‚Herkunft', nur die ‚Pythia' ihre zweideutig – eindeutigen Orakel den Nachfragenden zusprechen, die weltberühmt werden: ‚Du wirst ein großes Reich zerstören', sagte sie dem kriegslüsternen Krösus in seiner männlichen Gier auf reiche Beute! Er zerstörte es: sein eigenes. In Eleusis werden dionysische Feste zugelassen, die vor allem Frauen berauschten. Ursprüngliche Mysterien aus dem Frauenreich sollten, was die Herrschenden nicht wissen sollten und auch nie erfuhren (die Rätsel von Eleusis sind bis heute ungelöst), für die Rückkehr der Göttinnen in einer bisher nicht angebrochenen Zukunft, für ihr Reich des Menschlichseins bewahrt werden.

Die Kulte von Delphi, Delos und Eleusis sind Zugeständnisse der Herrschenden als Ventil für die Unterdrückten, damit sie ‚Druck' ablassen können. Die Kontrolle wird sorgsam gewahrt: so ist ‚Dionysos' ein Erzeugnis des Zeus, aus seinem Oberschenkel ‚entbunden'. Und auch das vollständige Geburtsrecht wird der Frau symbolisch durch die Geburt der ‚Athene aus dem Kopfe des Zeus' genommen. Es ist die erste ‚künstliche Befruchtung' und – bisher unerreicht – die erste ‚künstliche Geburt' außerhalb des weiblichen Uterus. Die gegenwärtigen ‚Halbgötter in ‚Weiß', diese anmaßenden Herren über Leben und Tod, werden alles versuchen, um ihre ‚Kopfgeburten' zu erzeugen; nur die Mütter könnten sie aufhalten, den geklonten und vielleicht ‚nabellosen' Menschen verhindern. Was in Griechenland, der ‚Wiege des Abendlandes', als Muster ohne Wert aber prägend die Geschichte, wirklich geschah? Der weibliche Mythos wird auf eine geradezu raffinierte Weise in den männlichen Logos überführt! Im Zug der ‚reinen und aufgeklärten Vernunft', die sich vom Kopfschmerz des Zeus herleitet, beherrscht der ‚Logos' die abendländische Geschichte und die Logik des Dreigestirns von ‚Wissenschaft – Wirtschaft – Kultur'. Die alten Götter herrschen immer noch, ob sie Apoll, Hermes oder Athene heißen, in moderner Fassung: Apollo – Rakete, Hermes – Bürgschaft und Freiheitsstatue in Manhattan.

e) Die eigene zweite Geburt: Entbindung zum Menschen

Unser Exkurs bestätigt Griechenland als ‚Wiege Europas' und will zugleich den Streit mit diesem Anfang unserer Welt, den Sokrates ironisch begonnen hat; das ist unsere These gegen abendländische ‚Vernunft' und ‚Überlieferung'. Besonders in Athen ist in der Lebenszeit des Sokrates (469 – 399) der berechnende Kopf gefragt, nicht das Herz und seine Gefühle. Platon ist mit seiner ‚Ideenlehre', mit der die falschen Paradigmen gesetzt werden, beinahe noch romantisch zu nennen im Vergleich zur Vernunft – Philosophie des Aristoteles. Unausgesprochen gilt die Losung: ‚Ruhe und Ordnung ist die erste Bürgerpflicht!' Die Herrschenden besitzen das Recht, legitimiert durch die Götter, die Einzelnen nicht. In dieser ‚Situation seiner Polis', in der das gilt, was Hegel später ‚auf den Begriff bringt', entdeckt dieser Mensch mit Namen Sokrates plötzlich, wir können den Augenblick nur vermuten, in seinem Innern etwas anderes! Wir dichten es in folgenden Sätzen:

Der einzelne, kleine Mensch ist es, auf den alles ankommt! Er bringt alles hervor: Herrschaft und Knechtschaft, Freiheit und Unterdrückung; und auch die Götter sind vom Menschen erdacht! Ob es wirkliche Götter gibt, weiß niemand; die gegenwärtigen Götter nützen nur den Herrschern.

Das ist eine ‚furchtbare Wahrheit, die diesen Menschen Sokrates völlig unerwartet trifft! Zwar hat schon Protagoras den ‚Menschen als Maß aller Dinge' bezeichnet, doch das ist ein Sophist, der in Abdera für Geld lehrt. Was Sokrates bisher von Philosophen wie Anaxagoras und Archelaos gehört hat, ist ebenfalls harmlos zu nennende Meinung; was ihn plötzlich befällt und schwanger macht für eine ‚zweite Geburt', für die Entbindung zu ‚Mensch und Menschlichsein', ist unfassbar, geradezu ungeheuerlich, wenn man in der griechischen Kultur dafür überhaupt Worte zu finden vermag.

Bis zum Beginn des Peloponnesischen Krieges (431 – 404) ist von diesem Athener aus dem Demos Alopeke kaum etwas bekannt. Eher belustigt über diesen kauzigen Menschen, einem Satyr ähnlich, sprechen Jugendliche mit ihm, wenn er auf den Marktplatz, die Agora in Athen, kommt. Das wird anders, als seine ungewöhnliche Tapferkeit in den Schlachten des Krieges, den verlorenen und gewonnenen, bekannt wird. Mutig von ihm war es auch zuvor schon, dass er sich im Zentrum der Polis unter die ‚Edlen' mischte, sich offenbar selbst ‚edel' wähnend. Doch nun wird es öffentlich: mit welcher Tapferkeit er gekämpft, wie er bei der Belagerung von Potidaia (431 – 429) dem Heerführer Alkibiades und dem Xenophon in der Schlacht bei Delion (424) das Leben gerettet hat. Der große Alkibiades kündet im ‚Symposion' (platonischer Dialog) von den Taten dieses Mannes, der schlagartig nicht nur bei diesem Festmahl der Reichen, in ganz Athen im Mittelpunkt des Interesses steht: ‚Mit Laches, so erzählt Alkibiades, sei Sokrates aus der verlorenen Schlacht bei Delion in voller Rüstung, ruhig und besonnenen Schrittes gegangen, während die meisten die Waffen weggeworfen haben, um schneller fliehen zu können; viele seien den Verfolgern erlegen, während Sokrates dem Laches Mut zuredete und zugleich, wild um sich schauend, jedem Angreifer deutlich machte, dass sein eigenes Leben aufs Spiel setzen würde, wer ihm zu nahe kommt! Die Beiden seien dann auch unversehrt aus der Schlacht gelangt.' (vgl. Symposion, 220 e; Laches, 181 a f) Jetzt ist Sokrates eine gefeierte Persönlichkeit, er hat überall Zugang, und man hört ihm zu.

Doch dieser Mensch ist innerlich ein anderer geworden, er ist auf einem Weg, den niemand ahnt oder kennt. Vielleicht hat der Krieg etwas ausgelöst, ihn verwandelt. Er war schon an seinem Beginn, beim Feldzug nach Potidaia dabei;

dort soll er, so berichtet Diogenes Laertios, "eine ganze Nacht wie festgebannt in der nämlichen Stellung ausgehalten haben. Auch soll er dort den Ehrenpreis, der ihm für treffliche Haltung zugesprochen war, an den Alkibiades abgetreten haben." (Martin. L.c. 22) Vielleicht war dies der Augenblick; es muss ein Moment gewesen sein, in dem die Frage nach dem Sinn aufbrach, was er und die anderen, Freunde und Feinde, miteinander zu tun bereit waren: Zu töten! Er war bisher ein braver, unbescholtener Bürger gewesen, der sein Familie ernährt, sein Steuern gezahlt hat. Der Einberufung zum Krieg ist er gehorsam gefolgt, seiner Herkunft gemäß als einfacher Hoplit mit Helm, Speer, Schild und ‚ohne Pferd'. Das stand den Adligen zu, zum Beispiel dem Alkibiades; dem komme auch die Auszeichnung zu, einem einfachen Bürger nicht; hanseatischer Geist in Athen! Ein schlichter Mensch, der einfach und bescheiden lebt, und in sich selbst, was man nur in besonderen Situationen wahrnehmen kann, ‚tapfer' ist.

Ob Sokrates ahnt, dass er von diesem Moment an eine andere Tapferkeit zeigen muss? Den Spruch von Delphi kennt er gut; im ‚Phaidros' lässt Platon ihn sagen: "Ich kann noch immer nicht nach dem delphischen Spruch mich selbst erkennen." (244 a-b) Doch was geht jetzt in ihm vor, wie wird sein Leben von nun an sein? Karl Jaspers bringt den von uns angesprochenen ‚Augenblick' so zu Sprache: "Es muss in Sokrates eines Tages eine Umwandlung sich vollzogen haben. Als er die Naturphilosophie in ihrer Belanglosigkeit für die ernsten Fragen erkannte, als er in der Sophistik die Zersetzung begriff, da wusste er das Wahre nicht als ein bestimmtes Anderes. Aber er wurde ergriffen von dem Bewusstsein seines Berufes, eines göttlichen Auftrages. Dieses Berufes gewiss, wie die Propheten, hatte er doch nichts zu verkünden wie sie. Kein Gott hat ihn beauftragt, den Menschen zu sagen, was er ihm befahl. Er hatte nichts als den Auftrag, zu suchen mit den Menschen, selber ein Mensch. Er soll unerbittlich fragen, aus jedem Versteck aufscheuchen. Er soll keinen Glauben verlangen an irgend etwas oder an ihn selbst, aber er soll Denken verlangen, Fragen und Prüfen, er soll den Menschen damit auf sich selbst stellen. Da aber dieses Selbst nur im Erkennen des Wahren und Guten liegt, ist erst der er selbst, dem solches Denken ernst ist, der von der Wahrheit sich bestimmen lassen will." (l. c. 10)

Jaspers kommt der ‚Umwandlung des Sokrates', wie er sie nennt, nahe und doch nicht nahe genug. Das liegt nicht nur an seiner Sprache; da ist er den Schulphilosophen voraus, weil er ‚existentiell' denkt und zu sprechen versucht, wie der Text es ausweist. Jaspers hat nicht die ‚Erkenntnis vom Menschen', die Sokrates umwendet und in der Wendung zum eigenen **Selbst** ‚verwandelt'! Diese ‚Umwendung' hat Platon nicht begriffen, im Höhlenmythos als verfehlte ‚Kehre' mitgeteilt. Jaspers spricht demzufolge in Kategorien des Platon und der Tradition, wenn er ‚vom Erkennen des Wahren und Guten' spricht und von der ‚uns bestimmenden Wahrheit', ohne das Selbst, dessen Aufgabe das angeblich sei, in seiner Wirklichkeit zu begreifen und ohne die WAHRHEIT zu nennen, die irgendwie, wenn sie bestimmend sein soll, zum Menschen gehören muss. Es geht diesem einsamen Sokrates vor zweieinhalbtausend Jahren in Athen einzig um die Wirklichkeit des Menschen, der er als ein Selbst ist!

f) Vom ‚Wissen des Seienden' zur ‚Erkenntnis des SEINS'

Die Ahnung der notwendigen Umwendung vom ‚Wissen des Seienden' zur ‚Erkenntnis des SEINS des Menschen', ein Gefühl eher als eine bewusste Erkenntnis, muss Sokrates wie einen Blitz empfunden haben, der alle ‚Sicherungen' durchbrennen lässt: Er weiß plötzlich, dass er in Wirklichkeit nichts weiß. Das ist keine Floskel von ihm, wie viele (bis heute) meinen. Bisher nur mit dem Seienden befasst, dem zu behauenen Stein für eine Skulptur im Tempel, mit den täglichen Dingen der Besorgung, der Naturphilosophie des Anaxagoras und des Archelaos kundig, wird ihm mit einem Schlage alles ‚brüchig', alle Konventionen zerbrechen; das darf niemand merken. Die Krise trifft den Mitvierziger: Das Wissen um die Wahrheit über ein Seiendes mag nützlich sein, doch ohne wirklichen Wert. Die vielen ‚Wahrheiten' sind nichts im Vergleich zu der einen ‚Wahrheit', von der er ahnt, die ‚WAHRHEIT des Menschen'. Sie liegt nirgends vor, die Dinge der Götter und die der Menschen sind säuberlich getrennt; doch was hat es mit den Göttern auf sich, wenn der Mensch nicht weiß, wer er selbst ist? Wenn die alles bestimmende WAHRHEIT verborgen ist, niemand sagen kann, ob der Gott oder der Mensch sie ‚hat', muss er, Sokrates, sie s u c h e n! Sogleich wird ihm voll bewusst: das Vorhaben ist gefährlich, weil ungewohnt und ungewöhnlich. Die Polis hat ihre Götter und Gesetze, sie hat Mittel, Vergehen zu strafen; ein Vergehen gegen die Götter ist mit dem Tode bedroht. Das Leben ist in Athen vollständig geregelt und nimmt für seine Bürger den gewohnten Gang: der Alltag verzehrt viel ‚Zeit' und da sind die Kultfeste, die Kriege dann und wann; es gibt ständig neue Sorgen aller Art, Streit um den Lebensunterhalt; die Menschen sind zumeist ‚außer sich'.

Und nun ereignet sich in Sokrates die Wende nach innen! Er ahnt sofort: er ist auf dem richtigen Weg. Er weiß plötzlich, dass er mit dem Wissen des Seienden in Wirklichkeit nichts weiß! Die vielen ‚Wahrheiten', die überall feilgeboten werden, sind solche ‚auf Zeit' wie die seienden Dinge, von denen sie ausgesagt werden. Sein Schüler Plato, der seine schon geschriebenen Sätze vernichten muss, als er zum Denken zu ihm kommt, wird gegen die ‚Wahrheit auf Zeit' später seine ‚zeitlosen Ideen' konstruieren und das philosophische Denken und Erkennen in die Irre führen. Sokrates sucht eine ‚Wahrheit' und eine ‚Zeit', die nicht irgendwo außen, in weiter Ferne, in einer anderen Welt liegt; er weiß noch nicht genau wo, doch er ahnt, dass sie etwas mit dem Menschen, mit ihm selbst zu tun haben. Und er erkennt schließlich: was er sucht, muss in ihm selbst sein; es wartet nur darauf, ‚entbunden' zu werden. In diesem Moment wird Sokrates eine Hebamme der ‚zweiten Geburt' und ein Bildhauer der ‚Sozialen Skulptur'! Xanthippe wird es mit den Söhnen nicht leicht haben, der Mann und Vater hat eine Aufgabe gefunden, die ihm so bedeutsam erscheint, nicht allein für ihn selbst, jetzt eher für die anderen der Einsicht Bedürftigen und für die gesamte Menschheit, dass er alles andere vernachlässigen wird.

g) Eine nicht gehaltene Rede des Sokrates

Die Hinwendung zu anderen Menschen ist nicht nur wichtig für diese, für ihre Befreiung vom Irrtum und die Entbindung zur Wahrheit, sie ist entscheidend für das Überleben des Sokrates in Athen. Er muss Gefährten finden, Mitwisser der Erkenntnis. Ein Vorläufer von Nietzsches ‚Zarathustra' sucht er Menschen, die schwanger sind für die ‚zweite Geburt'. Findet er viele Genossen, könnte Sokrates aus der Deckung treten, die schützende Waffe der ‚Ironie' ablegen und etwa folgende Rede halten, die wir für ihn dichten:

‚Hört, ihr Menschen von Athen, was ich Euch zu sagen habe, wobei ich diese vielen junge Bürger der Polis an meiner Seite als Zeugen nehme: eine innere Stimme, ich nenne sie meinen göttlichen Dämon, hat mich beauftragt, nach der ‚Wahrheit' zu suchen und nicht zu ruhen, bis ich sie gefunden habe. Ich nahm es, wenn ihr es so wollt, als Auftrag der Götter. An diesen Menschen hier habe ich den Auftrag ausgeführt in vielen Gesprächen und sie in meiner Kunst, die der meiner Mutter Phainarete ähnlich ist, von der ‚Wahrheit' entbunden und dadurch von ‚Irrtümern' befreit, denen sie bisher gefolgt sind. Die ‚Wahrheit', auf die es im Leben wirklich ankommt, liegt im Menschen selbst. Es ist der ‚Schatz', nach dem sich alle sehnen, von dem sie träumen. Wenn viele ihn finden, wird auch die Polis, unser Athen, verwandelt und andere Völker und Staaten anstiften, ihr nachzueifern. Ich habe im Auftrag der inneren Stimme gehandelt und will es mit Euch zusammen auch weiter tun, denn ich kann es nicht mehr anders. Meine Gefährten helfen mir beim Werk, die Gestalt des neuen Menschen aus der alten zu heben. Der alte Mensch ist zu verwinden, ein neuer zu gebären!'

Wir wissen, dass Sokrates diese Rede nie gehalten hat, nicht halten konnte, der gesellschaftlichen Verhältnisse wegen. Einiges davon hat er vor dem Gerichtshof gesagt; wir werden es noch anführen. Bis zum Prozess ist er dreißig Jahre lang mit der einzigen Frage unterwegs, die er zu seinem Schutz in harmlose Fragen versteckt: W e r ist der Mensch? Ob er nach Tugenden wie der Tapferkeit oder Frömmigkeit fragt, insgeheim zielt alles auf die ‚Erkenntnis des Selbst!' Der Imperativ aus dem heiligen Tempel von Delphi wird immer wieder erinnert. Im Theaitetos beschreibt er seine Kunst der Geburtshilfe und indirekt seine Ironie mit dem Hinweis, dass er selbst nichts weiß:

"Das größte an unserer Kunst ist dieses, dass sie imstande ist zu prüfen, ob die Seele des Jünglings ein Trugbild und Falschheit zu gebären im Begriff ist oder Fruchtbares und Echtes. Ja, und auch hierin geht es mir eben wie den Hebammen: ich gebäre nichts von Weisheit, und was mir bereits viele vorgeworfen, dass ich andere zwar frage, selbst aber nichts über irgend etwas antwortete, weil ich nämlich nichts Kluges wüsste zu antworten, darin haben sie recht. Die Ursache davon aber ist diese: Geburtshilfe leisten nötigt mich der Gott, erzeugen aber hat er mir verwehrt. Daher bin ich selbst keineswegs etwa weise, habe auch nichts dergleichen aufzuzeigen als Ausgeburt meiner eigenen Seele. Die aber mit mir umgehen, zeigen sich zuerst zwar zum Teil als sehr ungelehrig; hernach aber, bei fortgesetztem Umgang, alle, denen es der Gott vergönnt, als wunderbar schnell fortschreitend, ..., und dieses ganz offenbar ohne jemals etwas von mir gelernt zu haben, sondern nur selbst aus sich selbst entdecken sie viel Schönes und halten es fest; die Geburtshilfe leisten dabei der Gott und ich." (150 b – d 9)

h) Zur Ironie des Sokrates

Über die ‚Ironie des Sokrates' sind die Philosophen zerstritten. Dem Dänen Sören Kierkegaard gelingt in seinem Versuch: "Der Begriff der Ironie mit ständiger Hinsicht auf Sokrates" eine große Nähe; wir gehen noch näher: nur aus Ironie geht Sokrates auf die heimischen Götter ein, um Menschen überhaupt erst einmal ins Gespräch zu holen! Wenn es gelungen, Platon gibt ja nur einen Bruchteil von Gesprächen wieder, beginnt die Arbeit des Künstlers an der ‚Skulptur', und die Entbindung zur ‚zweiten Geburt' im Gespräch. Da ein Gelingen im voraus nicht gewiss ist, muss auch hierbei Ironie das Scheitern absichern; in jedem Versuch liegt die Absicht, den anderen die Erkenntnis der WAHRHEIT ‚selbst' entdecken zu lassen, die Sokrates schon gefunden hat: es gibt Gewissheit und Wahrheit nur im und mit dem Menschen! Was daraus für das individuelle und soziale Leben folgt, das zu erkunden ist notwendig, notwendiger als die Maske eines Gottes zu tragen, von dem man nicht weiß, ob es ihn wirklich gibt.

Wie Konfuzius junge Menschen zu ‚Edlen' bilden will, ist Sokrates darum bemüht, dass die ‚Masken' fallen. Unter der Maske liegt das Antlitz des Menschen, mit dem sein ‚Genie' erscheinen kann. Aus dem Mutterleib ist der Mensch mit der Geburt ein Genie, das die meisten im ‚Leiden an der Gesellschaft' nicht verwirklichen können. Bei Sokrates geht es über die Bildung zum ‚Edlen' hinaus um die Umwendung des Menschen zur WAHRHEIT. Das ist in seiner Zeit und Welt – auch heute noch – eine so radikale Wende im Denken, dass er alles nur ‚ironisch' sagen kann: er muss seine ‚Erkenntnis' in die gebräuchlichen Paradigmen seiner Welt einkleiden und damit auf indirekte Weise mitteilen! Die Athener sind lange darauf reingefallen; Platon hat nichts davon begriffen und unsere Welt bis heute wenig; Nietzsche hat die Ironie geahnt; er lässt sich immer wieder über sie aus.

i) Die ‚Berufung' und das ‚Zeugnis für die WAHRHEIT'

Für seine ‚Berufung' fühlt sich Sokrates durch die Berufe der Eltern vorgeprägt. Zur Hebammenkunst der Mutter haben wir genug gesagt. Nun noch der Vater als Steinmetz und Bildhauer: Wie aus dem rohen Stein eine Figur wird, soll in der Arbeit an der ‚sozialen Skulptur', metaphorisch gesprochen, die ursprüngliche ‚Gestalt' eines Menschen erscheinen. Sokrates arbeitet mit dem Einzelnen am ‚Bild dieses Menschen' im Blick auf die ‚Maßgabe' die der erkennende Künstler in sich trägt. In dieser Arbeit sind behutsam Überlagerungen zu entfernen, die Krusten und Narben zu schließen, alte Schichten abzulösen und schließlich die ‚Maske' ganz abzunehmen, die dem Einzelnen in der Polis aufgesetzt worden ist. Sokrates will nicht erziehen; Erziehung erwirkt ja die Masken, führt in die Irre, die Fremde. Er will dem Menschen zu ‚seinem Bild' helfen, das er selbst finden muss. Jede wirkliche Bildung ist ‚Selbst – Bildung'. Der ‚Meißel' in der Bildhauer – Arbeit des Sokrates ist das ‚Wort', alle Fragen im Gespräch sind ‚Methode' als Weg zum Menschen, an dessen Bild gearbeitet wird. Der Steinmetz weiß, dass jeder Fehlschlag den Stein verdirbt. Sokrates muss äußerst behutsam bei seiner Arbeit sein, zum einen im Interesse des Einzelnen, der sich ihm anvertraut, zum anderen aus Vorsicht vor den Wächtern der Polis, die argwöhnisch seine Tätigkeit beobachten. Sie warten im Grunde nur auf eine günstige Gelegenheit, um das öffentliche Ärgernis zu beenden. Die Anklage ist schon lange formuliert: "Sokrates frevelt gegen die Gesetze, denn er glaubt nicht an die vaterländischen Götter; huldigt einem Glauben an eine neue Art von Dämonischen, verführt die Jugend." (Jaspers, 17)

Sein Rückgriff in der Rede auf die Götter und sein Verweis auf die anderen, die bei sich ‚Selbst' die Erkenntnis freisetzen, hilft ihm letztlich nicht. So wird Sokrates ein Märtyrer der WAHRHEIT und ZEIT. Die Erkenntnis des SEINS macht ihn frei, hilft ihm vor Gericht, wo er den Spieß umdreht, um über seine Ankläger Meletos und Anytos zu Gericht zu sitzen. Sie ist hilfreich auch im Sterben: er weiß in sich das wirkliche GESETZ, das der Mensch zu befolgen hat: das GEWISSEN! Sokrates war sich in seiner Welt und Zeit bewusst, dass er mit seinem Gewissen allein stand. Er ging allein mit dem SEIN schwanger, durfte es aber nicht gebären, weil niemand die Geburt der WAHRHEIT des Menschen wollte. Zu viele Interessen des Staates standen auf dem Spiel, da muss das Interesse des LEBENS zurückstehen. Das ist noch gegenwärtig so. Und doch ist es einzig der Mensch, dieses winzige Wesen im Universum, der das Inter – Esse vertreten kann, vertreten muss, wenn er sich dessen bewusst wird. Sokrates ist sich dessen bewusst. Er sagt lange vor Luther seinem Gericht: ‚Hier stehe ich, ich kann nicht anders!' Er hatte keine Vordenker, weder Heraklit noch Parmenides oder Protagoras und sonstige Sophisten konnten ihm helfen; seine furchtbare WAHRHEIT lag nirgends vor. Zur Tarnung wird er selbst ‚Sophist', um irgendwo anzuknüpfen. Er knüpft ein Netz an Fragen und geht täglich auf ‚Menschenfang' aus. Er fischt nach dem "An – Fang der Philosophie im Menschen". Jesus von Nazareth wird der größere Menschenfischer sein, der den An – Fang des Menschen kennt und verkündet.

Es muss uns allerdings deutlich sein: Sokrates kann nicht suchen, nicht fragen, wenn er nicht schon im voraus gefunden hätte: Die Erkenntnis des Menschen. Aus dem eigenen Fund nährt er die Hoffnung, auch bei anderen den ‚Schatz' zu finden, bei der ‚Bergung' zu helfen. Dass sein ‚Menschenfang' Unwillen erregt und genau beobachtet wird, ist ihm bewusst. Es ist ja nicht von ungefähr, dass er immer wieder betont, sein ‚göttlicher Dämon warne ihn, dieses oder jenes nicht zu tun'. Das zeigt an, dass Sokrates sich über die Gefährlichkeit seines Weges im Klaren ist: Ohne geistige Väter und Mütter, ohne Verwandte und Freunde, die sein Geheimnis kennen und mit ihm teilen könnten, ein Fremder unter Einheimischen, die nicht wissen, dass sie die Fremden, er der Heimische ist. Dieser Mensch darf in seiner Zeit die Antwort auf die Frage nach dem Menschen nicht selbst ‚gebären', der Welt nicht unmittelbar und direkt mitteilen. Dabei kann und darf es im Grunde nicht nur ein Einziger sein, der die WAHRHEIT kennt; jeder Mensch wird als ein Organ der WAHRHEIT geboren. Sokrates muss das geahnt haben; deswegen überlässt er uns seine Methode der Mäeutik, die Kunst des Fragens zum eigenen Gebrauch. Den Weg müssen wir schon selbst gehen, den er vorausgegangen und den er mit seinem Tod bezeugt hat. Dieser freie Athener erkennt lange vor dem Königsberger Kant: Die WAHRHEIT lässt sich nicht übertragen, jeder soll sie suchen, sich anstrengen, um sie zu finden. Kant dachte in seinem Spruch allerdings noch aus Vorsicht an die Wahrheiten, nicht an die WAHRHEIT; er dachte aus dem Horizont der Zeit, nicht aus der ZEIT. Der Königsberger trug noch eine Maske, die der Athener den Menschen abzunehmen suchte. Kant durfte sie nicht abnehmen, die Zeiten waren durch Plato schwieriger geworden. Jedes ‚Ich' ist eine ‚Maske', die es dem Individuum schwer macht, sein ‚Selbst' zu erkennen und von ihm zum SELBST und damit zum SEIN des Menschen zu gelangen. Dazu sind große Anstrengungen und vor allem KUNST notwendig! Hegel hat feierlich ihr Ende verkündet! Was sollen wir tun?

j) Sokrates: Auf-dem-Weg-Sein zum Menschen

Karl Jaspers ist folgender Ansicht: "Wenn Philosophie >Lehre< ist, ist Sokrates kein Philosoph. Im Zusammenhang der griechischen Philosophiegeschichte als einer Geschichte theoretischer Positionen hat er keinen Platz. Sokrates ist das Auf-dem-Weg-Sein im Denken mit dem Wissen des Nichtwissens. Sokrates weiß die Grenzen, an denen der Beweis aufhört, aber an denen für alles Befragen die Substanz, aus der er ‚lebt, nur in hellerem Leuchten standhält." (l. c.11f) Der Charakterisierung dieses Griechen mit 'Auf-dem-Weg-Sein' ist zuzustimmen; doch Sokrates geht es nicht um das ‚Denken', sondern um das ‚Denken des Menschen'. Sein ‚Wissen des Nichtwissens' ist eine Methode dieses Denkens! Platon hat hier in die Irre geführt. Die Gespräche, in denen Sokrates das ‚Wissen der anderen' befragt, enden meist ohne Ergebnis: die geschichtlichen Wahrheiten bleiben fragwürdig, sie sind falsifizierbar. (Karl Popper) Auf ihr eigenes ‚Nichtwissen' reduziert, sollen die Befragten zum ‚wahren Wissen' finden, zur Erkenntnis der WAHRHEIT als ‚innerer Bestand' im Menschen, das ist: Als ZEIT. Da die gesamte Tradition von Platon bis Heidegger Wahrheiten und WAHRHEIT, die vergehende Zeit und die mit dem Menschen verbundene ZEIT nicht unterscheiden, geht philosophisches Denken und Sprechen in die Irre, auch bei Jaspers.

Vielleicht hat der platonische Dialog ‚Menon' die Verwirrung befördert. Dort gibt es ein Ergebnis! Es geht um eine Frage der Mathematik; diese ‚Wissenschaft' ist vom Menschen ‚konstruiert'. Ihr ‚Gegenstand' ist nicht konkret Seiendes, sondern ‚Abstraktionen' von ihm. Wir nehmen Seiendes, einen Stuhl, zwei Tische usw. wahr; die mathematische 1, 2 usw. sind abstrakte Gedankendinge. Die Tangente berührt nur im mathematischen Sinn den Kreis in einem ‚Punkt', konkret ist es eine Fläche, die ein Brett an einem Rad berührt. Einen mathematischen ‚Punkt' gibt es konkret nicht. Rechnerische Operationen sind auf ‚Wirklichkeit' beziehbar, selbst aber keine konkrete Wirklichkeit. Den Sklaven Menon lässt Sokrates nun durch geschicktes Fragen den Lehrsatz des Pythagoras ‚selbst' finden. In Wirklichkeit hat der platonische Sokrates ihn ‚finden lassen'. Kant ließ sich dadurch täuschen: er wollte die Metaphysik in den gleichen sicheren Gang wie den der Mathematik überführen. Er konnte sein ehrgeiziges Ziel nicht verwirklichen, da er die unterschiedlichen Grade der ‚Abstraktion' nicht beachtete, die Thomas von Aquin aufgezeigt hat. Hinzu kommt, dass die ‚Separation' als Methode der Metaphysik, die für Thomas ein ‚Überstieg' (Excessus) vom ‚Seienden' zum ‚Sein' ist und eine Erkenntnis Gottes ‚fere aequivoce' ermöglichen soll, der gesamten Tradition unbekannt geblieben ist. Das liegt daran, dass die Scholastik den Bezugstext von Thomas unterdrückt hat.

(vgl. dazu vom Autor: Gegenstand und Methode – Die theoretischen Wissenschaften bei Thomas von Aquin, Münster 1965)

Lange vor Thomas ist Sokrates der ‚Excessus' gelungen; es war kein Überstieg zu Gott, sondern zum Menschen, einer vom ‚Seienden als Mensch' zum ‚SEIN des Menschen'. Diesen griechischen Weg im ‚Denken des Menschen' sollten wir uns vom Ideologen Platon nicht länger verstellen und von der Tradition nicht verschütten lassen. Die Spur ist, so hoffen wir, freigelegt. Es geht Sokrates nicht um ‚Wahrheiten'; von ihnen weiß er, dass er sie nicht weiß, da sie keinen Bestand haben, nur auf Zeit sind. Es geht ihm und uns um die WAHRHEIT; sie hat im Menschen Bestand, solange es ihn gibt, weil es überhaupt so etwas wie ‚Wahrheiten' nur durch den Menschen gibt. Der bleibende Zusammenhang von MENSCH und WAHRHEIT ist ZEIT. Dieses Gefüge ist das SEIN, das Sokrates berührt und bewegt hat. Aus dem SEIN kommt ihm der ‚Auftrag'. In seiner Sprache nennt er die Götter als Auftraggeber; das sind die Griechen gewohnt. Ungewohnt ist es, dass er von seinem ‚göttlichen Dämon' spricht, seiner ‚inneren Stimme'. Deswegen und weil er mit dieser Stimme angeblich die ‚Jugend' verführt, wird er angeklagt. Auf die von ihm selbst vorgebrachte Möglichkeit, ihn frei zu sprechen, wenn er zukünftig ‚normal' wie die anderen Athener leben würde, antwortet er in der Apologie, wobei, da Platon anwesend ist, der Wortlaut vermutlich authentischen Charakter trägt. Wir bringen die Rede unter folgendem Titel:

k) Zeugnis für die WAHRHEIT

"Jetzt, Sokrates, wollen wir zwar dem Anytos nicht folgen, sondern lassen dich los, unter der Bedingung jedoch, dass du diese Nachforschung nicht mehr betreibst und nicht mehr nach Weisheit suchst; wirst du aber noch einmal betroffen, dass du dies tust, so musst du sterben; wenn ihr mich also, wie gesagt, auf diese Bedingung losgeben wolltet, so würde ich zu euch sprechen: Ich bin euch, ihr Athener, zwar zugetan und Freund, gehorchen aber werde ich dem Gotte mehr als euch, und solange ich noch atme und es vermag, werde ich nicht aufhören, nach Weisheit zu suchen und euch zu ermahnen und zu beweisen, wen von euch ich antreffe, mit meinen gewohnten Reden, wie:

Bester Mann, als ein Athener, aus der größten und für Weisheit und Macht berühmtesten Stadt, schämst du dich nicht, für Geld zwar zu sorgen, wie du dessen aufs meiste erlangst, und für Ruhm und Ehre, für Einsicht aber und Wahrheit und für deine Seele, dass sie sich aufs beste befinde, sorgst du nicht und hieran willst du nicht denken? Und wenn jemand unter euch dies leugnet und behauptet, er denke wohl daran, werde ich ihn nicht gleich loslassen und fortgehen, sondern ihn fragen und prüfen und ausforschen. Und wenn mich dünkt, er besitze keine Tugend, behaupte es aber: so werde ich es ihm verweisen, dass er das Wichtigste geringer achtet und das Schlechtere höher. So werde ich mit Jungen und Alten, wie ich sie eben treffe, verfahren, und mit Fremden und Bürgern, um soviel mehr aber mit euch Bürgern, als ihr mir näher verwandt seid. Denn so, wisst nur, befiehlt mir der Gott. Und ich meines Teils glaube, dass noch nie größeres Gut dem Staate widerfahren ist als dieser Dienst, den ich dem Gott leiste.

Denn nichts anderes tue ich, als dass ich umhergehe, um Jung und Alt unter euch zu überreden, ja nicht für den Leib und für das Vermögen zuvor noch überall so sehr zu sorgen als für die Seele, dass diese aufs Beste gedeihe, zeigend, wie nicht aus dem Reichtum die Tugend entsteht, sondern aus der Tugend der Reichtum und alle anderen menschlichen Güter. ... Demgemäss nun, würde ich sagen, ihr Athenischen Männer, gehorcht nun dem Anytos oder nicht, sprecht mich los oder nicht, aber seid gewiss, dass ich auf keinen Fall anders handeln werde, und müsste ich noch so oft sterben." (29 c – 30 c)

l) Der Eid des Sokrates: Auftrag an Menschen

Was hier der ‚Eid des Sokrates' genannt wird und als Auftrag an jeden Menschen verstanden sein soll, reicht an meine erste Begegnung mit dem Philosophen heran: Das Gymnasium in Meppen/Emsland, von Jesuiten vor 350 Jahren eingerichtet, hatte in der Oberprima die ‚Apologie' als Pflichtlektüre. Unser Klassenlehrer, Hans Henning, von Schülergenerationen liebevoll ‚Rammbock' wegen seines geraden und aufrichtigen Charakters genannt, war diesem Griechen ähnlich. Ich bekam in diesem Lehrer eine Anschauung für das, was Sokrates in der Verteidigungsrede den Athenern sagte. Dessen Schlussworte (41 c – 42 a) hat dieser einstige ‚Kapitän zur See' in allen Jahren immer selbst im Original gelesen und ins Deutsche gebracht. Diesem ‚Rauhbein', das er äußerlich war, kamen dabei Tränen, die er nicht versteckte; der Eindruck bleibt unvergessen. Niemand hat in seinem Unterricht je gemogelt; er konnte bei einer Klassenarbeit den Raum verlassen, das änderte nichts an unserem Verhalten: Wir wurden von seiner aufrechten Haltung angesteckt. Wenn Schule über notwendiges Lernen hinaus ‚Bildung' als Aufgabe hat, wurde sie von diesem Lehrer erfüllt.

Nun komme ich zum ‚Eid des Sokrates'! Er steht ebenfalls in der ‚Verteidigungsrede'. Sokrates spricht ihn für sich, hat ihn für sein eigenes Leben ersonnen und ‚Wort gehalten'. Hans Henning hat den Spruch ‚seiner Klasse', der ich angehörte, in seiner Version zum Abitur als eine Verpflichtung für das Leben gewidmet; das eigenhändig geschriebene Blatt ist mir kostbar geworden; der ‚Eid des Sokrates' ist für die Bildung des Menschen von einiger Bedeutung:

"Wo einer seinen Platz wählt, in der Meinung, dort am meisten nützen zu können oder wohin er von seinen Oberen gestellt wird, da muss er – nach meiner bescheidenen Meinung – ausharren und den Kampf bestehen und darf an nichts denken, nicht an den Tod noch an sonstige Gefahr, sondern nur daran, ein anständiger Kerl zu bleiben." (Plato, 28 e) – Henning, Klassenlehrer der 12 g

4. Vierte Spur: der Jude Jesus und die Wende zur L i e b e

a) Annäherung mit dem Kompass des Herzens

Und nun dieser Jesus von Nazareth! Wie soll man ihm nahe kommen? Er ist, wenn man so will, der Größte der vier ‚maßgebenden Menschen', unbestritten seiner Wirkung in der Geschichte nach. Doch davon wollen wir nicht sprechen. Es geht uns um die Annäherung an einen Menschen, der die ‚Maßgabe des Menschlichseins', nach dem, was wir von seinem Leben wissen, annähernd ausgeschöpft hat. Niemand vermag seine Mitgift des LEBENS vollständig zu verwirklichen; es gilt immer das ‚strebende Bemühen', wie Goethe es für seinen ‚Faust' sagt. Konfuzius bemüht sich auf seinem Weg um die ‚Bildung zum edlen Menschen', Buddha um die ‚Erlösung aus dem Räderwerk der Zeit'; auf seinem ‚mittleren Weg' findet er in der Distanz–Mitte zwischen dem allgemeinen SELBST und dem individuellen Selbst die zeitlose ZEIT: Sein Nirvana. Bei Sokrates ist der Weg auf die Erkenntnis der WAHRHEIT ausgerichtet! Und bei Jesus? Er ist von einem Augenblick seines Lebens an die ‚Liebe als Mensch' und ein Mensch mit der ‚Botschaft der Liebe' für alle Menschen. Darin hat dieser Jesus von Nazareth den höchsten Rang, weil es nichts Höheres gibt als die Liebe. Dass eine neue Zeitrechnung mit der Geburt von Jesus beginnt, ist begründet und seinem Rang angemessen.

Damit ist jedoch noch nicht unsere Frage beantwortet: Wie sollen wir diesem Menschen nahe kommen, von dem wir historisch so wenig wissen, nur seine Wirkung kennen? Es geht dabei nicht um eine Rangordnung der Religionen; die hier nicht erörterte Weltreligion des Islam, der Name bedeutet ‚Friede', soll keineswegs nachgesetzt sein. Wer den Weg zu ihr finden will, wird es tun. Es geht uns nicht um Fragen des Glaubens, in diesem Fall auch nicht um das Christentum dieser oder jener Prägung, nicht um theologische Streitfragen oder eine Bewertung vorliegender, bisweilen abenteuerlicher Biographien zu Jesus. Es geht auch nicht um seine Göttlichkeit, ob er Gottes Sohn und der ‚Christus' ist. Es geht uns einzig um den Menschen Jesus von Nazareth! Wenn wir uns darauf konzentrieren, bietet sich eine ausgezeichnete Möglichkeit einer Antwort auf unsere Frage: w e r ist der Mensch? Karl Jaspers sagt zu den ‚maßgebenden Menschen': "Bis heute ist es eine Frage, wie wir uns philosophisch zu ihnen verhalten, und wie sie sich zueinander verhalten für den, der sie alle wahrnimmt, und was sie ohne die organisierten Religionen bedeuten, für die sie als Stifter und Autorität gelten." (.l. c.135f) Darauf versuchen wir eine Antwort, nicht aus der Sicht des ‚Abendländers', wie es bei Jaspers geschieht (l.c.,136), sondern einfach nur aus der des Menschen, der wir in Vergangenheit, Zukunft und Gegenwart, ob Chinese, Inder, Grieche oder Jude .... in unserem SEIN s i n d!

So nähern wir uns diesem Menschen mit dem Kompass des Herzens. Papst Johannes Paul II., dieser Pole an Frömmigkeit, hat einmal gesagt: ‚Wer Jesus leugnet, verleugnet menschliche Geschichte'. Er spricht wahr, wie er das auch gemeint haben mag. Wir fügen hinzu: wer diesen und die bereits genannten Menschen mit ihrem Leben und dem, was sie auf ihrem Weg wollten, leugnet, verleugnet das ‚Menschlichsein als Mensch'. Mit dem Kompass des Herzens sieht man nicht die Richtung, die der gewöhnliche Kompass anzeigt, man hört Klänge, die einen Widerhall im Herzen auslösen. Es ist wie eine Resonanz: wenn in einem Zimmer voller Geigen die Seite einer einzigen angestrichen wird, klingen die Seiten der anderen mit. "Das >hörende Herz< kommt dem gleich, was wir die Stimme des *Gewissens* nennen. ... >Herz< ist dabei nicht Metapher für Gefühl, sondern gilt als *Organ* des Intellekts und als Mitte der personalen Identität. Das Herz ist nach diesem Konzept jene Stelle im Menschen, wo alle Sinnes – Eindrücke zusammenlaufen, gespeichert und verarbeitet werden. Vom >Herzen< gehen dann die Urteile und die Entscheidungen des Menschen aus. Insofern ist das >Herz< der Ort *im Menschen,* der alles, was von außen kommt, >hört< und dann darauf reagiert." (Erich Zenger, im Kontext der Salomo – Geschichte: ‚Gib deinem Knecht ein hörendes Herz', in: Vogel, 41; Hvb. SPN)

b) Informationen zum Menschen Jesus von Nazareth

Wir lassen einen Fachmann die Frage beantworten, was wir historisch Gesichertes über Jesus von Nazareth wissen können? Der Bibelwissenschaftler Roman Heiligenthal sagt dazu:

"Aus meiner Sicht brauchen wir die extreme Skepsis der Bultmann – Schule im Blick auf das Leben Jesu nicht zu teilen. Einerseits ist es sicher richtig, dass man wenig über den historischen Jesus sagen kann, wenn man vor allem auf wortgetreue Zitate und historisch gesicherte Details aus seinem Leben aus ist. Aber auch ein skeptischer Historiker wird nicht daran zweifeln, dass Jesus in Galiläa vornehmlich wirkte, dass er offensichtlich in einer Verbindung zu Johannes dem Täufer stand, eine Schar von Anhängern um sich scharte. Man wird nicht daran zweifeln können, dass Jesus ein Jude war, dass er lehrte und heilte. Ohne Zweifel predigte Jesus Israel Umkehr und Verhaltensänderung angesichts des bald hereinbrechenden Reiches Gottes. Ein unbestreitbares Faktum ist auch, dass er – auf Betreiben einiger mächtiger jüdischer Führer – am Kreuz durch die

Römer hingerichtet worden ist." (in: Der verfälschte Jesus, 2. Aufl. 1999, 24; vom selben Autor: Der Lebensweg Jesu von Nazareth. Eine Spurensicherung, 1994; die Bücher sind für Forschungen zum Leben Jesu zu empfehlen)

Für seine Spurensicherung sagt Heiligenthal: "Ich fasse zusammen: Die Rückfrage nach dem Leben Jesu kann sich an historisch wahrscheinlichen Annahmen orientieren:

- Jesus von Nazareth wurde während der letzten Regierungsjahre Herodes' des Großen wahrscheinlich in Nazareth geboren (7. v. Chr. ?).
- Er wuchs in einer Bauhandwerkerfamilie mit Geschwistern heran.
- Wahrscheinlich war er bis zum Beginn seiner eigenständigen Wirksamkeit ein Anhänger der eschatologisch – prophetischen Bußbewegung Johannes des Täufers.
- Zu Beginn seines Wirksamkeit war Jesus ca. 30 Jahre alt. Er wurde von seinem Lehrer Johannes getauft. Er starb den Kreuzestod während der Amtszeit des Pontius Pilatus (26 – 36 n. Chr.), wahrscheinlich im Jahre 30 n. Chr.
- Sein Hauptwirkungsgebiet war der ländliche Raum Galiläas und die umliegenden Gebiete; ein geographisches Zentrum seiner Tätigkeit war Kapernaum.
- Jesus berief Anhänger und Anhängerinnen in seine Nachfolge, mit denen er als charismatischer Wanderprediger ohne feste Orts- und Familienbindungen durch Palästina zog. Als Wandercharismatiker fanden sie Unterstützung bei ortsfesten >Sympathisanten<, besonders bei vermögenden Frauen.
- Jesus wusste sich besonders zu den >verlorenen Schafen des Hauses Israel< gesandt, d. h. seine Botschaft galt besonders den stigmatisierten Randgruppen und den einfachen Menschen seines Volkes.
- Jesus pflegte ein für seine Zeit außergewöhnlich offenes Verhältnis zu Frauen, die zu seinen Schülerinnen gehörten, denen er ohne Angst vor Tabubrüchen begegnete und die Empfängerinnen zentraler Offenbarungen wurden. Nicht zuletzt waren nach der Tradition der Evangelien die Frauen die Erstzeuginnen des Ostergeschehens.
- Als Heils- und Gerichtsansage predigte er als Prophet die Botschaft vom nahe herbeigekommenen Gottesreich, auf die die Angesprochenen mit Buße und Umkehr reagieren sollten.
- In symbolischen Handlungen ließ Jesus als charismatischer Wunderheiler die kommende Realität des Gottesreiches im Jetzt präsent werden.
- In Gleichnissen verdeutlichte er seine Botschaft in der Bilder- und Erfahrungswelt seiner Hörer.
- Als weisheitlicher Lehrer stellte er das Liebesgebot in das Zentrum seiner ethischen Botschaft.

- Theologisch stand Jesus den Pharisäern in vielen Punkten nahe, seine Bewegung war ein Teil der jüdischen Erneuerungsbewegung seiner Zeit.
- An seiner Verurteilung und Hinrichtung waren Teile der Jerusalemer Lokalaristokratie, des enttäuschten Volkes und die römische Besatzungsmacht beteiligt. Alle Gruppen hatten unterschiedliche Motive für ihr Interesse am Tod Jesu.
- Dass Jesus ein messianisches Sendungsbewusstsein hatte, ist wahrscheinlich, jedoch in der Forschung heftig umstritten. Auch wenn sich nach meiner Ansicht die Frage, ob bereits der historische Jesus ein wie auch immer beschaffenes christologisches Selbstbewusstsein gehabt hat, nicht mehr so eindeutig negativ beantworten lässt, wie es die Schule um Rudolf Bultmann tat, so spiegeln die christologischen Aussagen der neutestamentlichen Schriften immer auch den Glauben der Gemeinde." (l. c. 34 f)

c) Die ,Spur' des Jesus als ,maßgebender Mensch'

Die Aussagen des Bibelwissenschaftlers weisen auf den Menschen Jesus und zugleich auf seine Sprache, die seiner Zeit und Umwelt entspricht. Das muss von uns wie bei den anderen ,maßgebenden Menschen' berücksichtigt werden. Wir erforschen nicht, ob Jesus der Christus, sondern wer er als Mensch war. Dass er nach seiner eigenen ,Umkehr und Verwandlung' weiter in ,seiner Sprache' redet, sollte verständlich sein. Was er durch sie hindurch verkündet, wollen wir ermitteln. Im Unterschied zur ,Entmythologisierung' von Bultmann und seiner Schule ist unsere Methode eine ,Reduktion' der geschichtlich bedingten Sprache eines Sprechers auf SPRACHE, die zum SEIN des Menschen gehört. (Vgl. dazu ausführlich vom Autor: MENSCH und SPRACHE, 1998) Jesus sprach aramäisch und konnte die hebräische Bibel lesen. (R.H., 25) Insofern ist es zu erwarten, dass der Rabbi–Schüler, der auch selbst als Rabbi angesprochen wird, in den Vorgaben seiner Tradition denkt und spricht. So redet er vom ,Gottesreich', das ganz nahe sei und bald kommen wird. Seine Jünger erwarteten das ,Reich' noch in ihrer Lebenszeit!

Diese ,falsche Voraussage', als die sie oft verstanden wird, ist als Argument immer wieder gegen ihn verwendet worden! "Jesus kündigte (das baldige Kommen) des Gottesreiches an, und gekommen ist die Kirche." (Alfred Loisy; nach R.H. l.c. 139) Wer jedoch durch die zeitbedingte Sprache auf die SPRACHE in ihrem zeitlosen SEIN hört, wird diese Aussage gerade für Jesus und seine Verkündigung begreifen. Es mag ein ,jenseitiges Gottesreich' geben und von Jesus wie von seinen Anhängern einst und heute geglaubt sein; was aber jetzt möglich ist: das Gottesreich ist für alle diejenigen nahe, die seine Botschaft hören und befolgen! Wer dem Verkünder in der Liebe und im Lieben nachfolgt, lebt die

Umkehr und wird verwandelt: er entdeckt die Liebe bei sich selbst. Wer so in sein Menschlichsein gelangt, ist ein Kind Gottes und in seinem Reich angekommen. Wenn es einen Gott nicht gibt, ist er ein Kind der Liebe, was im Grunde ähnliches sagt wie das, ein ‚Kind Gottes' zu sein. Der verwandelte Mensch ist von vielen Bedürfnissen ‚erlöst' und für Interessen ‚frei'! Der Begriff ‚nahe' – das Gottesreich ist nahe – begreift sich nicht aus der Zeit, einer frühen oder späten Zeit in naher oder ferner Zukunft, Jesus spricht aus der ZEIT, die wie SPRACHE zum SEIN des Menschen gehört. Die ZEIT ist dem Menschen so ‚nahe', wie er sich ‚selbst' und der Liebe nahe ist: Kinder leben die ZEIT!

d) Jesus: Der größte Künstler und Philosoph aller Zeiten

Joseph Beuys hat den Menschen Jesus zum ‚größten Künstler aller Zeiten' erklärt; wir fügen hinzu: er ist auch der größte Philosoph, weil er nach seiner ‚Umkehr' das ‚Menschlichsein' selbst so lebt wie er es verkündet; zwar mit Anfechtungen und Zweifeln, doch in beispielhafter Wahrhaftigkeit. Für Konfuzius haben wir die Anekdote vom ‚verlorenen Bogen' gebracht, den nicht ein ‚Landsmann, sondern ein ‚Mensch' finden wird; er ist uns darin nahe gekommen. Jesus will die nächste Nähe. Am Kreuz verkündet er es: ‚Sieh da, dein Sohn! Sieh dort, deine Mutter!' Er sagt es zu seiner eigenen Mutter Maria und seinem Jünger Johannes und wendet es dadurch ins Allgemeine: ‚Jeder Mensch ist das Kind einer Mutter und soll in jeder Frau seine Mutter erfühlen!' Alle Menschen sind Schwestern und Brüder aus dem Mutterschoss. ‚Nicht mitzuhassen, mitzulieben bin ich da', sagt Antigone zum König Kreon, der ihr verbieten will, den toten Bruder zu begraben. Was in der griechischen Tragödie gelingt, sollen alle Menschen auf der Erde und in allen Zeiten leben.

Jesus kennt Antigone nicht, er e r k e n n t sich als Mensch! Er verkündet Menschenliebe, weil der Mensch ein Kind der Liebe ist und sein soll. Das hat vor und nach ihm in der ‚Zeit' (Geschichte) noch kein Philosoph so radikal verkündet. Er liebt den Menschen und vor allem die Kinder vom ersten Augenblick ihres Lebens an. Wir wissen heute: dieser Augenblick ist mit der ersten Teilung der befruchteten Einzelle gegeben. Die Botschaft der Liebe gebietet das LEBEN zu lieben, unabhängig davon, ob das Universum die Schöpfung eines Gottes ist oder auf unbegreifliche Weise aus sich da ist, ob es ein ewiges Leben in einem jenseitigen Reich gibt oder der Tod das Ende bedeutet. Sollte das erste der Fall sein, werden sich die dort wiedersehen, auf die sich zum Beispiel Sokrates freut. Im Schlusswort seiner Verteidigungsrede nennt er einige Namen. Bis dahin, bis zum Tode, ist das Reich der Liebe in diesem Leben und auf dieser Erde zu verwirklichen. Weil das SEIN des Menschen ‚Liebe' ist, ist menschliches Leben nur für sich selbst zu leben, für keinen anderen Zweck zu verbrauchen.

e) Jesus: "Ich bin der Weg und die WAHRHEIT und das Leben"

Im Evangelium des Johannes wird der Zusammenhang von Leben und Lieben von Jesus in einer anderen Rede mitgeteilt, die wir für authentisch halten: "Ich bin der Weg, die WAHRHEIT, und das Leben ...." (Joh. 14, 6) Wir haben das griechische Αληθεια (Aletheia) in der Übertragung des Bibeltextes durch große Letter hervorgehoben; Jesus spricht keine vorliegende Wahrheit der Geschichte aus, sondern seine Natur als Mensch an. Die genetische WAHRHEIT ist von den vielen ideologischen Wahrheiten zu unterscheiden, mit denen sich ‚Masken' ungemein putzen. Die Menschen hinter der Maske wähnen sich gerne im Besitz der ‚vollen Wahrheit'! Sie sind zu allen Zeiten eine große Gefahr auf der Erde. Die Masken werden auch diesen aramäischen Juden aus Nazareth zum Tode verurteilen, weil er ‚ihre Wahrheit' verstört. Die Erde, auf dem das Urteil vollstreckt wurde, ist bis in die Gegenwart (und Zukunft?) von Hass erfüllt und von Blut getränkt. Wir bringen zur Vorbereitung unserer philosophischen Reduktion die prophetische und zugleich wirklichkeitsnahe Rede des Jesus, in der dieses Sinn–stiftende Gefüge von Weg – WAHRHEIT – Leben steht:

"Euer Herz lasse sich nicht verwirren. Glaubt an Gott, und glaubt an mich! Im Haus meines Vaters gibt es viele Wohnungen. Wenn es nicht so wäre, hätte ich euch dann gesagt: Ich gehe, um einen Platz für euch vorzubereiten? Wenn ich gegangen bin und einen Platz für euch vorbereitet habe, komme ich wieder und werde euch zu mir holen, damit auch ihr dort seid, wo ich bin. Und wohin ich gehe – den Weg dorthin kennt ihr.

Thomas sagte zu ihm: Herr, wir wissen nicht, wohin du gehst. Wie sollen wir dann den Weg kennen?

Jesus sagte zu ihm: **Ich bin der Weg und die Wahrheit und das Leben**; niemand kommt zum Vater außer durch mich. Wenn ihr mich erkannt habt, werdet ihr auch meinen Vater erkennen. Schon jetzt kennt ihr ihn und habt ihn gesehen.

Philippus sagte zu ihm: Herr, zeig uns den Vater; das genügt uns.

Jesus antwortete ihm: Schon so lange bin ich bei euch, und du hast mich nicht erkannt, Philippus? Wer mich gesehen hat, hat den Vater gesehen. Wie kannst du sagen, zeig uns den Vater? Glaubst du nicht, dass ich im Vater bin und der Vater in mir ist? Die Worte, die ich zu euch sage, habe ich nicht aus mir selbst. Der Vater, der in mir bleibt, vollbringt seine Werke. Glaubt mir doch, dass ich im Vater bin und dass der Vater in mir ist; wenn nicht, glaubt wenigstens aufgrund der Werke! Amen, amen, ich sage euch: Wer an mich glaubt, wird die Werke, die ich vollbringe, auch vollbringen, denn ich gehe zum Vater. Alles, um was ihr in meinem Namen bittet, werde ich tun, damit der Vater im Sohn verherrlicht wird. Wenn ihr mich um etwas in meinem Namen bittet, werde ich es tun. Wenn ihr mich liebt, werdet ihr meine Gebote halten. Und ich werde den Vater bitten, und er wird euch einen anderen Beistand geben, der für immer bei euch bleiben soll. Es ist der Geist der Wahrheit, den die Welt nicht empfangen kann, weil sie ihn nicht sieht und nicht kennt. Ihr aber kennt ihn, weil er bei euch bleibt und in euch sein wird." (Johannes, Verse 1 – 17)

Zur Erinnerung: wir deuten in Beziehung zu unserem Thema, der ‚Suche nach dem verlorenen SELBST', dieses Gespräch von Jesus mit seinen Jüngern, das uns Johannes als Teilnehmer lange danach aus seinem Gedächtnis mitteilt, auf seinen philosophischen Gehalt. Wir reduzieren die Sprache, die hier sogar griechisch und nicht die des Jesus ist, auf die SPRACHE, die zum SEIN des Menschen gehört und daher in allen Sprachen und zu jeder Zeit verstanden werden kann, wenn man verstehen will. Der Schlüsselbegriff zum Verständnis ist neben dem Spruch von ‚Weg – WAHRHEIT – Leben' das Gefüge ‚Geist der Wahrheit', griechisch: πνευμα της αληθειας (Pneuma tes aletheias). Mit dem Begriff ‚Pneuma' wird die Kraft genannt, die der WAHRHEIT eignet. Es ist keine unwirkliche Kraft zum Gebrauch in spiritistischen Sitzungen, sondern eine wirkende Kraft, die zum SEIN der WAHRHEIT gehört und den Menschen, der sie berührt, zur Umkehr bringen und verwandeln kann. Dieser ‚Geist der WAHRHEIT' wird die Jünger nicht mehr verlassen, er wird bei ihnen bleiben, wenn Jesus ‚gegangen' ist. Genau das verspricht dieser Mensch in seiner Verkündigung den Jüngern – und allen Menschen –, die ihn als Mensch lieben, weil sie in dieser Liebe zugleich sich selbst lieben müssen: ‚Wenn ihr mich liebt, werdet ihr meine Gebote halten'!

f) Der Weg: ‚Wirklichkeit der Liebe'

Jesus spricht seine Hörer darauf an, ihm als Mensch in seinen Worten und Werken ‚zu glauben'. ‚Glaubt mir doch ....!', ist die wiederkehrende Rede. Die Wörter ‚Glauben – Loben – Laben – Lieben' gehen alle auf die gleiche (erschlossene) indogermanische Wurzel *pri- zurück; sie hat die Bedeutung: ‚versöhnt sein mit'. Das Wort ‚frei' wurzelt ebenfalls in *pri-: Liebe ist der einzige und wirkliche Grund der Freiheit. Im Lieben ist der Mensch frei und befreit, zum Beispiel vom Hass; er ist mit sich und den anderen Menschen, mit Vater und Mutter, den Geschwistern, mit allen auf der Erde im ‚Lieben verbunden und versöhnt': ‚Nicht mitzuhassen, mitzulieben bin ich da', spricht Antigone. Jesus sagt es ähnlich und anders: Der Vater ist in mir und ich bin im Vater. Hier wird zur Mutter auch einmal der Vater geehrt. Es ist zum einen der leibliche Vater, den Jesus ehrfurchtsvoll bezeugt; er verhilft mit der Mutter zur ersten Geburt eines Kindes. Der ‚Vater' ist genetisch wie die Mutter und wie die gesamte Ahnenreihe in den Kindern ‚enthalten'. Die Worte Jesu am Kreuz zu Maria und Johannes werden hier an den ,Vater' gerichtet. Jesus spricht auch vom ,Vater' als dem ,Geist der WAHRHEIT'. Wie ein Vater seine Kraft für seine Familie einsetzt, ist dieser ,Vater in uns'. Er ist die ,Kraft' zur Versöhnung mit sich selbst und anderen Menschen. Wenn die Jünger diese Kraft in sich finden und den ,Geist der WAHRHEIT' in sich wirken heißen, können sie auch Werke und Taten vollbringen, wie Jesus sie auf ,Geheiß des Vaters', der in ihm ist, in seiner Menschenliebe gezeigt und im Sterben bezeugt hat.

Wahrscheinlich hat Jesus mit ,Vater' auch ,seinen Gott' gemeint, hat sich als ,seinen Sohn' gefühlt, es für wahr gehalten, das ist: er hat geglaubt, der Sohn Gottes zu sein. Das ändert an unserer Deutung nichts, die sich auf den Menschen Jesus konzentriert. Wenn es ein anderes ,Sein bei Gott' geben sollte, sagt es uns Jesus, der mit seinem leiblichen Vater zusammen viele Häuser gebaut hat, in der Sprache seines Berufes in diesem Bild: "Im Hause meines Vaters gibt es viele Wohnungen. Wenn es nicht so wäre, hätte ich euch dann gesagt: Ich gehe, um einen Platz für euch vorzubereiten?" Die Antwort auf diese rhetorische Frage des Jesus ist: wie er sind wir im Lieben alle ,Kinder Gottes', alle ,Kinder der Liebe'! "Liebe, und dann tu, was du willst!" sagt Augustinus, Bischof von Hippo nach seiner ,Verwandlung'. Jesus sagt es genauer: "Amen, amen, ich sage euch: Wer an mich glaubt, wird die Werke, die ich vollbringe, auch vollbringen, und er wird noch größere vollbringen, denn ich gehe zum Vater."

Jesus ist aus der Zeit (Geschichte) gegangen als ,Vollendeter' – "es ist vollendet" – und in die zeitlose ZEIT übergegangen. Wir selbst sind, solange wir leben, noch ,in der Zeit'! Für alle Gegenwärtigen bedeutet sein Hinweis auf ,die größeren Werke, die wir vollbringen sollen: Es ist höchste Zeit zu leben u n d zu lieben. Diese ,höchste Zeit' ist das SEIN der ZEIT, die wie die WAHRHEIT zum Menschen gehört. Da der Mensch Jesus ,jung' gestorben ist, könnten unsere Werke der Liebe in einer längeren Lebenszeit aus dem SEIN von WAHRHEIT und ZEIT ,größer' sein. In diesem Sinne ist auf der Erde für liebende Menschen das ,Reich der Liebe' oder das ,Gottesreich' immer *nahe*! Das ist Jesu ,Botschaft der Liebe' für alle Menschen. Er könnte die Botschaft nicht verkünden, wenn er sie nicht selbst in der Erkenntnis gelebt hätte, dass alle Menschen sie zu leben vermögen. In die Verkündigung einbezogen ist der Aufruf zum ,Glauben, Loben und Laben'; es ist eine ,frohe Botschaft', bestimmt für fröhliche Menschen, nicht für miesepetrige Masken. Diese sollen wir ablegen, in die Mottenkiste der ,Geschichte' tun und im L i e b e n ein menschlicher Mensch sein.

g) Deutung des Spruches vom ,Weg – WAHRHEIT – Leben'

Nunmehr können wir diesen unerhörten Spruch philosophisch deuten: "Ich bin der Weg und die WAHRHEIT und das Leben!" Der Zusatz: "Niemand kommt zum Vater außer durch mich" steht für die Aufforderung zur ‚Nachfolge Jesu', die, wenn sie verwirklicht wird, jeder nur in sich ‚selbst' erwirken kann: es geht nicht um Lippen-Bekenntnisse', nicht um Nachsprechen eines Textes, um ein Gebet an den lieben Jesus: es geht um die Verwandlung des eigenen Lebens! Niemand kann einem anderen Menschen ‚nachfolgen', dessen ‚Weg gehen', jeder hat ‚seinen Weg'! Das gilt auch für die viel beschworene ‚Nachfolge Jesu'. Sie ist nur als eigene Verwandlung möglich, als eigener Weg des Liebens. Und das ist kein Eiapopeia. Dieser Jesus ist nicht ‚lieb' wie man es gerne möchte; seine Rede: ‚nicht den Frieden, sondern das Schwert bringe ich', will die bemühte Arbeit an der eigenen ‚Gestalt'. Sie soll, sagt die Bildmetapher, notfalls mit dem Schwert ausgeschnitten werden wie der Steinmetz Sokrates den Meißel des Wortes gebraucht, um die ‚soziale Skulptur Mensch' zu bilden. Jesus ist wie jeder maßgebende Mensch ein bedeutender Hinweis, daß die Maßgabe im Menschen liegt: wer will, kann sie finden und aus ihr leben, den Weg selbst gehen, den Menschen wie Jesus gegangen sind.

Daraus muss klar sein: Jesus ist nicht als ‚dieser Mensch' eine Maßgabe, der wir zu folgen haben; woher hat er sie denn selbst, woher haben Konfuzius, Buddha oder Sokrates ‚ihre Maßgabe'? Nicht von anderen, die ‚Maßgabe' ist in jedem Menschen. Doch in der geschichtlichen Welt ist im Streit der ideologischen ‚Masken' die im SEIN des Menschen genetisch gegründete ‚Maßgabe' verloren! Wir haben das SELBST als unsere ‚Eins' verloren; das Selbst geht als die ‚Zwei' in die Irre. Heidegger spricht in seiner philosophischen Maske vom ‚Vergessen des Seins', ohne dabei an den Menschen und das SEIN zu denken, von ihm zu sprechen. Den folgenschweren Verlust spricht Jesus in seiner Zeit in aller Deutlichkeit an; er sagt wörtlich: "Es ist der Geist der WAHRHEIT, den die Welt nicht empfangen kann, weil sie ihn nicht sieht und nicht erkennt. Ihr aber kennt ihn ....!" Was jemand kennt, folgt einer Erkenntnis. Kennen wir die eigene Erkenntnis als ‚Ur – Kenntnis? Um nicht missverstanden zu werden, spricht Jesus seine ‚Erkenntnis' in radikaler Deutlichkeit aus: ‚Ich bin der Weg und die WAHRHEIT und das Leben!' Wer als Mensch diesem Jesus ähnlich denkt und handelt, der ‚ist auch ein Weg aus der WAHRHEIT in ihm selbst'; er muss sie in sich suchen und finden, sie berühren und die ‚Umkehr' vollbringen: Das wäre eine zweite Geburt, eine Geburt zum wirklichen Leben als Mensch. Der Spruch Jesu von ‚Weg – WAHRHEIT – Leben' spricht das SEIN des Menschen an und aus. Obgleich er es nicht nötig hat, ist es doch bedeutsam auszusprechen: Jesus ist mit seiner Botschaft der größte Philosoph aller Zeiten.

Die großen christlichen Kirchen haben den Menschen Jesus und seine Bedeutung für das Erdenleben nicht in der Weise wahrgenommen und verkündet, wie es seiner Botschaft angemessen wäre. Der ‚Christus', ‚Gottes Sohn' und sein Ruf an die ‚Sünder' zur Reue, sein ‚Sterben am Kreuz', die Nachfolge, sein ‚eigenes Kreuz' auf sich zu nehmen ...., haben den Menschen der Liebe und das Liebesgebot verdrängt. Die Kirchen sind schon lange nicht ,zeitgemäß', weil die ,frohe Botschaft' des Jesus für alle Menschen und für jede Zeit nicht verkündet wird, sondern eher die Erwartung seiner Wiederkehr zum jüngsten Gericht am Ende der Zeit. Bis dahin vergeht noch viel Zeit. Inzwischen folgen Menschen den Sekten, die Wärme und Geborgenheit vermitteln, wobei selten bemerkt wird, das die alte gegen eine neue ,Maske' ausgetauscht ist. Der charismatische Papst Johannes der XXIII hat die Welt für alle Fehler und Vergehen der Kirche um Vergebung und Verzeihung gebeten.

h) Jesus: Eine Antwort auf die Frage ,w e r ist der Mensch'

Dieser Mensch Jesus ist in seiner Botschaft der Liebe in Worten nicht auszuschöpfen; so soll es hier genug damit sein. Auf die für ihn sicher bezeugte ,Bergpredigt' wäre zu verweisen; sie ist so bekannt, dass sie vielen im Wege steht. Auf den Weg kommt es jedoch an; jeder Mensch muss ihn für sich suchen und selbst entscheiden, wohin die Reise seines Lebens gehen soll. Der Philosoph Max Scheler, der bei seiner Lehrtätigkeit in Köln manchmal in das ,heitere Treiben' dort eintauchte, wurde vom Kardinal gerügt: ,Er müsse doch ein Wegweiser sein!' Der Philosoph soll spitz gefragt haben: ,Haben eure Eminenz schon mal einen Wegweiser gesehen, der den Weg selbst geht, den er anzeigt?' Es geht eben nicht um diesen oder jenen ,Wegweiser', sondern um den ,Weg'. Auch die ,maßgebenden Menschen' sind keine Wegweiser, die an einer Kreuzung stehen, die ,Richtung' zu weisen! Sie haben ,Spuren' gelegt, denen wir folgen können; doch erst müssen wir sie finden. Diese ,Spuren' sind nicht irgendwo im Nahen Osten oder Fernen Westen, nicht im Kalten Norden oder Heißen Süden, sie sind in uns, nur mit dem Herzen zu fühlen. Was alles hinter uns liegt und was auf uns zukommt, ist nichts im Vergleich zu dem, was in uns selbst ist. Aus sich, nicht von anderen, haben Konfuzius und Buddha, Sokrates und Jesus ihr Denken und Tun geschöpft, sind sie ,ihren Weg' gegangen. Wer für sich Hilfe braucht, nicht sicher ist, ob sein ,Ich' er Selbst oder nur eine Maske ist, mag bei diesen großen Vier nachforschen. Aus dem innersten SEIN verkündet Jesus von Nazareth die Bergpredigt, ist er in seinem SEIN als Mensch ein Weg, eine WAHRHEIT und ein ,Leben', die wir philosophisch auszulegen versucht haben. Nicht von ungefähr beginnt Jesus seine Rede so: "Euer Herz lasse sich nicht verwirren!" (Johannes, 14, 1) Dem vermögen wir einfach nichts hinzuzufügen.

,Eens zullen wir toch weer mensen en niet alleen joden zijn' (Anne M. Frank)

VII. Abdrücke von ,maßgebenden Menschen'

Zur Orientierung

Jede Spur hinterläßt einen ,Abdruck'. Die Spuren der großen Vier sind so ausgeprägt, dass sie jeder finden kann, der es will. Für manche Menschen sind die Spuren zu groß; sie wenden sich resignierend ab. Wir müssen es jedoch immer wieder sagen: die Maßgabe ist in uns! So zeigen wir einige andere Menschen, kleiner als die großen Vier, leichter zugänglich vielleicht; sie können uns Mut machen. Wir reden im Grunde immer von dem ,Menschen', der jede/r hier und jetzt ist: Du und Ich, wir alle sind das Thema. In der Geschichte entstehen ,Masken', die Menschen trennen können und immer wieder Trennung bis hin zu Feindschaft erwirken. In unserer Natur ist aus unserem SEIN jeder ein ,Nachbar', ist Liebe und Freundschaft möglich. Im großen Stil haben die ,maßgebenden Vier' sie gelebt! Doch auch wir können uns so bilden und leben, wie es uns möglich ist. Jeder einzelne sollte bedenken und sich darauf einlassen, dass die eigene Existenz die einzige Wirklichkeit ist, in der das LEBEN in seinen Möglichkeiten auf die Probe gestellt werden kann. Die Verantwortung hierfür kann niemandem abgenommen werden.

Um das anschaulich zu machen, wollen wir vier Menschen zur Sprache bringen, die auf ihre Weise die Maßgabe gelebt haben. Diese ,Vier' sind so noch nie und von niemandem ,zusammengestellt', wie es hier geschieht. Das deutet auf Willkür, die Absicht ist, weil im Grunde jeder Mensch erörtert werden könnte. Die Auswahl ist aus unserer Sicht ,subjektiv', was bei den großen Vier nicht der Fall war; sie ist dennoch dadurch legitim, weil der ,Abdruck', den diese Menschen hinterlassen haben, uns für das eigene Leben ermutigen kann. Sie sind sicherlich ,bekannt', doch vielleicht nicht so, wie wir es zu vermitteln versuchen. Wir erörtern Wilhelm von Humboldt, Giacomo Casanova, Marlene Dietrich und Anne M. Frank.

1. Abdruck: Der Preuße Humboldt und die Bildung zum universellen Menschen

a) Lebens–Daten: Sie gehen zumeist am wirklichen Leben vorbei

‚Wilhelm Freiherr von Humboldt ist am 22. Juni 1767 in Potsdam geboren und am 8. April 1835 in Tegel (Berlin) gestorben. Er ist Philosoph, Sprachforscher und preußischer Staatsmann. Nach rechtswissenschaftlichen Studien 1787–90 wirkte H. 1794–97 als Privatgelehrter in Jena, 1802–08 als preußischer Ministerresident in Rom. 1809/10 Direktor für Kultus und Unterricht im Innenministerium, reformierte H. das preußische Bildungswesen, gründete u.a. die Berliner Universität. Seit 1810 Gesandter in Wien (Teilnahme am Wiener Kongress), seit 1817 in London, 1819 wieder Minister. Im Mittelpunkt seines Denkens steht ein stets auf die Gesellschaft hin orientiertes Humanitätsideal. Als Sprachwissenschaftler entfaltet H. seine Grundkonzeption von Sprache. Wesen, Sinn und Entwicklung von Sprache deutete H. in umfassendem kulturgeschichtlichen Verständnis als Entwicklung des menschlichen Geistes überhaupt. Dabei wird Sprache als ‚Tätigkeit' (Energeia) bestimmt, die im Sprechen und Verstehen, in der Einheit von Ich und Du im Dialog aktualisiert werde. Bemühungen der Linguistik um eine generative Grammatik (N. Chomsky u. a.) verstehen sich weithin als Erfüllung Humboldtscher Ideen.' (Meyers Grosses Taschen – Lexikon in 24 Bänden, Bd. 10, 81 f): Eine Maske ist beschrieben, mehr nicht!

b) Zur Wiederbelebung des Menschen mit Namen Humboldt

Nicht allein im Lexikon, das zitierte ist nur ein Beispiel, wird dieser revolutionäre Mensch seiner radikalen Absicht auf ‚Bildung des Menschen' beraubt. Nach seinem Ableben wird Humboldt immer wieder von den ‚Masken' der Philosophie, Soziologie und Pädagogik ‚getötet'. Er bleibt ein ‚unbeherbergtes Ich' (vgl. Heydorn, Neufassung des Bildungsbegriffs, 108), das in Wirklichkeit ein im SELBST beheimatetes geniales Selbst war und für uns ist, wenn wir die ‚Bildung' begreifen und ergreifen, die er universell werden lassen wollte. Bisher haben wir seine Lektion versäumt. Die Archivare tragen mit Begriffen: ‚Reform des Bildungswesens', ‚Humanitätsideal', ‚Humboldt – Universität' und ‚generative Grammatik' (s. o.) ebenso zum ‚Versäumnis' bei wie die professoralen Bilanzbuchhalter der Tradition, die Vergangenes als Saldo der Gegenwart konservieren wollen und jede Veränderung dabei verhindern. Im Unterschied zu ihnen hat ‚unser Mensch als universeller Preuße' (oder umgekehrt: Preuße als universeller Mensch) den Hinweis von Pestalozzi beherzigt, den er in seinen ‚Nachforschungen' ausspricht: "Wir kennen von der Sittlichkeit unserer Natur eigentlich wenig außer dieser Arbeit an unserm verschütteten Selbst." (nach Heydorn, 151)

Die Freilegung des verschütteten ,Selbst' und die durch ,Bildung' erreichbare Vereinigung mit dem inneren ,Menschen, ist die revolutionäre Idee von Humboldt. Er unterscheidet sich von Konfuzius darin, dass er nicht wie dieser ,Praxis' und ,Theorie' zusammenbringen kann. Er bleibt den gesellschaftlichen Konventionen verhaftet, geht jedoch in seinem Denken über den Weisen aus China hinaus: alle Menschen sind der Bildung zum Menschen fähig! Das Anliegen von Pestalozzi soll verwirklicht werden: ,durch Bildung aller Menschen die Standesunterschiede überwinden und die Vereinigungskräfte in jedem so entwickeln, dass ein Mensch zugleich die Menschheit in sich entdeckt und austrägt'. Damit würden alle ,Grenzen' auf der Erde beseitigt, eine universale Menschen – Gesellschaft könnte im Innern gedacht, im Äußern verwirklicht werden. Wenn wir von dieser ,Idee' her auf den 11. September 2001 reflektieren, muss unsere Trauer unermesslich sein im Bedenken dessen, was wir seit dem Anfang der abendländischen Geschichte vor 2500 Jahren und im Blick auf Humboldt versäumt haben. Dieser Mensch weiß darum; er erkennt die Probleme der Tradition; er kennt seine eigene Zerrissenheit zwischen ideellem Anspruch und bürgerlicher Wirklichkeit. Den inneren Zwiespalt bringt er in einem (kaum bekannten) Sonett aus dem Jahre 1823 zur Sprache:

> "Ich bin ein armes, verlorenes Kind,
> Ich weine die klaren Augen mir blind."
> (Nach Heydorn: Wilhelm von Humboldt. Abstand und Nähe, 45)

c) Revolutionäre Ideen und Forderungen

Man stelle sich gedanklich einmal vor, was Humboldt in seiner Verantwortung als Chef der Abteilung ,Kultus und Unterricht' (1809/10) in zwei revolutionären Schriften zur ,Veränderung der Bildung und Bildungsanstalten' von seinem Staat und seiner Gesellschaft abverlangt und mit der Gründung der Berliner Universität als ,Anfang einer neuen Praxis' umzusetzen versuchte? Es war so kühn, dass man ihn 1810 als ,Gesandten' nach Wien abgeschoben hat! Wir bringen den zentralen Gehalt des ,Königsberger -' und des ,Litauischen Schulplanes' auf den Begriff:

- Jeder Mensch hat freien Zutritt zu allen Einrichtungen der Bildung;
- Das Recht auf Bildung ist Menschenrecht und damit unveräußerlich;
- Weder Alter, Geschlecht, bürgerlicher Stand oder Religion sind Hindernisse.

Das Bild, dass Humboldt vom Menschen hat, kann so geschildert werden:

- Jeder Mensch ist ein Mikrokosmos im Makrokosmos, er ist eine ,universitas';
- Der Einzelne muss sich seiner Selbst und des Anderen bewusst werden können;
- Der Weg der Bildung zielt darauf ab, sich seiner Selbst als Mensch bewußt zu werden und in der Verbindung zum SEIN des SELBST die Menschheit in sich auszubilden, um in der inneren Schau eine universale Welt der vereinigten Menschheit als möglich zu erkennen und als Wirklichkeit auf den Weg zu bringen.

Wilhelm von Humboldt ist als Mensch ein Citoyen der Welt. Seine Ideen und Forderungen sind bis heute weder in Deutschland noch sonstwo eingelöst. Wir wollen sie zusammen mit dem Menschen Humboldt erinnern. Warum soll denn nur in der fortschrittlichen Technik das einmal ,Gedachte' alsbald ,gemacht' werden, in Bezug auf den Menschen aber nicht? Muss hier wirklich alles beim ,schlechten Alten' bleiben? Wir entfalten die komprimiert vorgetragenen Gedanken Humboldts im Einzelnen: In einem Brief an Christian Gottfried Körner aus dem Jahre 1805 nennt Humboldt den Menschen ,ein Individuum, das Natur u n d Geschichte ist'. Zwischen Natur und Geschichte besteht eine Wechselwirkung, da beide Träger von ,Kräften' sind, die im Menschen zum ,Austrag' kommen. "Nichts Lebendiges und daher keine Kraft keiner Art kann als eine Substanz angesehen werden, die entweder selbst oder in der irgendetwas ruhte; sondern sie ist eine E n e r g i e, die einzig und allein an der H a n d l u n g hängt, die sie in jedem Moment ausübt. Die längste Vergangenheit existiert nur noch in dem gegenwärtigen Moment, ..." (Humboldt, Akademieausgabe, Bd. 2, 27) Das ,Leben' ist im Menschen soziale Gegenwart und politische Verantwortung! Das macht die Beteiligung aller erforderlich und das wiederum verlangt die Bildung aller Menschen, damit sie sich verantwortlich und direkt beteiligen.

d) Das Interesse an der Bildung zum universellen Menschen

Humboldt entwirft sein Modell einer ,neuen Universität' und eine ,Konstitution für Juden' gleichzeitig. An der Universität soll ,Bildung zum Menschen in universeller Absicht' für jede und jeden das wesentliche Ziel sein. Dieses Ziel hat auch die genannte ,Konstitution': "Meiner Überzeugung nach wird keine Gesetzgebung über die Juden ihren Endzweck erreichen, als nur diejenige, welche das Wort J u d e in keiner anderen Beziehung mehr auszusprechen nötigt, als in der religiösen, und ich würde daher alleine dafür stimmen, Juden und Christen vollkommen gleichzustellen." (Über den Entwurf zu einer neuen Konstitution für die Juden, Bd. 4, 100) Das ist kein abstraktes ,Humanitätsideal', sondern konkreter Humanismus in Absicht auf ‚eine Welt'. Die Maximen des Internationalen Sozialismus: "Freiheit, Gleichheit und Brüderlichkeit' wollen nicht Sprache bleiben, sondern Wirklichkeit werden. Humboldt denkt die ‚permanente Revolution als Bildung'. Veränderung ist gefordert, wenn der kulturelle Überbau Menschen zwingt, herrschende Normen zu erfüllen, die ihn nach innen und außen spalten. Seine eigene ‚Kulturkritik' schöpft er, wie kann es anders sein, aus Dichtung, nicht aus Philosophie; sie hat keine; Kant und Nietzsche sind in diesem unseren Lande die Ausnahme: Und Humboldt bleibt unbegriffen.

An Goethes Dichtung ‚Hermann und Dorothea' gewinnt dieser Mensch sein ‚Unbehagen in der Kultur': "Sie geht darauf aus, Selbständigkeit, Kraft und Leben überall zu töten, wo sie es findet. In dem Augenblick also, da der Mensch Kultur sucht, muss er ihr auch entgegenarbeiten, in dem Augenblick, da er, das Gebiet der bloßen Natur verlassend, in ihr Gebiet übertritt, beginnt für ihn ein Kampf, der nicht eher geendigt ist, als bis er sie mit der Natur in Übereinstimmung gebracht hat. Denn ohne die Möglichkeit einer solchen Schlichtung des Streits durch nachfolgende Harmonie wäre es töricht, sich überhaupt in denselben einzulassen. Die ursprüngliche und lebendige Kraft muss also durch die Kultur sich bereichern, dagegen aber ihrer unbestimmten Tauglichkeit ein bestimmtes Ziel geben und das Tote nach und nach in Leben verwandeln. Nur so wird der kultivierte (bloß bearbeitete) Mensch von dem bloß natürlichen zum gebildeten ..." (Bd. 2, 339 f) Humboldt spricht hier in seiner Sprache die innere ‚Maßgabe' an, die wir das ‚SEIN des SELBST' nennen. Von dieser Maßgabe kann ein individuelles ‚Selbst' zwischen innen und außen, zwischen Natur und Kultur vermitteln, das ist: Den ‚Streit kämpfen', von dem Humboldt spricht, um die herrschenden Normen und Ideologien zu verändern, wenn sie dem ‚menschlichen Menschen' entgegenstehen und den Weg zur ‚einen Welt' versperren.

e) Humboldts ‚Idee der Bildung'

Unser Preuße begreift den Menschen als ein Lebewesen, das inneren und äußeren Kräften ausgesetzt ist. Wie ein Individuum damit umgeht, ist die Frage seiner ‚Bildung'. Der Mensch ist ‚frei' für inneren Zuspruch wie für äußere Einsprüche; die jeweilige Wahl macht noch längst nicht ‚Freiheit' aus: "Die Freiheit lässt sich nicht, gleich der Natur (physisch gesehen/SPN), berechnen, und außer der allgemeinen Beschaffenheit des Menschen überhaupt (das ähnliche SEIN des SELBST/SPN) muss noch die besondere Eigentümlichkeit des Individuums (des Selbst/SPN) in Anschlag kommen. Denn auch das Individuum trägt einen ursprünglichen Charakter an sich, und wollten wir auch selbst mit der Sorgfalt unserer Erziehung bis zu dem Augenblick der Geburt zurückgehen, so würden wir auch da schon vorhandenen Eigentümlichkeiten begegnen.

Es ist daher ein schlechterdings vergebliches Bemühen, das Wesen eines Menschen aus den Umständen, die auf ihn eingewirkt haben, herleiten und durchaus begreifen und darstellen zu wollen. Wie tief man eindringen, wie nah man zur Wahrheit gelangen möchte, so bleibt immer eine unbekannte Größe zurück: **Die primitive Kraft, das ursprüngliche Ich, die mit dem Leben zugleich gegebene Persönlichkeit. Auf ihr beruht die Freiheit des Menschen, und sie ist daher sein eigentlicher Charakter."** (in: Das achtzehnte Jahrhundert, Bd.1, 478 f; Hvb. SPN)

Es ist klar erkennbar, dass Humboldt hier im Grunde von der ‚vorgeburtlichen Entwicklung' spricht und der in ihr genetisch gegründeten Mitgift für das ‚ursprüngliche Ich' bei seiner Geburt; er spricht von der ‚mit dem Leben in der Existenz zugleich gegebenen Persönlichkeit'; sie ist der Grund der Freiheit, weil sie als der ‚eigentliche Charakter' die Maßgabe enthält: Ihr als dem ‚Gesetz' zu folgen ‚nach dem wir angetreten', das ist ‚Freiheit! (vgl. dazu Goethe, ‚Urwort – Orphisch' und Rilke ‚Wie die Natur die Wesen überlässt ...; s. o.). Humboldt geht, wie Konfuzius in das ‚Altertum', zur Antike, zu den Griechen zurück, nicht weil sie ‚bessere Menschen' sind, sondern weil die Freiheit, sagen wir bei Sokrates, besser erkennbar ist als in gegenwärtiger Zeit! Es geht nicht um die Vergangenheit, um ‚Goldene Zeitalter', die es als solche nur in der Sprache gibt, es geht in jeder Zeit um konkrete Menschen, ihr Leben und ihre Freiheit! Der Bezug auf die griechische Antike ist keine Flucht aus der Gegenwart, sondern Anlass zum Wetteifer um das ‚Maß des Menschlichen'. Humboldt erkennt bereits die häßliche ‚Maske des technischen Fortschritts' und in Referenz zu ihr den Verfall des ‚Ethos'. Da der Phantasie des Menschen zur Erweiterung seiner Menschheit keine Grenzen in Raum und Zeit gesetzt sind, kann man ‚gelebte Freiheit' auch in ‚vergangenen Welten' auffinden, ohne deswegen ‚das Land der Griechen mit der Seele suchen' zu müssen.

f) Von Menschen–Bildung zur Bildungsrepublik der Menschheit

Die ‚Bildung aller' ermöglicht die Bildungsrepublik eines Volkes als Staat, schließlich der Völker in einem Universalstaat. Der Anfang der Republik liegt im Individuum; ist er auf dem Bildungsweg vom Bürger zum Citoyen ein republikanischer Mensch geworden, so will er nun die Republik! Die ‚Bildung aller' ist daher immer als ‚Bildung eines Individuums' zu verstehen und anzulegen. "Jede Bemühung für die Fortschritte des Menschengeschlechts, die nicht von der Bildung der Individuen ausginge, würde schlechthin fruchtlos und chimärisch sein; wird hingegen für diese gesorgt, so erfolgt jener Einfluss auf das Ganze von selbst und ohne ausdrücklich darauf gerichtete Absicht. Damit aber der Einzelne seinen Charakter allgemein erweitere und individuell bestimme, (denn auf diese beiden Forderungen lassen sich alle Gesetze der Charakterbildung zurückführen), muss er zuerst sich in dem vollsten Sinne des Ausdrucks kennen (Erkenne dein Selbst/SPN), und wegen der innigen Berührung, in der er mit allem steht, was ihn umgibt, nicht bloß sich (in der Beziehung des Selbst zum SEIN des SELBST/SPN), sondern seine Mitbürger, seine Lage, sein Zeitalter. Auf diese Weise vereinfacht sich daher das Geschäft der Menschenbildung auch in seiner weitesten Ausdehnung genommen, auf eine wunderbare Weise. **Nur an uns selbst dürfen wir arbeiten, nur unsere gegenwärtige Lage kennen und diese Kenntnis in uns fruchtbar werden lassen.**" (l. c. Bd.1, 392; Hvb. SPN)

Die Überzeugung von der Vereinigungskraft der Bildung mit sich selbst und mit den anderen Menschen setzt bei Humboldt voraus, dass er den einigenden Grund im Menschen kennt, wir nennen ihn das SEIN des SELBST, und die Notwendigkeit erkennt, dass der Einzelne diesen Grund als ‚Maßgabe' nicht verliert. Der Verlust würde ihn an die geschichtlichen Kräfte ausliefern, an Ideologien und ihre 'Wahrheiten', ihn von der WAHRHEIT abtreiben. Einzig durch wirkliche Bildung, die mit dem Erwerb von Wissen durch ‚Lernen' nichts zu tun hat, ist der Verlust zu vermeiden, das Genie zu fördern, das jeder mit seiner Geburt bereits ist. Für die Bildung zum menschlichen Menschen kommt es nicht auf den Intelligenz – Quotienten an, nicht auf die Lernfähigkeit in den Schulfächern, sondern einzig auf die ‚Bildung' des Charakters, den der Mensch für sein Leben mitbringt; er darf nicht mehr länger in den Lernanstalten verbogen oder gar abgetrieben werden! Werden sie, ob Vorschule oder Hochschule (Universität), in Bildungsstätten verwandelt, müssen sie für jeden Menschen mit der Absicht auf Bildung frei zugänglich sein! Damit ist deutlich gesagt, was Bildung ist: Sie ist ‚Selbstbildung' oder ‚Bildung eines Selbst' mit dem Ziel, die Vereinigungskraft des SELBST zu berühren, sich mit ihr zu verbünden für die zu schaffende ‚Freie internationale Republik'.

g) Zur Organisation von Bildung

"Der Gesetzgeber, hat man immer gesagt, muss seine Nation, ihren Geist und ihre Gesinnung studieren, wenn er mit Fortgang auf sie einwirken will." (Humboldt, Plan einer vergleichenden Anthropologie, I., 379) Der Wille zur ‚Bildung' hat, wenn er nicht behindert oder gebrochen wird, im Menschen die notwendigen Kräfte, um praktisch werden zu können. Da es hierbei keine Rangunterschiede zwischen Menschen hinsichtlich ihres ‚Wertes' oder ihrer ‚Würde' geben kann und darf, hat jede Organisation von Bildung allenfalls Altersstufen zu berücksichtigen, ansonsten muss sie den gleichen Rang für alle haben und freien Zugang für jeden ermöglichen. Die revolutionäre Idee der Bildung liegt bei Humboldt darin, dass er sie ‚für alle' ohne jedes wenn und aber will! Der

Mensch hat aus sich selbst Anspruch auf Bildung. Der Staat oder die Gesellschaft muss diesen Anspruch erfüllen und die ,Bildung zum Menschen' über die ,Ausbildung für einen Beruf' stellen. Die Bildung des inneren Menschen ist wichtiger als sein Funktionieren in einem Beruf. Der Vernutzung für wirtschaftliche Erfordernisse muss Menschenbildung vorangehen. Die wirkliche Situation ist vielmehr so, dass mangelnde Menschenbildung die Volkswirtschaften beschädigt. Das ist an der Umweltzerstörung beispielhaft wahrzunehmen. Wer das nicht erkennt, muss sich fragen, durch welche ,Maske' er die Welt anschaut, mit welcher ,Weltanschauung' er/sie lebt, denkt und handelt?

Um Bildung auf dem Lebensweg zu ermöglichen, fordert Humboldt: "Die Übung der Kräfte auf jeder Gattung von Schulen allemal vollständig und ohne jeden Mangel vorzunehmen, alle Kenntnisse aber, die sie (die Kräfte) wenig oder einseitig fördern, wie notwendig sie auch sein mögen, vom Schulunterricht auszuschließen, und dem Leben die speziellen Schulen vorzubehalten." In seinem ,Königsberger Schulplan', aus dem das Zitat stammt (Bd. 4, 172), entwirft er drei Stufen der ,Bildung':

1. Den Elementarunterricht
2. Den Schulunterricht
3. Den Universitätsunterricht

In jeder Stufe sollen vorrangig die ,inneren Kräfte' gefördert werden, weil nur so die erforderlichen Kenntnisse und Fähigkeiten ,kritisch' betrachtet, gesondert und für das Menschlichsein angeeignet werden können.

Zu 1.: Der Elementarunterricht soll "in Stand setzen, Gedanken zu vernehmen, auszusagen, ...". Durch ihn soll für den Schüler der "Lehrer möglich gemacht werden."

Zu 2.: Im Schulunterricht soll "der junge Mensch in Stand gesetzt werden, den Stoff an welchem sich eigenes Schaffen anschließen muss, teils schon jetzt wirklich zu sammeln, teils künftig nach Gefallen sammeln zu können, und so die intellektuell – mechanischen Kräfte auszubilden. Er ist also auf doppelte Weise, einmal mit dem Lernen selbst, dann mit dem Lernen des Lernens beschäftigt." Der ,Lehrer' wird für den ,Schüler' "durch den Schulunterricht entbehrlich."

Zu 3.: In der Universität ist der "Lehrer nicht mehr Lehrer, der Studierende nicht mehr Lernender, sondern dieser f o r s c h t selbst, und der Professor leitet seine Forschung und unterstützt ihn darin. Denn der Universitätsunterricht setzt nun in Stand, die Einheit der Wissenschaft zu begreifen, und hervorzubringen, und nimmt daher die schaffenden Kräfte in Anspruch." (Bd.4. 169 f)

Humboldt ist sich bewusst, dass nicht alle Aufwachsenden diese Stufen der Bildung vollständig durchstehen, aber er hält dies für einen Mangel der Gesellschaft, nicht für den des Menschen. Eine Gesellschaft muss die Interessen des Menschen achten und nicht die eigenen Bedürfnisse. In allen drei Stufen kennt "der gesamte Unterricht daher auch nur Einunddasselbe Fundament. Denn der gemeinste Tagelöhner, und der am feinsten Ausgebildete muss in seinem Gemüt ursprünglich gleichgestimmt werden, wenn jener nicht unter der Menschenwürde roh, und dieser nicht unter der Menschenkraft sentimental, chimärisch und verschroben werden soll." (Litauischer Schulplan, Bd. 4, 189) So ist der Griechisch – Unterricht für den zukünftigen Tischler ebenso wesentlich wie für den zukünftigen Gelehrten, es gibt keine besondere Ansehung der Person. "Die Organisation der Schulen bekümmert sich um keine Kaste, kein einzelnes Gewerbe, allein auch nicht um die gelehrte – ein Fehler der vorigen Zeit, ... der allgemeine Schulunterricht geht auf den Menschen überhaupt." (l.c. ,277 f)

h) Humboldts Utopie: Die Universitas der Bildung

"Der Universität ist vorbehalten, was nur der Mensch durch und in sich s e l b s t finden kann, die Einsicht in die r e i n e W i s s e n s c h a f t. Zu diesem Selbstactus im eigentlichen Verstand ist notwendig F r e i h e i t, und hilfreich E i n s a m k e i t, und aus diesen beiden Punkten fließt zugleich die ganze äußere Organisation der Universitäten. Das Kollegienhören ist nur Nebensache, das Wesentliche, das man in enger Gemeinschaft mit Gleichgestimmten und Gleichaltrigen und dem Bewusstsein, dass es am gleichen Ort eine Zahl schon vollendeter Gebildeter gebe, die sich nur der Erhöhung und Verbreitung der Wissenschaft widmen, eine Reihe von Jahren s i c h und der Wissenschaft lebe." (Bd.4, 279 f; Hvb. SPN) Die ,reine Wissenschaft', die nach Humboldt der ,Mensch nur durch und in sich selbst' finden kann, hat keinen ,Gegenstand' wie jede andere, sondern nur eine einzige Frage zu beantworten: w e r ist der Mensch in seinem SEIN und unabhängig von seiner Geschichte?

Die Antwort ist das Ereignis der Bildung, in dem der Mensch in sich die Menschheit auffindet. In diesem Moment ist er eine ,universitas'. ,In enger Gemeinschaft mit Gleichgestimmten' gelingt es leichter; die Kräfte werden in gemeinsamer Bemühung – Studium ist der Begriff dafür – vielfach gestärkt. Die ,Masken' können durchschaut werden; sie trennen Menschen und Völker und sind das Potential innerer und äußerer Verwüstung. Eine den Grund berührende ,Bildung' vermag das wirkliche Antlitz eines Menschen aufscheinen zu lassen; die ,zweite Geburt' eines Individuums zum menschlichen Menschen wird möglich. Gebildete Geburtshelfer sind dabei willkommen. Ob Humboldt sich mit dem Begriff der ,reinen Wissenschaft' an Kant anschließen wollte, bleibe dahingestellt; in jedem Fall hat bürgerliche Tradition beide Weltbürger in ihren Ideen und Absichten behindert. Für Humboldt kommt es darauf an, dass der Einzelne "nicht bloß ein Bürger seines Staats und seiner Zeit, sondern zugleich auch ein Bürger der Welt zu sein hat." (Das Achtzehnte Jahrhundert, Bd. I, 387 f)

Die ‚reine Wissenschaft' ist die zentrale und allem übergeordnete Aufgabe der Universität, weil der Mensch selbst eine ‚universitas' ist, wenn er den Überstieg (excessus) zur Menschheit schafft. "Im Mittelpunkt aller besonderen Arten der Tätigkeit nämlich steht der Mensch, der ohne alle, auf irgendetwas Einzelnes gerichtete Absicht, nur die Kräfte seiner Natur erhöhen, seinem Wesen Werth und Dauer verschaffen will. ... Die letzte Aufgabe unseres Daseyns: dem Begriff der Menschheit in unserer Person, sowohl während der Zeit unseres Lebens, als auch noch über dasselbe hinaus, durch die Spuren des lebendigen Wirkens, die wir zurücklassen, einen so großen Inhalt, als möglich, zu verschaffen, diese Aufgabe löst sich allein durch die Verknüpfung unseres Ichs mit der Welt zu der allgemeinsten, regesten und freiesten Wechselwirkung." (Theorie der Bildung, Bd.1, 235 f)

i) Einsamkeit und Freiheit: Humboldts Suche nach dem SELBST

"Eine alte jüdische Erwartung besagt, dass mit jedem Kind der Messias geboren werden kann. Martin Buber hat hierauf erneut aufmerksam gemacht." (Heydorn, l. c. 67) Für Hölderlin ist das Kind ein noch nicht entfremdeter Mensch; es lebt sich noch selbst. Humboldt spricht vom ‚ursprünglichen' oder ‚wartenden Ich' im Unterschied zum gewöhnlichen Ich, mit dem wir leben. Das ‚ursprüngliche Ich' muss immer schon gegeben sein, sonst wäre es nicht ‚ursprünglich'. Wenn es ein ‚wartendes Ich' geworden ist, erhebt sich die Frage, worauf es wartet? Es wartet drauf, dass sich das ‚Ursprüngliche' wieder meldet! In Bedürfnisse verstrickt, die von außen erzeugt werden, können wir lange warten. Die gesellschaftlich organisierte Industrie zur Befriedigung aller Bedürfnisse will die Wartezeit von der Wiege bis zur Bahre. An einem Interesse des Menschen am ursprünglichen Ich – die Leserinnen und Leser haben längst bemerkt, dass es unser ‚SELBST' ist – hat die Industrie des obszönen Überflusses keinen ‚Bedarf'. Der ‚Markt' hält zur Bedürfnisbefriedigung Preisklassen vor, die jeweils ‚Masken' zugeordnet sind. Die ‚Wartezeit' eines etwaigen Interesses eines Individuums an der Erkenntnis des SELBST als ‚ursprüngliches Ich' wird durch die Zeit der ständig stimulierten Erwartung eines neuen Bedürfnisses ausgelöscht. Humboldt sieht diese Gefahr in seiner Zeit, da der Markt noch nicht globalisiert, sondern provinziell ist; er ahnt die Gefährdung des Menschen; sie liegt im Verlust der Maßgabe aus dem SEIN des SELBST oder nach Humboldt: dem ‚ursprünglichen Ich'.

Gegen diese Gefahr und Gefährdung stemmt er sich mit dem Gefüge von ‚Einsamkeit und Freiheit' im Horizont der ‚Bildung für alle'. Der Mensch soll aus der ‚Zerstreuung' geholt werden: dafür ist ‚Einsamkeit' notwendig; und er muss von der Fessel seiner Bedürfnisse ‚befreit' werden: die Befreiung macht

‚Freiheit' möglich; sie ereignet sich im Überstieg (excessus) vom ‚Bedürfnis' zum ‚Interesse'. Das Inter – Esse ist die Überwindung 1) der Distanz vom SELBST zum Selbst als Weg der ‚Erkenntnis' und 2) der Distanz vom Selbst zum SELBST als Weg der ‚Bildung'. Dieser Humboldt ist bis heute bei uns nicht ‚angekommen'! Die ‚Idee der reinen Wissenschaft' ist völlig vernichtet; die ‚angewandten Wissenschaften' sind auf ‚Zwecke und Bedürfnisse' ausgerichtet; sie zeigen hier und da schon ‚Fratzen', die vor nichts zurückschrecken: wer den embryonischen Menschen für Zwecke vernutzen will und seine Tötung in Kauf nimmt, hat gegen die Fratze des Terrors keine ethischen Argumente mehr: die ‚Masken' haben ihr menschliches Gesicht verloren.

Humboldt ist sich dessen voll bewusst, dass seine Ideen in Preußen (und in der Welt) durch die geschichtlich erzeugten Verhältnisse nur schwer zu vermitteln sind. Er greift daher wie Konfuzius auf das Altertum zurück. In der kleinen Schrift "Über den Charakter der Griechen" heißt es: "Der eigentümliche Vorzug der Griechen ist, die Aufgabe, als Nation das höchste Leben darzustellen, auf der schmalen Grenzlinie aufgefasst zu haben, unter welcher die Lösung minder gelungen, und über welcher sie minder möglich gewesen seyn würde." (Bd. 2, 66) Der Begriff der ‚Grenzlinie' ist von größter Bedeutung; er intendiert den ‚Überstieg' der ‚Linie', die den Menschen von der Menschheit trennt. Wir sind im Grunde wieder bei unserer Metapher vom Flussbett und seinen Ufern! Ob wir vom linken oder rechten Ufer, von dieser oder jener Ideologie in das Flussbett steigen, die Grenzlinie (den Uferrand) von links oder rechts verlassen, um uns im ‚Strom des Menschlichen zu betten', die ‚Masken' abwerfen, um das ‚Leben' gemeinsam mit anderen zu verströmen, ist unerheblich. Es kommt auf den ‚Überstieg' der Grenze an, auf den Sprung in das Leben. Kierkegaard spricht vom ‚Mägdesprung'; er traut der Frau mehr zu als dem Mann und hat wohl recht damit: das Unheil ist in der Geschichte durch die Unterdrückung der Frau größer geworden. Die Grenzen sind verwischt.

Die ‚Grenzlinie' zu erreichen ist das ‚Ziel der Bildung' im Gefüge von ‚Einsamkeit und Freiheit'. Der einzelne Mensch tritt auf der höchsten Stufe seiner Bildung so dicht an die ‚Linie' und zugleich so dicht an sich heran, dass er in dieser Nähe die ‚Menschheit' zu entdecken und zu ihr überzutreten vermag. Er ist eine ‚universitas', eine ‚Bildungsrepublik' geworden, in der alle geschichtlichen und wissenschaftlichen Wahrheiten sich an der WAHRHEIT, jedes Moment der Zeit sich an der ZEIT messen lassen muss. Der so ‚Gebildete' hat WAHRHEIT und ZEIT entdeckt; er lebt nun in ihrer Strömung das menschliche Leben, wie es sein soll. Die Jahre der ‚Einsamkeit' im konzentrierten, nicht ablenkbaren Denken – ‚Hundert Jahre' im Roman von García Márquez – haben befreit und die Freiheit erkennen lassen. Wollen wir einen einfachen Menschen wie Du und Ich als anschauliches Beispiel, so ist es Herr G. im Roman ‚Die

Elenden' von Victor Hugo. Er hat die Grenzlinie zum menschlichen Menschen erreicht, in seiner Einöde ist er mit der ganzen Menschheit verbunden: sie ist in ihm ‚selbst'. Der Bischof Bienvenue, der schon fast den höchsten Grad der Heiligkeit erreicht hat, muss noch einen Schritt an die ‚Linie' heran; er macht ihn im ‚Kniefall' vor diesem ‚Revolutionär der Freiheit', um seinen ‚Segen' zu empfangen: die Welt ist um eine ‚Bildungsrepublik' reicher geworden: der Deputierte des Konvents und der Priester der Kirche begegnen sich im SEIN des (ähnlichen) SELBST, das sie im Übersteigen der Grenzlinie wiederfinden.

Humboldt weist auf den Weg des Überstiegs vom Selbst, dem vergesellschafteten, individuellen ‚Ich', zum SELBST als dem ‚ursprünglichen Ich' als Weg der Bildung, den Überstieg vom SELBST zum Selbst als Weg der Erkenntnis oder KUNST. Er kann diesen Weg in der Gesellschaft, in der er lebt, nicht erkennen; also fordert er eine andere Organisation der Bildung! Er erkundet das Altertum, um ein Beispiel der Anschauung geben zu können. Nur darum geht es. In dem Fragment ‚Über den Charakter der Griechen', aus dem wir schon den Begriff der ‚Grenzlinie' gewonnen haben, wird er zur ‚Kunst' als eine ‚Erkenntnis' deutlich: "Das Leben kann wie eine Kunst, und der im Leben dargestellte Charakter wie ein Kunstwerk betrachtet werden." (Bd. 2, 66) Wie das SELBST dem Selbst liegt die KUNST aus dem SEIN des Menschen der Kunst zugrunde, die ein Individuum in einem Werk zur Erscheinung hervorbringt. Die ‚Erkenntnis', über deren Möglichkeit in der Tradition erbittert gestritten wurde, hat zwei Anliegen: das eine richtet sich auf die Erkenntnis von etwas, das als Seiendes außen vorliegt. Das andere Anliegen hat nur bei wenigen Philosophen, eher bei Dichtern Beachtung gefunden: Erkenntnis wird aus dem Innern, dem SELBST, vom individuellen Selbst als ‚Künstler' hervorgebracht. Das vorliegende, geschaffene Werk ist dabei nur die äußere Seite dessen, was sich innerlich ereignet; es ereignet sich in dem Künstler als Genie seines SELBST, dass es "den unteilbaren Punkt auffindet, in dem sich, nach gewaltigem Ringen, (dem Weg angestrengter Bildung / SPN) das Unsichtbare mit dem Sichtbaren zur Darstellung vermählt." (l. c.)

Nach der ‚Grenzlinie' zum Überstieg folgt nun der unteilbare Punkt, das Kraftzentrum des Menschen, das alle Anstrengungen des ‚gewaltigen Ringens' ermöglicht und ‚innen und außen', ‚Natur und Geschichte', das unsichtbare SEIN mit dem sichtbaren Seienden ‚vermählt', wenn ‚Bildung' im Gefüge von ‚Einsamkeit und Freiheit' erreicht ist. Die Intention von Humboldt geht dabei auf höchste Anstrengungen in der Kultur für die ‚Bildung des Individuums' unter der Maxime ‚Bildung für alle' und zugleich auf die ‚Bildung eines Volkes' (Nation) im Überstieg zur ganzen Welt als eine ‚Bildungsrepublik'. Der Kerngedanke geht dabei vom ‚Individuum' aus, wird es ‚gebildet', folgt alles andere nach. Jede Stätte der Bildung muss dies ermöglichen, die Massenuniversität ist strukturell auf Unbildung oder Verbildung, noch nicht einmal auf angemessene Ausbildung ausgerichtet; das Geheimnis der ‚kleinen Zahl' ermöglicht die Intimität zum Überstieg der ‚Linie' und die Berührung des ‚Punktes': Das ist eine Algebra und Geometrie des SEINS. Die kleinen Schulen und Hochschulen, diese Pädagogischen Provinzen der Muße, werden immer größer. Per Zwangsgesetz wurden die kleinen Pädagogischen Hochschulen 1980 in Nordrhein – Westfalen in die Massen – Universitäten überführt! Der ständige Ruf nach ‚Reform der Bildung' zeigt an, daß nichts besser, eher schlechter geworden ist; Humboldt bleibt unverstanden.

j) Humboldts Menschenbild: Polarität von Trieb und Geist

Humboldt denkt den Menschen als Mikrokosmos im Makrokosmos und ganzheitlich als Individualität, die Trieb und Geist ist. "Die Individualität eines Menschen ist Eins mit seinem Triebe. Das ganze Universum besteht nur durch den Trieb, ... Da der Trieb nicht anders als bestimmt seyn kann, so wird es auch durch ihn die Form des Lebens, und alle Verschiedenheit der Existenz beruht nur auf der Verschiedenheit des Lebenstriebes selbst, oder seiner Möglichkeit, sich durch den Widerstand, den er findet, durchzuarbeiten. Dieser Trieb ist derselbe in der Körper und in der Geisterwelt, da er auf der einen Seite in der Organisation Gestalten schafft, die nur durch den Gedanken hervorgebracht, und auf der anderen z. B. in der Kunst und Sprache solche, durch welche sonst nicht auszudrückende Gedanken gegeben scheinen. Er kann daher ebenso wohl dienen, das Höchste in der geistigen, als das Einfachste in der körperlichen Natur zu erklären." (l. c., 67) Humboldt gibt diesem Trieb im Menschen, der auch das ganze Universum bestimmt, einen überraschenden Namen: "Alsdann nennt man mit einem nur Deutschen verständlichen Wort den Trieb: Sehnsucht, und der Mensch hat daher nur insofern einen bestimmten Charakter als er eine bestimmte Sehnsucht hat, und da diese nur durch Kraft denkbar ist, nur soviel Charakter, als er moralische Energie besitzt." (l. c., 67 f.)

Der Preuße als Weltbürger versucht den platonischen Dualismus durch die Polarität von Trieb und Geist aus einem einzigen Zentrum der Kraft im Menschen zu überwinden. Eine gestaltete ‚Theorie des Menschen' hat er nicht gegeben. Die Idee der ‚Sehnsucht als Prinzip der Gestaltung in Mensch und Universum' hat er 1807 in Rom gebildet. Er ist dort mit seiner Familie seit 1802; die Aufgabe als Ministerresident beim päpstlichen Stuhl lässt ihm Zeit für seine Forschungen zum griechischen Altertum. Bald wird er nach Berlin gehen, um die Idee der Bildung zu installieren. Die ständigen Reisen, neue Aufgaben, die Ortswechsel lassen die Arbeit an einer abgeschlossenen Theorie nicht zu; vieles bleibt Fragment, so auch diese Studie mit dem Begriff ‚Sehnsucht' für das SEIN des Menschen als Mikrokosmos im Universum. Es ist ein kühner Ausgriff und geradezu sinnlich im Vergleich zum Gefüge von "Wille und Vorstellung" bei Schopenhauer oder Hegels Polarität von "absoluten und endlichen Geist". ‚Sehnsucht' ist ‚Trieb' der als Kraft in der körperlichen wie geistigen Natur des Menschen wirkt. Die ‚Sehnsucht' ist der Kraftstoff; fehlt er, kommt wenig in einem Menschen zustande; ist er vorhanden, wird der Charakter möglich und zwar so hoch oder niedrig, wie die Energie aus dem Stoff ‚Sehnsucht' reicht. Bei Hegel hat dieser Stoff nur für die geistige Seite gereicht, die körperliche, die Sorge für seinen Sohn Ludwig, hat er vernachlässigt; ihm fehlt es hier an ‚moralischer Energie', damit an Bildung seines Charakters, ihm fehlt es an ‚Sehnsucht nach dem Menschen'.

Ganz anders Humboldt. Er läßt als Mensch einen deutlichen Abdruck zurück, den wir mit zur Spur ausbauen können, um die Bildungsrepublik zu erreichen. Die Sehnsucht nach Bildung sah er bei den Griechen zum Ausdruck kommen, sagen wir bei Protagoras, Gorgias oder Sokrates, auch bei den großen Staatsmännern wie Solon. Das nährte seine Hoffnung für das gegenwärtig Kommende. "Das Gefühl der Menschlichkeit war so tief in den Griechen, dass sie tief empfanden, wie wenig in dasselbe die Notwendigkeit augenblicklicher Dauer verwebt ist. Auf der schmalen Grenze zwischen Leben und Tod wollten sie daher nur Leben und volles Leben." (l. c. , 69) Es ist nicht Plato, nicht die anfängliche Ideologie der Todessehnsucht, die aus Humboldt spricht; es ist ein weiter Wurf in die Menschheit ohne Grenzen nach hinten und vorne in der Zeit. Das Leben ist immer ‚gegenwärtig'; wir bringen es in ‚diesem Augenblick' als Sinn und Ausdruck unseres Selbst hervor und reichen an das Glück heran, wenn wir es mit dem SELBST vereinigen. Es ist der Augenblick als ‚Liebe': Der Mensch tritt zur Menschheit über. Es ist der Augenblick von WAHRHEIT und ZEIT, die Sehnsucht ist für den Moment gestillt; sie kann einen neuen Anlauf nehmen. Die Arbeit am Charakter beendet erst der Tod. Der Abdruck eines Charakters, sagen wir Wilhelm von Humboldt, bleibt darüber hinaus der Erinnerung erhalten. Die Botschaft des Wilhelm von Humboldt, die Bildung des Menschen zum Menschen, wartet noch darauf, ergriffen, verstanden und eingelöst zu werden.

2. Abdruck: Der Mann aus Venedig: erotische Sehnsucht nach der Frau

a) Orientierung zu Giacomo Girolamo Casanova

Eine ‚Feindschaft gegen das Leben', die aus der anfänglichen Philosophie viele ‚Masken' produziert hat, kann diesem Menschen aus Venedig, dort am 2. April 1725 geboren, nicht nachgesagt werden. Im Gegenteil: er ist ein Genie der sinnlichen Lebensfreude. Sein Name ist so bekannt, dass er immer wieder Verwendung findet: ‚Du bist ein Casanova', heißt es ziemlich verächtlich von Männern, die sich insgeheim sehnen, einer zu sein; von Frauen, die nicht zugeben wollen, sehnlichst auf einen zu warten. Über diese vordergründige ‚Bekanntheit', die gleichwohl unterdrückte Lebensgefühle erkennen lässt, ist der Mensch Casanova als Charakter unbekannt. Ihm ist von denen eine ‚Maske' aufgesetzt, die sie selbst öffentlich nicht zeigen. Das Schweigen von Hegel oder Heidegger zu Casanova – nicht einmal der Name wird erwähnt – ist vielsagend: ‚wovon man nicht reden kann, darüber muss man schweigen' (Wittgenstein); was ist eine Philosophie wert, die den Menschen spaltet, ihn oberhalb der Gürtellinie als Geist oder Vernunft erörtert, das Fleisch oder den Trieb unterhalb dieser Linie nicht? – Die ‚Sehnsucht', sagt der Preuße Humboldt, ist ein kraftvolles Motiv für ‚Trieb und Geist', um den Charakter zu bilden. Ein Charakter besonderer Art wird Casanova: ihn treibt die ‚Sehnsucht nach erotischer Begegnung mit der Frau'! Es geht nicht um ihren Körper allein, immer auch um ihren Geist: es geht um das SEIN der Menschenfrau. Das ist ein Abenteuer wert, zumal das ganze Leben der oder dem, die oder der es recht bedenkt, ein einziges Abenteuer ist. SEIN oder NICHTSEIN, das ist die Frage.

Wir können hier nur einige Züge von Casanova notieren, die sein Antlitz als Mensch aufscheinen lassen, die Neugier anfachen, diesen Menschen näher zu erforschen. Die Biographie von Lydia Flem: Casanova oder Die Einübung ins Glück, bietet einen Einstieg in ein vielleicht noch unbekanntes Land des Menschlichen. Und da sind vor allem und allen Vorurteilen trotzend die ‚Erinnerungen seines Lebens', die Casanova unter dem Titel ‚Geschichte meines Lebens' (Histoire de ma vie) hinterlässt. Als er am 4.Juni 1798 auf Schloss Dux in Böhmen (heute Duchcov in Tschechien) stirbt, dort Bibliothekar des Grafen Waldstein seit 1785, haben dreizehn Jahre Arbeit nur bis 1772 gereicht. Viele andere Texte dieser Zeit sind immer noch nicht veröffentlicht, darunter seine ‚Gedanken eines Beobachters der Französischen Revolution'. Die Schriften werden im Prager Staatsarchiv aufbewahrt. Was allein die Memoiren bieten, ist ein Bild seiner Zeit, das sich im Range mit Voltaire messen kann. Sie zeigen uns vor allem das ‚Bild eines Menschen', an dessen ‚Abdruck' wir unser eigenes Leben messen können. Im Oktober 1787 ist er in Prag Mozart begegnet; die Aufführung der Oper Don Giovanni dort hat ihn berührt; er lebt bereits seine ‚Erinnerung'; die Wirklichkeit seiner ‚Sehnsucht' ist körperlich verblasst, geistig ist sie jung geblieben. Wer vom Charme des Casanova nicht bezaubert wird, sollte jünger werden als er ist. Für die Lektüre könnte die Musik aus Don Giovanni anregend sein.

b) Casanova: ‚Wer sich nicht selber kennt, weiß gar nichts'

Der obige Spruch, den Casanova seinen Erinnerungen als Motto voranstellt, stammt von Cicero. Er steht in einem Brief ‚An Trebatius' (Episteln ad familiares VII, 6) und lautet im Original: ‚Nequicquam sapit qui sibi non sapit'. Wir haben bei der Erörterung des Wortes ‚selbst' auf den bei uns mittlerweile unbekannten ethischen Dativ ‚sibi' hingewiesen (s.o. 96). Casanova kennt ihn nicht nur ‚grammatisch'; er lebt ihn und spricht ihn für die ‚Erkenntnis seines Selbst' aus. Im Umkehrschluss sagt der Spruch von Cicero: ‚qui sibi sapit, sapit omnia!' – Wer sich als ‚sich Selbst' kennt, kennt alles! Das ‚sapere' nennt ein intensiveres Erkennen als das gewöhnlich gebrauchte ‚cognoscere'; dieses erkennt ein Seiendes mehr von außen, jenes berührt, schmeckt und kostet nach innen, weckt Gefühle, die an den Grund reichen zum SELBST. Wir erörtern mit Casanova ein ‚erotisches Genie des SELBST', das die Distanz zu seinem genetischen ‚Selbst' spielend überwindet und sein Leben als ein ‚Abenteuer' annimmt: ‚Nach dem Gesetz, nach dem er angetreten'! (Goethe, Urwort) Casa – Nova, diese ‚Neue Wohnung als Mensch', lebt seine WAHRHEIT und ZEIT in geschichtlicher Zeit und ihren Wahrheiten mutig und tapfer; er besteht viele Gefahren, von denen eine genügt hätte, ihn umzubringen: er entkommt den Bleikammern von Venedig! Seinem inneren ‚Gesetz' entkommt er nicht! Doch das will er gar nicht; er ergreift es als seine Freiheit, der er eine Gestalt gibt: Casanova als ‚Verehrer der Frau', ihr immer wieder die Ehre gebend!

Casanova beginnt seine ‚Selbst – Erkenntnis' mit folgenden Worten: "Vor allen Dingen erkläre ich meinem Leser, dass ich überzeugt bin, bei allem, was ich im Laufe meines Lebens Gutes oder Böses getan habe, für den guten oder bösen Ausgang selber verantwortlich bin. Es folgt daraus, dass ich an die Freiheit des Willens glaube." (Bd. 1, 13) Diese erste Aussage wirft ein helles Licht auf den Sprecher: er stellt sich in das Gefüge von ‚Einsamkeit und Freiheit'. Zum SEIN gehörend ist es unerheblich, ob Humboldt es zur Sprache gebracht hat. Ebenso ist jeder Mensch ein ‚Künstler', ohne dass wir diese Feststellung zur Legitimation auf Aussagen von Kant, Humboldt oder Josef Beuys beziehen müssen. Casanova ist ein Künstler, der seine Gestalt als eine ‚soziale Skulptur' schaffen will. Wir kennen ihn aus der ‚Überschau seines ganzen Lebens', während er an den jeweiligen Schnittstellen von Raum und Zeit in seinen ‚Geschichten' verstrickt ist. Umso bedeutsamer ist, zumal in seiner Zeit, die kritische Selbst – Erkenntnis des Mannes aus Venedig. Sie verdient Aufmerksamkeit, die den Bekenntnissen aus seinem Leben zu widmen wäre, so das folgende:

"Die göttlichen Grundsätze, die in meinem Herzen wurzelten, mussten notwendigerweise die Frucht einer ausgezeichneten Moral hervorbringen; trotzdem bin ich mein ganzes Leben das Opfer meiner Sinne gewesen." (Bd.1, 13) Hier streiten ,Maske' (göttliche Grundsätze) und ,Mensch' (Opfer der Sinne) miteinander. Casanova entscheidet sich mutig für den Menschen. Wir müssen bedenken, dass er nicht im ,Laisser – faire' lebte; in seiner Zeit gehört Mut dazu, ,unmoralisch' zu sein, zumal die Sexualität seit Plato tabuisiert ist! Casanova ist ein so starkes Argument gegen die ,platonische Liebe', gegen doppelte Moral und Prüderie, ein einziger Protest gegen das ankommende ,Victorianische Zeitalter', dass es nicht verwundert, wie dieser Revolutionär der ,Frauenverehrung' in unserer ,frauenfeindlichen Welt' geleugnet wird. "Mein sanguinisches Temperament", heißt es weiter, "machte mich sehr empfänglich für die Lockungen der Sinnlichkeit; ich war stets fröhlich und immer geneigt, von einem Genusse zu einem neuen überzugehen; dabei war ich zugleich sehr erfinderisch im Ersinnen neuer Genüsse. Daher stammt ohne Zweifel meine Neigung, neue Bekanntschaften anzuknüpfen, und meine große Geschicklichkeit, solche wieder abzubrechen; doch geschah dieses stets mit voller Überlegung und niemals aus bloßer Leichtfertigkeit. Temperamentsfehler sind unverbesserlich, weil das Temperament nicht von unseren Kräften abhängt. Etwas anderes ist es mit dem Charakter. Diesen bilden Geist und Herz; das Temperament hat fast gar nichts damit zu tun. Darum hängt der Charakter von der Erziehung ab und lässt sich folglich bessern und formen." (Bd. 1, 15)

Man kann meinen, Casanova unterhält sich mit Humboldt über die ,Bildung zu einem Charakter'. Für Humboldt wäre dieser Venezianer das ,Ideal eines auf Bildung begierigen Studenten' gewesen. Bei seinem ersten Aufenthalt in Paris (1750) sagt er zu Prosper de Crébillon (1674 – 1762), Verfasser erfolgreicher Horrordramen: "Ich bin ein unerträglicher Schüler; fragelustig, neugierig, hartnäckig, unersättlich. Und angenommen, ich könnte wirklich den richtigen Lehrer finden, so bin ich nicht reich genug, um ihn bezahlen zu können." (Bd. 1, 196) Der altgewordene Poet ist derart überwältigt vom Bildungscharme dieses Jünglings, dass er ausruft: "Seit fünfzig Jahren, Monsieur, suche ich einen solchen Schüler .... und ich werde Sie sogar bezahlen, wenn Sie zu mir kommen und Unterricht bei mir nehmen wollen." (l. c.) Casanova willigt ein. Nicht nur Frauen und nicht allein die, mit denen er erotische Beziehungen hat, auch Männer des Geistes und des Geldes, Fürsten und Diener sind bereit, ihm ihr Herz und die Börse zu öffnen. Wer diesen Menschen näher erkundet, kann in ein Abenteuer geraten, dessen Ausgang nicht vorhersehbar ist.

Die ,Abenteuer' bleiben für Casanova nie in den Büchern, die er gerade liest. Marcel Proust hätte ihm folgen sollen! Der Venezianer zieht vor dem Leben nicht die Vorhänge zu und verliert keine Zeit im Lieben. Gegen platonische Einreden argumentiert er mit seiner gelebten Sinnlichkeit: "Eine tröstende Philosophie behauptet, im Einklang mit der Religion, die Abhängigkeit der Seele von Sinnen und Organen sei nur zufällig und vorübergehend; sie werde frei und glücklich sein, wenn der Tod des Körpers sie aus dieser sklavischen Abhängigkeit erlöst habe. Das ist sehr schön, aber – abgesehen von der Religion – welche Gewähr haben wir? Da ich also aus eigenem Augenschein die vollkommene Gewissheit der Unsterblichkeit erst dann erlangen kann, wenn ich nicht mehr lebe, so wird man mir verzeihen, dass ich es nicht sehr eilig habe, zur Erkenntnis dieser Wahrheit zu gelangen; denn eine Erkenntnis, die das Leben kostet, scheint mir zu teuer bezahlt zu sein." (Bd.1, 14) Casanova läst sich keine ‚Maske' aufsetzen. Er liebt den ungeteilten Menschen; er kennt keinen anderen. Ihn leitet der Kompass des Herzens: "Ich habe eingesehen, dass ich mein Leben lang mehr nach der Eingebung meines Gefühls als aus Überlegung gehandelt habe; ich glaube daraus folgern zu dürfen, dass mein Verhalten mehr von meinem Charakter als von meinem Verstande abhängig gewesen ist." (Bd. 1, 16) Dieser Philosoph hätte dem Geistesriesen in Berlin, sein Name ist Hegel, etwas weniger Verstand, dafür mehr Charakter gewünscht! Nicht alles, was wirklich ist, ist auch vernünftig.

Casanova erkennt die WAHRHEIT und ZEIT seiner Existenz: "Der Kultus der Sinnenlust war mir immer die Hauptsache: niemals hat es für mich etwas Wichtigeres gegeben. Ich fühlte mich immer für das andere Geschlecht geboren; daher habe ich es immer geliebt und mich von ihm lieben lassen, soviel ich nur konnte." (l. c.) Sein Hinweis ist wesentlich, dass im Lieben das Geben dem Nehmen entspricht: Casanova raubt sich nie die Lust; es wäre keine; er will Herz und Geist der Frau. Das ist seine Goldene Regel im Umgang mit Menschen allgemein. Das gilt auch für seinen Umgang mit uns: "Ich erhebe Anspruch auf Freundschaft, die Achtung und die Dankbarkeit meiner Leser. Auf ihre Dankbarkeit: wenn das Lesen meiner Erinnerungen sie belehrt und ihnen Vergnügen macht. Auf ihre Achtung: wenn sie mir Gerechtigkeit widerfahren lassen und mich reicher an guten Eigenschaften als an Fehlern finden. Auf ihre Freundschaft: wenn sie mich dieser würdig finden wegen des Freimutes und des Vertrauens, womit ich mich ohne Verkleidung, ganz wie ich bin, ihrem Urteil überliefere. Sie werden finden, dass ich stets die Wahrheit so leidenschaftlich geliebt habe, dass ich oft zunächst gelogen habe, um Menschen, die ihre Reize nicht ahnten, mit der Wahrheit bekannt zu machen." (l.c., 17)

Die ‚Liebe zur Wahrheit' ist ‚Liebe zum Menschen', der ‚WAHRHEIT' ist! Casanova spricht diese Erkenntnis indirekt aus: ‚Ich habe oft gelogen, das ist: nicht die ‚Wahrheit' gesagt, weil ich Menschen mit ihrer WAHRHEIT' bekannt machen wollte'! Wer ohne Maske lebt und liebt, will das ‚Antlitz' der anderen: im Lieben erscheint es, die Maske fällt ab: Die Liebenden erkennen einander. Und wenn es ein einziger Augenblick in einem ganzen Leben ist? Das Leben wäre in diesem Moment für die vergehende Zeit als ZEIT vollendet. Casanova ist Don Juan und Faust in einem; er gewinnt die Wette, weil er nicht gegen die

‚Zeit und den Tod' wettet, sondern für das ‚Leben als ZEIT'; es ereignet sich im Augenblick der WAHRHEIT: Im Lieben! Die Liebenden sind in der Vereinigungskraft des Lebens mit ihm ‚versöhnt', sie sind ‚frei' und feiern die ‚Freiheit'. Der Don Giovanni von Mozart ist nicht Casanova; auch nicht der bei Moliere oder Grabbe, der Don Juan und Faust gegenüberstellt: Der Don Juan der Sage, auf den sich die genannten Künstler mit Bezug auf die Dichtung von Tirso de Molina (1571 –1648) beziehen, ist für Grabbe zu niedrig, weil zu sinnlich', Goethes Faust hingegen ist ihm ‚zu hoch, weil zu geistig'. (Grabbe, Don Juan und Faust. Erste Aufführung am 29.März 1829 in Detmold) Casanova hat die Uraufführung der Oper von Mozart am 29. Oktober 1787 in Prag besucht und bei der Gelegenheit mit Mozart gesprochen; er könnte folgendes gesagt haben: ‚Das ganze Theater um diesen Don Giovanni ist nichts gegen die Bühne des Lebens, auf der ich spiele; jede Frau, ob sie Anna, Elvira oder Zerlina heißt, ist in meinem Spiel eine Hauptdarstellerin und wird am Ende vielleicht ein unsterblicher Star der Liebe. Sie muss allerdings mir ebenbürtig sein und sich selber kennen. Denn ‚wer sich nicht selber kennt, weiß gar nichts'! Casanova lebt den Imperativ aus Delphi, ob er den Ort und seinen heiligen Tempel selbst kennt oder nicht. SEIN und DENKEN sind in Genies des SELBST das SELBE.

c) Casanovas SEIN des SELBST: Werde, der Du bist!

Bei Konfuzius war es der frühe Verlust des Vaters, der Mutter bei Buddha, die ständige Abwesenheit der Mutter und der Tod des Vaters bei Casanova, als dieser acht Jahre und acht Monate alt ist. Zanetta Farussi (1708 –1776) ist fünfzehn Jahre, als sie von Gaetano Casanova aus Parma (1697 – 1733) erst verführt und dann entführt wird. Der Vater von Zanetta, ein ehrbarer Handwerker, Girolamo Farussi aus Burano, einer kleinen Insel in einer Lagune von Venedig, wollte einer Verbindung seiner einzigen Tochter mit einem Komödianten nicht zustimmen; er starb 22 Tage vor der Hochzeit der beiden aus Gram; sie wurden in der Kirche San Samuele am 27. Februar 1724 vom Patriarchen von Venedig getraut. Giacomo wird am 2. April 1725 geboren. "Seine Eltern glauben, er sei einem vorzeitigen Tode geweiht, sie sprachen nicht mit ihm. Das Kind blieb schweigsam, reglos, der Blick erloschen, trüb, stumpf. Jeder bedauerte ihn und ließ ihn in Frieden. Er unterhielt und interessierte keinen, am wenigsten seine Mutter. Der kleine Giacomo wollte nichts von der Welt wissen." (L. Flem, 30) Die junge Mutter hat keine Geduld mit diesem Kind. Die sexuelle Lust will sie mit Gaetano teilen, die mütterliche Last nicht tragen. Sie geht nach einem Jahr mit dem Mann nach London und wird Schauspielerin. Die Schönheit von Zanetta wird überall gepriesen und gefeiert; der Sohn hat das durch die Haut empfunden, die kurze Zeit mit der Mutter als Glück erlebt. Er wird später in jeder Frau die Mutter suchen, den Geruch ihrer Haut, die weichen Hände und den Klang ihrer Stimme. Im Herzen hat er ihre Abwesenheit nie verwunden. Jede Liebe zu einer Frau folgt im Grunde seiner großen Sehnsucht nach der schönen, jungen Mutter; es ist, als ob sie ihn dazu geprägt hat, Frauen zu lieben. Doch die ‚Sehnsucht' kommt von innen, aus seinem SEIN.

Die Großmutter Marsia Farussi nimmt das Kind in ihren Schutz und schenkt ihm alle Fürsorge, die sie vermag; sie rettet ihn für das Leben und Casanova dankt es ihr bis zu ihrem Tod am 18.März 1743. Eine Rettung ist wörtlich zu nehmen. Casanova schildert es selbst aus der Distanz von sechzig Jahren: "Kommen wir zum Beginn meiner Existenz als denkendes Wesen. Das Organ des Gedächtnisses entwickelte sich bei mir Anfang August 1733; ich war also damals acht Jahre und vier Monate alt. Ich habe nicht die geringste Erinnerung an Ereignisse, die vor dieser Zeit liegen. Meine erste Erinnerung betrifft folgendes:

Ich stand in einer Ecke eines Zimmers gegen die Wand gebeugt; meinen Kopf hielt ich in den Händen und blickte unverwandt auf das Blut, das mir in Strömen aus der Nase floss und auf die Erde rann." (Casanova, 19) Das Nasebluten begleitet ihn schon lange; er verliert jede Woche einen Liter Blut; die Ärzte streiten sich über die Ursache; die Menge ist ein Phänomen; das kann niemand erklären, das Kind nicht durchhalten. Man wartet auf das Ende. "Alexander Knipps–Macoppe, ein berühmter Arzt und Medizinprofessor der Universität Padua, erklärte, das Blut sei eine dehnbare Flüssigkeit, deren Dicke sich wohl, deren Menge sich aber nie verändern könne; die Blutungen Giacomos müssten also von der Dicke und Masse seines Blutes herrühren. Sein Blut könne leichter zirkulieren, wenn es sich auf natürlichem Wege Erleichterung verschaffe und abfließe. Er fügte hinzu, das Kind wäre schon lange gestorben, wenn nicht die Natur, die das Leben wolle, sich selbst geholfen hätte." (L. Flem, 29 f)

Der Professor aus Padua kam dem Phänomen mit seiner Erklärung nahe. Ohne die Erleichterung durch den Abfluss des Blutes wäre das Kind gestorben. Doch was hilft die Diagnose, wenn keine Therapie vorhanden. Donna Marsia wollte nicht darauf warten; sie ging zu einer heilkundigen Frau, die gewöhnlich als ‚Hexe' diskriminiert wird. Alles musste daher geheim bleiben: Casanova schildert das Erlebnis, das sein Leben verändert, aus der Erinnerung; wir können nicht alles darstellen und verweisen die LeserInnen auf die eigene Lektüre: "Die alte Hexe .... öffnete eine Kiste, nahm mich auf die Arme, legte mich hinein und schloss den Deckel, indem sie mir sagte, ich solle keine Angst haben. ... Ich lag ruhig in einer Ecke zusammengekauert ... und kümmerte mich nicht um den Lärm, den ich draußen machen hörte. Ich hörte abwechselnd lachen, weinen, singen, schreien und an die Kiste klopfen; mir war das alles gleichgültig. Endlich holte sie mich aus der Kiste hervor, mein Blut war gestillt. Das sonderbare Weib machte mir hundert Liebkosungen, entkleidete mich, legte mich auf das Bett, verbrannte Kräuter, fing den Rauch davon mit einem Tuch auf, wickelte mich in dieses ein, machte Beschwörungen, wickelte mich darauf wieder aus und gab mir fünf sehr angenehm schmeckende Zuckerplätzchen. Gleich darauf rieb sie mir Schläfe und Nacken mit einer lieblich duftenden Salbe ein, und dann kleidete sie mich wieder an. Sie sagte mir, meine Blutungen würden ganz allmählich aufhören; nur dürfte ich niemanden erzählen, was sie gemacht hätte, um mich zu heilen; sie drohte mir, ich würde all mein Blut verlieren und sterben, wenn ich es wagte, zu irgendeinem Menschen von ihren Geheimnissen zu sprechen." (Casanova, 20)

Es geht in der Behandlung noch weiter; bis wir dazu kommen, wollen wir diesen Teil erst einmal reflektieren. Quacksalberei! wird allgemein die spontane Reaktion sein. Casanova hat ähnlich reagiert, dann aber ist er bedenklich geworden: "Ohne Zweifel wäre es lächerlich", heißt es bei ihm, "meine Heilung diesem tollen Zauber zuzuschreiben; ich glaube aber auch, dass man unrecht hätte, wollte man rundweg leugnen, dass er vielleicht dazu beigetragen hat. ... die Heilmittel für die schwersten Krankheiten sind ja nicht immer in den Apotheken zu finden. Tagtäglich beweist irgendein Phänomen uns unsere Unwissenheit, und ich glaube, dies ist der Grund, warum wir so selten einen Gelehrten finden, dessen Geist von jedem Aberglauben frei ist." (l. c. ,21) Man sollte an dieser Stelle kritisch prüfen, ob der eigene Gebrauch von, wie behauptet wird, ‚wissenschaftlich geprüften Medikamenten' nicht der unbemerkte Aberglaube des modernen Menschen sei? Das Medikament ‚Lipobay' aus dem Pharma – Betrieb von Bayer, das Cholesterin senken sollte, hat gesundheitliche Schädigungen und nachgewiesenermaßen Todesfälle verursacht, sodass es vom ‚Markt' genommen werden musste. Die Großmutter von Giacomo ging da bei der ‚Hexe' ein geringeres Risiko ein; schlechter konnte es mit ihrem ‚Liebling' nicht werden. Die Heilkundige wendete vermutlich Mittel der ‚chinesischen Heilkunst' an. Die Lehre vom Qui als Zentrum der Lebenskraft für die Ordnung und Harmonie von Yin und Yang ist auf der ganzen Erde verbreitet. Das ‚Buch von dem Immateriellen' (Nei – Ting) ist um 2000 v. d. Z. entstanden und bis in unsere Gegenwart bekannt und genutzt. (Vgl. Ted J. Kaptchuk, Chinese Geneeswijzen, Utrecht 1991, 2. Aufl.)

Reflektieren wir aus dieser Quelle (eigene Übersetzung) in gebotener Kürze allgemein die Situation eines ‚Kindes nach der Geburt': ‚Die ‚Milz' ist das zentrale Organ zur Stärkung des Qui und als Regulator der erforderlichen Menge an Blut für den wachsenden Organismus und seines Flusses. Sie ist als Organ das Fundament für das ‚postnatale Leben' (hou – tian – zhiben), auf das sorgfältig zu achten ist.' (l. c., 60, dort Quellenhinweise) Bei einer schwachen Milz ist das Kind gefährdet. Das ist die Situation von Giacomo nach der Geburt: "Seine Eltern glaubten, er sei einem vorzeitigen Tode geweiht, sie sprachen nicht mit ihm. Das Kind blieb schweigsam, reglos, der Blick erloschen, trüb, stumpf. Jeder bedauerte ihn und ließ ihn in Frieden. Er unterhielt und interessierte keinen, am wenigsten seine Mutter. Der kleine Giacomo wollte nichts von der Welt wissen. Er wohnte in Venedig in der Calle della Commedia." (L. Flem, 30) Diese Reaktion der Umwelt, besonders die der jungen, schönen Mutter, ist grundverkehrt. Das Kind benötigt Zuwendung: es spürt keine Liebe; es braucht Anregung: man schweigt ihn an; es braucht Aufmerksamkeit: niemand interessiert sich für Giacomo! Als zum Überfluss die Mutter aus seinem Leben verschwindet, wird das Qui noch schwächer, der Blutkreislauf stärker entregelt. Die Milz transformiert die Nahrung nicht nach Erfordernis der Gesundheit; der Transport des Blutes durch den Organismus, besonders der in aufsteigender Weise, wird gestört. Jetzt kommt der Professor aus Padua der Wahrheit nahe (s. o.); ob er sie aus der chinesischen Medizin hat, ist fraglich; er hätte dann auch eine Therapie nennen müssen.

Die Befindlichkeit dieses Kindes ist sein schwaches Qui in Bezug auf Yang: ‚Eine schwache Milz kann das Blut nicht leiten, wie es erforderlich ist; es verdickt in aufsteigender Linie! Ein Abfluss durch die Nase ist insofern hilfreich, als ein Stau vermindert wird, der lebensbedrohlich werden kann.' (Kaptchuk, 192 f) Die Situation ist kein Dauerzustand; doch so lange sie andauert, ist Giacomo lethargisch und schwach, ohne Gedächtnis, mit Sprachstörungen, keine Interessen; ein Kind, das nicht weiß, warum und wozu es lebt. In dieser Lage ist es höchste Zeit, etwas zu unternehmen. Und die Großmutter tut etwas. Giacomo erlebt eine zweite Geburt. Er kommt in den Mutterleib (Kiste) zurück, erlebt insgeheim die ‚erste Wohnung', wird nach der Geburt (Ausstieg aus der Kiste) mit allen Liebkosungen und Aufmerksamkeiten versehen, die für die Aussetzung in die Existenz notwendig sind. Bis hier war alles symbolische Wiederholung; nun kommen Kräuter und Salben, die ihre Wirkung haben, wie sie die Phytologie bestätigt. Die chinesische Medizin kennt und nutzt sie. Welche es in diesem Fall sind, ist nicht überliefert. Zum erstenmal in seinem Leben ist alles auf dieses Kind konzentriert; plötzlich steht es geheimnisvoll im Mittelpunkt und alles ist geheim zu halten! Es ist ein so starkes Erleben, dass sich Casanova nach sechzig Jahren an jede Einzelheit erinnert! Und es kommt noch ein zweiter Akt der Geburt in ein neues Leben: der Schauspieler mit Namen ‚Casanova', der weltberühmt werden soll, wird geboren. Hebamme ist die ‚geheimnisvolle schöne Frau', die ihn besucht. Er wird sie in seinem Leben immer wieder suchen und mit jeder eine ‚Uraufführung der erotischen Liebe' spielen; er muss sie nur finden! Er selbst erzählt dies Geschehnis mit folgenden Worten:

"Nachdem sie (die Hexe) mir dies alles (die Geheimhaltung) eingeprägt hatte, sagte sie noch, eine reizende Dame würde mir nächste Nacht einen Besuch machen und von dieser würde mein Glück abhängen, wenn ich nur soviel Willenskraft hätte, niemandem von diesem Besuch zu erzählen. Hierauf nahmen wir Abschied und kehrten nach Hause zurück.

Kaum lag ich im Bett, so schlief ich ein, ohne wieder an den schönen Besuch zu denken, der mir bevorstand; aber als ich einige Stunden später aufwachte, sah ich – oder glaubte wenigstens, sie zu sehen – eine blendend schöne Frau, die aus dem Kamin kam. Sie war im Reitrock, trug ein prachtvolles Kleid und hatte auf dem Kopf eine mit Edelsteinen besetzte Krone, von der – wie es mir vorkam – Funken sprühten. Sie kam langsamen Schrittes mit majestätischer und sanfter Miene auf mein Bett und setzte sich auf dieses; dann zog sie aus ihrer Tasche kleine Büchschen, die sie über meinen Kopf ausleerte, wobei sie Worte flüsterte. Nachdem sie mir eine lange Ansprache gehalten hatte, von der ich nichts verstand, küsste sie mich und verschwand auf demselben Wege, auf dem sie gekommen war. Hierauf schlief ich wieder ein.

Am anderen Morgen kam meine Großmutter mich ankleiden; kaum an mein Bett getreten, sagte sie, ich müsse unbedingt schweigen; ich sei des Todes, wenn ich über das von mir in der Nacht Gesehene zu sprechen wage. Diese Rede aus dem Munde der einzigen Frau, die auf mich einen unbeschränkten Einfluss hatte und die mich gewöhnt hatte, allen ihren Befehlen blindlings zu gehorchen, bewirkte, dass ich mich der Erscheinung wieder erinnerte und dass ich sie unter Siegel im geheimsten Winkel meines eben erwachenden Gedächtnisses aufbewahrte.

Nach der Reise nach Murano und dem nächtlichen Besuch der Fee blutete ich zwar noch, aber die Blutungen wurden von Tag zu Tag geringer, und allmählich entwickelte sich mein Gedächtnis. In weniger als einem Monat lernte ich lesen." (Casanova, 20 f)

In dieser ‚zweiten Geburt' – die Erscheinung der ‚reizenden Dame' geht wahrscheinlich auf einen durch Drogen beeinflussten Traum zurück, an den er sich erst nach dem Erwachen erinnert – gelangt Giacomo in seine (organische) WAHRHEIT und ZEIT. Er folgt von diesem Augenblick dem Imperativ aus Delphi: ‚Werde, der du bist!' und wird Casanova. Das Kind hat sein genetisches SEIN berührt und wird es in der poetischen Gestaltung seines Lebens nicht mehr loslassen. Mit der ‚zweiten Geburt' wächst die Sehnsucht nach der ‚schönen Frau', die er aus ganzer Kraft suchen wird. In seinen erotischen Begegnungen wird die Leserin und der Leser der ‚Erinnerungen' die ‚Bilder' wiederfinden, die jetzt seiner Phantasie eingeprägt sind; er selbst spricht ‚vom geheimsten Winkel seines Gedächtnisses'. Was sich dort einrichtet, kommt seiner Konstitution entgegen. Er hat ihr SEIN gerade berührt und kennengelernt. Die eigene Konstitution zu kennen, muss das Anliegen jedes Menschen für die Selbst – Erkenntnis sein.

d) Zur Konstitution in allgemeiner Sicht

Der Blick auf das ‚ganze Leben', von Casanova authentisch und glaubwürdig erzählt, durch Bezeugungen anderer befestigt, macht es möglich, seine homöopathische Konstitution zu ermitteln und ihn aus seinem SEIN zu verstehen. Bei der Darstellung der Fallgeschichte von Bertha Papenheim (Anna O.) wurde aufgewiesen, dass Breuer nicht die Frau, sondern Symptome einer vermuteten Krankheit behandelt hat. Anna O. erhielt sogar erst zehn Jahre nach Abschluss der Therapie die ‚Maske der Hysterie', weil Freud es von Breuer so wollte! Sie ist durch die Lebenskraft ihrer Konstitution wieder gesund geworden. Bei Casanova stehen zum Glück keine Therapeuten im Wege. Wir können an ihm darlegen, was die Konstitution für den Menschen bedeutet. Mit Bezug auf die von uns bereits angesprochene homöopathische Grundlage unserer Philosophie heben wir drei Bereiche hervor:

1. Die Konstitution eines Menschen ist das, was wir das SEIN des SELBST nennen; es gehört konkret zu ihm, ist seine Natur.
2. Die Erkenntnis der Konstitution des Casanova veranschaulicht unsere philosophische These vom ‚ähnlichen SEIN des SELBST' als Maßgabe eines individuellen Selbst.
3. Die Erkundung der Konstitution gehört zur Erkenntnis des Selbst, das sich als Genie seiner Gene in seinem natürlichen SEIN begreifen, aus seiner Maßgabe bilden und in kritischer Auseinandersetzung mit seiner Kultur in universeller Absicht als Mensch zu gestalten die Aufgabe hat.

Die Philosophie des Anfangs unserer Welt hat die Evolution, darin die Phylogenese der Lebewesen und ihre ontogenetische Differenzierung vollständig übersehen. Spätere Kenntnisse der Naturwissenschaften haben das einmal erzeugte Menschenbild prinzipiell nicht verändert. Der universelle Mensch hat sich aufgrund der ideologisch geprägten kulturellen Parzellierung und Abgrenzung in der Geschichte bisher nicht bilden können. Diese Bildung gelingt nur Menschen, die wir die ‚maßgebenden' nennen; es gibt mehr als wir genannt haben, weil das SEIN sich immer wieder meldet. Zu viele leben leider und oft gegen ihren Sinn und Willen im Geheiß einer ‚Maske'. Zum konkreten SEIN jedes Menschen gehört jedoch die ‚natürliche Konstitution'. Ihre Anzahl in genetischer Differenzierung ist begrenzt, die Zahl der Menschen, die an einer dieser Konstitutionen partizipieren prinzipiell nicht. Die genetische Nachbarschaft von Menschen ist dadurch vom ähnlichen SEIN her universell, die kulturelle Abgrenzung bis hin zur feindlichen Ausgrenzung wurde dagegen im geschichtlichen Verlauf faktisch vorherrschend. Wir fragen nach der Konstitution des Casanova.

e) Zur Konstitution des Casanova

Die Konstitution des Venezianers ist aus seinem selbst erinnerten und auch von anderen bezeugten Leben nicht schwer zu ermitteln. Seine Aussage: " ... ich bin mein ganzes Leben lang Opfer meiner Sinne gewesen" (S. 13) werden von G. Vithoulkas (S. 1: starkes sexuelles Verlangen) und R. Murphy (S.981: Sex, general, sexual extreme) der Konstitution ‚Acidum fluoricum' (Flusssäure) mit hoher Wertigkeit zugeordnet. Casanova spricht vom ‚Erfinden neuer Genüsse' (S. 15), von seinem ‚Kultus der Sinnlichkeit' (S.16) in einer Weise, wie es nur diesem Mittel zueigen ist. (Murphy, S. 51; 54 f) Seine Hinweise auf ‚Vorliebe für scharfgewürzte Speisen' und er sei ‚ein unerträglicher Schüler, fragelustig, hartnäckig, unersättlich' , werden von F. Vermeulen ebenfalls diesem Mittel zugerechnet. (S. 169 f) "In Wien war alles schön", sagt Casanova, S. 223, "Viel Geld und viel Luxus!" Nach Vithoulkas (S. 1) ist das ein signifikantes Merkmal von Acidum fluoricum. Dieser griechische Homöopath gibt in seinen "Essenzen homöopathischer Arzneimittel" (1986) folgende allgemeine Beschreibung dieses Mittels im Blick auf seine Patienten mit dieser Konstitution:

"Acidum fluoricum ist in erster Linie ein männliches Mittel. Der A.- fl. – Patient ist ein Materialist ..., er ist ein Mann von Welt. Er genießt das Leben in vollen Zügen .... Viel primitive Energie steckt in ihm (crude energie), die sich bereits in jungen Jahren durch großes sexuelles Verlangen manifestiert. ... So viele schöne Frauen A.- fl.- Männer auch haben mögen ... sie sind nie befriedigt. ... Sie wollen ihr Leben genießen und ohne Leiden sterben. ... sie sind erfolgreiche Geschäftsleute (Casanova ist in kurzer Zeit in Frankreich mit der ‚Lotterie' Millionär geworden/SPN) und leben für materielle Dinge. ... Sie sind vielbeschäftigte Leute und haben eine entsetzliche Eile und Hektik in sich." (l. c. , S. 1 f)

Im Heft 27 der ‚Homöopathischen Einblicke' (1996) gibt H. Wienhold ein Mittelbild von ‚Fluoricum acidum'. (S. 35 – 40; mit Literaturhinweisen); hier einige Auszüge dem Sinn nach: ‚Das Wort Fluor stammt von fluere = fließen. ... Elementares Fluor (F 2) ist ein ... Gas, ... das reaktionsfähigste Nichtmetall und verbindet sich mit fast allen anderen Elementen ... zu Fluoriden. ...

Fluor geht sehr schnell neue Verbindungen ein. Für Fluor spielt Sexualität eine große Rolle. Fluor ist immer in Eile. Fluor reagiert explosionsartig. ... Interessant ist der Bindungspartner Calcium: Calcium steht homöopathisch für die Mutter Erde und die Mutterenergie. Hat Fluor eine innige strukturgebende Verbindung zur ‚Mutter', ist es nicht gefährlich.' ... Anders ist es, ‚wenn Fluor von der Mutter im Stich gelassen, bzw. nicht ‚gebunden' wird'.

Der griechische Begriff für Säure bedeutet Schärfe, Heftigkeit und Schnelligkeit. ... Der lateinische Begriff acidus heißt einfach nur sauer und unangenehm. ...

Flusssäure ist die wässerige Lösung von Fluorwasserstoff (HF). ... Qualitäten, die sowohl Fluor als auch Säuren aufweisen, verstärken sich in der Flusssäure nochmals, dabei handelt es sich um die Eile, die Radikalität .... und die Bedürftigkeit nach Zuwendung, Vereinigung, Kontakt.'

Die Konstitution Fluoricum acidum ,hat mehrere erotische Beziehungen gleichzeitig – ist voller Energie und in Eile – starkes Bedürfnis nach Sexualität – Angst vor Krankheit – Angst vor Trennung – Sexualität ist nicht emotional geladen – Sehnsucht nach universeller Einheit, bei der alle Trennungen fallen.' Keiner der zitierten Homöopathen hat bei der Darstellung dieses Mittels an Casanova gedacht, geschweige ihn erwähnt.

Das Arzneimittelbild von Fluoricum acidum ist das ,Ähnliche' (simile) der entsprechenden Konstitution. Für den Menschen mit dieser Konstitution ist es ,das Gesetz, nach dem er angetreten', wie es Goethe im orphischen Urwort sagt. Unsere Darstellung dürfte deutlich gemacht haben, dass Casanova an dieser Konstitution partizipiert. Er gestaltet sie, ohne explizit darum wissen zu müssen. Er ,erkennt' in einem tieferen Sinne von Erkenntnis, im dem von ,Anerkenntnis', das ontische SEIN dieser Konstitution als Grund seiner ,Sehnsucht', wie Humboldt sie als Trieb notiert hat. Casanova treibt die Sehnsucht nach der ,schönen Frau'! Die Bestimmung seiner Freiheit ist die Wiederholung im ,Suchen'! Der Däne Sören Kierkegaard hat sie wie der Franzose Marcel Proust als innere Kraft gefühlt; in der Realität sind sie der gefühlten Sehnsucht nicht gefolgt. Beide konnten in ihren ,Masken' den Casanova nicht spielen, der sie hätten sein wollen, wenn sie es denn gedurft hätten.

Im ,Tagebuch des Verführers' (Entweder/Oder I, 2), dem er als Motto aus der Arie des Don Juan den Spruch gibt: ,Seine vorherrschende Leidenschaft ist das erblühende junge Mädchen', kommt die ,Sehnsucht' von Kierkegaard zum Ausdruck. Er schildert ,Johannes', den geheimen Schreiber des Tagebuches, auf folgende Weise: "Er war allzu sehr geistig bestimmt, um ein Verführer in gewöhnlichem Sinne zu sein. ... Er hat es vermöge seiner Geistesgaben verstanden, ein Mädchen zu verlocken, sie anzuziehen, ohne sich Mühe zu geben, sie in strengerem Sinne zu besitzen. Ich kann es mir vorstellen: er hat es verstanden, ein Mädchen auf den Punkt zu bringen, dass er sicher war, sie würde alles opfern. Wenn die Sache so weit gediehen war, brach er ab, ohne dass von seiner Seite die geringste Annäherung geschehen wäre, ohne dass ein einziges Wort über Liebe gefallen wäre, ganz zu schweigen von einer Erklärung, einem Versprechen." (Entweder/Oder, I. 2, S. 329)

f) Die ‚Konstitution' als ähnliches ‚SEIN des SELBST'

Wir haben aus dem erinnerten Leben, das Casanova für die Nachwelt notiert hat und auch sonst bezeugt ist, seine homöopathische Konstitution ermittelt. Jedes Wesen des LEBENS hat eine Konstitution. Sie generiert und differenziert sich in der Evolution in den jeweiligen Phylogenesen und Ontogenesen. Sie ist die bestimmende Kraft für die Bewältigung des Lebens. Der Mensch hat die Gabe der Reflexion. Mit ihr vermag er sich als ein Selbst zu begreifen und sein Leben zu gestalten. Das individuelle ‚Selbst' ist jedoch nicht die ihn einzig bestimmende Instanz. Wenn es so wäre, gebe es keinen Weg, keine Brücke zum anderen. Die in allen Menschen ähnliche Instanz, die Verstehen und Verständigung ermöglicht und begründet, ist das SEIN des SELBST. Im Unterschied zu bisherigen philosophischen Denkversuchen zum Sein ist dieses SEIN ‚konkret': es ist mit dem Menschen zusammengewachsen, ist sein Ingenium oder kurz sein Genie. Das Wort benennt das Angeborene. Jeder Mensch ist in seinem natürlichen SEIN ein Genie. Es ist konkret zu benennen: die Konstitution ist das SEIN des SELBST als das Gesetz eines Menschen, nach dem er angetreten. Sie ist die Notwendigkeit, die zu gestalten er die Freiheit hat. Das Genie des Casanova haben wir anschaubar gemacht: Er ist das Genie der erotischen Sehnsucht nach der Frau. Die Mitgift seines Lebens, Fluoricum acidum, hat er auf die ihm gemäße Weise in der Dialektik von Notwendigkeit und Freiheit als seine WAHRHEIT und ZEIT in seiner geschichtlichen Zeit gelebt.

Kierkegaard und Proust sind konstitutionell wie Casanova gestimmt. Das ist an vielen charakteristischen Merkmalen erkennbar, ohne dass eine genaue Feststellung erfolgen muss. Die Teilnahme an einer gemeinsamen Konstitution bringt Ähnlichkeiten, die nicht zu übersehen sind; sie bewirkt eine starke Anziehungskraft zwischen diesen Menschen. Goethe bezeichnet seine Beziehung zu Charlotte von Stein (1742 – 1827) als ‚Seelenverwandtschaft'! Ihm sei es immer so vorgekommen, als ob sie sich seit langer Zeit kennen; sie müssten sich wohl schon in früheren Leben begegnet sein. Die Mutmaßung von Goethe ist homöopathisch zu begründen: ‚das Ähnliche wird durch das Ähnliche erkannt'! Die Erkenntnis zwischen Frau und Mann ist als Anerkenntnis des eigenen SEINS im Anderen, sprich: Der eigenen Konstitution, die auch die des/der Geliebten ist, besonders stark und fest. Das gilt auch für Freundschaften. Unterschiedliche Konstitutionen bringen Menschen vielleicht nicht so nahe, doch nahe genug. Jede Konstitution, ob die gleiche oder eine verschiedene gibt einem Menschen sein Gesetz für die Verwirklichung seiner Freiheit! Jede Konstitution bringt den Einzelnen sich und den anderen nahe, in die Nähe des Lebens und Liebens: Denn das LEBEN will gerade im Menschen immer nur das Leben! Und was ist menschliches Leben vom Grunde her anderes als Lieben!? Nur irregeleitete

‚Masken' hassen das Leben; ihr Hass gegen andere ist der Hass gegen sich ‚selbst'. Auch hier gilt das homöopathische Gesetz des Ähnlichen. Man muss jedoch eine geradezu übermenschliche Kraft aufbringen, um zu hassen. Wir erinnern Antigone: Nicht mit zu hassen, mit zu lieben bin ich da, existiere und lebe ich. Casanova ist in seinem Leben darauf gestimmt, um mit zu lieben! –

3. Abdruck: Die Frau aus Berlin: Sehnsucht nach der Heimat des Menschen

a) Erste Orientierung zu Marlene Dietrich

Ihre Memoiren hat diese große Künstlerin in Paris und auf französisch geschrieben: Marlène D. par Marlene Dietrich. Der deutschen Ausgabe, von Nicola Volland übersetzt, gibt sie den Titel: Ich bin, Gott sei Dank, Berlinerin. (Ullstein, 2000) Auf ihrer Schreibmaschine tippt sie für die deutsche Ausgabe selbst einen kleinen Text, den wir genau wiedergeben:

BERLIN

"WENN MAN MEINE PLATTE; TITEL – "BERLIN – BERLIN"
ANHOERT WEISS MAN WO MEIN HERZ LIEGT!

ICH BIN, GOTT SEI DANK, BERLINERIN!
ICH SAGE "GOTT SEI DANK" WEIL DER BERLINER HUMOR MIR MEIN GANZES LEBEN ERLEICHTERT HAT UND MIR GEHOLFEN HAT NICHT IN DEM GRAM DER WELT ZU ERTRINKEN.

ES IST EIN LEICHTER HUMOR – KEIN SCHWERER ODER PASSIONTER HUMOR. DAS HABEN WIR BERLINER NICHT NOETIG."

Es folgt noch ein Abschnitt mit zwölf Zeilen, in denen das ‚Flair von Berlin' beschrieben wird, die Heimat, nach der sie sich jetzt in Paris sehnt und überall in der Welt gesehnt hat. In ihrem Herzen bleibt der Weltstar immer mit dem Berlin ihrer Kindheit verbunden: "Ich bin, Gott sei Dank, eine Berlinerin!" Den Berliner ‚Jargon' bewahrt sie sich. ‚Herz mit Schnauze', sagt der Berliner von sich selbst. Diese Berlinerin hat ein großes Herz für die Liebe und eine große Stimme, die immer wieder nur von Liebe singt. Aus Protest gegen die deutschen ‚Masken', die das Vaterland zugrunde richten, ist sie Amerikanerin geworden; das ändert nichts an ihrer Beziehung zu Berlin als Symbol der Heimat. Hier liegen ihre Wurzeln, aus denen sie Kraft gewinnt, Kraft zum Widerstand gegen die ‚Masken', ein weiblicher Sokrates. Dieser Mensch mit Namen Marlene Dietrich, für viele einfach nur ‚Marlene', ist weniger bekannt als der Filmstar, der mit dem ‚Blauen Engel' im Jahre 1929 mit einem Schlage weltberühmt wurde. In diesem Jahr ist in Frankfurt am Main Annelies Marie Frank geboren. Ihr Schicksal bewegt Marlene tief, geht in die Stimme ihrer Lieder ein: ‚Sag mir, wo die Mädchen sind ....?' Bei einem Konzert in Amsterdam in den Fünfzigern besucht sie ganz allein das Haus in der Prinsengracht. Sie hat für Anne so viel Blumen im Arm, wie sie tragen kann. Sie redet mit niemandem über diesen Besuch; sie singt am Abend ihr Lieblingslied noch ergriffener: ‚Sag mir, wo die Blumen sind ....?' Wir nähern uns dem Menschen Marlene Dietrich, danach dem Menschen Anne Frank mit dem Kompass des Herzens. Ob die ‚Masken' diese beiden Frauen mit ihrer ähnlichen Botschaft des Lebens und des Lieben ‚je verstehen ....?'

b) Das Leben der Marlene vom Ende her betrachtet

"Die Nachricht lief über alle Agenturen und Sender, dass der Weltstar am 6. Mai, 91jährig, in Paris gestorben war.

Frankreich erwies der Toten hoheitliche Reverenz. Ihr Sarg, in der Kirche Madeleine aufgebahrt, war geschmückt mit der Trikolore und ihrem französischen Orden, dem Offizierskreuz der Légion d'honneur. Während der Überführung nach Berlin trug der Sarg die Flagge der USA.

Es war Marlenes Dietrichs Wunsch, dass die Beisetzung im engsten Kreis der Familie stattfinden und ihre letzte Ruhestätte der Friedhof in der Friedenauer Stubenrauchstrasse sein sollte. Neben dem Grab der Mutter und ebenso schlicht.

Der Stein für sie aus blauem Marmor trägt in goldenen Lettern nur ihren Vornamen, dazu die Lebensdaten und eines Dichters Spruch, nüchtern und poetisch zugleich: *Hier stehe ich an den Marken meiner Tage*." (Helga Bemmann, Marlene Dietrich, Leipzig 2000; für die nähere Erforschung zu empfehlen)

Marlene Dietrich ist nach ihrem Tod im Jahr 1992 endgültig nach Berlin zurückgekehrt. Berühmte Friedhöfe standen ihr in Paris offen; Städte mit großen Toten in monumentalen ‚Wohnungen', wie für die Ewigkeit gebaut, wie die der Colette auf dem Père Lachaise oder auf dem Montmartre die von Heinrich Heine, beide ständig mit Blumen geschmückt. Diese Frau will nach Berlin zurück, möglichst unauffällig, wenn es denn geht, und schlicht. Sie wird neben der geliebten Mutter in die heimatliche Erde gelegt. Der Kreis des Lebens hat sich zwischen Geburt und Tod geschlossen. ‚Sie sei schon im Leib der Mutter von ihr geliebt, sie habe das deutlich spüren können'! Eine Philosophie des Lebens und des Liebens ist an das Ende ihrer geschichtlichen Zeit angekommen. Die WAHRHEIT dieses Menschen wird als ihre ZEIT bleiben, so lange sich Menschen daran erinnern können. Es liegen auch in Berlin auf diesem bescheidenen Friedhof immer frische Blumen für ‚Marlene'. Ein Zauber geht von diesem Namen lange aus. Jeder Satz, den sie in großen Buchstaben eigenhändig für die deutsche Ausgabe schreibt, kommt aus dem Herzens. Berlin ist eine Chiffre für die eine Welt des universellen Menschen, in der jeder Mensch ‚Heimat' hat.

Marlene Dietrich ist eine Weltbürgerin; die Hauptstadt ihrer Welt ist Berlin. Nach dem Triumph mit dem ‚Blauen Engel' ist sie dem Regisseur, Josef von Sternberg, in die USA gefolgt. Deutschen Boden betritt sie im Leben nur noch dreimal. Der Besuch der Botschaft in Paris im Jahre 1937 dient dazu, den Pass verlängern zu lassen. Sie schildert das schwierige Unternehmen in Ihren Erinnerungen: Die Amerikaner "hatten darauf bestanden, dass alle meine Papiere in Ordnung sein müssten, wenn ich amerikanische Staatsbürgerin werden wollte. ... Ich ging zur Deutschen Botschaft ... Von Sternberg wusste nichts davon. Das Angebot meines Mannes, mich zu begleiten, wies ich zurück. ... Ich musste diplomatisch vorgehen, durfte mich von meinen Gefühlen nicht leiten lassen. ...

Der Botschafter erklärte, die Verlängerung meines Passes werde ohne weiteres bewilligt, und fügte dann hinzu, er habe mir eine spezielle Botschaft zu übermitteln. Ich sollte nach Deutschland zurückkehren und nicht versuchen, amerikanische Staatsbürgerin zu werden. Als Anreiz versprach er mir einen ‚triumphalen Einzug in Berlin durch das Brandenburger Tor'. ... Ich .... unterdrückte ein Lächeln ... und gab meinen Vertrag mit von Sternberg zu bedenken und erklärte, dass, wenn die Herren ihn darum bäten, einen Film in Deutschland zu drehen, ich ihr Angebot nur allzu gerne annähme.

Eisiges Schweigen folgte, dann warf ich ein: ‚Verstehe ich recht, dass Sie es Herrn von Sternberg verwehren, in Ihrem Land (ich sagte ‚Ihrem Land') einen Film zu drehen, weil er Jude ist?'" (Erinnerungen, 130) In dem nach dieser Frage entstehenden Tumult hat sich Frau Dietrich rasch verabschiedet, um zu Ihrem Mann zu eilen, der vor der Botschaft auf sie wartete.

Das zweite Mal kommt sie im Jahre 1945 nach der Kapitulation in der Uniform der amerikanischen Armee, der sie im Kampf gegen Nazi – Deutschland angehört, nach Berlin, um ihre Mutter zu besuchen; sie trifft sie in einem möblierten Zimmer im Trümmerfeld der Stadt, die beiden Frauen so viel bedeutet. Die Mutter hat nur noch auf dieses Wiedersehen gewartet, sie stirbt bald darauf. "Wir haben ihren Sarg aus Schulbänken zusammengezimmert und draußen im Regen gestanden, weil die Kapelle bombardiert worden war. Das war 1945, und ich war noch in der amerikanischen Armee, aber meine Vorgesetzten hatten mir erlaubt, mich um alle Formalitäten zu kümmern; .... schließlich konnte ich meine Mutter beerdigen. Mit ihr löste sich das letzte Band, das mich an meine Heimat fesselte. Wir verlieren alle unsere Mütter, Freunde, Kinder, wir werden immer wieder von denjenigen fortgerissen, die wir lieben. Wie unserem Schicksal entgehen, unserem Leid, unserer eigenen Vernichtung? Vielleicht indem wir denken, dass – für unsere Kinder und für unsere Familien – unser Leben nicht nutzlos gewesen ist, dass wir ihren Leid und ihren Schmerz haben lindern können." (Erinnerungen, S. 11)

Ihr Leben ist gewiss nicht nutzlos gewesen; sie hat mit den Amerikanern gegen die Tyrannei gestritten, unmittelbar hinter der Front in Lebensgefahr für die Soldaten ihre Lieder gesungen; auch die deutschen Kämpfer haben über BBC ihr ‚Lili Marleen' gehört. Sie hat den ‚deutschen Widerstand' gegen Hitler bewundert, selbst eine Widerstandskämpferin im Streit für eine menschliche Welt. Die Amerikaner haben sie mit der ‚Medal of Freedom' ausgezeichnet. Frankreich ehrt die tapfere Frau mit zwei höchsten Orden: Sie wird ‚Chevalier des la Légion d'honeur' und ‚Officier de la Légion d'honneur'! "Frankreich, das geliebte Land, ehrte mich, mich, eine einfache Frau, die Frankreich seit ihrer Kindheit liebte." (Erinnerungen, S.195) Ihre Verbundenheit mit der Heimat ist nicht gelöst; die Liebe zur Heimat sitzt tief. Aus dieser Liebe heraus hat sie die ‚Masken' bekämpft. ‚Masken' können nicht lieben; sie begreifen daher auch nicht, was L i e b e n ist: Sie können diese Marlene nicht verstehen.

Ihre Verbundenheit mit der Heimat und mit Berlin wird deutlich, als sie einer Deutschland – Tournee zustimmt; es ist der dritte Besuch seit 1930. Sie beginnt im Mai 1960 in Berlin im Titania – Palast und endet im Deutschen Theater in München. Sie spricht von einer ‚denkwürdigen Tournee'. Künstlerisch war sie ein überwältigender Erfolg; das Publikum feiert ‚das Wiedersehen mit Marlene' begeistert. In München, wo eine Schallplatte unter diesem Titel aufgenommen wird, gibt es 64 Vorhänge, ein Rekord! Sie war mit Herzklopfen nach Deutschland gekommen; sie spürte die Ablehnung der Unverbesserlichen, hatte Drohbriefe erhalten, eine Hetzkampagne gegen sie war in den einschlägigen Medien entfacht: Sie kommt trotzdem! In Ihren Erinnerungen sagt die große Künstlerin nicht viel zum ‚Gastspiel im Vaterland', nichts zur politischen Begleitmusik; wir müssen auf Quellen zurückgreifen:

"Nach einem Zeitraum von 30 Jahren ... stand Marlene Dietrich erstmals wieder auf einer Bühne ihrer Heimatstadt Berlin, willkommen geheißen von Helmut Käutner. Die Presse bestätigt ihr einhellig ‚die große Schule des Vortrags' und den siegreichen Einzug in die alte Heimat mit Lolas Liedern, mit *Jonny* und *Peter*, vermischt mit ihren englischen und französischen Lieblingsstükken, die schon in London und Las Vegas Applausstürme entfesselt hatten. Als sie für die Berliner als Zugabe das ... Lied *Ich hab' noch einen Koffer in Berlin* sang, steigerte sich der Beifall zu Ovationen, und beide Seiten waren glücklich.

Wunderschön ist's in Paris auf der Rue Madeleine.
Schön ist es, im Mai in Rom, durch die Stadt zu gehen!
Oder eine Sommernacht, still beim Wein in Wien;
Doch ich häng', wenn ihr auch lacht, heut' noch an Berlin!

Ich hab' noch einen Koffer in Berlin,
deswegen muss ich nächstens wieder hin!
Die Seligkeiten vergangener Zeiten
Sind alle noch in meinem kleinen Koffer drin!

Ich hab' noch einen Koffer in Berlin,
der bleibt auch dort und das hat seinen Sinn:
auf diese Weise lohnt sich die Reise,
und wenn ich Sehnsucht hab',
dann fahr' ich wieder hin!

Auf der Bühne des Titania – Palastes trug Marlene Dietrich zwanzig Lieder vor. ... Sie hatte das Publikum ... vom ersten Ton an völlig in der Hand. Im Saal saß ... der Korrespondent der New–Yorker *Variety*; er schreibt: ‚Miss Dietrich ist im gewöhnlichen Leben nicht gerade das, was man eine sentimentale Erscheinung nennen kann. Aber hier in Berlin, ihrer Geburtsstadt, fühlte man, dass sie den Tränen nahe war. Es war offenkundig, dass die Berliner noch immer mächtig an ihr hingen.' Umgekehrt war es ebenso. ...

Ärgerlich auf dieser Konzertreise waren gelegentliche Hassbekundungen gegen das Auftreten der politisch engagierten Künstlerin, die Hitlerdeutschland konsequent gemieden und die Alliierten im Krieg gegen das eigene Vaterland unterstützt hatte. Auch hatte sie sich niemals zu Äußerungen hergegeben, die mit der Politik des Kalten Krieges konform gingen. Das missfiel etlichen Leuten, die nun gegen sie Front machten. Transparente wurden vor den Theatern entrollt mit der Aufschrift ‚Marlene go home!' und ‚Marlene raus!' ...

An der Kampagne ... beteiligten sich 1960 auch einige bekannte große Tageszeitungen. Der in Brüssel lebende ... Jean Amery hat sich damit kritisch auseinandergesetzt: ‚Was die deutsche Presse sich damals an Vulgarität, Klatschsucht, falscher Sentimentalität, Insinuation bis hin zur offenbaren Niedertracht geleistet hat, könnte zu einer Analyse des bundesdeutschen Medienverhaltens und des Problems der ‚öffentlichen Meinung' im Allgemeinen sein. Dergleichen ist hier (gemeint ist Belgien) unmöglich.'

Die Beschimpfungen und Beleidigungen gegen sie, von denen sie zutiefst betroffen war, ... konnten den künstlerischen Erfolg der Tournee nicht in Frage stellen. Majestätisch schritt Marlene Dietrich in München aus den Kulissen. ..." (Bemmann, S.165 f)

Marlene hat zum ‚Skandal' nur eine kurze Bemerkung gemacht: "Was wollen diese Leute eigentlich? Seit Jahren beschimpfen sie mich, dass ich nicht komme. Jetzt beschimpfen sie mich, weil ich komme. ... Diese Leute trauern offensichtlich noch immer dem Hitlerregime nach" (Nach Bemmann, S. 168) Ihre Gefühle und Hoffnungen für die Heimat lässt sie sich dadurch nicht nehmen. Willi Brandt ist Regierender Bürgermeister in Berlin. An diesen Widerstandskämpfer, vielleicht noch stärker von den Unverbesserlichen geschmäht, denkt sie bei ihrer Entscheidung für diese Tournee. Sie denkt an die geliebte Musik von Bach, die Poesie von Goethe und Rilke, an die vielen Menschen, die mit dem Herzen fühlen; für sie will sie auch in Deutschland die ‚Lieder der Liebe' singen. Sie hätte liebend gerne am Mahnmal für die Widerstandskämpfer in Berlin Blumen niedergelegt, wie einige Jahre danach am Denkmal für die Kämpfer des Warschauer Getthos: Weißen Flieder. Bis heute ist die Widerstandskämpferin gegen den Nazi – Staat in Deutschland nicht auf angemessene Weise gewürdigt; eine Briefmarke mit dem ‚stilisierten Portrait' reicht nicht, um das Menschenantlitz erscheinen zu lassen. Die WAHRHEIT des Lebens von Marlene Dietrich hat eine große ethische Bedeutung. Erstmals am 27. Dezember 2001, Marlene ist einhundert Jahre, legt das offizielle Berlin einen Kranz am Grab nieder, würdigt der Bundespräsident die ‚Antifaschistin' in einigen Sätzen. –

‚Unsere Marlena', so nennen die Polen sie liebevoll, singt im kalten Januar 1964 vor 3000 Menschen im Warschauer Kulturpalast. "Das Urteil über die Schauspielerin lautete aus polnischer Sicht: ‚Sie ist herrlich, doch am tiefsten beeindruckte uns ihr Gang zum Gettho: wir erkannten das wahre Herz der Marlene. ... Lange bevor sie an Ort und Stelle war, verließ sie das Auto und ging langsam, die Blumen an die Brust gedrückt, zum Denkmal. Ihr Gesicht war blass, gleichsam erloschen. Plötzlich bedeckte sie es mit den Händen und begann zu weinen. Wir sahen ihre Tränen, die wir bisher nur gehört hatten – in ihrer Stimme, wenn sie ihr berühmtes Chanson sang: *Sag mir, wo die Blumen sind .... Über Gräbern weht der Wind*, jenes Lied, das ein fester Bestandteil ihres Repertoires ist und dessen Refrain schmerzlich fragt: *Wann wird man je verstehen* ....?" (Bemmann, S. 188) Dieses Lied wird eines Tages vielleicht, es ist zu hoffen, die Hymne der Erinnerung an die überwundene Geschichte sein; wenn die Herrschaft der ‚Masken' beendet ist, unter der Menschen, immer wieder ‚selektiert', in ‚Gute' und ‚Böse' eingeteilt werden; wenn es keinen Philosophen wie den im Schwarzwald mehr gibt, der nichts vom Holocaust weiß, das Schicksal der Anne Frank verschweigt, die Todesflieger von Guernica nicht wahrnimmt und im Vergleich zu dieser einfachen Frau aus Schöneberg schlichtweg ein ungebildeter Mensch ist. Zwischen Marlene Dietrich und Martin Heidegger liegen

Welten; das ‚Lied der Liebe' dieser Frau wird bleiben, das ‚Gerede vom Sein' durch diese Maske wird bald ‚vergessen' sein; hoffentlich!

Nach dem Tonband – Video mit Maximilian Schell 1984 gelang es Manfred Schell, Chefradakteur der ‚Welt', 1987 Antworten für die deutschen Leser auf einige Fragen zu erhalten. "Zur Sprache kam ... auch das Thema Lieblingsschriftsteller. Ja, natürlich, sie lese noch viel, auch Gedichte. Über alles liebe sie die Verse Rainer Maria Rilkes. In ihren Jugendjahren sei seine Poesie für sie ‚Offenbarung und Erlebnis' gewesen, und bis heute sei das so geblieben. Die Gedichte könne sie auswendig: *Kindheit, Herbst, Ernste Stunde und Abschied* – Alles, alles ist himmlisch!'

Ob sie Heimweh nach Berlin habe? Mit dieser Frage berührte Chefradakteur Schell das brisante Thema Marlene und Deutschland, worüber es in ihrem Falle in der deutschen Öffentlichkeit seit ihrer Emigration noch immer divergierende Meinungen gab. Sie antwortete philosophisch-resignierend mit einem Zitat von Alfred Polgar: ‚Die Fremde ist nicht Heimat geworden, aber die Heimat – Fremde'. Dennoch bestünden viele emotionale Bindungen dorthin, weil sie Freunde dort habe, in Berlin, in Hamburg und in München. Weshalb sie Nachrichten aus Deutschland eben auch tiefer berührten als aus anderen Ländern.

Wie zu erwarten, fließen in das Interview Reminiszenzen an das Berlin der zwanziger Jahre ein – ‚meine glücklichste Zeit' – sowie an die ihr durch die Erziehung im Elternhaus vermittelten Werte. Die wahren Richtlinien ihres Lebens habe sie durch ihre Mutter erhalten: ‚Ich lebe noch heute genau so, wie sie es mich lehrte. Diszipliniert und treu meinen Überzeugungen'." (l. c., 238 f)

Diszipliniert und tapfer ist sie bis in die letzten Stunden ihres Lebens. Einem Brief an Peter Kraxner in Graz legt sie eine handgeschriebene Notiz in englisch bei: ‚Don't forget'; übersetzt lautet sie: "An diesem Morgen im Mai. Mir war, als würde ich fühlen, dass ich zu sterben beginne – da ich keine Erfahrung auf diesem ‚Terrain' habe, konnte ich mir nicht erklären, was es damit auf sich habe. Doch langsam wurde es mir deutlich. Ich hoffe beinahe, dass dies der Grund ist'."(nach Bemmann, S. 239,teils eigene Übersetzung) Ihre Tochter Maria ist sofort gekommen; sie spricht bis zuletzt mit einem Menschen, den sie liebt. In ihrem Mut ist sie im Sterben tapfer wie Sokrates. Nach des Menschen HEIMAT hat sie sich ihr ganzes Leben gesehnt. Das haben nicht viele verstanden, doch viele Menschen in ihrem Herzen von dieser großen Frau gespürt. Es ist von Bedeutung für Berlin und für Deutschland, dass ‚Marlene' auf dem Friedhof in Friedenau, neben der Mutter, in der Heimaterde ihre letzte Ruhestätte hat. Es liegen immer Blumen auf dem Grab, oft weißer Flieder. "Der Stein für sie aus blauem Marmor trägt in goldenen Lettern nur ihren Vornamen, dazu die Lebensdaten und eines Dichters Spruch, nüchtern und poetisch zugleich: *Hier steh ich an den Marken meiner Tage.*" (l. c. 241) Aufrecht und aufrichtig hat sie gelebt, so will sie nach dem Tod erinnert sein: ‚Hier stehe ich, ich kann nicht anders'; die protestantische Preußin hat Luthers Worte auf ihre Weise menschlich beherzigt. Am 6. Mai 1992 ist sie in Paris gestorben. Sie wird mit ihren Liedern nicht vergessen; die Botschaft der Liebe bleibt.

c) Das Leben der Marlene vom Beginn her betrachtet

"Es war in Schöneberg zur Winterszeit, als das Licht dieser Welt die kleine Marie Magdalene zum erstenmal anstrahlte und fand, dass es ein sehr hübsches Kind sei. Die kleine Dietrich wurde in der Sedanstrasse Nr. 53 geboren, der heutigen Leberstrasse. Ihr Vater war der preußische Polizeioffizier Louis Dietrich, ihre Mutter Josephine, geborene Felsing, die Tochter Conrad Felsings, Inhaber des renommierten Uhren- und Juwelengeschäfts Felsing, Unter den Linden 20." (l. c., 10) Es ist der 27. Dezember 1901, das neue Jahrhundert ist noch jung. Was in ihm alles geschehen wird, weiß noch niemand, was in diesem Kind angelegt ist, wird sich bald zeigen. Sie verliert den Vater früh; sie erinnert sich kaum an ihn. Die Mutter muss mit ihren Töchtern, Margot ist ein Jahr älter, eine bezahlte Stelle als Hausdame annehmen. Sie heiratet den Sohn des Hauses, Eduard von Losch; er fällt 1917 im Krieg, ein preußischer Offizier hat, wie es so verlogen heißt, ‚seine Pflicht für das Vaterland bis zum Heldentod getan'! Marlene, wie sie genannt wird, hasst den Krieg; sie hat wieder einen lieben Menschen verloren; sie ist sechzehn Jahre jung. Ihr Abscheu gegen den Krieg ist schon vor diesem Verlust geweckt, er reicht an seinen Beginn heran. Es ist ein Ereignis besonderer Art, das ihr widerfährt. In ihm verknüpft sich ihr ontisches SEIN mit einem Geschehnis, das für ihre Bildung von lebensbestimmender Bedeutung sein wird. Sie selbst weiß es noch nicht, sie erfühlt das Ereignis, lässt es innerlich wirken, Handlungen folgen, die ungewöhnlich sind; sie bleiben verborgen. Wer interessiert sich in diesem Moment für dieses junge Ding? Erst aus der Überschau wird deutlich, was in einem winzigen Moment von Zeit als seine WAHRHEIT auf ZEIT aufscheint und das SEIN entbirgt.

Was ist geschehen? Der Ort ist die Schule, genauer die Mädchenschule in der Nürnberger Strasse, nach der Kaiserin Auguste Viktoria (1858 – 1921) benannt, die auch preußische Königin ist. Marlene ist ein Jahr zu früh eingeschult und kommt sofort in die 2.Klasse, da sie bereits lesen, schreiben und rechnen kann. Immer blass und viel jünger als die anderen Schülerinnen fühlt sie sich wie ein Vogel im Käfig; sie hat die Freiheit verloren, ist ständig traurig. Da tritt ein Mensch in ihr Leben; sie schildert es in den ‚Erinnerungen': "Eines Tages ... sprach sie mich an. Ich stand ganz allein an einem der hohen Fenster im Schulflur und war trauriger als der Regen, der draußen fiel. Sie blieb vor dem Fenster stehen, blickte hinaus und fragte mich dann: ‚Hast du einen ernsten Grund, traurig zu sein?' Ich presste meine Lippen über dem schwer verdaulichen Bissen meines Brotes fest zusammen und schüttelte den Kopf. ‚Dann ist es eine Sünde, traurig zu sein.' (Sie sprach deutsch, sagte das Wort ‚Sünde' aber auf französisch.) In diesem Augenblick klingelte es, die Pause war vorbei, und sie ging fort." (Erinnerungen, 17) Es ist die Französin Marguerite Breguand, Lehrerin ihrer Muttersprache; eine Ausnahme an dieser Schule, alle Fremdsprachen werden von Deutschen unterrichtet, und nur in der Oberstufe wird sie eingesetzt; bis dahin ist es für Marlene noch ein weiter Schulweg.

Eine deutsch – französische Freundschaft beginnt: ein Kind und eine erwachsene Frau begegnen sich auf einer Weise, der gemäß das Kind die Liebe zu dieser Frau auf Frankreich übertragen wird und auf eine Welt, in der Menschen einander nahe sind, sich lieben. Doch der Reihe nach und mit Marlenes eigenen Worten der Erinnerung: "Am nächsten Tag kam sie wieder zu mir; ich antwortete auf alle ihre Fragen. Jeden Tag kam sie nun zur selben Stunde am selben Ort. Mein Alter schien sie nicht zu kümmern: wichtig war ihr offensichtlich nur, dass ich da war und dass wir miteinander sprachen. Sie war so glücklich, sich auf französisch mit mir unterhalten zu können. Wenn es läutete, trug ich ihre Bücher hinter ihr her. ... Sie vertrieb meine Einsamkeit, meine kindlichen Sorgen, meine Traurigkeit. Sie verkörperte meine Wünsche und gleichzeitig deren Erfüllung. Ich verbrachte meine ganze freie Zeit damit, mir Geschenke für sie auszudenken: blau – weiß – rote Bänder ....; französische Landschaften, die ich aus allen Magazinen ausschnitt; einen Strauss Maiglöckchen zum 1. Mai; eine Kornblume, ein Maßliebchen und einen Klatschmohn zum 14. Juli. ... Niemals vergaß sie, mir am letzten Schultag vor den Ferien ihre Adresse zu geben ... Sie hatte meine geheimsten Hoffnungen erraten und wusste, wie sie meinen Kummer heilen konnte. .... Dank Mlle. Breguand war die Schule kein Gefängnis mehr, sondern eine große Stadt, in der ich meine heimliche Liebe zu finden wusste. Diesen ganzen Winter und Frühling ging ich jeden Morgen leichten Herzens zur Schule bei dem Gedanken, dass wieder ein glücklicher Tag vor mir lag." (l. c., 17 f.) Was geschieht hier eigentlich?

d) Das wesentliche Ereignis von Bildung: L i e b e

Bis zu diesem Augenblick kann die beschriebene Lehrer – Schüler – Beziehung von Außenstehenden als typische ‚Schwärmerei' angesehen werden, obwohl sie schon eine gewisse Tiefe andeutet. Was nun geschieht und für die Bildung eines jungen Mädchen, sie hat das Alter wie Anne Frank beim ‚Untertauchen' am 8. Juli 1942 in Amsterdam, Bedeutung gewinnt, ist die unerwartete Abwesenheit des anderen Menschen, die mit dem ‚Beginn des Krieges' zusammenfällt; wir lassen wiederum Marlene D. das Wort:

"Als der Unterricht im Herbst 1914 wieder anfing, mussten sich alle Lehrer und Schüler in der Aula versammeln.

Es wurden donnernde Reden gehalten, von denen wir kein Wort verstanden. Auf Zehenspitzen versuchte ich das Gesicht von Mlle. Breguand zu entdecken. Ich sah es nicht. Die Englisch- und Französischlehrer standen neben den Latein- und Griechischlehrern. Sie war nicht da. Ich suchte die Reihen der Lehrer für naturwissenschaftliche Fächer und Mathematik ab. Auch dort war sie nicht. Sie hatte doch sicher die große Schulglocke gehört, die uns zusammenrief. Wo war sie? Da dämmerte mir langsam, eiskalt, die schreckliche Wahrheit. Marguerite Breguand! Frankreich! Franzosen! Sie sind Französin! Sie, Marguerite Breguand, Sie sind Französin! Deutschland befindet sich im Krieg gegen Frankreich! Deswegen sind Sie nicht hier. Wir sind der Feind. Bei diesem Gedanken wurde ich ohnmächtig." (l. c., 19)

Das Wort ‚Krieg' und dieser selbst bleibt für viele Menschen abstrakt. Er findet irgendwo anders statt, jedenfalls nicht in den Schulen. Die ‚donnernden Reden' wecken bei Schülern den Heldenmut, wie es die Kurzgeschichte von Heinrich Böll veranschaulicht: ‚Wanderer, kommst du nach SPA ...'. Die Erkenntnis des in seinem Leibe verstümmelten ‚Schülerhelden' kommt spät, doch nicht zu spät; er lebt noch. In diesem Fall, in der Auguste Viktoria Schule in der Nürnberger Strasse in Berlin, kommt die Erkenntnis wie ein früher Blitz im dämmernden Morgen, der die Nacht vertreibt, in das Herz eines dreizehnjährigen Mädchens, um dort das Denken hell zu machen für das ganze Leben. Sie taucht in die ‚Bildung des Herzens' ein, die unsere Schul – Pädagogen und Schul – Philosophen selten erreichen: Marlene wird sich in der Abwesenheit eines Menschen ihrer Liebe bewusst! Der Schmerz sitzt tief und bleibt haften.

"Die Soldaten marschierten durch die Strassen, mit einer Blume am Gewehr; sie lachten, sangen, küssten die Frauen, Fahnen hingen aus den Fenstern: man feierte den Krieg gegen Frankreich. *Das Fest des Krieges*. Die Barbaren feierten die Kriegserklärung. Mit einer Blume am Gewehr.

Niemand hätte mich zwingen können, in den Krieg gegen Frankreich zu ziehen. Ich liebte Marguerite Breguand und ich liebte Frankreich; ich liebte die sanfte und vertraute französische Sprache. Ich war die erste, die Trauer trug: Ich hatte Marguerite Breguand verloren, ich hatte die französische Sprache verloren, ich hatte ein Versprechen verloren, das nicht gehalten worden war, ein ehrliches Versprechen, das meine Lehrer mir gegeben hatten – sie, die uns gesagt hatten: ‚Versprochen ist versprochen'.

Man hatte uns eine friedliche Kindheit gelobt, ... Man hatte uns Pläne versprochen ...., Träume zum Träumen und Wahrmachen. Eine sichere Zukunft – und es lag an uns, sie zu nutzen. Und jetzt? Keine Pläne mehr, keine sichere Zukunft mehr und keinerlei für den Krieg taugliches Wissen. .... Die Schule versank also von neuem in grauer Eintönigkeit, wurde wieder zu dem, was sie vor dem Gastspiel von Mlle. Breguand gewesen war: einem Gefängnis. Aber ich vergaß sie nicht. Jedes Mal, wenn ich zur Strafe dafür, dass ich französisch – die Sprache unserer Feinde – gesprochen hatte, zehn Pfennig in die Klassenkasse zahlen musste, geschah dies in ihrem Namen." (l. c. , 20)

Marlene zahlt oft und gerne, was die ,andern' nicht bemerken dürfen. Um sie herum spürt sie den ,Hass auf den Feind'; sie selbst kennt nur ihre Liebe, die den so genannten ,Feind' einbezieht! Sie erkennt in ihrer ,leidenschaftlichen Liebe' (21), dass sie sich von den anderen unterscheidet, nur von ihrer Mutter nicht; es gibt einen Hass aus Liebe und einen aus Mangel an Liebe. Der Hass gegen andere ist in Wirklichkeit ein Selbst – Hass; er ist destruktiv, zerstörerisch, trifft die Hassenden mehr als die Opfer, die sie physisch vernichten; sie sind gefühlskalt im Herzen, innerlich leer und tot, obwohl sie noch leben. Anne Frank taucht vor diesem Hass mit ihrer Familie im ,Hinterhaus in Amsterdam' unter und entdeckt dort ihre Sehnsucht nach dem menschlichen Menschen der Liebe. Marlene D. geht , wie sie selbst sagt, in den ,Untergrund' (21), verbirgt ihre Liebe zu ,Feind – Menschen' und leistet inneren Widerstand. Ich "widerstand allen Verboten. Ich erzählte niemand davon. Ich fühlte mich nicht schuldig. Hocherhobenen Hauptes trug ich mein Geheimnis in der Tiefe meines Herzens." (21) Nur mit der Mutter kann sie alles besprechen, alles sagen. Die Mutter gehört in die Liebe, das ganze Leben lang. Anne Frank war äußerlich erkennbar, am Judenstern; die Liebe eines Menschen offenbart sich, ob in Amsterdam oder Berlin , innerlich nur den Liebenden. In einer Welt voll Hass verbirgt sie sich, um von ihm nicht berührt zu werden. Doch diese ,Verbergung' ist nicht leicht; wie soll man erkennbar machen, dass auch die ,Feinde' geliebt werden? Jeder Mensch will sein Lieben auch leben, anderen mitteilen!

Eine Gelegenheit bietet der Sommer 1915. Ein Jahr ist der Krieg beinahe alt und der Ruhmestag Frankreichs, der 14. Juli, kommt Marlene wieder in den Sinn. In der Nähe der Sommerschule ist ein Gefangenenlager mit französischen Soldaten, zu dem niemand gehen darf. Doch was ist ein Verbot gegen die Liebe eines Menschen, selbst eines Kindes? ,Allons enfant de la patrie': "Als die Dämmerung angebrochen war, hatte ich im Garten so viele weiße Rosen gesammelt, wie ich in meinen Armen nur tragen konnte. Ich lief zum Waldrand. Die Dornen stachen durch mein Sommerkleid, ich weinte vor Schmerz und Angst, aber ich war fest entschlossen, mein Abenteuer zu bestehen, komme, was da wolle.

Ich blieb direkt vor dem Stacheldraht stehen.

Hinter dem Zaun einige Gestalten. Zu spät, um kehrtzumachen. Sie hatten mich gesehen. Ich war klein, aber ich trug ein weißes Kleid und einen Strauss Rosen derselben Farbe. Die Männer hatten schwarze Bärte, schwarze Augen; sie rührten sich nicht. ... wieder die Furcht, entdeckt zu werden, zu versagen, ihnen meine Botschaft nicht übermitteln zu können. ...

‚Los', dachte ich, ‚los, du bist doch eine Soldatentochter'.

Ich zog eine Rose aus meinem Strauss und hielt sie ihnen hin. Auf der anderen Seite konnte ich keine Bewegung erkennen. Sie standen starr und steif wie Zinnsoldaten. Dann ging ich noch etwas näher heran und sagte mit meiner Kinderstimme in meinem besten Französisch: ‚Heute ist der 14. Juli, ich habe gedacht, die Rosen würden Ihnen Freude machen'. Ich schob eine Rose durch ein Loch im Stacheldrahtzaun; eine Hand bewegte sich, ergriff sie, dann wagten auch andere Hände sich vor. Atemlos reicht ich rasch alle meine Rosen hinüber, wie etwas Ruhmreiches und Verbotenes. Kein Wort wurde gesprochen." (l. c. ,21 f)

Wie viel Mut muss ein Mädchen von 14 Jahren aufbringen, um ein derartiges Abenteuer zu wagen? Es wird entdeckt! Die Lehrer sehen es als ‚Kinderei' an und wollen die Verweisung von der ‚Anstalt' vermeiden. Die Klassenkameradinnen fordern durch ihre Mütter eine Bestrafung! Die Institution kann nicht umhin; es wird für Schule und Vaterland gelernt! Doch ‚Bildung', auf die es für das Leben ankommt, hat mit ‚Lernen' wenig zu tun. Die Wege sind verschieden: Bildung geht von innen heraus, wird als Akt der Freiheit ‚hervorgebracht'; Der Lernweg nimmt die Richtung von außen nach innen, folgt der Notwendigkeit. Der Begriff Bildung hat vom Sprachsinn her die Bedeutung: ‚Sich selbst und anderen eine Gestalt, eine Bedeutung geben'. Die innere ‚Gestalt' ist mit der äußeren zu verknüpfen, die physisch gegeben ist; sie ist in mir selbst ‚zu bilden'; ein bedeutendes ‚Bild' ist auch im ‚Anderen' zu sehen, zu erfühlen, ihm zu verleihen! Das Wort ‚Bild' hat die ursprüngliche Bedeutung von ‚Wunderzeichen der Kraft'; Bilder der Heiligen, die Ikonen der östlichen Frömmigkeit werden verehrt, man gewinnt in ihrer Betrachtung Zuversicht für das Leben. Wer ‚Bildung' für sich ergreifen will, sollte sich ein Bild des Menschen denken und geistig vorstellen, der ihm ganz nahe ist: es ist mit dem Herzen zu erfühlen.

Marlene ist also für eine Weile von der Schule verwiesen und hat dadurch Zeit für sich, alles zu bedenken; sie kann die Bilder in sich wirken lassen. ‚Schule' hat ursprünglich etwas mit Muße zu tun; das griechische Wort für Schule heißt ‚Muße'. In der Hektik des Lernens wird sie vertrieben. Nun hat das Kind ‚Zeit' für sich und die Familie: Die "Mutter blieb ganz ruhig. Kein Zorn, keine Nervosität. Ich schämte mich ihretwegen und brach in Tränen aus. Ich bekam nicht den vertrauten Satz zu hören: ‚Eine Soldatentochter weint nicht.' Als ich die Augen hob, stand sie da, unbeweglich, sah mich an und weinte.

Nun, da ich den Rest des Sommers mir selbst überlassen war, dachte ich viel über Gerechtigkeit nach; verworrene Gedanken, Fragen ohne Antworten schwirrten mir durch den Kopf. Der Krieg war ungerecht. Das Gute und das Böse, diese schlecht definierten Begriffe, haben nur in der Welt der Kinder eine klar umrissene Bedeutung. Hier gleichem sie einem Urgesetz: unwandelbar, immer erklärbar, unerbittlich und mächtig; außerhalb der Welt des Kindheit dagegen scheinen das Gute und das Böse unbeständig, trügerisch und frei erfunden zu sein.

Ich lag im Gras und dachte an Gott und Mlle. Breguand.

Beide waren irgendwo, weit weg von mir. Gott würde nach dem Krieg wiederkommen, davon war ich ebenso überzeugt wie von seiner Abwesenheit. Doch im Falle von Mlle. Breguand war ich mir nicht so sicher: .... Warum hätte sie nach dem Krieg zurückkommen sollen? Der Frieden würde Franzosen und Deutsche vielleicht nicht versöhnen, ..." (l. c., 23)

Marlene Dietrich schreibt diese Zeilen als Frau von achtzig Jahren; sie knüpft so lebhaft an die Ereignisse der Kindheit und Jugend an, als wären sie gerade geschehen. Es wäre gut, den letzten Absatz noch einmal langsam zu lesen und zu überdenken! Bei welchem unserer Philosophen oder Pädagogen begegnet man dergleichen? Die Gedanken von Marlene gehen noch weiter; ich überlasse sie dem Leser der ‚Erinnerungen'. Durch die zeitweilige Verweisung von der Schule hat Marlene Zeit für sich ‚Selbst', Zeit zum ‚Denken' ohne Lerndruck und Hausaufgaben. Das Abenteuer am 14.Juli 1915 ist siebzig Jahre später, da es in Worte mündet, immer noch wirklich; es hat seine Wirkung für das Leben entfaltet; das macht ‚Bildung' aus: ‚Geprägte Form, die lebend sich entwickelt': (Goethe) Die einstige Wirklichkeit und die Worte, die eine Frau im Alter für den ‚jungen Menschen' findet, der sie war und noch ist –spät jung heißt lang jung – (Nietzsche) kommen philosophisch zusammen: was hatte das Mädchen damals alles gedacht und zu denken, was hat man ihm zugemutet? Der geliebte Mensch, Mlle. Breguand, ist plötzlich ein ‚Feind' geworden und aus dem Leben verschwunden; die Franzosen sind alle Feinde; der Stiefvater kämpft gegen sie und Menschen sterben; aus der eigenen Familie sind Gefallene zu beklagen; wird der Vater wieder kommen? ... Alles das hat ein junges Ding von einem Tag zum anderen zu denken! Kann es das überhaupt verstehen? Wird man das je verstehen? Die Lieder der Liebe kündigen sich in Marlene früh an.

e) Vertiefung der Bildung: die ‚Maßgabe' finden

Wer sich einmal von einem Menschen ein Bild aus Liebe gemacht hat, kann im Grunde nicht mehr in die Irre gehen; er hat den Kompass des Herzens entdeckt. Dass Marlene in die geschilderte Beziehung zu ihrer Lehrerin gelangen konnte, hat Gründe, die in der genetischen Konstitution ihres Selbst und ihrer Familie liegen. Nach dem frühen Verlust des eigenen Vaters und der Abwesenheit des zweiten Vaters, der im Krieg ist, fördern die Mutter und auch die Großmutter ihre Bildung. Liebe ist ansteckend; aus täglicher Liebe gedeiht ein Kind. Marlene geht bis in den Mutterleib zurück, eine philosophische Einsicht, die der Tradition fehlt: "Ich brauchte keine Beteuerung, keinen Beweis, um ihrer Liebe gewiss zu sein. Ich erinnere mich nicht, wann ich zum ersten Mal spürte, dass sie mich liebte. Sicher noch vor meiner Geburt." (l. c. , 30) Eine Mutter ist die geborene Bildnerin; sie trägt das Menschenkind in Liebe aus und schenkt ihm ein Leben lang ihre Liebe. Das hat Marlene früh gespürt. "Nicht der Krieg", schreibt sie, "lehrte meine Mutter die grundlegenden Werte des Lebens. Sie kannte sie seit jeher." (28) Woher kennt der Mensch sie, woher die Erkenntnis? Aus dem SELBST als Grund des individuellen Selbst! Die ‚Maßgabe' ist dem Menschen vom LEBEN eingeboren, mit der Geburt gegeben: Erkenntnis nennt der Franzose ‚connaissance'. Was Eltern ihren Kindern nahe bringen, ist die Nähe zum LEBEN; das vermag die Schule selten; sie ist in unserer Welt vom falschen Anfang des Denkens falsch konzipiert. Die ‚Begegnung' von Marlene mit der Lehrerin Mlle. Breguand ist in der ‚Schule' ein Glücksfall.

Bildung ereignet sich vor allem in der Beziehung von Menschen, die sich lieben. Da kann sogar etwas ‚gelehrt' und ‚gelernt' werden; es hat einfach einen anderen Wert. "Als sie mir das Lesen beibrachte, benutzte sie keine Tafel; sie erklärte mir die Aussprache, die Silben und die Zeichensetzung anhand eines in prächtigen farbigen Buchstaben geschriebenen Gedichtes von Freiligrath, das unter Glas in unserem Wohnzimmer hing:

O lieb, solang du lieben kannst!
O lieb, solang du lieben magst!
Die Stunde kommt, die Stunde kommt,
Wo du an Gräbern stehst und klagst!

Ihre tiefsten Überzeugungen beruhten nicht auf Erfahrung, sondern auf ihrem Gespür. Sie war sich ihrer so sicher, als ob sie selbst sie geschaffen hätte. Wenn sie, um ihren Worten Nachdruck zu verleihen, Philosophen und Dichter anführte, konnte man meinen, sie erlaubte diesen freundlicherweise, ihre persönlichen Ansichten zu teilen. Im übrigen war sie viel zu jung, um selbst Erfahrung in all den Bereichen zu haben, die sie so gut zu kennen schien. Sie hatte eine wohlbehütete Kindheit gehabt und durch ihre frühe Heirat die gute Gesellschaft der Stadt schockiert. Mit siebzehn Jahren ist sie Mutter geworden. .... Es war so leicht, sie zu lieben." (28 f)

Den Philosophen Protagoras hat die Mutter wohl kaum gekannt, doch sie hat seinen Spruch gelebt: ‚Der Mensch ist die Maßgabe alles dessen was ist und nicht ist'. Woher soll man die ‚Maßgabe' denn sonst auch haben? Ein Grundkurs in Philosophie ist nicht erforderlich, in den Kategorien der Schulphilosophie eher schädlich. "Und dann war da auch noch Immanuel Kant! Seine Gesetze", sagt Marlene, "waren meine Gesetze, ich kannte sie auswendig.

>Handle so, dass die Maxime deines Willens jederzeit zugleich als Prinzip einer allgemeinen Gesetzgebung gelten könne.<

>Das gerade Widerspiel des Prinzips der Sittlichkeit ist: wenn das der eigenen Glückseligkeit zum Bestimmungsgrund des Willens gemacht wird.<

>... die Freiheit, von der das moralische Gesetz, welches keiner rechtfertigenden Gründe bedarf, nicht bloß die Möglichkeit, sondern die Wirklichkeit an Wesen beweiset, die dies Gesetz als für sie verbindend erkennen.<" (55)

Die ‚Goldene Regel', zu der auch Kants Imperative gehören, ist so alt und so jung wie Mensch und Menschheit. Wer ihr begegnet, ob bei Konfuzius, Jesus, Kant oder einfach in seinem Selbst, erkennt sie als zum Menschen gehörig. Und doch ist sie, wie wir leidvoll wissen und immer wieder erfahren, nicht selbst – verständlich: sie wird von den ‚Masken' ins Gegenteil verkehrt. Marlene wird früh mit menschlichen Menschen und mit Masken ‚bekannt'. Das verdankt sie den Dichtern, die sie verehrt und liebt; wieder öffnet die Mutter den Zugang. Ihre Kunst, an einer einzigen, bedeutsamen Strophe mit fünfzehn Worten, zwei Ausrufen und sieben Satzzeichen eines Dichters dem Kind das Lesen und Schreiben zu erschließen, ist schon poetisch zu nennen. Marlene kennt es auswendig; ihre besten Freunde unter den Dichtern werden Hölderlin, Goethe und Rilke. Sie sind der Freundschaft des Menschen wert. "Während der letzten Schuljahre hatte ich begonnen, Goethe regelrecht zu vergöttern, und es ist kein Wunder, dass ich mein ganzes Leben lang sein Denken andächtig in Ehren gehalten habe. Seine Grundsätze haben mich .... beim Erwachsenwerden geleitet; .... denn da ich keinen Vater hatte, brauchte ich ein männliches Vorbild, auf das ich mich beziehen konnte..." (l. c., 53)

Nach dem Ende der Schulzeit kommt Marlene nach Weimar, um dort Violine zu studieren; sie ist überglücklich, sie kommt in die Stadt ihres Dichters, in die Stadt, die immer im Banne Goethes lebt. "Wir lasen *Die Leiden des jungen Werther* und vergossen viele Tränen. Am liebsten hätten wir, wie es heute üblich ist, unsere Freude laut hinausgeschrieen bei der Entdeckung, dass ein so berühmter Schriftsteller unsere jungen Seelen kannte. Alle jungen Menschen fühlen sich unverstanden. Das ist eine uralte Jugendkrankheit. Doch wenn man die Qualen der Einsamkeit durchleidet, dann helfen Poesie und Sentimentalität, Geigen, die auf dem Grund unseres Herzens singen, Träume, die uns beseelen, ohne unsere Probleme lösen zu können. Das war es, was ich damals empfand. Während meines Aufenthaltes in Weimar habe ich eine wunderbare Liebe kennen gelernt, die mein ganzes junges Dasein in Begeisterung, ja einen einzigen Rausch versetzte, die mein Leben auf ein göttliches Licht hin lenkte und mir alle schlechten und gemeinen Erfahrungen ersparte." (l.c., 54) Die ‚wunderbare Liebe' wird im Innern gefühlt, ist poetisch und vom Gefühl in der konkreten Beziehung nicht zu unterscheiden. Die Schauspielerin und Sängerin Marlene Dietrich, der Weltstar, wird früh gebildet, da weder sie selbst noch ihre Umgebung es bemerken.

Die Ausbildung an der Violine musste auf grund einer Sehnenentzündung an der linken Hand beendet werden; es wurde als ein schwerer Schicksalsschlag empfunden, der jedoch den anderen Weg öffnete, den wir alle kennen. In der Verwindung des Schmerzes wendet sie sich wieder Goethe, verstärkt der Poesie zu. "Dann entdeckte ich eines Tages Rainer Maria Rilke – ich sage >entdeckte<, weil in der Schule kein Lehrer von ihm gesprochen hatte. Von da an hatte ich einen neuen Gott. Ich fand seine Lyrik so schön, dass ich lange Gedichte auswendig lernte und sie für mein Leben gern laut vortragen wollte. ... Ich beschloss, Theaterschauspielerin zu werden, denn das Theater war der einzige Ort, wo man schöne Texte und schöne Verse vortragen konnte wie die von Rilke, die mir das Herz brachen und doch zugleich auch wieder Mut machten."(58 f) Marlene wäre dem Dichter gerne einmal begegnet, doch leider ergab sich nie die Gelegenheit. (216) Ihre Lieblingsgedichte, die sie jederzeit vortragen kann, sind *Der Panther, Leda, Herbsttag, Ernste Stunde, Kindheit.* (211) Ihre berühmte Stimme, mit der sie Menschen immer noch verzaubert, wenn sie eine CD hören, wird früh eingeübt, es kommt dabei vor allem auf das Timbre, den Klang, die Modulation aus dem Gefühl an. Alles das bildet sich in ihr aus großer Poesie. "Merkwürdigerweise finde ich kaum Geschmack an der modernen Lyrik. Obwohl ich Interesse an den >modernen< Dichtern habe. Vielleicht bin ich zu alt dazu, um ihre Anspielungen und den verborgenen Sinn ihrer Werke zu verstehen? Nach Rilke gibt es keine Lyrik mehr, die in meinen Ohren klingt, die meine Seele berührt und die mir im Gedächtnis bleibt. Außer vielleicht der von Auden, dem Dichter, den ich nach Rilke am liebsten mag." (217)

f) Nachlied auf Marlene: Wann wird man je verstehen?

Es gäbe noch viel von und zu Marlene Dietrich zu sagen, die als Weltstar sehr bekannt, als Mensch, wie wir ihn zu zeigen versuchten, eher unbekannt ist. Dieser ‚Star' ist ein Mensch wie ‚wir'; jeder ist, solange es den Menschen auf der Erde gibt und geben wird, ein Organ von WAHRHEIT und ZEIT! Das wollten wir an maßgebenden Menschen erkennbar sein lassen; die WAHRHEIT der Marlene ist in ihrer Stimme immer noch hörbar; ihr ganzes Leben zwischen Geburt und Tod, Kindheit und Alter liegt in der Stimme, die aus dem Gefühl des Herzen, diesem Kompass der WAHRHEIT, die Lieder der Liebe erklingen lässt. Wir bringen als Nachlied auf Marlene ihr Lieblingslied; es ist eine Botschaft an uns, eine Botschaft an ‚Menschen'; wir können nur den Text wiedergeben, die

Leserinnen und Leser können die CD auflegen und den Klang der WAHRHEIT hören. Zugleich wird auch das SEIN der ZEIT hörbar, das die Tradition von Platon bis Heidegger nicht von der geschichtlichen Zeit zu unterscheiden, für sich nicht zu erschließen vermochte: ZEIT gehört zur WAHRHEIT, wohingegen die Zeit mit den geschichtlichen Wahrheiten vergeht. Marlene singt in ihrem Lied von den Wahrheiten und der vergehenden Zeit! Hier gibt es für den Menschen bisher kein Entrinnen vor den ‚Masken'; ein ‚maskierter Philosoph' spricht besinnungslos von der ‚Geworfenheit zum Tode'. Im Refrain des Liedes: ‚Wann wird man je verstehen'? wird indirekt nach der WAHRHEIT und der ZEIT, nach dem SEIN des Menschen gefragt! Wer dieses SEIN berührt, aus seiner Maßgabe denkt und erkennt, wird die Frage verstehen und in seinem Handeln beantworten! Werden w i r das verstehen?

Sag mir, wo die Blumen sind?
(Where have all the flowers gone? Musik und Text Pete Seeger)

Sag mir, wo die Blumen sind?
Wo sind sie geblieben?
Sag mir, wo die Blumen sind?
Was ist geschehen?
Mädchen pflückten sie geschwind,
Wann wird man je verstehen,
Wann wird man je verstehen?

Sag mir, wo die Mädchen sind?
Männer nahmen sie geschwind, ...

Sag mir, wo die Männer sind?
Zogen fort, der Krieg beginnt, ...

Sag, wo die Soldaten sind?
Über Gräbern weht der Wind, ...

Sag mir, wo die Gräber sind?
Blumen blühn im Sommerwind, ...

Sag mir, wo die Blumen sind?
Wo sind sie geblieben?
Sag mir, wo die Blumen sind?
Was ist geschehen?

Mädchen pflückten sie geschwind,
Wann wir man je verstehen,
Wann wird man je verstehen?

Die Frau und Mutter mit dem Namen Marlene Dietrich liegt an der Seite ihrer Mutter Josephine, geborene Felsing, auf einem unscheinbaren Friedhof in Berlin. Frische Blumen liegen immer auf ihrem Grab. Ein Stein aus blauem Marmor trägt in goldenen Lettern nur den Vornamen: ‚Marlene', dazu die Daten von Geburt und Tod mit dem Spruch eines Dichters: ‚Hier steh ich an den Marken meiner Tage'! Diesen aufrechten Menschen zu erkunden, kann ein Abenteuer für jeden Menschen werden, der seine WAHRHEIT und ZEIT ergreifen und sich für die Liebe zu Menschen und zum Leben b i l d e n will. Dafür ist Erinnerung notwendig, die Fähigkeit des Menschen, die kein anderes Lebewesen besitzt. In der Erinnerung der achtzigjährigen Marlene ist das Kind, das junge Mädchen, ist das gesamte gelebte Leben aufgehoben! Es ist nicht im abstrakten Begriff eines Herrn Hegel ‚aufgehoben', sondern im konkreten j e t z t, das erinnert wird, ob vergangen oder noch kommend. Das L e b e n ist immer j e t z t! Erinnert ist Vergangenes ‚gegenwärtig' und ebenso Kommendes, wenn und weil ein Mensch wie Marlene ‚sich treu ist und treu bleibt'. Sie beschreibt immer wieder die Treue, die sie allen Menschen und sich selbst gegenüber zu leben versucht hat. Die erinnerte Verknüpfung des Vergangenen und des noch Kommenden im gegenwärtigen J E T Z T ist das SEIN der ZEIT.

Die Wohnung in der Rue Montaigne Nr. 12 in Paris, diese einhundertfünfzig Quadratmeter große Bühne ihrer letzten Rolle im ‚Schauspiel Einsamkeit', gestaltet sie eigenhändig zu einer ‚Kulisse der Erinnerung ihres Lebens'. Sie wird immer einsamer, da ein geliebter Mensch nach dem anderen die ‚Bühne' verlässt. Sie steht die schwerste Rolle tapfer und mutig im inneren Monolog und ohne den gewohnten Beifall von den Rängen durch; die Stichworte gibt das Skript ‚Erinnerung'. Da sie einiges davon erzählt, wissen und ahnen wir die letzten Jahre, Monate und Stunden. Von Anne Frank wissen wir nach der letzten Eintragung am Dienstag, den 1. August 1944 nichts mehr, was in ihrem Denken und Fühlen bis Ende Februar – Anfang März 1945 alles vorging; wir kennen nicht genau den Tag und die Stunde ihres Todes. Marlene Dietrich schreibt Anfang Mai 1992 sehr gefasst, dass sie ihn nahen fühlt. Ihre Tochter Maria ist bei ihr, ein geliebter Mensch; und sie erinnert die anderen alle, die Freunde. In ihren ‚Erinnerungen' hat sie ‚Über die Freundschaft' einige Sätze aufgeschrieben. Marlene Dietrich hat poetische Bücher immer wieder gelesen, doch keine Philosophie studiert, keine Abhandlungen ‚Über das Wesen der Freundschaft' oder dergleichen Wesentliches und immer um das ‚Wesen von etwas' Bemühtes! – Sie war ein einfacher Mensch, der seine Erkenntnisse im Umgang mit Menschen gewinnt, eher bestätigt findet, was vom Grunde, dem SELBST, eigentlich immer schon erkannt ist:

Marlene Dietrich: Über die Freundschaft

"Sehr wenige Menschen verstehen die Bedeutung dieses Wortes. Hemingway verstand sie, Fleming verstand sie und Oppenheimer, um nur ein paar Namen zu nennen.

Die Freundschaft ist verwandt mit der Mutterliebe, der Geschwisterliebe, der ewigen Liebe, der einen, erträumten, immer ersehnten Liebe, sie ist nicht Liebe unter dem Deckmantel der Liebe, sondern ein reines Gefühl, nie fordernd und daher ewig.

Die Freundschaft hat mehr Menschen zusammengeführt als die Liebe. Sie ist kostbar und heilig. ... Für mich ist die Freundschaft das kostbarste aller Güter.

Jeder, der eine Freundschaft verleugnet, sieht sich ausgeschlossen, vergessen, für immer aus dem Kreis der Freunde ausgeschlossen. So einfach ist das. ...Sobald man den Segen einer Freundschaft erfährt, hat man die heilige Pflicht, ihren Gesetzen zu gehorchen. ...

Das ist keine einfache Aufgabe und erfordert manchmal übermenschliche Anstrengung. Aber die Freundschaft ist die wichtigste menschliche Beziehung, sie hat eine weitaus größere Bedeutung als die Liebe. ... Freundschaft ist echt oder nicht vorhanden; das ist leicht zu unterscheiden.

Sobald die Freundschaft einen ergriffen hat, trägt sie einen mit vollen Segeln davon. In der Person kann man sich nicht irren. Ein Versprechen unter Freunden, besiegelt mit einem Handschlag, ist ein unauflöslicher Schwur.

Es gibt eine Gruppe von Menschen, die nie erfahren, was Freundschaft sein kann: die Eskapisten. Sie gehen eigenen Schwierigkeiten und denen anderer aus dem Weg, wollen sich nicht einfühlen. Woody Allen sagte: >Sie verschließen die Augen vor den Problemen – sie gehen statt dessen in den Supermarkt einkaufen.< Dem stimme ich hundertprozentig zu. Ich habe sie beim Einkaufen gesehen! Ich bin von ihnen umgeben, und ich kämpfe einen vergeblichen Kampf, sie der Wirklichkeit wiederzugeben. Sie versuchen nicht nur zu flüchten, sie versuchen auch, die Schuld anderen in die Schuhe zu schieben. Sie sind ein eine bedauernswerte Bande.

Alle Bemühungen sind vergebens. Sie flüchten." (l.c., 197 f)

Das sind deutliche und erhellende Worte. Mit den ‚Eskapisten' sind im Prinzip die ‚Masken' angesprochen, nur ein anderes Wort für sie. Jede/r mag die Wahl unter den Genies im Menschlichsein treffen, die wie Marlene Dietrich unterscheiden können und Partei ergreifen für den Menschen und die den Masken widerstehen. Zu nennen wären beispielsweise Helen Keller und Mutter Therese,

Leonard Bernstein und Jehudi Menuhin, die eigene Mutter, der eigene Vater ...! Wer erst einmal in die Freundschaft mit einem Menschen gelangt, wird – ist sich selbst ein Freund, eine Freundin. Von Leonard Bernstein sagt seine Tochter einmal: ‚Er wollte am liebsten mit jedem Menschen auf der Erde sprechen, um ihm den Klang der Musik, ihren Zauber nahe zu bringen, ihm mitzuteilen und teilnehmen zu lassen, was ihn ‚selbst' verzauberte! Zum Glück', sagt die Tochter, gab es das Medium, mit dem er Millionen erreichte; er wollte Milliarden, er wollte im Grunde alle!' Der einzelne Mensch kann in seinem Leben in zeitlicher und räumlicher Begrenztheit konkret und unmittelbar nur wenigen Menschen begegnen und mit ihnen sprechen, die ‚anderen' bleiben anonym; man weiß, dass es sie gibt, mehr nicht. Und doch kennt und erkennt der Mensch jeden Menschen, sobald er sich kennt und die in jedem Menschen ‚ähnliche Maßgabe im Menschlichsein' erkannt hat. In seinem Grund, dem SELBST, ist das individuelle Selbst als Mensch zugleich die ganze Menschheit. Wer will, kann die WAHRHEIT und die ZEIT des universalen Menschen in der Stimme von Marlene Dietrich hören und im Wort von Anne Frank lesen; einzig der Kompass des Herzens ist nötig.

4. Abdruck: Das Mädchen im Hinterhaus – Sehnsucht nach dem Menschen

a) Erste Orientierung zu Anne Frank

Das Schicksal der Anne Frank ist so bekannt, dass der Mensch hinter dem Namen weniger bekannt ist. Wer weiß schon den vollen Namen: Annelies Marie Frank? Sie ist durch ihre Tagebuchaufzeichnungen bekannt, in allen deutschen Schulen auf dem Leseplan. In Amsterdam stehen täglich lange Reihen vor dem Haus in der Prinsengracht 263, um einen Blick in das ‚Versteck' zu werfen. In einer Glasvitrine ist unter anderem auch die Kladde zu sehen, die sie zum 12. Juni 1942 geschenkt bekommt; sie ist an dem Tag 13 Jahre jung und weiß noch nicht, dass sie, auf den Tag nicht genau, nur noch zweiunddreißig Monate zu leben hat. Noch am Geburtstag schreibt sie die ersten Zeilen: "Ich hoffe, dass ich Dir alles anvertrauen kann, wie ich es bisher noch niemals konnte, und ich hoffe, dass Du mir eine große Stütze sein wirst." (7) Es folgen in den darauffolgenden Tagen belanglose Eintragungen aus dem Alltag; am 20. Juni macht sie sich über Sinn und Zweck des Tagebuches Gedanken: "Ich habe nicht die Absicht, dieses gebundene Heft ... jemandem zu zeigen, oder es müsste schon der Freund oder die Freundin sein, andere interessiert es wahrscheinlich auch nicht. Und nun bin ich bei dem Punkt angelangt, um den die ganze Tagebuch – Idee sich dreht: ich habe keine Freundin! Das will ich aber besser erklären, denn niemand begreift, dass ein dreizehnjähriges Mädchen sich so allein fühlt. ... Darum das Tagebuch. Um nun die Idee von der lang ersehnten Freundin in meiner Phantasie noch zu steigern, will ich nicht, wie jeder andere, nur Tatsachen in mein Tagebuch schreiben, sondern dieses Tagebuch meine Freundin selbst sein lassen, und diese Freundin heißt: *Kitty!*" (10)

Wir haben Marlene Dietrich bei Ihren Gedanken zur ,Freundschaft' verlassen und treffen nun dieses Mädchen in ihrer Sehnsucht nach Freundschaft an; sie sehnt sich nach einem Menschen als ,Freundin'. Dieser ,Sehnsucht', die durch die allgemeine Situation von Krieg und Judenverfolgung verstärkt und, aufgrund des notwendigen ,Untertauchens', durch äußere Isolation zugespitzt wird, verdanken wir die Reflexionen von Anne Frank. Sie verdeutlichen die immer bewusster werdende Sehnsucht nach dem ,Menschen' und den Widerstand gegen die ,Masken'! Anne wird sich im Prozess ihrer Aufklärung in den Briefen an ,Kitty' der eigenen, kleinen ,Maske' bewusst, die in irgendeiner Form jeder Mensch in den gesellschaftlichen Lernverhältnissen als sein ,Ich' erwirbt. In der immer größer werdenden Helle des Bewusstseins zwischen dem eignen und dem erworbenen, wächst die Sehnsucht nach dem ,eignen', es wächst die Sehnsucht nach der Person, die sie selbst ist und sein will. Deswegen schafft sie sich eine imaginäre Freundin, mit er sie das klären kann. Anne Frank hat nicht Begriffe wie SEIN oder SELBST, doch sie erarbeitet sich ein immer klarer werdendes Bewusstsein von der Distanz zwischen ,Mensch' und ,Maske', ohne auch hier die Begriffe zu haben. Die immer wieder aufkommende Angst vor dem ,Kommenden' wirft sie noch stärker auf ihr Inneres zurück. In dieser Lage teilt sie uns ihre Gedanken mit, die auch unsere sein können, unsere sind, wenn wir uns vom Kompass des Herzens leiten lassen und auf den inneren, maßgebenden Grund in uns s e l b s t lauschen.

Anne Frank schreibt ihre Briefe an die imaginäre Freundin Kitty vom 20.Juni 1942 an. ,Im Frühjahr 1944 hört sie im Oranje – Sender eine Rede des Herrn Bolkenstein, Minister für Unterricht im Exil. Er sagt, dass nach dem Krieg alle Zeugnisse vom Leiden des niederländischen Volkes unter deutscher Besetzung gesammelt und veröffentlicht werden sollten. Unter dem Eindruck dieser Rede beschließt Anne, nach dem Krieg ein Buch herauszugeben. Ihr Tagebuch soll die Grundlage dafür sein.' (nach: Het Achterhuis, 3) Sie schreibt weiter an Kitty, beginnt aber zugleich eine gesonderte Fassung auszuarbeiten, die für das Buch gedacht ist. Der letzte Brief an die imaginäre Freundin datiert vom 1. August 1944. Am Freitag, den 4. August 1944 werden die ,acht Untergetauchten' in der Prinsengracht 263 in Amsterdam nach Verrat ihres Verstecks verhaftet, vier Tage in einem Gefängnis in Amsterdam festgehalten, um dann nach ,Westerbork' gebracht zu werden, dem Durchgangslager für Juden. Mit dem letzten ausgehenden Transport werden sie in verschiedene Konzentrationslager deportiert. Anne gelangt mit ihrer Schwester Margot nach Bergen – Belsen. Der Vater, Otto Frank, überlebt als einziger; er erfüllt den Wunsch der Tochter, indem er zunächst das Tagebuch mit einigen Kürzungen veröffentlicht. Diese Version erfährt weltweite Verbreitung. Es folgen später eine vollständige Fassung des Tagebuchs und eine wissenschaftliche Ausgabe aller Lesarten, einschließlich der Versuche zur Vorbereitung eines Buches nach dem Kriege. Dieses junge Mädchen will wie jeder Mensch leben, seine Träume wahrmachen, seine Sehnsucht erfüllen. Alles das gehört zur WAHRHEIT und ZEIT des Menschen. Sein Tod ist von diesem SEIN her niemals nur physisch. Von Anne Frank bleibt ihre Botschaft noch lange; so lange, wie es Menschen wie sie gibt, die ihre Sehnsucht lebendig halten. Was in diesem jungen Mädchen mit ihrer Hoffnung auf das Leben und ihrer Sehnsucht nach dem Menschen nach der Verhaftung durch die ‚Masken' bis zu ihrem Tode im Innern vorging, müssen wir denken, im Streit mit den ‚Masken' bedenken.

b) Das Leben der Anne Frank: Vom Ende her betrachtet

Im vorletzten Brief an ‚Kitty', den sie am 21. Juli 1944 noch schreiben kann, nennt sich Anne ‚ein Bündelchen Widerspruch' (een bundeltje tegenspraak). Am Tag davor war das Attentat auf Hitler; sie berichtet ausführlich darüber, dass ‚es nicht etwa von jüdischen Kommunisten oder englischen Kapitalisten, sondern ‚von einem edelgermanischen deutschen General, der Graf ist und überdies noch jung!' verübt wurde. Anne schöpft neue Hoffnung, dass alles gut wird. Der letzte Brief, er datiert vom 1. August 1944, bietet auf diesem Hintergrund eine ‚Verdichtung ihres Lebens', eine philosophische Reflexion auf sich ‚selbst', eine Überlegung dazu, w e r sie für andere Menschen aus deren Sicht i s t und die eigene Vision, w e r sie s e i n will. Sie teilt uns ihre große Sehnsucht nach ihrem wirklichen SEIN als Mensch mit, ihre Sehnsucht nach dem Menschen insgesamt. Wir bringen den vollständigen Brief, einige Passagen im niederländischen Original, wenn die Übersetzung den Sinn ungenau wiedergibt.

Dienstag, 1. August 1944
Liebe Kitty!

>Ein Bündelchen Widerspruch!< Das ist der letzte Satz meines vorigen Briefes und der erste von meinem heutigen. >Ein Bündelchen Widerspruch<, kannst Du mir genau erklären, was das ist? Was bedeutet Widerspruch? Es hat, wie viele Worte, zwei Bedeutungen. Widerspruch von außen und Widerspruch von innen.

Das erste ist das gewöhnliche >sich nicht zufrieden geben mit der Meinung anderer Leute, es selbst besser wissen, das letzte Wort behalten<, alles unangenehme Eigenschaften, für die ich bekannt bin. Das zweite, wofür ich nicht bekannt bin, das ist mein Geheimnis.

Ich habe Dir einmal erzählt, dass ich nicht eine, sondern zwei Seelen habe. Die eine beherbergt meine ausgelassene Fröhlichkeit, Spöttereien über alles, meine Lebenslust und vor allem meine Art, alles von der leichten Seite aufzufassen. Darunter verstehe ich: keinen Anstoß nehmen an Flirten, einem Kuss, einer Umarmung, einem unanständigen Witz. Diese Seite sitzt meistens auf der Lauer und verdrängt die andere, die viel schöner, reiner und tiefer ist. Nicht wahr, die gute Seite von Anne kennt niemand, und darum können mich auch so wenige Menschen leiden.

Sicher, ich bin ein amüsanter Clown für einen Nachmittag; dann hat jeder mal wieder für einen Monat genug von mir. Eigentlich dasselbe, was ein Liebesfilm für ernst denkende Menschen ist, einfach eine Zerstreuung, Belustigung für einmal, etwas, das man schnell vergisst, nicht schlecht, aber auch nicht besonders gut. Es ist etwas unangenehm, Dir das nun zu erzählen, aber warum soll ich es nicht tun, wenn es doch wahr ist? - (waarom zou ik het niet doen, als ik toch weet dat het de waarheid is?) – Meine leichte, oberflächliche Art wird der tiefen immer über sein und sie besiegen. Du kannst Dir nicht vorstellen, wie oft ich schon versucht habe, diese Anne, die doch nur die Hälfte ist von dem, was Anne heißt, wegzuschieben, zu lähmen (om te slaan = auszutauschen), zu verbergen; es geht nicht, und ich weiß auch, warum es nicht geht.

Ich habe Angst, dass alle, die mich kennen, so wie ich immer bin, entdecken würden, dass ich eine andere Seite habe, eine schönere und bessere. Ich habe Angst, dass sie über mich spotten, mich lächerlich und sentimental finden, mich nicht ernst nehmen. Ich bin gewöhnt, nicht ernst genommen zu werden; aber nur die >leichte< Anne ist es gewöhnt und kann es vertragen, die >schwerere< ist zu schwach dazu. Wenn ich wirklich einmal mit Gewalt für eine Viertelstunde die gute Anne ins Rampenlicht gesetzt habe, zieht sie sich wie das Kräutchen Rührmich-nicht-an zurück, sowie sie sprechen soll, lässt Anne Nr. 1 zu Wort kommen und ist, ehe ich es noch weiß, wieder verschwunden.

So ist die liebe Anne in Gesellschaft noch nie, noch nicht einmal zum Vorschein gekommen, doch im Alleinsein führt sie fast immer das Wort. (in het alleen-zijn voert zij haast altijd de boventoon) Ich weiß genau, wie ich sein möchte, wie ich auch bin ... innen (van binnen), aber leider bin ich es nur für mich allein (voor mezelf = für mich selbst oder: für mein Selbst). Und das ist vielleicht, nein, ganz sicher, der Grund, aus dem ich mich selbst (mezelf) eine glückliche Innennatur nenne und andere Menschen finden, dass ich eine glückliche Außennatur habe. Innen weist die reine Anne mir den Weg, äußerlich (van buiten) bin ich nichts anderes als ein vor Ausgelassenheit hüpfendes Geißlein.

So wie ich schon sagte, empfinde ich (voel ik = fühle ich) alles anders als ich es ausspreche, und darum habe ich den Ruf von einem Mädel, das Jungens nachläuft, flirtet, naseweis ist und Romane liest. Die vergnügte Anne lacht darüber, gibt freche Antworten, zieht gleichgültig die Schultern hoch, tut, als ob es sie nichts angeht, aber, o weh (maar o nee), genau umgekehrt reagiert die stille Anne. Da ich ganz ehrlich bin, will ich Dir auch bekennen, dass es mir doch leid tut, dass ich mir namenlos (onnoemelijk = nicht benennbar) viel Mühe gebe, anders zu werden, aber dass ich jedes Mal wieder gegen stärkere Mächte kämpfe (tegen sterkere legers vecht).

Es schluchzt in mir: >Siehst Du, das ist daraus geworden: Schlechte Meinung, spöttische und verstörte Gesichter, Menschen, die Dich unsympathisch finden, und das alles, weil Du den Rat der eigenen guten Hälfte nicht hörst.< (<omdat je niet naar de goude raad van je eigen goede helft luistert<) – Ach, ich möchte schon hören, aber es geht nicht; wenn ich still und ernst bin, denkt jeder, es sei eine neue Komödie, und dann muss ich mich mit einem Witz herausretten, ganz zu schweigen von meiner engeren Familie, die denkt, dass ich krank bin, mir Kopfschmerz- und Nerventabletten zu schlucken gibt, Puls und Stirn fühlt, ob ich Fieber habe, und sich nach meiner Verdauung erkundigt und dann meine schlechte Laune kritisiert. Das halte ich nicht aus. Wenn so auf mich aufgepasst wird, werde ich erst recht schnippisch, dann traurig, und schließlich drehe ich mein Herz wieder um, drehe das Schlechte nach außen, das Gute nach innen und suche immer wieder nach einem Mittel, so zu werden, wie ich so gern sein möchte, und wie ich sein könnte, wenn ... ja, wenn keine anderen Menschen auf der Welt lebten. Anne - Im Original lautet der letzte Satz: "Ten slotte draai ik m'n hart weer om, draai het slechte naar buiten, het goede nach binnen en zoek aldoor naar een middel om te worden, zoals ik zo erg graag zou willen zijn en zou als ik zou kunnen zijn, als ... er geen andere mensen in de wereld zouden wonen.) Je Anne M. Frank " – Hier endet Annes Tagebuch

Ist dieser Brief an eine fiktive Freundin, dieses Gespräch eines jungen Mädchen mit sich selbst, eine ungewöhnliche Aussage? Sollten wir fragen, ob A. M. S. Boethius (um 480 – 524) sein berühmtes Buch ‚Trost der Philosophie' (De consolatione philosophiae) nur im Kerker und in Erwartung des sicheren Todes auf diese Weise hat verfassen können? Und die Briefe zwischen Heloise (1101 – 1164) und Abälard (1049 – 1142), kommen die tiefen Gefühle der Liebenden nur aufgrund der erzwungenen Trennung zum Vorschein? Diese Fragen sind im Grunde müßig. Sicher ist es, dass besondere Situationen Menschen bisweilen so herausfordern, dass sie ihre innersten Gefühle und Gedanken derart zentrieren und mitteilen, ob im inneren Monolog wie bei Boethius und Anne Frank oder im Briefwechsel zwischen Heloise und Abälard, wie sie für uns vorliegen. Sicher ist auch, dass die Beanspruchung im Alltag uns zerstreut und dadurch hindert,

Ähnliches hervorzubringen: Prinzipiell ist die Zentrierung auf existenzielle Fragen des Menschlichseins jedoch jedem möglich; es gibt Tagebücher, Gedichte und Aus-ein-ander-Setzungen dieser Art in Fülle; sie erreichen uns nicht, weil sie dem jeweiligen Autor für sein Selbst – Werden genügen und Sie oder Er glücklich ist, wenn einiges einen einzigen Menschen als persönliche Mitteilung erreicht. Die Verbreitung der genannten ‚besonderen Texte' zeigt zugleich an, dass es viele ‚Empfänger' gibt, die sie verstehen. Der Künstler eines Werkes, allgemein gesprochen, ist als sein Schöpfer auf die betrachtenden Künstler angewiesen, die seine Botschaft aufnehmen und wirken lassen.

In diesem Sinne sind alle diejenigen im Einverständnis mit Annelies Marie Frank, die den Brief lesen, als wären sie persönlich angesprochen. Das ist insofern keine Fiktion, als der Inhalt des Briefes uns alle angeht: Er bringt uns selbst unmittelbar auf die Suche nach unserem SELBST! Die früher dargestellten ‚maßgebenden Menschen' sind durch ihre weltweite Wirkung ausgewiesen. Die ‚Erinnerungen' von Marlene Dietrich und Giacomo Casanova wollen aus der abgeklärten Weisheit des Alters das eigene Leben denen vermitteln, die ein Interesse an ihm haben. Die Texte von Humboldt sind in der erstarrten Tradition Denkversuche zum Menschen, die ‚Bildung' als Weg zu sich selbst aufzuzeigen. Um diesen Weg ringt das junge Mädchen, das im Hinterhaus in Amsterdam eingeschlossen ist und auf baldige Befreiung hofft. Der Brief vom 1. August 1944 spricht so unmittelbar unser Thema an, dass wir ihn zusammen mit der Schreiberin als ‚Argument' für die ‚Suche nach dem SELBST' nehmen, um die Antwort auf die Frage zu gewinnen: w e r der Mensch i s t. Die Suche nach dem ‚Weg' wird bei Anne Frank so exemplarisch anschaulich und allgemein gültig, dass im Grunde niemand ausweichen kann, wenn sie – er sich selbst finden w i l l.

Die Aussagen im Brief von Anne sind klar und deutlich: sie ringt um eine Antwort auf die Frage, w e r sie s e l b s t wirklich ist; sie ringt in dieser von ihr nicht bestellten oder gewünschten Situation, in der sie auf sich zurückgeworfen ist, um ihr ‚Selbst – Werden'. Ihre Welt ist räumlich auf einige Quadratmeter begrenzt. Sie lebt dort in zeitlicher Ungewissheit der Dauer mit ihren Eltern, Edith und Otto Frank, ihrer Schwester Margot, drei Jahre älter, der Familie van Daan (der wirkliche Name ist van Pels), das ist: Auguste und Hermann mit ihrem Sohn Peter van Daan, so alt wie Margot, sowie dem Zahnarzt Albert Dussel. Auch ihm hat Anne aus Gründen der Sicherheit einen anderen Namen gegeben; er heißt in Wirklichkeit Fritz Pfeffer. Den Kontakt zur Außenwelt besorgen die guten Geister im Vorderhaus (Kantor): Miep Gies und Elisabeth (Bep) Voskuijl, Johannes Kleiman und Viktor Kugler. Die stärkste Beziehung hat sie zu ihrem Vater; zur Mutter ist sie sehr kritisch; die Schwester wird ihr immer von der Mutter als die Bessere vorgehalten. Die Vermittler zur Außenwelt besorgen alles zum Leben Notwendige, auch Bücher. Das Radio, nur zu bestimmten Zeiten einzuschalten, bringt mit Nachrichten und Konzerten die Welt näher. Die Nachricht beispielsweise vom Attentat auf Adolf Hitler am 20. Juli 1944 hat in der ,Wohngemeinschaft' neue Hoffnung geweckt; Anne wird ihre am 21.Juli der Freundin Kitty schreiben. Der Brief vom 1. August 1944 ist der letzte im Tagebuch; ohne dass sie darum weiß, zieht sie eine Bilanz ihres Lebens, die wir mitgeteilt haben. Was besagt diese Mitteilung für uns?

Annelies Marie Frank weiß am 1. August des Jahres 1944 nicht, was vor ihr liegt; was hinter ihr liegt, hat innerlich Bedeutendes gebracht, die aufgezwungene Lage ein wenig abgemildert. Zwei Jahre lebt sie an diesem Tag von dem getrennt, was Kindheit und Jugend ausmachen: Das heitere Spiel mit anderen und die spielerische Erprobung des Lebens, bevor es ernst wird. Zwischen Bangen und Hoffen erforscht sie sich selbst. Sie erkennt die ernste, reine, stille und gute Anne tief innen, sehr verborgen für andere, doch ihr selbst immer bewusst. Sie nimmt die fröhliche, spöttische und schnippische Anne wahr, wie sie auch die anderen sehen; es ist die ausgelassene Anne, die dazu neigt, alles auf die leichte Schulter zu nehmen, die Anne an der Oberfläche, die einem Flirt nicht abgeneigt ist, Küssen und Umarmungen nicht, die einen unanständigen Witz verträgt.... Doch ist das wirklich die Anne, ist das nicht vielleicht nur ein Clown für einen Nachmittag? Dieses junge Mädchen erkennt mit einem Schlage die Tiefe und die Oberfläche, den inneren Grund und die äußere Erscheinung: sie erkennt, ohne die Worte dafür zu haben, ,Mensch' und ,Maske' bei sich selbst. Es ist eine kleine, harmlose Maske einer ,glücklichen Außennatur', durch die ein Plappermäulchen spricht; sie gebärdet sich wie ein vor Ausgelassenheit hüpfendes Geißlein. Der Mensch unter der Maske ist ganz anders. Anne erkennt den Unterschied zwischen ihrer ersten Natur aus dem SEIN und der zweiten Natur als einer ,Maske' aus der eigenen kleinen Geschichte.

Die wahre, schöne und gute Anne trägt mit einem mal schwer daran, nicht so zu sein, wie sie sein will. Sie hat Angst, dass die anderen über diese Anne spotten, ihre glückliche Innennatur ablehnen, die sie doch so gerne nach außen sein und zeigen will. Sie fühlt sich gespalten in eine gute und eine weniger gute Hälfte. Die gute Hälfte lebt als Kräutchen Rühr-mich-nicht an, ist das Zögern vor der Geburt (Kafka) des wirklichen Menschen, der sie ist, ist das ,einsam wartende Ich', wie Humboldt den inneren Grund nennt. Die andere Hälfte ist zu leicht, um sich mit der Tiefe zu verbinden, sie schwebt immer an der Oberfläche, die leichte Anne tut alles weg, was die schwere Anne nicht kann: die Fragen der anderen, wenn sie sich mal für einige Augenblicke zeigt, zeigen will, wie sie wirklich ist, sind schwer erträglich: ,Aber Kind, was ist denn mit Dir, hast Du Kopfschmerzen, Fieber, ist der Stuhlgang in Ordnung, brauchst du Tabletten .....?', heißt es sogleich. "Es schluchzt in mir", schreibt Anne in ihrem Brief, in dem sie der Freundin Kitty mitteilt, was in ihr in dieser Gespaltenheit vorgeht!

"Wenn so auf mich aufgepasst wird, werde ich erst recht schnippisch, dann traurig, schließlich drehe ich mein Herz wieder um, drehe das Schlechte nach außen, das Gute nach innen und s u c h e immer wieder nach einem Mittel, so zu werden, wie ich so gern s e i n möchte, und wie ich s e i n könnte, als ... er geen andere mensen in der wereld zouden wonen." (die deutsche Version lautet ungenau: ‚wenn keine anderen Menschen auf der Welt lebten'.)

Anne sucht in ihrer Reflexion auf sich ‚selbst' die Distanz vom inneren SEIN zum Gewordensein, von Mensch und Maske zu überbrücken: Sie möchte so gerne ‚sein', wie sie wirklich ist und auch sein will; sie vermag es nicht oder nur für einige Momente, weil die erworbene ‚Maske des Ich' sie hindert. Die letzte Zeile ihres Briefes, die zur überlieferten Schlusszeile ihres Lebens wird, spricht in der Sprache, in der das in Frankfurt geborene Kind nach der Emigration 1933 nach Amsterdam inzwischen ‚denkt', sagt nicht, ‚dass keine anderen Menschen auf der Welt leben dürften', damit diese Anne sich s e l b s t finden und verwirklichen kann; der ‚Sinn' (niederländisches Wort für ‚Satz') sagt, dass die Selbstfindung leichter wäre, wenn ‚keine anderen Menschen in der Welt wohnen würden'! Mit diesen Menschen sind zunächst die ‚Masken' gemeint, die ihr Leben bedrohen. Aber auch die Mitbewohner des Hinterhauses, mit denen sie zusammen auf engstem Raum in ihrer kleinen Welt wohnt, gehören zu diesen ‚anderen'. Der Satz von Rosa Luxemburg (in Berlin am 15. Januar 1919 ermordet), ‚Freiheit ist vor allem die Freiheit der Andersdenkenden' hat auch seine Umkehrung: ‚Die Unfreiheit der Andersdenkenden beschränkt unsere Freiheit!'

Die Unfreiheit spürt Anne auch im Hinterhaus; da sie in ihrer Suche nach dem menschlichen Menschen immer kritischer mit sich selbst wird, wird sie kritisch mit den anderen, besonders mit der eigenen Mutter. Otto Frank hat in der gekürzten Version entsprechende Passagen weggelassen. Die Kritik der anderen ist aber wesentliches Mittel der Selbstkritik. Anne denkt wie August Schlegel, ohne dessen Wort zu kennen: ‚der ich bin, grüßt trauernd den, der ich könnte sein!' Anne Frank sucht nach dem Weg, die ‚Maske' abzulegen und als ‚Mensch' so zu sein und zu bleiben, wie sie i s t und wie sie es so gern sein möchte.

Albert Goes, als Schriftsteller und Pfarrer mit Lyrik, Prosa und Predigten bekannt (‚Unruhige Nacht'/1950, ‚Das Brandopfer'/1954, ‚Noch und schon'/1983 etc.) hat Sprache und Sinn der Suche von Anne nach ihrem ‚Menschsein' in seinem Vorwort zur (gekürzten) deutschen Ausgabe nicht erfasst. Er reduziert Aussagen wie diesen Brief vom 1. August 1944 auf eine Sprache, wie man sie gewohnt ist; er spricht von der ‚Auseinandersetzung zwischen Ich und Ich, zwischen einem höchst sensiblen, dünnhäutigen Wesen und dem anderen Wesen, das einige Stacheln zu besitzen scheint. Und es ist die Auseinandersetzung zwischen Ich und Umwelt, ...' (5 f) Den Streit zwischen innerem Grund und äußerer

Erscheinung jeweils einem unterschiedlichen ‚Ich' zuordnen will, zeigt an, dass der Sprecher in seinen traditionellen Denkmustern die Trauerarbeit von Anne Frank nicht zu erkennen vermag, weil die gewohnte Sprache den Zugang zum SEIN des Menschen verstellt, zu einem SEIN, das in jedem Menschen, auch in Albrecht Goes, ähnlich in der individuellen Verschiedenheit ist. So muss er eine ‚außerordentliche böse Zeit' (1942 – 44) mit einem ‚außerordentlichen Menschen', sprich Anne Frank, verknüpfen, um dieses ‚außerordentliche Buch' möglich sein zu lassen! (6) Es fehlt nur noch, dass gesagt wird, dass nur ‚außerordentliche Menschen' das Tagebuch lesen und begreifen können.

Wir müssen entschieden widersprechen. Anne Frank ist, allgemein gesagt, ein Mensch wie jeder andere. Ihre Suche nach dem Weg zur Erkenntnis, w e r sie wirklich ist und wie sie ihr Menschsein leben und gestalten kann, ist ein Weg, den jeder Mensch zu suchen und zu finden die Aufgabe hat. Anne Frank darf nicht ‚ausgesondert' werden, sie würde nach ihrem Tode noch einmal ‚selektiert'! Ihr einziger Wille war, ist es, einfach nur der Mensch zu sein, sein zu dürfen und zu können, der sie aus innerstem Herzen sein will, der sie vom Grunde her i s t! Dass sie diesen Anspruch zur Aussage bringt, ist für den ‚Menschen', wiederum allgemein gesprochen, nichts ‚Besonderes'! Das Schweigen all derer, die sich unter dem Druck ihrer ‚Maske' nicht aussprechen können, ist das ‚Besondere', das wir durch Bildung zu verwinden haben. Wer mit ‚Bildung' befasst ist, weiß, daß der ‚Klassenclown' seine Angst verbirgt, sich erkennen zu lassen, wer er wirklich ist. Genau darum geht es dieser Anne Frank und um die Überwindung der Angst: "Ich habe Angst, dass alle, die mich kennen, ‚so wie ich immer bin, entdecken würden, dass ich eine andere Seite habe, eine schönere und bessere. Ich habe Angst, dass sie über mich spotten, mich lächerlich und sentimental finden, mich nicht ernst nehmen. Ich bin nicht gewöhnt, ernst genommen zu werden!" (200)

Stellvertretend für alle Menschen sagt uns Anne Frank, dass sie ernst genommen sein will. Sie kritisiert ‚ihre Welt im Hinterhaus', dass es nicht so geschieht, wie es sein müsste – und sie kritisiert sich zugleich selbst, dass sie nicht genügend Mut aufbringt, ihre Angst zu überwinden und den Traum vom Menschen für sich selbst in den Alltag zu übertragen und ihrer Sehnsucht nach dem menschlichen Menschen eine Gestalt zu geben: Diese Gestalt, an der sie arbeitet, soll eine Kritik unserer Welt im Ganzen sein und werden. Weil Anne Frank das in der letzten Mitteilung ihres Lebens in exemplarischer Weise zur Sprache bringt, widmen wir ihr und dem Dichter García Lorca unsere Arbeit stellvertretend für alle Opfer der Masken in unserer Welt. Wir wollen mit dieser Widmung den Streit gegen die ‚Masken' anfachen, die Menschen unterdrücken, aussondern und immer wieder auch töten. Anne Frank ist am 1.August noch voller Hoffnung, ihr gestaltendes Leben bald beginnen zu können, wie sie es als Mensch, nicht als Jüdin oder Niederländerin will; einfach und schlicht als Mensch unter Menschen im Sinne des Konfuzius. Im Augenblick, in dem sie mit ihrem Leben beginnen will, besorgen schon ,verbrecherische Masken' den Beginn ihres Sterbens. Sie wird keine Freundin, keinen Freund mehr haben. Das bleibt ,Schuld', die in der ,Zeit' nie vergeht!

c) Das Leben der Anne Frank: Vom Anfang her betrachtet

Das Leben von Anne Frank, das muss wohl gesagt werden, fällt in keine gewöhnliche Zeit. Nachdem sie am 20. Juni 1942 den Sinn ihres Tagebuches für sich abgeklärt und beschlossen hat, ihre Aufzeichnungen als Briefe einer imaginären ,Freundin Kitty' zu schreiben, teilt sie den ebenso imaginären Lesern ihres Tagebuches folgendes mit:

"Niemand könnte meine Unterhaltung mit Kitty verstehen, wenn ich so mit der Tür ins Haus fiele. Darum will ich meine Lebensgeschichte erzählen, so ungern ich es auch tue.

Als meine Eltern heirateten, war mein Vater 36, meine Mutter 25 Jahre alt. Meine Schwester Margot ist im Jahre 1926 in Frankfurt am Main geboren, am 12. Juni 1929 folgte ich. Als Juden emigrierten wir im Jahre 1933 nach Holland, wo mein Vater Direktor bei der Travis A.-G. wurde. Diese arbeitet in enger Verbindung mit der Firma Kolen & Co. in demselben Gebäude.

Unser Leben verlief mit den üblichen Aufregungen, denn die in Deutschland zurückgebliebenen Familienangehörigen blieben nicht verschont von den Verfolgungen der Hitler – Gesetze. Nach dem Pogrom 1938 flüchteten die beiden Brüder meiner Mutter nach Amerika. Meine Großmutter kam zu uns. Sie war damals 73 Jahre alt. Nach 1940 ging es bergab mit den guten Zeiten. Erst kam der Krieg, dann die Kapitulation, dann der Einzug der Deutschen. Und nun begann das Elend. Ein diktatorisches Gesetz folgte dem anderen, und speziell für die Juden wurde es besonders schlimm. Sie mussten den Stern tragen, sie mussten ihre Fahrräder abgeben, sie durften nicht mehr mit der Elektrischen fahren, von Autos gar nicht zu reden. Juden durften nur zwischen 3 und 5 Uhr – und dann nur in jüdischen Geschäften – einkaufen. Sie durften nach 8 Uhr abends nicht mehr auf die Strasse und sich nach dieser Zeit auch nicht im Garten oder auf den Balkon aufhalten. Juden durften weder ins Theater noch ins Kino gehen noch andere Vergnügungsstätten besuchen. Sie durften auch nicht mehr schwimmen, Tennis oder Hockey spielen, überhaupt keinen Sport treiben. Juden durften nicht mehr zu Christen zu Besuch gehen. Und so häufen sich die Bestimmungen. Unter diesem Druck stand von nun an unser ganzes Leben. Jopie sagt immer: >Ich traue mich nicht mehr, irgend etwas zu tun, weil ich immer Angst habe, es ist ja doch verboten.<

Im Januar dieses Jahres starb Oma. Niemand weiß, wie ich an ihr hing und wie ich sie vermisse. Schon 1934 bin ich in den Kindergarten der Montessori – Schule gekommen und dann später auch in dieser Schule geblieben. Im letzten Jahr hatte ich die Direktorin, Frau K., als Klassenlehrerin. Am Ende des Jahres nahmen wir rührenden Abschied voneinander und weinten beide heiße Tränen. Margot und ich gingen dann – seit 1941 – auf die jüdische Schule (Lyzeum), sie in die vierte, ich in die erste Klasse.

Uns Vieren geht es weiter gut, und so bin ich in der Gegenwart und beim heutigen Datum angelangt." (10 f)

Ungewöhnlich ist es schon, was Anne zu ihrem ‚Leben in schwieriger Zeit' schreibt, ungewöhnlich auch, wie sie es beschreibt. Die ‚vielen Verbote für Juden' werden beinahe ‚sachlich' mitgeteilt, mit einer Prise Humor die Ansicht dazu von Jopie van der Waal, die sie auf dem Lyzeum kennen gelernt hat; am 15. Juni 1942 berichtet sie im Tagebuch von ihr als neue Schulfreundin. Gefühle kommen auf, da sie in der Reflexion auf Ereignisse ihres Lebens Kitty den Tod der geliebten Großmutter mitteilen muss und die notwendig gewordene Trennung von der Montessori – Schule und ihrer Leiterin, Frau K. Sie spricht von ‚üblichen Aufgeregtheiten', vom ‚bergab der guten Zeiten nach 1940' und schließlich davon, dass es der Familie – den Vieren – weiter gut geht. Wenn die Hoffnung zum Menschen gehört, dann besonders zum Kind! Dieses Kind mit Namen Anne Frank hat eine unbändige Hoffnung und Erwartung: das Leben soll weiter gut gehen! Das ärgste von allen Verboten für sie: sie kann nicht mehr ins Kino! Sie ist Expertin auf dem Gebiet, kennt alle Filme von Bedeutung, auch den ‚Blauen Engel'. Zum Glück hat sie die Bilder ihrer ‚Lieblinge' aus Zeitungen ausgeschnitten; sie wird bald die Wände der winzigen Welt mit ihnen schmücken, in der sie von der großen Welt träumt. Fast alle UFA – Stars sind darunter; Marlene Dietrich ist tief berührt, da sie beim Besuch des Hinterhauses davon erfährt und die Sehnsucht dieses Mädchens erfühlt, die ihre Tochter sein könnte: ‚Sag mir, wo die Mädchen sind ...?' Anne hat sich eine Mutter gewünscht, wie Marlene sie gehabt hat. Das wird der UFA – Star von einst im Tagebuch lesen. Als Marlene ihre Erinnerungen schreibt, hat sie viel Zeit zum Lesen. Anne bleibt bei der Arbeit am Tagebuch nur noch wenig Zeit zum Leben.

Anne Frank darf nicht viel Zeit auf die ‚Erinnerungen ihres bisherigen Lebens' verschwenden, die sie Kitty schreibt. Sie muss von einem Tag zum anderen leben und denken. Es kommt der Tag des 8. Juli 1942! Einige Tage zuvor hat der Vater auf einem Spaziergang beiläufig über das ‚Untertauchen' gesprochen. Anne nimmt es überrascht und ängstlich auf; das Wort hat etwas Bedrohendes Und dann wird es auch schon Realität. Im Anschluss an ihren Brief vom 5. Juli schreibt sie am Mittwoch, den 8. des Monats:

"Liebe Kitty, Zwischen Sonntag morgen und heute scheinen Jahre zu liegen. Es ist unendlich viel geschehen, es ist, als wäre die Erde verwandelt! Aber, Kitty, ich lebe noch, und das ist die Hauptsache, sagt Vater. Ja, ich lebe noch, aber frage mich nur nicht, wie. Um 3 Uhr .... hatte es geschellt. Ich hatte nichts gehört, weil ich gemütlich faul auf der Veranda im Liegestuhl lag und las. Da kam Margot ganz aufgeregt an die Tür. >Anne, für Vater ist ein Aufruf von der SS gekommen<, flüsterte sie. >Mutter ist schon zu Herrn Daan gelaufen.< ich erschrak furchtbar. Ein Aufruf ... jeder weiß, was das bedeutet: Konzentrationslager ... einsame Zellen sah ich vor mir auftauchen, und dahin sollten wir Vater ziehen lassen! >Er geht natürlich nicht<, sagte Margot bestimmt, ..." (17)

Es wird immer wieder die Frage gestellt, warum sich die jüdischen Mitbürger scheinbar willenlos in die Konzentrationslager abführen ließen? Es wird immer wieder vorgebracht, dass sie nichts von dem wußten, was sie erwartet! Anne Frank weiß es mit der Familie ganz genau, alle wissen es, die sie kennt. Deswegen fällt sofort der Entschluss zum ,Untertauchen' den der Vater zusammen mit Hermann van Pels (van Daan) gefasst hat. Es stellt sich heraus, dass nicht der Vater, sondern Margot einen ,Aufruf' bekommen soll. Annes Reaktion auf diese Meldung: "Ich erschrak von neuem. Margot ist 16. So wollen sie Mädels wie Margot allein verschicken!?" (18) Die beiden Familien sind am 8. Juli 1942 ,untergetaucht'! Das Hinterhaus in der Prinsengracht 263 in Amsterdam wird für einige Zeit die ,kleine Welt' der Anne Frank. Im Tagebuch wird der Grundriss aufgeführt und das drehbare Akten – Regal gezeigt, das den Zugang zur Treppe des Hinterhauses verbirgt: ein ,sicheres Versteck, nach Meinung der sieben Bewohner, so sicher, dass sie Platz für einen achten haben! Am 10. 11. schreibt Anne:

"Liebe Kitty, eine epochemachende Neuigkeit! Wir wollen einen achten >Untertaucher< aufnehmen. Wir hatten schon oft gedacht, dass hier Platz und Essen für noch jemand ist. Wir wollten nur Kraler und Koophuis nicht noch mehr aufbürden. Als aber die Berichte von den grausamen Judenverfolgungen draußen immer schlimmer wurden, hat Vater bei den beiden Herren auf den Busch geklopft, und sie fanden die Idee ausgezeichnet. >Die Gefahr ist dieselbe, für sieben oder für acht<, sagten sie. ... die Wahl fiel auf einen bekannten Zahnarzt namens Albert Dussel, dessen Frau sich schon lange im Ausland befindet. Er steht im Ruf, ein angenehmer Mensch zu sein, und ist uns und v. Daans sympathisch. Da Miep ihn gut kennt, kann sie alles regeln. Wenn er kommt, muss er in meinem Zimmer schlafen an Stelle von Margot, die dann mit dem Harmonikabett ins Zimmer der Eltern zieht." (43 f)

Die ,winzige Welt' hat Platz für die Hoffnung eines Menschen, die Verfolgung der Juden zu überleben. Die Kapazität ist damit völlig ausgeschöpft, das Leben nicht leichter dadurch; doch welche Botschaft erreicht uns mit dieser Tat, uns, die wir uns in der Welt des Wohlsstands schwer damit tun, Menschen aufzunehmen, die aus Not einen Platz bei uns erhoffen!? Das ‚Hinterhaus' braucht eine ‚Verfassung'; Hermann van Daan hat sie entworfen: "Prospekt und Leitfaden vom Hinterhaus"; Anne teilt sie der Freundin Kitty im Brief vom 17. November 1942 mit:

"Stiftung, eigens errichtet zum provisorischen Aufenthalt für Juden und ihresgleichen.

Während des ganzen Jahres geöffnet.

Schöne, ruhige *waldfreie* Umgebung im Herzen von Amsterdam. Zu erreichen mit Linien 13 und 17, mit Auto und Fahrrad, für diejenigen, denen die Deutschen den Gebrauch jeglicher Fahrgelegenheit verboten haben, jedoch auch zu Fuß.

Wohnungsmiete

gratis.

Fettfreie Diätküche

Fließendes Wasser

Im Badezimmer (ohne Wanne) und leider auch an verschiedenen Wänden.

Geräumiges Magazin für Güter aller Art.

Eigene Radiozentrale mit direktem Anschluss nach London, New York, Tel Aviv und vielen anderen Stationen. Der Apparat steht den Bewohnern ab 6 Uhr abends zur Verfügung.

Ruhezeiten:

10 Uhr abends bis 7. 30 morgens, sonntags bis 10 Uhr. Unter den obwaltenden Umständen werden auch Ruhezeiten am Tage eingeschaltet, je nach Anweisung der Hausverwaltung. Diese Anweisungen sind im Interesse der allgemeinen Sicherheit strikt zu befolgen!!!

Ferien

Fallen bis auf weiteres aus.

Sprachen

Alle Kultursprachen ... aber leise!!!

Gymnastik

Täglich.

Unterricht

Stenographie wöchentlich eine Stunde (schriftlich). Englisch, Französisch, Mathematik und Geschichte zu allen Tageszeiten.

Mahlzeiten

Frühstück, täglich – mit Ausnahme von Sonn- und Festtagen – pünktlich um 9 Uhr.

Mittagessen 1.15 bis 1. 45 Uhr.

Abendessen, kalt oder warm, wegen des Nachrichtendienstes zu verschiedenen Zeiten.

Verpflichtungen gegen den Ravitaillierungsdienst (Versorgung, Verpflegung und Nachschub aller Art, darunter auch Bücher ....SPN)

Jederzeit Bereitschaft zur Hilfe bei Büroarbeiten

Baden

Die Bade->Wanne< steht jeden Sonntag von 9 Uhr ab allen Einwohnern zur Verfügung. Gebadet wird im WC, in der Küche, dem Privatbüro oder Kontor, je nach Wahl.

Starke Getränke sind nur mit ärztlichem Attest gestattet.

Ende. – Deine Anne

Die ‚Hausordnung' enthält einen gewissen Humor, ist aber für die Wohngemeinschaft bitterer Ernst: ihre strikte Befolgung ist notwendig, um zu überleben; nur einer, Otto Frank, von Anne liebevoll ‚Pim' genannt, wird es schaffen und nach Amsterdam zurückkehren; das weiß jetzt noch niemand. Jeder ist auf die ‚Gegenwart' ausgerichtet; besonders in Anne konzentriert sich alles auf den ‚Augenblick', als ob sich keiner je wiederholen könnte. Das gibt die Intensität, von der ihre Briefe zeugen. Der neue Bewohner bringt authentische Berichte von ‚draußen':

"Wir sind eigentlich alle ein bisschen ratlos. Bisher sind nur wenige Berichte über die Juden zu uns gedrungen. Es war vielleicht auch gut, dass wir nicht alles so genau wußten. .... Dussel wurde gleich mit Fragen bestürmt, und was er erzählt, ist grauenhaft und barbarisch. Man kann kaum davon loskommen. Ist es möglich, dass wir je wieder lachen und harmlos vergnügt sein werden, wenn diese Eindrücke verblasst sind? Aber wir nützen uns und denen da draußen nicht, wenn wir unser Hinterhaus in eine Trauerhaus verwandeln. Bei allem, was ich tue, muss ich an alle die denken, die fort sind. Wenn ich einmal unbefangen lache, erschrecke ich selbst und meine, dass es unrecht ist, fröhlich zu sein. Müsste man nun den ganzen Tag trauern? Ich kann es nicht, und diese Niedergeschlagenheit wird wohl auch wieder vorübergehen." (Brief an Kitty vom 20. November 1942) Wie vermag ein junger Mensch in dieser Lage den Weg zu sich selbst, den Weg zu seinem SELBST zu finden? Anne Frank kann es.

d) Anne Frank: Ihr Weg zum SELBST

Anne Frank hat uns ihr Leben selbst vorgestellt, die schwierige innere und äußere Lage beschrieben, in der sie mit sieben Menschen auf eine absehbare Zeit lebt, so hofft sie es, um danach wieder in ein Leben zurückkehren zu können, von dem sie träumt. Was sie dem Tagebuch anvertraut, soll den Traum wach halten; es soll aber noch mehr: Sie will die Zeit nicht sinnlos vorübergehen lassen; die äußere Situation ist schwierig genug; jeder Fehler kann sie verraten; es sind nicht alle Menschen im Vorderhaus eingeweiht, die dort über Tag im Geschäft arbeiten; deswegen die ‚Hausordnung'. Die Freunde können nur zu bestimmten Zeiten kommen, das Regal wegschieben, um über die enge Treppe ins Hinterhaus zu gelangen. Im Tagebuch wird alles beschrieben, was für die Versorgung mit leiblicher und geistiger Nahrung, mit der Bevorratung an Lebensmitteln und Büchern etc. zu tun hat. Miep und Bep, Viktor und Johannes müssen gesund bleiben, was natürlich nicht durchgehalten werden kann; zum Glück trifft es nicht alle gleichzeitig; sie dürfen nicht als Komplizen von ‚Juden' entdeckt werden, usw.! Alles das lastet auf den acht Bewohnern im Hinterhaus. Auf unterschiedliche Weise sind auch sie einander in ihrer kleinen Welt zugleich Last und Entlastung; es sind keine besonderen Helden, einfach nur Menschen, die ihre Grenzen haben, wie wir alle. Sie müssen allerdings in der Situation im Hinterhaus täglich bis an die äußerste Grenze gehen. Reibereien können da nicht ausbleiben. Dass sogar eine junge Liebe zwischen Anne und Peter erblüht, ist ein Wunder, das nur dem Menschen zu eigen wird: Wir erfahren von alledem durch die Briefe von Anne an ihre intime Freundin ‚Kitty'.

Für Anne sind diese Briefe eine große ‚Entlastung'! Von außen gesehen lebt sie in einem ‚existenziellen Experiment', das sie nicht bestellt hat. Niemand dürfte je Verlangen nach einer ähnlichen Situation haben. Von innen versucht sie Normalität zu leben, an die zu gewöhnen eine Herausforderung ist. Es ist zwar eine besondere Normalität, auch abenteuerlich nicht nur zu nennen, da Einbrecher im Vorderhaus die Polizei beinahe auf ihre Spur bringen: zwei Tage mussten die acht ‚den Atem anhalten', um sich nicht zu verraten. Doch kein Mensch kann ständig die Gefahr des möglichen Todes realisieren. Anne sehnt sich immer nur nach dem Leben. Für das eigene Leben kritisiert sie ihre Mutter in ihren Briefen, um die ‚wirkliche Mutter' in ihr und auch für sich zu entdecken, wenn sie einmal ‚Mutter' (Mama) sein wird. Auch in der Gefahr des Todes kann sie sich immer nur das Leben vorstellen. Diese ‚Philosophie des Lebens' ist von uns wahrzunehmen; die Lektüre ist für den eigenen Weg zum SELBST von großer Bedeutung. Die Pflichtlektüre in Schulen wird ihn kaum aufzeigen. Man kann sich denken, wie Schulmeister damit umgehen: Hausaufgabe: ‚Beschreibe die räumliche Situation des Anne Frank Hauses in Amsterdam'; dies am Ende gar nach einem Besuch dort!?

Wir versuchen uns in Anne einzufühlen; sie hat zur Mutter nicht den Zugang wie zum Vater; schreibt das auf, wird zornig, verletzt die Mutter einmal sehr; im Brief vom 2. April 1943 nachzulesen. Sie kann es selbst auch nachlesen und vermag dadurch, innerlich weitergekommen, ihre Auffassung zur Mutter und zum Vater zu ändern, sie anders zu sehen, sich selbst anders zu sehen und zu erkennen, dass ein Urteil ein Vorurteil sein kann und dass man nur mit dem Herzen gut sieht und erkennt. Die Briefe an Kitty ermöglichen Anne die kritische Reflexion auf sich selbst, auf vergangene Denkfiguren und Auffassungen, sie ermöglichen in der Wahrnehmung der eigenen Entwicklung die Erkenntnis von Menschen und, was entscheidend ist, die Erkenntnis des eigenen SELBST. Darauf kommt alles an. Wir können den Bildungsweg von Anne nur an einigen Texten veranschaulichen; sie können für uns hilfreich dabei sein, den Weg zum SELBST zu suchen und in der Selbst – Erkenntnis zu finden. Im Brief vom Dienstag, den 7. März 1944 schreibt sie an Kitty:

"Wenn ich über mein Leben von 1942 nachdenke, kommt mir alles so unwirklich vor. Dieses Leben führte eine ganz andere Anne als die, die nun hier so vernünftig geworden ist. Ein gutes Leben, das war es. An jedem Finger einen Verehrer, ungefähr zwanzig Freundinnen und Bekannte, der Liebling fast aller Lehrer, sehr verwöhnt von den Eltern, immer Süßigkeiten, genug Geld, was willst Du mehr? .....

Ich sehe diese Anne als ein sehr nettes, aber oberflächliches Mädel, das mit mir heute nichts mehr gemein hat. .....

Was ist von diesem Mädel noch übriggeblieben? Mein Lachen und meine Antworten habe ich noch nicht verlernt. Ich kann die Menschen noch recht gut oder noch besser kritisieren, und ich kann noch flirten, wenn ich .... will. Ich möchte wohl noch einmal einen Abend, ein paar Tage, eine Woche so leben, scheinbar unbesorgt und fröhlich, aber am Ende dieser Woche hätte ich es so über, dass ich dem ersten Besten dankbar wäre, der etwas Vernünftiges mit mir redet. Ich brauche keine Verehrer, sondern Freunde, keine Bewunderer für ein liebes Lächeln, sondern die ehrliche Schätzung meiner Art und meines Charakters. Ich weiß wohl, dass dann der Kreis um mich viel kleiner sein würde. Aber das schadet nichts, wenn ich nur ein paar Menschen, ein paar aufrechte Menschen behalte!

Trotz allem bin ich damals auch nicht restlos glücklich gewesen. Ich fühlte mich oft verlassen, aber da ich von morgens bis abends beschäftigt war, dachte ich nicht weiter nach und amüsierte mich, so viel ich nur konnte. Bewusst oder unbewusst versuchte ich mit Scherzen die Leere zu vertreiben. Nun schaue ich auf mein bisheriges Leben zurück und gehe an die Arbeit. Ein Abschnitt ist unwiderruflich abgeschlossen: die unbesorgte, unbekümmerte Schulzeit kommt nicht wieder. Ich sehne mich auch nicht mehr danach zurück, ich bin darüber hinausgewachsen. Nur so harmlos vergnügt sein, das kann ich nicht mehr. Ein Teil von mir bewahrt doch immer seinen Ernst.

Ich sehe mein Dasein bis zum Beginn dieses Jahres wie unter einer scharfen Lupe. Zu Hause das Leben mit viel Sonne, dann 1942 hierher, der plötzliche Übergang, die Streitereien, die Beschuldigungen. Ich konnte das nicht alles verarbeiten, war überrumpelt und habe meine Haltung nur durch Kratzbürstigkeit bewahren können.

Die erste Hälfte von 1943: Meine häufige Neigung zum Weinen, die Einsamkeit, das langsame Einsehen all der Fehler und Mängel, die zwar wohl groß sind, aber noch größer schienen.

Ich redete über alles hin und versuchte, Pim nur für mich allein zu gewinnen, das glückte nicht. So stand ich allein vor der schweren Aufgabe, mich so umzustellen, dass ich keine Ermahnungen zu hören brauchte, denn die erdrückten mich beinahe bis zum Verzagen.

Die zweite Hälfte des Jahres wurde besser. Als Backfisch wurde ich mehr den Erwachsenen zugehörig betrachtet. Ich fing an nachzudenken, begann Geschichten zu schreiben und kam zu dem Resultat, dass die anderen nun kein Recht mehr hatten, mich wie einen Spielball hin und her zu werfen. Ich wollte mich nach meinem Willen formen. Ich kam auch zu der Erkenntnis, dass Vater nicht in allem mein Vertrauter sein könne. Ich will niemandem mehr vertrauen als mir s e l b s t. (mezelf)

Nach Neujahr: Die zweite große Veränderung ... mein T r a u m. Dadurch entdeckte ich meine Sehnsucht nach einem Jungen, nicht nach einer Freundin, sondern nach einem Freund, entdeckte das Glück in mir s e l b s t und außen meinen Panzer von Oberflächlichkeit und Fröhlichkeit. Nach und nach wurde ich ruhiger und fühlte ein grenzenloses Verlangen nach allem, was gut und schön ist.

Wenn ich des Abends im Bett liege und mein Gebet mit den Worten endige:

>Ich danke Dir für all das Gute und Liebe und Schöne<, dann jubelt es in mir. Dann denke ich an das >Gute<: unser Verschwinden (Untertauchen/SPN), meine Gesundheit; an das >Liebe<: Peter (van Daan/SPN) und das, was noch zart und empfindsam ist, so dass wir beide es noch nicht zu berühren wagen, an das, was einmal kommen soll: die Liebe, die Zukunft, das Glück. Das >Schöne<, das die Welt umfasst: Natur, Kunst, Schönheit und alles Große, was damit verbunden ist.

Dann denke ich nicht an das Elend, sondern an das Herrliche, was übrigbleibt. Hier liegt auch größtenteils der Unterschied zwischen Mutter und mir. Wenn man schwermütig ist, gibt sie den Rat: >Denke an alles Elend in der Welt und sei dankbar, dass Du es nicht erlebst.< Ich sage:

>Gehe hinaus in die Felder, die Natur und die Sonne, gehe hinaus, suche das Glück in Dir s e l b s t und in Gott. Denke an das Schöne, das sich in Dir und um Dich immer wieder vollzieht, und sei glücklich!<

Nach meiner Ansicht muss Mutters Rat falsch sein, denn was willst Du tun, wenn Du selbst ins Unglück kommst? Dann bist Du verloren. Ich hingegen finde, dass selbst da immer noch etwas Schönes bleibt: die Natur, die Sonne, Freiheit und etwas in Dir s e l b s t. Daran musst Du Dich halten, dann findest Du Dich s e l b s t wieder und findest Gott, dann behältst Du Dein Gleichgewicht. Und wer selbst glücklich ist, wird auch andere glücklich machen. Wer Mut und Vertrauen hat, wird im Unglück nicht untergehen." (Hvb. SPN)

e) Anne Frank: Ein bekennendes Zeugnis zum Menschen

Die Briefe vom 7. März und 1. August 1944 von Anne Frank sind ein bekennendes Zeugnis zum Menschen, ein Aufriss für den Weg zur Selbst – Erkenntnis und ein Entwurf auf ein Leben, das ihr und jedem anderen zu – kommen soll: Zukunft als Zu – Kommendes! Diese Erkenntnis erarbeitet Anne Frank sich selbst! Woher hat sie die ‚Einsicht'? Aus sich selbst! Sie hat im Hinterhaus keine philosophische Bibliothek, hat keine besondere Bildung, kennt im Unterschied zu Marlene Dietrich Dichter wie Goethe und Rilke nur den Namen nach. Die Kategorischen Imperative von Kant weiß sie weder in diesem noch in jenem Wortlaut zu nennen; sie erkennt in sich selbst, was der große Philosoph im Praktischen Imperativ formuliert: Dass ‚in jedem Menschen die Menschheit zu achten ist'. (IV, 429) Anne findet eigene Worte dafür. Sie hat gerne die Maske des fröhlichen Kindes getragen, den schwierigen Übergang zur Jugend angenommen. Im Hinterhaus gelangt sie, auf sich gestellt, an die Schwelle zum Erwachsen – Werden! Sie bekommt eine Ahnung davon, w e r sie ist und w i e sie sein will. Sie sagt sich und uns: Der Mensch kann in seiner kleinen und noch so beengten Welt, in der man zu leben gezwungen wird, die große Welt der Freiheit, in seiner eigenen Person die Menschheit erkennen. Im Brief vom 23.Februar 1944 an Kitty fügt sie einen gesonderten Abschnitt unter der Überschrift ‚Gedanken' dazu an:

"Wir entbehren hier viel und entbehren es lange. Ich fühle das genau so wie Du. Ich spreche nicht von äußeren Dingen. Davon haben wir hier genug, nein, ich meine das, was uns innerlich bewegt. Ich verlange ebenso wie Du nach Freiheit und Luft, aber nun glaube ich, dass wir für diese Entbehrungen ausreichend entschädigt sind. Das erfasste ich plötzlich, als ich heute morgen vor dem Fenster saß, ich meine die innere Erkenntnis. Als ich hinaussah und Gott tief in der Natur erkannte, da war ich glücklich, nichts anderes als glücklich. Und *Peter,* solange dieses Glück in uns ist, dieses Glück der Natur, der Gesundheit und noch viel mehr, solange man das in sich trägt, wird man immer wieder glücklich werden. Reichtum, Ansehen, alles kannst Du verlieren, aber das Glück Deines Herzens kann höchstens einmal verhüllt sein und wird Dich doch immer aufs neue glücklich machen, solange Du lebst. Solange Du ohne Furcht zum Himmel aufsehen kannst, solange weißt Du, dass Du reinen Herzens bist, und das Glück wird immer mit Dir sein. – Anne

Immanuel Kant spricht einmal vom ‚gestirnten Himmel über mir und dem moralischen Gesetz in mir' als den ‚zwei Dingen, die das Gemüt mit immer neuer und zunehmender Bewunderung und Ehrfurcht erfüllen'. (V. 161) Er hat diese Sicht auch nicht aus Büchern! Anne hat auf dem Speicher des Hinterhauses nur eine Dachluke, um den vorbeikommenden Mond zu sehen. Ganz tief berührt wird sie, wenn sie Mond und Sterne zusammen mit Peter betrachtet; es ist ihr nur einige Male vergönnt und doch kommt sie diesem Kant nahe, von dem sie nichts weiß: Sie kommt dem ‚Menschen' nahe, sich selbst und dem anderen Selbst; sie fällt in die Liebe! Innen und außen, Himmel und Erde kommen im *Augenblick* zusammen: Das genügt zum ‚Erkennen' – eigentlich. Im Brief vom 15. Juni 1944 schreibt sie:

"Es ist keine Einbildung, dass die Beobachtung des Himmels, der Wolken, von Mond und Sternen mich *beruhigt* und mit Erwartung erfüllt. ... die Natur macht mich demütig und bereit, alle Schläge besser zu ertragen." Die Eingabe von Thomas Mann, ‚die Neunte Symphonie von Beethoven zu widerrufen, weil sie in unserem Universum die nicht länger aufrechtzuerhaltende Rechtfertigung einer Illusion sei' (nach H. Marcuse, Zur Lage der Kunst ...,7), muss zurückgewiesen werden; zuvor wäre der Mensch selbst zu widerrufen! Das lässt Anne Frank nicht zu. Ihre Reflexionen sind wie eine Wegbeschreibung zum universell menschlichen Menschen; es ist nur (!) dem Kompass des Herzens zu folgen!

Anne Frank geht den Weg durch die Generationen von der unbeschwert fröhlichen Kindheit im Sinne des ‚Werde, der du bist!' – dem ersten Gebot aus dem Tempel von Delphi – zur besinnenden Jugend, die im zweiten Gebot des ‚Nichts zuviel!' das Leben auf die Probe stellen will und muss und erreicht in ihrer Entwicklung gerade den Übergang zum Erwachsen – Werden, zum dritten Imperativ ‚Sei!' "Sei glücklich!", sagt sie zu sich selbst im Brief vom 7. März 1944: einige Monate später wird ihr der Weg zum Glück durch die ‚Masken der inhumanen Gewalt' brutal verlegt! Der erzwungene frühe Tod der deutschen Jüdin Annelies Marie Frank Ende Februar/Anfang März 1945 in Bergen–Belsen ist e i n T o d z u v i e l! Die zahllosen Opfer der Masken in der Geschichte unserer Welt potenzieren im Grunde nicht die Schuld am Tod eines einzigen Menschenopfers! Die große Zahl darf uns nicht täuschen, dass jeder Mensch für sich allein den Tod erleidet, wo auf der Erde es auch immer geschehen ist und wo es immer noch in unserer doch so zivilisierten Welt geschieht. Wir müssen endlich erkennen, dass jeder Mensch die Menschheit im SEIN seiner WAHRHEIT und ZEIT bezeugt und geschichtlich in seiner Lebenszeit in eigenen existenziellen Wahrheiten bezeugen will. Dieses junge Mädchen aus dem Hinterhaus träumt wie jeder Mensch vom Glück der Liebe mit einem Menschen; sie träumt den menschlichen Menschen.

Anne weiß um die Gefährdung der Träume und Hoffnungen durch die ‚Masken': "Jemand, der behauptet, dass die Älteren im Hinterhaus es viel schwerer haben, macht sich sicher nicht klar, in wie viel stärkerem Maße die Probleme auf uns einstürmen, Probleme, für die wir vielleicht noch viel zu jung sind, die sich uns aber gewaltsam aufdrängen, bis wir nach langer Zeit meinen, eine Lösung gefunden zu haben, eine Lösung, die meistens keinen Bestand hat gegen die Tatsachen, die dann doch ganz anders sind. Das ist das Schwierige in dieser Zeit: Ideale, Träume, schöne Erwartungen kommen bei uns noch nicht auf oder sie werden, getroffen durch die gräuliche Wirklichkeit, total zerstört.

Es ist ein Wunder, dass ich all meine Hoffnungen noch nicht aufgegeben habe, denn sie erscheinen absurd u n d unerfüllbar. Doch ich halte daran fest, trotz allem, weil ich noch stets an das G u t e im Menschen glaube. Es ist mit nun einmal nicht möglich, alles auf der Basis von Tod, Elend und Verwirrung aufzubauen. Ich sehe, wie die Welt langsam mehr und mehr in eine Wüste verwandelt wird, ich höre immer stärker den anrollenden Donner, der uns töten wird, ich fühle das Leid von Millionen Menschen mit, und doch, wenn ich nach dem Himmel sehe, denke ich, dass alles sich wieder zum Guten wenden wird, dass auch diese H ä r t e ein Ende haben muss und wieder F r i e d e und R u h e die Weltordnung beherrschen werden.

Inzwischen muss ich meine Ideale hochhalten; in den Zeiten, die kommen, werden sie dann vielleicht doch noch ausführbar sein." (Brief vom 15 Juli 1944; Hvb. SPN)

Dieses Mädchen ‚erkennt', was unsere Philosophen Nietzsche überlassen: "Die Wüste wächst, Weh dem der Wüsten birgt!" (Zarathustra), um dann die Augen vor der Wirklichkeit zu verschließen, um zur Barbarei nichts sagen zu müssen, die überall greifbar ist. Das gilt nicht nur für Martin Heidegger in der Zeit, auf die Anne Frank reflektiert, das gilt auch gegenwärtig noch! Was ist sein Gerede vom ‚vergessenen Sein', was sind die ‚logisch – philosophischen' Sätze von Ludwig Wittgenstein (1889 – 1951) gegen die Sätze der Anne Frank? Seine abstrakte Banalität: "Wovon man nicht sprechen kann, darüber muss man schweigen." (7), die staunend beredet wird, statt sie zu verschweigen, wird von ihm selbst widersprochen; nehmen wir diesen Spruch: "Der Tod ist kein Ereignis des Lebens. Den Tod erlebt man nicht." (6.4311) Ob Wittgenstein begreifen kann, dass Anne Frank ‚ihren Tod' erlebt? Konnte dieser Denker zum ‚Tod in den Konzentrationslagern' wirklich nichts sagen? Anne Frank hat im Hinterhaus in Amsterdam den angekündigten Tod jeden Tag ‚erlebt'. Sie hört im Donner der Bomben und Granaten, die auf Amsterdam fallen, das grausige Lied vom Tod! Sie sagt es, verschweigt nichts und glaubt an das Leben und .... die L i e b e!

Anne Frank nimmt in ihren Reflexionen zur ‚Liebe' eine Position ein, die einer fünfzehnjährigen gewöhnlich nicht zugetraut wird. Diese Meinung hat ihre Begründung wohl darin, dass die Erwachsenen sich selbst wenig Gedanken weder zur Liebe noch zum Menschen machen, wie sollen sie einen Begriff davon entwickeln, was in jungen Menschen vorgeht? Wir bekommen in der Regel nicht viele Hinweise auf Innenwelten, die eigene gibt in den Anforderungen des Alltags den Blick auf sie nicht frei. Wir reden viel, wenn der Tag lang ist, doch wir erkennen wenig dabei; bisweilen brechen Träume über uns herein, die wir nicht deuten können; wir laufen zu Traumdeutern; die haben Bücher von Freud u.a. gelesen, ob sie den ‚Menschen' kennen, ist nicht gewiss. Wer würde zum Beispiel die folgende Aussage zur ‚Liebe' bei sich selbst auf Anhieb finden? Die gekürzte deutsche Version bringt diesen Text nicht, man wollte den Lesern hierzulande wohl nicht zuviel zumuten. Die niederländische Ausgabe (s Lit. – Vz.), die wir neben der deutschen benutzen, bringt die Stelle im Brief vom 2. März 1944. Anne hat den Abschnitt Zeile für Zeile im Tagebuch unterstrichen:

"Liebe, was ist Liebe? Ich glaube, dass Liebe etwas ist, was eigentlich keine Worte haben kann. Liebe ist, jemanden erkennen. Jemand lieben ist: Glück und Unglück mit ihm teilen. Und dazu gehört auf die Dauer auch die körperliche Liebe, du hast etwas geteilt, etwas weggegeben und etwas empfangen und ob du in diesem Moment verheiratet oder unverheiratet bist, ob du ein Kind bekommst oder nicht, ob deine Ehre weg ist oder nicht, darauf kommt es wirklich nicht an, wenn du nur weißt, dass für dein ganzes weiteres Leben jemand an deiner Seite steht, der dich begreift und den du mit niemandem teilen musst. (182; eigene Übersetzung)

Was sich hier zum Begriff ‚verdichtet' und für das Leben bedeutsam sein und werden will, ist das, was wir die WAHRHEIT eines Menschen nennen. Die Wahrheiten, die uns im Leben erfreuen oder uns anfallen und niederdrücken, die erhebenden Momente in der Zeit, die uns beglücken und die anderen, die wir erleiden und schneller vergehen lassen wollen, sind ‚nichts' im Vergleich zu WAHRHEIT und ZEIT, die der Mensch in seinem Genie ist und die sich im ‚Augenblick' ereignet. Diesen Augenblick hat Anne für ihre ‚Liebe' aus ihrem Herzen in Worte verdichtet und sich ‚gegenwärtig' gemacht! Sie will ein Leben lang lieben, um den Augenblick als ‚WAHRHEIT und ZEIT' im Alltag zu wiederholen! Von dieser ‚Wiederholung' hat Kierkegaard (1813 – 1855) abstrakt philosophiert; er konnte sie für sich nicht träumen, sich den Traum für sein Leben in der Liebe mit Regine Olsen nicht als WAHRHEIT und ZEIT erfühlen, sich und der Frau nicht erfüllen; er ist an der Wahrheit in der Zeit, der sexuellen Schuld seines Vaters, an seiner ‚Maske' gescheitert, durch die immerzu ‚Sünde' sprach. Statt mit dem Herzen zu denken, hat er sich den Kopf zermartert! Den zweiundvierzigjährigen hat auf der Strasse in Kopenhagen am 2. Oktober 1855 der Schlag getroffen.

In ,Entweder – Oder' hat der Däne seine maskierten Marter im ,Tagebuch des Verführers' beschrieben; Casanova hat ihm nicht helfen können, obwohl der Verführer Johannes ein Don Juan sein will. Auch Marcel Proust hat, wie wir dargestellt haben, von Casanova nichts, von Kierkegaard viel übernommen; zu Johannes sagt Kierkegaard: "Sein Leben ist ein Versuch gewesen zur Lösung der Aufgabe, poetisch zu leben. .... Sein Tagebuch ist daher weder historisch genau noch einfach erzählend, es ist nicht indikativisch sondern konjunktivisch. Obwohl natürlich das Erlebte aufgezeichnet ist, nachdem es erlebt worden, mitunter vielleicht sogar ziemlich lange nachher, ist es oft doch so dargestellt, als ob es im gleichen Augenblick geschähe, mit solcher dramatischen Lebendigkeit, dass es einem unterweilen so ist, als ob alles unmittelbar vor den eigenen Augen geschehe." (601, 327) Warum hat er, der erkennt, "was beim Mann ein Teilstück, bei dem Weib das Ganze ist" (l. c. 422), dieses Ganze nicht in Regine Olsen erkannt? Anne Frank hätte ihm in der ,Erkenntnis' helfen können; die Frau in Kopenhagen ist der in Amsterdam ,ähnlich'! Und der Mann ist ein Teilstück nur in der ,Maske'. Mit dem Eintritt in die ,Existenz' ist jeder Mensch zunächst ein ,Teilstück' der Frau, unter ihrem Herzen gebildet. Die Aufgabe, ein Ganzes zu werden, haben wir alle. Der Philosoph der Existenz, wie Kierkegaard in der Tradition genannt wird, hat diese verfehlt; er hat über ihre ,Trümmer' nachgedacht, die er vorfindet; er ist an seiner eigenen Existenz verzweifelt.

Die Sprache der Philosophen wie Heidegger, Kierkegaard und Wittgenstein, mehr noch die der sogenannten Soziologen beziehen sich auf die ,Trümmer der Tradition', die auch physisch überall auf der Erde durch Gewalt produziert werden. Es fehlt dringend am Wort, mit dem Menschen gemeinsam auf der Erde in geordneten Welten zu leben vermögen. Das tägliche Brot ernährt uns, das notwendigere Wort richtet uns auf. Für Anne Frank ist ihr Tagebuch, sind die Worte, die sie sich (und uns) zuspricht, unmittelbarer Trost und Grund ihrer Hoffnung, sie sind unmittelbar ein ,Lebensmittel'! Sie sagt es immer wieder, dass sie ohne die Briefe an ihre Freundin die schwere Zeit im Hinterhaus nicht überleben würde. Sie muss sich die bedrängenden Fragen selbst beantworten, um nicht zu verzweifeln. Welcher Philosoph oder Soziologe, der ,die Neuzeit legitimiert', gibt eine angemessene, auch nur angenähert konkrete Auskunft zu den Trümmer – Landschaften, die in unserer Welt aus den immer noch herrschenden falschen Paradigmen des Anfangs erzeugt werden? Der spanische Dichter Mario Vargas Llosa stellt in ,El Pais' in einem Essay zum 11. September 2001 die Frage, ,Warum dieser gewaltsame Rückfall in Irrationalismus und Barbarei nach all den Errungenschaften unserer Kultur überhaupt noch stattfinden konnte?' Immerhin wird überhaupt eine Frage gestellt! Wir kommen darauf zurück.

"Du kannst sicher verstehen", schreibt Anne Frank am 3.Mai 1944 im Brief an Kitty, "dass hier oft ganz verzweifelt gefragt wird: Warum, wofür ist überhaupt Krieg? Warum können die Menschen nicht in Frieden leben? Warum alle Verwüstungen? Diese Fragen sind verständlich, aber eine erschöpfende Antwort hat bisher noch niemand gefunden. ... warum müssen Menschen hungern, während in anderen Weltteilen Nahrungsmittel umkommen? Warum sind die Menschen so töricht?

Ich glaube nicht, dass allein die führenden Männer, die Regierenden und Kapitalisten am Krieg schuld sind. Nein, der kleine Mann anscheinend auch, sonst würden die Völker als solche nicht mitmachen! Der Drang zur Vernichtung ist nun einmal in den Menschen (in den Masken/SPN) ...., und solange nicht die gesamte Menschheit eine völlige M e t a m o r p h o s e durchgemacht hat, wird es Kriege geben. Was gebaut, gepflegt und gewachsen ist, wird niedergetreten und vernichtet, und die Menschheit muss von neuem beginnen."

Was sagen wir zu diesem Text eines einfachen jungen Mädchen aus dem Volke, das im Unterschied zu uns durch die erzwungene Situation lediglich mehr ‚Zeit' zum Nachdenken hat? Diese Fragen und Aussagen sind immer noch und gerade auch nach dem 11. September 2001 von dringlichster Aktualität! Es sind Fragen an die ganze Geschichte unserer europäischen Welt, von ihren philosophischen Anfängen bei Plato bis in die von Barbarei erfüllte Gegenwart, eine Barbarei, deren Ende nicht zu erkennen ist! Die ‚Trümmer in Manhattan' legitimieren nicht die ‚Trümmer in Kabul'! Den Ur-Bewohnern von Manhattan wurde seiner Zeit von den Eindringlingen in ihre Heimat ein einziger Dollar für den Boden bezahlt, auf dem das ‚Neue Amsterdam' gebaut wurde, das spätere New York, und wo unermesslicher Reichtum entsteht! ‚Warum sind die Menschen so töricht', fragt im ‚Alten Amsterdam' ein der Verfolgung ausgesetztes Mädchen stellvertretend für die ganze Menschheit? Sie fragt für alle Opfer der Masken, alle Verfolgten und Unterdrückten, die in die Sklaverei von Afrika nach Amerika Verschleppten, für die immer noch Unterdrückten überall auf der Erde? Die Menschen sind im Grunde nicht töricht, die ‚Masken' sind es. Was Anne Frank denkt und fragt, bewegt innerlich viele Menschen; es bleibt leider nur zu sehr verborgen, wird nicht laut, erhält nicht die Macht, noch nicht, zu handeln und zu verändern! Kinder erkennen den ‚nackten Kaiser'! Wann erkennen wir die ‚Masken' in ihrer ‚uneingeschränkten Solidarität' – so Gerhard Schröder – mit unmenschlicher Gewalt gegen die Gewalt der Terroristen'? Sind es keine Menschen?

Es ist an der Zeit, zusammen mit Anne Frank die in der Ersten Welt geschichtlich angelegte strukturelle Gewalt als maskierten ‚Terror' zu begreifen! Wir müssen eine neue Weltordnung errichten und mit ihr die ‚Metamorphose der Menschheit' auf den Weg bringen: dieser Weg fängt jetzt bei mir und Dir, bei uns an! Was Anne Frank denken und fordern kann, können wir auch. Sie kennt den Begriff ‚Metamorphose' nicht von Goethe, sondern aus dem ‚Wörterbuch', das sie zum Geburtstag geschenkt bekommt. Die junge Philosophin spricht den Paradigmenwechsel an, der notwendig ist; die radikale Veränderung unserer Denkmuster ist notwendig! Das sagt Anne Frank! Und noch einmal: es ist kein besonderer Mensch, der das sagt, der sich im Tagebuch ausspricht: es ist ein Mensch, der sich einfach nur – wie jede/r andere auch – nach dem menschlichen Menschen sehnt! Ist das zuviel verlangt? In Ihrer Sehnsucht fragt diese Jüdin sich, warum die Juden so verfolgt werden? Sie hat gerade, wie sie in einem ungewöhnlich langen Brief (vom 11. April 1944) schreibt, die ‚Kleine Nachtmusik' im Radio gehört und ist wie immer von schöner Musik tief bewegt. Ein Einbruch ins Vorderhaus bringt die Gefahr der Entdeckung ganz nahe. Entsetzliche Stunden beginnen; die Gefahr geht, so scheint es, vorüber. (Wie die spätere Entdeckung am 4.August 1944 zustande kommt, ist bis heute nicht geklärt). Als Anne mit den anderen das Gefühl bekommt, für diesen Moment ‚gerettet' zu sein, bricht es aus ihr heraus:

"Einmal wird dieser schreckliche Krieg doch wohl aufhören, einmal werden wir auch wieder M e n s c h e n und nicht allein J u d e n sein."

Die immer noch deutsche Staatsbürgerin ohne Staat will nach dem Krieg, wenn sie am Leben bleibt, Niederländerin werden. "Ich liebe die Niederländer, liebe unser Land, ich liebe die Sprache und möchte hier arbeiten. Und wenn ich an die Königin selbst schreiben müsste, ich würde nicht weichen, ehe ich mein Ziel erreicht hätte. ...

Ich weiß, was ich will, habe ein Ziel, eine Meinung, habe einen Glauben und eine Liebe. Lasst mich so sein, wie ich bin, dann bin ich zufrieden. Ich weiß. Dass ich eine Frau bin, eine Frau mit innerer Kraft und viel Mut. ...

Ich werde nicht unbedeutend bleiben. Ich werde in der Welt und für die Menschen arbeiten! Und nun weiß ich, dass vor allem Mut und Frohsinn das Wichtigste sind. –

Deine Anne"

Anne will Niederländerin werden wie Marlene Amerikanerin geworden ist: Beide sind in ihrer Existenz einfach nur M e n s c h e n! Die Marlene aus Berlin hat ihren Mut und Frohsinn auf bedeutende Weise leben und gestalten könne, verwehrt wurde es der Anne aus Frankfurt durch deutsche ‚Masken'. Anne konnte den Streit um das Menschlichsein nicht führen, den Marlene in einem ganzen Leben streiten konnte. Das Grab von Marlene in Berlin ist immer wieder mit frischen Blumen geschmückt; Anne liegt in einem unbekannten Massengrab in der Lüneburger Heide, in der geliebten Natur unter einem Firmament, das sich immer wieder für sie mit Mond und Sterne schmückt. Marlene würde es gut heißen, wenn wir Anne, stellvertretend für alle Opfer der Masken, ein Lied widmen, das sie immer wieder tief bewegt gesungen hat. (Musik und Text ist von Bob Dylan (1962): Blowin' in the Wind. Die deutsche Textfassung ist von Herbert Bradtke)

Die Antwort weiß ganz allein der Wind

"Wie viele Strassen auf dieser Welt sind Strassen voll Tränen und Leid?
Wie viele Meere auf dieser Welt sind Meere der Traurigkeit?
Wie viele Mütter sind lang schon allein und warten und warten noch heut?
Die Antwort, mein Freund, weiß ganz allein der Wind,
Die Antwort weiß ganz allein der Wind.
Wie viele Menschen sind heut noch nicht frei und würden so gerne es sein?
Wie viele Kinder gehen abends zur Ruh und schlafen vor Kummer nicht ein?
Wie viele Träume erflehen bei Nacht, wann wird es für uns anders sein?
Die Antwort, mein Freund, weiß ganz allein der Wind,
Die Antwort weiß ganz allein der Wind.
Wie große Berge von Geld gibt man aus für Bomben, Raketen und Tod?
Wie große Worte macht heut mancher Mann und lindert damit keine Not?
Wie großes Unheil muss erst noch geschehen, damit sich die Menschheit besinnt?
Die Antwort, mein Freund, weiß ganz allein der Wind,
Die Antwort weiß ganz allein der "Wind."

Wann werden wir die angemessene und maßgebende Antwort wissen? Sie liegt als Gewissen im Grunde bereit: im SEIN des SELBST und seinem inneren Gefüge von WAHRHEIT und ZEIT. Annelies Marie Frank wäre am 12.Juni 2002 dreiundsiebzig Jahre geworden! Sie könnte noch leben! Und lieben! Was denkt ihr jetzt?

,Der Mensch ist die WAHRHEIT'
(Masim Gorki, Nachtasyl)

VIII. Zur Aus – Führung: der Weg ist immer das Ziel

- Reflexionen auf den Weg der Suche nach dem SELBST -

1. Reflexion: das wiedergefundene SELBST

Wir sind auf der Suche nach dem SELBST des Menschen weite Wege gegangen; es waren Irrwege und Umwege zu bewältigen und wir sind noch nicht am Ziel. Wir kommen dort auch nie in der Weise an, wie man ein Ziel erreicht, an dem der Weg endet und man auf kürzerer oder längerer Zeit verweilt. Selbst wenn man ein ganzes Leben lang an seinem ,Ziel' bleibt, das man erreichen wollte, ist es nicht das, wovon wir reden; das gewöhnliche Ziel erreichen auch die ,Masken', die großen, brutalen ,Masken' schneller und leichter als die sanften und kleinen. Für die Suche nach dem SELBST gilt: der Weg ist das Ziel! Wenn wir es gefunden haben, ereignet sich der Augenblick von WAHRHEIT und ZEIT. Von diesem Augenblick nährt sich das Selbst: der Mensch berührt seinen Grund, erkennt sich selbst und kann andere erkennen: es ist der Augenblick von Liebe – Nähe – Nachbarschaft; Mensch und Menschheit sind einander angenähert, so nahe, wie es überhaupt geht. Die ,Goldene Regel' kann greifen: ,Was Du nicht willst .....'; Kant formuliert den ,Imperativ des Handelns' nicht ins Leere hinein; er spricht zu uns, zu Menschen.

Den Augenblick, in dem man sich als Mensch findet, kann man nicht festhalten wie einen Stab in der Hand. Das SEIN des SELBST wird in seinem Gefüge von WAHRHEIT und ZEIT, von KUNST und SPRACHE ebenfalls nicht wie ein Ding gesucht und wie ein solches gefunden. Man findet es eher, wenn man es im ,Anderen' sucht, von sich absieht: Bevor das SELBST gefunden ist und der Augenblick sich ereignet (eräugnet), weiß ein Selbst nicht, ob es nicht das ,Ich' in der ,Maske des Selbst' ist, durch die es ,durchblickt' ohne wirklich zu ,erkennen'!? Die Suche nach dem SELBST ist ein inständiges und angestrengtes Zögern vor der ,Erkenntnis', ist Poesie, ist Wille zum Leben und zum Lieben: diese Suche ist ,schwer'! Die ,Erkenntnis' ereignet Liebe und Glück: als Augenblick! Seine Wiederholung erfordert neue Bemühung, verlangt einen neuen Anlauf auf den Weg, jeden Tag neu ....

Die ,Masken' machen es sich ,leicht'! Sie suchen nicht den inneren Grund, das SEIN des SELBST, sie finden außen die dingliche Beute und eignen sie sich auf jede nur denkbare Weise an. Eine entsprechende Ideologie legitimiert die Aneignung der Beutegüter. Die ‚Masken' behaupten beispielsweise, dass der Segen Gottes auf ihrem Reichtum liegt, sonst hätten sie ihn nicht! Die Umkehrung gilt für die ‚armen Schlucker'! Mit dieser Ideologie des ‚Kapitalismus' kamen die Siedler aus der Alten in die Neue Welt, die Mentalität der Quäker wird u.a. immer wieder angeführt. Der ‚wilde Westen' wird ‚zivilisiert', die Eingeborenen (!) wie ‚Dinge' behandelt; die nichtchristlichen Völker und ihre Mitglieder sind Heiden, keine Menschen! (Hegel) Sie werden bei Widerstand getötet, vertrieben, schließlich auf ‚humanere Weise in ‚Menschenparks' (Reservate) eingewiesen. Tiere leben in ‚Zoologischen Gärten', das nimmt sich schon sprachlich besser aus. Die Zeit hat doch wohl inzwischen alle Wunden der Vergangenheit – der Geschichte – geheilt!? Dieser Irrglaube wurde am 11. September des ersten Jahres der dritten Jahrtausends (erneut) in Frage gestellt, erschüttert: Von diesem Tag an sei alles anders, heißt es bei den ‚Masken'! auch das ist ein Irrtum, wie das Irren weniger zum Menschen, eher zu ‚Masken' gehört. Der ‚Terrorismus' wird ab dem 11.09.2001, überall wo er auftritt, mit den Wurzeln ausgerottet, ein für allemal! Die ‚Wurzeln' liegen doch wohl in unserer Geschichte!? Werden sie auch ‚ausgerottet'?

Vor oder nach einem Datum der Geschichte hat der Mensch die Aufgabe, sich zum Menschen zu bilden. Um diese Aufgabe zu erfüllen, ist es notwendig, sich als ein Selbst zu erkennen und das in den gesellschaftlichen Verhältnissen unserer Geschichte verlorene SELBST zu suchen und zu f i n d e n! Diese Aufgabe hat jeder Mensch für sich selbst. Begleiter auf dem Weg sind willkommen; das Marschgepäck trägt sich leichter und das Gespräch lässt die Mühsal vergessen. Wir haben uns Gedanken dazu gemacht, was vom Wege abbringen kann und dabei den Blick auf die Geschichte unserer Welt, auf den ‚Falschen Anfang' der abendländischen Philosophie bei Plato und die Folgen für die Geschichte unserer Welt gerichtet. Es ist vielleicht doch so, dass man erst mit einiger Mühe auf einen hohen Berg steigen muss, um einen Rundum- und Überblick zu bekommen, was hinter und was vor uns liegt. Die Höhe der Anhebung ‚hebt' unser Bewusstsein an; in klarer Sicht vermag man klarer zu denken; die ‚Weitsicht' fokussiert sich zur ‚Einsicht', kann es jedenfalls: man schaut nach ‚innen', dorthin, wo an einem unsichtbaren Grund der Mensch ist, der wir s i n d.

Vielleicht kommt in einer besinnlichen Situation der Gedanke unvermutet in den Sinn, möglich ist das schon, dass alles, was hinter mir und vor mir liegt, nichts ist im Vergleich zu dem, was in mir s e l b s t liegt. Es ist mein eigner Grund und Boden, den ich weder kaufen noch verkaufen kann; er wird allenfalls, und das ist schlimm genug, unter aufgenötigten Lernverhältnissen aller Art an eine Maske veräußert, die als ‚Ich' das ‚Selbst' verstellt. Die ‚Einsicht' auf dem hohen Berg, auf dem sie zum Beispiel Zarathustra erreicht, wie ihn Nietzsche uns schildert, ermöglicht den Blick nach innen; es ist wie ein Blick in einen Garten, der darauf wartet, gehegt und gepflegt zu werden. Dieser Blick könnte ‚einsehen lassen', dass es nicht allein mein Garten, sondern der ‚Menschen – Garten' ist, den ich und du, wir alle gemeinsam zu bestellen haben. Vielleicht ist es der Garten, aus dem wir uns vor langer Zeit haben vertreiben lassen!? Sind wir gezwungen, für immer in der Fremde zu leben, andere Menschen als Fremde zu sehen und zu behandeln und nicht einfach als Menschen wie Du und Ich?

Wir halten die überlieferte Vertreibung aus dem Garten Eden im allgemeinen mehr oder weniger für eine amüsante Story, ähnlich unterhaltsam wie die eingangs erwähnte Anekdote um die Frage von Thomas Mann nach den Folgen der ‚Verwandlung von Wirklichkeit in Sprache'? Doch vielleicht spricht die Rede von der Vertreibung aus dem ‚Paradies' eine bedeutende WAHRHEIT aus? Da wir mit der ZEIT in keinem Verhältnis mehr leben, keine Zeit (Muße) haben, erkennen wir weder ZEIT noch WAHRHEIT. Die Suche nach dem SELBST ist die nach dem verlorenen Menschen – Garten, in dem wir gemeinsam mit anderen ‚wohnen' können. Die artifiziellen, technischen ‚Gärten der Masken' verbergen ihn, verstellen den Weg, führen uns in Labyrinthe des Fortschritts, zum Beispiel in einen ‚Menschenpark', der die Ideologie des Anfangs zeitgemäß zum Fortschritt und über Nietzsche und Heidegger hinaus als Idee zur ‚Selbstzähmung des Menschen' in regulativer Absicht fortschreibt, damit Menschen auch zukünftig wenigsten noch ‚hausen' können. Der Schreiber der ‚Regeln für den Menschenpark' hat seine ‚Ideen' als Brief zur Post gebracht; er ist an uns adressiert; ich öffne ihn jetzt.

2. Reflexion: Ein Brief von Peter Sloterdijk – Regeln für den Menschenpark - Ein Antwortschreiben zu Heideggers Brief über den Humanismus -

a) Erste Orientierung zu den ‚Postsachen' von Sloterdijk

P. Sloterdijk erhält Briefe und beantwortet wichtige. So versendet er einen Brief als ‚Antwortschreiben zu Heideggers Brief über den Humanismus'. Dessen Postsendung an den jungen Jean Beaufret in Paris, zusammen mit dem Essay über ‚Platons Lehre von der Wahrheit' 1947 veröffentlicht, im Herbst 1946 geschrieben, bietet die Gelegenheit, die alte Vision der ‚Menschenzüchtung' als ‚Ziel der Staatskunst' zum Zwecke der Domestizierung der ‚Menschenherde im Stadtpark', wie sie Plato versteht, über den in der ‚Traditionssache Humanismus' nicht weit genug in die Zukunft denkenden Heidegger auf die kommende Gentechnologie abzubilden und das Neue zu entwerfen, das im Werden begriffen ist.

Der moderne Philosoph will nah am Zeitgeist sein. Dieser gibt aktuell Signale, dass "der Diskurs über die Differenz und Verschränkung von Zähmung und Züchtung, ja überhaupt der Hinweis auf die Dämmerung eines Bewusstseins von Menschenproduktion und allgemeiner gesprochen: von Anthropotechniken" bevorsteht. "Dies sind Vorgaben, von denen das heutige Denken den Blick nicht abwenden kann, es sei denn, es wollte sich erneut der Verharmlosung widmen."(Menschenpark, 41 f) Ob Sloterdijk die Briefe der Anne Frank erhalten, dann auch noch gelesen und vielleicht einen beantwortet hat, ist uns nicht bekannt. Unser Briefschreiber denkt ins Große und beantwortet, harmlos im Gemüt, große Post von Absendern wie Heidegger, Nietzsche, Plato! ... Das ist nicht ungefährlich.

Wo kann man, fragt sich Sloterdijk, in der Postsache ‚Humanismus' Schutz und Schirm finden, um nicht allein im Regen zu stehen? Natürlich im ‚Anfang unserer Philosophie'! Aus ihm können die Linien der Tradition mit guten Worten weiter ausgezogen werden, weil die Postsachen der Griechen nun einmal dem Denken und Sprechen die Richtung vorgeben. Und was kann das lang Gewohnte und Gelernte nach vorn oder nach hinten überhaupt übersteigen, das Denken steigern? ‚Das große Ungedachte' kann es nur sein, ‚vor dem der Humanismus von der Antike bis in die Gegenwart die Augen abwandte: die Domestikation des Menschen – dies einzusehen genügt, um in tiefes Wasser zu geraten.' (43) Sloterdijk will nicht auf dem Trocknen bleiben; dem eigenen (inneren) Grund gönnt er keinen Blick; er weiß gar nicht, dass es ihn gibt. Die ‚Sprache' ist sein Feld, das er beackert; die ‚Feldpost' ist sein Hobby. Im Wasser kann es auch ‚Flaschenpost' sein, die von weit her kommt. Kein Wort von Sloterdijk zum ‚falschen Anfang der Philosophie bei Platon', keines zum ‚falschen Menschenbild', der Dualismus von Leib und Seele bekommt in der Sprache einen anderen Ausdruck, die Verdoppelung der Welt geht in den grammatischen Zeiten auf, nimmt man die Gegenwart aus, bleiben es zwei: auf das Futur kommt es an. Alle Postsachen der Vergangenheit sind an das Futur und die unbekannten Leser dort gerichtet. Wenn es denn erlaubt ist, zum grammatischen Futur der Sprache den Menschen als ontische ZEIT, darin auch als konkretes Futur, gewissermaßen als Futur II, zu begreifen, gehört Sloterdijk auch zu ihm, ob er will oder nicht: kein Mensch ist nur ein Name oder ein Wort.

b) Zur ‚Postsache' von Heidegger: ‚Post – Humanismus?'

Mit dem Thema von ‚Sein' und ‚Zeit' ist Heidegger das Problem von ‚Mensch' und ‚Sprache' denkend angegangen. Wir haben dargelegt, dass er keine Lösung gefunden hat. (s. o.) Sein Rang als Denker bleibt groß im Vergleich zu denen, die das Problem erst gar nicht bemerken. Dem jungen Jean Beaufret kann man es nachsehen; in einem Brief fragt er Heidegger, wie man dem ‚Wort' Humanismus wieder einen Sinn geben kann? Die Antwort findet sich in Heideggers Brief über den >Humanismus<. Er hat noch den Geruch von Feldpost; der große Krieg ist gerade vorbei. Doch so kurz danach ist das Thema wieder sehr aktuell. Zudem will er sich nach den Enttäuschungen im ‚tausendjährigen Reich' vor allem nicht mehr über die Differenz von ‚Mensch' und ‚Sprache' täuschen. Seine ‚Kehre' will die vom Ontologischen der Sprache, dem Logos als Wort, zum Ontischen des Menschen sein: zum ‚Sein' selbst! So schreibt er dem Anfragenden nach Paris, dass der ‚Humanismus' als ‚Wort' oder Begriff" "seinen Sinn verloren hat" (Heidegger, 93 f; Sloterdijk, 22) Dem Wort ‚Humanismus' einen Sinn zurückgeben, "kann nur heißen: den Sinn des Wortes (das ‚Sein' der Sprache/SPN) wiederbestimmen. Das verlangt einmal, das Wesen des Menschen anfänglicher zu erfahren; zum anderen aber zu zeigen, inwiefern dieses Wesen in seiner Weise geschicklich ist." (Heidegger, 94)

Sloterdijk nimmt ‚Postsachen' nur als Software – sprachlicher Inhalt – in Empfang und zur Lektüre an. Der Absender eines Briefes – die Hardware ‚Mensch' – hat ihn aus der Hand gegeben, basta! Der Brief von Heidegger gibt ihm die Gelegenheit, "um ein späteres Nachdenken über die Humanität jenseits der humanistischen Harmlosigkeit zu provozieren." (43) Sein Antwortschreiben lesen wir so, wie es veröffentlicht ist: als Dokument. Der Absender empfiehlt es selbst so. (Nachbemerkung, 57 ff) In blumiger Sprache, einer ‚Parkanlage' gemäß, schildert Sloterdijk die Tradition unserer Welt als Produkt der ‚Schrift'. "Bücher, so hat der Dichter Jean Paul einmal bemerkt, sind dickere Briefe an Freunde." Mit diesem schönen Satz, stilistisch als Versuch bekannt, den Leser für sich einzunehmen, beginnt der Brief. Die Verbreitung der ‚Schriftsachen' auf dem Postweg von Station zu Station und zu den ‚Empfängern' sei im Interesse und dem Bedürfnis aller ‚Brieffreunde' immer noch in vollem Gange; Sloterdijk verfolgt den Postweg der Tradition von den Anfängen her, sortiert sie und zieht seine Folgerungen in allgemeiner und spezieller Hinsicht.

c) Zweite Orientierung zu den Postsachen von Sloterdijk

"Dass überhaupt die geschriebene Philosophie nach ihren Anfängen vor mehr als 2500 Jahren bis heute virulent bleiben konnte, verdankt sie den Erfolgen ihrer Fähigkeit, sich durch den Text Freunde zu machen. Sie ließ sich weiterschreiben wie ein Kettenbrief durch die Generationen, und allen Kopierfehlern zum Trotz, ja vielleicht dank solcher Fehler, zog sie die Kopisten und Interpreten in ihren befreundeten Bann.

Das wichtigste Glied in dieser Briefkette war ohne Zweifel der Empfang der griechischen Sendung durch die Römer, denn erst die römische Aneignung hat den griechischen Text für ....die späteren europäischen Kulturen zugänglich gemacht. Gewiss hätten sich die griechischen Autoren gewundert, was für Freunde sich auf ihre Briefe hin eines Tages melden würden. Es gehört zu den Spielregeln der Schriftkultur, dass die Absender ihre wirklichen Empfänger nicht vorhersehen können. Nichtsdestoweniger lassen die Autoren sich ein auf das Abenteuer, ihre Briefe an nicht identifizierte Freunde auf den Weg zu bringen. Ohne die Codierung der griechischen Philosophie auf transportablen Schriftrollen hätten die Postsachen, die wir die Tradition nennen, niemals aufgegeben werden können; aber ohne die griechischen Lektoren, die sich den Römern als Helfer bei der Entzifferung der Briefe aus Griechenland zur Verfügung stellten, hätten eben diese Römer es nicht vermocht, sich mit den Absendern dieser Schriften anzufreunden. Ohne die Bereitschaft römischer Leser wiederum, sich mit den Fernsendungen der Griechen zu befreunden, hätte es an Empfängern gefehlt, und wären die Römer nicht mit ihrer ausgezeichneten Rezeptivität in das Spiel eingestiegen, so hätten die griechischen Sendungen den westeuropäischen Raum .... niemals erreicht. Es gäbe weder das Phänomen Humanismus noch überhaupt eine ernstzunehmende Form von lateinischen philosophischen Reden ebenso wenig wie spätere nationalsprachliche Philosophiekulturen. Wenn heute in der deutschen Sprache von humanen Dingen die Rede ist, dann verdankt sich diese Möglichkeit nicht zuletzt der Bereitschaft der Römer, die Schriften der griechischen Lehrer zu lesen, als wären sie Briefe an Freunde in Italien." (7 ff)

Auf diese Weise in den ‚Freundeskreis von Platon' einvernommen zu werden, ist schon starker Tabak. Doch stellen wir das vorerst mit dem Hinweis auf unsere Auseinandersetzung mit ‚Plato als Verderber des Denkens' zurück. Der Form nach ist die ‚Tradition als Auf- und Weitergabe von Postsachen' und ihre ‚Annahme, Aneignung und Weitergabe' durch Empfänger von unterschiedlichem Niveau von Sloterdijk metaphorisch anschaulich beschrieben. Auch mit dem Datum der ‚Ersten Versendung von Postsachen' vor ‚2500 Jahren' sind wir einverstanden, nicht hingegen mit dem Inhalt der angeführten Sätze; da ist alles viel zu leicht bis leichtfertig: Die Tradition unserer Welt gründet im wenig freundlichen, geschweige freundschaftlichen römischen Imperialismus! Die Römer breiten ihre ‚Herrschaft' mit dem Speer in der Hand aus; die Speerspitze – der ‚Ort' – ist immer auf das Herz des Gegners gerichtet; ergab dieser sich ‚freiwillig', durfte er an dem ‚Ort' bleiben, der mit dem in die Erde gestoßenen Speer bezeichnet ist. Was ursprünglich die ‚Heimat' war, gehört nun zum Imperium: der sich ‚Ergebende' wird als ‚Gast' (g'hostis) geduldet! Leistet er jedoch Widerstand, wird er getötet – er ist ein ‚Feind' (hostis). Die beiden Worte, ‚Gast' (Freund) und ‚Feind' sind etymologisch identisch; ein leichter Hauch (das behauchte ‚g'), durch den spitzen ‚Ort' des Speeres hervorgerufen, verändert ‚Freund' (Gast) und ‚Feind'; so leicht machten es sich die Römer mit der ‚Tradition': Der ‚römische Imperialismus' ist der ‚Hauptpostschalter der Welt' zur Versendung der griechischen Schriftsachen mit Mitteln der Gewalt. Was hat Sloterdijk stilistisch daraus gemacht? Ist es nur eine Stil – Frage?

Es ist schlimmeres zu befürchten; die von den neuen Imperialisten besiegten alten – die Griechen – müssen einen ‚Zauber' für ihre langdauernde Herrschaft besitzen!? Die Römer, weiter auf Eroberung aus, die wir nicht nur in ‚Trier' oder ‚Köln' in nachgelassenen Spuren sehen können, wollten das klären: sie stoßen auf den ‚Zauber Platos'. Die ‚Freien Griechen' geben sich als Lehrer den Siegern nicht hin; die ‚Pädagogen' sind die ‚Lektoren', wie Sloterdijk sie fälschlich nennt. Er müsste nur noch wissen, dass ein ‚Pädagoge' nicht nur im Wortsinn ein ‚Knabenführer' ist: es ist ein ‚Sklave' im Hause des Freien, der dessen Kind aus Sicherheitsgründen (Gefahr von Kidnapping) zur ‚Schule' führt, den Unterricht am Rande verfolgt und im Laufe der Zeit den Lehrstoff gelernt hat! Die von den Römern zur Entschlüsselung des ‚Zaubers' benutzten Sklaven – Pädagogen sind die Postagenten und Briefträger der abendländischen Tradition. Nietzsche, als griechischer Philologe und freier, widerständiger Philosoph beinahe bis auf den innersten Menschen – Grund gelangt, spricht im ‚Kontext von ‚Sklavenmoral'; die Philosophen, nur wenige wie Kant, Nietzsche und Karl Popper ausgenommen, sind ‚Pädagogen' und ‚beamtet'. Hegel hat als Dienststellenleiter am ‚Berliner Hauptpostschalter der Weltgeschichte' im Sinne der ‚Staatskunst' im Beisein des zuständigen Ministers Altenstein den ‚ersten Berufungsbrief' für beamtete Philosophen abgestempelt und zum Versand freigegeben. Seitdem ist die Tradition als ‚Eilpost' unterwegs: Die Post geht ab! An der Haustür von Sloterdijk braucht der Postmann nicht zweimal zu klingeln. Man stelle sich einmal Pablo Picasso als ‚beamteten Künstler' vor!? Es wäre nicht auszudenken: jede Woche ‚ein Bild' nach gleichem Schema: Das Weltbild GUERNICA wäre nie entstanden! ....

d) Der Brief von Sloterdijk als Eilpost mit Dringlichkeitsvermerk

Im technischen Zeitalter der Telekommunikation müssen die dicken Briefe aus ‚Fernen Zeiten' mit einer Sondermarke versehen und gestempelt werden, damit sie irgendwie noch auffallen. Sloterdijk bringt das Kunststück fertig, die Sprache und ihre Grammatik als ‚Inbegriff der Zauberei' zu begreifen: Selbst beamteten Philosophen wie ihm fällt da etwas ein: "Grammatische Kenntnisse galten einst vielerorts als Inbegriff der Zauberei: tatsächlich wird schon im mittelalterlichen Englisch aus dem Wort *grammar* der *glamour* entwickelt." (10) In der Anmerkung hierzu behauptet Sloterdijk: "Der Ausdruck für Zauber geht aus dem Wort für Grammatik hervor." Wir müssen widersprechen. Tatsächlich bedeutet ‚Glamour': "Blendwerk, Zauber, bezaubernde Schönheit, betörende Aufmachung"

(Duden, Fremdwörterbuch, 249) Thomas Mann hätte sicher an dem ‚betörenden Satz von Sloterdijk' seine entzückte Freude gehabt und gleich heftiger seine Feder geführt. Ob sich unser Philosoph bei Etymologen Freunde erwirbt, ist zweifelhaft; vielleicht nimmt sich einer die Zeit, auf dieses ‚Blendwerk von ‚grammar und glamour' zu antworten? Der Stil von Sloterdijk ist irgendwie schon ein ‚Zauber von betörender Aufmachung', doch kaum seriös zu nennen.

Der Absender des Briefes mit den ‚Regeln zum Menschenpark' ist jedenfalls selbst der Meinung, seinen benötigten ‚Sonderstempel' angebracht zu haben, der sicher Aufmerksamkeit erregt. Der Name Heidegger in der ‚Anschrift' mit der Adresse ‚Humanismus' und dem Ort ‚Zukunft' tun ein übriges; hier und da etwas ‚Nietzsche' eingestreut, ob es nun passt oder nicht, ist nebensächlich, und vor allem zwei eingeschriebene Briefe von Platon, persönlich in Empfang genommen, quittiert, gelesen und nach endgültiger Bearbeitung „weitergeleitet in der Hoffnung, dass der Brief mit seinen offenen Fragen irgendwo an – und eine Antwort an den Absender zurückkommt: Bis dahin – kurz oder lang ist die Zeit, es ereignet sich endlich das Falsche oder Wahre – (etwas frei nach Hölderlin) wird die zugehörige Internetadresse ‚zwischen Mitte September und dem 1. Oktober 1999 ... von den neugierigen Usern, immer für ‚Zauberei' zu haben, über 60 000mal abgefragt worden'. (Nachbemerkung, 60) Da geht aber die Internet – Post ab; die Post von Platon ist im Vergleich dazu im Schneckentempo arriviert.

Worum geht es im Brief des P. Sloterdijk? Um einen neuen, aggressiven und zukunftsfähigen Humanismus im Blick auf die vielen Neuen Techniken! Deswegen ein Rückgriff auf Heideggers ‚Brief über den >Humanismus<, einen Untergriff auf Nietzsches >Überhumanismus< mit dem Übermenschen und schließlich einen gefährlichen Übergriff auf den >Unterhumanismus< des Platon und seiner als ‚Postsache' an Sloterdijk adressierten ‚Staatskunst zur Wartung der Menschenherde'! Auf diese ‚Kunst der Wartung' wird es entscheidend ankommen, wenn es den Menschen in Zukunft noch geben soll: es muss der zukünftige Mensch sein, der noch zu züchten ist. Die ‚erste' und die ‚zweite Natur' des Menschen in allen Zeiten, auch denen der Sprache, den Unterschied von ‚Mensch' und ‚Maske' kennt Sloterdijk nicht. Er denkt aus dem Horizont der Zeit und damit aus ‚Geschichte'; diese ist nach vorne offen, von rückwärts her werden Legitimationen zur Stütze des neu zu Denkenden geholt oder neue Postanweisungen ausgefertigt, um die Notwendigkeit des Neuen zu begründen. Zum letzteren: Die Postsache ‚Bürgerlicher Humanismus' ist nicht mehr zustellbar. ”Wenn diese Epoche heute unwiderruflich abgelaufen scheint, so nicht, weil die Menschen aus einer dekadenten Laune heraus ihr literarisches Pensum nicht mehr zu erfüllen bereit wären; die Epoche des nationalbürgerlichen Humanismus ist an ein Ende gelangt, weil die Kunst, Liebe inspirierende Briefe an Freunde zu schreiben ... nicht mehr ausreichen könnte, das telekommunikative Band zwischen den Bewohnern einer modernen Massengesellschaft zu knüpfen." (13)

e) Die Postsache ‚Heidegger' noch einmal: *– Sein oder Nichtsein ist die Frage –*

Die Aussage zum ‚Ende einer Epoche' zielt knallhart auf Heidegger und seinen ‚Humanismus' in der ‚Sprache des Seins', wie er am Ende seines Briefes zum wiederholten Male zur Aussage kommt: "Das künftige Denken kann aber auch nicht mehr, wie Hegel verlangte, den Namen der >Liebe zu Weisheit< ablegen und die Weisheit selbst in der Gestalt des absoluten Wissens geworden sein. Das Denken ist auf dem Abstieg in die Armut seines vorläufigen Wesens. Das Denken sammelt die Sprache in das einfache Sagen. Die Sprache ist so die Sprache des Seins, wie die Wolken die Wolken des Himmels sind. Das Denken legt mit seinem Sagen unscheinbare Furchen in die Sprache. Sie sind noch unscheinbarer als die Furchen, die der Landmann langsamen Schrittes durch das Feld zieht." (Humanismusbrief, 119)

Damit kann Sloterdijk nichts anfangen, die ‚Sprache des Seins' kann er nicht weiter – denken! Er steht ohnehin nicht auf dem Trocknen, hat sich von den unscheinbaren Furchen der Erdfelder in ‚tiefe Wasser des noch Ungedachten' begeben. (43) Sagen wir es daher gleich: er bleibt dort, mitten im Strom der Zeit (Geschichte) stehen und weit vom linken oder rechten rettenden Ufer entfernt ein moderner Descartes auf der grundlosen ‚Wassersäule', die im Sog der Zeit in die ‚Zukunft' driftet. Hat Heidegger, mit dem wir uns auseinandergesetzt haben (s. o.), mit dem ‚Sein' immerhin den Versuch getätigt, einen Gegenpol gegen die ‚Zeit' zu denken, bleibt diesem abdriftenden Denker nur der ‚Fluss der Zeit' und die ‚Schwimmweste', um nicht zu ertrinken. In diesem Fluss gibt es kein ‚Halten'; in seinen stillen und brüllenden Wassern, den Tiefen und Untiefen, wo ‚Menschen von Klippe zu Klippe geworfen jahrelang ins Ungewisse stürzen' (Hölderlin), gibt es kein Entrinnen; es sind kundige Lotsen, Fährmänner, Postzusteller der ‚Zukunft' notwendig, um die Not der Menschenherde dadurch zu wenden, dass die ‚Nochenthemmten' und die ‚Selbstgezähmten' zusammen den ‚Menschenpark' erreichen und, ins Trockene gekommen, nun nach den Regeln von Sloterdijk leben können. Um diese Regeln aufzustellen sind dringend weitere Postsachen erforderlich, die sagen, wie man nach dem Versagen des literarisch – bürgerlichen Humanismus mit der eingetretenen schwierigen und unübersichtlichen Situation fertig werden kann, die sich überall anzeigt. Kurz nach dem 11. September 2001 im Radio – Interview nach seiner Meinung zu ‚Manhattan' gefragt, sagt Sloterdijk, dass er da auch nicht mehr weiter weiß; im Moment fiele ihm jedenfalls nichts dazu ein. Ob er auf eine neue Postsache wartet? Von Heidegger kommt keine mehr. –

f) Postsache Nietzsche: Züchtung des Übermenschen und der Überhumanismus

Im Juli 1999 hat Sloterdijk noch Einfälle; von Nietzsche ist eine Postsache bei ihm angekommen; ihr entnimmt er folgendes: "Aus Zarathustras Perspektive sind die Menschen der Gegenwart vor allem eines: erfolgreiche Züchter, die es vermocht haben, aus dem wilden Menschen den letzten Menschen zu machen. Es versteht sich von selbst, dass dergleichen nicht nur mit humanistischen, zähmend – abrichtend – erzieherischen Mitteln geschehen konnte. Mit der These vom Menschen als Züchter des Menschen wird der humanistische Horizont gesprengt, sofern der Humanismus niemals weiter denken kann und darf als bis zur Zähmungs- und Erziehungsfrage: Der Humanist lässt sich den Menschen vorgeben und wendet dann auf ihn seine zähmenden, dressierenden, bildenden Mittel an – überzeugt, wie er ist, vom notwendigen Zusammenhang zwischen Lesen, Sitzen und Besänftigen.

Nietzsche hingegen – der Darwin und Paulus gleich aufmerksam gelesen hat – meint, hinter dem heiteren Raum der schulischen Menschenzähmung einen zweiten, dunkleren Horizont wahrzunehmen. Er wittert einen Raum, in dem unvermeidliche Kämpfe über Richtungen der Menschenzüchtung beginnen werden..." (39)

Jetzt ist die Katze aus dem Sack ins Wasser gesprungen oder der Fisch aufs Trockene gekommen, beide um schwimmen zu lernen. (Vgl. zum ‚Fisch auf dem Trockenen, Heidegger, 55) Der Philosoph Sloterdijk denkt nicht vom Sein, geschweige vom SEIN her, sondern aus der Naturgeschichte der Evolution, wobei es ‚fragwürdig' bleibt, wie die forschen Sprecher in geschichtlicher Absicht der Sprache, Darwin darunter, zu ihren Aussagen kommen und womit sie dieselben begründen? Denn die Evolution muss sich an ‚etwas' vollziehen, das vor ‚Sprache' ist und immer ‚mehr als Sprache sein' muss und was Sprache jemals zu ihr zu sagen vermag. Das Problem wird von den ‚Sprach – Zuhältern der Evolution' ignoriert. Die ‚Insistenz des Menschen' ist von Plato verschwiegen, in der gesamten Tradition, auch im Humanismus jeder Couleur ‚ungedacht'. Wichtig ist einfach, dass etwas ‚Bedeutendes zur Evolution' gesagt wird, denn in der Sprache gerinnt die Zeit, auch die (unbekannte) Zeit der Evolution zu einem ‚Fakt': Die Herrschaft des Faktischen ist zuallererst ein Produkt der ‚Sprache'. In ihr ist es leicht, von der ‚Zähmung' durch Erziehung im Sinne des alten, harmlosen Humanismus zur ‚Züchtung' des Übermenschen, zum Posthumanismus hin zu denken! "Wenn Nietzsche", sagt Sloterdijk, "vom Übermenschen spricht, so denkt er ein Weltalter tief über die Gegenwart hinaus. Er nimmt Maß an den zurückliegenden tausendjährigen Prozessen, in denen bisher dank intimer Verschränkungen von Züchtung, Zähmung und Erziehung Menschenproduktion betrieben wurde – in einem Betrieb freilich, der sich weitgehend unsichtbar zu machen wusste und der unter der Maske der Schule das Projekt Domestikation zum Gegenstand hatte." (41)

Man muss sich diese Fügung von ‚ein Weltalter tief über die Gegenwart hinaus denken' irgendwie vorzustellen versuchen, vielleicht auf der Zunge – Sprache und Lingua sollen tatsächlich etwas miteinander und ganz ohne ‚Zauber' zu tun haben – zergehen lassen!? Es ist einfach ‚bezaubernd schön' – nichtssagend! Sollten wir annehmen, dass Sloterdijk "ein Weltalter tief in die Vergangenheit zurück denkt'? Der ‚Betrieb zur Zähmung und Züchtung von Menschen in der Maske der Schule', vom der Philosoph spricht – wir kommen auf den entzückten Vater, dessen Tochter in eine Montessori – Schule geht und zusammen mit ihrem entzückend menschlichen (humanen?) Lehrer häusliche Lektionen erteilt, noch zurück – diese ‚humanistische Schule als Betrieb produziert doch nicht Menschen, die gibt es ja schon, sondern ‚Masken' aller Art, die Menschen im Lernprozess aufgesetzt werden! Wir haben zu ‚Mensch' und ‚Maske' genügend gesagt. Sloterdijk war – ist hier der ‚Erkenntnis' ziemlich nahe, gewinnt aber kein ‚festes Land'; er hat sich ein für allemal für das ‚fließende Wasser' (die Zeit) entschieden.

Unser Briefschreiber ist sich selbst dennoch irgendwie nahe, es kann nie anders sein. Er kommt dem ‚ersten Menschen' auch durch den ‚zweiten, die Maske', zumindest in der Sprache im Sinne negativer Dialektik näher; er nennt "Zarathustra die Sprechmaske einer philosophierenden Hysterie, deren infektiöse Wirkungen heute und vielleicht für immer verflogen sind"! (41) ‚Betörende Sprache als homöopathische Droge'? Und was ist dann Nietzsche selbst über seine Sprache hinaus? Redet etwa auch nur die ‚Sprechmaske Sloterdijk'? W e r ist er dann als ‚Mensch'? Die Frage ist in der Tradition und ihrer Sprache unbekannt und ungedacht. Wir haben hier nichts mehr hinzuzufügen! Da die Frage aber über die Sprache zum SEIN des Menschen gehört, ist Sloterdijk mit Heidegger und Nietzsche, vielmehr mit ihrem ‚grammar und glamour' nicht zufrieden; er kommt nicht weiter, nicht dorthin wohin er (mit uns) will: Zur Züchtung von Menschen für den ‚Park', in dem sie sich aufhalten können und zugleich, wie Tiere im Zoo, gehalten werden.. Er wartet dringend auf eine diesbezügliche Postsache; sie kommt vom falschen Anfang – von Plato! – Wie kann es anders auch sein?

g) Die ,Postsache' von Platon: Regeln für den Menschenpark

Sloterdijk sucht uns für "Platos Sinn für gefährliche Themen, ... in der es nicht nur um die zähmende Lenkung ...., sondern um eine systematische Neu – Züchtung von urbildnäheren Menschenexemplaren" (49 f) geht, mit schönen Worten zu ,bezaubern': "Es ist hier zum einen von einer Naturgeschichte der Gelassenheit zu sprechen, kraft deren der Mensch das weltoffene, weltfähige Tier zu werden vermochte, zum anderen von einer Sozialgeschichte der Zähmungen, durch die die Menschen sich ursprünglich als die Wesen erfahren, die sich zusammennehmen, um dem Ganzen zu entsprechen." (33) Was ist eine ,Naturgeschichte der Gelassenheit'? Wie kommt man ihr auf die Schliche, um das ,Werden des weltfähigen Tieres zum Menschen' zu erfassen? Und wann und wie haben Menschen sich als ,Wesen verstehen können, die dem Ganzen entsprechen wollen'? Hatten sie dafür nicht Hegel nötig? Sloterdijk geht es um den ,Zauber der Sprache', auch wenn es fauler Zauber ist, kurz ,glamour'! und um das ,Ungedachte', von dem er sich viel ,Zauber' verspricht. Er sucht daher nach der ,Erledigung der Postsache Nietzsche' eine andere, um das aussprechen zu können. Er empfängt endlich die ,richtige', eine große und sehr alte ,Postsache des Plato'!

Beim Öffnen der Post hat es Sloterdijk beinahe den Atem verschlagen: "Wer hat Atem genug, sich eine Weltzeit vorzustellen, in der Nietzsche so historisch sein wird, wie Plato es für Nietzsche war? Es genügt, sich klar zu machen, dass die nächsten langen Zeitspannen für die Menschen Perioden der gattungspolitischen Entscheidung sein werden. In ihnen wird sich zeigen, ob es der Menschheit oder ihren kulturellen Hauptfraktionen gelingt, zumindest wieder wirkungsvolle Verfahren der Selbstzähmung auf den Weg zu bringen. Auch in der Gegenwartskultur vollzieht sich der Titanenkampf zwischen den zähmenden und den bestialisierenden Impulsen und ihren jeweiligen Medien. Schon größere Zähmungserfolge wären Überraschungen angesichts eines Zivilisationsprozesses, in dem eine beispielslose Enthemmungswelle anscheinend unaufhaltsam läuft. Ob aber die langfristige Entwicklung auch zu einer genetischen Reform der Gattungseigenschaften führen wird – ob eine künftige Anthropotechnologie bis zu einer expliziten Merkmalsplanung vordringt; ob die Menschheit gattungsweit eine Umstellung vom Geburtenfatalismus zur optionalen Geburt und zur pränatalen Selektion wird vollziehen können – dies sind Fragen, in denen sich, wie auch immer verschwommen und nicht geheuer, der evolutionäre Horizont vor uns zu lichten beginnt." (45 f)

Wir sollten alle tief durchatmen, denn es kommt noch schlimmer. Die ,Gewaltwelle sei in den Schulen, insbesondere in den USA' sichtbar, erläutert der Autor in der Anmerkung 14; und zum Attentat auf das vorgeburtliche Leben, diese einzigartige ,Urkunde des Menschen' – die Insistenz als Apriori der Existenz – versucht er den Begriff der ‚Pränatalen Selektion' mit einer ‚ergänzenden Formulierung' abzumildern: "Manipulation biologischer Risiken"! (l. c.) Die ‚Gewaltwelle in der Schule'? – wir sind noch vor dem 11.09. 2001, doch nach Auschwitz! – zeigt dem Denker mit einem mal an, dass der ‚Betrieb zur Zähmung', wie er die Schule nennt, keine Wirkung mehr hat! Wir müssen die ‚Menschenzüchtung', die ‚optionale Geburt und pränatale Selektion' denken, denn: bisher hat der Mensch in der Geschichte das Gedachte auch gemacht! Jetzt muss das bisher ‚Ungedachte' erst gedacht, dann gesagt werden, damit es schließlich ‚gemacht' werden kann. Die eingangs angeführte Frage von Thomas Mann, ‚was ist dann noch eine Sache, wenn ich aus ihr einen Satz gemacht habe?' wird hier für die ‚Endlösung' vorgebracht: Was ist dann noch ein Satz, wenn ich ihn als Fakt verwirklicht habe?! Sloterdijk findet ein ‚Vorbild' für die zu machende und bald machbare ‚Menschenzüchtung' in der ‚Postsache Plato', genauer: im Politikos! Es ist das Produkt eines alt gewordenen Philosophen, der den Dialog zwischen einem gewissen ‚Sokrates dem Jüngeren' – das putzt ungemein, würde Herr Grünlich in den ‚Buddenbrooks dazu sagen – und einem ‚Fremden' führen lässt!

Sloterdijk kommen keine Bedenken. Die Sätze von Plato sind so lange in Umlauf, dass sie für viele gelernte Denker die Weihen einer ‚höheren Wahrheit' erreicht haben! Das sind die Folgen des ‚literarischen Humanismus', der doch ausgedient haben sollte. Die Warnung des Sir Karl R. Popper im Vorwort zu: ‚Die offene Gesellschaft und ihre Feinde' deutlich ausgesprochen und im Werk begründet, hält ihn nicht ab; sie lautet: "Auch wenn in diesem Werk harte Worte über einige der größten geistigen Führer fallen, so hoffe ich doch, dass mein Beweggrund nicht als Wunsch verstanden wird, sie herabzusetzen. Mein Beweggrund ist eher in meiner Überzeugung zu suchen, dass wir, wenn unsere Kultur weiterbestehen soll, mit der Gewohnheit brechen müssen, großen Männern gegenüber unsere geistige Unabhängigkeit aufzugeben. Große Menschen können große Fehler machen, und ich versuche hier zu zeigen, dass einige der größten geistigen Führer der Vergangenheit den immer wieder erneuerten Angriff auf Freiheit und Vernunft unterstützt haben. Ihr irreführender Einfluss, dem so selten entgegengetreten wird, hat oft gerade die verführt, von denen die Verteidigung unserer Kultur abhängt, und er spaltet sie noch immer in feindliche Lager." (6. Aufl. 1980, 5) Karl Popper ist zusammen mit Immanuel Kant, dem er sein Werk widmet, für den Staatsmann Helmut Schmidt wichtige Quelle der Orientierung im politischen Handeln; Sloterdijk könnte der Hausphilosoph des Gerhard Schröder, zur Zeit Bundeskanzler (auf Zeit) sein: Er hängt seine Fahne immer nach dem Wind.

Popper hat ‚den Entschluss zur Niederschrift seines Werkes im März 1938 gefasst, als ihn die Nachricht von der Invasion Österreichs erreichte. Er erkennt die Wurzeln der kommenden Barbarei; am 26. April 1937 waren die Todesflieger in Guernica im Einsatz; sie haben den ersten ‚Bombenteppich‘ der Geschichte geknüpft. Popper erkennt den Zusammenhang zum ‚Anfang der Geschichte‘: er rechnet deutlich mit einem ‚Feind der Freiheit und Vernunft' ab – mit Plato! Sloterdijk hat 60 Jahre später aufgrund des aktuellen Versagens des ‚Betriebs Schule' keine Bedenken zur Barbarei, die seit 2500 Jahren im Gange ist!? Die Aufgabe der ‚Erziehung nach Auschwitz', von Adorno dreißig Jahre zuvor (1966) vorgebracht, dessen Forderung, die ‚Autonomie des Menschen, die Kraft zur Reflexion, zur Selbstbestimmung' zu bilden ...', ist an ihm irgendwie vorbeigegangen. Unser Verfasser der ‚Regeln zum Menschenpark' zieht einen ‚falschen Anfang des Denkens in der europäischen Tradition' nicht einmal im Ansatz in Erwägung; er widerspricht nicht, sondern zitiert Platos Sätze, da sie nun einmal als Postsache vorliegen und für den ‚Menschenpark' sehr zweckdienlich sind. Er holt zum entscheidenden Rundumschlag aus!

h) Der Menschenpark: Eine Endlösung?

"Es gehört zur Signatur der Humanitas, dass Menschen vor Probleme gestellt werden, die für Menschen zu schwer sind, ohne dass sie sich vornehmen könnten, sie ihrer Schwere unangefasst zu lassen. Diese Provokation des Menschenwesen durch das Unumgängliche, das zugleich das Nichtbewältigbare ist, hat schon am Anfang der europäischen Philosophie (hier müsste P.SL. bedenklich werden/SPN) eine unvergessliche Spur hinterlassen – ja vielleicht ist die Philosophie selbst diese Spur im weitesten Sinne. Nach dem Gesagten ist es nicht mehr allzu überraschend, dass diese Spur im Besonderen sich als ein Diskurs über Menschenhütung und Menschenzucht erweist. Plato hat in seinem Dialog *Politikos* ... die Magna Charta einer europäischen Pastoralpolitologie (was ist das um Gottes willen?/SPN) vorgelegt. ...

Mit diesem Projekt bezeugt Plato eine intellektuelle Unruhe im Menschenpark, die nie mehr ganz beschwichtigt werden konnte. Seit dem *Politikos* und seit der *Politeia* sind Reden in der Welt, die von der Menschengemeinschaft sprechen wie von einem zoologischen Park, der zugleich ein Themen-Park ist; die Menschenhaltung in Parks oder Städten erscheint von jetzt als zoopolitische Aufgabe. ... Wenn es eine Würde des Menschen gibt (??SPN), die es verdient, in philosophischer Besinnung zur Sprache gebracht zu werden, dann vor allem deswegen, weil Menschen in den politischen Themenparks nicht nur gehalten werden, sondern sich selbst darin halten. Menschen sind selbsthegende, selbsthütende Wesen, die – wo auch immer sie leben – einen Parkraum um sich erzeugen." (47 f)

Sollten wir uns trösten, das sei alles nur Sprache eines ‚Zauberers', der mit Worten jongliert, um uns zu ‚unterhalten'? Montesquieu spricht einmal von zwei Menschentypen, die einen d e n k e n, die anderen wollen unterhalten! P. S. gehört eher zum letzteren Typ. Sollen wir denken, wir seien im Zoo, wo ein Clown uns deutlich macht, dass die Wesen vor den Gittern ebenfalls solche hinter Gittern sind, wenn man es von dort sieht? Da ergibt sich jedoch eine weltbewegende Frage: "Was nun den platonischen Zoo und seine Neueinrichtung anbelangt, geht es bei ihm um alles in der Welt darum, zu erfahren, ob zwischen der Population und der Direktion eine nur graduelle oder ein spezifische Differenz besteht." (49) Bei einer graduellen Differenz könnte die Herde, ob Mensch oder Tier, den Hirten turnusmäßig neu wählen! Bei einer spezifischen Differenz wäre eine Wahldirektion nicht ratsam, sondern nur eine der Herde vorgesetzte Direktion, die über die notwendige Einsicht verfügt, kurzum die Abwandlung des Satzes von den Philosophen, die Könige sein müssen: Plato auf das Erfordernis der Menschenzüchtung und der Staatskunst im Menschenpark projiziert. (49)

‚Platos gefährlicher Sinne für gefährliche Themen' wird von dem sich rückversichernden aktuellen Zeitdenker Sloterdijk nunmehr in unterhaltenden Sätzen vorgetragen: "Unter der logischen Form einer grotesken Definitionsübung entwickelt der Dialog vom Politiker die Präambeln einer politischen Anthropotechnik; in dieser geht es nicht nur um die zähmende Lenkung der von sich aus schon zahmen Herden, sondern um eine systematische Neu–Züchtung von urbildnäheren Menschenexemplaren." (50) Was die ‚urbildnäheren Menschenexemplare' sein sollen, wird von Sloterdijk nicht gesagt. Greift man auf Plato zurück, für den die ‚positionale, zufällige Geburt' des Menschen durch die ‚pränatale Selektion' erfolgt, die im Unfall der Seele besteht, die bei der Schau der Ideen im Aufstieg zu den ‚höheren' die Balance verliert, abstürzt und in den Leib gerät, der ihr aufgrund des Vorlebens in der ‚wahren Welt' zukommt, müßte das ‚urbildnähere Menschenexemplar' ein Philosoph, vielleicht gar Peter Sloterdijk selbst sein?! Er hat vielleicht die höchsten Ideen geschaut, die des Wahren, Schönen und Guten? Die Züchtung von Philosophen wäre dann die ‚optionale Geburt', erreichbar durch ‚pränatale Selektion'!? Sloterdijk spricht das nicht offen aus; aber was soll man sich denn unter der Neu–Züchtung von Menschen in Urbild–Nähe vorstellen? Im tausendjährigen Reich, bei verbrecherischen Politikern und SS – Ärzten gab es zur Menschenzüchtung Vorstellungen und mehr hierzu; Eugen Kogon hat in seinem Buch > Der SS – Staat< zentrale Einsichten zum gesamten Komplex vermittelt. Plato war – ist Vorbild für Faschismus in allen Formationen; er ist wirklich ‚gefährlich'! Was denkt sich dieser Mensch in Kassel eigentlich?

Sloterdijk schweigt dazu; seine Rede vom ‚gefährlichen Plato' ist nur Sprache. Dessen Dialog vom ‚langen und kurzen Weg zum Menschen' (Politikos 265 a ff) gibt er als eine ‚am Beginn komische Übung' kursorisch wieder, weil die ‚Ideen zur Züchtung der Wesen für den Menschenpark' inhaltlich überholt sind; wer interessiert sich gegenwärtig bei den neuen Möglichkeiten der Gentechnologie noch für ‚Schwimmtierzucht' im Unterschied zur angestrebten ‚Landgängerzucht'? Doch formal bietet Plato immer noch etwas. Sloterdijk will endlich doch aus dem tiefen Wasser steigen, in das er sich gewagt hat, um ins Trockene zu gelangen: er will aus dem Flußbett links oder rechts, rechts liegt ihm näher, ans Ufer, endlich an Land kommen, um Boden unter den Füßen zu haben! Die notwendige Brücke ist die ‚Kunst', genauer die ‚Staatskunst'. Der Text lautet bei Plato:

"Fremder: Nun also wollen wir die menschliche Versorgungskunst in zwei Teile teilen, nachdem gewaltsames darin ist oder freiwilliges.

Sokrates der Jüngere: Richtig.

Fremder: Und die der Gewalttätigen nennen wir die tyrannische, die freiwillige Herdenwartung aber über freiwillige, zweibeinige, lebendige Wesen als Staatskunst bezeichnend, wollen wir nun den, der diese Kunst und Besorgung ausübt, als den wahrhaften und wirklichen König aufstellen.

Sokrates der Jüngere: Und hiermit, o Fremdling, wird uns doch wohl die richtige Darstellung des Staatsmannes ganz vollendet sein." (276 e – 277 a)

Nun die Version bei Sloterdijk: "Diese vorsorgende Hütekunst muss nun ihrerseits noch einmal eingeteilt werden in gewaltsam – tyrannische oder in freiwillige. Wird die tyrannische Form wiederum als unwahre, trugbildhafte ausgeschieden, so bleibt die eigentliche Staatskunst zurück: Sie wird bestimmt als >die freiwillige Herdenwartung ... über freiwillige lebendige Wesen<" (51) In der Anmerkung 16 heißt es dazu: "Plato – Interpreten wie Popper überlesen gern dieses zweimalige >freiwillig<" Wir fragen, was von Sloterdijk überlesen ist? – Der Sinn von ‚ekousios'! Das griechische Wort im angeführten Text hat nicht das geringste mit ‚Freiheit' zu tun! Das Adjektiv wird mit ‚freiwillig, durch eigene Schuld herbeigeführt, vorsätzlich' übersetzt. Die ‚Menschenherde', wenn wir den verächtlichen Ausdruck von Platon anführen, folgte auch im tausendjährigen Reich ‚freiwillig' der ‚freiwilligen Herdenwartung' durch den ‚Führer'. In Jerusalem sterben gegenwärtig Menschen ‚freiwillig', um andere zu töten; die Todesflieger von Manhattan sind ‚freiwillig' in die Türme des World Trade Centers geflogen ...! Das Wort ‚ekousios' sagt nichts darüber aus, ob es die ‚Freiheit eines Menschen' als Selbstbestimmung oder die ‚willige Geste einer Maske' ist, die der verinnerlichten Ideologie ‚aus freien Stücken' Folge leistet: "Führer befiehl, wir folgen dir!' wurde freiwillig gerufen, die Antwort auf die Frage freiwillig gebrüllt. "Wollt ihr Butter oder Kanonen?" Die Herde wollte ‚freiwillig' Kanonen! Popper hat den faschistischen Charakter des Plato freigelegt; er jedenfalls hat nichts ‚überlesen'! Und wie ist es bei Sloterdijk?

i) ‚Mensch' oder ‚Park' – das ist die Frage

An den ‚Regeln zum Menschenpark' des P. Sloterdijk wollten wir deutlich machen, dass der ‚falsche Anfang der Philosophie' immer noch wirksam ist, und zwar in allen Welten, die aus der ersten Welt durch ‚Masken' ausgebreitet und in Betrieb gehalten wird. Im entsprechenden Prozess sogenannter ‚Zivilisation der Hütung und Zähmung', die sich an Orten wie Guernica, Kabul oder Manhattan als angebliche Ausnahme zeigt, aber die Regel geworden ist, wird auch nach dem 11. September 2001 kein Philosoph mit dem Status eines Beamten etwas denken und sagen. Das Schweigen der Philosophen sollte uns doch zu denken geben! Sloterdijk spricht dafür beredt durch die ‚Maske Plato', der wiederum durch die ‚Maske des Fremden' gesprochen hat; das verlautet so: "Was Plato durch den Mund seines Fremden vortragen lässt, ist das Programm einer humanistischen Gesellschaft, die sich in einem einzigen Voll–Humanisten, dem Herrn der königlichen Hirtenkunst, verkörpert. Die Aufgabe dieses Über–Humanisten wäre keine andere als die Eigenschaftsplanung bei einer Elite, die eigens um des Ganzen willen gezüchtet werden muss." (54) Es drängt sich förmlich der Gedanke auf, dass Sloterdijk die Nachfolge des Heidegger antreten möchte, der die ‚Speerspitze' – der Ort als Lichtung des Seins – sein wollte. Seine Rede bleibt aus Vorsicht vor der ‚Entlarvung' dem ‚grammar' nach im Konjunktiv und als ‚glamour' falscher Zauber: ‚die Aufgabe des Voll–Humanisten wäre ....'! Ja, was wäre sie? – Schweigen im Walde! Und so lässt uns der ‚vielleicht einzige Weise der Gegenwart' im Ungewissen des irrealen Konjunktivs als verirrte und verlorene Menschenschafe in der Wildnis mit Fragen zurück: wann kommen die Hirten, die uns hüten und zähmen, uns endlich in den Park bringen, wo wir irgendwie, genaues weiß keiner nicht, ‚endlich', würde der Kabarettist Tegtmeier sagen, ‚Mänsch' sind! Sloterdijk hat noch einige Sätze:

"Zweieinhalbtausend Jahre nach Platos Wirken scheint es nun, als hätten sich nicht nur die Götter, sondern auch die Weisen zurückgezogen und uns mit unserer Unweisheit und unseren halben Kenntnissen in allem allein gelassen. Was uns an Stelle der Weisen blieb, sind ihre Schriften .... noch immer könnten sie gelesen werden, wenn man nur wüßte, warum man sie noch lesen sollte. Es ist ihr Schicksal, in stillen Regalen zu stehen, wie postlagernde Briefe, die nicht mehr abgeholt werden ... Briefsachen, die nicht mehr zugestellt werden, hören auf, Sendungen an mögliche Freunde zu sein – sie verwandeln sich in archivierte Objekte. Auch dies, dass die maßgeblichen Bücher von einst ... nicht mehr auf den Tag- und Nachttischen ihrer Leser liegen, sondern in der Zeitlosigkeit der Archive versunken sind – auch dies hat der humanistischen Bewegung das meiste von ihrem einstigen Schwung genommen. Immer seltener steigen die Archivare zu den Textaltertümern hinab, um frühere Äußerungen zu modernen Stichworten nachzuschlagen. Vielleicht geschieht es hin und wieder, dass bei solchen Recherchen in den toten Kellern der Kultur die lange nicht gelesenen Papiere anfangen zu flimmern, als zuckten ferne Blitze über sie. Kann auch der Archivkeller zur Lichtung werden? Alles deutet darauf hin, dass die Archivare und Archivisten die Nachfolge der Humanisten angetreten haben. Für die Wenigen, die sich noch in den Archiven umsehen, drängt sich die Frage auf, unser Leben sei die verworrene Antwort auf Fragen, von denen wir vergessen haben, wo sie gestellt wurden." (Seite 55 bis zum Ende) –

Warum nur?, fragen wir, bevor wir es vergessen, warum ist Peter Sloterdijk nur in den Keller zum Archiv hinabgestiegen? Hat er dort die ‚Lichtung' gesucht, aber den ‚Lichtschalter' nicht gefunden? Deswegen vielleicht dieser dunkle, letzte Satz von der Suche nach den verlorenen Fragen und verworrenen Antworten aus dem Nirgendwo? Kann – will dieser wetterfühlige Mensch auf künstliches Licht, auf Blitze hoffen, wie sie Zeus einmal geschleudert, um die Dunkelheit zu erhellen und endlich die Aufklärung zu bringen, auf die wir schon so lange warten? Wir müssen wohl darauf warten daß der Philosoph wieder aus dem Keller kommt, die Archive und Archivare verläßt, um mit dem D e n k e n zu beginnen" Er sollte sich, wie Heidegger es vermittelt hat, erst einmal zur ‚Sprache' aufklären, um die ‚Postsachen' der Tradition entziffern und angemessen deuten zu können.

j) Freundlicher Ausklang an heimischem Herd

Es bleibt noch ein Rede–Erlebnis mit dem Vater einer Tochter, auf das wir schon angespielt haben. Am Sonntag, den 25. November 2001 bringt der Deutschlandfunk Köln von 17.05 – 17.30 Uhr in der Reihe ‚Kulturfragen – Das aktuelle Interview' ein Gespräch mit Peter Sloterdijk, sehr privat in seinem Haus, zum Thema ‚Schule und Bildung' – Reform notwendig?' Ich gebe einen kleinen Ausschnitt sinngemäß wieder. Es geht um den ‚Betrieb Schule', auf den der Philosoph im ‚Menschenpark' ganze Breitseiten abgefeuert hat; was ich nun zu hören bekomme, reißt den Unterschied von grammar und glamour auf. Letzterer stellt sich in der Tochter dar, die, laut Vater, in der zweiten Klasse einer wunderbaren Montessori–Schule geht und einen wunderbaren Lehrer hat, der eine wunderbare Atmosphäre schaffen kann und wenn eine wunderbare Reform der Schule notwendig ist – und sie ist notwendig – dann plädiere er, Peter Sloterdijk, für die ‚Veränderung des Schulklimas': Auf die ‚Vermittlung menschlicher Wärme komme einzig und alles an! Für die ökologische Schule wolle er sich ab sofort ganz massiv verwenden!! – Dürfen wir sprachlos sein? Wir dürfen! Denn es ist im Grunde ganz einfach:

Da ist eine Tochter, die ihrem Vater eine Lektion für sein Leben erteilt, weil sie einen Lehrer hat, dem das Leben die Lektionen für die Selbstbildung so erteilt hat, dass er die Kinder als Menschen sieht, denen er bei ihrer Bildung zum Selbst behilflich zu sein die schöne Aufgabe hat, was ihm wiederum dabei hilft, ihnen keine ‚Maske' aufzunötigen und trotz der ‚Märchentante Montessori', wie Adorno die Ärztin in der Maske der Pädagogin nennt, die Verbrecher früh sterilisieren lassen wollte, damit sie die genetisch angelegten Anlagen zum Verbrechen nicht vererben, in der Schule einfach als Mensch auftritt. Kommen wir da wieder bei den ‚Regeln zum Menschenpark' an oder können wir hoffen, dass der Vater eines wunderbaren Kindes, das einen wunderbaren Lehrer hat, der .....auf ein anderes Denken kommt? Wir dürfen, wenn dieser Peter Sloterdijk sich nicht am abstrakten ‚Betrieb Schule', nicht am ‚Literarischen Humanismus', nicht an der ‚Arbeit der Archivare' und auch nicht an einer einzigen Montessori – Schule ... orientiert, sondern einfach und schlicht nur am Menschen selbst b i l d e t, der ganz in seiner Nähe ist!? Er ist so nahe, daß ein einziger Schritt genügen würde, um zu ihm überzutreten – die Bildmetapher stammt von Nietzsche. Dieser Mensch ist nicht seine Tochter, die schon ziemlich nahe, doch nicht nahe genug ist; dieser Mensch ist er selbst! Müssen wir es sagen? Das gilt für jeden Menschen. Jede/r kann sich den Gang in den Keller zu den Archivaren und Archiven ersparen: Wir brauchen nur dem Kompass des Herzens zu folgen und wir gelangen an den einzig wahren ‚Ort': Das Selbst findet das SELBST.

3. Reflexion in einem Stück: Ein Essay von Mario Vargas Llosa in ‚El Pais'

Die niederländische Zeitung ‚de Volkskrant' bringt am 17. 11 2001 unter dem Titel: "Die Grabkeller der Menschheit" einen Essay des spanischen Schriftstellers, den dieser in der Zeitung ‚El Pais', veröffentlicht hat. Wir geben die niederländische Fassung, die auf eine englische zurückgreift, in eigner Übersetzung wieder. Der 11. September 2001 ist für Llosa der Anlass, mit den Talibans abzurechnen: Sie haben die ‚Grabkeller' gebaut, Afghanistan von der Welt getrennt, das Volk unterdrückt, das Regime ist eine Schande für die Humanität, es muss eliminiert werden; das hat größere Bedeutung als der Kampf gegen Bin Laden und seine Terroristen! Mit diesem ‚Regime', das ja schon einige Jahre herrscht, ohne dass die Welt oder Menschen wie Llosa etwas sagten, ist auf einmal die Humanität in Frage gestellt. Das vom Boden Afghanistans angegriffene Amerika (USA) hat die Talibans doch massiv unterstützt, den Bau der Grabkeller – die Grotten in Tora Bora – finanziell möglich gemacht, Bin Laden und seine ‚Kämpfer' für den Krieg gegen die ‚bösen Sowjets' ausgebildet!? Nun ist plötzlich der Humanismus der ganzen Welt in Gefahr! Vielleicht hat doch dieser (dumme) Spruch etwas Wahres, dass nach dem 11. September 2001 alles anders sei?

Mario Vargas Llosa aus dem Lande der Konquistadoren hat jedenfalls auf einmal eine ungeheuer wichtige Frage: ‚Was sind die Gründe dafür, dass sich dieser Rückfall in Barbarei und Irrationalismus in einem Volk ereignen konnte?' Diese dunklen Elemente im Menschen, die seine ursprüngliche (erste) Natur sind, wurden doch kulturell überwunden und in zivilisierten Völkern und Staaten in Zaum gehalten! Der durch Kultur geformte Mensch (die zweite Natur) vermag die beiden gegensätzlichen Kräfte in Balance zu halten, den ‚ewigen Konflikt zwischen den Kräften des Fortschritts im Zeichen von Vernunft, Freiheit und Zusammenarbeit der Völker und Menschen mit den Kräften des Rückschritts zu lösen, die aus Instinkt und Verschlagenheit kommen. Die dunklen Kräfte tendieren zum Fundamentalismus und religiös-fanatischer Ideologie. Die christlichen Völker haben den Konflikt besser gelöst als die islamischen. Letztere sind in der kulturellen Entwicklung zurückgeblieben, was nun seinen Preis einfordert und in Afghanistan in extremer Weise umgemünzt worden ist. Ähnliches hat in unserer christlichen Welt im Mittelalter stattgefunden. Zum Glück sind wir inzwischen weit entfernt vom Mittelalter!

Der Spanier sollte sich da nicht so sicher sein, und nicht nur er. Er lebt mit vielen anderen in der ‚zivilisierten Welt' mit seinen ‚Denkmustern' in der Tiefe der Zeit über das Mittelalter hinaus im ‚falschen Anfang' und vielleicht noch weiter zurück. Seine Vorstellung von der Natur des ‚ersten Menschen', deren ‚barbarischer Teil' durch Kultur und Zivilisation für das Zusammenleben im ‚Menschenpark' (?) gezähmt werden muss – bei uns Zivilisierten gezähmt ist –, kommt aus der Geschichte von weit her. An ‚Züchtung' wagt der säkularisierte Christ nicht zu denken, da er, aufgeklärt wie er sich wähnt, gleichwohl immer noch die ‚Maske' trägt, durch die er auf die insgeheim in seinem Inneren drohende Folter der ‚Maske Inquisition' blickt. Im Blick durch die eigene ‚Maske' erinnert er leider nicht die ‚zivilisierten Konquistadoren' der spanischen Kultur: haben sie etwa das Christentum ohne jede Barbarei segensreich für die ‚Bekehrten' ausgebreitet? Ihre Nachkommen haben allerdings immer noch den ‚Segen', sie besitzen die Ländereien, auf denen die Eingeborenen die Arbeit verrichten! Die ‚Eingeborenen' – was sind das für Menschen? – leben in Armut. Immerhin führt Llosa die Kolonialisierung, Sklaverei und den Handel mit Sklaven als Rückfall des Mittelalters in die Barbarei an. Er kann das an der Novelle von Joseph Conrad (1857 – 1924) "Herz der Finsternis" (1902) veranschaulichen, wobei er in seinem Metier bleibt, die Sprache, und den unmittelbaren Konflikt mit der Wirklichkeit der Barbarei vermeidet, die durch zivilisierte Menschen westlicher Kultur verübt wurde. Allerdings sind wir mit der Novelle unserer Zeit ziemlich nahe; Llosa bekümmert das nicht.

Der Schauplatz der Novelle ist der Kongo, wo Conrad im Jahre 1890 Zeuge der Barbarei wird, die unter Leopold II (1835 – 1911), König von Belgien (seit

1865), verübt wird: Das Land wird ausgebeutet, verwüstet, der erste Völkermord der Geschichte ‚aufgeführt'. Der Schriftsteller, Kapitän der englischen Handelsflotte und weitgereist, verarbeitet sein Entsetzen in dieser Novelle. Der ‚Held' der Erzählung, Kurtz, entwickelt sich von einem kultivierten Menschen zum Barbar, da er an den ‚Wilden' des Landes seine ‚dunklen Seiten' wieder entdeckt: die ‚Düsternis'!. Llosa kann an Hand der Erzählung den Vergleich mit Afghanistan ziehen. Hier wird ein Volk, das sich in den siebziger Jahren unter seinem König für die Welt öffnete und kulturell erblühen konnte, nach der Vertreibung des Fürsten und der Sowjet – Soldaten durch die Taliban, unter der Herrschaft eines Mullah Omar und dieses Bin Laden, die den Helden von Conrad gleichen, mit barbarischen Mitteln gefangen gehalten. Die Schreckensherrschaft im Kongo um die Jahrhundertwende ist Llosa ein Muster für die in Afghanistan am Beginn des neuen Jahrtausend. Neue, zivilisierte Menschen braucht das Land, deswegen müssen die Barbaren eliminiert werden! So Mario Vargas Llosa. –

Wohin sollen die ‚Barbaren' verschwinden? Ist zum ‚Menschenpark der Gezähmten' ein ‚geschlossenes Gehege für Barbaren' einzurichten? Einen ‚Archipel Gulag' hatten wir doch schon. Oder müssen wir uns vielleicht und möglichst bald oder gar jetzt (!) von dem falschen Menschenbild verabschieden, von dem Hellen und dem Dunklen in uns, wobei das letztere aus gegebenen Anlass leider immer wieder durchbricht und die Barbarei erzeugt, die im Menschen leider als zerstörerische Kraft angelegt ist? Wir haben nach dem Philosophen Sloterdijk einen Schriftsteller genommen und werden noch einen Psychologen anführen, um deutlich zu machen, das die begriffliche Vertauschung von ‚Mensch' – erste Natur – und ‚Maske' – zweite Natur – zu falschen Urteilen führt, die aus Vorurteilen stammen, die einen weiten Weg in der Geschichte des Menschen genommen haben und immer noch in der ‚Ratio' nisten, die doch in unserer Welt so ‚vernünftig' ist!? Das unvermerkt irrationale Vorurteil des Mario Vargas Llosa kann sprachlich so ausgedrückt werden: Die ‚Wilden' sind die Bösen, weil sie noch die dunklen Kräfte leben; und die ‚wilden Irrationalen' erkennt man an den barbarischen Taten. Wer die Guten sind, braucht nicht gesagt zu werden! Doch so einfach ist es nicht mit dem Menschen. Wer zerbombt Afghanistan? Ist eine barbarische Antwort auf terroristische Barbarei nicht auch Terror? Ist das alles nur eine ‚Sache' für ‚Sätze'? Thomas Mann könnte uns mit seinen Jahrhundert – Roman wieder einfallen und seiner rhetorischen Frage nach den Folgen der ‚Verwandlung der Wirklichkeit in Sätze', zum Beispiel im täglichen Briefing (!) des amerikanischen Verteidigungsministers? "Die Bomben haben ihr Ziel gefunden!"

Was liegt im ‚Endspiel der Barbarei', das der Spanier Pablo Picasso im Weltbild GUERNICA in Szene gesetzt hat, noch alles in unserer Geschichte an?

Wir haben aus der Philosophie des ‚falschen Anfangs' einen Dualismus übernommen, dessen Varianten in hell und dunkel, gut und böse, zivilisiert und barbarisch ... uns schwer zu schaffen machen. Die ‚Masken' eignen sich im Lernprozess der gesellschaftlichen Verhältnisse die Variante an, die den größten Erfolg verspricht. Der Reichtum in der ersten und zweiten Welt ist auf Kosten der dritten und vierten erworben. Welche Kraft war da am Werk? War das auch ‚Barbarei' gewesen, in den Masken von Francis Drake, Pizarro und H. M. Stanley? (im Kongo im Auftrag von Leopold II am Werk) Warum verschweigt er die Opfer, die Kinder und Frauen, Menschen wie Du und Ich? Nach der erlittenen Gewalt durch die Talibans, zu der die Welt geschwiegen hat, erleiden die Afghanen nun die Gewalt der Amerikaner! Und was tun die Europäer? Sollten wir Mario Vargas Llosa sagen, dass wir in Afghanistan keinen ‚Rückfall' erleiden!? Wir haben vielmehr den Ausgang aus der Barbarei überhaupt noch nicht gefunden!

Wir wagen noch eine Reflexion auf ein Werk, das gegenwärtig Furore macht: "Der Fremde in uns" von Arno Gruen, Psychologe und Psychoanalytiker; in Berlin 1923 geboren, emigriert 1936 in die USA, lebt seit 1979 in der Schweiz.

4. Reflexion in einem Stück: Arno Gruen – Der Fremde in uns

Im vorderen Klappentext des Buches, bei Klett – Cotta 2000 erschienen und 2001 in der 3.Auflage, heißt es: "Der Fremde in uns ist der uns eigene Teil, den wir zeit unseres Lebens wiederzufinden suchen. Manche tun dies, indem sie mit sich selbst ringen, andere, indem sie andere Lebewesen zum Opfer machen. Der Widerstreit zwischen diesen beiden Ausrichtungen des Lebens, die von derselben Problematik bestimmt sind, wird über die Zukunft unseres Menschseins entscheiden." Mit diesen Sätzen beginnt auch das Vorwort; es heißt dort anschließend: "Meine Hoffnung ist es, dass der zerstörerische Anteil zurückgedrängt werden kann, bevor er so stark wird, dass er uns überrollt." (7) Der andere Teil in uns, den es ja geben muss, ist dann wohl der Freund! Wieder ein Dualismus, der an den ‚Anfang' zurückreicht: Der Freund, das Helle und Gute aus dem Reich der Ideen, der Fremde von der dunklen Erde, dem Leib! "Ziel dieses Buches ist es, die zerstörerischen Anteile in uns, die das Eigne zum Fremden machen, als eigentliche Krankheit zu erkennen. Ignorieren wir dies, muss unser Geschichtsbewusstsein unvollständig bleiben, und Pogrome, Holocaust, ethnische Säuberung und verdeckter oder offener Fremdenhaß werden weiter die Geschichte des Menschen bestimmen." (Klappentext auf der Rückseite) Der Autor spricht in der ‚Selbst – Anzeige' auf dem Umschlag, wie allgemein üblich, den wesentlichen Gehalt und die Absicht seines Werkes aus; er hat allerbeste Absichten: wohin bringen sie uns?

Sie bringen uns wieder in den ‚Menschenpark' mit Einwohnern, in denen ‚der Fremde' gezähmt ist, den jeder in sich birgt. Von uns allen ist die Rede, vom ‚Menschen schlechthin', wie es so merkwürdig in unserer Philosophie verlautet. Eine Neu – Züchtung am Modell des ‚urbildlichen Menschenexemplar' als anthropotechnische Korrektur der Evolution hat Arno Gruen nicht im Sinn. Er ist dem Spanier Llosa näher als dem Deutschen, der in Kassel doziert. Ob er dem ‚Menschen' nahe genug ist, müssen wir fragen. Die Thematik veranschaulicht der Autor an einem Text, ähnlich wie Mario Vargas Llosa. Es ist der autobiographische Bericht von Milovan Djilas : "Land ohne Gerechtigkeit" (1958) Aus ihm ist folgendes Zitat: "Einmal, nach dem Krieg, traf Sekula (ein Montenegriner und Jugoslawe) einen türkischen Moslem. Beide waren auf dem weg von B. nach M. Sie hatten sich zuvor noch nie gesehen. Die Landstrasse führte durch dicht bewaldetes Gebiet und war berüchtigt für Überfälle aus dem Hinterhalt. Der Moslem war froh, in Begleitung eines Montenegriners zu sein. Auch Sekula fühlte sich sicherer mit einem Türken, da zu befürchten war, dass sich türkische Partisanen in der Nähe befanden. Die beiden unterhielten sich freundlich und boten einander Zigaretten an. Der Moslem erwies sich als friedliebender Familienvater. Unterwegs durch die Wildnis kamen sich die Männer näher." (9)

Das hört sich doch gut an, ganz natürlich und menschlich, wenn man es überhaupt noch so sagen kann. Warum sagt es Arno Gruen in einem Werk mit dem Titel: "Der Fremde in uns"!? Misstrauen ist wohl angebracht; die nächsten Zeilen bestätigen den Verdacht: "Djilas schreibt, dass Sekula später sagte, er habe keinerlei Ressentiments dem Moslem gegenüber empfunden. Er sei für ihn wie jeder andere gewesen, mit dem einzigen Unterschied, dass er Türke war. Doch gerade diese Unfähigkeit, eine Abneigung zu spüren, weckte in Sekula ein Gefühl von Schuld." (9) Das darf doch nicht wahr sein! Ein Mensch verbietet sich ‚menschlich' zu sein, weil die ‚Maske' ihm in seine Gefühle hineinredet und den Kompass des Herzens umnordet? Bei Gruen heißt es im Text:

"Djilas berichtet weiter: Es war ein heißer Sommertag. Da der Weg durch einen Wald an einem kleinen Fluss entlang führte, hatten es die beiden Reisenden angenehm kühl. Als sie sich schließlich niedersetzten, um gemeinsam etwas zu essen und sich auszuruhen, nahm Sekula seine Pistole heraus. Es war eine schöne Waffe, und er wollte ein bisschen damit prahlen. Der Moslem betrachtete sie anerkennend und wollte wissen, ob sie geladen sei. Sekula bejahte – und in diesem Augenblick kam ihm der Gedanke, dass er den Türken einfach töten könnte, er musste nur seinen Finger bewegen. (Zu diesem Zeitpunkt hatte er jedoch noch nicht den Entschluss gefasst, dies zu tun.) Er richtete die Pistole auf den Moslem und zielte genau zwischen dessen Augen. Dann sagte er: >Ja, sie ist geladen, und ich könnte dich jetzt töten.< Der Moslem lachte und bat Sekula, die Pistole wegzudrehen, da sich ein Schuss lösen könnte. In diesem Augenblick wurde Sekula bewusst, dass er seinen Reisekumpan töten musste. Wenn er den Türken am Leben ließe, würde er die Scham und Schuld nicht ertragen können. Und so feuerte er, wie zufällig, zwischen die lächelnden Augen des Mannes." (9 f)

Das Blut kann einem beim Lesen gefrieren! Konfuzius, Buddha, Sokrates und Jesus müssen wohl Monster gewesen sein? Nein, tausendmal und mehr: Nein! Deutlicher kann die Vertauschung von ‚Mensch' und ‚Maske' nicht erscheinen, ein durch die ‚Maske' getäuschter Mensch nicht charakterisiert werden. Sekula täuscht sich im ‚Menschen' und folgt dem Befehl der ‚Maske', und Arno Gruen täuscht sich, wie vor ihm schon Freud und viele andere ‚Psychoanalytiker von Masken' über die ‚Maske', die sein ‚Patient' ist. Arno Gruen zieht aus dem Fall eines verwirrten Menschen, von dem wir nur diesen ‚Mord aus schlechtem Gewissen über menschlichen Regungen' erfahren, auf die allgemeine Natur des Menschen: "Auf den F r e m d e n in uns"! Er baut auf dieser irrigen Theorie seine therapeutische Praxis auf. Er hat in der Literatur den ‚Fall Sekula' als Beispiel für seine Sicht gefunden, ohne zu bemerken, dass es eine ‚Maske' ist, er selbst, die das ‚Fremde' bei anderen gesucht und bei sich gefunden hat. Sollen wir noch irgendetwas dazu sagen? In der Presse verlautet: ‚Ein neues, epochales Buch von Arno Gruen'. – Es macht Furore, schon die 3. Auflage; es kann nicht wahr sein!? Der jüdische Mitbürger hat im Alter von dreizehn Jahren mit seiner Familie Deutschland verlassen; er ist wie Anne Frank vor den ‚Masken' geflohen, er hat sie kennengelernt, die Einheitsmasken der SS und SA – Horden beim Marsch durch Berlin mit eigenen Augen gesehen ...!? Und er spricht in seiner Altersweisheit vom ‚Fremden im Menschen'? Können wir diesem ‚Fremden' die Schuld auflasten, wenn wir versagen? Finden wir denn keinen einzigen Text, der uns zu Hilfe kommt? Die folgende Reflexion muss es zeigen.

5. Reflexion in einem Stück auf Immanuel Kant: Das ‚Ich' oder das ‚Selbst'?

Da jeder Verfasser von Texten ein Mensch ist, der vom Grunde her das SEIN austrägt, das uns ‚bestimmt', suchen wir einen Autor, der uns nicht so verzweifelt sein lässt, wie wir es an den drei letzten werden konnten. Den Text finden wir bei Immanuel Kant, eine philosophische Goldader für unsere Suche nach dem SELBST, die uns alle in die ‚Gärten für Menschen' leiten kann; er ist in seiner ‚Anthropologie in pragmatischer Absicht' (1798) enthalten. Es ist in dieser ‚Lehre vom Menschen', wie der Begriff zu lesen ist, nicht von ‚Anthropotechnik', sondern vom SEIN des Menschen die Rede, wobei es lediglich die Sprache in seiner Zeit ist, die Kant daran hindert, mit der WAHRHEIT und ZEIT in ihm ‚Selbst' in Verbindung zu kommen und vom SEIN des Menschen und seinem Gefüge des SELBST so zu sprechen, wie wir es heute aus den Erkenntnissen der wissenschaftlichen Erforschung des vorgeburtlichen Menschen vermögen. Wir müssen diese Forschung allerdings zur Kenntnis nehmen und die ‚Sprechmaske' der Tradition ablegen. Wir können dann durch die Sprache von Kant hin in gebotener Kürze das als SPRACHE vom SEIN her ‚vernehmen' und durch Hervorhebung (fett) im Text sichtbar machen, was den jeweiligen Zeithorizont übersteigt und das ‚Wahre' des Menschen sagt. Im ‚Ersten Buch' seiner Abhandlung beginnt Kant mit dem ‚Erkenntnisvermögen' und erörtert das Thema:

§ 1. "Vom Bewusstsein seiner **selbst**."

"Dass der Mensch in seiner Vorstellung das **Ich** haben kann, erhebt ihn unendlich über alle anderen auf der Erde lebenden Wesen. Dadurch ist er eine P e r s o n und vermöge der Einheit des Bewusstseins bei allen Veränderungen, die ihm zustoßen mögen, eine und dieselbe Person, d.i. ein von **Sachen**, dergleichen die vernunftlosen Thiere sind, mit denen man nach Belieben schalten und walten kann, durch Rang und Würde ganz unterschiednes Wesen, selbst wenn er das **Ich** noch nicht sprechen kann, weil er es doch in Gedanken hat: wie es alle **Sprachen,** wenn sie in der ersten Person (grammatisch/SPN) reden, doch denken müssen, ob sie zwar diese **Ichheit** nicht durch ein besonderes **Wort** ausdrücken. (das ‚Selbst'/SPN) Denn dieses Vermögen (nämlich zu denken) ist der Verstand.

Es ist aber **merkwürdig**: dass das Kind, was schon ziemlich fertig sprechen kann (die Sprache gelernt hat/SPN), doch ziemlich spät (vielleicht wohl ein Jahr nachher) allererst anfängt **durch Ich** (durch das ‚Ich' als die ‚Maske' des ‚Selbst'/SPN) zu reden, solange aber **von sich** in der dritten Person (grammatisch/SPN) sprach (Karl will essen, gehen u. s . w.), und dass ihm gleichsam ein Licht aufgegangen zu sein scheint, wenn es den Anfang macht **durch Ich** zu sprechen: von welchem Tage an es niemals mehr in jene Sprechart zurückkehrt. – Vorher (in der ZEIT seines SEINS/SPN) f ü h l t e es bloß **sich selbst** (in seinem ‚Selbst als Mensch'/SPN), jetzt d e n k t es **sich selbst** (im gelernten ‚Ich als Maske des Selbst'/SPN). – Die Erklärung dieses Phänomens möchte dem Anthropologen ziemlich schwer fallen." (Kant, Werke, VII, 127)

Es ist alles das zu der ‚ersten Natur' des ‚Menschen als ein Selbst' und der ‚zweiten Natur' des ‚Selbst in der Maske des Ich' ausgesagt, was wir auf unserem Denkweg angesprochen haben. Was das ‚Ich in Gedanken hat', wie Kant sagt, aber nicht ‚sprechen kann', ist das ‚wortlose Selbst', das als ontische Instanz im SEIN da – ist (das Da – Sein): Es ist als Insistenz das Apriori des Existenz! Wenn der mit der Geburt ,ausgesetzte', das ist ,existierende Mensch' sich erst mit dem Namen (dritte Person) nennt, mit dem er von anderen Personen ,gerufen' wird und ihn später mit dem ,Ich' austauscht und fortan in der ,ersten Person' redet, zeigt das an, was er aus der ,Sprache seiner Umwelt' gelernt hat: Er spricht **durch Ich** von **sich selbst,** wie Kant wörtlich sagt. Das ,Licht' das ihm mit dem **,Ich'** aufgegangen ist, da er fortan nicht mehr zur früheren Sprechart – zum ,Namen' – zurückkehrt, ist in Wirklichkeit die Verdunklung und Verbergung des ,Selbst', das zeitlich vor dem ,Spracherwerb' im Kinde da – ist und sich im Menschen trotz gelernter Sprache und trotz der in ihr erworbenen ,Maske des Ich' immer wieder – als Gewissen oder in besonderen Situationen der ,Erinnerung' – vernehmbar macht oder machen will.

Mit dieser von Kant aus seinem ,Spracherwerb' nicht aufklärbaren ,Verdunklung' war ihm die ,Aufklärung' zum SEIN des Menschen nicht möglich. Der Text zeigt auf, wie nahe er diesem SEIN gewesen ist; er sagt es ,selbst': es fehlt ihm das ,besondere Wort für die Ichheit'! Da er aufgrund der Sprache, die sich wie ein dunkles Netz über das SEIN legt und es verbirgt, das ontische ,Vorher des Selbst' nur f ü h l e n, es ,nachher in der gelernten Sprache' aber nur d e n k e n kann, treten Gefühl und Verstand in ihm selbst auseinander: der Kompass des Herzen geht verloren; ohne ihn ist es schwierig, den Weg von der gelernten Sprache und ihren festgelegten ,Vorgaben in Wörtern' das SEIN der SPRACHE, von den herrschenden Wahrheiten das SEIN der WAHRHEIT zu finden, als Mensch zudem auch noch im SEIN der ZEIT und der KUNST zu leben! Von den Phänomenen (Erscheinungen an der Oberfläche) zum Grund: daran sind in der ,Erklärung der Phänomene' wie Kant sagt, nicht nur die Anthropologen, sondern vor allem die Philosophen gescheitert. Das ,Selbst' bleibt Kant als das ,besondere Wort' verborgen, das selbst in seinem ,Sprach – Sinn' (s. o.) das Denken nicht mehr nur auf andere ,Wörter' Sprache' verweist, sondern unmittelbar vom ,Menschen' spricht! Mit dieser von der herrschenden Sprache als Geschick zugewiesenen ,Verbergung' geht auch Kant das SELBST als ontisches und nicht nur transzendentales Apriori verloren. Dabei ist er ihm sprachlich so nahe wie kein anderer Denker gekommen; in seinem eigenen SEIN als dieser Mensch in Königsberg ist er ihm immer nahe geblieben.

Das zeigt sich auch im Text des § 2.: mit der Überschrift: "Vom E g o i s m" (verkürzt für ,Egoismus'), der deutlich erkennen lässt, das Kant vom ,Ich' als einer ,Maske des Selbst' spricht, obgleich ihm die genauen Worte dafür nicht zur Verfügung stehen; die Tradition gibt nichts dazu vor:

"Von dem Tag an, da der Mensch anfängt **durch Ich** zu sprechen, bringt er sein **geliebtes Selbst**, wo er nur darf, zum Vorschein, und der Egoism schreitet unaufhaltsam fort; wenn nicht offenbar, (denn da widersteht ihm der Egoism

Anderer), doch verdeckt, um mit **scheinbarer Selbstverleugnung** und vorgeblicher Bescheidenheit sich desto sicherer im Urtheil Anderer einen vorzüglichen Werth zu geben." (128)

Das ‚geliebte Selbst' spricht ‚durch Ich' in ‚scheinbarer Selbstverleugnung' weil es sich vom Grunde des SELBST her nicht als das ‚Ich' ausgeben will, das es in den Lernverhältnissen als ‚Maske des Selbst' g e w o r d e n ist! Um aus dem nie völlig unterdrückbaren ‚Gewissen' nicht als der ‚Egoist' zu erscheinen, wie es die angeeignete ‚Maske' im ‚Krieg der Masken' gebietet, heuchelt die ‚Maske' anderen, bei denen es sich beliebt machen will, immer wieder ‚Selbstlosigkeit' vor. Die ‚Maske' ist durchaus ein willkommenes und brauchbares Mittel der Verbergung des ‚Egoismus', wobei das tatsächlich ‚selbst – los' gewordene ‚Ich', das an die Stelle des ‚Selbst' getreten ist, unter der Fahne des Verlorenen von ‚Selbst – Bestimmung', von sich ‚Selbst – Finden .... redet und als unaufgeklärt ‚Fremd – Bestimmter' nichts anderes einbringt als immer nur sein egoistisches Ich! Nimmt es da Wunder, dass Arno Gruen vom ‚Fremden in uns' redet und nur für sein eigenes ‚Ich' spricht, das sein Selbst los geworden ist? Kant hat im zitierten Text den komplexen Vorgang der ‚scheinbaren Selbstverleugnung' auf den Begriff gebracht, ohne ihn bis zum SEIN des Menschen hin völlig aufklären zu können. Seine Rede in der ‚Aufklärungsschrift' von der ‚selbstverschuldeten Unmündigkeit des Menschen' ist da fehl am Platze. In den ‚Komplexen Gesellschaften können Menschen eine vernünftige Identität nicht ausbilden', wie es Habermas in seiner Rede vom 19. Januar 1974 aus Anlass der Verleihung des Hegel – Preises 1973 auszusprechen versuchte. Die unaufgeklärte Unmündigkeit von ‚Menschen in aufgenötigter Maske' ist nicht ‚selbst – verschuldet'.

Kant charakterisiert drei Typen von Egoisten, die wir ‚Masken' nennen; es heißt bei ihm: "der Egoism kann dreierlei Anmaßungen enthalten: die des Verstandes, des Geschmacks und des praktischen Interesse, d. i. er kann logisch oder ästhetisch oder praktisch sein.

Der l o g i s c h e E g o i s t hält es für unnöthig, sein Urtheil auch am Verstande Anderer zu prüfen; gleich als ob er dieses Probirsteines ... gar nicht bedürfe. ....

Der ä s t h e t i s c h e E g o i s t ist derjenige, dem sein eigener Geschmack schon genügt; es mögen nun andere seine Verse, Malereien, Musik u. d. g. noch so schlecht finden, tadeln oder gar verlachen. ...

Endlich ist der m o r a l i s c h e E g o i s t der, welcher alle Zwecke auf sich selbst einschränkt, der keinen Nutzen worin sieht, als in dem, was ihm nützt, auch wohl als Eudämonist (ein selbst – loser Wohltäter/SPN) bloß im Nutzen und der eigenen Glückseligkeit, nicht in der Pflichtvorstellung den obersten Bestimmungsgrund seines Willens setzt. Denn weil jeder andere Mensch sich auch andere Begriffe von dem macht, was er zur Glückseligkeit rechnet, so ist es gerade der Egoism, der es so weit bringt, gar keinen Probirstein des ächten Pflichtbegriffes zu haben, als welcher durchaus ein allgemein geltendes Prinzip sein muss. – Alle Eudämonisten sind daher praktische E g o i s t e n." (128 f)

Die Reden dieser ‚maskierten Egoisten' beginnen in der Regel so:

- Ich denke, dass jede/r s e l b s t wissen und entscheiden muss, was in diesem Fall vernünftig ist; ich verlasse mich jedenfalls auf die eigene Vernunft; (logischer Egoist)
- Ich denke, dass in der Betrachtung dieses Bildes eine einhellige Meinung sehr schwierig ist, jede/r daher selbst sein Urteil finden soll, womit er/ sie auch recht hat; Geschmäcker sind eben verschieden, ich lasse mich jedenfalls nicht irre machen; (ästhetischer Egoist)
- Ich denke, dass in diesem schwierigen Fall die Beteiligten selbst wissen müssen, ob es etwas bringt oder nicht; auf keinen Fall mische ich mich da ein; (moralischer Egoist)

Entfremdet durch die ‚Maske des Ich', die für das eigene ‚Selbst' gehalten wird, weichen ihre Träger Entscheidungen aus. Die Angst vor der Verantwortung für Andere ist in Verbindung mit der Sorge um das ‚Ich', als ‚Selbst – Bestimmung' getarnt, das Merkmal einer ‚Maske', unter der gleichwohl ein Mensch ist wie Du und Ich; es fehlt die Wende zum solidarischen ‚W i r'!

Von diesem ‚Wir' spricht der große Philosoph Immanuel Kant aus Königsberg, heute Kaliningrad, dessen in den Ruinen der zerbombten Stadt erhalten gebliebenes Standbild mit der vollständigen Inschrift vom ‚Gestirnten Himmel über mir und dem moralischen Gesetz in mir' die neuen Einwohner ehrfürchtig pflegen als wäre der Abgebildete einer der Ihren!? Ein ‚moralisches Gesetz' ist ohne eine Gründung im SEIN des Menschen nicht denkbar: ‚Das Gesetz nur kann uns F r e i h e i t geben', heißt es in einem Gedicht von Goethe. Wir haben das gedeutet, (s. o.) Kant gehört mit dem Imperativ der Ethik und Moral allen Menschen; er ist ein Weltbürger für eine gemeinsame Welt, von der er immer wieder spricht, auch im Anschluss an den zitierten Text seiner ‚Lehre vom Menschen':

"Dem Egoism kann nur der Pluralism entgegengesetzt werden, d.i. die Denkungsart: sich nicht als die **ganze Welt** in seinem Selbst befassend (das ‚egoistische Ich', das sich für den Mittelpunkt oder Nabel der ganzen Welt hält/SPN), sondern als einen bloßen W e l t b ü r g e r zu betrachten und zu verhalten." – (130)

Der Weltbürger als Citoyen einer einzigen Welt ist aus dem gemeinsamen Grund des Menschen möglich: dem SEIN des SELBST! Diese Welt auch hervorzubringen, ist unsere Aufgabe. Was hindert uns, sie zu verwirklichen? Die ‚Masken' mit ihrer egoistisch – ideologischen Sprache. In geschichtlich entwikkelten Sprachen von einem ‚Ich' zu reden, ist nicht das Problem. Die Personen müssen bezeichnet werden, die da sprechen oder von denen gesprochen wird. Das Problem liegt darin, dass ideologisch gewordene ‚Sprachinhalte' dem ‚Ich' so aufgeprägt werden, dass es die Verbindung zum SEIN verliert, die Stimme des Gewissens nicht oder nur schwach vernimmt, sich vielmehr ‚durch Ich', wie Kant sagt, von der gelernten Sprache im Denken und Handeln bestimmen lässt.

Kant hat es nicht vermocht, den Konflikt zwischen dem SEIN und der Sprache zu ‚durchschauen'. Er denkt immer noch den ‚Dualismus'; die doppelte Welt erscheint bei ihm als ‚geistige Welt' (mundus intelligibilis) und ‚sinnliche Welt' (mundus sensibilis). Gott gehört nur der ersten Welt, der Mensch beiden an, er ist ein gespaltenes Wesen; seine im SEIN gefügte Vielheit in der Einheit – das Gefüge des SELBST in KUNST und SPRACHE, WAHRHEIT und ZEIT – hat die von Plato geprägte Tradition ungedacht gelassen; daran ändert auch Kant nichts. Der ‚Mensch für sich selbst' wird nicht mehr infragegestellt; es ist fast alles gesagt. Einzelne Probleme wie eine neue, andere Begründung der Möglichkeit von ‚Erkenntnis' etc. geben Stoff für philosophisches Denken und Sprechen. Kant ist mit seinen ‚Kritiken' in seiner Zeit schon sehr weit gegangen; noch mehr hätte seine bürgerliche Existenz gefährdet; sein Mut ist zu bewundern. Wir haben es heute aufgrund der Erforschung des vorgeburtlichen Lebens leichter als Kant. Er hat uns viele Hinweise auf das ‚Universum Mensch' gegeben, die wir verstehen und weiter denken müssen. Eines bleibt festzustellen: Der Überstieg vom ‚Ich als Maske' zum ‚Selbst als Mensch' gelingt in dem Augenblick, in dem ein Mensch sein (verlorenes) SELBST findet. –

6. Reflexion: Versuch einer Antwort auf die Frage: W e r ist der Mensch?

a) Wer ist der Mensch? – Der Mensch ist ein Spiegel des Universums

Der Mensch ist ein Spiegel des Universums! Die Gabe der ‚R e f l e x i o n', die wir bei uns feststellen, ohne zu wissen, warum und woher sie kommt, ist Grund und Ursache, dass der Mensch ein kleines Universum ist, in dem sich das große spiegelt, ein Mikrokosmos im Makrokosmos sagen die Dichter. Das Wort ‚Spekulum' ist viel älter als der ‚Spiegel', in dem wir uns von außen sehen können, wobei wir auch nur das ‚Äußere' betrachten. Mit seiner späten Erfindung – für den Erwerb eines Spiegels musste ein Vermögen aufgebracht werden – bekommt das ‚Spekulieren' einen anderen Sinn: die Kontemplation von innen heraus, im reinen Denken, das ist ‚von innen heraus, Seiendes in seinem ‚Wahren' zu erfassen, selbst über Göttinnen und Götter zu ‚spekulieren', wird nun mehr und mehr trivial: Man spekuliert heute vor allem an der Börse. Der Niederländer Jan van Eyck (um 1390 – 1441), durch den ‚Genter Altar' (1432 vollendet) weltberühmt, hat als einer der ersten ein Bild gemalt, in dem ein Spiegel im Hintergrund an der Wand das porträtierte Paar Giovanni Arnolfini und seine Frau Cenami wiederspiegelt, das selbst den Betrachter des Bildes anblickt. (1434, National Gallery London) Wir sehen im Spiegel die Rückseite der beiden, die den Blick nach innen senken, am dinglichen Spiegel haben sie noch kein Interesse; es ist ein Zeugnis des Reichtums dieser Beiden. Der wirkliche und unsichtbare Spiegel ist der Mensch ‚selbst': Er ist ein Spiegel alles dessen, was da ist. (der geschichtliche Aspekt nach Sabine Melchior – Bonnet: The Mirror – A History; die Arbeit der Französin fand erst in der englischen Übersetzung die nötige Beachtung)

Mit der technischen Möglichkeit zur Massenproduktion des Spiegels wird die Entäußerung des Menschen, die Entzweiung von Mensch und Maske, und darin seine Entfremdung verstärkt: Das SELBST, metaphorisch gesprochen die reflektierende Schicht unter dem Glas als das Selbst, geht im ‚Spiegel' verloren. Die ‚Maskenbälle' in Venedig, das mit den Bewohnern der Insel Murano das Patent auf Produktion und Vertrieb von Spiegeln hatte und reich wurde, spiegeln bis heute die damalige Zeit wieder. Der Flirt mit der eigenen ‚Maske' im Spiegelsaal von Versailles – der Minister Colbert hatte erfolgreich in Venedig spionieren lassen – ermöglichte seinem König Ludwig XIV den Ausbau des Schlosses in blendender Pracht. Dass der ‚Sonnenkönig' mit seiner Verschwendungssucht und drohenden Staatsbankrott politische Unruhen vorbereitete, konnte er in seinen Spiegeln nicht wahrnehmen. Der Glanz blendete die armen Bürger, die in ihrem billigen Spiegel in der Garderobe, noch heute Standard jeder Wohnung, sehen wollten, ob sie der ‚edlen Maske' im Outfit ähnlich kamen: Als erstes wurde dann in der Revolution die ‚Gleichheit' als Parole ausgegeben. Neben der Revolution hat auch der Spiegel die ‚Aufklärung' stimuliert; es kam, wie wir wissen, in der Spiegelung des Faktischen keine Revolution der Denkungsart zum Vorschein: Wer nur ‚Masken sieht, kann den ‚Menschen' nicht erkennen, wie viel Licht von der Vernunft auch versendet wird; der ‚gebrochene Spiegel' zeigt *nur ein Ich in seiner Maske.* ‚Das putzt ungemein', sagt Grünlich beim Tee im Hause der Buddenbrooks: Überall sind Spiegel aufgehängt. Thomas Mann hat oft hinein geschaut; was hat er gesehen? Ein Gesicht, nicht einen Menschen! (vgl. dazu: Nicol Avril: Le Roman du visage)

Vom Grunde her ist es so: Der ganze Mensch ist in seinem SEIN organisch der Spiegel des Universums! Wenn er in einen gebrochenen ‚Spiegel' schaut, schrumpft ihm der Kosmos auf die Dimension des ‚Schöner Wohnens'! Mit Ikea ‚die Möglichkeiten entdecken' ist meist schon genug. Mit etwas größerer Mühe und Talent gelingen die Ansichten aus dem Haus der ‚Buddenbrooks'. Die Masken spiegeln jeweils das wieder, was sie außen ‚sehen' oder was sie in der Gesellschaft zu sehen meinen. Das bietet Stoff für viele Geschichten. Die folgende ist nicht sehr bekannt. Einem Armen gelingt es in New York an der Vorzimmerdame vorbei zu kommen – sie schaute gerade in ihren Taschenspiegel – und den Direktor, in seinem riesigen Büro hinter einem riesigen Tisch verschanzt, um einige Dollars zu bitten! Dieser unterdrückt den ersten Gedanken zum Rauswurf und sagt: "Wenn du das Glasauge erkennst, das ich trage, gemacht vom besten Techniker der USA, bekommst du 100 Dollar"! "Das linke!", ruft der Bettler sogleich; "Stimmt! sagt staunend der Chef und reicht ihm den Schein. Schon den Türgriff in der Hand hört der Bettler gerade noch: "Wie hast du das so schnell bemerkt?" "Ach", ruft er zurück, "als ich hier rein kam, hat mich dieses Auge so menschlich angeschaut"!

René Magritte (1898 – 1967) denkt mit Rimbaud (1854 – 1891): ‚Auf dem Grund eines Sees sah ich einen blauen Salon ...'. Der Künstler will uns in seinen Bildern ‚mit den Augen denken' heißen; der Blaue Salon, Metapher für den verlorenen Spiegel, ist mit verdorbenen Augen nicht zu sehen. Ein Bild des Künstlers zeigt Edward James, einen englischen Freund, in der Rückenansicht, wie er in einen Spiegel blickt. Er sieht sich aber im Spiegel nicht von vorn, sondern in der gleichen Rückenansicht, die der Bildbetrachter wahrnimmt, die Edward ohne einen zweiten Spiegel aber nicht sehen kann. Der Spiegel, das macht Magritte erkennbar, hat seine übliche Funktion behalten und verloren; er gibt etwas wieder, doch er spiegelt es falsch zurück: es ist, als ob der Spiegel sich selbst ‚durchschaut'; üblicherweise gibt er das ‚Äußere' so wieder, dass sich der Blickende von Außen sieht, wie er als ‚Maske' aussieht! So ist er als ‚Mensch' aber nicht! Auf seinem Grund liegt ein Spiegel wie ein ‚Blauer Salon', auf dem Grund eines Sees, dem SEIN als Mensch, in dem sich das Universum zu spiegeln vermag! Der ‚Spiegel' im Bild von Magritte verweigert den ‚Durchblick' auf die ‚Vorderansicht' von Edward James, indem er die Rückenansicht durch sich hindurchgehen lässt. Das Menschenantlitz muss James d e n k e n – wir mit ihm! Wir müssen – sollen mit den Augen denken und mit dem Herzen sehen: René Magritte, ein Philosoph, der Bilder malt, die uns zu ‚Denken' geben, will auf den ‚Grund' zurück, auf dem wir Verlorenes wieder auffinden können. Das Bild hat den Titel ‚Reproduktion verboten'! (Das sollte Biotechniker nachdenklich machen) Das Bild ist in Chichester – Sussex – Edward James Foundation – zu besichtigen. Freier Eintritt ist Mittwochs.

b) Wer ist der Mensch? Ein ‚Spiegel' des eigenen und des anderen ‚Selbst'

Die Reflexion ermöglicht uns die Erkenntnis unseres Selbst. Der Spruch im Tempel von Delphi ist ein Imperativ: "Erkenne dein Selbst!" Für nichts anderes hat der Mensch so sehr Sorge zu tragen, als dieses Selbsterkennen zu vollziehen. Der Weg des Erkennens ist ein Anerkennen nicht nur seines Selbst, sondern zugleich des anderen Selbst. Der Grund dieser Möglichkeit ist das SEIN des

SELBST, in jedem Menschen ähnlich in der genetisch gegründeten individuellen Verschiedenheit. Weil das so ist, kann der Imperativ bei Kant lauten: ,In jedem Menschen ist die Menschheit zu erkennen und zu achten!' Die Möglichkeit der Selbsterkenntnis zeichnet uns gegenüber allen anderen Wesen des LEBENS aus. Ob es im All Gestirne mit höheren oder ähnlichen Wesen gibt, wissen wir nicht; wir wissen auch nicht die Gründe und Ursachen, warum und wozu das Ganze ist! Der Mensch fragt nach allem und versucht Antworten, ohne je die ,Wahrheit' zu besitzen. Die Tradition hat darüber die Frage vergessen, w e r das ist, was als ,Mensch' fragend und antwortend d a – ist? Diese Frage jedoch können wir bei allen Rätseln, die bleiben, beantworten: Der Mensch ist nicht ein Seiendes wie jedes andere, sondern eines mit SEIN!

Für Kant ist der Mensch ein ausgezeichnetes Wesen, kein ,in die Irre gelaufenes Tier, das für den Menschenpark zu zähmen ist'; keine ,Sache', die Thomas Mann so nebenbei in Sätze verwandeln kann. Der Mensch ist zu keiner Zeit nur die ,Maske als ein Ich', er ist ,vermöge der Einheit des Bewusstseins und der Reflexion auf sich selbst eine Person'. (Anthropologie ..., 127) "Vieles Gewaltige lebt, und nichts ist gewaltiger als der Mensch"! Mit diesen Worten lässt der Dichter Sophokles (496 – 406) den Chor in seiner Tragödie ,Antigone' beginnen. Und die Heldin selbst, Tochter des Ödipus, König von Theben und der Jokaste, ist ein ,Spiegel im Menschlichsein'. Sie begleitet ihren blinden Vater in die Verbannung, kehrt nach seinem Tode nach Theben zurück, wo ihr Onkel die Herrschaft an sich gerissen, der Tyrann Kreon. Er hat die Familie zerstritten, ihr Bruder Polyneikes bekämpft den Tyrannen und fällt im Kampf mit dem Bruder Eteokles, dieser auf Seiten des Kreon. Der Tyrann verbietet, den toten Polyneikes zu bestatten, die Aasgeier sollen ihn fressen. Antigone widersetzt sich der ,Maske Kreon': ,Nicht mitzuhassen, mitzulieben bin ich da!' Sie wird zur Strafe lebendig eingemauert. Diese Mauern sind nichts im Vergleich zu denen, die Kreon von der Menschheit trennen. Euripides, Hölderlin, Racine, Cocteau und Anouilh haben sich vom mythischen Stoff inspirieren lassen, Arthur Honegger hat nach dem Text von Cocteau, Carl Orff nach dem von Hölderlin eine Oper komponiert. Antigone ist mit ihrem Gewissen ein Spiegel vom SEIN des SELBST; wir können uns darin erkennen.

c) Wer ist der Mensch? – Der Mensch ist ,Künstler aus KUNST'

Der Sophist Protagoras (um 500 v.d.Z.) sagt in einem seiner überlieferten Fragmente, es sind wenig genug: "Den Maßstab für alle Dinge bildet der Mensch, wofern sie sind, dafür dass sie sind, und wofern sie nicht sind, dafür dass sie nicht sind." (Nestle, Die Vorsokratiker, 173) Der Sinn ist folgender: Der Mensch ist das poetische Wesen. Alle Fragen: Was ist das Leben? Woher komme ich?

Wer bin ich und wer will ich sein? ... sind ebenso wie die Antworten vom Menschen gedacht und gedichtet, sie sind Poesie. Alles in der Vergangenheit, Gegenwart und Zukunft Gedachte und Ausgesprochene ist von Menschen gedacht und gesprochen; jedes Bild und Tonwerk, jede Skulptur, Strassen und Häuser, die Namen der Dinge und das noch Namenlose ..., alles ist vom ‚Menschen' hervorgebracht oder noch nicht ins Werk gesetzt, zukünftig noch von einem Menschen zu schaffen, von Dir oder einem Anderen. Gäbe es nur die ‚Neunte Symphonie' von Beethoven, wäre doch jeder Mensch ein Künstler und sei es nur in dem winzigen Augenblick, da er im ‚Lied an die Freude' in sich die Menschheit erfühlt: ‚Seid umschlungen Millionen ....!' Ob einer im Werk sein Leben verkündet oder andere die Kunde in sich nachempfinden, alle können die Botschaft verstehen. Das Leben des Menschen bekommt ‚Halt', die Liebe hält ‚Stand'.

Die Unesco hat die ‚Neunte' zusammen mit der Original – Partitur (im Preußischen Kulturbesitz) im Jahre 2001 zum ‚Weltkulturerbe' der Menschheit erklärt; es ist das erste Kunstwerk mit diesem Signum. Das Wort von Thomas Mann ist damit, zunächst äußerlich, zurückgewiesen, der sie ‚für eine Illusion hält, die in unserem Universum nicht länger mehr als eine aufrechtzuerhaltende Rechtfertigung des Menschen gelten könne'. Wenn von diesem Schriftsteller und seinen Buddenbrooks nur noch die Archivare in den Kellern etwas finden werden, ist das Werk von Beethoven mit der Ode Schillers im ‚Haus des Menschen' ein Klang, der uns stimmig macht, w e r wir sind. Denn weder die Erklärung der Unesco noch die des Literaten sagen über das vorliegende ‚Werk' etwas innerlich zum SEIN des Menschen als ‚Künstler' aus: Dieses SEIN und der Mensch sind einer Erklärung irgendeiner Instanz oder eines Satzes irgendeines Literaten nicht bedürftig: was notwendig ist? Der ‚Einsatz' jedes Menschen selbst, von seinem Leben sich und anderen Kunde zu geben. KUNST ist ‚Kunde', für die Hervorbringung eines Werkes ist sie der Grund, das Können betrifft allein die Methoden der Ausführung. Die Techniken können gelehrt und gelernt werden, die KUNST nicht; denn die Auszeichnung des Menschen durch die Natur ist, rätselhaft und nicht weiter ergründbar, KUNST.

Mit diesem Satz als Motto habe ich die Arbeit zu Picassos ‚Weltbild GUERNICA' eröffnet; es sollte auch zum Weltkulturerbe erklärt werden. An diesem Werk können wir nicht nur unsere Geschichte begreifen, sondern auch den Menschen erkennen: Der Mensch ist Künstler aus KUNST, ob er nun in seinem Leben jemals ein Werk von einiger Bedeutung hervorbringt, ist nicht entscheidend: Der Einsatz des eigenen Lebens für sich und andere ist und bleibt seine ‚Kunde'. Wer im Konzertsaal den ‚Einsatz' des Dirigenten zum Beginn des Klangwerkes wahrnimmt, kann an seinen eigenen ‚Einsatz' für das Leben denken. Aristoteles spricht in der ‚Poetik' von der Katharsis: Ein Werk aus KUNST kommt aus Kraft und vermag Kräfte freizusetzen. In seiner ‚Honigpumpe' hat Joseph Beuys auf der documenta 1977 in Kassel diese ‚Kräfte' für ‚Mensch und Gesellschaft' metaphorisch sichtbar zu machen versucht. Wir kommen darauf noch zu sprechen.

d) Wer ist der Mensch? das Mensch ist das Organ SPRACHE

"Der Mensch spricht – was ist Sprache?" hat Heidegger immer wieder gefragt. Da er nach dem angeblich ‚irgendwann vergessenen und irgendwo verlorenen Sein' und nicht nach dem konkreten ‚SEIN des Menschen' sucht, gehen seine Antworten in die Irre. In dem Werk: ‚MENSCH und SPRACHE – Seit ein Gespräch wir s i n d' (Frankfurt, 1998) habe ich mich mit Heidegger und seinem Begriff von ‚Sprache' auseinander gesetzt. Die Frage muss lauten: ‚Der Mensch spricht – w e r ist der Mensch?' Die Antwort: ‚Der Mensch ist das Organ SPRACHE'. Das ontische SEIN der SPRACHE ist Grund und Ursache aller ontologischen Sprachen, die Menschen hervorbringen und nach der Geburt ‚lernen'. Die Körpersprache des Kleinkindes artikuliert sich vor dem ersten Wort, das es lernt und spricht. Wenn nicht der Mensch Erzeuger einer ‚Sprache' ist, wer dann? Sie kann nicht vom Himmel gefallen sein. Der Embryo entwickelt sich im Mutterleib als ein Organ SPRACHE: Auf die ‚Körpersprache' haben Albert Pesso und seine Frau Diane Boyden in den sechziger Jahren aufmerksam gemacht, für sprachgestörte Menschen die ‚Pesso – Therapie' entwickelt. Die Freie Universität Amsterdam hat im November 2000 einen Kongress abgehalten; die beiden Gründer konnten wahrnehmen, dass inzwischen viele Therapeuten vornehmlich in den USA, der Schweiz und den Niederlanden mit ihrer Therapie arbeiten.

Das Organ SPRACHE beginnt im Menschen mit einem Klang: Am Anfang ist ein Laut, das Wort ist viel später. Es ist der ‚Herz – Schlag', der in der vierten Woche der Ontogenese seinen ‚Einsatz' hat. Der rhythmische Gesang kündet vom Leben; der Blut – Kreis – Lauf strömt mit jeder neuen Zellteilung stärker. Er entwickelt das Herz zu einem Organ der Kraft als Zentrum des entstehenden Lebewesens. In der Nähe des Herzen wird das sich entwickelnde Hör – Organ vom rhythmischen Pulsschlag ‚innerviert': es ‚hört' den Klang der ‚Körpersprache'. Der Embryo ist in dieser Phase seiner Entwicklung, die wir die Insistenz als Apriori des Existenz nennen, ein von Klängen erfüllter winziger Hörraum. Die genetische Wachstums–Erfahrung des RAUMES ist mit der von ZEIT vernetzt: wir ‚hören' den innervierenden Klang im Nacheinander der rhythmisch pulsierenden Herzschläge. Was Kant das ‚transzendentale Aprori von Raum und Zeit' nennt, gründet in der genetischen ‚Erfahrung', von RAUM und ZEIT. Diese Ur–Kunde' ist unsere früheste ‚Erkenntnis'. Mit ihr entwickelt sich der Mensch als Organ SPRACHE, was zur Folge hat, dass einzig dieses Wesen in artikulierter rhythmischer Rede sprechen, in Versen dichten und in Liedern singen kann. In der Musik vermögen wir unsere tiefsten Gefühle zu empfinden und auszudrükken In unserem genetischen SEIN sind KUNST als Bilder und SPRACHE als Worte und Klänge (Lieder) dialektisch gefügt. Geschichtliche Sprachen und Kunstwerke sind ontologische Entsprechungen; sie künden vom Menschen in seinem SEIN. (Vgl. dazu die Theorie des Menschen, in: ‚HUNGER und LIEBE – Der Mensch: das poetische Wesen, Frankfurt 1995; hier: ‚Am Anfang ist der Laut: nicht das Ohr hört, der Mensch ist ein Hörender, 221 ff)

Die sich als Organ entwickelnde SPRACHE erweitert sich zum ‚Gespräch', wenn für den Embryo ein anderer Klang hörbar wird: Der Herzschlag der Mutter. In der Vernetzung der feinstofflichen Mitteilungen, die sich in der Teilung der Zellen in die Nervenbahnen ‚einprägen', ‚erfahren' wir in der vorgeburtlichen Genese unterscheidbare Klänge zweier Herzen: wir erfahren im SEIN vor jedem Bewusstsein, daß das ‚Wir' älter ist als das ‚Du' oder das ‚Ich'. Ein Kind verwindet den Geburtsschmerz der Trennung eher, wenn es der Mutter ans Herz gelegt wird. Der ‚Kompass des Herzen' ist eine Orientierung für den gesamten Weg des Lebens. Ein Kind ‚erkennt' den Herzschlag, die Brust, die Stimme seiner Mutter unter vielen. Im Gleichklang der Herzen erkennen wir urkundlich schon vor der Geburt das "Glück der Vereinigung", im Verschiedenklang den "Schmerz der Trennung'. Das von uns als Urkunde oder Urkenntnis Angesprochene benennt Hölderlin aus seiner Erinnerung in seinem Gedicht Friedensfeier (I, 166) mit den Worten:

> Viel hat von Morgen an,
> Seit ein Gespräch wir sind und hören voneinander,
> Erfahren der Mensch; bald sind wir aber Gesang."

Die Künstler im Klang und Wort wie Beethoven und Schiller, Hölderlin und Bach, denken und dichten den Klang der Verse und Töne tiefer zur SPRACHE und KUNST hin als in der philosophischen Tradition im Brauch und im Sprachgebrauch überliefert ist. In der Arbeit ‚MENSCH und SPRACHE' haben wir an Werken wie ‚Das Märchen' von Goethe oder von Kleist ‚Das Bettelweib von Locarno' (u. a. m.) dargestellt und begründet, wie die Dichter aus der Quelle schöpfen, die wir SPRACHE nennen. Im Verfassen von Sätzen über Sätze schreiben Schriftsteller oft Sätze, ohne etwas zu sagen, was über den Tag hinaus reicht. Viele haben im Grunde auch nicht zu sagen; Die "Regeln für den Menschenpark" – ein Beispiel nur – sind wie ein Rascheln der Blätter im Stadtpark, die der Herbstwind verweht. In der Stille danach wirken Musik und Poesie im Wohl – Klang und Klang – Rhythmus noch tiefer zum Grund: Es ist der Resonanz – Boden SPRACHE. Woher haben Rilke, Verlaine, Trakl .... ihre Verse her? Aus Archiven abgeschrieben, von anderen diktiert? Sie haben vom Grunde der Resonanz den Klang abgelauscht, von dem sich ihre Klänge herleiten. Beethoven hat den Klang noch vernommen, als er nicht mehr hören konnte.

e) Wer ist der Mensch? Der Mensch ist das Organ WAHRHEIT und ZEIT

In vielen Texten der philosopischen Tradition liegt folgende Definition vor: ‚Wahrheit ist die Angleichung von Vernunft und Sache'.(veritas est adaequatio intellectus et rei). Das Denken und Erkennen ist nach außen gerichtet, auf das, was als Seiendes ‚ist'. Der Intellekt des Menschen wird als Instanz genommen, die so etwas wie ‚Wahrheit' ermöglicht, indem er sich der Sache angleicht. ‚Wenn ich aus einer Sache einen Satz gemacht habe, was ist dann noch die Sache', fragt Thomas Mann? Die Wahrheit verschwindet aus der Wirklichkeit in ‚Sprache'. Der Autor jedes Satzes ist ebenfalls ‚verschwunden'; die Namen, Wörter und Sätze werden archiviert: ‚Wahrheiten' werden gelehrt und gelernt. ‚Alle einhundert Jahre kommt eine neue Idee, eine neue Wahrheit in die Welt', sagt Nietzsche. Die genannte Definition der Wahrheit ist wie die jeweilige Sprache, in der Wahrheiten verhandelt werden, für die Verständigung von Nutzen, um zu wissen und anzugeben, wovon und wozu gesprochen wird. Zum ontischen Grund, aus dem der Mensch ontologische Wahrheiten aussagen kann, ist nichts angegeben. Die Ideologie des Platon hat mit der Lehre von den Ideen, ihrer Schau durch die Seele vor dem Eintritt in einen Leib, für die Erkenntnis von ‚Wahrheit' Erklärungen versucht. Sie sind von Anfang an falsch!

Die radikale Wende zum Menschen ist notwendig; ohne Gründung im SEIN von WAHRHEIT und ZEIT als Maßgabe jeder Wahrheit in der Zeit bleibt jede Definition, jedes Wort einer Sprache an der Oberfläche, die sie selbst erzeugt. Die Sprachen verspäten sich mit ihren Worten, Sätzen und Texten zur SPRACHE, wenn sie nicht aus ihrem SEIN sprechen und ihm entsprechen. Dieses ‚entsprechen' benennt Hölderlin: "Dichterisch wohnet der Mensch ...". Die Sprache des Gedichts spricht aus SPRACHE und damit aus dem SEIN der WAHRHEIT und ZEIT. Ohne Gründung im SEIN bleiben Worte bloße Worte; gegründet sind sie dem Gewissen überantwortet: Man kann dem Wort vertrauen, heißt es. Der oberflächlich daher Redende kann in seiner ‚Maske' durchschaut werden. In den Reden der ‚Masken' untereinander sind Wahrheit und Lüge nicht zu unterscheiden. Das im SEIN gründende Gewissen ist beschädigt, der Mensch wird im Umgang mit der ‚Wahrheit' leichtsinnig. ‚Was ist Wahrheit?', fragt Pilatus die Juden, die den Tod des Jesus wollen. Er fragt nicht nach der Definition; er will eine Antwort auf die Beziehung dieses (und jeden) Menschen zu seiner Wahrheit, das ist: Zur WAHRHEIT. Die Befragten hören den Fragenden nicht, sie vernehmen die Einflüsterung ihrer ‚Maske'. Sie haben die WAHRHEIT verloren.

Wir müssen die Wahrheit sagen! "Es gilt wohl nur ein redliches Bemühen!" dichtet Goethe in seinem Sonett. "Natur und Kunst" (1,245) Im Grunde kann der Mensch Seiendes wahr – nehmen und die Wahr – Nehmung als eine ‚Wahrheit auf Zeit' bestimmen und aussagen, weil er das Organ WAHRHEIT und ZEIT i s t ! Das Organ ist ontisch und darin Grund des Ontologischen. WAHRHEIT und ZEIT sind ontischer Grund aller ontologischen Wahrheiten auf Zeit in konstruierten Zeiträumen, mit denen wir zählen und rechnen: Wir zählen den Beginn des dritten Jahrtausends der Zeitrechnung, die wir in unserer Welt mit der Geburt eines maßgebenden Menschen beginnen lassen: Des Jesus von Nazareth. Wir haben dargelegt, dass dieser Mensch von sich gesagt hat: ‚Ich bin der Weg und die Wahrheit und das Leben'! (s. o.) Jesus hat das nicht im Sinne der abendländischen Philosophie und der angeführten Definition der ‚Wahrheit' gesagt. Er spricht von WAHRHEIT. Da mit ihr die ZEIT dialektisch vernetzt ist, wie wir es für die vorgeburtliche Innervierung dargestellt haben, beginnt unsere Zeitrechnung als Wende zum Menschen mit der Geburt dieses Jesus an zu zählen. Wir haben in der Darstellung der vier ‚maßgebenden Menschen' im Grunde immer aus dem SEIN von WAHRHEIT und ZEIT gesprochen.

Wer ist der Mensch? Das ist die entscheidende Frage! Er ist das Organ ZEIT! Sie beginnt in jedem Menschen als SEIN für sein WERDEN in der Zeit. Er ist das Organ WAHRHEIT! Beide werden in jedem Menschen genetisch entwickelt und erscheinen mit der Geburt. Jeder Mensch empfängt im SEIN des SELBST die ‚Maßgabe des LEBENS'. Er hat den Empfang – eine ontische Postsendung – zu bestätigen, durch B i l d u n g zu gestalten und auf dem Lebensweg immer wieder neu zu beglaubigen. Jede Abtreibung des Menschen vor der Geburt, die Tötung eines Embryos in der Petri–Schale (wo er nicht hingehört), raubt einem werdenden Lebewesen die Chance seiner WAHRHEIT und schneidet seine ZEIT ab! Die WAHRHEIT wird gegen Wahrheiten ausgespielt: ‚mein Bauch gehört mir! oder die eigens erfundene ‚Ethik des Heilens' gegen die ‚Moral des ganzen Menschen'. Die ‚goldene Regel' und der ‚Kategorische Imperativ' seien überholt! Der Zeitgeist ignoriert die ZEIT. Werden wir noch um die natürliche Geburt von Menschen betteln müssen? "Ich sehe eine moralische Pflicht zum Embryoverbrauch"! ruft laut Harold Varmus, amerikanischer Nobelpreisträger für Medizin 1989. (FAZ, 25.08.2001, 43) Und Craig Venter, der am 26. Juni 2000 im Weißen Haus der Welt die Entschlüsselung des menschlichen Genoms verkündet, sagt in einem Aufruf an junge Mediziner: "Revolutionen werden nicht von Schafen gemacht!" (FAZ, 01.06.2001, 49) Zu wem spricht er da eigentlich und welche Revolution könnte er meinen? Viele ‚Masken' haben ein Schafsgesicht.

Die ‚Masken' reden zu ‚Masken'. Wer Embryonen ‚verbrauchen' will, redet und handelt als ideologisch geprägte ‚Maske', die im ‚Menschen' das genetisch gegründete Organ WAHRHEIT und ZEIT, SPRACHE und KUNST abzutreiben versucht. Die ‚Masken der SS – Ärzte', die an lebenden Menschen Versuche gemacht haben, sind in einigen Fällen nur durch die vorübergegangene Zeit von den ‚Masken des wissenschaftlichen Fortschritts' geschieden. Es muss uns klar sein: Die herrschenden ‚Wahrheiten' haben die WAHRHEIT unterdrückt, der Zeitgeist vernichtet die ZEIT! Wer schützt den Menschen vor den Masken? Wer schützt die Embryonen, die sich selbst nicht schützen und wehren können? Die falsche Philosophie des Anfangs, hat die ‚relativen Wahrheiten als Schein' ideologisch aus der ‚absoluten Wahrheit der Ideen als dem Sein' begründet, ebenso die vergängliche Zeit von der ewigen Zeit her, die im Reich der Ideen auch der Seele des Menschen die ewige Dauer gewährt. Sie verbindet sich mit dem Leib bei der Geburt! Das bedeutet: Vor der Geburt ist ein Zellhaufen da, kein Mensch! Die ‚Masken' sagen, dass die Idee der Schöpfung überholt sei; den Glauben an einen Gott wolle man ‚um Gottes willen' niemanden nehmen! Vom ‚SEIN des Menschen' her zu denken und zu argumentieren fällt ihnen nicht ein; sie haben die tradierten Klischees gelernt, mehr nicht.

So drastisch mit dem ‚Zellhaufen' sagt es kein Biotechniker; er denkt dennoch in den üblichen Paradigmen, ohne darum zu wissen. Philosophie oder Wissenschaft bringen Einwände nicht wirklich vor. Plato beherrscht in seiner Verachtung des Leibes immer noch die Szene. Die Revolution der Denkungsart ist notwendig! Sie verlangt die radikale Wende zum SEIN: wer ist der Mensch? In ihm ist alles genetisch angelegt und gegründet, was er für sein Leben notwendig hat. Unser Denken ist vom Menschen und seinem Leben auf eine ferne, unwirkliche Welt abgelenkt worden; das dürfen wir bei uns nicht mehr zulassen. Doch die gelernten Ideologien unterliegen, wie es scheint, einem Gesetz der Trägheit besonderer Art. Hat der Mensch auf der Erde noch eine Chance? Überall sind Verwüstungen im Gange, weil Menschen die Menschheit in sich ersticken, obwohl sie in ihrem Handeln das beste wollen, selbst wenn sie als lebende Bombe sterben um zu töten. ‚Wahrheit und Heil' seien in Gott, nicht im Menschen, nicht in seinem ‚irdischen Leib'. Doch nur im Menschen ist etwas, das nicht zerstört und nicht zerstückelt werden kann; es ist nicht sichtbar, doch keine ferne Idee; es muss gedacht werden, zumal es uns zu Denken und zu Sagen heißt. Ein Gedicht von Goethe kann hilfreich sein, das wir erneut zum Bedenken geben; es sagt die nicht zerstörbare WAHRHEIT und ZEIT , das SEIN und das WERDEN des Menschen aus:

Johann Wolfgang von Goethe
Urwort – Orphisch
Dämon
Wie an dem Tag, der dich der Welt verliehen,
Die Sonne stand zum Gruße der Planeten,
Bist alsobald und fort und fort gediehen
Nach dem Gesetz, nach dem du angetreten.
So musst du sein, dir kannst du nicht entfliehen,
So sagten schon Sybillen und Propheten;
Und keine Zeit und keine Macht zerstückelt
Geprägte Form, die lebend sich entwickelt." (I, 359)

f) Wer ist der Mensch? Der Mensch ist eine universitas

In seiner ersten Natur ist der Mensch eine universitas. Die in der Geschichte aufgenötigte zweite Natur, die wir mit dem Begriff ‚Maske' bezeichnet haben, hat sie verstellt und beschädigt. Für eine Überwindung der anfänglichen Ideologie, die von Plato ausgeht, kommt es nun darauf an, dass der Mensch seine eigene Maske ablegt und sein Selbst erkennt. Es kommt weiter darauf an, dass sich Menschen in einem großen Bündnis von den herrschenden Masken befreien. Für die innere und äußere Befreiung von Zwängen, für den Widerstand gegen unterdrückende Herrschaft stand im Mittelalter die universitas. Ihre Idee ist, dass sich der Mensch aus dem SEIN des SELBST und seinem Interesse zum Selbst als eine autonome Instanz seiner Kräfte und Fähigkeiten im Gefüge der in allen ähnlichen genetischen Mitgift des LEBENS begreift. Unsere wesentliche Aufgabe im Leben ist B i l d u n g! Sie besteht darin., sich selbst und anderen eine Gestalt zu geben, in der im Menschen die Menschheit zu erscheinen vermag. Die natürlichen Kräfte und Fähigkeiten in eine gestaltete Person zu bilden, ist das Anliegen der universitas, die jeder Mensch für sich selbst ist. Aus diesem SEIN entsteht in der Geschichte die Idee der sozialen universitas. Mit seinem Versuch, die Bildung von Mensch und Menschheit im Einzelnen wie in Volk und Staat zu fördern, hat Wilhelm von Humboldt diese Idee beleben wollen. (s. o.) Wir wollen sie im Blick auf ihren Ursprung im Mittelalter veranschaulichen.

Der Begriff ist älter als die ‚Universität', die von ihm den Namen empfängt. Eine universitas hat einen viel weiteren Umfang als die Einrichtung für Studien. "Unter diesem Begriff verbanden sich Menschen zu Gruppierungen jedweder Größenordnung und um ganz verschiedene Ziele, immer aber zur Wahrung oder Erringung eigener Rechte und Freiheiten. Universitas ist ursprünglich ein lebendiger Begriff des ganzen Menschen, der für die Gesamtheit seiner inneren Kräfte und Fähigkeiten eine äußere Entsprechung im sozialen, moralischen und politischen Leben wirken will und mit anderen Menschen zur Erreichung dieses Zieles ein entsprechendes Bündnis eingeht." (SPN, in: Freies Studium, Materialien eines Forschungsprojekt in Münster, 1978, 8) Scholaren in Bologna und Magister in Paris greifen die Idee der Universitas auf, um sich gegen Eingriffe in ihre Interessen und Rechte im Studium und in der Lehre zu wehren. Konrad Rückbrod führt in seiner Studie, ‚Universität und Kollegium', 1977, dazu folgendes an:

"Die ältesten Universitäten sind Bologna und Paris. Sie sind zugleich auch die Archetypen der abendländischen Universitäten. Beide Universitäten entstanden um 1200 als genossenschaftliche Zweckverbände. In Bologna waren es die Scholaren, in Paris die Magister, die sich korporativ zusammenschlossen. Der Anlass dazu waren politische und geistige Zwänge, die auf den schon seit Beginn des 12. Jahrhunderts dort betriebenen Studien lasteten. ...

Um nun rechtliche und geistige Freiheiten zu erringen und auch wirkungsvoll verteidigen zu können, verbanden sich Scholaren und Magister in Bologna und auch in Paris zu einem Schutz- und Trutzbündnis. Sie organisierten sich in der Form demokratischer Selbstverwaltung, die bei den mittelalterlichen Bürgerstädten und Stadtrepubliken gebräuchlich war und ‚universitas' genannt wurde. Universitas heißt ‚eine Gesamtheit' im Sinne einer Genossenschaft, Gilde oder Zunft. Insofern sind die Universitates der Scholaren und Magister vergleichbar mit den Zünften der Handwerker und Kaufleute, die sich zur Behauptung gemeinsamer Interessen in dieser Zeit in den Bürgerstädten wieder neu zusammenfanden. ...

In diesem Zusammenschluss von Scholaren und Magistern zu Universitates liegt der Ursprung der abendländischen Universität. Wesen und Gestalt ... sind bestimmt worden vom korporativen Charakter dieser sich selbst verwaltenden Genossenschaften. Dadurch unterscheiden sich die Universitates von Bologna und Paris grundlegend von den Akademien und Gymnasien Griechenlands, von den Hochschulen des Römischen Reichs, den Medresen des Islams und den christlichen Kloster- und Kathedralschulen; sie sind auch nicht vergleichbar mit den Medizinschulen von Salerno und Montpellier und der 1224 von Kaiser Friedrich II gegründeten und autoritär geführten Staatsuniversität Neapel. Im Gegensatz zu diesen Exklusivgemeinschaften und Erziehungs- und Ausbildungsstätten sind die Universitates autonome Körperschaften demokratischer Struktur, bei denen das mittelalterliche Ständewesen aufgehoben war; denn soziale Herkunft der Scholaren und Magister, ihr gesellschaftlicher Rang, ihre wirtschaftliche Stellung und ihre nationale Abstammung spielten keine Rolle. Hierin ist die Universitas vergleichbar mit den etwa gleichzeitig entstandenen Bettelorden." (l. c., 9 f; vgl. dazu auch Herbert Grundmann: Vom Ursprung der Universität im Mittelalter, 2.Aufl.1976)

Die universitas ist eine Idee für Bildung! Als Institution steht sie für Menschen, die gegen Angriffe auf ihre Freiheit und die Beschneidung ihrer Rechte Widerstand leisten. Der Mensch will ‚frei sein', weil FREIHEIT ebenso wie WAHRHEIT und ZEIT organischer Natur ist. Sie ist schon in der Organ – Entwicklung des Embryos in Tätigkeit: So müssen die Armstümpfe aus den Schultern heraus, wo der Ansatz ihrer Entwicklung liegt, genetisch angelegten Widerstand überwinden, um zu ihrer gegliederten Ganzheit zu gelangen; die Entwicklung der Organe, hier der Arme, ist ein im SEIN gegründeter Akt ontischer Freiheit. Der Mensch vermag als einziges Wesen zu ‚greifen' und zu ‚begreifen', weil er in der Reflexion auf sich ein Bewußtsein vom SEIN hat. (Vgl. dazu die Arbeiten des Embryologen Erich Blechschmidt und vom Autor das Werk: HUNGER und LIEBE) Aus dieser Sicht wird der Begriff ‚Körperschaft' verstehbar, der zur universitas, später zur Universität und im Grunde zur Weltgesellschaft gehört. Der Mensch ist als Gesamtorgan eine genuin demokratische Körperschaft im freien Zusammenspiel aller organischen Kräfte und Fähigkeiten. Er hat aus seinem SEIN heraus an demokratisch verfassten Gesellschaften und Einrichtungen höchstes Interesse. Als Organ WAHRHEIT und ZEIT will der Mensch ihr SEIN für sich und die Menschheit in Anspruch nehmen, sich hierfür ‚bilden', als Organ KUNST und SPRACHE die Gesellschaft hervorbringen und allen Menschen mitteilen!

Die WAHRHEIT als ZEIT, die für Mensch und Menschheit ‚Bestand' haben soll, wird durch konstruierte Wahrheiten gefährdet, die herrschende ‚Masken' gewaltsam und auf Dauer installieren wollen, obwohl sie allenfalls Geltung nur auf Zeit oder gar keine Geltung haben, weil sie inhuman sind. Unsere Geschichte hat gezeigt, daß sie dennoch ‚durchgesetzt' werden. Jede gewaltsame Tötung eines Menschen, ob in Manhattan, Kabul oder sonstwo auf der Erde ist ein Tod zuviel: mit jedem Getöteten wird die Menschheit ‚beschädigt', weil die zum Menschen gehörende WAHRHEIT und ZEIT vernichtet ist! Eine neue universitas als ein universelles Bündnis gegen die Gewalt der ‚Masken' ist notwendig, um eine neue Welt freier Menschen ins Werk setzen zu können; es wird eine Welt aus KUNST als ein Gesamtkunstwerk sein! Wir müssen das scheinbar Unmögliche jetzt denken. –

g) Die Idee der Free international university: eine neue universitas

Die F I U will den unbeschädigten organischen Menschen (ohne Maske) und seine Bildung. Mit der Idee der Free international university erscheint die mittelalterliche universitas in neuer Gestalt. In den global vernetzten Gesellschaften ist der Mensch als eine kleine Welt für sich im Prinzip mit der Welt im Ganzen verbunden. Diese Welt ist für alle da und unsere gemeinsame Aufgabe, sie organisch zu gestalten. Was früher ein abstrakter Gedanke war: im Menschen die Menschheit zu ‚sehen', ist nun konkret möglich. Wer es will, vermag sich in andere Menschen einzufühlen, sich auch mit denen zu freuen und zu leiden, die weit entfernt leben. Die ‚Masken' und ihre Opfer, aber auch die Streiter für die humane Welt gelangen per Bild oder Wort unmittelbar zu uns ins Wohnzimmer. Die mittlerweile geläufige Rede von der ‚globalen Welt' hat neben der zumeist wirtschaftlich gemeinten vorrangig eine noch wenig bedachte allgemein menschliche Perspektive; sie muss für die eine Menschengesellschaft in einer einzigen Freien Welt als gemeinsames Anliegen aller erkannt werden. Die Globalisierung ist daher als die größte Herausforderung der Menschheit in ihrer bisherigen Geschichte zu verstehen:

- Eine weitere Fortsetzung unserer Geschichte mit den gleichen Mitteln des ‚Falschen Anfangs' wird den Aufenthalt des Menschen auf der Erde gefährden.
- Die ‚Barbarei ohne absehbares Ende' muss als Chance zum definitiven ‚Ende der Barbarei' genutzt werden.
- In unserer Zeit ist diese Chance nicht erst mit dem 11. September 2001 gegeben; sie hat sich schon am 26. April 1937 mit dem Angriff der Todesflieger der deutschen Legion Condor auf die friedliche spanische Stadt Guernica angeboten.
- In seinem Weltbild ‚Guernica' hat der Künstler Pablo Picasso das Ende der abendländischen Geschichte der Barbarei eingefordert! Wann begreifen wir die Botschaft des Bildes?
- Die Namen Auschwitz, Coventry, Dresden und schließlich Hiroshima – 6. August 1945 – sind Geschehnisse, die auf die Notwendigkeit zur Veränderung unserer Welt weisen.
- Wenn wir weiter nur geschichtlich denken, wird sich nichts ändern, da Auschwitz und Hiroshima angeblich ‚Vergangenheit' sind. Für das SEIN des Menschen sind sie ‚Gegenwart', weil geschichtliche Wahrheiten und Zeiten für dieses SEIN nicht vergangen sind; sie sind ständig an der WAHRHEIT und der ZEIT zu messen!
- Vom SEIN sprechen die Botschaften der Maßgebenden Menschen, die wir erörtert haben; sie können von jedem Menschen gehört und verstanden werden.
- Die großen ‚Masken' haben in ihren unaufgeklärten ideologischen Interessen kein Bedürfnis an der globalen Ausbreitung des menschlichen Menschen in einer einzigen freien Welt.
- Die kleinen ‚Masken', die einfachen Bürger, haben noch kein Bewußtsein, Citoyen dieser Welt zu sein, die kommen muss.
- Was fehlt uns zur notwendigen Revolution der Denkungsart? B I L D U N G!

Die Bildung hat noch nie eine derartige Bedeutung gehabt wie in der gegenwärtigen Weltlage. Wir haben in unserer Arbeit an der ‚Idee der Bildung' bei Wilhelm von Humboldt dargestellt, worauf es dabei ankommt und worauf nicht:

- Die Bildung des Menschen zum Menschen ist entscheidend! Der Erwerb von Wissen im Erfordernis der gesellschaftlichen Lernverhältnisse muss für sich optimal organisiert sein. Das ist aus dem falschen Verständnis von ‚Bilden' und ‚Lernen' seit langem nicht der Fall: Im OECD – Vergleich rangiert Deutschland von 32 Ländern auf dem 25. Platz. Im anstehenden Wettlauf um Verbesserung wird die neue (wievielte) Reform wieder nur die Organisation des Lernens, nicht die Bildung des Menschen fördern; das Missverständnis von Lernen = Bilden ist im falschen Anfang der abendländischen Philosophie angelegt.
- Die Menschenbildung kann nur in einer Gesellschaft Ereignis werden, die in ihrer Kultur am ursprünglichen Menschen und nicht an seiner geschichtlich erzeugten oder zu erzeugenden Maske orientiert ist und dem Kompass des Herzens folgt.
- Für diese Bildung ist ein großes Bündnis erst im gesellschaftlich regionalen und zugleich europäischen und schließlich im globalen Maßstab notwendig.

Wir haben auf der documenta 1977 in Kassel noch unter dem hoffnungsvollen Eindruck der Jugendrevolte die Notlage der Bildung in unserer Gesellschaft diskutiert. Mit etwa fünfzig Studierenden der von mir installierten universitas in einer Hochschule in Münster waren wir mit der Performance ‚A n g s t in der Kultur' im Gespräch mit Besuchern tätig. Im Raum nebenan diskutierte Josef Beuys seine ‚Honigpumpe'. In der gemeinsamen Diskussion reifte die ‚Idee der FIU'; es entstand ein Dokument, aus dem ich Auszüge mitteile.

Joseph Beuys: Die Honigpumpe und die Idee der Free international university

‚Die Honigpumpe soll darauf hinweisen, dass an Menschen etwas herangebracht werden muss, was ihnen gegenwärtig fehlt, also etwas Neues ist. Wer herausbekommen will, was denn dieses Neue sei, muss sich s e l b s t fragen, was das ist, was ihm fehlt.

Er muss sich nicht nur alleine fragen, was da fehlt, sondern wird diese Frage mit den anderen untersuchen müssen.

Der Freie Ideenaustausch aller vom Mangel Betroffenen ist gefordert.

Das fehlende soll zunächst einmal als Honig, der ein wertvoller Nährstoff ist, in Erscheinung treten – und zwar in dem Sinne, dass er zirkuliert (die Zirkulation ist in der transparenten Plastikschlange als pulsierender Honig = Blut = Kreislauf in allen Räumen des Museums von den Besuchern wahrzunehmen/SPN) und alle

Menschen mit wertvoller Nährsubstanz versorgt und sie alle, die ohnehin aufeinander angewiesen sind, wie in einem organischen Kreislauf miteinander verbindet.

Schon die bewusst in Gang gesetzte Suche nach dem Fehlenden ist Nahrung für viele; hier beginnt die Erzeugung eines lebensfähigen Organismus: das konstituierende Prinzip ist die Freiheit.

Tatsächlich ergibt aber die Analyse der gegenwärtigen Produktionsstätten, dass gerade dort keine Freiheit ist, also fehlt. Dadurch geht wichtige Produktivkraft verloren, denn Kapital ist in Wirklichkeit nichts anderes als die Kreativität des Menschen.

Was den Konsumbereich betrifft , stellt es sich so dar, dass der Mensch der Regulator ist. Der Grundsatz lautet: die Produktion muss sich nach dem realen Bedarf des Menschen richten. Wirtschaft im Sinne der Brüderlichkeit ist der wahre Sozialismus... Alles zielt auf die volle Entfaltung des Menschen als einem sozialen Wesen hin als integrales, gleichberechtigtes und auf Freiheit basierendes Glied in einem sozialen Organismus, der sich wie ein Lebewesen weiterentwickeln kann.. Ein Menschenbild wird entworfen als lebendige Brüderlichkeit im Sinne einer allumfassenden, sozialen Kooperative, die als Weltwirtschaft die ganze Erde umgreift. So mußte es eben ‚Honig' sein, der als Signal einen Anfang setzt. ...

Neben der sichtbaren Honigpumpe muss ein Informationszentrum erstellt werden, damit alle Fragen und Antworten ununterbrochen und international entwickelt werden können. Dieses Forum ist die Free international university – die F I U.

Die F I U ist öffentlich. Sie tritt in Konkurrenz zu dem gegenwärtigen Schul- und Hochschulwesen, das verstaatlicht ist, die Menschen also zentralistisch an der Produktion ihrer Freiheitskräfte hindert, diese geradezu vernichtet. Der Schul- und Hochschulbereich muß als erstes aus der staatlichen Umklammerung befreit werden. Hier liegt der Freiheitsbegriff in seiner tiefsten Gefangenschaft. Das zu erkennen ist ein erster Schritt zur Verwirklichung des "Sozialen Organismus in seiner Freiheitsgestalt" (Wilhelm Schmundt) im Sinne eines integralen Systems nach den Prinzipien von Freiheit, Gleichheit und Brüderlichkeit.

So nimmt die Free international university den Gesang der Bienen wahr.'

h) Jean-Jaques Rousseau: Versuch zur Annäherung von Mensch und Maske

J.-J. Rousseau hat mit seinem Denken die französische Revolution und ihre Losungen vorbereitet. Seine Ideen gehen in ihrem Gehalt, berücksichtigt man die Zeit, in der sie in einem absolutistischen Staat gefaßt und vorgebracht werden, die ‚Zensur' konnte lebensgefährliche Folgen haben, unserer Unterscheidung von ‚Mensch' und ‚Maske' zeitlich voran. Sein Satz im ersten Kapitel des ‚Contrat Social' (Amsterdam 1762): "Der Mensch ist frei geboren, und überall liegt er in Ketten", beschreibt immer noch die Lage des Menschen in der Welt, auch in der des Neuen Amsterdam, das heute New York heißt. Etwas abgeändert sagen wir: Der Mensch ist als freier Mensch geboren, und überall trägt er eine Maske, die ihn an eine Ideologie fesselt und sein wirkliches Antlitz verbirgt. In den Masken sind Menschen füreinander fremd und unerkennbar geworden. Ihre ‚Ungleichheit', Thema des Discours sur l'inegalité' (Amsterdam 1755), ist in der ‚Maske' begründet. Der Mensch ohne Maske ist dem Menschen in seiner ersten Natur – son état primitif – nicht ‚gleich', doch ‚ähnlich'. Aufgrund der auch bei diesem freisinnigen Denker noch vorhandenen Bindung an den falschen Anfang, darin an die tradierte Sprache, kann er das *ähnliche* SEIN in jedem Menschen weder denken noch sagen; eine Ahnung davon spricht dennoch aus seinen Sätzen, wie man den folgenden entnehmen kann:

"Die nützlichste und die am wenigsten fortgeschrittene von allen menschlichen Kenntnissen (im Original steht connoissances = Erkenntnisse / SPN) scheint mir die (Er) Kenntnis des Menschen zu sein; und ich wage zu sagen, daß die Inschrift des Tempels von Delphi (das ‚Erkenne dich selbst' ist gemeint/SPN) allein ein wichtigeres und schwierigeres Gebot enthielt als all die dicken Bücher der Moralisten. Daher betrachte ich den Gegenstand dieses Diskurses als eine der interessantesten Fragen, welche die Philosophie aufwerfen kann, und, zu unserem Unglück, als eine der dornenreichsten, welche die Philosophen lösen können: Denn wie soll man die Quelle der Ungleichheit (er) kennen, wenn man nicht zunächst die Menschen selbst (er)kennt? Und wie wird der Mensch dahin gelangen, sich so zu sehen, wie ihn die Natur geformt hat – durch all die Veränderungen hindurch welche die Folge der Zeiten und der Dinge in seiner ursprünglichen Verfassung (dans sa constitution originelle) hat vorbringen müssen – und das, was er aus seinem eigenen Grundbestand (son propre fonds) hat, von dem zu unterscheiden, was die Umstände und seine Fortschritte seinem anfänglichen Zustand (son état primitif) hinzugefügt oder an diesem verändert haben?" (Diskurs, 43)

Das Text macht deutlich, das Rousseau im Ansatz zwischen Natur und Geschichte, zwischen dem ersten, er sagt ‚anfänglichen' oder ‚natürlichen', und dem zweiten durch Einflüsse der Geschichte entstellten (depravierten) Menschen unterscheidet. Da aus der Philosophie des Anfangs der ‚anfängliche Mensch' nicht von seinem genetischen An – Fang her wahrgenommen wird, fehlt es Rousseau an Vorgaben, um die Gründe und Ursachen für die ‚Veränderungen' zu erkennen und auszusprechen, die der anfängliche oder erste Mensch in der Geschichte erleidet. In der ‚ersten Natur' sind Menschen einander ‚ähnlich' (nicht ‚gleich'), in der ‚zweiten Natur' sind sie zusätzlich zu ihrer Individualität durch die Maske ‚ungleich'; sie werden einander fremd. Das stört Rousseau besonders, hier will er mit seinen Sätzen Abhilfe denken und vermitteln. In seiner Fixierung auf den Begriff ‚Ungleichheit' im Kontext des vermuteten Ideal der ‚Gleichheit' kommt Rousseau an den ‚anfänglichen oder ersten Menschen' nicht nahe genug heran. So etwas wie ‚Gleichheit' gibt es in der gesamten Natur nicht. Der Philosoph Leibniz hat das in einer empirischen Untersuchung an Baumblättern nachgewiesen, was er theoretisch zuvor schon ‚gedacht' hat. Es gibt keine zwei gleichen oder identischen Blätter in der gesamten Natur.

Heute gehört diese Erkenntnis zum Allgemeinwissen. Es gibt nur ‚Ähnlichkeit' zwischen den Wesen, die bis ins Detail (Blätter usw.) reicht, keine ‚Gleichheit'. Das ‚ähnliche SEIN des SELBST' ist für den Menschen als ein einmaliges und darin ‚ungleiches Individuum' das ‚Ähnliche', das ihn mit Mensch und Menschheit verbindet. Der Unterschied zu den ‚ungleichen Tieren' liegt darin, daß diese ihr ‚Ähnliches' instinktiv leben, doch nicht ‚erkennen'. Zur ‚Erkenntnis' ist die Reflexion notwendig; sie ist den Tieren verwehrt. Aufgrund dieser rätselhaften Gabe ist der Mensch ein Wesen, das ‚erkennen' kann und in der ‚Erkenntnis' das ‚ähnliche SEIN' wahrnimmt, das ihn als Wesen auszeichnet. Der Mensch vermag auch im ‚beschädigten Leben' – den Begriff hat Adorno in seinen ‚Reflexionen aus dem beschädigten Leben' von Rousseau und seinem Begriff der ‚Depravation' – sein ‚Ähnliches' zu erkennen. Der Mensch kann auch durch eine erworbene ‚Maske' *erkennen*, wenn er von den Erscheinungen zum Grunde des SEINS hin denkt, w e r er im Grunde i s t; er kann sein ‚Ich' dem ‚Selbst' annähern und mit dem ‚ähnlichen Grund' in Verbindung kommen: In diesem Augenblick tritt der individuelle Mensch innerlich zur Menschheit über; er vernimmt die Stimme des Gewissen und weiß schlagartig, wie er leben soll und was von ihm ästhetisch, moralisch und politisch gefordert ist. Er ist dem anderen ein ‚Nachbar', das ist: in der Nähe geboren! Die ursprüngliche Nähe ist die zur Mutter, von der wir kommen. Im Augenblick der ‚Erkenntnis seines Selbst' hat der Mensch das verlorene SELBST gefunden. Es ist nicht festzuhalten, immer wieder neu zu f i n d e n. Jeder Akt der Freiheit erfordert erneut die Überwindung von Widerstand.

Die Sätze der Tradition und die politischen Verhältnisse seiner Zeit hindern Rousseau daran, den Gedanken des Protagoras vom ‚maßgebenden Menschen' erneut zu denken und deutlicher auszusprechen, als er es in seinem Werk im Unterschied zur Tradition sagt. Die maßgebenden großen Vier unserer Geschichte, die wir in ihrer Bedeutung für das SEIN des Menschen als ‚Spuren auf dem Weg' erörtert haben (s. o.), sind in der Welt der Enzyklopädisten, zu der er mit Diderot u.a. gehört, kein Thema: die Geschichte, nicht die Natur des Menschen wird befragt. Da trifft man ohnehin nur ‚Beschädigungen' an. Daß Rousseau überhaupt zwischen Natur und Geschichte unterscheidet, ist schon bedeutsam genug. Folgender Text kann das veranschaulichen: "Gleich der Statue des Glaukos, welche die Zeit, das Meer und die Stürme so verunstaltet hatten, daß sie weniger einem Gott als einem grimmigen Tier glich, hat die menschliche Seele – im Schoße der Gesellschaft durch tausend unablässig neu entstehende Ursachen, durch den Erwerb einer Menge von (Er)Kenntnissen und Irrtümern, durch die Veränderungen, die in der Verfassung der Körper (constitution des Corps) auftraten, und durch den ständigen Anprall der Leidenschaften entstellt – sozusagen ihr Aussehen (in der ‚Maske'/SPN) so sehr verändert, daß sie beinahe nicht wiederzuerkennen ist; und an die Stelle eines stets nach sicheren und unwandelbaren Prinzipien handelnden Wesens, an Stelle jener himmlischen und majestätischen Einfachheit, die ihm sein Urheber eingeprägt hat, findet man nur den unförmigen Kontrast der Leidenschaft, die vernünftig zu urteilen glaubt, und des Verstandes im Delirium wieder." (Diskurs, 43 f; die Klammern sind zur Verdeutlichung hinzugefügt/SPN)

‚Vieles Gewaltige lebt,
doch nichts ist gewaltiger
als der Mensch!‘
(Sophokles, Antigone)

Ausblick: Wege zum SELBST – das gefundene SELBST

Die wenigen Texte aus dem ‚Diskurs über die Ungleichheit‘ von Rousseau stützen unser Thema der anthropologischen Differenz von SELBST und Selbst. Sie lassen erkennen, daß die Unterscheidung von erster und zweiter Natur, von Mensch und Maske im Konflikt von Natur und Geschichte ein unbewältigtes Problem ist. Wir kommen auf Rousseau ausführlich in einer anderen Arbeit zurück, die sich mit ‚SCHÖNHEIT und ZEIT‘ und darin mit der ethisch–moralischen Dimension des Menschen befaßt, die das wesentliche Anliegen des Citoyen von Genf ist. Es ist für uns bedeutsam, das dieser Denker vom ‚ersten Embryo der Art‘ (des Menschen) spricht. (Diskurs, 75/76) Die vorgeburtliche Genese kommt damit in den Blick; das ist für die Tradition und für die Zeit, in der dieser Begriff überhaupt fällt, äußerst ungewöhnlich. Rousseau geht wie wir vom ‚jetzigen Menschen‘ aus, will nicht die Phylogenese und ihre Spekulationen beachten, auch die übernatürlichen Kenntnisse außer acht lassen, vielmehr vom Menschen "annehmen, er sei von jeher so beschaffen gewesen, wie ich ihn heute sehe. Er sei auf zwei Füßen gegangen, er habe sich seiner Hände so bedient, wie wir es mit den unsrigen tun, er habe seinen Blick auf die ganze Natur gerichtet und mit den Augen die weite Ausdehnung des Himmels gemessen." (75/76 f)

Von diesem Wesen der Natur reden wir: w e r ist der Mensch vom genetischen An – Fang her, der in der ersten Zellteilung liegt? Unsere Antwort: Er ist das Organ WAHRHEIT und ZEIT! Als Organ KUNST und SPRACHE haben wir ihn in anderen Arbeiten dargestellt. (s. Lit. Vz.) Vom SEIN der WAHRHEIT und ZEIT im Gefüge des SELBST als ähnlicher Grund jedes individuellen Selbst wird die ästhetische Dimension geöffnet, die erste im Geviert der Dimensionen: Die Dimension, in der wir das Seiende und alles was ist ‚w a h r – n e h m e n‘! Der Begriff Ästhetik bezieht sich auf das Wahr-Zu-Nehmende, nicht auf das ‚Schöne‘! Zum Mißverständnis hat in der Tradition entscheidend Hegel beigetragen. Wir haben das ‚Geviert der Dimensionen‘: Ästhetik, Ethik, Politik und Kunst in grundlegender Weise in der Arbeit ‚HUNGER und LIEBE‘ vorgestellt.

Sind die vier Dimensionen vom Menschen im Geviert zu einem Geflecht verknüpft, kann die Welt als ein Gesamtkunstwerk Gestalt bekommen

Diese Arbeit ist ausschließlich der ersten Dimension gewidmet. Alle ‚Wahrheiten' und Systeme zur Messung von ‚Zeit' werden von uns aus der organischen WAHRHEIT und ZEIT hervorgebracht. Der Mensch ist das ‚poetische Wesen'. Wenn wir in der Welt, in die wir hinein geboren sind, mit bereits vorliegenden Wahrheiten und Zeiten konfrontiert werden, ist es die wesentliche Aufgabe unserer B i l d u n g, das Vorliegende nicht einfach hinzunehmen, sondern alles das In-Frage-Zu-Stellen, was dem organischen SEIN nicht angemessen ist. Der Mensch hat die Pflicht zum Widerstand, weil er als einziges Wesen in das Geflecht gehört, das wir mit dem SEIN und seinem Gefüge im SELBST erörtert haben. Der Grund im SEIN ist organisch FREIHEIT, die organisch Überwindung von Widerständen ist. Wir haben das veranschaulicht. Gelebte Freiheit ist immer mit Widerstand, dieser mit Freiheit verbunden. ‚Das Gesetz nur kann uns Freiheit geben', dichtet Goethe. (s. o.)

W e r ist der Mensch? Der Mensch ist das Wesen des LEBENS, aufgrund seiner Mitgift mit der Aufgabe betraut, geradezu verpflichtet, im Geflecht seiner WAHRHEIT und ZEIT, das ihm Mögliche in seinem Leben zu schaffen, auf den Weg zu bringen und ‚Spuren' zu hinterlassen. Das macht erforderlich:

- Daß wir nach der natürlichen Geburt, durch die wir mit der vorgeburtlichen Mitgift auf der Erde erscheinen, ‚Sinn – Geburten' in der Welt hervorbringen, in der wir uns vorfinden. Diese Geburten erfolgen aus B i l d u n g.
- Daß wir mit dem zweiten, dritten ... gebildeten Menschen den ersten Menschen auf eine höhere Ebene bringen, in der die Natur poetisch gesteigert wird.
- Daß wir die Spuren und Abdrücke maßgebender Menschen als Weisungen für unseren Weg annehmen und keine Angst haben, ihn zu gehen. Die ‚Maske' macht ‚Angst'; Der Existenzphilosoph Sören Kierkegaard hat sie tief empfunden und zur Sprache gebracht.
- Daß wir die erworbene ‚Maske', die wir bei uns entdecken, nicht moralisch verstehen. Das ‚Ich' ist als ‚Maske' des ‚Selbst' für die Vermittlung von innen und außen notwendig, da kein Mensch seine organische WAHRHEIT und ZEIT; KUNST und SPRACHE unmittelbar ‚leben' kann. Das ‚Selbst' hat die Verantwortung für das ‚Ich' als seine Maske; sie erfolgt gemäß dem Imperativ aus Delphi: Erkenne dein Selbst!
- Daß wir der ‚Maske' ein menschliches Gesicht geben, das ‚Ich' dem ‚Selbst' so annähern, daß es gleichsam zu ihm überzutreten vermag, um den Grund des SELBST zu berühren.
- Daß wir eine Sehnsucht nach dem innersten Grund haben, sie entwickeln und auf die Suche gehen, geleitet vom Kompass der Herzens: Denn auf dem

Grund liegt der Schatz, bei dem unser Herz sein will. Der Schatzsucher findet ihn; er findet den Menschen, der er wirklich ist. Alles weitere ist Zugabe. – Phantasie an die Macht!

Der Mensch, der mit seinen Anstrengungen in der Bildung nie aufhört, lebt gleichsam auf einer höheren Ebene, dem weisen Faust ähnlich, der auf der obersten Deichsode mit Blick in die Weite sein Werk betrachtet: das befriedete, dem wilden Meer abgerungene Land, das Heimat für viele Menschen bietet. Die vorübergehende Zeit ist der ZEIT, die vergänglichen Wahrheiten sind der WAHRHEIT angenähert. Das Mandat, das wir vom LEBEN erhalten haben, ist das tätige Schaffen in Menschen – Gärten, ist das Erwirken einer einzigen Welt für alle Menschen. Wir kommen mit diesem schöpferischen Tun nie an ein Ende, die Suche nach dem SELBST hört nie auf; wir wissen nie, ob wir nicht versäumen, eine Gabe ins Spiel des Lebens zu bringen, die wir bei uns noch nicht entdeckt haben. Neben der ständigen Bildung an unserem Selbst ist die Bildungsarbeit mit anderen ein wesentliches Erfordernis! Die Arbeit an der Sozialen Skulptur Mensch ist eine Pflicht, weil jeder Mensch in das Geflecht KUNST gehört. Die Beschädigung des Menschen hat im Abendland seinen Anfang gemacht. Das *Vereinigte Europa* könnte der Anfang einer *Neuen Welt* sein. Das wird nur dann geschehen und Ereignis werden können, wenn wir gemeinsam diesen Anfang überwinden und das Neue zu denken und zu wirken vermögen. Europa hat die Pflicht, eine entscheidende Rolle in der Weltinnenpolitik einzunehmen und den Maßgaben des Menschlichen weltweite Geltung zu verschaffen. Die Prämissen sind ‚Freiheit und Gerechtigkeit für alle Menschen'! A l l e Verbrechen gegen die Menschheit sind als vergangene zu sühnen, in der Gegenwart zurückzuweisen und in der Zukunft zu verhindern.

Wir müssen es denken: Was hinter und was vor uns liegt ist nichts im Vergleich zu dem, was in uns Selbst ist: Im Menschen ist das SEIN des SELBST! Dieses SEIN ist das Band, das Menschen in einer Weise verbindet, zu Nachbarn macht und Nähe schafft, wie es zwischen den anderen Wesen des LEBENS nicht gegeben ist. Das SELBST ist die Metapher für die Nabelschnur, von der wir nach der Geburt abgetrennt werden und die wir als ein unsichtbares Band neu bilden müssen, um das Getrennt – Sein von der Mutter und von anderen Menschen zu überwinden. Glaube, Hoffnung, Liebe sind Sterne, die uns auf dem Weg leiten. Für den Kompass des Herzen ist es vor allem der Stern ‚Liebe': Er ist der Fixstern für den Menschen und sein Leben, zu allen Zeiten und an jedem Ort auf der Erde. Wo dieser Stern hell strahlt, können die ‚Masken' nichts mehr ausrichten. Das Licht ist dazu da, die Finsternis zu besiegen. Den Weg der Aufklärung müssen wir nach innen und außen selbst gehen, es geht nicht anders. Wir müssen auf der Erde an einer einzigen Welt bauen, der des nachbarlichen Menschen: Es darf nur eine Welt – Innen – Politik geben: die Bildung des Menschen zum Menschen. Jeder Mensch hat das Recht, seine WAHRHEIT und ZEIT in Würde zu leben, sein Selbst zu erkennen und die Chance seiner Bildung zu bekommen, um mit seinem SELBST in Berührung zu kommen und den Schatz zu finden, der in seinem grenzenlosen Reichtum nicht auszuschöpfen ist. Mit jedem Menschen wird ein Schatz geboren. – Kannst Du ihn bei Dir erkennen? – Dann wirst Du ihn auch finden: Leben ist Lieben. Das ist die ganze WAHRHEIT des Menschen, für die er ZEIT hervorzubringen hat. Alles andere folgt dann von selbst.

Danksagung

Der eigene Weg von der *Maske des Ich* zum *Selbst* ist schwierig gewesen. Er hat im März 1945 in Allenstein begonnen, dem Ort meiner (ersten) Geburt. Mit Hilfe einer polnischen Dolmetscherin bin ich den russischen Masken gerade noch entkommen. Um die gleiche Zeit wurde Anne Frank in Bergen-Belsen das Opfer deutscher Masken. Das erfuhr ich erst Jahre später, ebenso den Tod von García Lorca, Opfer spanischer Masken in Granada im Jahre 1936. Es kamen beunruhigende Fragen auf: Warum und wozu das alles?

Das philosophierende Denken war nicht abzuweisen. Bei Theodor W. Adorno und Caspar Nink S.J. in Frankfurt, M.-D. Chenu und Gabriel Marcel in Paris, sowie Otto Most und Josef Pieper in Münster stellen sich helfende Antworten ein, die nicht beruhigen. Das Denken bekam Nahrung; dafür bin ich den Lehrern dankbar.

Nach dem Studium selbst mit der Lehre befaßt, erst in der Schule, dann in der Hochschule, fordern junge Menschen von mir die Nähe und Absage an bloße Sprache! Gemeinsam wird die *freie universitas* in die verordnete Universität installiert. Gegen Angriffe aus der Institution streiten Walter Rest, Theodor Bartmann (Münster) und Wolfgang Nahrstedt (Bielefeld) mit mir für das Projekt: Heute ist es die FIU in Münster.

Mein Buch ist ein Dank an alle Begleiter auf Denk-Wegen. Den maßgebenden Menschen, von denen ich berichte, sind Weisungen für den Weg zu danken. Das junge Mädchen in Amsterdam und der Dichter in Granada sind mir besonders nahe.

Es ist in Worten nicht zu sagen, was ich meiner Frau, unseren Kindern, den Eltern und Freunden verdanke: Alles Erkennen wird exzessiv und tendiert zum Lieben. Meiner Frau danke ich zudem für den homöopathischen Beitrag im Buch und für die Hilfe beim Korrekturlesen. Wir sind im Gespräch zu einer homöopathischen Philosophie. Unsere Kinder und viele Freunde leben sie bereits mit uns.

Im Peter Lang Verlag sind es Dr. Hermann Ühlein (Essen) sowie Anja Müller, Anneliese Schäffler und Ingo Schupp (Frankfurt), denen für gute Gespräche, Redaktion und Gestaltung des Buches sehr zu danken ist.

Meine Hoffnungen setze ich auf die Leserinnen und Leser, die den langen Denkweg mitgegangen sind. – Der Weg ist offen.

Literatur – Verzeichnis

(Das Verzeichnis führt die in der Arbeit notierten Werke zusammen mit einer Auswahl von Büchern auf, die für unser Thema Bedeutung haben)

I. Hilfsmittel – Wörterbücher

Etymologisches Wörterbuch der Deutschen Sprache (1. Aufl. 1883/Friedrich Kluge); 17. Aufl. unter Mithilfe von Alfred Schirmer bearbeitet von Walther Mitzka, Berlin 1957 – Verlag Walter de Gruyter & Co

Griechisch – Deutsches Schulwörterbuch; 9. Aufl. bearbeitet von Gustav Eduard Benseler, Leipzig 1891 – Verlag Teubner

Grimm – Deutsches Wörterbuch von Jacob und Wilhelm Grimm, 1. Aufl. Leipzig 1854 – Verlag Hirzel; Nachdruck in 33 Bänden dtv – München 1984 ff

Historisches Wörterbuch der Philosophie. Hrsg. von Joachim Ritter, Erster Band: Basel 1971 – Lizenzausgabe: Wissenschaftliche Buchgesellschaft Darmstadt. Elfter Band: 2001; Der zwölfte Band von W bis Z wird etwa im Jahr 2004 – 2006 erscheinen; danach müssen die Archivare eine Revision der Begriffe beginnen, um der Zeit auf den Fersen zu bleiben!

Lateinisch – Deutsches Schulwörterbuch: Der kleine Stowasser, München 1965

Lexikon der Antike in fünf Bänden – Der Kleine Pauly; bearbeitet und hrsg. von Konrad Ziegler und Walther Sontheimer; dtv. München 1979 ff

Meyers Grosses Taschenlexikon in 24 Bänden; Leipzig, Mannheim, Wien, Zürich, 4. Aufl.1992 – Bibliographisches Institut TB Verlag

II. Werkausgaben (in der Arbeit wird der Autor mit Band und Seitenzahl genannt)

Casanova, Giacomo: Geschichte meines Lebens. 5 Bände. Aus dem Französischen von Heinrich Conrad. Berlin 1998 – Aufbau Taschenbuch Verlag

Freud, Sigmund: Studienausgabe in 10 Bänden und ein Ergänzungsband; Frankfurt/: 4. Aufl. – Fischer Verlag

Goethe, Johann Wolfgang von: Hamburger Ausgabe in 14 Bänden; hrsg. von Erich Trunz; München 1981 – dtv

Hegel, Georg Wilhelm Friedrich: Werke in 20 Bänden und Registerband. 1. Aufl. 1986 – stw 601 – 621
Heidegger, Martin: Gesamtausgabe (noch unvollständig: zum Stand: Anfang 2002 sind über 60 Bände erschienen); Frankfurt/M 1978 ff
Hölderlin, Johann Christian Friedrich: Werke und Briefe in 3 Bänden; hrsg. Von Friedrich Beißner und Jochen Schmidt; Frankfurt/M – Insel Verlag
Humboldt, Wilhelm von: Werke in 5 Bänden; Darmstadt 1960 ff – WBG.
Kafka, Franz: TB Ausgabe in 7 Bänden; Frankfurt/M 1983 – Fischer Verlag
Kant, Immanuel: Akademie – Textausgabe in 9 Bänden; Berlin 1968
Kierkegaard, Sören: Gesammelte Werke in 32 Bänden; Gütersloh 1979 ff – TB Siebenstern 600 – 631
Lorca, Federico García: Werke in 3 Bänden; 2.Aufl. Frankfurt/M 1982 – Insel Verlag
Nietzsche, Friedrich: Sämtliche Werke. Kritische Studienausgabe in 15 Bänden; hrsg. von Giorgio Colli und Mazzino Montinari; München 1980 ff – dtv
Plato: Werke in 8 Bänden – Griechisch und Deutsch; Darmstadt 1990 - WBG
Proust, Marcel: Auf der Suche nach der verlorenen Zeit, 7 Teile in 10 Bänden; Frankfurt 1981 – st
Rilke, Rainer Maria: Werke in 3 Bänden, ausgewählt und hrsg. vom Insel Verlag; Frankfurt/M und Leipzig 1991
Schiller, Friedrich: Werke in 3 Bänden; Unter Mitwirkung von Gerhard Fricke hrsg. von Herbert G. Göpfert; Frankfurt/ und Wien 1992 – Lizenzausgabe für die Büchergilde Gutenberg
Schopenhauer, Arthur; Sämtliche Werke (5 Bände); Textkritisch bearbeitet und hrsg. von Wolfgang Freiherr von Löhneysen. Berechtige Sonderausgabe für die Mitglieder der WBG ; Darmstadt 1982
Derselbe: Der handschriftliche Nachlass in 5 Bänden – Vollständige Ausgabe in 6 Teilbänden; hrsg. von Arthur Hübscher; München 1985 – dtv
Wittgenstein, Ludwig: Werkausgabe in 8 Bänden; Frankfurt/M 1984 – stw 501 – 508

III. Einzelausgaben

Adorno, Theodor W.: Minima Moralia. Reflexionen aus dem beschädigten Leben; Frankfurt/M 195; neue Aufl.1989 – Suhrkamp Verlag
- Erziehung zur Mündigkeit. Frankfurt/M 1971 – st 11
Derselbe zusammen mit Max Horkheimer: Dialektik der Aufklärung. Philosophische Fragmente; Frankfurt/M 1969 – Suhrkamp Verlag
Altes und Neues Testament: Die Bibel; Einheitsübersetzung; Stuttgart 1980

Althaus, Horst: Hegel und die heroischen Jahre der Philosophie. Eine Biographie. München – Wien 1992 – Carl Hanser
Anders, Günter: Die Antiquiertheit des Menschen – Beck Verlag München
- 1. Band: Über die Seele im Zeitalter der technischen Revolution; 7. Aufl.1988
- 2. Band: Über die Zerstörung des Lebens im Zeitalter der dritten industriellen Revolution; 4. Aufl. 1988 (Beck'sche Reihe nr. 319 & 320
Avril, Nicole: Le roman du visage. Frankfurt 2002
Barnard, Christian: 50 Wege zu einem gesunden Herzen. St. Pölten – Wien 1999
Beckett, Samuel: Proust. Essay; Sammlung Luchterhand, Frankfurt/M 1989
Bergson, Henri: Les données immédiates de la conscience, Paris 1889; deutsch 1911 unter dem Titel ‚Zeit und Freiheit'
- Das Lachen. Ein Essay über die Bedeutung des Komischen. Darmstadt 1988
Beethoven, Ludwig van: In Briefen und Lebensdokumenten. Stuttgart 1961 - Reclam
Beuys, Josef: Werkübersicht von Caroline Tisdall, New York 1979
- Jeder Mensch ein Künstler. Frankfurt – Berlin – Wien 1975
- Biographie von Heiner Stachelhaus. Düsseldorf 1987
- Das Modell der FREE INTERNATIONAL UNIVERSITY – HONEYPUMP (Skript zur ‚Honigpumpe und die FIU' ./. 1977 documenta Kassel, beim Autor)
Blechschmidt, Erich: Anatomie und Ontogenese des Menschen. Heidelberg 1978
- Vom Ei zum Embryo. Stuttgart 1968
Bloch, Ernst: Das Prinzip Hoffnung. 3 Bände; Frankfurt/M 1974 – stw 3
Brassai, Gyula Halász: Proust und die Liebe zur Photographie. Frankfurt/M 2001
Borch – Jacobsen, Mikkel: Anna O. zum Gedächtnis – Eine hundertjährige Irreführung; aus dem Französischen übersetzt und mit einem Nachwort versehen von Martin Stingelin; München 1997 – Wilhelm Fink Verlag
Breuer, Josef & Freud, Sigmund: Studien über Hysterie. Frankfurt/M 1971, 3.Aufl. 1997 – Fischer Taschenbuch 10446

Budhha

Zotz, Volker: Buddha mit Selbstzeugnissen und Bilddokumenten. Reinbek 1991, 5. Aufl. 1998 (ausführliche Literatur) – rm 50477
Beck, Hermann: Buddha und seine Lehre. Stuttgart, 5. Aufl. 1980
Hecker, Hellmut: Das Leben des Buddha. Der innere und äußere Lebensgang des Erwachten. Hamburg 1973
Klimkeit, Hans – Joachim: Der Buddha. Leben und Lehre. Stuttgart, Berlin, Köln 1990

Lehmann, Johannes: Buddha. Leben, Lehre, Wirkung. München 1980
Oldenberg Hermann: Buddha. Sein Leben. Seine Lehre. Seine Gemeinde. Berlin 1881
Schumann, Hans Wolfgang: Der historische Buddha. Köln 1982

Chargaff, Erwin: Abscheu vor der Weltgeschichte. Stuttgart 1988
- Das Feuer des Heraklit. Frankfurt/M 1989
- Kritik der Zukunft. Stuttgart 1983
- Zeugenschaft. Essays über Sprache und Wissenschaft. Frankfurt/M 1990
- Die Aussicht vom 13. Stock. Neue Essays. Stuttgart 1998

Claudel, Paul: Werke. München 1995 - Hanser
Damasio, Antonio R.: Descartes' Irrtum. Fühlen, Denken und das menschliche Gehirn; München 1997, 4. Aufl. 1997 – dtv
Damm, Sigrid: Christiane und Goethe. Eine Recherche. Frankfurt/M und Leipzig 1998
Dietrich, Marlene: Ich bin, Gott sei Dank, Berlinerin. Memoiren. Aus dem Französischen von Nicole Volland. München 2000 (2. Aufl.) – Ullstein Verlag; Titel des Originals: Marlène D. par Marlene Dietrich
- Bemmann, Helga: Marlene Dietrich – Im Frack zum Ruhm; ein Portrait; Leipzig 2000 – Gustav Kiepenheuer Verlag

Darwin, Charles: Die Abstammung des Menschen. Wiesbaden 1986 – Fourier Verlag
Flasch, Kurt: Was ist Zeit? Augustinus von Hippo. Das XI Buch der Confessiones. Frankfurt/M 1993
Frank, Annelies Marie: Das Tagebuch der Anne Frank. Mit einem Vorwort von Albrecht Goes. Aus dem Holländischen übertragen von Anneliese Schütz. 48. Aufl. August 1979 – Fischer TB 77
Frank, Anne: Het Achterhuis. Dagboekbrieven 12. juni 1942 – 1. augustus 1944. Samengesteld door Otto Frank en Mirjam Pressler. Amsterdam 1955 – Bakker Verlag
(authentische Ausgabe; Otto Frank ist der Vater von Annelies Marie)
Fichte, Johann Gottlieb: Die Bestimmung des Menschen. Berlin 1800. Nachdruck hrsg. und mit einem Nachwort versehen von Theodor Ballauff und Ignaz Klein – Reclam Nr. 1201 o. J.
Flem, Lydia: Casanova oder Die Einübung ins Glück. Biographie. Aus dem Französischen von Angelika Hildebrandt. München 2000 – Serie Piper 2901
Fromm, Erich: Die Kunst des Liebens (1956). Frankfurt/ - Berlin – Wien 1978 – Ullstein Buch Nr. 258
George, Stefan: Werke in 2.Bänden. Hrsg. von Robert Boehringer. München – Düsseldorf 1976

Gmelin, Otto F.: Anti – Freud. Freuds Folgen in der bildenden Kunst und Werbung. Mit einem Beitrag von Helene Saussure. Köln 1975 – DuMont Schauberg Verlag

Goffman, Erving: Stigma. Über Techniken der Bewältigung beschädigter Identität. (1963) Frankfurt 1967, 4.Aufl. 1980 – Suhrkamp – stw 140

Gould, Stephen Jay: Der falsch vermessene Mensch. (1981) Frankfurt/M 1988 – Suhrkamp – stw 583

- Zufall Mensch. München 1991

Gruen, Arno: Der Fremde in uns. Stuttgart 2000 – Klett-Cotta

Grundmann, Herbert: Vom Ursprung der Universität im Mittelalter. 2. mit einem Nachtrag versehene 2. Aufl. Darmstadt 1976 – Wissenschaftliche Buchgesellschaft

Habermas, Jürgen: Können komplexe Gesellschaften eine vernünftige Identität ausbilden? In: Habermas – Henrich, Zwei Reden. Frankfurt/M 1974 – st. 202

- Erkenntnis und Interesse. Mit einem neuen Nachwort. Frankfurt/M 1973 – stw 1
- Die neue Unübersichtlichkeit. Frankfurt 1985 – Edition Suhrkamp 1321
- Die Einbeziehung des Anderen. Studien zur politischen Theorie. Frankfurt/M 1996

Haffner, Sebastian: Geschichte eines Deutschen. Die Erinnerungen 1914 – 1933. Stuttgart – München 2000 – DVA

Hawking, Stephen W.: Eine kurze Geschichte der Zeit. Die Suche nach der Urkraft des Universums. Reinbek 1988

Heydorn, Heinz – Joachim: Zu einer Neufassung des Bildungsbegriffs. Frankfurt/M 1972 – Edition Suhrkamp 535

- Wilhelm von Humboldt. Abstand und Nähe. In: Der evangelische Erzieher, 20. Jg. 1968, 41-56

Hobbes, Thomas: Leviathan (1651). Übersetzung von J. P. Mayer. Zürich 1936 (nur Buch I und II)

Holthusen, Hans Egon: Rainer Maria Rilke. Reinbek 1998, 31. Aufl. rm 50022

Hugo, Victor: Die Elenden – Les Miserables. Aus dem Französischen von Paul Wiegler und Wolfgang Günther. 3 Bände – Verlag Volk & Welt o.J.

Homöopathie – Heilkunst

Coulter, Catherine R.: Portraits homöopathischer Heilmittel. Zur Psychosomatik ausgewählter Konstitutionstypen. 2 Bände, Heidelberg, 3. Aufl. 1992 – Haug Verlag

Hahnemann, Samuel: Organon der Heilkunst. >Aude sapere< (1810). 7. verbesserte Auflage, Ausgabe 6 B – Stilistische Bearbeitung von Kurt Hochstetter. Heidelberg 1989 – Karl F. Haug Verlag

Hippokrates: Von der Umwelt. Übersetzt von Wilhelm Capelle – enthält u.a. ‚Von der heiligen Krankheit' und den ‚Eid des Hippokrates'. München 1955 – Artemis Verlag

Hufeland, Christoph Wilhelm: Makrobiotik oder Die Kunst, das menschliche Leben zu verlängern. (1796) München 1978

Murphy, Robin: Homeopathic Medical Repertory. Colarado, USA, 1993

Sankaran, Rajan: Das Geistige Prinzip der Homöopathie. Bombay 1995

Vermeulen, Frans: Synoptic Materia Medica. Haarlem 1992

- Concordant Materia Medica. Haarlem 1997

Withmont, Edward C.: Psyche und Substanz. Essays zur Homöopathie im Lichte der Psychologie C.G. Jungs. Göttingen 1989

Zandvoort, Roger van: The Complete Repertory, mind. Leidschendam 1994

Jaspers, Karl: Die maßgebenden Menschen: Sokrates, Buddha, Konfuzius, Jesus (1957). Veränderte TB Ausgabe; München 1999 (9. Aufl.) – Serie Piper 126

Jesus von Nazareth

Betz, Otto: Was wissen wir von Jesus? Der Messias im Licht von Qumran. Wuppertal 1991; 4.Aufl. 2000 – Brockhaus Verlag Wuppertal

Flusser, David: Jesus – Mit Selbstzeugnissen und Bilddokumenten. Reinbek 1968; 20. Aufl. Oktober 1997 – rm 50140

Heiligenthal, Roman: Der Lebensweg Jesu von Nazareth. Eine Spurensicherung. 1994

- Der verfälschte Jesus. Eine Kritik moderner Jesusbilder. Darmstadt 1999, 2. überarbeitete und erweiterte Aufl. (ausführliche Literaturhinweise)

Gruber, Elmar R. & Kersten, Holger: Der Ur – Jesus. Die buddhistischen Quellen des Christentums. Frankfurt/M, Berlin 1996 – Ullstein Buch Nr.35590

Kissener, Hermann; Hrsg.: Wer war Jesus? Der Essäerbrief aus dem Jahre 40 n. Chr. Ergolding 1993, 11. Aufl. – Drei Eichen Verlag

Schick, Alexander & Gleßmer, Uwe: Auf der Suche nach der Urbibel. Die Schriftrollen vom Toten Meer, das Alte Testament und der geheime Bibelcode. Oncken Verlag 2000

Keller, Helen: Mein Weg aus dem Dunkel. Blind und gehörlos: das Leben einer mutigen Frau, die ihre Behinderung besiegte. Bern, München, Wien 1994

Jones, Ernest: Das Leben und Werk von Sigmund Freud; 3 Bde. Stuttgart–Bern 1960

Kaptchuk, Ted. J.: Chinese Genees – Wijzen. Utrecht/Antwerpen 1991, 2. Aufl.
Kopernikus, Nicolaus: De revolutionibus orbium coelestium. 1543. Lat.- deutsch in der Biliothek Meiner, Hamburg 1997

Konfuzius

Bock, Klaus: Hrsg. Konfuzius. Gespräche (Lun Yü). Übersetzt von Ingo Andres. Essen 1991 (Bibliothek der Philosophie I)
Wilhelm, Richard: Kungfutse. Gespräche. Lun Yü. (1923) München 1989
-: I Ging. Das Buch der Wandlungen. Aus dem Chinesischen verdeutscht und erläutert. (1924) Text und Materialien Köln 1986; 13. Aufl.
- Laotse – TAO TE KING – Das Buch vom Sinn und Leben. Übersetzt und mit einem Kommemntar von Richard Wilhelm. Köln 1978
- Kungfutse. Schulgespräche. Gia Yü. Köln 1981
Roetz, Heiner: Mensch und Natur im alten China. Zum Subjekt – Objekt – Gegensatz in der klassischen chinesischen Philosophie. Frankfurt/M, Bern, New York 1984
- Die chinesische Ethik der Achsenzeit. Eine Rekonstruktion unter dem Aspekt des Durchbruchs zu postkonventionellen Denken. Frankfurt/M 1992
Zotz, Volker: Konfuzius. Reinbek Juli 2000 (ausführliche Literatur) – rm 50555

Kükelhaus, Hugo: Fassen – Fühlen – Bilden. Organerfahrungen im Umgang mit Phänomenen. Köln 1986, 4. Aufl.
- Hören und Sehen in Tätigkeit. Zug 1978
- Zur Entfaltung der Sinne. Zusammen mit Rudolf zur Lippe. Frankfurt/M 1982
Lee, Carol Ann: Anne Frank. München 2000 – Het verborgen leven van Otto Frank. Amsterdam 2002 (eine deutsche Übersetzung ist zu erwarten)
Lenk, Elisabeth: Die Unbewußte Gesellschaft. Über die mimetische Grundstruktur in der Literatur und im Traum. München 1983 – Matthes & Seitz Verlag
Maas, Michael: Das antike Delphi. Orakel, Schätze und Monumente. Darmstadt 1993 – Wissenschaftliche Buchgesellschaft
Mann, Heinrich: Der Untertan. Roman (1918) Berlin 1964; 36 Aufl. 1994 – dtv.
Mann, Thomas: Buddenbrooks – Verfall einer Familie; 2 Bde. 1901 – viele Ausgaben
Mannoni, Oscar: Sigmund Freud in Selbstzeugnissen und Bilddokumenten. Reinbek Juni 1971 – rm 178
Mansfeld, Jaap: Die Vorsokratiker. Griechisch/Deutsch. 2.Bände. Stuttgart 1983 – Reclam

Martin, Gottfried: Sokrates. Reinbek 1968. 2. Aufl. rm 128
Maturana & Varela: Der Baum der Erkenntnis. Die biologischen Wurzeln des menschlichen Erkennens. München 1992; 4. Aufl.
Mauriac, Claude: Marcel Proust. Mit Selbstzeugnissen und Bilddokumenten. 15. Aufl. Reinbek 1997 – rm 50015
Mishima, Yukio: Geständnis einer Maske. Roman. (1949) Reinbek 1985, TB 5652
Moeller, Michael Lukas: Worte der Liebe. Reinbek 1996
Nager, Frank: Mythos Herz. Basel 1993
Nahrstedt, Wolfgang: Leben in freier Zeit. Darmstadt 1990 - WBG
Nestle, Wilhelm: Die Vorsokratiker. Deutsch in Auswahl mit Einleitung von Wilhelm Nestle. Wiesbaden 1956 – VMA Verlag Wiesbaden
Neumann, Siegfried P.: Gegenstand und Methode der theoretischen Wissenschaften nach Thomas von Aquin (Metaphysik – Mathematik – Physik). Münster 1965
- Projektstudium – Freies Studium. Lindenfels 1978
- Versäumte Lektion: Der Fall Humboldt. In: Engagement zum Frieden, Walter Rest gewidmet. Hrsg. Peter Heitkämper, Münster 1980
- Im Goldenen Käfig des Ästhetischen. Verlorene Jugend in verarmter Welt. In: Kunst und Therapie, Heft 6, Münster 1984
- Kindern ihre Haltung bewahren. In: Neue Gespräche, 17. Jg., Heft 2, Düsseldorf 1987
- Das normale Kind und der genormte Schüler. Zur sprachlichen Asymmetrie zweier Lebensformen. In: Das normale Kind. Forschungsbericht des Landes Nordrhein . Westfalen, Fachgruppe Geisteswissenschaften, Nr. 2682; Köln 1977. Hrsg. Walter Rest
- Pablo Picasso: GUERNICA und die KUNST. Das Bild zum Ende der Barbarei. Frankfurt/M, Berlin, Bern, New York, Paris, Wien 1992 – Peter Lang (Am Werk von Picasso wird im Kontext der Deutung des Bildes das SEIN der KUNST im Menschen aufgewiesen)
- HUNGER und LIEBE. Der Mensch: das poetische Wesen. Frankfurt/M, Berlin, Bern, New York, Paris, Wien 1995 – Peter Lang (Eine Theorie des Menschen, die seine vorgeburtliche Entwicklung – die Insistenz – als Ur – Kunde der Existenz zur Begründung von SEIN und WERDEN dieses Lebewesens berücksichtigt; ein Grundriss zum ‚Geviert' ist vorgelegt: Ästhetik – Ethik – Politik – Kunst)
- MENSCH und SPRACHE. Seit ein Gespräch wir sind ... . Frankfurt/M, Berlin, Bern, New York, Paris, Wien 1998 – Peter Lang (Der Mensch ist als das Organ SPRACHE der Poet aller geschichtlichen Sprachen; das wird an Bei-

spielen wie Goethes ‚Märchen' oder von Kleist ‚Das Bettelweib von Locarno' veranschaulicht)

Eigene Arbeiten an der Sozialen Skulptur der Bildung des Menschen:

- 1974: Installation ‚Projektstudium – Freies Studium' in der Päd. Hochschule in Münster, nach Zwangsintegration in die Universität eingebracht: Offen für alle Bildungswilligen; Teilnehmer zwischen 2 und 92 Jahren
- Studienaufenthalte mit Gruppen der universitas in den Niederlanden (Grüne Schule Amsterdam, Creatief Centrum Enschede) und Dänemark (Tvind – Pädagogik)
- 1976: Gründung der ‚Vereinigung zur Förderung der Kreativität e.V.' – Träger Freier Bildungswerke
- 1977: Performance der universitas Münster in der dokumenta in Kassel: ‚Angst des Menschen in der Kultur'.- Gespräche und Aktionen mit Joseph Beuys. An seiner ‚Honigpumpe' bildet sich die Idee der FIU – Free international university

Die Idee der FIU wird konkret:

- 1978 als Nachbarschafts – Universität; in meine Veranstaltungen kommen Bewohner des Kath. Seniorenhauses Offenbergstrasse und des Ev. SH in der Fliednerstrasse in Münster. Patenschaften zwischen alt und jung: Gemeinsamer Theaterbesuch, Lektüre, Wandern, Cafehaus etc.
- 1978: FIU in die Universität installiert und gegen alle Widerstände verteidigt
- 1978: Einrichtung des 1. Werkes der Weiterbildung mit staatlicher Anerkennung: das ‚Kreativhaus in Münster'
- 1978: Installation der FIU in der Universität: Chor der Generationen
- 1978. Projekt: ‚Essen und die orale Kultur': Organisierung des Widerstandes gegen Lebensmittel, die zu Mitteln gegen das Leben geworden sind
- 1979: Installation der ‚Alternativen Mensa' (Biologische Vollwertkost); drei Jahre von der FIU in einer kleinen Uni – Mensa betrieben, dann der Universität in die großen Mensen übergeben (später in anderen Uni – Mensen eingerichtet)
- 1980: Einrichtung des 2. Werkes der Weiterbildung mit staatl. Anerkennung: ‚Projekt Begegnung in Münster': Werk für Integration (Fremde) & soziale Bildung
- 1982: Einrichtung des 3. Werkes der Weiterbildung mit staatl. Anerkennung: ‚Projekt Gesundheit in Münster': Werk für Familie, Gesundheit und Kultur
- 1986: Installation von Kunst und Gesundheit im Hotel Mövenpick in Münster: Aktionen, Vorträge, Ausstellungen zur Lebenskunst – Gesundes Leben

- 1986: Einrichtung der ‚Akademie für Senioren' im ‚Projekt Begegnung' – Die Idee wird von der Universität übernommen
- 1987: Ein ‚Oskar' für Münster. ‚Ort sozialer Kultur–Arbeit', kurz: OSKAR – Haus für Nachbarschaft – Begegnung und Kultur: Heute: UNSER HAUS
- 1994: Einrichtung der F I U als Berufliche Weiterbildung in UNSER HAUS:
- Seit 1997: FIU–Lehrgänge Kunsttherapie – Berufliche Weiterbildung zum Kunsttherapeuten zur Kunsttherapeutin
- Seit 1998: FIU–Lehrgänge Gestalttherapie – Berufliche Weiterbildung zum Gestalttherapeuten zur Gestalttherapeutin
- Seit 2000: Lehrgänge Theaterpädagogik – Berufliche Weiterbildung zum Theaterpädagogen zur Theaterpädagogin
- 1980: Konkrete Plastik als Symbol des Widerstandes gegen die Zwangsintegration der Pädagogischen Hochschule in die Massenuniversität: Vollständige Verpackung des Hauptgebäudes der PH in schwarzes Tuch: ‚Das schwarze Tuch als Zeichen – Wir wollen hier nicht weichen!'

Die Arbeit an der Sozialen Skulptur wird fortgesetzt ....

Popper, Karl R.: Die offene Gesellschaft und ihre Feinde. 2 Bände. München 1980, 6. Aufl. – UTB 472 & 473

Proust, Marcel: Les Plaisirs et les jours. Préface d'Anatole France. Paris 1896. – Tage der Freude. Übertragen von Ernst Weiss. Berlin 1926

Rosenberg, Veit: Griechische Orakel. Eine Kulturgeschichte. Darmstadt 2001 - WBG

Rousseau, Jean – Jacques: Vom Gesellschaftsvertrag oder Grundsätze des Staatsrechts. Stuttgart 1986 – Reclam jun.
- Diskurs über die Ungleichheit. Kritische Ausg. des integralen Textes; französisch – deutsch, ediert, übersetzt und kommentiert von Heinrich Meier. Paderborn 1997, 4. Aufl. – UTB 725

Safranski, Rüdiger: Wieviel Wahrheit braucht der Mensch? Über das Denkbare und das Lebbare. München, Wien 1990 – Hanser Verlag

Saint – Exupéry, Antoine de: Der kleine Prinz. Düsseldorf 1996, 5. Aufl.

Schmidt, Helmut: Pflicht zur Menschlichkeit. Düsseldorf 1981 – Econ
- Freiheit verantworten. Düsseldorf 1983 – Econ
- Vom deutschen Stolz. Bekenntnisse zur Erfahrung von Kunst. Berlin 1986 – Corso bei Siedler
- Auf der Suche nach einer neuen öffentlichen Moral. München 1998 – DVA; als Goldmann TB München 2000

Schrödinger, Erwin: Was ist Leben? Die lebende Zelle mit dem Auge des Physikers betrachtet. (1944) Aus dem Englischen von Ernst Mazurczak. Einführung von Ernst Peter Fischer. München 1993, 4. Aufl. – Serie Piper 1134

Sloterdijk, Peter: Regeln für den Menschenpark. Ein Antwortschreiben zu Heideggers Brief über den Humanismus. Frankfurt/M 1999 – Sonderdruck Edition Suhrkamp

- Hrsg.: Vor der Jahrtausendwende: Berichte zur Lage der Zukunft. 2. Bde; Frankfurt/M 1990 – edition suhrkamp NF 550

Siep, Ludwig: Der Weg der Phänomenologie des Geistes. Frankfurt/M 2000 – stw 1475

Sokrates

Martin, Gottfried: Sokrates in Selbstzeugnissen und Bilddokumenten. Reinbek 1967 u. ö. (ausführliche Literatur) – rm 128

Platon: Werke (s.o.) läßt in seinen Dialogen Sokrates reden – wer spricht wirklich?

Xenophon: Erinnerungen an Sokrates. Griechisch – deutsch. Hrsg. von Peter Jaerisch. München, Zürich 1987, 4.durchgesehene Aufl. – Artemis Verlag

Vorsokratiker: s. Jaap Mansfeld

Sophokles: Tragödien. Hrsg. und mit einem Nachwort versehen von Wolfgang Schadewaldt. Frankfurt/M 1968 – Lizenzausgabe des Artemis Verlages in der Büchergilde Gutenberg

Tantra: Der indische Kult des Extase; von Philipp Rawson. München – Zürich 1974

Trakl, Georg: Das dichterische Werk, München 1972

Varela – Maturana: Der Baum der Erkenntnis. München 1992

Vogel, Thomas, Hrsg.: Über das Hören – Einem Phänomen auf der Spur. Tübingen 1996

Voltaire: Candid oder die Beste der Welten (1757). Stuttgart 1971 – Reclam jun.

Wiedemann, Franz: Hegel. Reinbek 1965. rm 110

Withmont, Edward C.: Psyche und Substanz. Essays zur Homöopathie im Lichte der Psychologie C.G. Jungs. Göttingen 1987

Whorf, Benjamin: Sprache – Denken – Wirklichkeit. Hamburg 1993 u. ö.

Wucherer-Huldenfeld, Karl: Grundgedanken bei Freud und Nietzsche im Blick auf die Sachproblematik der Metaphysik des Willens, in: Figl, Johann, Hrsg. Von Nietzsche zu Freud. Übereinstimmungen und Differenzen von Denkmotiven, Wien 1966 – WUV – Universitätsverlag

Wust, Peter: Ungewissheit und Wagnis. München 1986; 8. Aufl.

Zenger, Erich: "Gib deinem Knecht ein hörendes Herz!" Von der messianischen Kraft des rechten Hörens, in: Vogel, Thomas. s. d.

Neumann, Siegfried P.

Mensch und Sprache

Seit ein Gespräch wir sind...

Frankfurt/M., Berlin, Bern, New York, Paris, Wien, 1998. XIV, 354 S., 10 Abb., 3 Schaub.
ISBN 3-631-33431-1 geb. € 60.30*

Der Übergang von der "Kultur der Rede" zur "Schrift-Zivilisation" hat Folgen: Menschen sind nicht mehr Autoren, sondern Adressaten der Sprachen. Natur und Geschichte werden entzweit; geschichtlich erzeugte, in Schrift verfestigte Ideologien werden im Lernprozeß aufgenötigt. Das ontische Sein der *Sprache*, Urkunde unserer Insistenz, bleibt als maßgebender Grund in der von Platon begründeten philosophischen Schrifttradition unbeachtet. Alle bisherigen Versuche zur Aufklärung werden durch dieselben Sprachen behindert, die sie betreiben. Einzig Dichter leisten Widerstand. Sie hören auf den rhythmischen Klang, mit dem wir in der Mutterhöhle (Insistenz) zusammen aufwachsen. Jedes Wort ist ein Nachwort (W. v. Humboldt) der *Sprache*. Sie ist die Grundmelodie im Menschen, aus der alle Sprachen gebildet werden. Weil wir *Sprache* sind, verstehen Kinder und Liebende sich, ohne ein Wort sagen zu müssen. Das konkrete Verhältnis von *Mensch* und *Sprache* muß zur Sprache kommen.

Aus dem Inhalt: Der Mensch spricht! Wer ist der Mensch? · Genese der *Sprache* in der Insistenz Vergessen der Ur-Kunde in der Tradition · *Sprach*-Spuren bei Dichtern und Denkern · Aufklärung des konkreten Verhältnisses von *Mensch* und *Sprache* · Der rhythmische Klang der *Sprache* in Poesie, Bild, Tanz, Mimik und Gestik · Sprach-Fehler des philosophischen Anfangs · *Mensch* und *Sprache*: denken und sprechen